COURS

DE GÉOMÉTRIE

PRINCIPES D'ALGÈBRE,

PAR E.-E. BOBILLIER,

A L'USAGE DES ÉCOLES NATIONALES D'ARTS ET MÉTIERS,
ET DES ÉCOLES PROFESSIONNELLES.

NEUVIÈME ÉDITION (1877),
revue et mise en harmonie avec les derniers programmes officiels,

UN VOL. IN-8, PRIX : 4 FRANCS.

Se trouve, ainsi que le COURS COMPLET DE GÉOMÉTRIE :

A Paris,

Chez L. HACHETTE et Cie, libraires, boulevard Saint-Germain, 79.
— GAUTHIER-VILLARS, libraire, successeur de MALLET-BACHELIER, quai
des Grands-Augustins, 55.

A Châlons-sur-Marne,

Chez Mme E. BOBILLIER, éditeur, rue du Grenier-à-Sel, 8.
— MARTIN, imprimeur-libraire, place du Marché-au-Blé, 50.
— THOUILLE, libraire, rue d'Orfeuil.
— ENTZ, libraire, place de l'Hôtel-de-Ville,
Et chez tous les principaux libraires.

CHALONS, IMP. T. MARTIN.

COURS

DE

GÉOMÉTRIE

Par **E.-E. BOBILLIER**

ANCIEN ÉLÈVE DE L'ÉCOLE POLYTECHNIQUE, CHEVALIER DE LA LÉGION-D'HONNEUR,
ANCIEN CHEF DES ÉTUDES ET PROFESSEUR DE MÉCANIQUE AUX ÉCOLES
NATIONALES D'ARTS ET MÉTIERS DE CHALONS ET D'ANGERS,
PROFESSEUR DE MATHÉMATIQUES SPÉCIALES,
MEMBRE DE PLUSIEURS ACADÉMIES,
ETC., ETC.

Adopté par le Ministre de l'Agriculture et du Commerce pour les Écoles
Nationales d'Arts et Métiers,
et à l'usage des Écoles professionnelles.

QUINZIÈME ÉDITION.

PARIS

L. HACHETTE ET Cie, LIBRAIRES,
boulevard Saint-Germain, 79 ;

GAUTHIER-VILLARS, LIBRAIRE, S^r DE MALLET-BACHELIER,
quai des Grands-Augustins, 55.

1880.

TABLE DES MATIÈRES.

GÉOMÉTRIE DE L'ESPACE. (Iᵉ Partie.)

Section 1. — *Les plans.*

Section 2. — *Les polyèdres.*

Section 3. — *Les corps ronds.*

GÉOMÉTRIE DE L'ESPACE. (IIᵉ Partie.)

Section 1. — *Les surfaces courbes.*

Section 2. — *Les plans tangents.*

APPENDICE.

DÉVELOPPEMENTS SUR LA GÉOMÉTRIE PLANE.

PREMIÈRE PARTIE.

Section 2. — *La similitude.*

Section 3. — *La circonférence.*

Section 4. — *Problèmes.*

DEUXIÈME PARTIE.

Section 2. — *L'ellipse, l'hyperbole, la parabole.*

FIN DE LA TABLE.

Tout exemplaire de cet ouvrage non revêtu de ma signature, sera réputé contrefait.

COURS

DE GÉOMÉTRIE.

INTRODUCTION.

I. L'*espace* est l'étendue immense dans laquelle tous les corps de la nature sont placés.

L'espace n'a pas de bornes : car, quelles que soient celles qu'on lui assigne, l'esprit les franchit aussitôt et conçoit un espace plus grand.

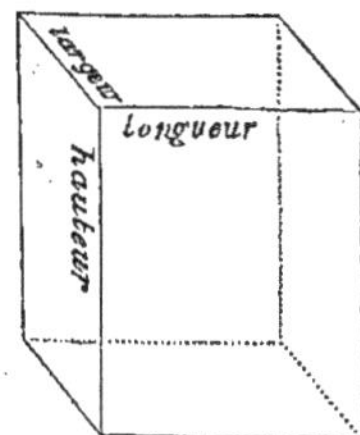

II. Le *volume* d'un corps est la portion de l'espace qu'il occupe. — Il ne dépend en aucune manière de l'espèce de matière dont le corps est formé.

Un corps, quelque petit qu'il soit, présente de l'étendue dans tous les sens. — Toutefois, on est souvent conduit à ne considérer cette étendue que dans *trois sens principaux*, que l'on appelle *dimensions*, et que l'on désigne sous les noms particuliers de *longueur, largeur* et *hauteur* ; au lieu de hauteur, on dit, selon les cas, *profondeur* ou *épaisseur*.

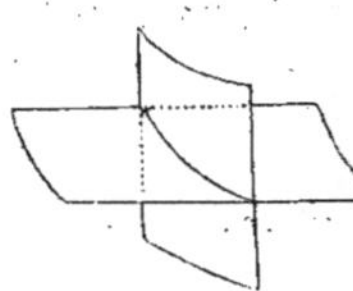

III. On appelle *surface* le lieu qui sépare le volume d'un corps de l'espace indéfini dont il est entouré. — C'est la surface d'un corps qui détermine sa *forme* ou sa *figure*. — Une surface, n'étant qu'une enveloppe idéale dépourvue d'épaisseur, n'a que deux dimensions : longueur et largeur.

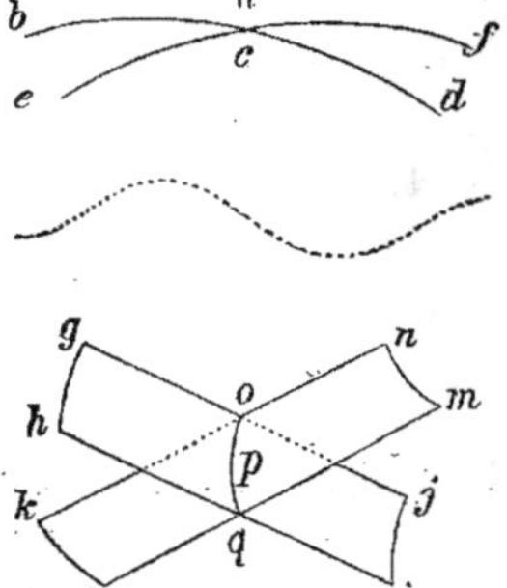

IV. Une *ligne* est le lieu de l'intersection de deux surfaces qui se pénètrent mutuellement dans l'espace. — Les lignes n'ont d'étendue qu'en longueur.

V. On appelle *point* le lieu de la rencontre de deux lignes. — Le point, n'ayant d'étendue en aucun sens, n'a pas de forme.

VI. On peut marquer sur une ligne une infinité de points et tracer sur une surface une infinité de lignes ; on peut également concevoir dans une portion limitée de l'espace un nombre infini de surfaces diverses.

Conséquemment, si l'on convient de désigner un point par une lettre, on pourra énoncer : 1° une ligne au moyen de plusieurs points ; 2° une surface au moyen des lignes qui la terminent ou qui s'y trouvent situées ; 3° un corps à l'aide de la surface qui le recouvre.

Ainsi, on dira : le point *a*. — Les lignes *bcd*, *ecf*, se coupent au point *c*. — Les surfaces *ghij*, *klmn*, se pénètrent selon la ligne *opq*. — Le corps *rstuvwxy*.

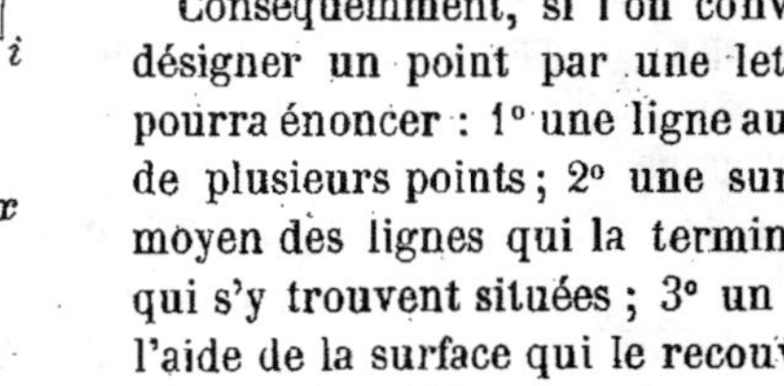

VII. On mesure naturellement la *distance de deux points a* et *b* par la ligne la plus courte *ab* parmi toutes celles *acb*, *adb*, *aeb*,..... que l'on peut tirer entre ces deux points.

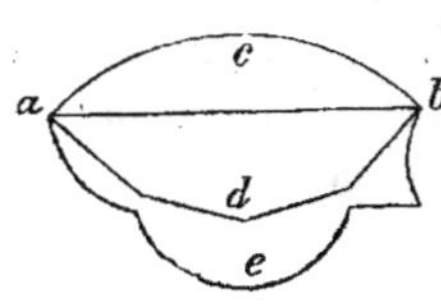

VIII. On distingue trois espèces de lignes : 1° la *ligne droite*, ou, par abréviation, la *droite* ; 2° la *ligne brisée* ; 3° la *ligne courbe*.

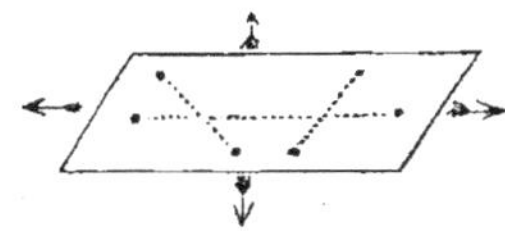

1° La *droite* est une ligne *ab*, indéfinie dans les deux sens, dont la principale propriété est d'être le plus court chemin entre deux points pris à volonté sur sa direction.

2° Une ligne *abcdef* est *brisée* quand elle est composée de plusieurs portions de droites *ab*, *bc*, *cd*, *de*, *ef*.

3° Une ligne est *courbe* lorsqu'elle n'est ni droite ni brisée. — Telle est la ligne *abc*.

On dit aussi qu'une ligne *abcdef* est *mixte* quand elle est formée de parties droites, *ab*, *de*, et de parties courbes *bc, cd, ef*.

IX. Il y a trois espèces de surfaces : 1° la *surface plane* ou le *plan* ; 2° la *surface brisée* ; 3° la *surface courbe*.

1° Le *plan* est une surface indéfinie telle, que la droite qui unit deux quelconques de ses points y est située tout entière.

Ainsi, une surface est *plane* lorsqu'on peut y appliquer exactement une ligne droite dans tous les sens.

2° Une surface est *brisée* quand elle est formée de plusieurs portions de plan.

3° Une surface est *courbe* quand elle n'est ni plane ni brisée.

On dit aussi qu'une surface est *mixte* lorsqu'elle est composée de parties planes et de parties courbes.

X. Quant aux corps, on les classe d'après la nature des surfaces qui limitent leur étendue. — Les plus simples sont terminés par des portions de plan.

But et division de la Géométrie.

La *Géométrie* est la science qui traite de la mesure et des propriétés de l'étendue.

On la divise généralement en *géométrie plane* et en *géométrie de l'espace*.

La *géométrie plane* comprend les questions dont les données et les constructions se trouvent sur un même plan.

La *géométrie de l'espace* comprend toutes les autres considérations qui concernent l'étendue.

Axiomes.

Un *axiome* est une vérité évidente par elle-même.

On admettra, dans ce cours, les cinq axiomes qui suivent :

1. *Le tout est égal à la somme de ses parties.* — Si une grandeur A a été divisée en trois parties B, C, D, on a l'*égalité* qui suit : $A = B + C + D$.

2. *Le tout est plus grand que sa partie.* — Soient A une grandeur, et B l'une de ses parties, on a l'*inégalité* $A > B$ ou l'*inégalité* équivalente $B < A$.

3. *Deux quantités égales chacune à une troisième sont égales entre elles.* — Des égalités $A = C$, $B = C$, on déduit l'égalité $A = B$.

4. *D'un point à un autre on ne peut tirer qu'une seule ligne droite.*

5. *Deux grandeurs, lignes, surfaces, volumes, etc., etc., sont égales lorsqu'elles peuvent être superposées*, c'est-à-dire lorsqu'il est possible de les appliquer l'une sur l'autre de manière à les faire coïncider dans toute leur étendue.

Les parties qui coïncident sont dites *homologues*. — Les points homologues se désignent ordinairement par une même lettre que l'on affecte d'un ou de plusieurs accents. — Les notations a', b'', c''', s'énoncent *a prime, b seconde, c tierce*.

Termes usités en géométrie.

I. Un *théorème* est une vérité qui devient évidente au moyen d'une série de raisonnements que l'on appelle *démonstration*. — L'*énoncé* d'un théorème comprend toujours une *supposition* et une *conclusion*.

II. Un *problème* est une question proposée qui exige une réponse nommée *solution*. — Un problème est *déterminé* quand il n'a qu'une solution ou qu'un certain nombre de solutions ; il est *indéterminé* quand il en a une infinité, et *impossible* lorsqu'il n'en a pas.

III. Un *lemme* est une vérité peu saillante, qui sert à établir un théorème ou à résoudre un problème.

IV. On donne indistinctement le nom de *proposition* aux théorèmes, aux lemmes et aux problèmes.

V. Une *réciproque* est une proposition inverse d'une autre, en sorte que, dans l'énoncé, la conclusion prend la place de la supposition et la supposition celle de la conclusion. — Toutes les réciproques ne sont pas vraies.

On établit la plupart des réciproques au moyen de la démonstration dite *par l'absurde*. — Elle consiste à faire voir que toutes les suppositions, contraires à la vérité qu'il s'agit de prouver, conduisent à une absurdité.

VI. Un *corollaire* est une conséquence qui découle d'une ou de plusieurs propositions.

VII. Un *scholie* est la même chose qu'une remarque.

VIII. L'expression *hypothèse* est synonyme de *supposition*.

GÉOMÉTRIE PLANE.

PREMIÈRE PARTIE.

Iʳᵉ SECTION.

LES FIGURES RECTILIGNES.

---

§ 1. — Notions sur les lignes.

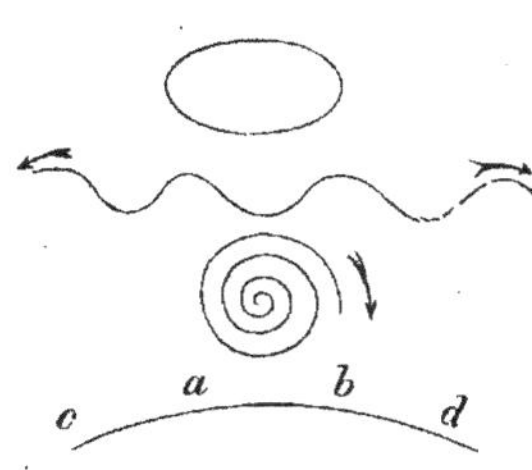

I. Il existe une infinité de lignes essentiellement distinctes par les formes qu'elles affectent et par les propriétés dont elles jouissent. — Les unes, rentrantes sur elles-mêmes, sont *fermées;* — d'autres, comme la ligne droite, sont *indéfinies dans les deux sens;* — certaines lignes enfin sont *limitées dans un sens* et *illimitées dans l'autre.*

On appelle *segment de ligne* une portion arbitraire *ab* d'une ligne quelconque *cd*. — Les points *a* et *b* sont les *extrémités* du segment.

Un segment très petit prend le nom d'*élément.*

II. Le *milieu* d'un segment de droite *ab* est le point *o* de cette ligne qui se trouve à égale distance des extrémités *a* et *b*.

III. Tout point *c*, pris sur la direction d'un segment de ligne *ab*, y détermine deux autres segments *ac*, *bc*, qui mesurent

Fig. 1.

Fig. 2.

Fig. 3.

 GÉOMÉTRIE PLANE.

les distances de ce point aux extrémités a et b. — Les segments (fig. 1) sont dits *additifs*, lorsque le point c est compris entre a et b, parce que l'on a $ac + bc = ab$. — Ils sont dits *soustractifs* dans le cas contraire, parce qu'alors (fig. 2) $ac - bc = ab$, ou bien (fig. 3) $bc - ac = ab$.

Fig. plane. Fig. pl. rectiligne.

IV. Une ligne quelconque est *plane* lorsque tous ses points appartiennent à un même plan. — La droite est évidemment une ligne plane.

Les lignes brisées sont dites *gauches*, et les lignes courbes sont dites *à double courbure*, lorsqu'elles n'ont pas tous leurs points dans un même plan.

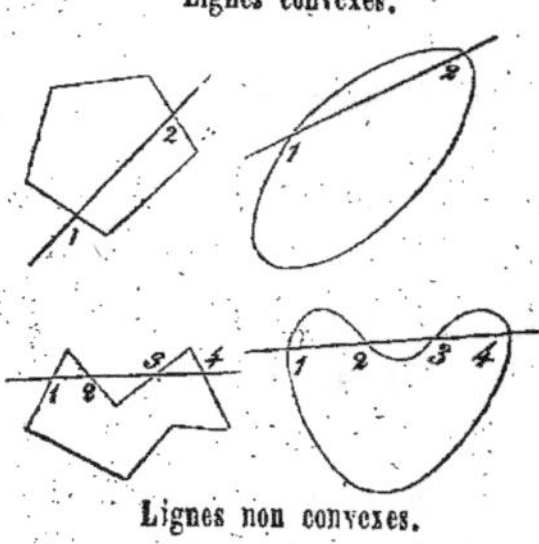

V. On appelle *figure plane* une portion de plan terminée par une ligne quelconque. — La figure est nommée *rectiligne* lorsque son contour est une ligne brisée.

VI. Une ligne plane, brisée, courbe ou mixte, est dite *convexe* quand elle ne peut être coupée par une droite quelconque en plus de deux points.

VII. *Rectifier une ligne courbe*, c'est trouver une portion de droite égale en longueur à cette ligne.

Pour opérer la *rectification* d'une courbe, on enveloppe sur son contour un fil *inextensible*, de manière qu'il soit partout tendu, et on le développe ensuite en ligne droite.

VIII. *Mesurer une ligne*, c'est l'exprimer en nombre par sa comparaison avec une autre ligne, choisie arbitrairement pour unité.

L'unité linéaire adoptée en France est le *mètre*. — On appelle *décamètre, hectomètre, kilomètre*,..... la réunion de dix, cent, mille,..... mètres. — Les subdivisions du mètre sont le *décimètre*, le *centimètre*, le *millimètre*,..... qui valent respectivement un dixième, un centième, un millième,..... de mètre.

PROPOSITION 1. — THÉORÈME : *Deux lignes droites ne peuvent se couper qu'en un seul point.*

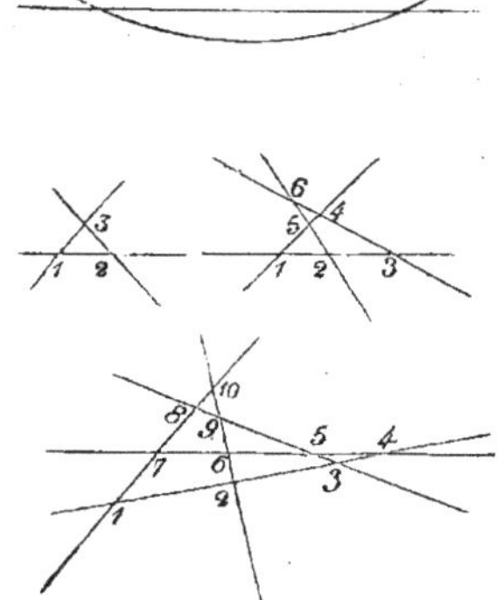

Car, si elles se coupaient en deux points, il existerait entre eux deux lignes droites, ce qui est contraire à l'axiome 4.

Scholie. — Trois droites se coupent ordinairement en trois points, quatre droites en six points, cinq droites en dix points, etc., etc.

En général, *n droites qui se coupent deux à deux, donnent lieu à* $\dfrac{n\,(n-1)}{2}$ *intersections.* — (A démontrer.)

PROP. 2. — THÉORÈME : *La direction d'une droite est déterminée par deux points.*

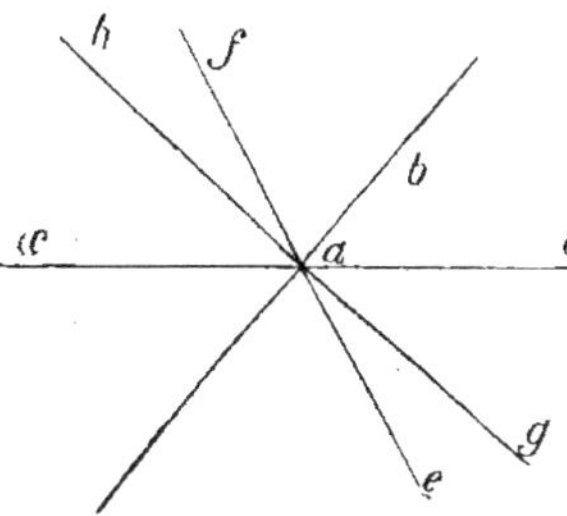

Si l'on marque à volonté un point *a* sur une droite indéfinie *cd*, on pourra, en la faisant tourner autour de ce point, l'amener successivement dans une infinité de positions différentes, telles que *ef*, *gh*, etc., etc.— Ainsi, *par un point donné on peut faire passer un nombre infini de lignes droites.*

Mais, si la droite, venant à passer par un second point *b* de l'espace, prend la position *ab*, la rotation autour du point *a* sera rendue impossible. — On ne pourra donc plus que faire glisser la droite *ab* sur les deux points *a* et *b* dans le sens de sa longueur ; or, bien que par là tous les points de cette ligne soient déplacés, sa direction pourtant ne changera pas. — Cette assertion est manifeste entre les points *a* et *b*, parce que, d'un point à un autre, il ne saurait être tiré qu'une seule ligne droite ; et, comme il est permis de supposer que les points *a* et *b* ont été pris à une très grande distance l'un de l'autre, et que même cette distance est infinie, il en résulte que la droite, après son transport, conservera encore partout la même direction. — Donc, *deux points sont essentiels et suffisent pour fixer la direction d'une ligne droite dans l'espace.*

Scholies. — I. *Deux droites, qui ont deux points communs ou une partie commune, coïncident dans toute leur étendue.*

II. *On peut, sans ambiguïté, énoncer une droite au moyen de deux lettres.*

PROP. 3. — PROBLÈME : *Trouver : 1° la somme de plusieurs portions de droite ; 2° la différence de deux portions de droite.*

1° Pour ajouter plusieurs portions de droite, par exemple les trois portions m, n, l, on les porte, à l'aide d'un compas, sur une droite indéfinie ax en ab, bc, cd, de manière qu'elles se succèdent bout à bout, dans le même sens. — La ligne ad est la somme cherchée ; car on a, en vertu de l'axiome I, $ab + bc + cd = ad$.

2° Pour trouver la différence de deux portions de droite m et n, on prend, sur une droite indéfinie ax, une distance ab égale à la portion m, et, en sens contraire, à partir de l'extrémité b, une distance bc égale à la portion n. — La ligne ac est la différence demandée ; autrement, $ab - bc = ac$; car, si d'un tout ab, composé de deux parties bc et ac, on retranche l'une des parties bc, on a pour reste l'autre partie ac.

Scholies. — I. Pour construire une expression de la forme

$$m + n - l + p - q,$$

les lettres m, n, l, p, q, désignant des portions de droite, prenez, sur une droite indéfinie ax, 1° $ab = m$; 2° $bc = n$; 3° $cd = l$; 4° $de = p$; 5° $ef = q$. — La droite af est la ligne cherchée. — Si le point f tombait en a, l'expression donnée serait *nulle*. — S'il tombait à gauche du point a, la somme des lignes l et q surpasserait celle des lignes m, n et p de la ligne af.

II. Pour faire une droite *multiple* d'une autre, par exemple égale à $5m$, il suffit de déterminer la somme de cinq lignes égales à la droite *m*. — Cette remarque permet de construire les expressions de la forme $5m + 3n — 4l + 2p — 7q$.

III. — On verra plus loin comment on peut interpréter un produit de deux ou de trois lignes. — Quant à la division d'une ligne par une autre, on l'effectue en retranchant la seconde de la première autant de fois que cela est possible ; le nombre des soustractions faites exprime le quotient.

Prop. 4. — Théorème : *La distance du milieu o d'une portion de droite ab à un point quelconque c de sa direction, est égale à la demi-somme ou à la demi-différence des segments ac, bc, formés par ce point, selon que ces segments sont soustractifs ou additifs.*

1° Si les segments sont *soustractifs*, on a $oc = ac — ao$, $oc = bc + ob$; ajoutant ces égalités, et observant que les moitiés ao, ob sont égales, il vient

$$2oc = ac + bc; \text{ d'où } oc = \frac{ac + bc}{2}.$$

2° Si les segments sont *additifs*, on a $oc = ac — ao$, $oc = ob — bc$, et, en ajoutant, $2oc = ac — bc$; d'où $oc = \frac{ac — bc}{2}$.

Prop. 5. — Problème : *Mesurer une portion de droite avec le mètre.*

On porte le mètre sur la droite donnée autant de fois que cela est possible ; — s'il y a un reste, on le mesure en le comparant au décimètre ; — on mesure pareillement le deuxième reste avec le centimètre, le troisième avec le millimètre, et ainsi de suite jusqu'à ce que l'on obtienne un reste qui contienne exactement l'une des subdivisions du mètre, ou qui soit assez petit pour qu'on puisse le négliger.

Supposons, pour fixer les idées, que la droite ab contienne deux fois le mètre avec un reste bc ; que bc contienne 3 décimètres avec un reste bd ; que bd, enfin, contienne exactement 4 centimètres, on aura $ab = ac + cd + db = 2^m + 0^m,3 + 0^m,04 = 2^m,34$.

Prop. 6. — Problème : *Rectifier une ligne courbe donnée.*

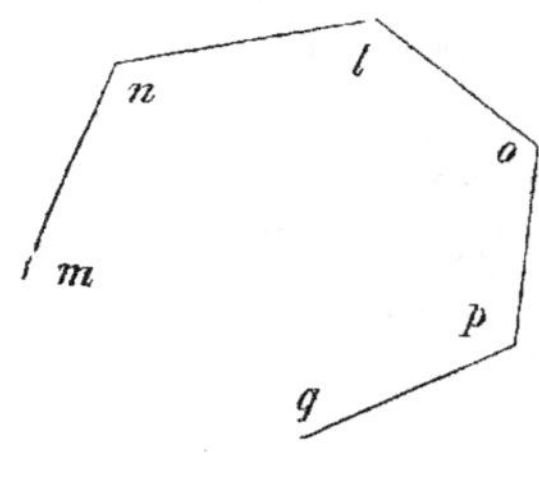

Remarquons d'abord que la recherche d'une ligne droite égale au contour d'une ligne brisée *mnlopq* ne présente aucune difficulté, puisqu'elle consiste à prendre la somme des portions de droite *mn, nl, lo,* . . . . dont elle est composée.

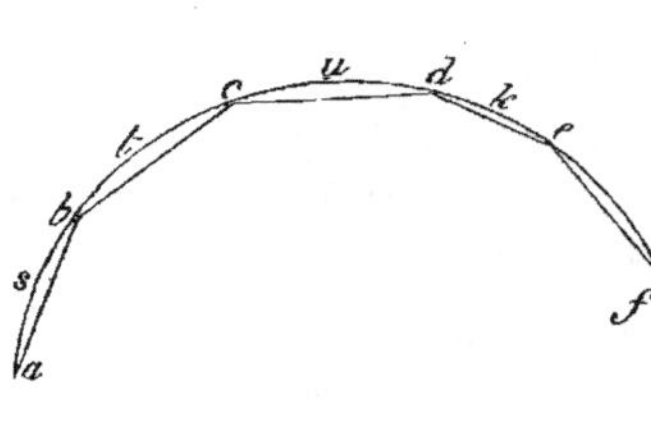

Cela posé, soit à rectifier une ligne courbe *akf*, plane ou non, limitée aux points *a* et *f*. — Marquons sur son contour des points *b, c, d, e,* très voisins les uns des autres, de manière que les éléments curvilignes *asb*, *btc, cud,* . . . . . diffèrent peu en longueur des petites portions de droite *ab, bc, cd.* . . ; la question sera ainsi ramenée à trouver le contour de la ligne brisée *abcdef* ; mais elle ne pourra être résolue que par *approximation.* — L'erreur commise sera évidemment d'autant moindre que les éléments de la courbe seront plus petits, ou, ce qui revient au même, qu'ils seront en plus grand nombre.

Scholies. — I. *Une ligne courbe peut être considérée comme une ligne brisée composée d'un nombre infini de portions de droite infiniment petites.*

II. — C'est en rectifiant les lignes courbes qu'on parvient à les mesurer et à les soumettre aux opérations de l'arithmétique.

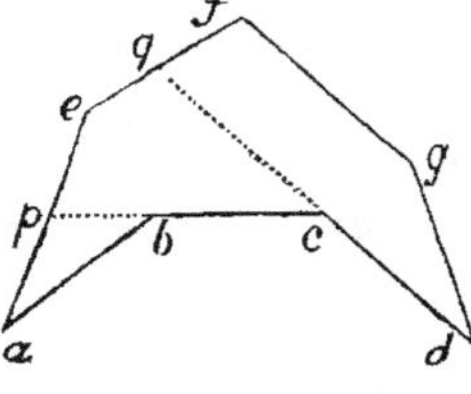

Prop. 7. — Théorème : *Toute ligne convexe est moindre que toute autre ligne qui l'enveloppe de toutes parts, soit que ces deux lignes aient ou n'aient pas d'extrémités communes.* (La démonstration est la même dans les deux cas.)

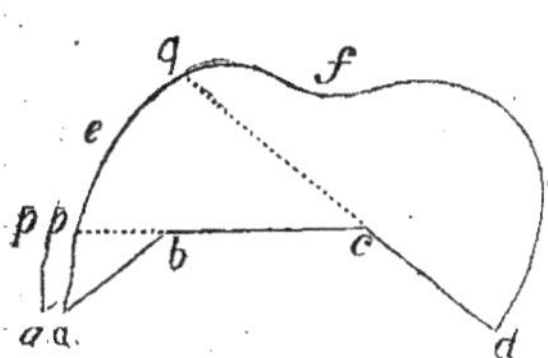

Soient *abcd* une ligne brisée convexe, et *aefgd* une autre ligne, brisée, courbe ou mixte, convexe ou non, qui l'enveloppe de toutes parts et qui a les mêmes extrémités *a* et *d*. — Prolongeant les côtés *bc* et *cd*, dadans le même sens, jusqu'aux points *p* et *q* de la ligne enveloppe, own a, *parce que le plus* court chemin entre deux points est la ligne droite, les inégalites qui suivent :

$$ab < ap + pb,$$
$$pc \text{ ou } pb + bc < peq + qc,$$
$$qd \text{ ou } qc + cd < qfgd.$$

Ajoutant ces inégalités, il vient

$$pb + qc + abcd < aefgd + pb + qc\,;$$

et, en supprimant $pb + qc$ dans les deux membres, $abcd < aefgd$.

Ce théorème subsiste encore quand la ligne enveloppée est une courbe convexe, car on peut la considérer comme une ligne brisée composée d'une infinité de portions de droite infiniment petites.

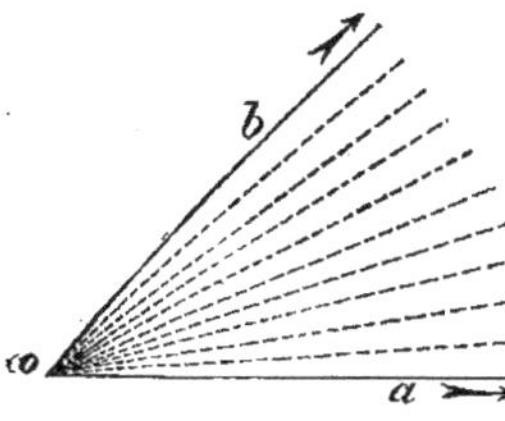

Scholie. — Le présent théorème n'est plus vrai généralement, comme on peut s'en apercevoir par la figure ci-contre, lorsque la ligne enveloppée n'est pas convexe.

§ 2. — Des angles.

I. — On appelle *angle plan* ou simplement *angle* l'espace indéfini qu'interceptent sur un plan deux droites *oa* et *ob*, issues d'un même point *o*. — Les droites *oa, ob* sont dites *les côtés* de l'angle, et le point de concours *o* en est le *sommet*.

Un angle se désigne par trois lettres : celle du milieu appartenant au sommet, et les deux autres à deux points pris arbitrairement sur les côtés. — Lorsque l'angle est isolé, et en général lorsqu'il n'y a pas lieu à double entente, on ne fait usage, pour abréger, que de la seule lettre du sommet. — Ainsi, s'il s'agit de l'angle dont les côtés sont *oa* et *ob*, on pourra dire indifféremment : angle *aob*, angle *boa*, angle *o*.

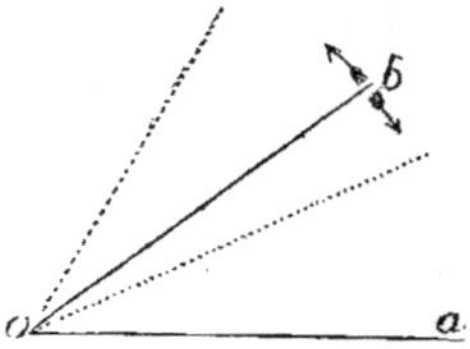

La grandeur d'un angle ne dépend en aucune manière de la longueur de ses côtés, et ne consiste que dans leur *ouverture* ou *écartement*. — Si, le côté *oa* restant immobile, on fait tourner le côté *ob* autour du sommet *o*, l'angle *aob* croîtra ou décroîtra, selon que le côté variable s'éloignera ou se rapprochera du côté fixe.

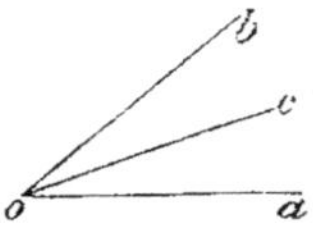

II La *bissectrice* d'un angle *aob* est la droite *oc* qui le divise en deux angles égaux *aoc* et *boc*.

Fig. 1.   Fig. 2.

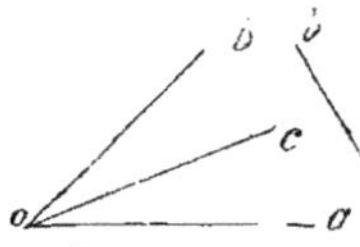

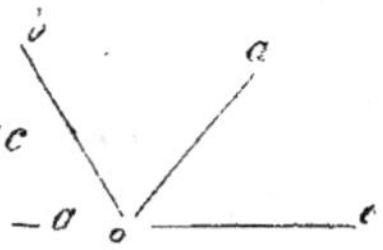

III. Deux angles *aob* et *aoc* sont *adjacents* lorsqu'ils ont le même sommet *o* et un côté commun *oa*. — Ils sont nommés *intérieurs* (fig. 1) lorsque l'un comprend l'autre, et *extérieurs* (fig. 2) dans le cas contraire.

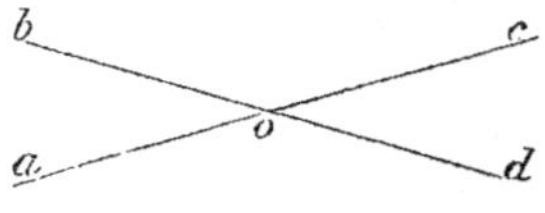

IV. Deux angles *aob* et *cod* sont *opposés par le sommet* lorsque les côtés *oc*, *od*, de l'un, sont les prolongements des côtés *oa*, *ob*, de l'autre.

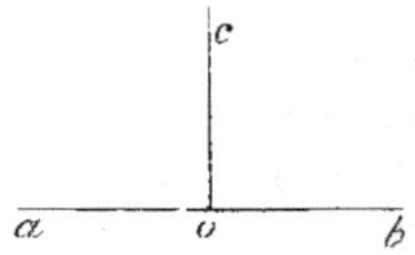

V. Une droite *oc* est *perpendiculaire* à une autre droite *ab* lorsqu'elle fait avec elle deux angles adjacents égaux *aoc*, *boc*. — Le point de rencontre *o* se nomme le *pied* de la perpendiculaire.

Cette définition revient à dire que la ligne *oc* tombe d'*aplomb* sur la droite *ab*, ou bien encore que cette ligne ne penche pas plus du côté *oa* que du côté *ob*.

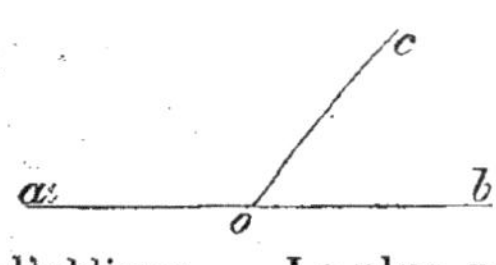

VI. Une droite *oc* est *oblique* à une autre droite *ab*, quand elle forme avec elle deux angles adjacents inégaux *aoc* et *boc*. — Le point *o* est le *pied* de l'oblique. — Le plus petit, *boc*, des deux angles est dit l'*inclinaison* de l'oblique *oc* sur la ligne *ab*.

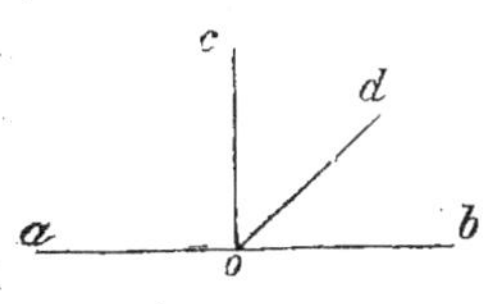

VII On appelle *angle droit* tout angle *aoc* ou *boc*, formé par une droite *oc* perpendiculaire à une autre droite *ab*.

Un angle est *obtus* lorsque, comme *aod*, il est plus grand qu'un angle droit.

Un angle est *aigu* lorsque, comme *bod*, il est plus petit qu'un angle droit.

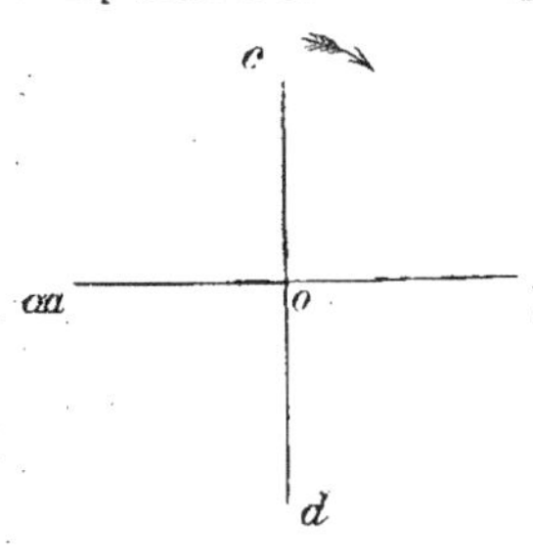

VIII. Deux angles *bod* et *cod* sont dits *compléments l'un de l'autre*, ou *complémentaires*, lorsque leur somme *boc* est égale à un angle droit.

IX. Deux angles sont dits *suppléments l'un de l'autre*, ou *supplémentaires*, lorsque leur somme équivaut à deux angles droits.

X. *Mesurer un angle*, c'est l'exprimer numériquement en le comparant à un autre angle pris arbitrairement pour unité.

PROPOSITION 1. — THÉORÈME : *Si une droite oc est perpendiculaire à une autre droite ab, 1° le prolongement od de la première est perpendiculaire à la seconde ; 2° la seconde droite ab est aussi perpendiculaire à la première cd.*

Imaginons que les deux droites *ab*, *cd*, soient liées invariablement entre elles, et qu'on les fasse tourner, dans le sens de la flèche, autour du point *o*, jusqu'à ce que le côté *oc* prenne la direction *ob*. — L'angle *aoc* étant égal par hypothèse à l'angle *boc*, le côté *oa* se couchera aussi sur *oc* (axiome 5) ; et, comme deux droites, qui ont une partie commune, coïncident dans toute leur étendue, *od*, prolongement de *oc*, tombera sur *oa*, prolongement de *ob*. — Par la même raison, *ob*, prolongement de *oa*, tombera sur *od*, prolongement de *oc* — Ainsi, de l'hypothèse angle *aoc* = angle *boc*, il résulte :

1° angle *aod* = ang *bod* ; 2° ang *coa* = ang *doa*, ang *cob* = ang *dob* ; ce qui démontre les deux parties de l'énoncé.

Corollaire 1. — *Deux droites* ab *et* cd, *perpendiculaires l'une à l'autre, divisent le plan, où elles sont situées, en quatre régions angulaires égales,* aoc, cob, bod *et* doa, *dont chacune est un angle droit.*

Corol. 2. — Ainsi, *tout angle droit est le quart d'un plan,* et partant, *tous les angles droits sont égaux.*

Scholies. — I. On dit qu'une droite *oc* fait *une révolution*, lorsque, tournant autour de son extrémité *o*, elle passe successivement par les positions *ob*, *od*, *oa*, et vient reprendre sa position initiale *oc*. — Conséquemment *un quart de révolution* correspond à un angle droit, et *une demi-révolution* à deux angles droits.

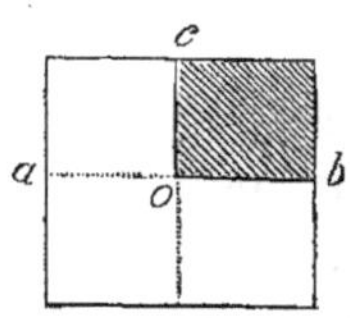

II. Pour former un angle droit, pliez une feuille de papier *en double* le long d'une droite quelconque *ab*. — Pliez ensuite le tout selon une droite *oc*, telle que le côté *oa* vienne se rabattre sur *ob*. — La feuille sera ainsi pliée en *quatre*, et l'angle *boc*, valant le quart d'un plan, sera droit.

PROP. 2. — PROBLÈME : *Trouver,* 1° *la somme de plusieurs angles ;* 2° *la différence de deux angles.*

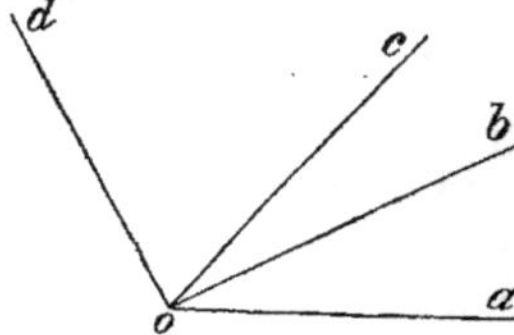

1° Pour prendre, par exemple, la somme de trois angles donnés, on les place les uns à la suite des autres en *aob*, *boc*, *cod*, de manière que chacun soit extérieurement adjacent à celui qui précède et à celui qui suit. — L'angle *aod* est la somme cherchée : car, en vertu de l'axiome 1, on a

ang *aob* + ang *boc* + ang *cod* = ang *aod*.

2° Pour obtenir la différence de deux angles, on les place en *aob*

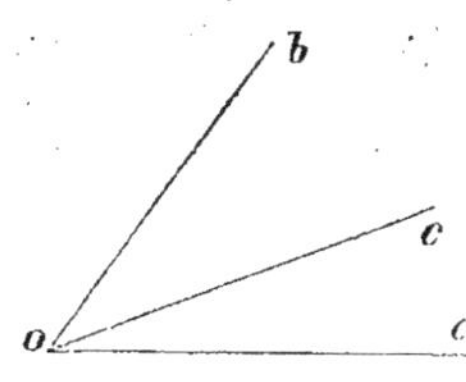

et *boc*, de manière qu'ils soient intérieurement adjacents. — La différence cherchée est l'angle *aoc*; autrement, ang *aob* — ang *boc* = ang *aoc*; car, si d'un angle *aob*, composé de deux parties *boc* et *aoc*, on retranche l'une des parties *boc,* on doit avoir pour reste l'autre partie *aoc.*

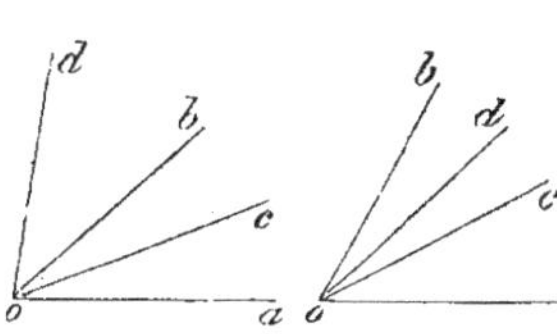

Scholie. — On peut former un angle multiple d'un autre, et en général trouver un angle équivalent à une expression de la forme $5m + 2n — 3l$, les lettres m, n, l, désignant des angles connus.

Corollaire (à démontrer). — *L'angle* cod, *que forme la bissectrice* oc *d'un angle* aob *avec une droite quelconque* od *issue du sommet* o, *est égal à la demi-somme ou à la demi-différence des angles* aod *et* bod, *suivant que la droite* od *est extérieure ou intérieure à l'angle* aob.

PROP. 3. — PROBLÈME : *Mesurer un angle donné avec l'angle droit.*

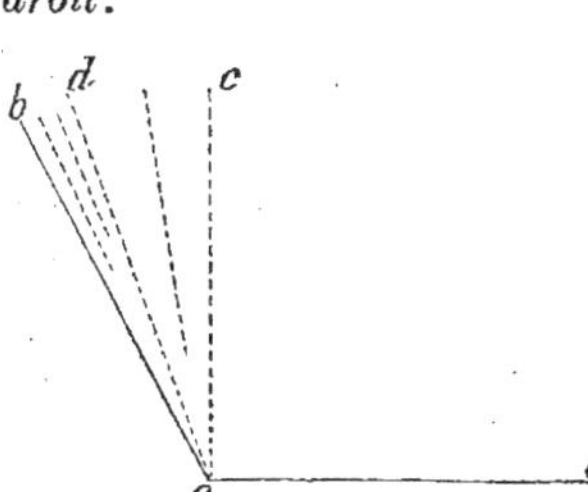

Supposons que l'angle droit ait été préalablement divisé en dix parties égales ; que chacune d'elles ait été subdivisée en dix autres parties égales, et ainsi de suite.

On trouvera d'abord, par des soustractions successives, combien l'angle donné, s'il est aigu, ou son excès sur un droit, s'il est obtus, contient de dixièmes d'angle droit. — S'il reste un angle, on le mesurera en le comparant au centième d'angle droit, etc., etc.; on continuera de la sorte jusqu'à ce que l'on parvienne à un reste qui contienne exactement l'une des subdivisions décimales de l'angle droit, ou qui soit négligeable à raison de sa petitesse.

Si, par exemple, l'angle *aob* contient un angle droit *aoc* avec un reste *cob ;* l'angle *cob,* deux dixièmes d'angle droit avec un reste *dob ;* et enfin l'angle *dob,* trois centièmes d'angle droit sans reste, on aura

ang *aob* = ang *aoc* + ang *cod* + ang *dob* = 1^d + o^d, 2 + o^d, o3 = 1^d, 23.

Scholie. — Ainsi, dire qu'un angle est exprimé par $\frac{1}{2}, \frac{2}{3}, \frac{3}{4},$ c'est dire qu'il vaut la moitié, les deux tiers, les trois quarts d'un angle droit.

PROP. 4. — THÉORÈME : *La somme de tous les angles consécutifs* aob, boc, cod, doe *et* eoa, *formés autour d'un point* o *dans un plan, est égale à quatre angles droits.*

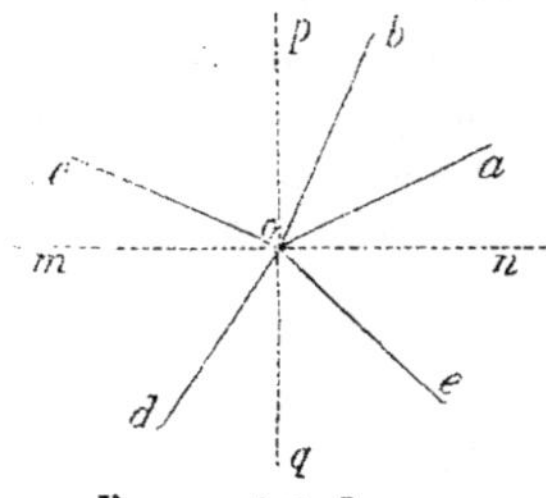

Car, si, par le point *o*, on tire à volonté deux droites *mn, pq,* perpendiculaires l'une à l'autre, l'espace occupé par tous ces angles sera aussi rempli par les quatre angles droits *mop, pon, noq, qom.*

Réciproque. — *Plusieurs angles peuvent s'assembler exactement autour d'un point dans un plan, lorsque leur somme est égale à quatre angles droits.*

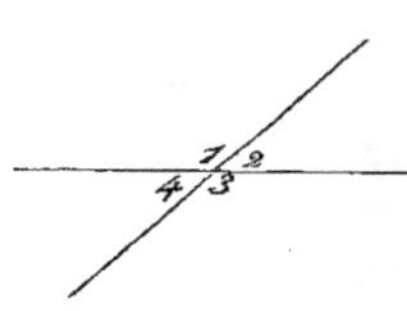

Car, si ces angles laissaient un vide sur le plan, leur somme serait plus petite que quatre angles droits ; et, si une partie du plan était doublée, cette somme serait plus grande que quatre angles droits, ce qui, dans l'un et l'autre cas, est contraire à l'hypothèse.

Corollaire. — *Deux droites qui se coupent forment quatre angles dont la somme est égale à quatre angles droits.*

PROP. 5. — THÉORÈME : *Toute droite* oc, *qui en rencontre une autre* ab, *fait avec elle deux angles adjacents* aoc *et* boc, *dont la somme est égale à deux angles droits.*

Si l'on imagine la droite *ok* perpendiculaire à la ligne *ab*, on a

ang *aoc* = ang droit *aok* + ang *koc*,
ang *boc* = ang droit *bok* — ang *koc*.

Ajoutant ces égalités, membres à membres, et supprimant les termes ang *koc* et — ang *koc* qui se détruisent, il vient

ang *aoc* + ang *boc* = 2 angles droits.

Réciproque. — *Si la somme de deux angles* aoc *et* boc, *extérieurement adjacents, est égale à deux angles droits, les côtés non communs* oa *et* ob *sont en ligne droite.*

Si *ob* n'est pas le prolongement de *oa*, soit *od* ce prolongement. — On a, par hypothèse,

ang *aoc* + ang *boc* = 2ᵈ ;

et, parce que la droite *co* rencontre la droite *aod* au point *o*, ang *aoc* + ang *cod* = 2ᵈ. — Mais, deux quantités égales chacune à une troisième sont égales entre elles ; donc

ang *aoc* + ang *boc* = ang *aoc* + ang *cod* ;

ou bien, en supprimant ang *aoc* commun aux deux membres, ang *boc* = ang *cod*, ce qui est absurde (axiome 2). — Donc, le prolongement de *oa* est *ob*.

Scholie. — On peut énoncer ces propositions comme il suit :

Toute droite qui en rencontre une autre fait avec elle deux angles adjacents, suppléments l'un de l'autre.

Réciproquement, *si deux angles extérieurement adjacents sont supplémentaires, les côtés non communs sont en ligne droite.*

PROP. 6. — THÉORÈME : *La somme de tous les angles consécutifs* aob, boc, cod *et* doe, *formés dans un plan autour d'un point* o *d'une droite* ae *et d'un même côté, est égale à deux angles droits.*

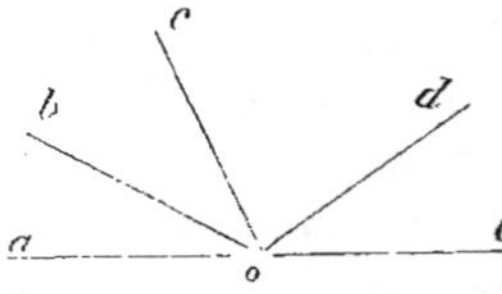

On a, parce que la droite *ob* rencontre la droite *ae* en o, ang *aob* + ang *boe* = 2^d. Substituant à l'ang *boe* ses trois parties, ang *boc*, ang *cod* et ang *doe*, il vient

$$\text{ang } aob + \text{ang } boc + \text{ang } cod + \text{ang } doe = 2^d.$$

Réciproque. — *Si la somme de plusieurs angles consécutifs* aob, boc, cod *et* doe, *formés autour d'un point* o *dans un plan, est égale à deux angles droits, les côtés extérieurs* oa *et* oe *sont en ligne droite.*

Car, la somme des trois angles *boc*, *cod*, *doe*, étant ang *boe*, on déduit de l'hypothèse ang *aob* + ang *boe* = 2^d.

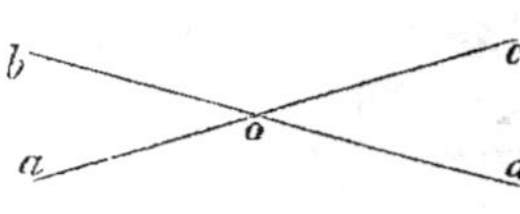

PROP. 7. — **THÉORÈME :** *Lorsque deux droites* ac, bd, *se coupent, les angles* aob *et* cod, boc *et* aod, *opposés par le sommet, sont égaux deux à deux.*

On a, parce que *ob* rencontre *ac*, ang *aob* + ang *boc* = 2^d, et, parce que *co* rencontre *bd*, ang *cod* + ang *boc* = 2^d. — Donc il vient (axiome 3), ang *aob* + ang *boc* = ang *cod* + ang *boc*, et, en supprimant l'angle commun *boc*, ang *aob* = ang *cod*. — On prouverait de même que ang *boc* = ang *aod*.

Réciproque (à démontrer). — *Quatre droites* oa, ob, oc *et* od, *issues d'un même point* o *dans un plan, n'en forment que deux,* ac *et* bd, *lorsque les angles opposés,* aob *et* cod, boc *et* aod, *sont égaux deux à deux.*

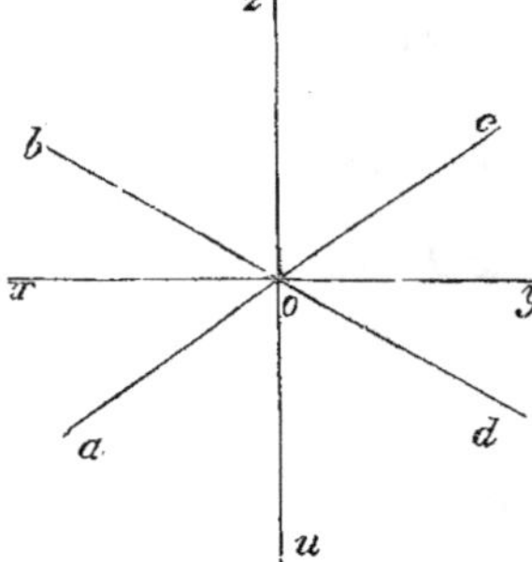

PROP. 8. — **THÉORÈME :** *Lorsque deux droites* ac *et* bd *se coupent,* 1° *les bissectrices* ox *et* oy, oz *et* ou, *des angles opposés par le sommet sont, deux à deux, en ligne droite ;* 2° *les bissectrices* xy, zu, *des angles adjacents, sont perpendiculaires l'une à l'autre.*

1° On a (prop. 6 de ce paragraphe) ang *aox* + ang *xob* + ang *boc* = 2^d ;

mais à l'angle *aox*, moitié de *aob*, on peut substituer angle *yoc*, moitié de l'angle égal *cod* ; donc

$$\text{ang } yoc + \text{ang } xob + \text{ang } boc = 2^{\text{d}} ;$$

d'où il suit, en vertu de la réciproque de la proposition citée, que *oy* est le prolongement de *ox*. — On démontrerait de la même manière que *ou* est le prolongement de *oz*.

2° Parce que la somme des deux angles adjacents *aob* et *boc* vaut deux angles droits, celle de leurs moitiés *xob* et *boz*, c'est-à-dire l'angle *xoz*, est égal à un angle droit. — Donc les droites *xy*, *zu*, sont perpendiculaires l'une à l'autre.

§ 3. — Théorie des perpendiculaires et des obliques.

I. On appelle *projection* d'un point *o* sur une droite *ab* le pied *p* de la perpendiculaire *op* abaissée du point sur la droite — Tous les points de la droite *ab* se confondent avec leurs projections.

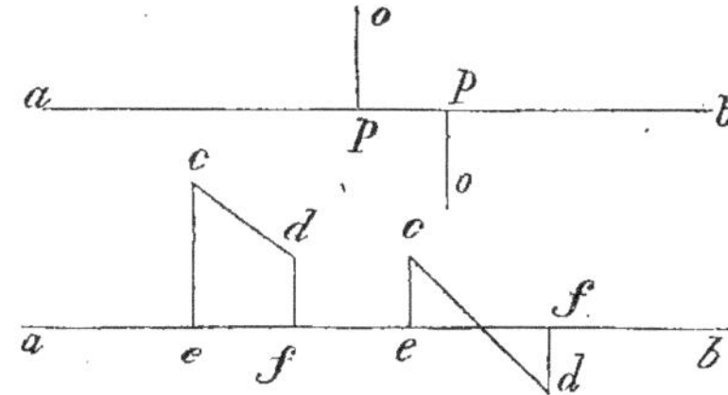

II. La *projection* d'un segment de ligne *cd* sur une droite *ab* est la portion *ef* de cette droite comprise entre les projections *e* et *f* des extrémités *c* et *d* du segment.

PROPOSITION 1. — THÉORÈME : *En un point o d'une droite* ab *on peut toujours tirer sur cette ligne une perpendiculaire, mais on ne peut en tirer qu'une.*

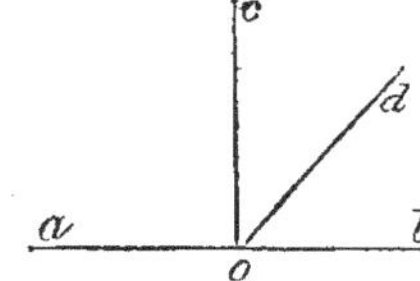

La première partie de ce théorème est évidente, car elle revient à dire qu'il est toujours possible de plier le plan de la figure selon une certaine droite *oc*, issue du point *o*, de manière que la ligne *oa* se rabatte sur la ligne *ob*, ou, en d'autres termes, de manière que l'angle *aoc* soit égal à l'angle *boc*.

Quant à la seconde partie, elle résulte de ce que toute autre droite *od,* menée par le point *o,* est oblique à la ligne *ab.* — En effet, l'angle *aod* étant plus grand que l'angle *aoc,* et ce dernier angle ou son égal *boc* étant plus grand que l'angle *bod,* on a aussi ang *aod* $>$ ang *bod.*

PROP. 2. — THÉORÈME : *D'un point* o, *pris hors d'une droite* ab, *on peut toujours tirer sur cette ligne une perpendiculaire, mais on ne peut en tirer qu'une.*

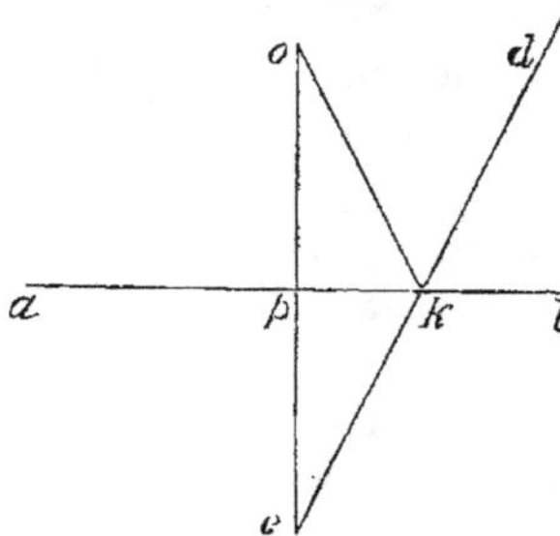

Soit *c* la position que viendrait occuper le point *o,* si, pliant le plan de la figure le long de *ab,* on rabattait sa partie supérieure sur sa partie inférieure. — Unissons les points *o* et *c* par la droite *oc,* qui coupe *ab* en *p,* et opérons ensuite le rabattement en question. — Le point *p,* situé sur la charnière *ab,* restant fixe, et le point *o* se plaçant en *c,* la droite *po* s'appliquera sur *pc,* et, par suite, l'angle *apo* sur l'angle *apc :* donc *ab* est perpendiculaire sur *oc,* et réciproquement *oc* est perpendiculaire sur *ab.*

Reste maintenant à faire voir que *op* est la seule perpendiculaire que l'on puisse tirer du point *o* sur la ligne *ab,* ou, en d'autres termes, que toute autre droite *ok,* issue du même point *o,* est oblique à cette ligne. — Dans le rabattement, *ok* prenant la position *ck,* on a ang *ako* = ang *akc ;* mais si l'on prolonge *ck* vers *d,* il vient, parce que les angles opposés par le sommet sont égaux, ang *akc* = ang *bkd ;* d'où résulte ang *ako* = ang *bkd ;* or, ang *bko* est $>$ ang *bkd ;* donc aussi ang *bko* est $>$ ang *ako.*

Scholie. — Une droite est déterminée en direction lorsqu'elle est assujettie à passer par un point donné et à être perpendiculaire à une droite donnée.

PROP. 3. — THÉORÈME : 1° *Tout point* k, *situé sur la perpendiculaire* cd *élevée sur le milieu d'une droite* ab, *est également éloigné des extrémités* a *et* b *de cette ligne ;* 2° *tout point* m, *situé hors de cette perpendiculaire, est inégalement éloigné des mêmes extrémités.*

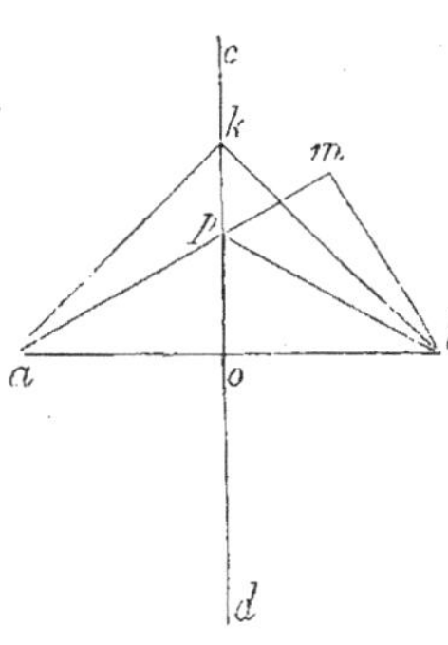

1° Plions le plan de la figure selon la perpendiculaire *cd*, de manière que la partie de gauche se rabatte sur la partie de droite. — Parce que ang *aoc*=ang *boc, oa* prendra la direction *ob*, et, parce que *oa = ob*, le point *a* tombera en *b* ; et, comme le point *k* de la charnière est immobile, la droite *ak* s'appliquera sur la droite *bk*. — Donc *ak = bk*.

2° Joignant le point *b* au point *p* où la perpendiculaire *cd* est coupée par *am*, il vient *pa=pb* ; mais, par la définition de la ligne droite, on a *mb* < *mp* + *pb* ; donc on a aussi *mb* < *mp* + *pa* ou *mb* < *ma*.

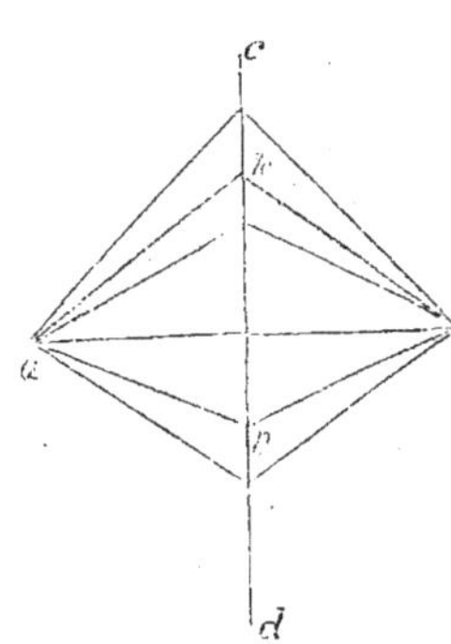

Scholie. — La plus petite *mb* des deux distances *ma* et *mb* a ses extrémités *m* et *b* d'un même côté de la perpendiculaire *cd*, tandis que celles *m* et *a* de la plus grande *ma* sont de différents côtés de cette ligne.

Corollaire 1. — La perpendiculaire élevée sur le milieu d'une droite est le lieu de tous les points également distants des extrémités de cette droite.

Corollaire 2. — Toute ligne cd, *qui a deux points* k *et* p *chacun à égale distance des extrémités* a *et* b *d'une droite* ab, *est perpendiculaire sur le milieu de cette droite.* — Les points *k* et *p* appartiennent l'un et l'autre à la perpendiculaire dont il s'agit, sans quoi ils seraient à inégale distance des extrémités *a* et *b*, ce qui est contre l'hypothèse ; or, la direction d'une droite est déterminée par deux points ; donc la ligne *cd* est perpendiculaire sur le milieu de la droite *ab*.

Prop. 4. — Théorème : *Si d'un point* o, *pris hors d'une droite* ab, *on tire sur cette droite la perpendiculaire* oc *et diverses obliques* od, oe, of...., 1° *la perpendiculaire* oc *est plus courte que toute oblique* oe ; 2° *les obliques* od *et* oe, *qui ont des projec-*

lions égales cd *et* ce, *sont égales*; 3° *de deux obliques quelconques* od *et* of, *celle* od, *qui a la moindre projection* cd, *est la plus petite*.

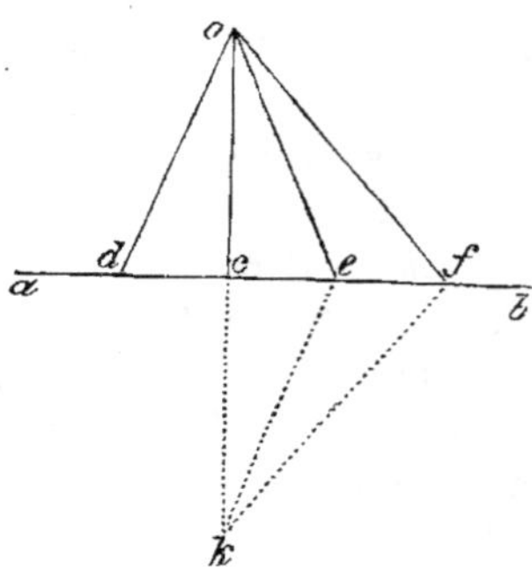

1° Si l'on prolonge *oc* d'une quantité égale *ck*, la droite *ab* se trouve perpendiculaire sur le milieu de *ok*, et par suite il vient *oe = ek* ; mais, en vertu de la définition de la ligne droite, on a *ok < oe + ek ;* donc *oc*, moitié de *ok*, est plus petit que *oe*, moitié de *oe + ek*.

2° *od = oe*. — Cela résulte de ce que le point *o* appartient à la ligne *oc*, perpendiculaire sur le milieu de la droite *de*.

3° Parce que le point *f* est situé sur *ab*, il vient *of = fk* ; or, toute ligne convexe étant moindre que sa ligne enveloppe, on a *oe + ek < of + fk* ou 2*oe* < 2*of*, ou bien encore, en prenant les moitiés, *oe < of* ; mais *oe = od ;* donc, on a aussi *od < of*.

Corollaire. — *D'un point pris hors d'une droite on ne peut abaisser sur cette droite plus de deux obliques égales :* — car, si l'on pouvait en tirer trois, il y en aurait deux d'un même côté de la perpendiculaire, ce qui est contraire à la troisième partie du présent théorème.

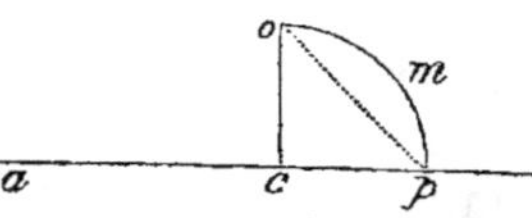

Scholie. — On mesure naturellement *la distance d'un point* o *à une droite* ab par la perpendiculaire *oc* tirée du point sur la droite. — La ligne *oc* est en effet plus courte que toute autre ligne *omp*, qui unit le point *o* à un point quelconque *p* de la droite *ab*. — Cela résulte des inégalités *oc < op* et *op < omp* ; d'où l'on conclut *oc < omp*.

Prop. 5. — Théorème : 1° *Tout point* k, *situé sur la bissectrice* ox *d'un angle* aob, *est également distant des côtés* oa *et* ob *de cet angle ;* 2° *tout point* m, *situé hors de cette bissectrice, est inégalement distant des mêmes côtés*.

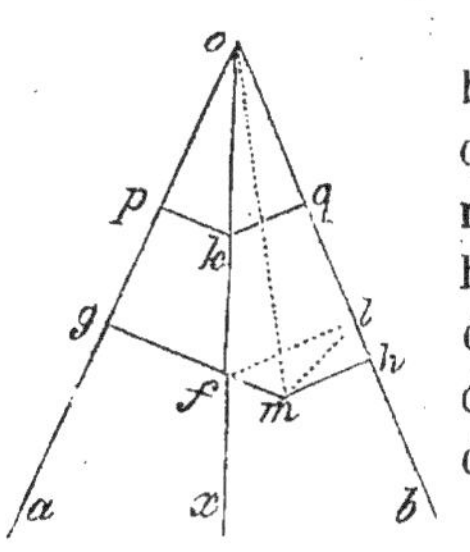

1° Si on plie le plan de l'angle selon la bissectrice *ox*, le côté *oa* viendra s'appliquer sur le côté *ob*, et, comme le point *k* reste immobile, la perpendiculaire *kp* tombera sur la perpendiculaire *kq*, sans quoi du point *k* on pourrait tirer deux perpendiculaires sur *ob*, ce qui est impossible : donc $kp = kq$.

2° Du point *f*, où la bissectrice *ox* est coupée par la ligne *mg*, abaissons *fl* perpendiculaire sur *ob* et tirons *ml*. On a $ml < mf + fl$; ou, à cause de $fl = fg$, $ml < mf + fg$, c'est-à-dire $ml < mg$; mais, parce que la perpendiculaire est moindre qu'une oblique, *mh* est $< ml$; donc, à plus forte raison, il vient $mh < mg$.

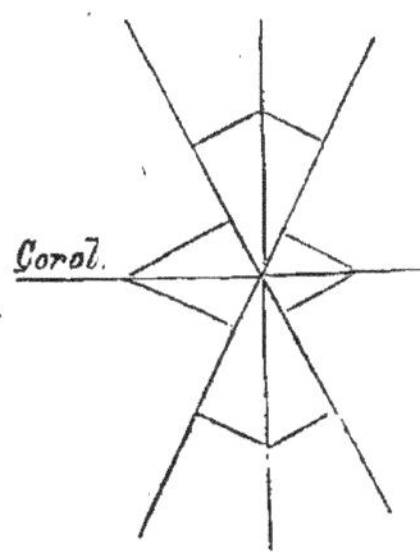

Scholie. — Les extrémités *m* et *h* de la distance la plus courte *mh* se trouvent d'un même côté de la bissectrice *ox*, tandis que celles *m* et *g* de la plus grande *mg* sont situées de différents côtés.

Corollaire. — *Les bissectrices des angles formés par deux droites qui se coupent, sont le lieu de tous les points également distants de ces deux droites.*

§ 4. — Théorie des parallèles.

I. Deux droites sont *parallèles* lorsque, étant situées dans le même plan, elles ne peuvent se rencontrer, à quelque distance qu'on les prolonge l'une et l'autre.

II. Quand deux droites *ab* et *cd*, concourantes ou parallèles, sont coupées par une troisième droite *eh*, appelée *sécante* ou *transversale*, il y a, autour des points d'intersection *f* et *g*, huit angles, qui, considérés deux à deux, prennent les dénominations suivantes : on nomme 1° *angles internes d'un même côté* les angles *bfh* et *dge*, ainsi que les angles *afh* et *cge*; 2° *angles externes d'un*

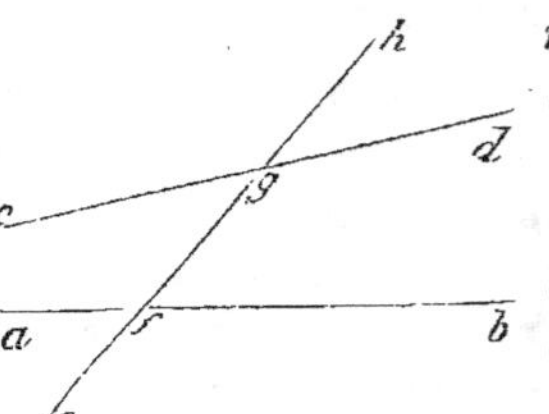

même côté, les angles *bfe* et *dgh*, ainsi que les angles *afe* et *cgh*; 3° *angles internes-externes* ou *correspondants* les angles *bfh* et *dgh*, ainsi que les angles *bfe* et *dge*; tels sont encore les angles *afh* et *cgh* et les angles *afe* et *cge*; 4° *angles alternes-internes* les angles *bfh* et *cge*, ainsi que les angles *afh* et *dge*; 5° *angles alternes-externes* les angles *bfe* et *cgh*, ainsi que les angles *afe* et *dgh*.

PROPOSITION 1. — THÉORÈME : *Deux droites* ab *et* cd, *prolongées suffisamment, se rencontrent, lorsqu'elles font avec une sécante* eh, *et d'un même côté, deux angles internes* bfh *et* dge, *dont la somme est plus petite ou plus grande que deux angles droits.*

1° Soit d'abord ang *bfh* + ang *dge* < 2^d. — Parce que la somme des angles adjacents *dgh* et *dge* vaut deux angles droits, l'hypothèse revient à ang *bfh* + ang *dge* < ang *dgh* + ang *dge*, ou bien à ang *bfh* < ang *dgh*. — Or, si la ligne

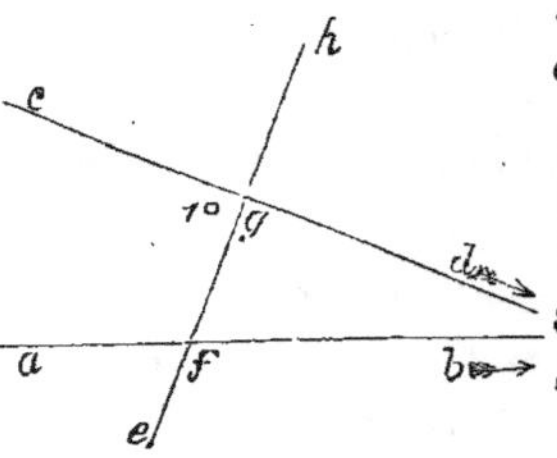

cd ne rencontrait pas la ligne *ab* à droite de la sécante *eh*, il en résulterait que l'angle *bfh*, moindre que l'angle *dgh*, se composerait de ce même angle *dgh* et de l'espace plan indéfini *bfgd* compris entre *fg*, *fb* et *gd*, ce qui est absurde. Donc les lignes *ab* et *cd* doivent se couper essentiellement à droite de la sécante *eh*.

2° Soit maintenant ang *bfh* + ang *dge* > 2^d. — La somme des angles adjacents *bfh*, *afh* valant deux angles droits, ainsi que celle des angles adjacents *dge*, *cge*, la somme de ces quatre angles est égale à quatre angles droits. — Or, par

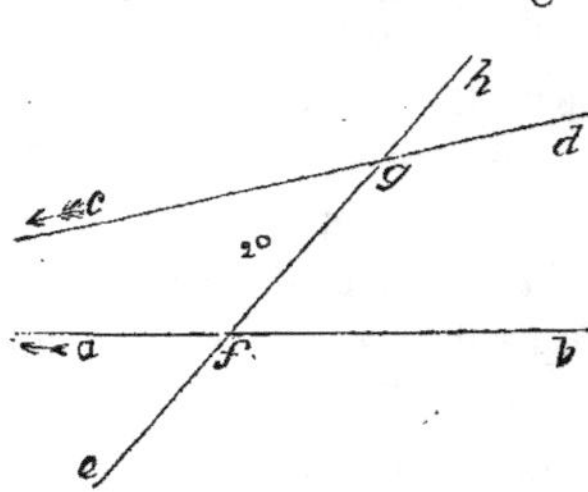

hypothèse, ang *bfh* + ang *dge* > 2^d; donc, par compensation, ang *afh* + ang *cge* > 2^d; d'où il suit que les droites *ab*, *cd*, doivent se rencontrer à gauche de la sécante *eh*.

Corollaire. — *Deux droites* cd *et* ef, *respectivement perpendiculaires aux côtés* oa *et* ob *d'un angle* aob, *se rencontrent essentiellement.* — Car, si l'on tire la sécante *ce*, on a ang *dce* < angle droit *dco*, ang *fec* < angle droit *feo*, et, en ajoutant,

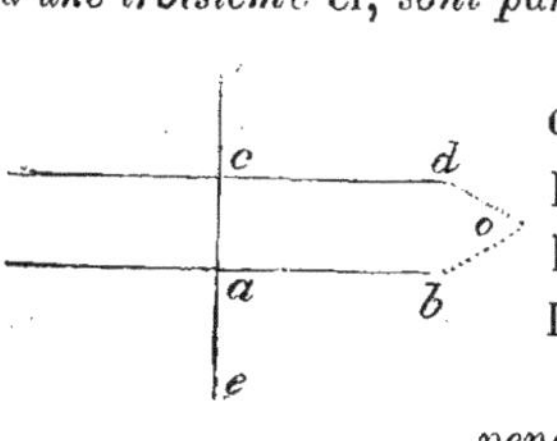

$$\text{ang } dce + \text{ang } fec < 2^{\text{d}}.$$

Prop. 2. — Théorème : *Deux droites* ab *et* cd, *perpendiculaires à une troisième* ef, *sont parallèles.*

Car, si ces droites se rencontraient en un certain point *o*, on pourrait de ce point tirer sur la droite *ef* deux perpendiculaires *oa* et *oc*, ce qui est impossible.

Réciproque. — *Toute droite* ef, *perpendiculaire à une droite* ab, *est aussi perpendiculaire à sa parallèle* cd.

Car, si l'angle *dce* n'était pas droit, la somme des angles internes *baf* et *dce* différerait de deux angles droits, et, par suite, les droites *ab*, *cd*, seraient concourantes, ce qui est contre l'hypothèse.

Corollaire. — *Par un point* o, *situé hors d'une droite* ab, *on peut toujours mener une parallèle à cette droite, mais on ne peut en mener qu'une.* — D'abord, si l'on tire *ok* perpendiculaire à *ab*, puis *od* perpendiculaire à *ok*, la droite *od* sera évidemment parallèle à la droite *ab*. — En second lieu, toute autre ligne *om*, menée par le point *o*, rencontrera *ab* ; car, l'angle *mok* étant aigu ou obtus, la somme des angles internes *bko* et *mok* sera < ou > 2^{d}.

Scholie. — Une droite est déterminée en direction, lorsqu'elle est astreinte à passer par un point donné et à être parallèle à une droite donnée.

Prop. 3. — Théorème : *Lorsque deux parallèles* ab, cd, *sont traversées par une sécante* eh :

1° *Les angles* bfh, dge, *internes d'un même côté, sont supplémentaires ;*

Fig. des prop 3 et 4.

2° *Les angles* bfe, dgh, *externes d'un même côté, sont supplémentaires ;*

3° *Les angles correspondants* bfh, dgh, *sont égaux ;*

4° *Les angles alternes-internes* bfh, cge, *sont égaux ;*

5° *Les angles alternes-externes* bfe, cgh *sont égaux.*

1° Les angles *bfh*, *dge* sont supplémentaires : car, si leur somme était plus petite ou plus grande que deux angles droits, les lignes *ab*, *cd* se couperaient, ce qui est contre l'hypothèse.

2° Les angles *afh*, *cge* étant internes d'un même côté, il vient ang *afh* + ang *cge* = 2^d ; mais ang *afh* = ang *bfe*, ang *cge* = ang *dgh* ; donc aussi ang *bfe* + ang *dgh* = 2^d.

3° Ang *bfh* = ang *dgh*, car chacun de ces angles est le supplément de l'angle *dge*.

4° Ang *bfh* = ang *cge*, car chacun de ces angles est le supplément de l'angle *dge*.

5° Ang *bfe* = ang *cgh*, car chacun de ces angles est le supplément de l'angle *dgh*.

Prop. 4. — Réciproque : *Deux droites* ab, cd, *sont parallèles dans chacun des cinq cas qui suivent, savoir, lorsqu'elles font avec une sécante* eh :

1° *Deux angles internes d'un même côté*, bfh *et* dge, *suppléments l'un de l'autre ;*

2° *Deux angles externes d'un même côté*, bfe *et* dgh, *suppléments l'un de l'autre ;*

3° *Deux angles correspondants* bfh *et* dgh, *égaux entre eux ;*

4° *Deux angles alternes-internes*, bfh *et* cge, *égaux entre eux ;*

5° *Deux angles alternes-externes*, bfe *et* cgh, *égaux entre eux.*

1° Imaginons que, la partie *afgc* de la figure restant immobile, la partie *dgfb* fasse une demi-révolution autour du milieu *o* de la droite *fg*, de sorte que le point *f* vienne tomber en *g*, et le point *g* en *f*. — L'angle *cge* étant le supplément de son adjacent *dge*, et, par hypothèse, l'angle *bfh* étant supplémentaire du même angle, il vient ang *cge* = ang *bfh*; donc *fb* prendra la direction *gc*. — On prouvera de la même manière que *gd* tombe sur *fa* — De là suit que, si les droites *ab*, *cd*, se coupaient d'un côté de la sécante *eh*, elles se couperaient aussi de l'autre côté de cette ligne; elles auraient donc deux points communs, et partant, elles se confondraient, ce qui est contraire à l'hypothèse : donc ces droites sont parallèles.

2° Si les angles *bfe*, *dgh* sont supplémentaires, leurs égaux *afh*, *cge*, comme opposés par le sommet, sont aussi supplémentaires, et, par conséquent, les droites *ab*, *cd*, sont parallèles.

3° L'angle *dge*, supplément de son adjacent *dgh*, est aussi le supplément de l'angle *bfh*, qui lui est égal par hypothèse : donc *ab* est parallèle à *cd*.

4° L'angle *dge*, supplément de l'angle adjacent *cge*, est aussi le supplément de l'angle *bfh*, son égal par hypothèse : donc *ab* est parallèle à *cd*.

5° L'angle *dgh*, supplémentaire de *cgh*, est aussi supplémentaire de l'angle égal *bfe*; conséquemment les droites *ab*, *cd*, sont parallèles.

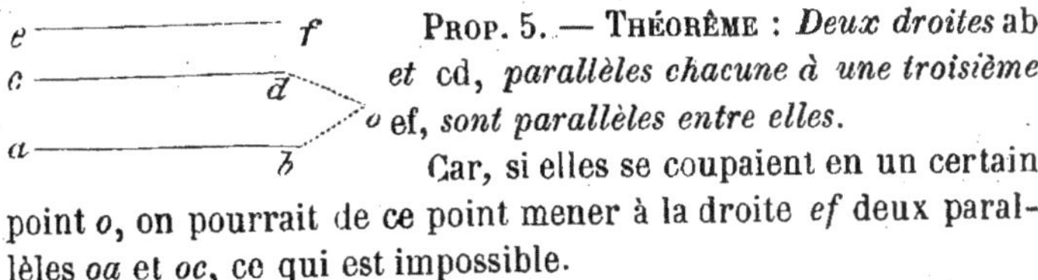

PROP. 5. — THÉORÈME : *Deux droites* ab *et* cd, *parallèles chacune à une troisième* ef, *sont parallèles entre elles.*

Car, si elles se coupaient en un certain point *o*, on pourrait de ce point mener à la droite *ef* deux parallèles *oa* et *oc*, ce qui est impossible.

PROP. 6. — THÉORÈME : *Deux angles* aob, a' o' b', *sont égaux, lorsque leurs côtés* oa *et* o' a', ob *et* o' b', *sont parallèles deux à deux, et dirigés à la fois dans le même sens ou dans des sens contraires.*

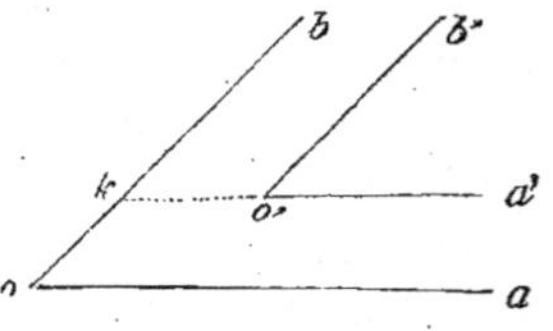

1° Soit prolongé le côté $o'a'$ jusqu'au point k du côté ob. — On a ang aob = ang $a'kb$, comme correspondants par rapport aux parallèles oa, ka', traversées par la sécante ob; et ang $a'kb$ = ang $a'o'b'$, pour la même raison, par rapport aux parallèles ob, $o'b'$, traversées par ka'. — Donc

$$\text{ang } aob = \text{ang } a'o'b'.$$

2° On a ang aob = ang $o'kb$, comme correspondants relativement aux parallèles oa, $o'a'$, coupées par ob; et ang $o'kb$ = ang $a'o'b'$, comme alternes-internes relativement aux parallèles ob, $o'b'$, coupées par $o'a'$. — Donc ang aob = ang $a'o'b'$.

Scholie 1. — *Deux angles* aob, a'o'b', *sont supplémentaires, lorsque leurs côtés* oa *et* o'a', ob *et* o'b', *sont parallèles, sans être dirigés à la fois dans le même sens ou dans des sens contraires :* car l'angle aob est égal à l'angle $o'kb$, et ce dernier angle est le supplément de l'angle $a'o'b'$.

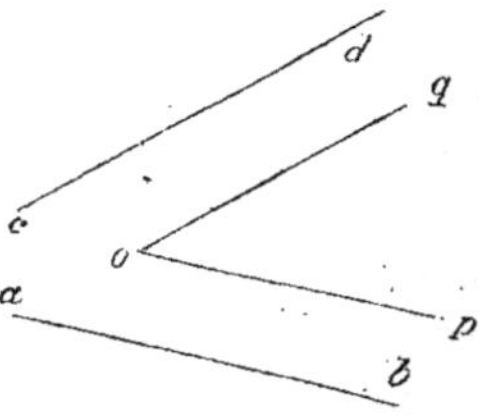

Scholie 2. — Pour obtenir l'angle de deux droites ab, cd, sans les prolonger, par un point quelconque o, menez op parallèle à ab et oq parallèle à cd. — L'angle poq, en vertu du présent théorème, sera l'angle cherché.

Si la droite oq se confondait avec op, auquel cas l'angle poq serait nul, les droites ab, cd, parallèles chacune à la droite op, seraient parallèles entre elles. — Conséquemment, on peut dire que *deux parallèles font entre elles un angle nul.*

PROP. 7 — THÉORÈME : *Les portions de parallèles* ef *et* gh, *comprises entre deux parallèles* ab *et* cd, *sont égales.*

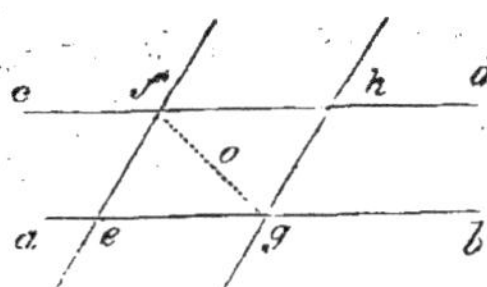

Tirons la droite *fg*, et supposons que, la figure *feg* restant immobile, la figure *fgh* fasse une demi-révolution autour du milieu *o* de *fg*, en sorte que le point *g* vienne tomber en *f*, et le point *f* en *g*. — Les angles *gfe*, *fgh* étant égaux comme alternes-internes à cause des parallèles *ef*. *gh*, traversées par *fg*, la droite *gh* prendra la direction *fe*, et par conséquent le point *h* tombera sur *fe* ou sur son prolongement. — On prouvera de même que *fh* prend la direction *ga*, et que le point *h* tombe sur quelque point de cette ligne. — Donc le point *h*, se trouvant à la fois sur *fe* et *ga*, ne peut tomber qu'en *e*, et par suite on a *ef = gh*.

PROP. 8. — THÉORÈME : *Deux parallèles* ab, cd, *sont partout également distantes.*

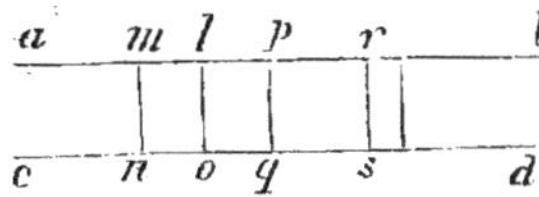

Car les distances *mn, lo, pq.....,* des points *m, l, p.....*, de la droite *ab* à la droite *cd*, sont parallèles, comme perpendiculaires à la même ligne *cd*, et égales, comme portions de parallèles comprises entre deux parallèles.

Réciproque. — *Deux droites* ab, cd, *sont parallèles lorsque deux points* m *et* l *de l'une* ab *sont également distants de l'autre* cd, *et situés d'un même côté.*

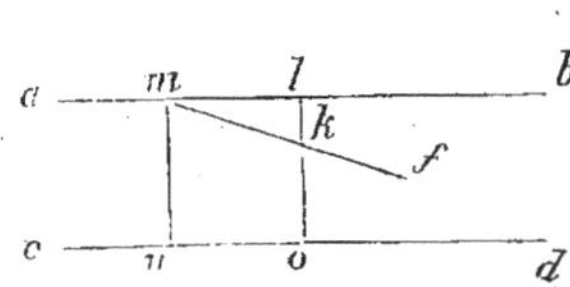

S'il n'en était pas ainsi, la droite *mf*, menée par le point *m*, parallèlement à *cd*, couperait la ligne *lo* en un point *k*, tel que *mn = ko* ; mais, par hypothèse, *mn = lo* ; donc *ko = lo*, ce qui est absurde. — Conséquemment, *ab* est parallèle à *cd*.

Scholies. — I. On appelle *distance de deux parallèles* ab, cd, la portion constante *mn*, qu'elles interceptent sur l'une quelconque de leurs perpendiculaires communes.

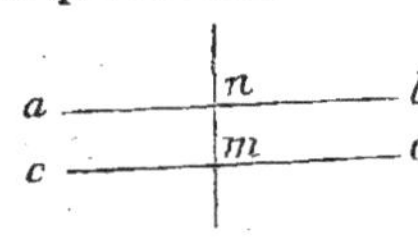

II. Deux droites qui se confondent peuvent être considérées comme deux parallèles dont la distance est nulle.

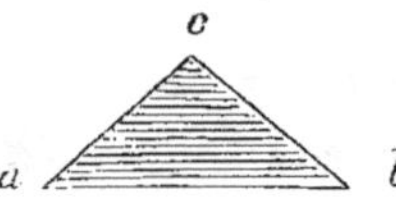

Corollaire 1. — *Le lieu des points également distants d'une droite* ab *est un système de deux lignes* cd, ef, *parallèles à cette droite.*

Corollaire 2. — *Le lieu des points également distants de deux lignes parallèles* cd, ef, *est une droite* ab, *qui leur est parallèle et qui en est équidistante.*

§ 5. — Egalité et propriétés des triangles.

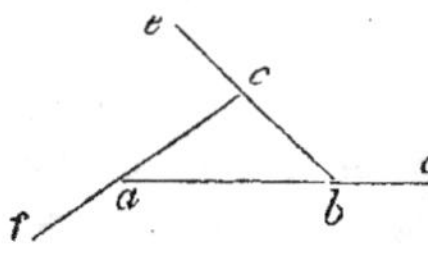

I. Un *triangle* est l'espace qu'interceptent sur un plan trois portions de droites qui ont deux à deux une extrémité commune.

Tout triangle *abc* a six parties ou éléments : trois côtés, *ab*, *bc*, *ca* ; et trois angles, *a*, *b*, *c*.

Les angles *cbd*, *ace*, *baf*, supplémentaires des angles intérieurs, sont dits *extérieurs au triangle* abc.

II. On divise les triangles en triangles *rectangles* et en triangles *obliquangles*.

Un triangle est *rectangle* lorsqu'il a un angle droit. — Le côté opposé à l'angle droit s'appelle *hypoténuse*.

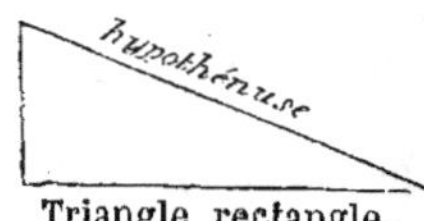
Triangle rectangle.

Un triangle est *obliquangle* lorsqu'aucun de ses angles n'est droit.

— Il est dit *obtusangle* quand le plus grand de ses angles est obtus, et *acutangle* quand ses trois angles sont aigus.

III. Un triangle peut être *équilatéral*, *isocèle* ou *scalène*.

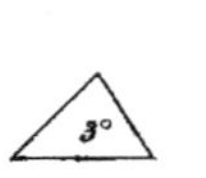
Base.

1° Un triangle est équilatéral lorsque ses trois côtés sont égaux.

2° Un triangle est isocèle lorsque deux côtés seulement sont égaux. — Le côté qui n'a pas d'égal prend le nom de *base*.

3° Un triangle est scalène lorsque ses trois côtés sont inégaux.

IV. Un triangle est *équiangle* quand ses trois angles sont égaux, et *isoangle* quand deux angles seulement sont égaux.

PROPOSITION 1. — THÉORÈME : *Deux triangles* abc, a'b'c' *sont égaux lorsqu'ils ont un côté égal adjacent à deux angles égaux chacun à chacun.*

Soient côté ab = côté $a'b'$, ang a = ang a', ang b = ang b'.

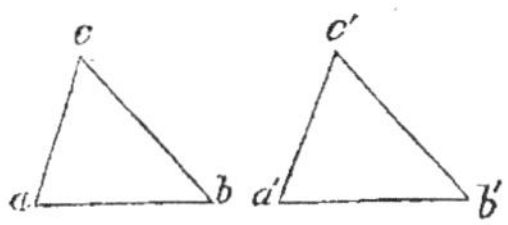

Je pose le triangle $a'b'c'$ sur le triangle abc, de manière que le côté $a'b'$ s'applique exactement sur son égal ab. Parce que ang a = ang a', le côté $a'c'$ prendra la direction ac, et le sommet c' tombera en quelque point du côté ac ou de son prolongement. — De même, parce que ang b = ang b', le côté $b'c'$ prendra la direction bc, et le sommet c' tombera quelque part sur le côté bc ou sur son prolongement. — Donc, le sommet c', devant se trouver à la fois sur les deux droites ab et ac, ne pourra tomber que sur leur point d'intersection c; donc (axiome 5) les triangles abc, $a'b'c'$, sont égaux.

Corollaire 1. — Des trois égalités
côté ab = côté $a'b'$, ang a = ang a', ang b = ang b',
on peut conclure les trois suivantes :
ang c = ang c', côté ac = côté $a'c'$, côté bc = côté $b'c'$.

Corol. 2. — *Un triangle est déterminé par un côté et les deux angles adjacents.*

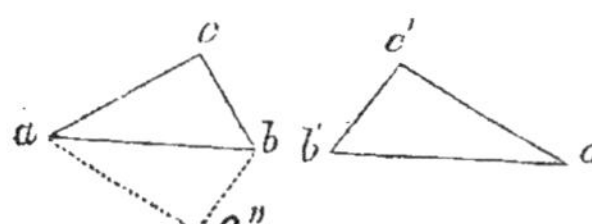

Scholie. — Quand les trois parties, supposées égales dans les deux triangles, sont disposées dans des sens inverses, il faut, pour opérer la superposition, porter le triangle $a'b'c'$ en abc'', et plier ensuite le plan de la figure selon ab.

PROP. 2. — THÉORÈME : *Deux triangles sont égaux lorsqu'ils ont un angle égal compris entre deux côtés égaux chacun à chacun.*

Soient ang a = ang a', côté ab = côté $a'b'$, côté ac = côté $a'c'$

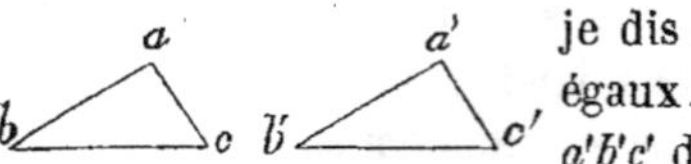

je dis que les triangles *abc*, *a'b'c'* sont égaux. — Je transporte le triangle *a'b'c'* de manière que le côté *a' b'* s'applique sur son égal *ab*, savoir : le sommet *a'* sur le sommet *a*, et le sommet *b'* sur le sommet *b*. Parce que ang *a'* = ang *a*, le côté *a' c'* prendra la direction *ac*; et, comme côté *a'c'* = côté *ac*, le sommet *c'* tombera en *c* ; mais, du point *b* au point *c*, on ne peut tirer qu'une seule ligne droite : donc le côté *b'c'* couvrira exactement le côté *bc* ; donc les triangles *abc*, *a'b'c'*, sont égaux.

Corollaire 1. — Des trois égalités

angle *a* = ang *a'*, côté *ab* = côté *a' b'*, côté *ac* = côté *a'c'*,

on peut conclure les trois qui suivent :

côté *bc* = côté *b'c'*, angle *b* = angle *b'*, angle *c* = angle *c'*.

Corol. 2. — *Un triangle est déterminé par deux côtés et l'angle compris.*

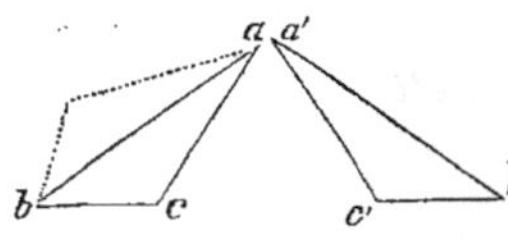

Scholie. — Si les trois parties, égales par hypothèse, étaient disposées dans des sens inverses, il faudrait, pour opérer la superposition, faire coïncider *a'b'* avec *ab*, et plier ensuite le plan de la figure selon le côté commun *ab*.

PROP. 3. — LEMME : *Si deux triangles ont un angle inégal compris entre deux côtés égaux chacun à chacun, le troisième côté, opposé au plus petit angle, est plus petit que le troisième côté, opposé au plus grand angle.*

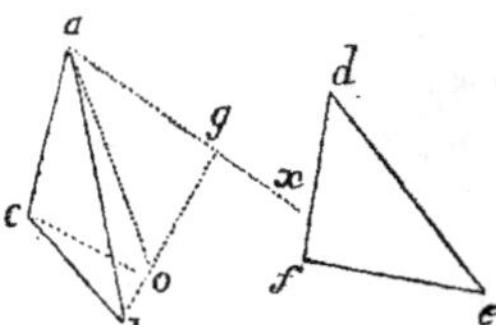

Soient ang *bac* < ang *edf*, côté *ab* = côté *de*, côté *ac* = côté *df* ; je dis que côté *bc* est < côté *ef*. — Après avoir fait ang *bax* = ang *d*, je prends *ag* = *df* ou *ac*, et je tire *bg* ; comme *ab* = *de* par supposition, les triangles *bag*, *edf*, ont un angle égal compris entre côtés égaux, et par conséquent *bg* = *ef*. — Or, l'angle *bac* étant moindre que l'angle *bag*, la bissectrice *ao* de l'angle *cag* tombe entre *ab* et *ag*, et par suite elle coupe le côté *bg* en un certain point *o*. — Tirant la droite *co*, les

triangles *aoc, aog*, sont égaux, parce que 1° ang *oac* = ang *oag ;*
2° côté *ao* est commun ; 3° côté *ac* = côté *ag ;* d'où il résulte
oc=og. — Maintenant, le plus court chemin du point *b* au point *c*
étant la droite *bc*, on a

$$bc < bo + oc \text{ ou } bc < bo + og, \text{ ou enfin } bc < bg ;$$

mais *bg* = *ef ;* donc il vient aussi *bc* < *ef*.

Réciproque. — *Si deux triangles ont un côté inégal compris
enntre deux côtés égaux chacun à chacun, l'angle opposé au plus
petit côté est plus petit que l'angle opposé au plus grand
côté.*

Soient côté *bc* < côté *ef*, côté *ab* = côté *de*, côté *ac* = côté *df ;*

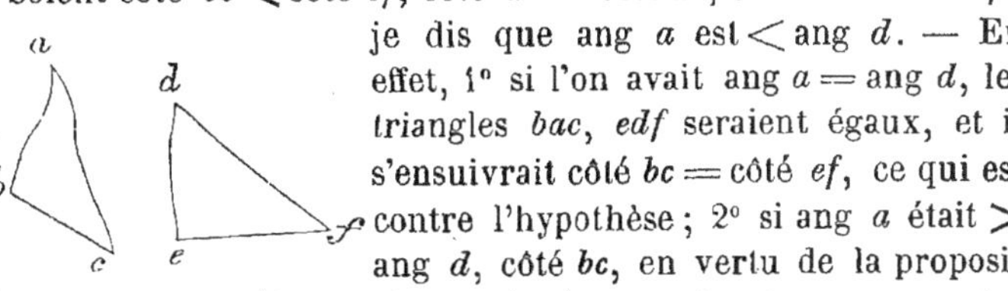

je dis que ang *a* est < ang *d*. — En
effet, 1° si l'on avait ang *a* = ang *d*, les
triangles *bac, edf* seraient égaux, et il
s'ensuivrait côté *bc* = côté *ef*, ce qui est
contre l'hypothèse ; 2° si ang *a* était >
ang *d*, côté *bc*, en vertu de la proposi-
tion directe, serait aussi > côté *ef*, ce qui est encore contre
l'hypothèse. — Il faut donc que ang *a* soit < ang *d*.

PROP. 4. — THÉORÈME : *Deux triangles sont égaux lorsqu'ils
ont leurs trois côtés égaux chacun à chacun.*

Soient côté *ab* = côté *a' b'*, côté *ac* = côté *a' c'*, côté *bc* = côté *b' c' ;*

je dis que les triangles *abc, a'b'c'*, sont
égaux. — Cette assertion deviendra
évidente si l'on prouve que ang *a* =
ang *a'*. Or, si ang *a* était < ou >
ang *a'*, côté *bc*, à cause du lemme précédent, serait aussi < ou >
côté *b'c'*, ce qui est contraire à l'hypothèse. — Donc ang *a* = ang *a'*,
et partant les triangles *abc, a'b'c'*, sont égaux.

Corollaire 1. — Des trois égalités

côté *ab* = côté *a' b'*, côté *ac* = côté *a'c'*, côté *bc* = côté *b' c'*,

il résulte celles-ci :

ang *a* = ang *a'*, ang *b* = ang *b'*, ang *c* = ang *c'*.

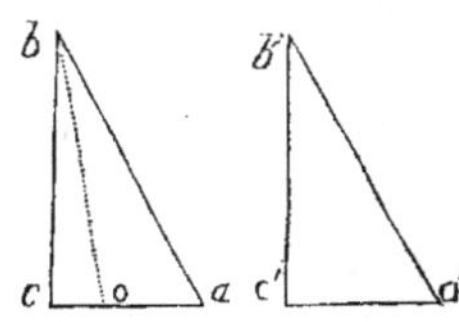

La réciproque est fausse. — En d'autres termes : *dans un triangle, l'égalité des angles n'entraîne pas celle des côtés.* — En effet, si l'on tire à volonté $b'c'$ parallèle au côté bc, les triangles abc, $ab'c'$, auront des angles égaux, savoir : ang a commun, ang $b =$ ang $ab'c'$, ang $c =$ ang $ac'b'$; et des côtés inégaux, ab et ab', ac et ac', bc et $b'c'$.

Corol. 2. — *Un triangle est déterminé par ses trois côtés, mais il ne l'est pas par ses trois angles.*

PROP. 5. — THÉORÈME : *Deux triangles rectangles sont égaux lorsqu'ils ont l'hypoténuse égale et un angle adjacent égal.*

Soient hyp $ab =$ hyp $a'b'$ et ang $a =$ ang a' ; je dis que les triangles rectangles abc, $a'b'c'$ sont égaux. — L'égalité sera manifeste si l'on démontre que côté $ac =$ côté $a'c'$. — Or, s'il n'en est pas ainsi, prenons $ao = a'c'$ et tirons bo. — Les triangles abo, $a'b'c'$, sont égaux, parce que 1° ang $a =$ ang a' ; 2° côté $ab =$ côté $a'b'$; 3° côté $ao =$ côté $a'c'$; donc angle aob, opposé à ab, est égal à angle c', opposé à $a'b'$; mais ce dernier angle est droit : donc l'angle aob est aussi droit, et par suite les droites bc et bo, issues du point b, sont perpendiculaires sur ac, ce qui est impossible. — Donc côté $ac =$ côté $a'c'$, et triang $abc =$ triang $a'b'c'$.

Corollaire 1. — Des deux égalités
$$\text{hyp } ab = \text{hyp } a'b' \text{ et ang } a = \text{ang } a',$$
on peut déduire celles-ci :
$$\text{côté } ac = \text{côté } a'c', \text{ côté } bc = \text{côté } b'c', \text{ ang } abc = \text{ang } a'b'c'.$$

Corollaire 2. — *Un triangle rectangle est déterminé par l'hypoténuse et l'un des angles adjacents.*

PROP. 6. — THÉORÈME : *Deux triangles rectangles sont égaux lorsqu'ils ont l'hypoténuse égale et un côté égal.*

Soient hyp $ab =$ hyp $a'b'$ et côté $ac =$ côté $a'c'$; je dis que les

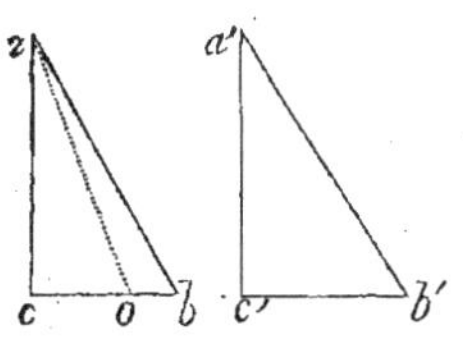

triangles rectangles abc, $a'b'c'$ sont égaux.
— Cette assertion sera évidente si l'on fait
voir que le troisième côté cb est égal au
troisième côté $c'b'$. — S'il n'en est pas
ainsi, prenons $co = c'b'$ et tirons ao. —
Les triangles aco, $a'c'b'$, sont égaux, parce
que 1° les angles c et c' sont droits ; 2° côté $ac =$ côté $a'c'$;
3° côté $co =$ côté $c'b'$; de là résulte $ao = a'b'$. Mais, par hypothèse, $ab = a'b'$; donc $ao = ab$, ce qui est impossible, puisque
projection co est $<$ projection cb. — Donc triangle $abc =$
triangle $a'b'c'$.

Corollaire 1. — Des deux égalités

hyp $ab =$ hyp $a'b'$ et côté $ac =$ côté $a'c'$,

on déduit les trois qui suivent :

côté $bc =$ côté $b'c'$, ang $bac =$ ang $b'a'c'$, ang $b =$ ang b'.

Corol. 2. — *Un triangle rectangle est déterminé par l'hypoténuse et l'un des côtés de l'angle droit.*

Prop. 7. — Théorème : *Dans tout triangle* abc, *un côté quelconque*
ab *est* 1° *plus petit que la somme* ac $+$ bc *des deux autres ;* 2° *plus
grand que leur différence* ac $-$ bc.

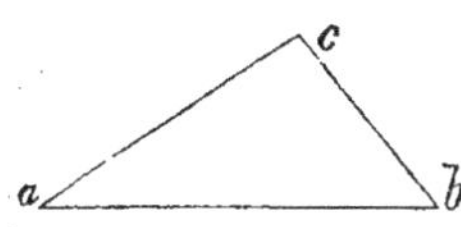

1° Le plus court chemin du point a
au point b étant la droite ab, on a
$ab < ac + bc$. — 2° parce que la ligne ac
est droite, il vient $ab + bc > ac$, et, en
retranchant bc de part et d'autre, $ab + bc - bc > ac - bc$, ou
bien $ab > ac - bc$.

Scholie. — Le présent théorème fournit six inégalités entre
les trois côtés d'un triangle ; mais elles rentrent toutes dans
celle-ci : *le plus grand des trois côtés est plus petit que la somme
des deux autres.*

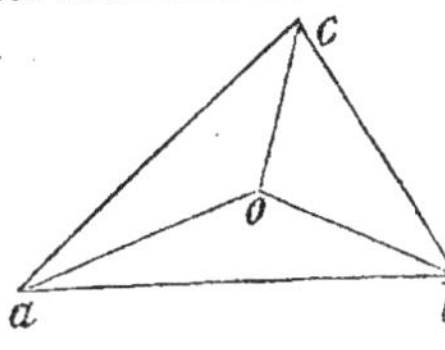

Corollaire (à démontrer). — *La somme
des distances* ao, bo, co, *des trois sommets
d'un triangle* abc, *à un point quelconque* o
de l'intérieur, est 1° *plus petite que le
contour de ce triangle,* 2° *plus grande
que la moitié de ce contour.* — La

seconde partie est encore vraie quand le point *o* est extérieur au triangle.

PROP. 8. — THÉORÈME : *La somme des trois angles d'un triangle quelconque est égale à deux angles droits.*

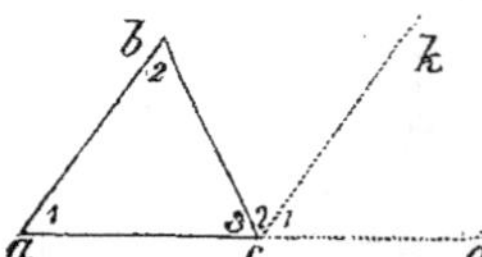

Car, si l'on prolonge vers *d* le côté *ac* du triangle *abc*, et si l'on tire *ck* parallèle au côté *ab*, on a

$$\text{ang } dck + \text{ang } kcb + \text{ang } bca = 2^d.$$

Mais ang *dck* = ang *a*, comme correspondants par rapport aux parallèles *ab*, *ck*, traversées par la sécante *ad* ; et ang *kcb* = ang *b*, comme alternes-internes par rapport aux mêmes parallèles traversées par *bc* ; substituant, il vient

$$\text{ang } a + \text{ang } b + \text{ang } bca = 2^d.$$

Corollaire 1. — *L'angle extérieur* bcd *d'un triangle* abc *est égal à la somme des deux angles intérieurs opposés* a *et* b ; car, ang *bcd* = ang *dck* + ang *kcb* ; mais ang *dck* = ang *a* et ang *kcb* = ang *b* ; donc ang *bcd* = ang *a* + ang *b*.

Corol. 2. — *Tout triangle a au moins deux angles aigus :* car, la somme des trois angles valant deux angles droits, il ne peut y avoir deux angles obtus, ni deux angles droits, ni un angle obtus et un angle droit.

Corol. 3. — *Dans un triangle rectangle* abc, *les angles aigus* b *et* c *sont complémentaires.*

Corol. 4. — *Si deux triangles ont deux angles égaux chacun à chacun, les troisièmes angles sont aussi égaux :* car ils sont l'un et l'autre le supplément de la somme des deux angles communs.

PROP. 9. — THÉORÈME : *Un triangle isocèle est aussi isoangle.*

Soit côté *ac* = côté *bc*, je dis que l'angle *b*, opposé à *ac*, est égal à l'angle *a*, opposé à *bc*. — En effet, la bissectrice *co* de l'angle *acb* décompose le triangle *abc* en deux triangles, *aco*, *bco*, qui sont égaux, parce que 1° ang *aco* = ang *bco*, par construction ; 2° côté *ac* = côté *bc*, par hypothèse ; 3° côté *co* est commun : donc l'angle *a*, opposé à *oc* dans le premier, égale l'angle *b*, opposé au même côté *oc* dans le second.

Réciproque. — Un triangle isoangle est aussi isocèle.

Soit ang *a* = ang *b* ; je dis que côté *bc*, opposé à angle *a*, est égal au côté *ac*, opposé à angle *b*. — En effet, la bissectrice *co* de l'angle *acb* décompose le triangle *abc* en deux triangles *coa*, *cob*, qui sont égaux, parce que 1° côté *oc* est commun ; 2° ang *a* = ang *b*, par hypothèse ; 3° ang *aco* = ang *ocb*, par construction ; d'où résulte ang *aoc* = ang *boc* ; donc côté *ac*, opposé à angle *aoc*, égale côté *bc*, opposé à angle *boc*.

Corollaire. — Dans un triangle isocèle acb, *la bissectrice* co *de l'angle au sommet* c *est perpendiculaire sur le milieu de la base* ab : car, à cause de l'égalité des triangles *aco*, *bco*, il vient : 1° ang *aoc* = ang *boc* ; 2° côté *oa* = côté *ob*.

PROP. 10. — THÉORÈME : *Un triangle équilatéral est aussi équiangle.*

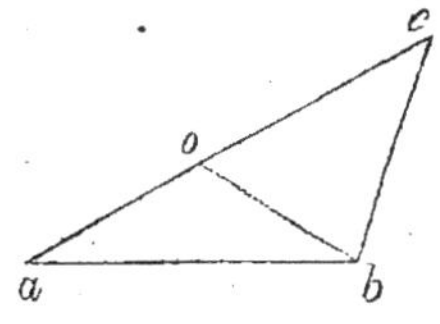

De ce que côté *bc* = côté *ac*, il résulte ang *a* = ang *b* ; et, de ce que côté *ac* = côté *ab*, il résulte aussi ang *b* = ang *c*. — Donc
ang *a* = ang *b* = ang *c*.

Réciproque. — Un triangle équiangle est aussi équilatéral.

Parce que ang *a* = ang *b*, côté *bc* = côté *ac*, et, parce que ang *b* = ang *c*, côté *ac* = côté *ab*. Donc côté *bc* = côté *ac* = côté *ab*.

Corollaire. — L'angle d'un triangle équilatéral vaut les deux tiers d'un angle droit : car il est égal à 2^d divisés par 3, ou à $\frac{2}{3}$ d'angle droit.

PROP. 11. — THÉORÈME : *Aux plus petits angles d'un triangle sont opposés les plus petits côtés.*

Soit ang *a* < ang *abc* ; je dis que côté *bc*, opposé à angle *a*, est < côté *ac*, opposé à angle *abc*. — L'angle *abc* étant plus grand que l'angle *a*, si je fais ang *abo* = ang *a*, le côté *bo* tombera entre *ba* et *bc* ; or, dans le triangle *bco*, on a *bc* < *co* + *bo* ; et comme

$bo = oa$, parce que le triangle isoangle abo est isocèle, il vient $bc < co + oa$, ou bien $bc < ac$.

Réciproque. — *Aux plus petits côtés d'un triangle sont opposés les plus petits angles.*

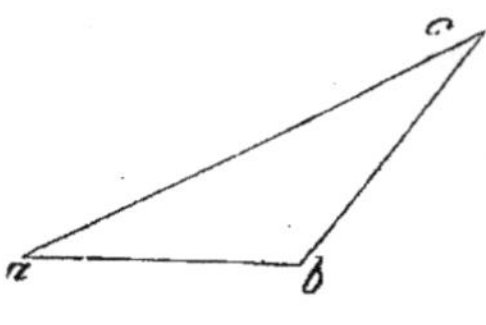

Soit côté $bc <$ côté ac ; je dis que l'angle a, opposé à bc, est $<$ ang b opposé à ac. — En effet, on ne peut avoir : 1° ang $a =$ ang b, parce qu'un triangle isoangle étant isocèle, il s'ensuivrait côté $bc =$ côté ac, ce qui est contre l'hypothèse ; 2° ang $a >$ ang b, parce qu'en vertu de la proposition directe il viendrait côté $bc >$ côté ac, ce qui est encore contre l'hypothèse. — Il faut donc que l'on ait ang $a <$ ang b.

PROP. 12. — THÉORÈME : *Un angle* acb *d'un triangle* abc *est droit, aigu ou obtus, selon que la droite* co, *qui unit son sommet* c *au milieu du côté opposé* ab, *est égale, supérieure ou inférieure à la moitié* oa *ou* ob *de ce côté.*

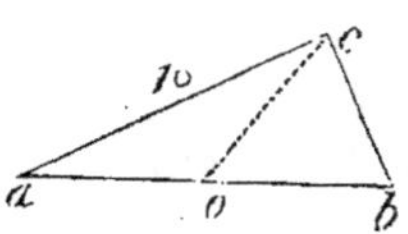

1° Soit $co = oa = ob$. — Les triangles isocèles aco, bco étant aussi isoangles, il vient ang $aco =$ ang a, ang $bco =$ ang b, et, en ajoutant, ang $acb =$ ang $a +$ ang b. — Mais la somme de ces trois angles égale deux angles droits ; donc l'angle acb, moitié de cette somme, est droit.

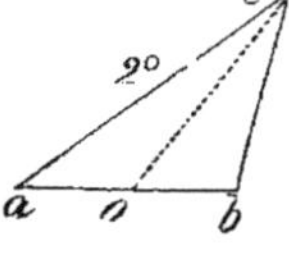

2° Soit $co > oa$ ou ob. — Les triangles aco, bco, fournissent, à cause de l'hypothèse, ang $aco <$ ang a, ang $bco <$ ang b, d'où résulte ang $acb <$ ang $a +$ ang b ; donc l'angle acb est aigu.

3° Soit $co < oa$ ou ob. — On a ang $aco >$ ang a, ang $bco >$ ang b, d'où l'on déduit ang $acb >$ ang $a + $ ang b ; donc l'angle acb est obtus.

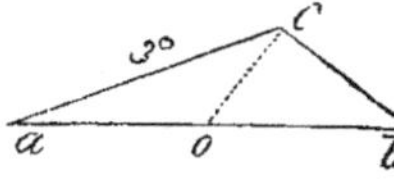

Scholie. — Les réciproques des trois parties sont vraies.

PROP. 13. — THÉORÈME : *Les perpendiculaires, tirées sur les milieux des trois côtés d'un triangle, concourent au même point.*

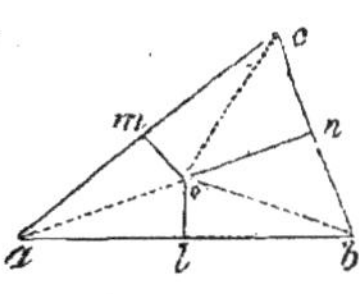

Soit *o* le point de concours des perpendiculaires *mo*, *no*, tirées sur les milieux des côtés *ac*, *cb*. — Parce que le point *o* appartient à la ligne *mo*, *oa*=*oc*; et, parce qu'il appartient à la ligne *no*, *oc*=*ob*; donc *oa*=*ob*, et par suite le point *o* est situé sur la perpendiculaire élevée sur le milieu du côté *ab*.

Scholie. — *Le point* o *est également distant des trois sommets* a, b, c.

PROP. 14. — THÉORÈME : *Les bissectrices des trois angles d'un triangle concourent au même point.*

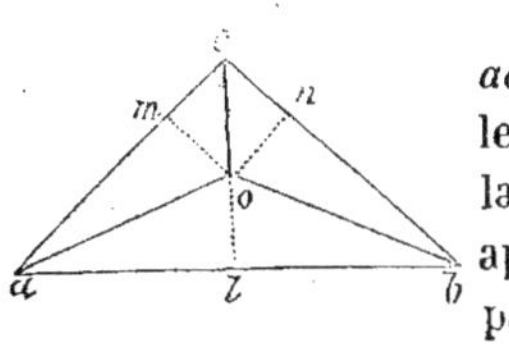

Du point de concours *o* des bissectrices *ao*, *bo*, des angles *bac*, *abc*, j'abaisse sur les trois côtés *ac*, *cb*, *ba*, les perpendiculaires *om*, *on*, *ol*. — Parce que le point *o* appartient à la bissectrice *ao*, *om* = *ol*, et, parce qu'il appartient à la bissectrice *bo*, *ol* = *on*; donc *om* = *on*, et par suite le point *o* est situé sur la bissectrice de l'angle *acb*.

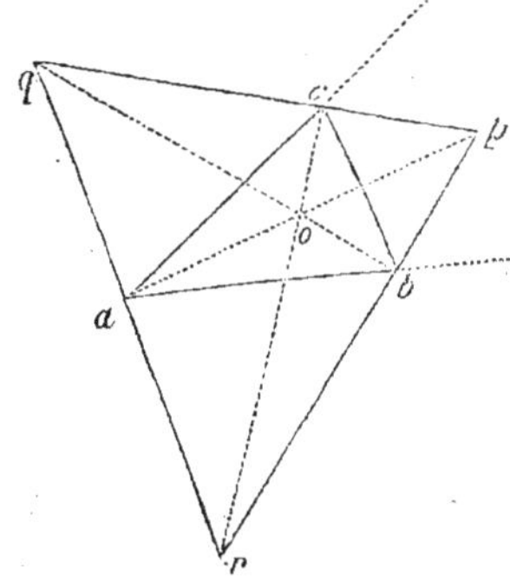

Scholies. — 1. *Les bissectrices* qr, pr, pq, *des angles extérieurs d'un triangle* abc, *forment un triangle* pqr, *dont les sommets* p, q, r, *sont situés sur les bissectrices des angles intérieurs.* — Le point *p*, étant à égale distance des côtés *ab*, *bc*, et des côtés *bc*, *ca*, est également distant des côtés *ab* et *ca*; donc *ap* est la bissectrice de l'angle *cab*. — On prouverait de même que *bq* et *cr* sont les bissectrices des angles *abc* et *bca*.

II. Ainsi, *les quatre points* o, p, q, r, *sont chacun également distants des trois côtés* ab, bc, ca, *du triangle* abc.

PROP. 15. — THÉORÈME : *Les perpendiculaires, menées des*

trois sommets d'un triangle sur les côtés opposés, concourent au même point.

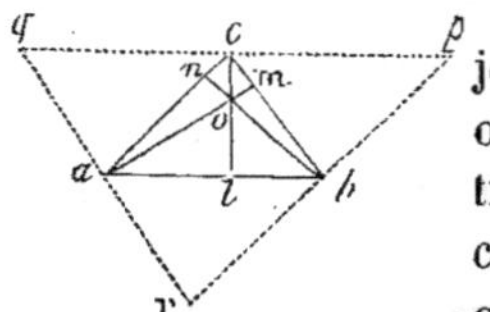

Par les sommets *a*, *b*, *c*, du triangle *abc*, je tire des parallèles *qr*, *rp*, *pq*, aux côtés opposés *bc*, *ca*, *ab*, lesquelles forment le triangle *pqr*. — Parce que les parallèles comprises entre parallèles sont égales, $aq = bc$, $ar = bc$; donc $aq = ar$; on prouverait de même que $br = bp$ et $cp = cq$. — On conclut de là que les perpendiculaires *am*, *bn*, *cl*, tirées des milieux *a*, *b*, *c*, sur les trois côtés *qr*, *rp*, *pq*, ou, ce qui revient au même, sur les côtés parallèles *bc*, *ca*, *ab*, concourent en un même point *o*.

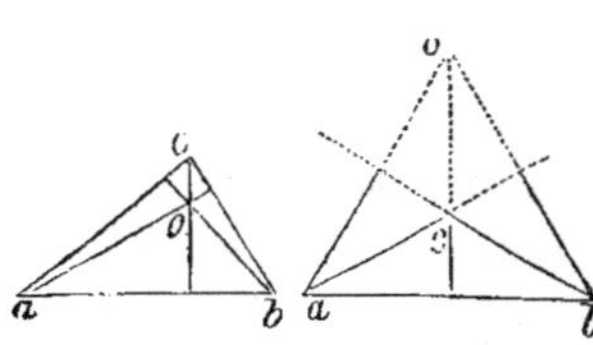

Scholie. — Lorsque le triangle *abc* est acutangle, les trois perpendiculaires lui sont intérieures. — Lorsqu'il est obtusangle, la perpendiculaire issue de l'angle obtus lui est intérieure, et les deux autres lui sont extérieures.

Prop. 16. — Théorème : *Les trois droites qui unissent les sommets d'un triangle aux milieux des côtés opposés concourent au même point.*

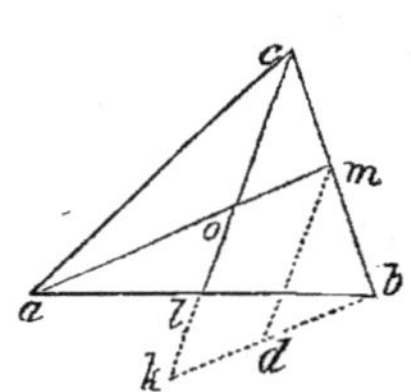

Soient *m*, *l*, les milieux des côtés *bc*, *ab*, et *o* le point de concours des droites *am*, *cl*. — Soient menées *md* parallèle à *cl*, et *bk* parallèle à *am*. — A cause de $al = bl$, ang *alo* = ang *blk*, ang *oal* = ang *kbl*, les triangles *alo*. *blk* sont égaux, et par suite $lo = lk$. — Parce que $cm = mb$, ang *mco* = ang *bmd*, ang *cmo* = ang *mbd*, les triangles *mco*, *mbd*, sont aussi égaux : donc $co = md$; mais $md = ok = 2lo$; donc $co = 2lo$, ou bien $cl = 3lo$. — Ainsi, chacune des trois droites est coupée par l'une quelconque des deux autres au tiers de sa longueur, à partir du côté sur lequel elle tombe : donc ces trois droites doivent se couper au même point.

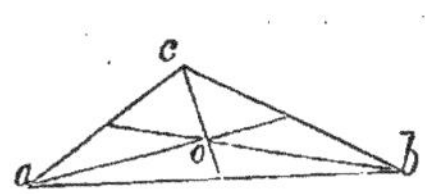

Scholie. — Le point de concours *o* est situé au tiers de chacune des trois droites à partir des côtés, ou aux deux tiers à partir des sommets.

§ 6. — Propriétés et égalité des quadrilatères.

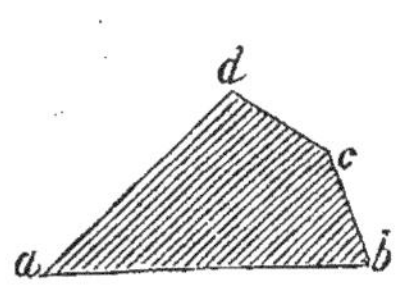

I. *Un quadrilatère* est l'espace qu'interceptent sur un plan quatre portions de droite qui ont deux à deux une extrémité commune.

Tout quadrilatère *abcd* a huit parties : quatre côtés *ab, bc, cd, da,* et quatre angles *a, b, c, d.*

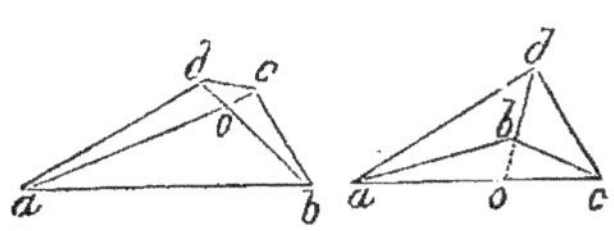

II. On appelle *diagonales* d'un quadrilatère *abcd,* les droites *ac, bd,* qui unissent les sommets *a* et *c, b* et *d* des angles opposés. — Le point de concours *o* des diagonales est intérieur au quadrilatère lorsque son contour est convexe, et il lui est extérieur dans le cas contraire.

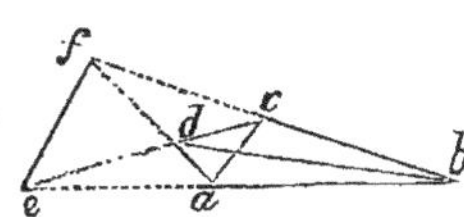

Quelquefois on donne aussi le nom de *diagonale* à la droite *ef,* qui joint les points de concours *e, f,* des côtés opposés *ab* et *cd, ad* et *bc.* — On dit alors que le quadrilatère *abcd* est *complet.*

III. On appelle : 1° *trapèze,* un quadrilatère dont deux côtés opposés sont parallèles ; 2° *parallélogramme* ou *rhombe,* un quadrilatère dont les côtés opposés sont parallèles deux à deux ; 3° *losange,* un quadrilatère dont les quatre côtés sont égaux sans que les angles soient droits ; 4° *rectangle,* un quadrilatère dont les angles sont droits sans que les côtés soient égaux ; 5° *quarré,* un quadrilatère dont les côtés sont égaux et dont les angles sont droits.

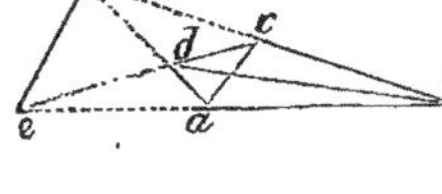

PROPOSITION 1. — THÉORÈME : *La somme des quatre angles d'un quadrilatère quelconque est égale à quatre angles droits.*

Si l'on tire la diagonale bd, la somme des trois angles a, abd, adb, du triangle abd, égale deux angles droits, ainsi que celle des trois angles c, cbd, cdb, du triangle cbd ; donc la somme de ces six angles vaut quatre droits ; mais

ang abd + ang cbd = ang abc, et ang adb + ang cdb = ang cda ;

donc   ang a + ang abc + ang c + ang cda = 4^d.

Corollaire. — Tout quadrilatère qui a ses angles égaux est un rectangle ou un quarré.

PROP. 2. — THÉORÈME : *Les côtés opposés* ab *et* cd, bc *et* ad, *d'un parallélogramme* abcd, *sont égaux deux à deux.*

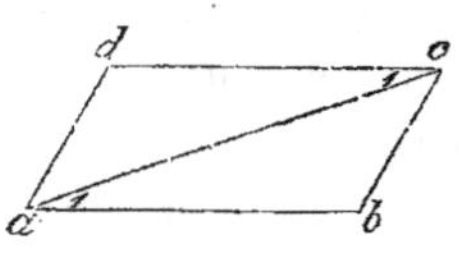

Parce que les portions de parallèles comprises entre parallèles sont égales, il vient en effet $ab = cd$, $bc = ad$.

Réciproque. — Si les côtés opposés ab *et* cd, bc *et* ad, *d'un quadrilatère* abcd, *sont égaux deux à deux, ils sont aussi parallèles, et ce quadrilatère est un parallélogramme.*

La diagonale ac décompose le quadrilatère $abcd$ en deux triangles égaux acb, cad, car côté ac est commun ; côté ab = côté cd, et côté bc = côté ad, par hypothèse : donc l'angle bac, opposé à bc dans le premier, est égal à l'angle dca, opposé à ad dans le second. Mais ces angles sont dans la position d'alternes-internes ; donc les droites ab, cd, sont parallèles. On prouverait de même que bc est parallèle à cd ; conséquemment, le quadrilatère $abcd$ est un parallélogramme.

Scholie. — On peut dire qu'un losange est un parallélogramme dont les côtés sont égaux.

PROP. 3. — THÉORÈME : *Les angles opposés* a *et* c, b *et* d, *d'un parallélogramme* abcd, *sont égaux deux à deux.*

Parce que deux angles sont égaux lorsqu'ils ont leurs côtés parallèles et dirigés en sens contraires, il vient, en effet,

$$\text{ang } a = \text{ang } c, \text{ ang } b = \text{ang } d.$$

Réciproque. — *Tout quadrilatère* abcd, *dont les angles opposés* a *et* c, b *et* d, *sont égaux deux à deux, est un parallélogramme.*

De l'hypothèse il résulte ang $a +$ ang $b =$ ang $c +$ ang d ; mais

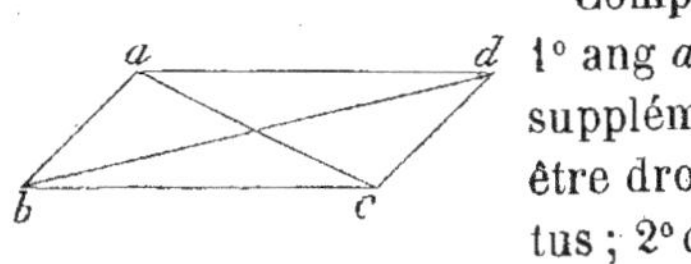

la somme de ces quatre angles vaut quatre droits : donc ang $a +$ ang $b =$ 2^d, et partant ad est parallèle à bc. — On démontrerait de même que les côtés ab, cd, sont parallèles : donc $abcd$ est un parallélogramme.

Scholie. — On peut dire : 1° qu'un rectangle est un parallélogramme dont les angles sont droits ; 2° qu'un quarré est un losange dont les angles sont droits, ou un rectangle dont les côtés sont égaux.

PROP. 4. — THÉORÈME : *Si deux côtés opposés* ab *et* cd *d'un quadrilatère* abcd *sont égaux et parallèles, les deux autres* ad, bc, *sont aussi égaux et parallèles, et ce quadrilatère est un parallélogramme.*

Il s'agit de faire voir que ad est parallèle à bc. — S'il n'en est pas ainsi, par le sommet a soit tirée ak parallèle à bc ; on a $ab = kc$, comme parallèles comprises entre parallèles, et $ab = cd$, par hypothèse ; donc $kc = cd$, ce qui est absurde. — Donc $abcd$ est un parallélogramme.

PROP. 5. — THÉORÈME : *Les diagonales d'un parallélogramme ou d'un losange sont inégales.*

Comparons les triangles abc et dbc : 1° ang abc est $<$ ang bcd, car les angles supplémentaires abc, bcd, ne pouvant être droits, sont l'un aigu et l'autre obtus ; 2° côté bc est commun ; 3° $ab = cd$, comme côtés opposés d'un parallélogramme. — Donc le côté ac, opposé à l'angle aigu *abc*, est < le côté *bd*, opposé à l'angle obtus *bcd*.

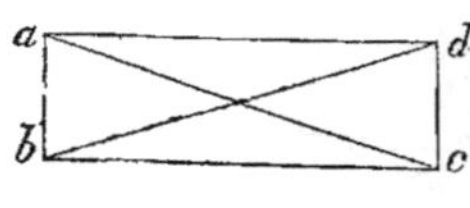

Scholie. — *Les diagonales d'un rectangle ou d'un quarré sont égales.* — En effet, les triangles rectangles *abc*, *dbc*, sont égaux, parce que *bc* est commun, et que *ab* = *cd*; donc *ac* = *bd*.

PROP. 6. — THÉORÈME : *Les diagonales* ac, bd, *d'un parallélogramme* abcd, *se coupent mutuellement en deux parties égales.*

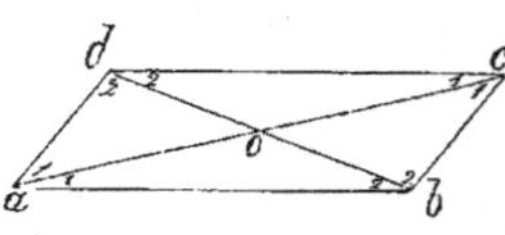

Les triangles *abo*, *cdo*, sont égaux, parce que 1° *ab* = *cd*, comme côtés opposés de parallélogramme ; 2° ang *oab* = ang *ocd ;* 3° ang *oba* = ang *odc*, comme alternes-internes, par rapport aux parallèles *ab*, *cd*, traversées par les droites *ac* et *bd*. — Donc le côté *oa*, opposé à angle *abo*, est égal au côté *oc*, opposé à angle *odc*, et le troisième côté *ob* au troisième côté *od*.

Réciproque. Un quadrilatère abcd *est un parallélogramme lorsque ses diagonales* ac, bd, *se coupent mutuellement en deux parties égales.*

Les triangles *oab*, *ocd*, sont égaux, parce que ang *aob* = ang *cod*, *oa* = *oc* et *ob* = *od*. — Donc l'angle *oab*, opposé à *ob*, égale angle *ocd*, opposé à *od*, et partant *ab* est parallèle à *cd* ; et, comme en outre côté *ab* = côté *cd*, le quadrilatère *abcd* est un parallélogramme.

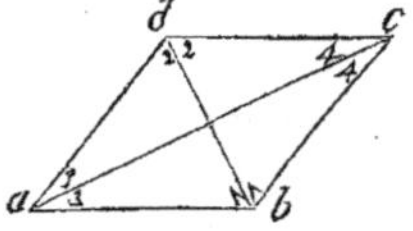

Scholie. — *Les diagonales d'un losange ou d'un quarré se coupent à angle droit, et sont les bissectrices des angles opposés.* — Parce que *ba* = *bc*, *da* = *dc*, la diagonale *bd*, qui unit les points *b* et *d*, est perpendiculaire sur le milieu de *ac*. — En second lieu, les triangles *bad* et *bcd* étant égaux, on a ang *dba* = ang *dbc* et ang *bda* = ang *bdc*. — On prouverait de même que la diagonale *ac* est la bissectrice des angles *bad* et *bcd*.

PROP. 7. — THÉORÈME : *Dans un trapèze* abcd, 1° *la droite* mn, *qui joint les milieux* m, n, *des côtés concourants* ad, bc, *est parallèle aux deux autres côtés* ab, cd, *et égale à leur demi-somme ;* 2° *la droite* pq, *qui unit les milieux* p, q, *des diagonales* ac, bd, *est parallèle aux mêmes côtés et égale à leur demi-différence.*

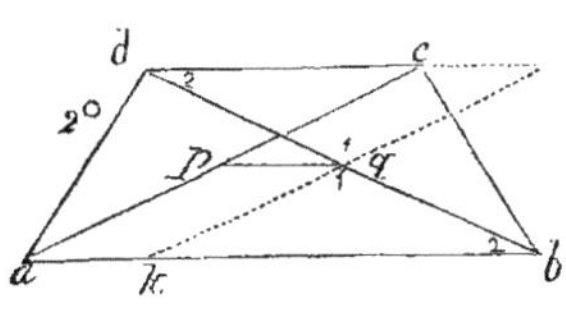

1° Par le point *n* tirons, parallèlement à *ad*, la droite *fg*, qui coupe *ab* et le prolongement de *dc* en *f* et *g*. — Les triangles *nbf*, *cng*, sont égaux, parce que 1° *nb* = *nc*, par hypothèse ; 2° ang *bnf* = ang *cng*, comme opposés par le sommet ; 3° ang *nbf* = ang *ncg*, comme alternes-internes ; donc *fb* = *cg* et *nf* = *ng*. — Maintenant, les parallèles *ad*, *fg*, comprises entre les parallèles *ab*, *dg*, étant égales, leurs moitiés *ma*, *nf*, le sont aussi ; d'où il résulte que *mn* est parallèle à *ab*, et par suite à *dc*. De plus, on a $mn = af = ab - fb$, $mn = dg = cd + cg$; ajoutant, et observant que $cg - fb = 0$, il vient $2mn = ab + cd$, d'où $mn = \dfrac{ab + cd}{2}$.

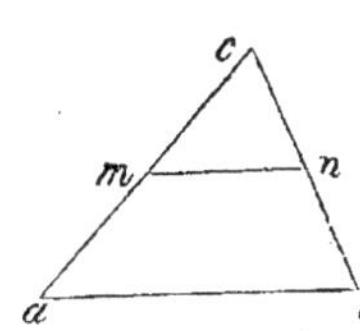

2° Par le point *q* tirons *kh* parallèle à *ac*. — Les triangles *qbk*, *qdh*, sont égaux : car 1° *qb* = *qd ;* 2° ang *bqk* = ang *dqh* ; 3° ang *qbk* = ang *qdh* ; donc *bk* = *dh* et *qk* = *qh*. — Maintenant, de ce que *ac* = *kh* il suit *pa* = *qk*, et partant *pq* est parallèle à *ak* et aussi à *cd*. — On a d'ailleurs

$$pq = ak = ab - bk, \quad pq = ch = dh - cd ;$$

et, en ajoutant, $2pq = ab - cd$, d'où $pq = \dfrac{ab - cd}{2}$.

Corollaire. — *La droite* mn, *qui unit les milieux* m *et* n *de deux côtés* ac, bc, *d'un triangle* abc, *est parallèle au troisième côté* ab *et égale à sa moitié* : car un triangle peut être considéré comme un trapèze dont l'un des côtés parallèles est devenu nul.

Prop. 8. — Théorème : *Dans tout quadrilatère* abcd, *la droite qui joint les milieux* m, n, *des diagonales, et celles qui joignent les milieux* p *et* q, s *et* t, *des côtés opposés, se coupent mutuellement en deux parties égales au même point.*

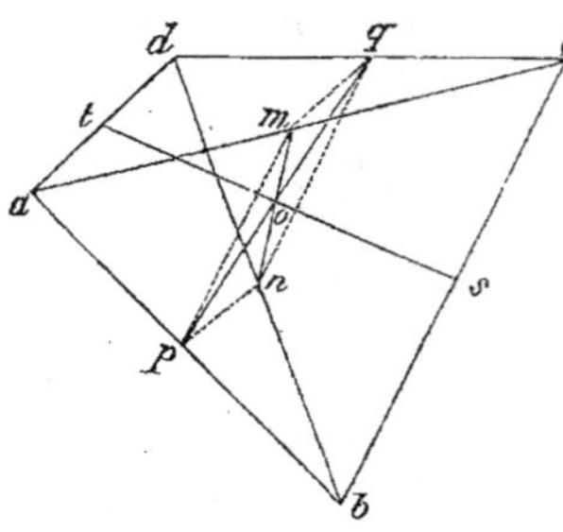

Parce que *q* et *m* sont les milieux de *cd* et de *ca*, et *n* et *p* ceux de *bd* et de *ba*, chacune des droites *qm* et *np* est parallèle à *ad*, et par suite elles sont parallèles entre elles. — De plus, l'une et l'autre étant égales à la moitié de *ad*, on a *qm = np ;* donc la figure *qmpn* est un parallélogramme, et partant le point *o* est le milieu commun de *mn* et de *pq*. — On prouverait de la même manière que *mn* et *st* ont le même milieu.

Corollaire (à démontrer). — *Lorsque les diagonales d'un quadrilatère sont égales, les droites, qui unissent les milieux des côtés opposés, sont parallèles aux bissectrices des angles formés par les diagonales.*

PROP. 9. — THÉORÈME : *Deux quadrilatères convexes sont égaux lorsqu'ils ont un angle égal et leurs quatre côtés égaux chacun à chacun et pareillement assemblés.*

Soient ang *a* = ang *a'*, côté *ab* = côté *a'b'*, côté *bc* = côté *b'c'*,

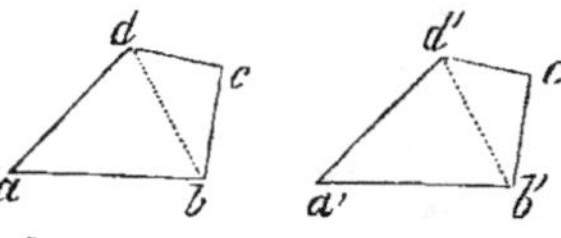

côté *cd* = côté *c'd'*, côté *da* = côté *d'a'*. — Je tire *bd* et *b'd'*. — Les triangles *bad*, *b'a'd'*, sont égaux : car, par hypothèse, ang *a* = ang *a'*, côté *ab* = côté *a'b'*, et côté *da* = côté *d'a'*; donc côté *bd* = côté *b'd'* ; et, comme on a côté *bc* = côté *b'c'*, côté *cd* = côté *c'd'*, il s'ensuit que le triangle *bdc* est égal au triangle *b'd'c'*. — Maintenant, si l'on pose le quadrilatère *a'b'c'd'* sur le quadrilatère *abcd*, de manière que le triangle *bad* couvre son égal *b'a'd'*, le triangle *b'd'c'* s'appliquera aussi sur son égal *bdc*, et les deux quadrilatères seront superposés.

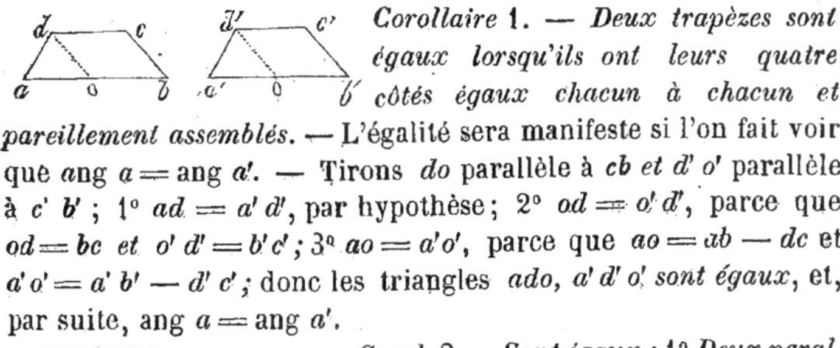

Corollaire 1. — *Deux trapèzes sont égaux lorsqu'ils ont leurs quatre côtés égaux chacun à chacun et pareillement assemblés.* — L'égalité sera manifeste si l'on fait voir que ang $a =$ ang a'. — Tirons *do* parallèle à *cb* et *d' o'* parallèle à *c' b'* ; 1° *ad* $=$ *a' d'*, par hypothèse ; 2° *od* $=$ *o' d'*, parce que *od* $=$ *bc* et *o' d'* $=$ *b' c'* ; 3° *ao* $=$ *a'o'*, parce que *ao* $=$ *ab* — *dc* et *a' o'* $=$ *a' b'* — *d' c'* ; donc les triangles *ado, a' d' o'* sont égaux, et, par suite, ang $a =$ ang a'.

Corol. 2. — *Sont égaux :* 1° *Deux parallélogrammes qui ont un angle égal compris entre deux côtés égaux chacun à chacun* ;

2° *Deux losanges qui ont un côté égal et un angle égal ;*

3° *Deux rectangles qui ont deux côtés adjacents égaux chacun à chacun ;*

4° *Deux quarrés qui ont un côté égal.*

Scholie. — Ainsi, un quadrilatère est généralement déterminé par cinq parties. — Mais, en particulier, un trapèze est déterminé par quatre parties, un parallélogramme par trois, un losange ou un rectangle par deux, enfin un quarré par une seule.

§ 7. — Propriétés, symétrie, égalité des polygones.

I. Un *polygone* est l'espace qu'interceptent sur un plan plusieurs portions de droite qui ont deux à deux une extrémité commune.

Tout polygone a autant d'angles que de côtés. — Le polygone *abcde*, par exemple, a cinq côtés *ab, bc, cd, de, ea*, et cinq angles *a, b, c, d, e*.

Quand les côtés sont en nombre pair, les côtés sont opposés deux à deux, ainsi que les angles. — Quand ils sont en nombre impair, chaque côté est opposé à un angle.

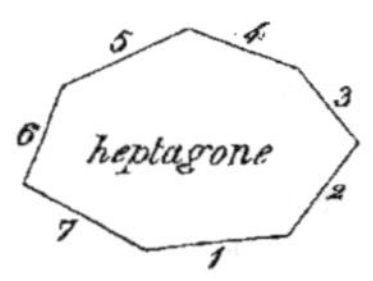

II. — On classe les polygones d'après le nombre des côtés : les plus simples sont le triangle et le quadrilatère ; viennent ensuite le *pentagone* ou polygone de cinq côtés, l'*hexagone* ou polygone de six côtés, l'*hepta-gone* ou polygone de sept côtés, l'*octogone* ou polygone de huit côtés, l'*ennéagone* ou polygone de neuf côtés, le *décagone* ou polygone de dix côtés, l'*endécagone* ou polygone de onze côtés, le *dodécagone* ou polygone de douze côtés ; au-delà, les polygones n'ont plus de noms particuliers, excepté ceux de quinze et de vingt côtés, qui s'appellent *pentédécagone* et *icosagone*.

III. Le *périmètre* ou le *contour* d'un polygone *abcde* est la somme $ab + bc + cd + de + ea$ de tous ses côtés.

IV. — On appelle *diagonale* toute droite qui unit deux sommets non consécutifs d'un polygone. — Telle est la ligne *ad*. — Un pentagone a cinq diagonales, un hexagone en a neuf, un heptagone en a quatorze, etc., etc.

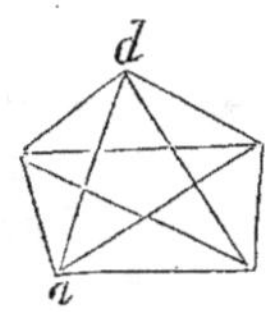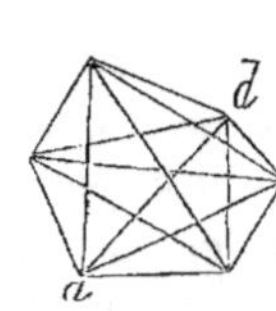

En général, un *polygone de* n *côtés a* $\dfrac{n(n-3)}{2}$ *diagonales* (à démontrer).

V. On appelle *angle extérieur* d'un polygone tout angle formé par l'un de ses côtés et le prolongement du côté précédent ou suivant. — *Tel est* l'angle *abk*.

Poly. conv.   Poly. concave.

VI. Un polygone est *convexe* lorsque son périmètre est une ligne convexe. — Un polygone non convexe est dit *concave* ou à angles *rentrants*.

VII. Un polygone est *équilatéral* quand tous ses côtés sont égaux, et *équiangle* quand tous ses angles sont égaux. — Un losange est équilatéral sans être équiangle, et un rectangle est équiangle sans être équilatéral.

Pentag. rég. Hexag. rég. 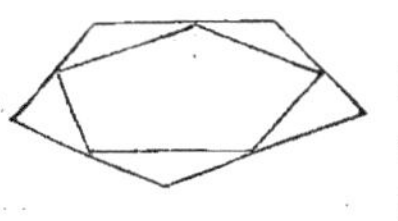   VIII. Un polygone est *régulier* lorsqu'il est à la fois équilatéral et équiangle. -- Les triangles équilatéraux et les quarrés sont des polygones réguliers.

IX. Deux polygones sont *équilatéraux entre eux* lorsque leurs côtés sont égaux chacun à chacun et assemblés dans le même ordre.

X. Deux polygones sont *équiangles entre eux* lorsque leurs angles sont égaux chacun à chacun et assemblés dans le même ordre.

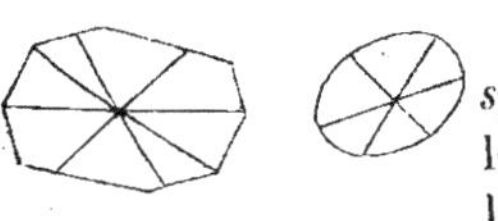

XI. Un polygone est *inscrit* dans un autre lorsque tous les sommets du premier sont situés sur le périmètre du second. — Le second polygone est dit *circonscrit au premier*.

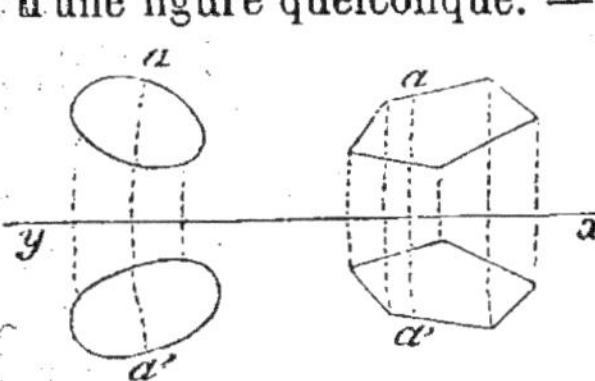

XII. Un point prend le nom de *centre de symétrie* lorsqu'il est le milieu de toutes les droites qui le contiennent et qui sont limitées dans les deux sens par le contour d'une figure quelconque. — Ces droites sont appelées *diamètres*.

XIII. Deux points a, a', sont dits *symétriques* par rapport à une droite xy, quand cette droite est perpendiculaire sur le milieu de leur distance aa'.

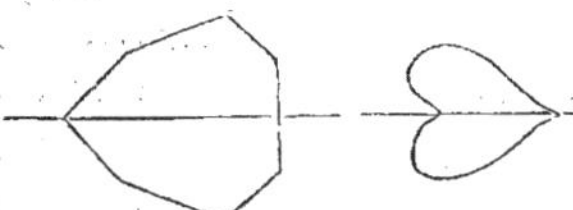

Cela posé, deux figures rapportées à une même droite sont *symétriques*, lorsque tout point, pris sur le contour de l'une, a son point symétrique sur le contour de l'autre, et réciproquement. — La droite prend le nom d'*axe de de symétrie*.

XIV. On appelle aussi *axe de symétrie* d'une figure isolée toute droite qui divise cette figure en deux parties symétriques.

PROPOSITION 1. — THÉORÈME : *La somme des angles de tout polygone convexe est égale à autant de fois deux angles droits qu'il a de côtés moins deux.*

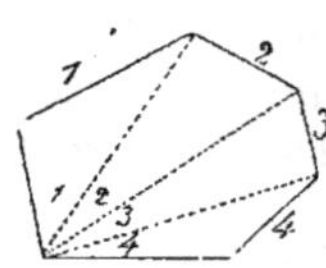

Les diagonales, issues de l'un des sommets, décomposent le polygone en autant de triangles qu'il a de côtés moins deux ; car, à l'exception des deux côtés qui aboutissent à ce sommet, chacun des autres correspond à un triangle. — Or, les trois angles d'un triangle valent ensemble deux angles droits : donc, la somme des angles de tous les triangles partiels, c'est-à-dire la somme des angles du polygone, est égale à autant de fois deux droits qu'il a de côtés moins deux.

Scholies. — 1. Ainsi la somme des angles d'un pentagone $=2(5-2)=6^d$; celle des angles d'un hexagone$=2(6-2)=8^d$, etc., etc.; en général, la somme des angles d'un polygone de n côtés$=2(n-2)^d$.

II. L'angle d'un polygone équiangle de n côtés est exprimé par $2\dfrac{(n-2)^d}{n}$. — Ainsi, l'angle d'un pentagone régulier$=\dfrac{6^d}{5}$; celui d'un hexagone régulier $=\dfrac{8}{6}=\dfrac{4^d}{3}$, etc., etc.

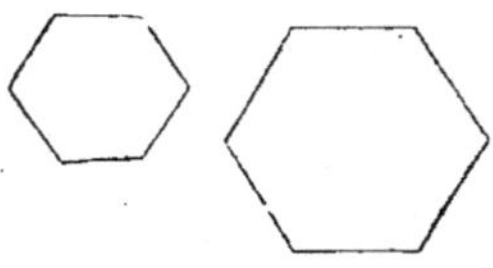

III. *Deux polygones réguliers d'un même nombre de côtes sont équiangles entre eux.*

Prop. 2. — Théorème : *La somme des angles extérieurs de tout polygone convexe est égale à quatre angles droits.*

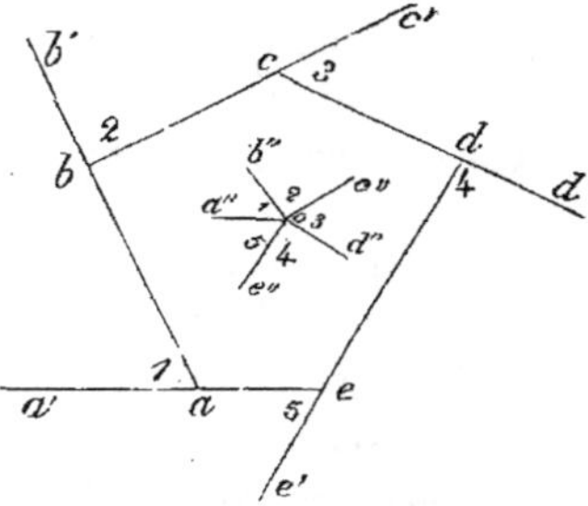

Par le point o, pris à volonté dans le plan du polygone convexe $abcde$, je tire les droites oa'', ob'', oc'',..... parallèlement aux côtés ea, ab, bc,.... et j'ai ang $a''ob''+$ ang $b''oc''+$ ang $c''od''+\ldots\ldots$ $=4^d$; mais, deux angles étant égaux lorsque leurs côtés sont parallèles et de même sens, il vient ang $a''ob''=$ ang $a'ab$, ang $b''oc''=$ ang $b'bc$, ang $c''od''=$ ang $c'cd$, ... : substituant, on a ang $a'ab+$ ang $b'bc+$ ang $c'cd+\ldots\ldots=4^d$.

Corollaire. — *Tout polygone convexe a au plus trois angles aigus.* — Car, s'il en avait un plus grand nombre, les angles extérieurs correspondants seraient obtus, et par suite la somme des angles extérieurs outrepasserait quatre angles droits.

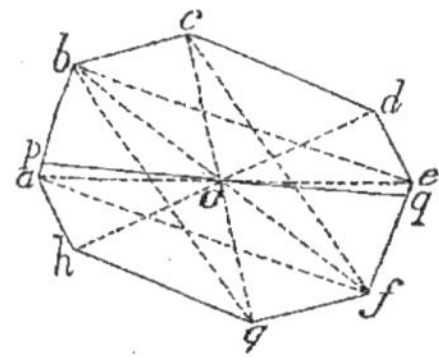

PROP. 3. — THÉORÈME : *Un polygone abcdefgh, d'un nombre pair de côtés, a un centre de symétrie, lorsque ses côtés opposés ab et ef, bc et fg,.... sont égaux et parallèles deux à deux.*

Les figures *abef, bcfg,*... étant des parallélogrammes, les diagonales *ae, bf, cg,.....* qui unissent les sommets opposés *a* et *e*, *b* et *f*, *c* et *g*,..... se coupent consécutivement, deux à deux, en parties égales. — Le point *o*, milieu de toutes les diagonales, est un centre de symétrie. — En effet, si l'on tire à volonté par ce point la droite *pq*, les triangles *aop, eoq*, sont égaux, parce que $oa = oe$, ang *oap* $=$ ang *oeq*, comme alternes-internes, et ang *aop* $=$ ang *eoq*, comme opposés par le sommet : donc $op = oq$.

Réciproque. — *Tout polygone* abcdefgh, *doué d'un centre o de symétrie, est composé d'un nombre pair de côtés égaux et parallèles deux à deux.*

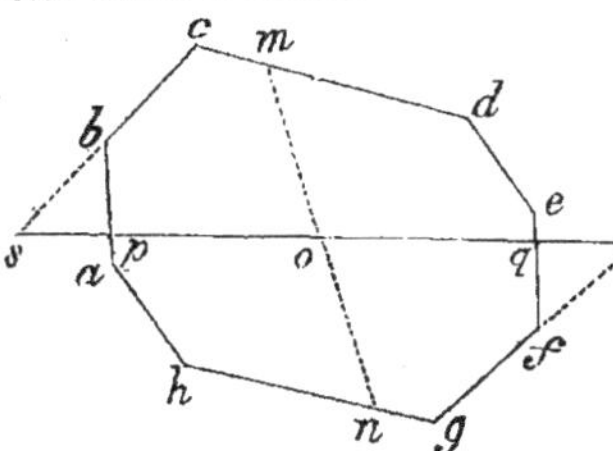

Tirons arbitrairement un diamètre *pq*, et concevons que, la partie *pbcdeq* restant fixe, la partie *qfghap* fasse une demi-révolution autour du centre *o*, de manière que l'extrémité *q* tombe en *p*, et l'extrémité *p* en *q*. — Il y aura alors superposition entre ces parties ; car, si l'on considère un point quelconque *n*, et que l'on mène le diamètre *nm*, parce que ang *nop* $=$ ang *moq*, la droite *on* prendra la direction *om*, et, parce que $on = om$, le point *n* tombera en *m*. — De là résulte $pb = qf, pa = qe$, et, en ajoutant, $ab = ef$; de là résulte encore $bc = fg, cd = gh,.....$ — On voit en outre que *ab* est parallèle à *ef*, parce que ang *bpo* $=$ ang *fqo* ; que *bc* est parallèle à *fg*, parce que ang *cso* $=$ ang *gto*, etc., etc.

Corollaire 1. — *Le polygone est divisé par un diamètre en deux parties égales, superposables par rotation.*

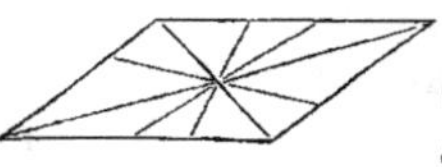

Corol. 2. — *Les parallélogrammes, les losanges, les rectangles et les quarrés sont les seuls quadrilatères qui aient un centre de symétrie.* — Ce centre se trouve à l'interection des deux diagonales ou au milieu de l'une d'elles.

PROP. 4. — THÉORÈME : *Deux polygones* abcde, a'b' c' d' e', *sont égaux par rabattement et symétriques, lorsque leurs sommets* a *et* a', b *et* b', c *et* c',.... *sont deux à deux symétriques par rapport à une même droite* xy.

Pliez le plan de la figure selon la droite *xy*, de manière que la partie inférieure vienne se rabattre sur la partie supérieure. — Le point *m* de l'axe étant fixe, et les angles *amy*, *a'my*, étant droits, *ma'* prendra la direction *ma*, et, parce que *ma' = ma*, le point *a'* tombera en *a*. On prouverait de même que le sommet *b'* doit tomber sur le sommet *b*, le sommet *c'* sur le sommet *c*, etc., etc.

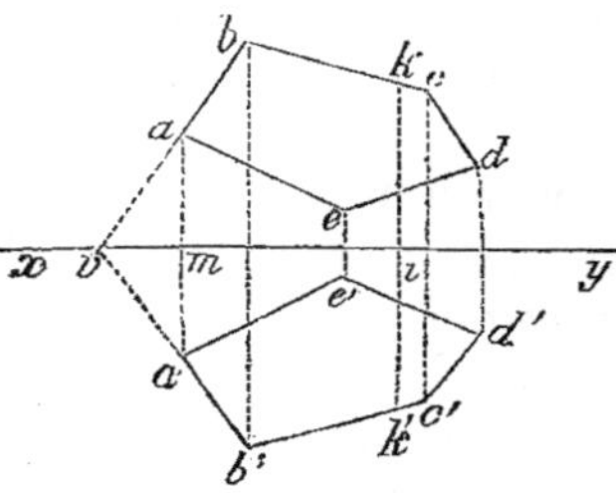

Ainsi, les côtés *a' b'*, *b' c'*, *c' d'*,.... se rabattront sur les côtés *ab*, *bc*, *cd*,... et les deux polygones *abcde*, *a' b' c' d' e'*, seront superposés. — Reste donc à faire voir qu'ils sont symétriques. Pour cela, soit tirée arbitrairement sur *xy* une perpendiculaire *kk'* qui coupe deux côtés homologues *bc* et *b' c'* en *k* et *k'* ; dans le rabattement, la droite *ik'* prenant la direction *ik*, le point *k'* devra se trouver à la fois sur *ik* et sur *bc*, homologue de *b' c'* ; donc il tombera en *k*, et, par suite, on aura *ik = ik'*.

Corollaire 1. — *Deux côtés homologues quelconques* ab, a' b', *concourent et sont également inclinés sur l'axe de symétrie* xy. — Car, le côté *a' b'* se rabattant sur le côté *ab*, le point fixe *v*, où le premier côté rencontre l'axe, se trouve esssentiellement sur le second, et de plus ang *bvy* = ang *b' vy*.

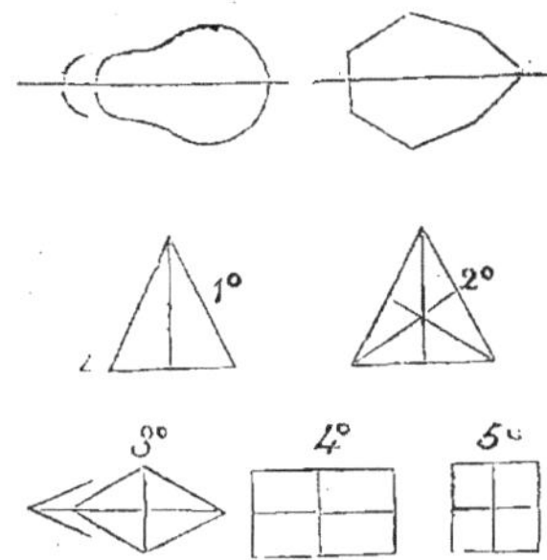

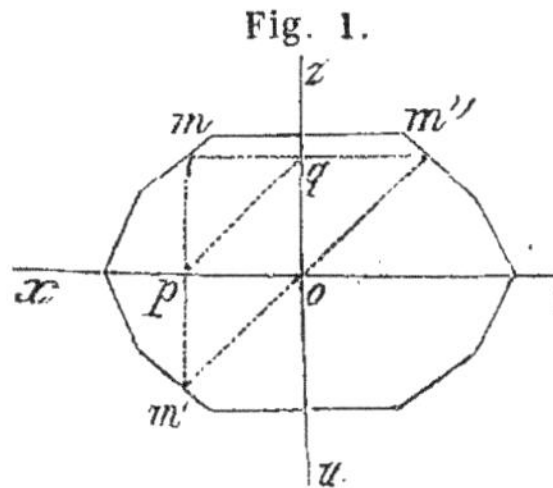

Corol. 2. — *Toute droite, qui divise une figure en deux parties égales par rabattement, est un axe de symétrie.*

Scholies. — *Sont des axes de symétrie :* 1° *la bissectrice de l'angle au sommet d'un triangle isocèle ;* 2° *les bissectrices des trois angles d'un triangle équilatéral ;* 3° *les diagonales d'un losange ;* 4° *les droites qui unissent les milieux des côtés opposés d'un rectangle ;* 5° *les diagonales et les droites tirées entre les milieux des côtés opposés d'un quarré.*

PROP 5. — THÉORÈME : *Toute figure qui a deux axes de symétrie* xy, zu, *rectangulaires, a pour centre de symétrie l'intersection* o *de ces deux axes* (fig. 1 ou 2).

D'un point quelconque *m* du contour soient tirées sur les axes *xy*, *zu*, les perpendiculaires *mm′*, *mm″*. — La droite *oq*, étant égale et parallèle à *pm*, est aussi égale et parallèle à *pm′* ; par conséquent, les droites *pq* et *om′* sont égales et parallèles. — On prouverait de même que la droite *pq* est égale et parallèle à *om″*. — Ainsi *om′* = *om″*, et les trois points *m′*, *o*, *m″*, sont en ligne droite, parce que du point *o* on ne peut mener qu'une seule parallèle à *pq*. — Donc le point *o*, divisant en parties égales une droite quelconque *m′ m″* tirée par ce point, est un centre de symétrie.

Scholie. — Les deux axes rectangulaires *xy*, *zu*, divisent la figure en quatre parties égales. — Les parties adjacentes sont superposables par rabattement, et les parties opposées par rotation.

PROP. 6. — THÉORÈME : *Dans tout polygone régulier,* 1° *les bissectrices des angles et les perpendiculaires tirées sur les milieux des côtés concourent au même point ;* 2° *ce point est à égale distance de tous les sommets et aussi à égale distance de tous les côtés.*

1° Soit o le point de concours de la bissectrice ao de l'angle eab et de la perpendiculaire mo menée sur le

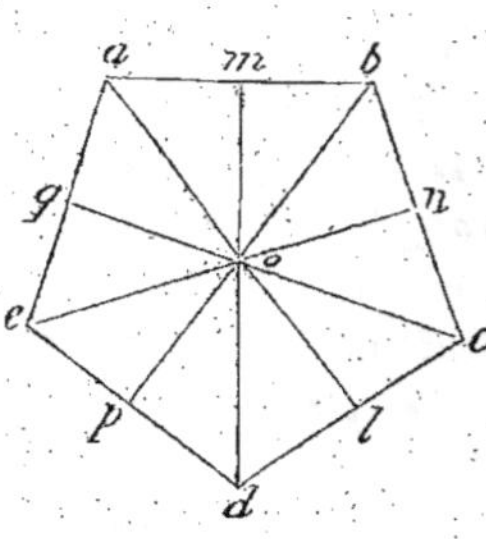

milieu du côté ab ; joignons le point o aux sommets b, c, d,.... et aux milieux n, l, p,...... des côtés. — Les triangles amo, bmo, sont égaux, parce que angle droit $amo =$ angle droit bmo, $ma = mb$ par construction, et mo commun : conséquemment ang $mao =$ ang mbo ; mais ang $mao = \frac{1}{2}$ ang eab ; donc, à cause que

ang $eab =$ ang abc, ang $mbo = \frac{1}{2}$ ang abc. Les triangles obm, obn sont égaux, parce que ang $mbo =$ ang nbo, $bm = bn$ et bo commun : donc l'angle onb est égal à l'angle droit omb. — On démontrerait de même que oc est la bissectrice de l'angle bcd, et que ol est perpendiculaire sur cd, et ainsi de suite.

2° $oa = ob$, parce que triangle $oma =$ triangle omb ; $ob = oc$, parce que triangle $onb =$ triangle onc, etc., etc. : donc $oa = ob$ $= oc = \ldots\ldots$; $om = on$, parce que triangle $obm =$ triangle obn ; $on = ol$, parce que triangle $ocn =$ triangle ocl, etc., etc. : donc $om = on = ol = \ldots$.

Scholie. — On appelle : 1° *centre* d'un polygone régulier $abcde$, le point o équidistant de tous les sommets et équidistant de tous les côtés ; 2° *rayons*, les distances égales oa, ob, oc,..... du centre o aux divers sommets a, b, c,..... ; 3° *apothèmes*, les distances égales om, on, ol,..... du centre o aux divers côtés ab, bc, cd,.... ; 4° *angles au centre*, les angles aob, boc, cod,...... que forment, deux à deux, les rayons consécutifs oa, ob, oc,.....

Corollaire. — *L'angle au centre d'un polygone régulier est égal à quatre angles droits divisés par le nombre de ses côtés :*

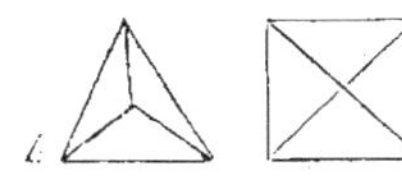

car 1° les angles au centre *aob, boc, cod,...* sont égaux, parce que les triangles *abo, bco, cdo,* ... sont équilatéraux entre eux ; 2° le nombre de ces angles est égal à celui des côtés ; 3° la somme de tous ces angles vaut quatre angles droits.

Ainsi, l'angle au centre d'un triangle équilatéral $= \dfrac{4^{\mathrm{d}}}{3}$; celui d'un quarré $= \dfrac{4^{\mathrm{d}}}{4} = \mathrm{i}^{\mathrm{d}}$; celui d'un pentagone régulier $= \dfrac{4^{\mathrm{d}}}{5}$, etc., etc. Généralement l'angle au centre d'un polygone régulier de n côtés est exprimé par $\dfrac{4^{\mathrm{d}}}{n}$.

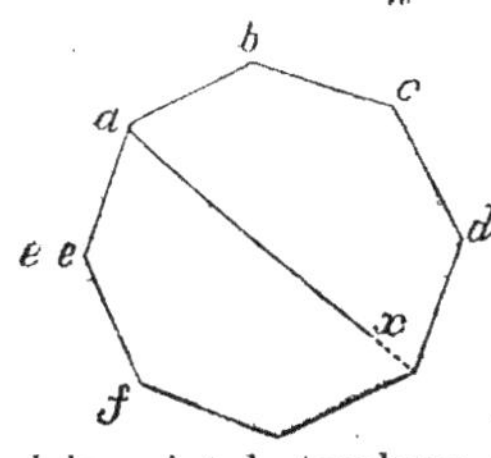

PROP. 7. — THÉORÈME : *Dans tout polygone régulier, les bissectrices des angles et les perpendiculaires tirées sur les milieux des côtés sont des axes de symétrie.*

1° Si on plie le plan de la figure selon la bissectrice *ax* de l'angle *eab*, le côté *ab* prendra la direction *ae,* et, comme *ab = ae,* le point *b* tombera en *e* ; parce que ang *b =* ang *e*, le côté *bc* tombera sur son égal *ef*, et ainsi de suite. — Donc *ax* est un axe de symétrie.

2° Si on plie le plan du polygone selon la droite *my* perpendiculaire sur le milieu du côté *ab*, la moitié *mb* se rabattra sur son égal *ma* ; puis, à cause que ang *b =* ang *a*, *bc* tombera sur *ae*, et ainsi de suite. — Donc *my* est un axe de symétrie.

Corollaire 1. — Tout polygone régulier a autant d'axes de symétrie que de côtés ; car, si le nombre des côtés est pair (fig. 1), les bissectrices des angles opposés se confondent, ainsi que les perpendiculaires menées sur les milieux des côtés opposés ; et, s'il est impair (fig. 2), la bissectrice de chaque angle se confond avec la perpendiculaire tirée sur le milieu du côté opposé.

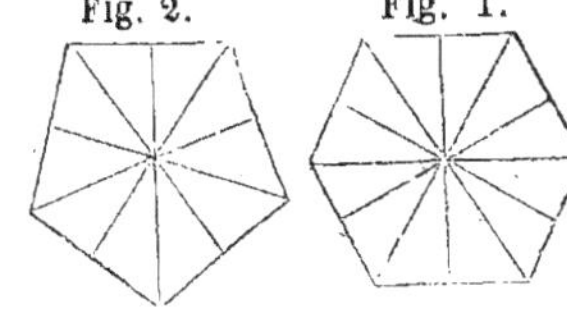

Fig. 2.   Fig. 1.

Corol. 2.— Le centre d'un polygone régulier d'un nombre pair de côtés est un centre de symétrie : car, deux côtés opposés quelconques sont égaux, et de plus parallèles, comme étant perpendiculaires à l'axe de symétrie qui unit leurs milieux.

PROP. 8. — THÉORÈME : *Il existe, dans le plan de tout polygone* abcde, *un point invariable, dont la distance à une droite quelconque* xy *est une moyenne arithmétique entre les distances* aa', bb', cc',.... *des sommets* a, b, c,.... *à la même droite.*

Fig. 1

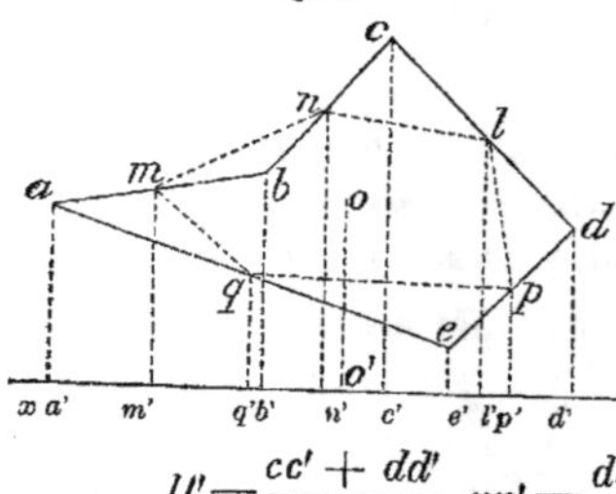

Des milieux m, n, l,...... des côtés ab, bc, cd,.... soient tirées sur xy les perpendiculaires mm', nn', ll',....; il viendra (fig. 1), en vertu de la proposition 7, page 47,

$$mm' = \frac{aa' + bb'}{2}, \quad nn' = \frac{bb' + cc'}{2},$$

$$ll' = \frac{cc' + dd'}{2}, \quad pp' = \frac{dd' + ee'}{2}, \quad qq' = \frac{ee' + aa'}{2};$$

d'où, en ajoutant,

$$mm' + nn' + ll' + pp' + qq' = aa' + bb' + cc' + dd' + ee'.$$

Fig. 2.

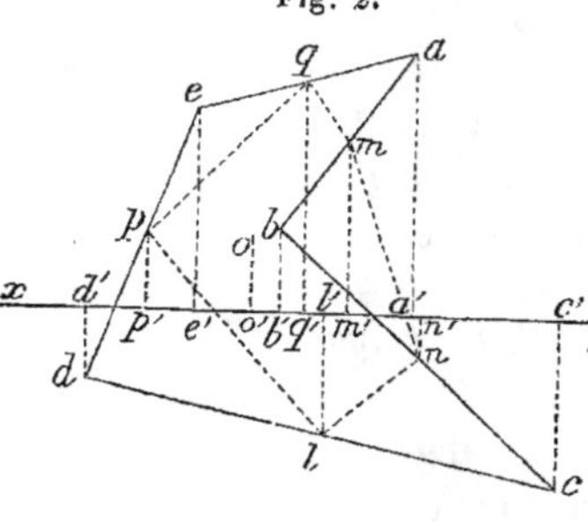

La même propriété subsiste encore lorsque la droite xy traverse le polygone *abcde* (fig. 2), pourvu toutefois que l'on prenne avec le signe *plus* les distances qui tombent d'un côté de cette droite, et avec le signe *moins* celles qui tombent du côté opposé. — On a, en effet, première et deuxième parties de la proposition citée,

$$mm' = \frac{aa' + bb'}{2}, \quad nn' = \frac{cc' - bb'}{2},$$

$$ll' = \frac{cc' + dd'}{2}, \quad pp' = \frac{ee' - dd'}{2}; \quad qq' = \frac{ee' + aa'}{2},$$

égalités d'où l'on déduit, par addition et soustraction,

$$mm' - nn' - ll' + pp' + qq' = aa' + bb' - cc' - dd' + ee'.$$

Il est à remarquer d'ailleurs que le périmètre du polygone $mnlpq$ est toujours moindre que celui du polygone $abcde$: car, on a $mn < mb + bn$, $nl < nc + cl$, $lp < ld + dp$...., d'où, en ajoutant, périmètre $mnlpq <$ périmètre $abcde$.

Si donc, en partant du polygone $abcde$, on construit une série de polygones tels, que chacun ait pour sommets les milieux des côtés du précédent, les périmètres de ces polygones décroîtront de plus en plus, mais la somme algébrique des distances des sommets à la droite arbitraire xy sera constante pour tous. — Ainsi, en prolongeant cette suite indéfiniment, on arrivera à un polygone infiniment petit, dont les sommets seront tellement voisins, qu'on pourra les considérer comme se confondant en un seul point o ; si l'on abaisse oo' perpendiculaire sur xy, on aura donc, dans le cas de la figure 1,

$$5. \quad oo' = aa' + bb' + cc' + dd' + ee',$$

d'où
$$oo' = \frac{aa' + bb' + cc' + dd' + ee'}{5};$$

et, dans celui de la figure 2,

$$5. \quad oo' = aa' + bb' - cc' - dd' + ee',$$

d'où
$$oo' = \frac{aa' + bb' - cc' - dd' + ee'}{5}.$$

Scholies. — I. Le point o est dit *le centre des moyennes distances des sommets* a, b, c,.... du polygone $abcde$.

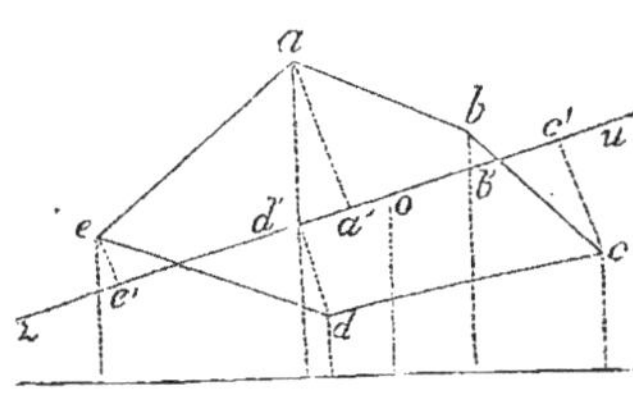

II. Toute droite zu, menée par le centre o, est appelée *axe des moyennes distances* des points a, b, c,..... parce qu'en effet, la somme algébrique $aa' + bb' - cc' - dd' + ee'$ de leurs distances à cette droite étant nulle, il vient

$$aa' + bb' + ee' = cc' + dd'.$$

III. Réciproquement, toute droite uz, pour laquelle on a $aa' + bb' + ee' = cc' + dd'$, est un axe des moyennes distances.

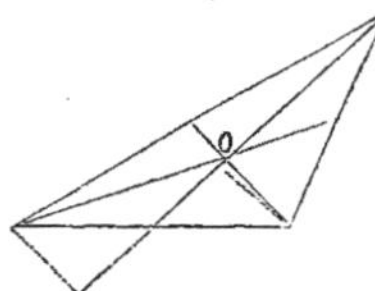

Corollaires. — I. *Le centre des moyennes distances des sommets d'un triangle est le point de concours des trois droites qui les unissent aux milieux des côtés opposés* : car, chacune de ces droites, passant par un sommet et étant équidistante des deux autres, est un axe des moyennes distances.

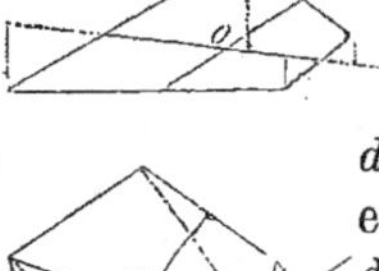

II. *Le centre des moyennes distances des sommets d'un quadrilatère est le point de concours des droites qui joignent les milieux des côtés opposés* : car chacune de ces droites est également distante des sommets considérés deux à deux.

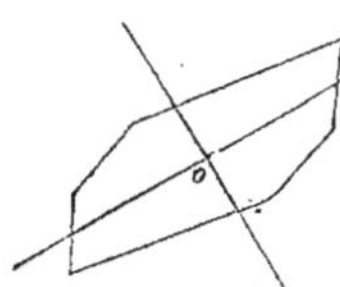

III. *Le centre d'un polygone régulier est le centre des moyennes distances de ses sommets* : car les axes de symétrie sont autant d'axes des moyennes distances.

IV. *Le centre de symétrie d'un polygone est le centre des moyennes distances des sommets.* — — Tout diamètre, divisant le polygone en deux parties superposables par rotation, est en effet un axe des moyennes distances.

Prop. 9. — Théorème : *Deux polygones de même espèce sont égaux, lorsque, abstraction faite d'un côté et des deux angles adjacents, toutes les autres parties, angles et côtés, sont égales chacune à chacune et pareillement assemblées.*

Soient côté $bc =$ côté $b'c'$, côté $cd =$ côté $c'd'$, côté $de =$ côté $d'e'$, côté $ea =$ côté $e'a'$ et ang $c =$ ang c', ang $d =$ ang d', ang $e =$ ang e'.

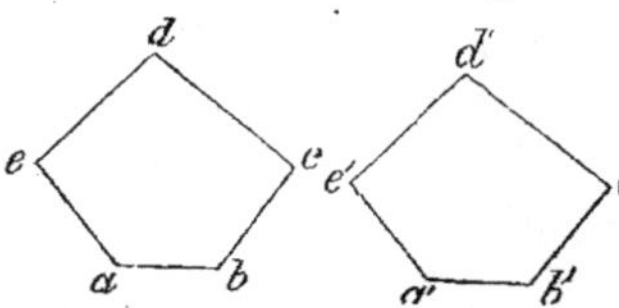

Posons le polygone $a'b'c'd'e'$ sur le polygone $abcde$, de manière que $b'c'$ tombe sur son égal bc ; parce que ang $c =$ ang c', $c'd'$ tombera sur son égal cd ; on prouvera de même que $d'e'$ tombe sur de et $e'a'$ sur ea : donc $a'b'$ tombera aussi sur ab et les deux polygones coïncideront.

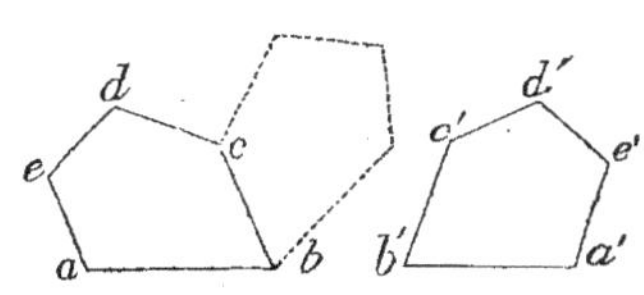

Si les parties, supposées égales, étaient assemblées dans des ordres inverses, on opérerait la superposition en faisant d'abord coïncider les côtés *bc*, *b' c'*, et en pliant ensuite le plan le long du côté commun.

Corollaire 1. — Un polygone de n *côtés est déterminé généralement par* 2n — 3 *conditions, savoir : par* n — 1 *côtés et par les* n — 2 *angles qu'ils forment entre eux. —* Ainsi, un pentagone est déterminé par sept conditions, un hexagone par neuf, etc., etc.

Corol. 2. — Deux polygones réguliers de même espèce sont égaux quand ils ont un côté égal. — Cela résulte de ce que ces polygones sont équiangles entre eux.

Conséquemment, *un polygone régulier d'une espèce donnée est déterminé par son côté.*

PROP. 10. — THÉORÈME : *Deux polygones égaux, situés sur le même plan, sont superposables par transport parallèle ou par rotation, ou bien par l'un de ces mouvements combiné avec un rabattement.*

Il faut distinguer deux cas : les côtés égaux des deux polygones peuvent être assemblés *dans le même ordre* ou *dans des ordres inverses.*

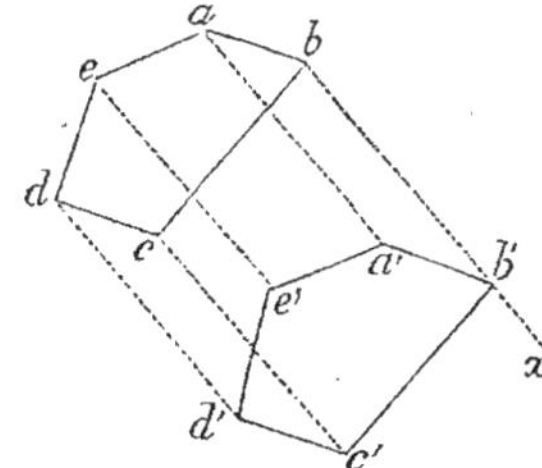

Premier cas. — Soient *abcde*, *a' b' c' d' e'*, deux polygones égaux, et *ab*, *a'b'*, deux côtés homologues quelconques ; il peut arriver : 1° que ces côtés soient parallèles et de même sens ; 2° qu'ils soient parallèles et de sens contraires ; 3° qu'ils concourent sous un angle quelconque.

Première variété. — Si les côtés homologues *ab*, *a' b'*, sont parallèles et de même sens, faites mouvoir le polygone *a' b' c' d' e'*, de manière que le sommet *a'* glisse le long de la droite *a' a*, et que le côté *a' b'* reste constamment parallèle à son égal *ab*. — Quand le sommet *a'* arrivera en *a*, *a' b'* tombera évidemment sur

ab, et, comme ang $a' b' c' =$ ang abc, le côté $b' c'$ s'appliquera sur son égal bc; puis, $c' d'$ sur cd, $d' e'$ sur de, etc., etc. Ainsi, *on peut opérer la superposition par transport parallèle.*

Parce que les côtés ab, $a' b'$, sont égaux et parallèles, les droites aa', bb', sont aussi égales et parallèles : donc ang $abx =$ ang $a' b' x$, et, en retranchant d'une part angle abc, et de l'autre angle $a' b' c'$, ang $cbx =$ ang $c'b'x$; d'où résulte que bc est parallèle à $b'c'$. On prouverait de même que les droites bb', cc', sont égales et parallèles, et que cd est parallèle à $c' d'$, etc., etc. Donc : 1° *les distances* aa', bb', cc',.... *des sommets homologues sont égales et parallèles;* 2° *les côtés homologues* bc *et* b' c', cd *et* c' d',..... *sont parallèles deux à deux et de même sens.*

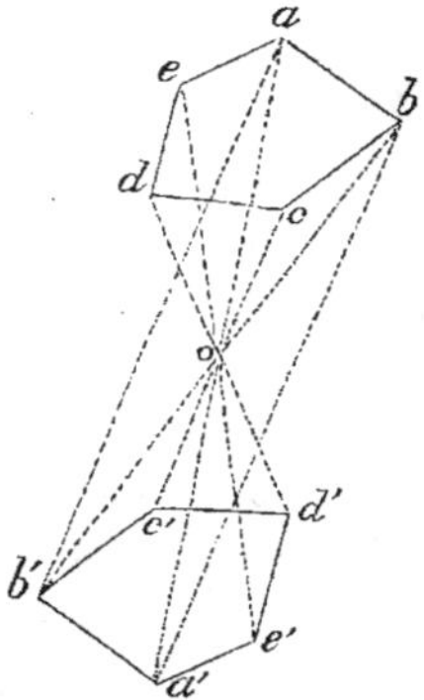

Deuxième variété. — Si les côtés homologues ab, $a' b'$, sont parallèles et de sens contraires, concevez que le polygone $a' b' c' d' e'$ fasse une demi-révolution autour du milieu o de la droite aa', de manière que oa' vienne s'appliquer sur oa : parce que ang $oa'b' =$ ang oab, le côté $a' b'$ tombera sur son égal ab; et, parce que ang $a' b' c' =$ ang abc, $b' c'$ tombera sur bc; puis $c' d'$ sur cd, etc., etc. — Conséquemment, *on peut opérer la superposition par rotation.*

La figure $aba' b'$ étant un parallélogramme, les diagonales aa', bb', se coupent mutuellement en parties égales. — De plus, ang $abo =$ ang $a' b' o$ et ang $abc =$ ang $a'b'c'$; d'où, par soustraction, ang $cbo =$ ang $c' b' o$: donc bc est parallèle à $b' c'$. — On démontrerait de même que le point o est le milieu de cc', et que cd est parallèle à $c' d'$, etc., etc. — Ainsi, 1° *les distances* aa', bb', cc',..... *des sommets homologues se coupent en parties égales au centre de rotation;* 2° *les côtés homologues* bc *et* b' c', cd *et* c' d',...... *sont deux à deux parallèles et de sens contraires.*

Troisième variété. — Si les côtés homologues ab, $a' b'$, concourent sous un angle quelconque $a'vx$, soit o le point de rencontre des perpendiculaires mo, no, tirées sur les milieux des

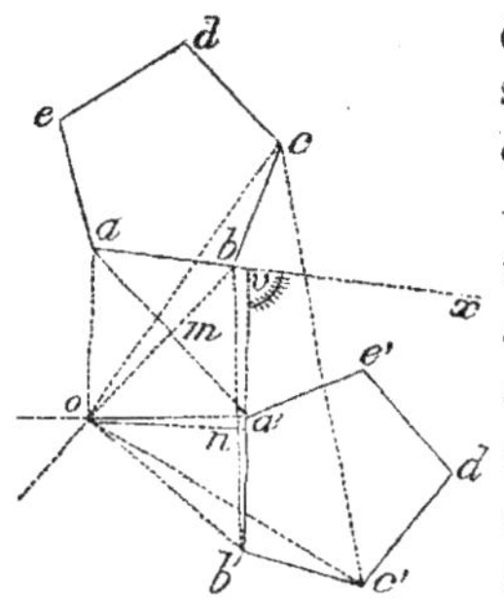

distances aa', bb' ; les triangles oab, $oa'b'$, sont égaux, parce que $ab = a'b'$, oblique $oa =$ oblique oa', oblique $ob =$ oblique ob'.

— Faites tourner le polygone $a'b'c'd'e'$ autour du point o, de manière que le triangle $oa'b'$ vienne couvrir son égal oab : puisque ang $a'b'c' =$ ang abc, $b'c'$ tombera sur son égal bc ; pareillement, $c'd'$ tombera sur cd, etc., etc. Ainsi, *on peut opérer la superposition par une simple rotation.*

De là, diverses conséquences : 1° *les perpendiculaires tirées sur les milieux des distances* aa', bb', cc',. ... *des sommets homologues, concourent au centre de rotation* : car les obliques oc et oc', od et od', étant superposables, sont égales deux à deux ; 2° *les inclinaisons des côtés homologues sont égales entre elles et à l'angle de rotation* : en effet, dans le quadrilatère $oava'$, l'angle oav, étant égal à angle $oa'b'$, est le supplément de l'angle $oa'v$; donc l'angle aoa' de rotation est aussi le supplément de l'angle ava', et par suite il est égal à l'angle $a'vx$; 3° *les bissectrices des suppléments de ces inclinaisons passent toutes par le centre de rotation.* — Cela résulte de ce que le point o est équidistant de ab et $a'b'$, bc et $b'c'$, cd et $c'd'$,. ..

Deuxième cas. — Si les côtés égaux sont assemblés dans des ordres inverses, *rabattez* le polygone $a'b'c'd'e'$ en $a''b''c''d''e''$, en le faisant tourner autour d'un axe arbitraire xy ; le polygone

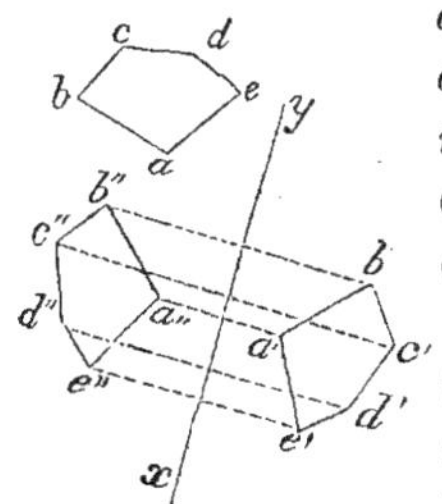

$a''b''c''d''e''$ pourra ensuite être amené en $abcde$ par un *transport parallèle ou par une rotation*, selon que les côtés homologues ab et $a''b''$ seront ou ne seront pas parallèles et de même sens.

Au surplus, on peut toujours substituer un transport parallèle à la rotation. — En effet, après avoir prolongé les côtés ab, $a'b'$, jusqu'à leur intersection o, prenez $oa'' = oa$, $ob'' = ob$, de manière que $a''b'' = ab$, et que la bissectrice ox de l'angle aoa' soit perpendiculaire sur les milieux des droites aa'', bb''. — Vous pourrez d'abord, par un transfert parallèle, placer le polygone $a'\,b'\,c'\,d'\,e'$ en $a''\,b''\,c''\,d''\,e''$, et ensuite, par un pli le long de ox, le faire tomber sur $abcde$.

Les polygones $abcde$, $a''\,b''\,c''\,d''e''$, étant symétriques par rapport

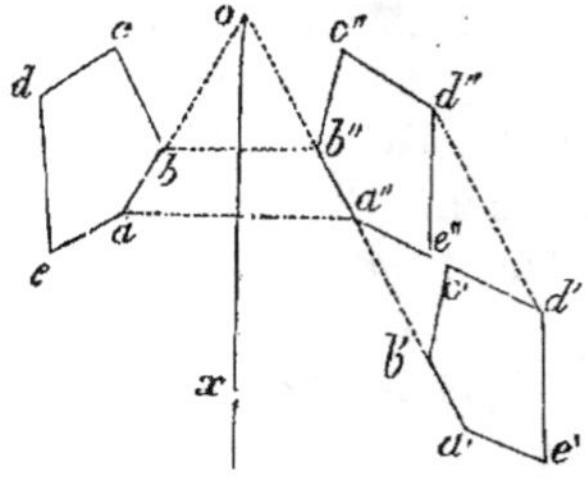

à l'axe ox, les côtés homologues bc et $b''\,c''$, cd et $c''\,d''$, . . sont également inclinés sur cette droite : donc les côtés bc et $b'\,c'$, cd et $c'\,d'$,... jouissent de la même propriété. — Ainsi, *dans les polygones* abcde *et* a' b' c' d' e', *les bissectrices des angles des côtés homologues forment deux systèmes de droites parallèles.*

II° SECTION.

LA SIMILITUDE.

§ 1. — Les lignes proportionnelles.

I. On appelle *commune mesure de deux lignes* a *et* b *toute ligne* m qui est contenue dans l'une et dans l'autre un nombre exact de fois. La ligne *m* prend *le nom de plus grande commune mesure* s'il n'existe pas de mesures communes plus grandes qu'elle.

II. Deux lignes sont *commensurables* ou *rationnelles* quand elles ont une commune mesure, et *incommensurables* ou *irrationnelles* quand elles n'en ont pas.

PROPOSITION 1. — LEMME : *La plus grande commune mesure entre deux lignes est égale à la plus grande commune mesure entre la plus petite et le reste de la division de la plus grande par la plus petite.*

Supposons, pour fixer les idées, que la ligne a contienne cinq fois la ligne b avec un reste c plus petit que b, en sorte que l'on ait $a = 5 . b + c$. Divisant tous les termes par une ligne arbitraire m, nous aurons $\dfrac{a}{m} = 5 . \dfrac{b}{m} + \dfrac{c}{m}$. Or, comme les deux membres d'une égalité ne peuvent être l'un entier et l'autre fractionnaire, toutes les fois que deux des trois rapports $\dfrac{a}{m}$, $\dfrac{b}{m}$, $\dfrac{c}{m}$, seront des nombres entiers, le troisième sera pareillement un nombre entier. —

5

Ainsi, *toute mesure commune aux lignes* a *et* b *est aussi commune aux lignes* b *et* c, *et réciproquement.* — Donc, puisque les lignes a et b, b et c, admettent les mêmes communes mesures, la plus grande commune mesure entre a et b est égale à la plus grande commune mesure entre b et c.

Scholies. — I. Si la ligne m est la plus grande commune mesure des lignes a et b, elles ont une infinité de mesures communes, savoir : $\dfrac{m}{2}, \dfrac{m}{3}, \dfrac{m}{4}, \dfrac{m}{5}, \ldots$

II. Quand les lignes a et b sont incommensurables, les lignes b et c le sont aussi, et réciproquement.

PROP. 2. — PROBLÈME : *Trouver la plus grande commune mesure des lignes* ab *et* cd.

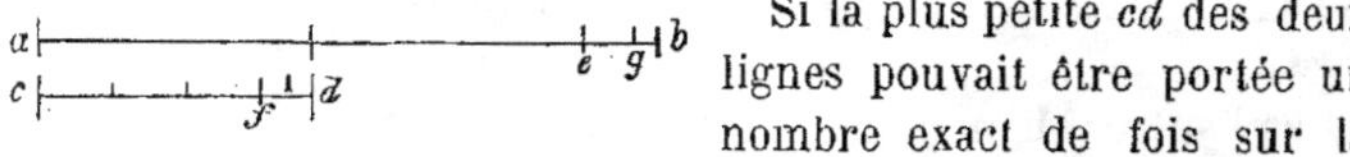

Si la plus petite cd des deux lignes pouvait être portée un nombre exact de fois sur la plus grande ab, elle serait la plus grande commune mesure demandée, car cette plus grande commune mesure est tout au plus égale à cd. — Supposons qu'il n'en soit pas ainsi, et que ab contienne cd deux fois avec un reste $be < cd$, de manière que $ab = 2 . cd + be$; en vertu du lemme précédent, la question sera ramenée à rechercher la plus grande commune mesure des lignes plus petites cd et be. — Divisons pour cela cd par be ; soient 3 le quotient et df le reste, il viendra $cd = 3be + df$. — Soient pareillement 1 le quotient et bg le reste de la division de be par df, en sorte que $be = df + bg$; admettons enfin que df contienne bg deux fois exactement, ou que $df = 2.bg$: la ligne bg sera la plus grande commune mesure cherchée, car elle est évidemment la plus grande commune mesure des lignes df et bg, puis, en remontant, celle des lignes be et df, des lignes cd et be, enfin des lignes ab et cd. — Si, en continuant indéfiniment cette suite de divisions, on ne parvenait pas à un reste qui fût contenu exactement dans le précédent, il n'y aurait pas de plus grande commune mesure, et les lignes ab et cd seraient incommensurables.

Scholie. — *La recherche de la plus grande commune mesure de deux lignes conduit à la détermination de leur rapport numérique.*

— En effet, par des substitutions successives, les égalités

$$ab = 2cd + be,\ cd = 3be + df,\ be = 1df + bg,\ df = 2bg,\ (1)$$

fournissent les égalités

$$df = 2bg,\ be = 2bg + 1bg = 3bg,\ cd = 9bg + 2bg = 11bg,$$
$$ab = 22bg + 3bg = 25bg\,;$$

et, en divisant la quatrième par la troisième, il vient $\dfrac{ab}{cd} = \dfrac{25}{11}$.

La fraction, ainsi trouvée, est toujours *irréductible*, car, si ses termes admettaient, par exemple, le diviseur commun 3, les lignes ab et cd auraient une commune mesure $3 . bg$ plus grande que bg, ce qui est impossible.

On trouve, au surplus, ce rapport d'une manière plus simple, en mettant les égalités (1) sous la forme

$$\frac{ab}{cd} = 2 + \frac{be}{cd},\ \frac{cd}{be} = 3 + \frac{df}{be},\ \frac{be}{df} = 1 + \frac{bg}{df},\ \frac{df}{bg} = 2\,;$$

puis, sous la forme

$$\frac{ab}{cd} = 2 + \frac{1}{\left(\frac{cd}{be}\right)},\ \frac{cd}{be} = 3 + \frac{1}{\left(\frac{be}{df}\right)},\ \frac{be}{df} = 1 + \frac{1}{\left(\frac{df}{bg}\right)},\ \frac{df}{bg} = 2,$$

d'où l'on déduit aisément l'expression

$$\frac{ab}{cd} = 2 + \frac{1}{3} + \frac{1}{1} + \frac{1}{2} = \frac{25}{11},$$

qui donne le rapport $ab : cd$ en fraction continue.

Quand les lignes sont incommensurables, la recherche de la plus grande commune mesure ne se détermine pas, et la fraction continue comprend une infinité de fractions ordinaires; il est alors impossible de déterminer en toute rigueur la valeur du rapport numérique des deux lignes; mais on peut en approcher aussi près qu'on le veut, car on sait que la différence entre une fraction continue et une réduite quelconque est moindre que l'unité divisée par le quarré du dénominateur de cette réduite.

Prop. 3. — Théorème : *Toute droite* mn, *parallèle à l'un des côtés* ab *d'un triangle* abc, *divise les deux autres côtés* ca, cb, *en parties proportionnelles* cm *et* ma, cn *et* nb.

1° *Si les parties* cn *et* nb *sont commensurables*, supposons que leur plus grande commune mesure soit contenue 4 fois dans cn et 3 fois dans nb, de manière que l'on ait cn : nb :: 4 : 3. — Par les points de division d, e, f......, parallèlement à ab, tirons les droites dr, es, ft,...... : les parties cr, rs, st, ... seront toutes égales entre elles ; car si la partie rs, par exemple, n'était pas égale à la partie st, la droite oe, qui joindrait les milieux o et e des côtés concourants rt, df, du trapèze rtfd, serait parallèle à tf, et par suite à se, ce qui est absurde. — Ainsi, la droite cr étant contenue 4 fois dans cm et 3 fois dans ma, il vient cm:ma: :4 : 3, et, à cause du rapport commun, cm : ma :: cn : nb.

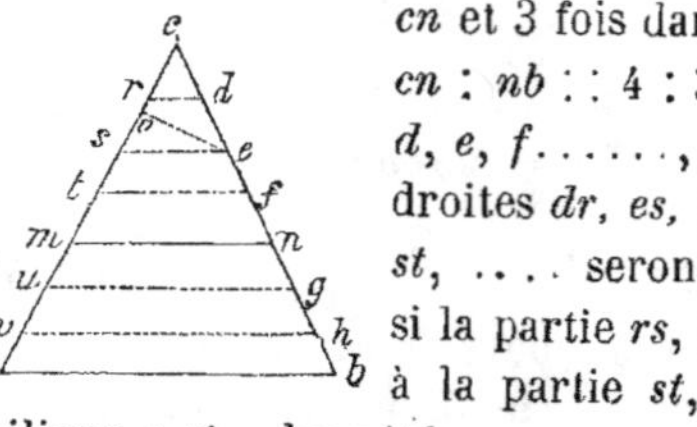

2° *Si les parties* cn *et* nb *sont incommensurables*, on a encore cm : ma :: cn : nb. — En effet, si cette proportion était inexacte, on pourrait la rectifier en changeant son quatrième terme ; supposons que l'on ait cm : ma :: cn : nk, nk étant $<$ ou $>$ nb. — Décomposons cn en parties égales, moindres chacune que kb, de sorte qu'en continuant les divisions le long de nb, il se trouve au moins entre k et b l'extrémité q de l'une d'entre elles : par là, les parties cn, nq, seront commensurables, et, si l'on tire qp parallèle à ab, on aura cm : mp :: cn : nq. — Or, de ce que cette proportion et la précédente ont les mêmes antécédents, il résulte celle-ci : ma : mp :: nk : nq, laquelle est évidemment fausse, car ma est $>$ mp, tandis que nk est $<$ nq ; donc, la supposition faite étant inadmissible, la proportion cm : ma :: cn : nb est exacte.

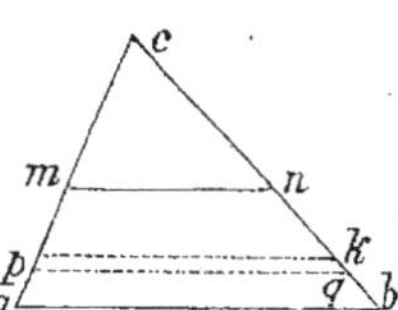

Corollaire. — *Les côtés* ca *et* cb *sont proportionnels à leurs parties correspondantes* cm *et* cn, ma *et* nb : car, de la proportion cm : ma :: cn : nb on déduit cm $+$ ma : cn $+$ nb, c'est-à-dire ca : cb comme cm : cn, ou bien comme ma : nb.

Réciproque. — *Toute droite* mn, *qui divise proportionnellement deux côtés* ca, cb, *d'un triangle* abc, *est parallèle au troisième côté* ab.

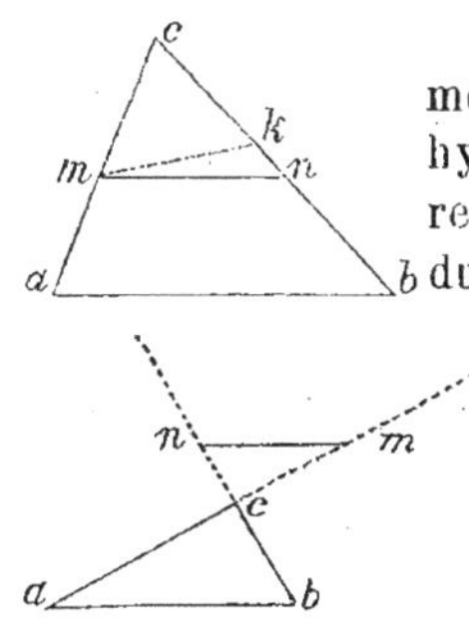

S'il n'en est pas ainsi, soit *mk* la parallèle menée au côté *ab* par le point *m* : on a, par hypothèse, *cm* : *ma* :: *cn* : *nb*, et, par la directe, *cm* : *ma* :: *ck* : *kb*. — Donc, à cause du rapport commun, *cn* : *nb* :: *ck* : *kb* ; proportion fausse, attendu que *cn* est $>$ *ck*, tandis que *nb* est $<$ *kb*. Donc *mn* est parallèle à *ab*.

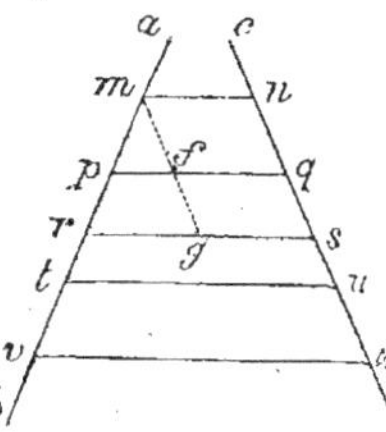

Scholie. — Ce théorème et sa réciproque ont encore lieu lorsque la droite *mn* coupe les prolongements des côtés *ca* et *cb*.

PROP. 4. — THÉORÈME : *Lorsque deux droites quelconques* ab, cd, *sont coupées par plusieurs parallèles* mn, pq, rs, tu,. ..., *les parties correspondantes* mp *et* nq, pr *et* qs, rt *et* su,...... *sont proportionnelles.*

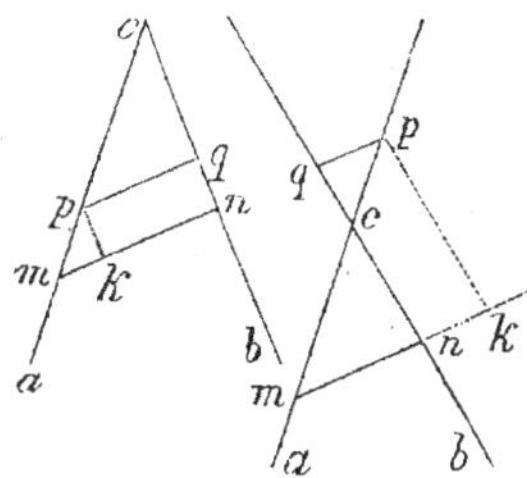

Tirant *mg* parallèle à *cd*, on a, parce que *pf* est parallèle au côté *rg* du triangle *rmg*, *mp* : *mf* :: *pr* : *fg* ; or, *mf* = *nq*, *fg* = *qs*, comme parallèles comprises entre parallèles : donc *mp* : *nq* :: *pr* : *qs*. — On prouverait de même que *pr* : *qs* :: *rt* : *su*, que *rt* : *su* :: *tv* : *uw*, etc. etc. — De là, la suite de rapports égaux *mp* : *nq* :: *pr* : *qs* :: *rt* : *su* :...

Scholie. — Si les antécédents *mp*, *pr*, *rt*,.... sont égaux, les conséquents, *nq*, *qs*, *su*,.... le sont aussi.

PROP. 5. — THÉORÈME : *Les parallèles* mn *et* pq, *comprises entre les côtés d'un angle* acb, *sont entre elles comme les distances* mc *et* pc *de leurs extrémités correspondantes* m *et* p *au sommet* c *de cet angle.* (Fig. 1 ou 2.)

Tirant *pk* parallèlement au côté *cn* du triangle *mcn*, il vient *mn* : *kn* :: *mc* : *pc* ; mais, *kn* = *pq*, comme parallèles comprises entre parallèles : donc *mn* : *pq* :: *mc* : *pc*.

Prop. 6. — Théorème : *Deux parallèles* mn *et* pq, *comprises entre les côtés d'un angle* acb, *sont divisées en parties proportionnelles par les droites* cx, cy, cz,..... *issues de son sommet* c. (Fig. 1 ou 2.)

Les parallèles md, pg, étant comprises entre les côtés de l'angle acx, et les parallèles de, gh, entre ceux de l'angle xcy, on a $md : pg :: dc : gc$, $de : gh :: dc : gc$, et par suite $md : pg :: de : gh$.

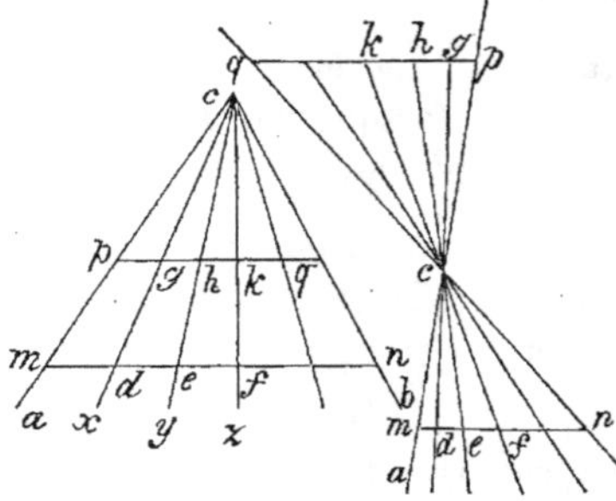

— On démontrerait de même que $de : gh :: ef : hk$, etc., etc. Donc $md : pg :: de : gh :: ef : hk ::$ etc., etc.

Scholie. — Lorsque les antécédents md, de, ef,..... sont égaux, les conséquents pg, gh, hk,... le sont aussi.

Première réciproque. — *Deux droites* mn *et* pq, *comprises entre les côtés d'un angle* acb, *sont parallèles, lorsqu'elles sont divisées proportionnellement par une droite* cx *issue de son sommet* c.

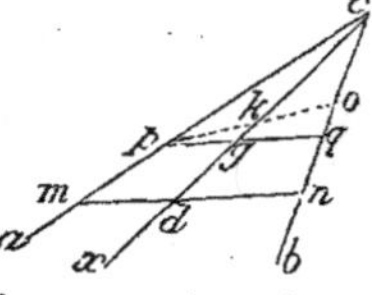

S'il n'en est pas ainsi, par le point p, tirons po parallèle à mn. — On a, par la directe, $md : pk :: dn : ko$, et, par hypothèse, $md : pg :: dn : gq$; d'où résulte $pk : pg :: ko : gq$; donc kg est parallèle à qo, ce qui est faux. — Conséquemment, les droites mn, pq, sont parallèles.

Deuxième réciproque. — *Toute droite* dg, *qui divise proportionnellement deux parallèles* mn, pq, *comprises entre les côtés d'un angle* acb, *passe par son sommet* c.

S'il en est autrement, soit o le point où la droite cg rencontre mn.

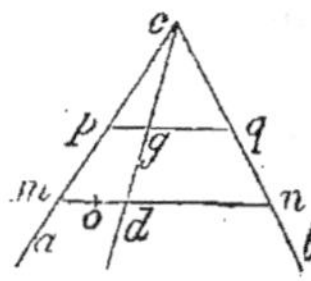

— On a, par la directe, $mo : pg :: on : gq$, et, par hypothèse, $md : pg :: dn : gq$; d'où l'on conclut $mo : md :: on : dn$, proportion fausse, car mo est $< md$, tandis que on est $> dn$. — Donc la droite dg passe par le sommet c.

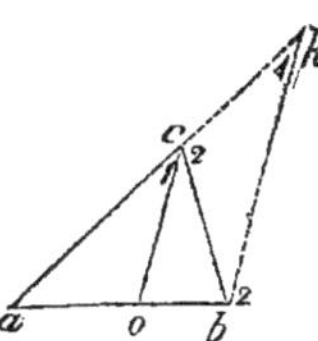

Corollaire. — *Dans tout trapèze* abcd, *les milieux* m, n, *des côtés parallèles* ab, dc, *le point de concours* k *des deux autres côtés* ad, bc, *et celui* o *des diagonales* ac, bd, *sont situés en ligne droite.* — Cela résulte de ce que les points *m, n,* divisent proportionnellement les parallèles *ab, dc,* comprises à la fois entre les côtés de l'angle *akb* et entre ceux de l'angle *aob.*

Prop. 7 — Théorème : *Dans tout triangle* abc, *la bissectrice* co *d'un angle* acb *divise le côté opposé* ab *en segments additifs* ao, bo, *proportionnels aux côtés adjacents* ac, bc.

Par le sommet *b*, parallèlement à *co*, soit tirée la droite *bk* qui coupe en *k* le prolongement de *ac;* on aura *ao : bo :: ac : kc.* — Or, ang *aco =* ang *k* comme correspondants, et ang *bco =* ang *cbk* comme alternes-internes : de plus, par hypothèse, ang *aco =* ang *bco* : donc aussi ang *k =* ang *cbk,* d'où résulte *kc = bc.* — Substituant dans la proportion obtenue, il vient *ao : bo :: ac : bc.*

Réciproque. — *La droite* co *est la bissectrice de l'angle* acb, *si elle divise le côté opposé* ab *en segments additifs* ao, bo, *proportionnels aux côtés adjacents* ac, bc.

Par le sommet *b*, parallèlement à *co*, soit tirée la droite *bk,* on aura *ao : bo :: ac : kc;* mais, par hypothèse, *ao : bo :: ac : bc;* donc *kc = bc,* et partant, ang *cbk =* ang *k.* — Or, ang *cbk =* ang *bco,* et ang *k =* ang *aco* : donc aussi ang *bco =* ang *aco.*

Scholie. — Connaissant les trois côtés *ab, ac, bc,* on pourra aisément déterminer les segments *ao, bo.* — Le triangle *abk* fournit en effet, en observant que *ak = ac + bc,*

$$ao : ab :: ac : ac + bc \quad \text{et} \quad bo : ab :: bc : ac + bc.$$

Prop. 8. — Théorème : *Dans tout triangle* abc, *la bissectrice* co *d'un angle extérieur* bcx *divise le côté* ab *en segments soustractifs* ao, bo, *proportionnels aux côtés adjacents* ac, bc. — *Et réciproquement.*

Les démonstrations sont à très peu près les mêmes que celles qui précèdent.

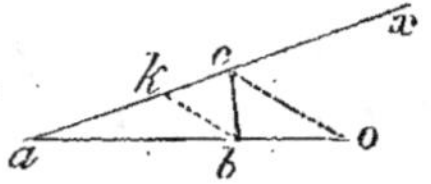

Scholie. — On déterminera les segments soustractifs ao, bo, à l'aide des proportions $ao : ab :: ac : ac - bc$, $bo : ab :: bc : ac - bc$.

§ 2. — La similitude des triangles.

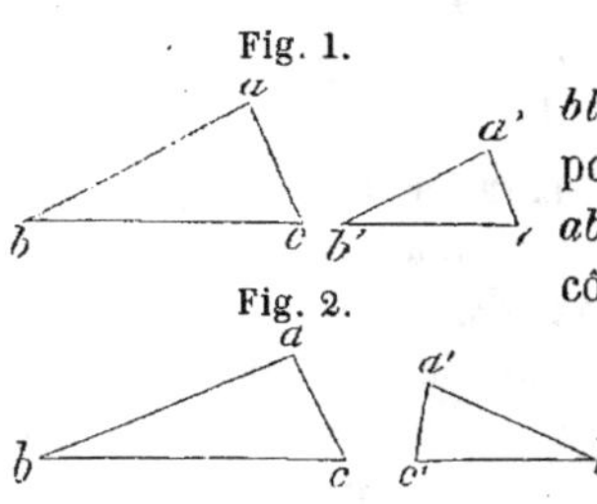

Fig. 1.

Fig. 2.

Deux triangles abc, $a' b' c'$, sont *semblables* lorsque leurs côtés sont proportionnels, c'est-à-dire lorsqu'on a $ab : a' b' :: ac : a' c' :: bc : b' c'$. Les côtés ab, ac, bc et $a' b'$, $a' c'$, $b' c'$, peuvent d'ailleurs être assemblés dans le même ordre (fig. 1) ou dans des ordres inverses (fig. 2).

Ainsi, la similitude est déterminée par deux conditions : 1° $ab : a' b' :: ac : a' c'$; 2° $ac : a' c' :: bc : b' c'$; d'où résulte
$$ab : a' b' :: bc : b' c'.$$

Les côtés proportionnels ab et $a' b'$, ac et $a' c'$, bc et $b' c'$, sont dits *homologues*. Le rapport constant de deux côtés homologues prend le nom de *rapport de similitude* ; quand ce rapport est égal à l'unité, on a $ab = a' b'$, $ac = a'c'$, $bc = b' c'$, et par suite les triangles abc, $a' b' c'$, sont égaux : ainsi, *l'égalité est un cas particulier de la similitude.*

PROPOSITION 1. — THÉORÈME : *Deux triangles semblables sont équiangles entre eux.*

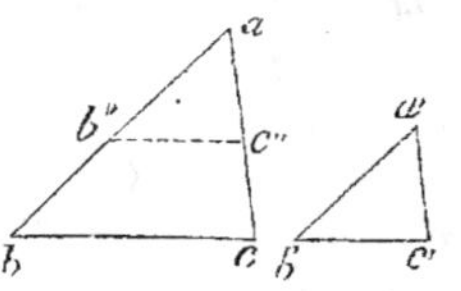

Soit $ab : a' b' :: ac : a' c' :: bc : b'c'$. — Je prends $ab'' = a' b'$, $ac'' = a'c'$, et j'ai $ab : ab'' :: ac : ac''$; conséquemment, $b'' c''$ est parallèle à bc, et, comme ces lignes sont comprises entre les côtés de l'angle a, il vient $bc : b''c'' :: ab : ab''$ ou $a' b'$. Mais, par hypothèse, $bc : b'c' :: ab : a'b'$; ces proportions ayant trois termes égaux et pareillement disposés, il s'ensuit $b'' c'' = b'c'$: donc les triangles $a'b'c'$, $ab''c''$, équilatéraux entre eux, sont égaux, et partant l'angle a' est égal à l'angle a, l'angle b' est égal à l'angle $ab''c''$, et par suite à l'angle correspondant b; enfin l'angle c' est égal à l'angle $ac''b''$ ou à son correspondant c. — Donc, etc.

Scholie. — Les angles égaux a et a', b et b', c et c', sont opposés aux côtés homologues bc et $b'c'$, ac et $a'c'$, ab et $a'b'$.

PROP. 2. — THÉORÈME : *Deux triangles, équiangles entre eux, sont semblables.*

Soient ang $a = $ ang a', ang $b = $ ang b', ang $c = $ ang c'. — Je prends $ab'' = a'b'$, je tire $b''c''$ parallèle à bc, et j'ai $ab : ab'' :: ac : ac''$ et $bc : b''c'' :: ab : ab''$, ou bien $ab : ab'' :: ac : ac'' :: bc : b''c''$. — Or, parce que $a'b'$ est égal à ab'', angle a' à angle a et angle b' à angle b, où à son correspondant $ab''c''$, les triangles $a'b'c'$, $ab''c''$, sont égaux, et partant $ac'' = a'c'$, $b''c'' = b'c'$; substituant dans la suite obtenue, il vient $ab : a'b' :: ac : a'c' :: bc : b'c'$. — Donc, etc.

Scholie. — Les côtés homologues ab et $a'b'$, ac et $a'c'$, bc et $b'c'$, sont opposés aux angles égaux c et c', b et b', a et a'.

Corollaires. — *Sont semblables :* 1° *deux triangles qui ont deux angles égaux chacun à chacun ;* 2° *deux triangles rectangles qui ont un angle aigu égal :* car, dans l'un et l'autre cas, les triangles sont équiangles entre eux.

PROP. 3. — THÉORÈME : *Deux triangles sont semblables lorsqu'ils ont un angle égal compris entre deux côtés proportionnels.*

Soient ang $a = $ ang a' et $ab : a'b' :: ac : a'c'$. — Je prends $ab'' = a'b'$, $ac'' = a'c'$, et j'ai $ab : ab'' :: ac : ac''$; ainsi, $b''c''$ est parallèle à bc. — Or, les triangles $a'b'c'$, $ab''c''$, sont égaux parce qu'ils ont un angle égal compris entre deux côtés égaux. — Donc ang $b' = $ ang $ab''c'' = $ ang b, ang $c' = $ ang $ac''b'' = $ ang c. — Donc, etc.

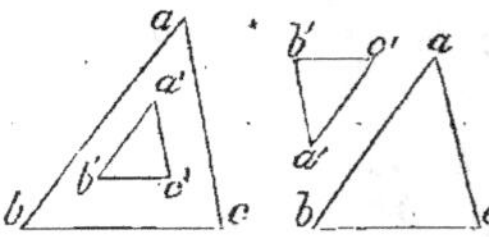

Corollaire. — *Deux triangles rectangles sont semblables lorsqu'ils ont l'hypoténuse et un côté proportionnels.* — Soit $ab : a'b' :: ac : a'c'$. — Je prends $ab'' = a'\,b'$, $ac'' = a'\,c'$, et j'ai $ab : ab'' :: ac : ac''$; donc $b''\,c''$ est parallèle à bc, et par suite l'angle $ac''b''$ est droit. — Ainsi, les triangles rectangles $ab''c''$, $a'b'c'$, sont égaux : donc ang $a =$ ang a'.

Prop. 4. — Théorème : *Deux triangles* abc, a'b'c', *sont semblables lorsque leurs côtés* ab *et* a'b', ac *et* a'c', bc *et* b'c', *sont parallèles chacun à chacun.*

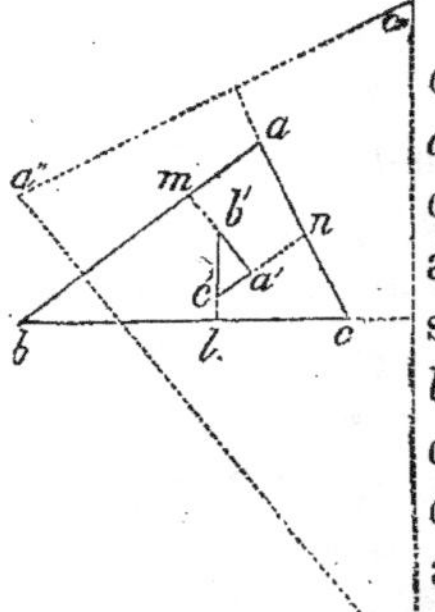

Parce que deux angles sont égaux quand ils ont leurs côtés parallèles et dirigés dans le même sens ou dans des sens contraires, on a en effet

ang $a =$ ang a', ang $b =$ ang b', ang $c =$ ang c'.

Scholie. — Les côtés parallèles ab et $a'b'$, ac et $a'c'$, bc et $b'c'$, sont homologues, car ils sont opposés aux angles égaux c et c', b et b', a et a' : conséquemment on a

$$ab : a'b' :: ac : a'c' :: bc : b'c'.$$

Prop. 5. — Théorème : *Deux triangles* abc, a'b'c', *sont semblables lorsque leurs côtés* ab *et* a'b', ac *et* a'c', bc *et* b'c', *sont perpendiculaires chacun à chacun.*

Soient prolongés les côtés $a'b'$, $a'c'$, $b'c'$, jusqu'aux points m, n, l, où ils rencontrent ab, ac, bc ; — parce que la somme des angles du quadrilatère $ama'n$, est égale à 4^d, et que les angles ama', ana', sont droits, l'angle a est le supplément de l'angle $ma'n$; mais l'angle $b'a'c'$ est aussi le supplément de son adjacent $ma'n$: donc ang $a =$ ang $b'\,a'\,c'$. — On démontrerait de la même manière que ang $b =$ ang $a'b'c'$ et ang $c =$ ang $a'\,c'\,b'$.

Scholie 1. — Les côtés perpendiculaires ab et $a'b'$, ac et $a'c'$, bc et $b'c'$, sont homologues, car ils sont opposés aux angles égaux c et c', b et b', a et a'. — Ainsi, on a $ab : a'b' :: ac : a'c' :: bc : b'c'$.

Scholie 2. — Pour généraliser cette démonstration, remarquez que tout triangle $a''b''c''$, dont les côtés sont respectivement perpendiculaires à ceux du triangle abc, est semblable au triangle $a'b'c'$, puisque leurs côtés sont parallèles chacun à chacun : donc le triangle $a''b''c''$ est aussi semblable au triangle abc.

§ 3. — La similitude des polygones.

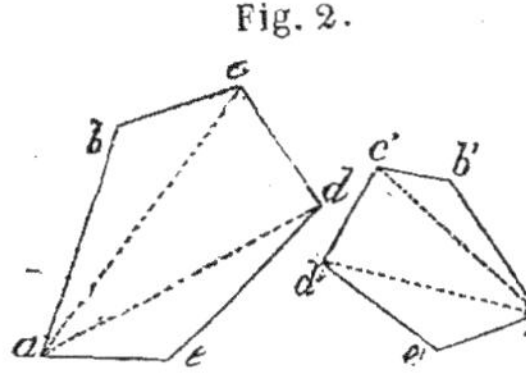

Fig. 1.

I. Deux polygones $abcde$, $a'b'c'd'e'$, sont *semblables* lorsqu'ils peuvent être décomposés en un même nombre de triangles abc et $a'b'c'$, acd et $a'c'd'$, ade et $a'd'e'$,.... semblables chacun à chacun et pareillement disposés. — Ces triangles peuvent d'ailleurs être assemblés dans le même ordre (fig. 1) ou dans des ordres inverses (fig. 2).

Fig. 2.

Si les polygones ont n côtés, chacun renferme $n-2$ triangles partiels ; et, comme il faut deux conditions pour déterminer la similitude de deux triangles, il en faut $2(n-2)$ ou $2n-4$ pour déterminer celle des deux polygones.

On a vu plus haut que l'égalité de deux polygones de n côtés dépendait en général de $2n-3$ conditions ; conséquemment, la similitude exige une condition de moins que l'égalité. — Ainsi, deux polygones d'une espèce donnée, sont naturellement semblables, quand ils sont égaux en vertu d'une condition unique ; de ce que, par exemple, deux polygones réguliers d'un même nombre de côtés sont égaux lorsqu'ils ont un côté égal, on peut conclure immédiatement que tous les polygones réguliers de même espèce sont semblables.

II. Deux points k, k', sont dits *homologues* lorsqu'ils sont

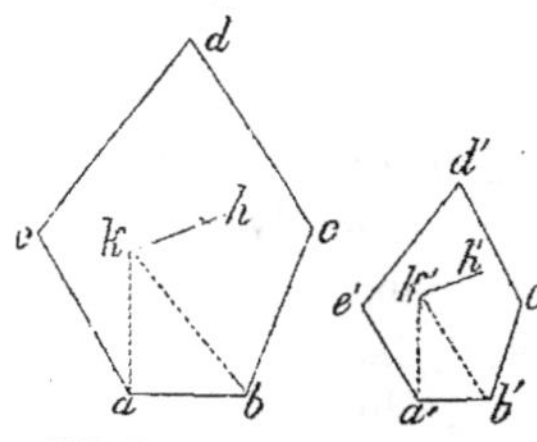

pareillement situés par rapport à deux polygones semblables *abcde*, *a'b'c'd'e'*. — Autrement, lorsque, en les unissant aux extrémités de deux côtés homologues *ab* et *a'b'*, les triangles résultants *kab*, *k'a'b'*, sont semblables et pareillement disposés.

III. Deux droites *kh*, *k'h'*, sont *homologues* quand leurs extrémités *k* et *k'*, *h* et *h'*, sont homologues deux à deux.

IV. On appelle *centre de similitude* un point situé de la même manière par rapport à deux polygones semblables, et *rayons de similitude* les distances de ce centre à deux points homologues.

PROPOSITION 1. — THÉORÈME : *Deux polygones semblables*, abcde, a' b'c' d' e', *sont équiangles entre eux, et ont leurs côtés homologues proportionnels.*

Les polygones *abcde*, *a'b'c'd'e'*, peuvent, par hypothèse, être décomposés en triangles *abc* et *a'b'c'*, *acd* et *a'c'd'*, *ade* et *a'd'e'*, semblables deux à deux, et par suite équiangles entre eux. —

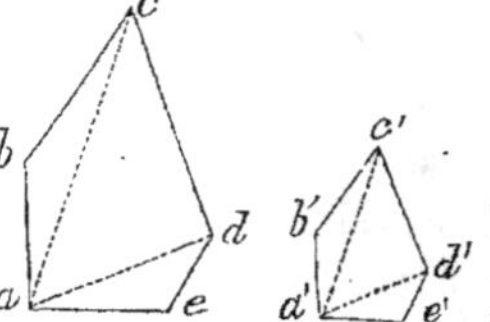

Conséquemment, l'angle *b* est égal à l'angle *b'*; l'angle *bcd*, somme des angles *bca* et *acd*, est égal à l'angle *b'c'd'*, somme des angles *b'c'a'* et *a'c'd'*; pareillement, ang *cde* = ang *c'd'e'*, etc. — Les mêmes triangles fournissent aussi *ab : a'b'* :: *bc : b'c'* :: *ca : c'a'*, *ca : c'a'* :: *cd : c'd'* :: *da : d'a'*, *da : d'a'* :: *de : d'e'* :: *ea : e'a'* ; d'où résulte, à cause des rapports communs,

$$ab : a'b' :: bc : b'c' :: cd : c'd' :: de : d'e' :: ea : e'a'.$$

Réciproque. — *Deux polygones* abcde, a'b'c'd'e', *équiangles entre eux et ayant leurs côtés proportionnels, sont semblables.*

Soient tirées toutes les diagonales des deux polygones qui aboutissent aux sommets *a*, *a'*, des angles égaux *bae*, *b'a'e'*. — Puisque ang *b* = ang *b'*, et *ab : a'b'* :: *bc : b'c'*, le triangle *abc* est semblable au triangle *a'b'c'*. — Il s'ensuit ang *bca* = ang *b'c'a'* et *bc : b'c'* :: *ca : c'a'* ; mais ang *bcd* = ang *b'c'd'* et *bc : b'c'* :: *cd : c'd'* ; partant, l'angle *acd*, différence des angles *bcd* et *bca*, est égal à l'angle *a'c'd'*, différence des angles *b'c'd'* et *b'c'a'*, et, à cause du rapapport commun, $ca : c'a' :: cd : c'd'$; donc les triangles acd, $a'a'c'd'$, sont semblables. — On établirait de même la similitude dedes triangles ade, $a'd'e'$. — Donc, etc., etc.

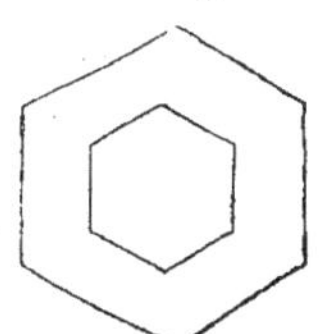

Corollaires. — 1. *Deux polygones réguliers d'un même nombre de côtés sont semblables.* — Car ils sont équiangles entre eux, et ont évidemment leurs côtés proportionnels.

2. — *Sont semblables :* 1° *deux losanges qui ont un angle égal* ; 2° *deux rectangles qui ont leleurs côtés adjacents proportionnels* ; 3° *deux parallélogrammes*

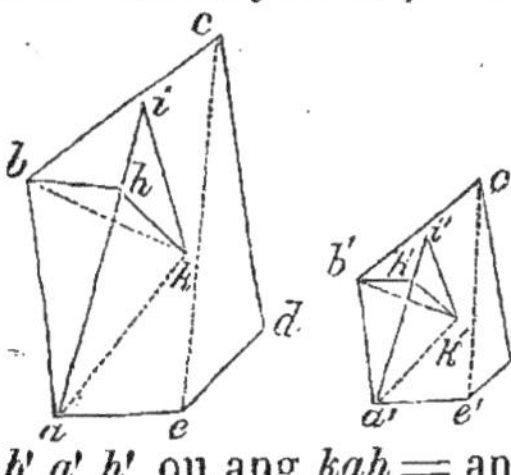

qui ont un angle égal compris entre deux côtés proportionnels.

3 (à démontrer). — *Deux trapèzes sont semblables lorsque leurs côtés sont proportionnels et pareillement assemblés.*

Prop. 2. — Théorème : *Dans deux polygones semblables*, abcde, a'b'c'd'e', *les lignes homologues* kh, k'h', *sont proportionnelles aux côtés homologues* ab, a'b'.

A cause de la similitude des triangles abk, $a'b'k'$, on a $ab : a'b' :: ak : a'k'$, angle $bak = $ angle $b'a'k'$; et, à cause de celle des triangles abh, $a'b'h'$, $ab : a'b' :: ah : a'h'$, ang $bah = $ ang $b'a'h'$; ainsi, $ak : a'k' :: ah : a'h'$ et ang $bak - $ angle $bah = $ ang $b'a'k'$; angle $b'a'h'$ ou ang $kah = $ ang $k'a'h'$: donc les triangles kah, $k'a'h'$, sont semblables, et partant $kh : k'h' :: ak : a'k'$ ou $:: ab : a'b'$.

Corollaires — 1. *Les diagonales homologues sont proportionnelles aux côtés homologues.*

2. — *Deux angles sont égaux lorsque leurs côtés sont homologues chacun à chacun.* — Si k et k', h et h', i et i', sont trois couples de sommets homologues, les distances homologues kh et $k'h'$, hi et $h'i'$, ik et $i'k'$, sont proportionnelles aux côtés ab, $a'b'$, et par suite proportionnelles entre elles : donc les triangles khi, $k'h'i'$, sont semblables ; d'où résulte ang $hki = $ ang $h'k'i'$.

3. — *Un polygone ayant été décomposé arbitrairement en*

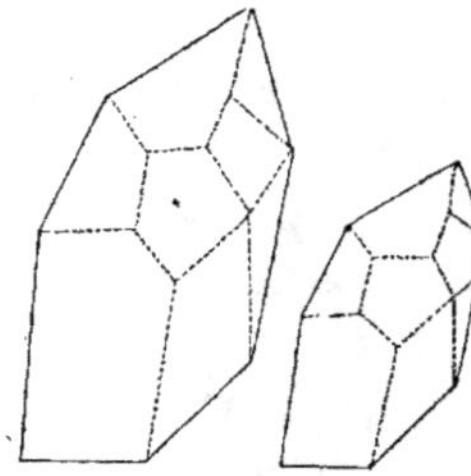

triangles, quadrilatères, pentagones, etc., par des lignes quelconques, tout polygone semblable sera décomposé, par les lignes homologues, en triangles, quadrilatères, pentagones, etc., respectivement semblables aux premiers. — Car deux polygones partiels homologues sont équiangles entre eux et ont leurs côtés proportionnels.

PROP. 3. — THÉORÈME : *Les périmètres de deux polygones semblables* abcde, a′b′c′d′e′, *sont entre eux comme les côtés homologues.*

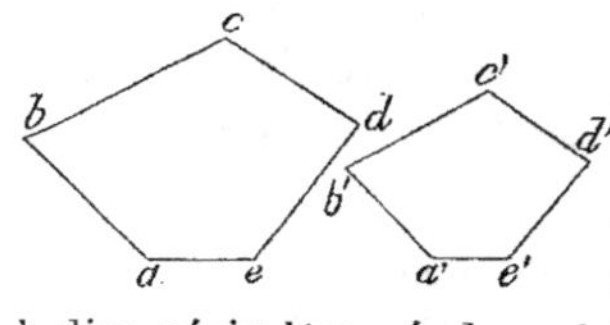

On a la suite de rapports égaux $ab : a'b' :: bc : b'c' :: cd : c'd' :: de : d'e' :: ea : e'a'$, d'où l'on déduit $ab + bc + ed + de + ea : a'b' + b'c' + c'd' + d'e' + e'a' :: ab : a'b'$, c'est-à-dire périmètre abcde : périmètre a′b′c′d′e′ $:: ab : a'b'$.

Corollaire. — *Les périmètres de deux polygones réguliers d'un même nombre de côtés sont entre eux comme leurs rayons ou comme leurs apothèmes.* — Car les rayons sont des lignes homologues, ainsi que les apothèmes.

PROP. 4. — THÉORÈME : *Si, sur les distances* oa, ob, oc, ... *d'un point quelconque* o, *aux divers sommets d'un polygone* abcde, *ou sur leurs prolongements, on porte des distances proportionnelles* oa′, ob′, oc′, . . ., *le polygone* a′b′c′d′e′, *qui a pour sommets les extrémités* a′, b′, c′ . . . ., *est semblable au premier.* (Fig. 1 ou 2.)

Fig. 1.

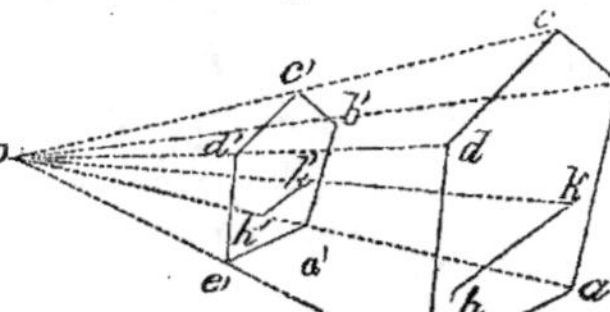

Puisque $oa : oa' :: ob : ob'$, ab est parallèle à a′b′, et on a $ab : a'b' :: ob : ob'$; pareillement, à cause de $ob : ob' :: oc : oc'$, bc est parallèle à b′c′, et il vient $bc : b'c' :: ob : ob'$; conséquem-

Fig. 2.

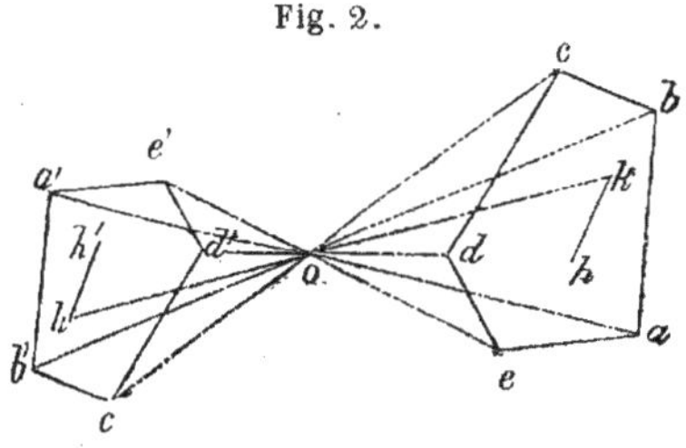

ment, angle abc = angle $a'b'c'$ et $ab : a'b' :: bc : b'c'$. — On prouverait de même que ang bcd = ang $b'c'd'$, et que $bc : b'c' :: cd : c'd'$, etc., etc. ; donc les polygones $abcde$, $a'b'c'd'e'$, sont semblables.

Scholies. — I. Les polygones $abcde$, $a'b'c'd'e'$, dont les côtés ab et $a'b'$, bc et $b'c'$,....... sont parallèles deux à deux, sont dits *semblables et semblablement placés.* — Les côtés parallèles sont de même sens dans la fig. 1 et de sens contraires dans la fig. 2.

II. *Le point* o *est le centre de similitude des deux polygones* abcde, a'b'c'd'e'. — Car les triangles oab, $oa'b'$, sont semblables et pareillement disposés. — Ce centre peut être *externe* (fig. 1) ou *interne* (fig. 2).

III. *Les rayons* ok, ok', *de deux points homologues* k *et* k', *ont la même direction.* — Car les angles homologues aok, $a'ok'$, sont égaux.

IV. *Les droites homologues* kh, k'h', *sont parallèles.* — Cela résulte de ce que les angles homologues okh, $ok'h'$, sont égaux.

PROP. 5. — THÉORÈME : *Les trois centres de similitude de trois polygones semblables et semblablement placés sont situés sur une même ligne droite.*

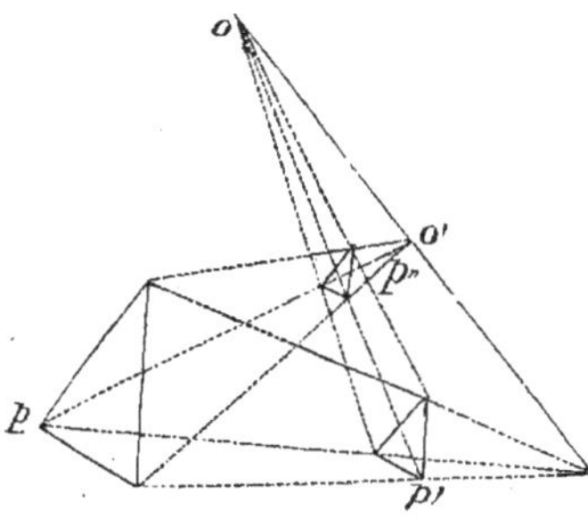

Désignons par p, p', p'', ces trois polygones, et par o'', o', o, les centres de similitude de p et p', de p et p'', de p' et p''. — Soit x le point du polygone p homologue du centre o des polygones p' et p''. — Les points o et x, étant à la fois homologues par rapport aux

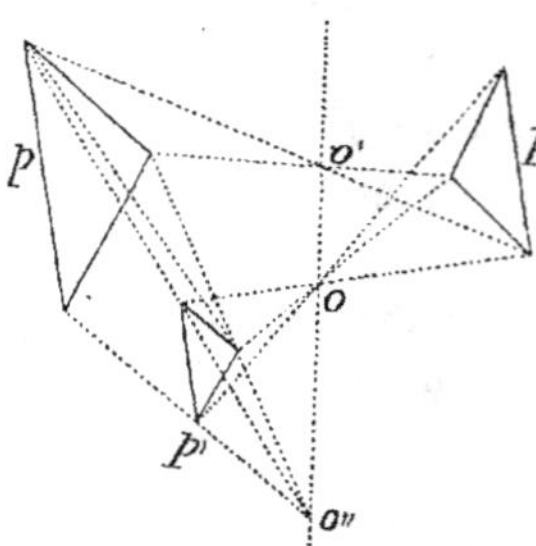

polygones p et p', et par rapport aux polygones p et p'', la droite ox, qui les unit, devra passer par le centre o'' de p et p' et aussi par celui o' de p et p''. — Donc les trois centres o'', o', o, sont en ligne droite.

Scholie. — Ces centres de similitude sont tous trois externes, ou bien un seul est externe, et les deux autres internes.

PROP. 6. — THÉORÈME : *Deux polygones semblables quelconques, situés sur le même plan, ont un centre de similitude.*

Soient ab, $a'b'$, deux côtés homologues dans les deux polygones, et k leur point de concours ; soient aussi p le point équidistant de a, a', k ; q le point équidistant de b, b', k ; et enfin o le symétrique du point k par rapport à l'axe pq. — Je dis que le point o est le centre de similitude des deux polygones. — Parce que les obliques pk, po, sont égales, les triangles pak, pao, sont isocèles, et par suite isoangles ; on a donc angle extérieur $kpv = 2$ ang kap, angle extérieur $opv = 2.$ang oap, et, en retranchant, ang kpv

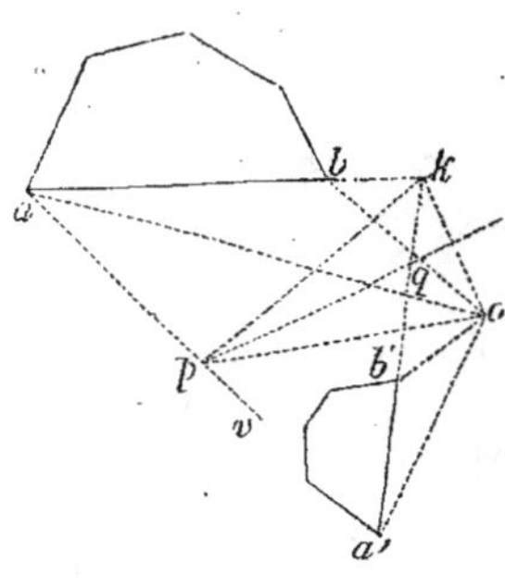

— ang $opv = 2$ (ang kap — ang oap), ou bien ang $kpo = 2$ ang kao. — On prouverait de même que ang $kpo = 2.$ ang $ka'o$: donc ang $kao = $ ang $ka'o$. — Par un raisonnement analogue, on fait voir que ang $kbo = $ ang $kb'o$; d'où résulte ang $abo = $ ang $a'b'o$. — Ainsi, les triangles oab, $oa'b'$, sont semblables et pareillement disposés : donc le point o est le centre de similitude des deux polygones.

Scholies. — I. Si l'on fait tourner le polygone dont le côté est $a'b'$ autour du centre o, de manière que le rayon oa' se couche sur oa ou sur son prolongement, les deux polygones seront semblables et semblablement placés.

II. Les rayons homologues de similitude, et, en général, deux lignes homologues quelconques, sont inclinés d'un angle égal à l'angle aoa' de rotation.

III. Le présent théorème n'est plus vrai quand les parties homologues sont assemblées dans des ordres inverses.

§ 4. — Relations entre les éléments linéaires d'un triangle.

Soient a et b deux lignes quelconques. — On a les formules :
$$1° \ (a+b)^2 = a^2 + 2ab + b^2 \ ; \quad 2° \ (a-b)^2 = a^2 - 2ab + b^2 \ ;$$
$$3° \ (a+b)(a-b) = a^2 - b^2.$$

1°	2°	3°
$a+b$	$a-b$	$a+b$
$a+b$	$a-b$	$a-b$
$a^2 + ab$	$a^2 - ab$	$a^2 + ab$
$+ ab + b^2$	$- ab + b^2$	$- ab - b^2$
$a^2 + 2ab + b^2$	$a^2 - 2ab + b^2$	$a^2 - b^2$

PROPOSITION 1. — THÉORÈME : *Dans tout triangle rectangle* abc : *1° la perpendiculaire* co, *tirée du sommet* c *de l'angle droit sur l'hypoténuse* ab, *est moyenne proportionnelle entre les deux segments* ao, bo, *de cette ligne; 2° chacun des côtés* ac *ou* bc *de l'angle droit est moyen proportionnel entre l'hypoténuse* ab *et le segment adjacent* ao *ou* bo.

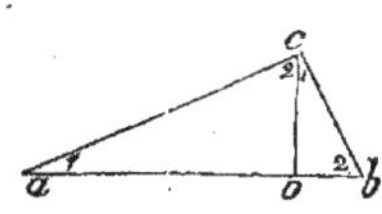

1° Parce que le triangle aoc est rectangle en o, l'angle a est le complément de l'angle aco, et, parce que l'angle acb est droit, l'angle bco est le complément du même angle aco : donc ang $a =$ ang bco, et partant les triangles aco, bco, sont semblables; or, les côtés ao, co, du premier ont pour homologues les côtés co et bo du second : conséquemment, $ao : co :: co : bo$.

2° Les triangles acb, aco, rectangles l'un en c et l'autre en o, ayant un angle commun a, sont semblables ; il s'ensuit, en observant que les côtés ab et ac, ac et ao, sont homologues deux à deux, $ab : ac :: ac : ao$. — On prouverait de même que $ab : bc :: bc : bo$.

6

Scholie. — Les triangles semblables acb, aco, fournissent aussi $ab : ac :: bc : co$.

PROP. 2. — THÉORÈME : *Le quarré de l'hypoténuse* ab *d'un triangle rectangle* abc *est égal à la somme des quarrés des côtés* ac, bc, *de l'angle droit*.

Si l'on tire du sommet c de l'angle droit la perpendiculaire co sur l'hypoténuse ab, on a $ab : ac :: ac : ao$, $ab : bc :: bc : bo$; proportions d'où l'on déduit $ab \times ao = ac^2$, $ab \times bo = bc^2$, et, en ajoutant, $ab(ao + bo) = ac^2 + bc^2$; mais $ao + bo = ab$; donc $ab^2 = ac^2 + bc^2$.

Réciproque. — *Un triangle* abc *est rectangle quand le quarré du plus grand côté* ab *est égal à la somme des quarrés des deux autres côtés* ac *et* bc.

Si l'angle acb n'est pas droit, je tire sur ac une perpendiculaire cd égale à cb et la droite ad. — On a, par la directe, $ad^2 = ac^2 + dc^2$, et, par hypothèse, $ab^2 = ac^2 + bc^2$; et, comme $dc = bc$, il faut que $ad = ab$; or, c'est ce qui est impossible, car ad est $<$ ou $>$ ab selon que l'angle acd est $<$ ou $>$ l'angle acb. — Donc l'angle acb est droit.

Corollaire 1. — *Dans un triangle rectangle* abc, *les quarrés des côtés* ac, bc, *de l'angle droit, sont entre eux comme les projections* ao, bo, *de ces côtés sur l'hypoténuse* ab. — Car, si l'on divise, membres à membres, les égalités $ac^2 = ab \times ao$, $bc^2 = ab \times bo$, obtenues plus haut, il vient $\dfrac{ac^2}{bc^2} = \dfrac{ao}{bo}$, c'est-à-dire $ac^2 : bc^2 :: ao : bo$.

Corol. 2. — *Un triangle* abc *est rectangle, lorsque ses côtés* ac, bc *et* ab, *sont proportionnels aux nombres* 3, 4 *et* 5. — En effet, de la suite $ac : 3 :: bc : 4 :: ab : 5$, on déduit $ac^2 : 9 :: bc^2 : 16 :: ab^2 : 25$; or, $25 = 9 + 16$; donc aussi $ab^2 = ac^2 + bc^2$.

Scholies. — I. Connaissant les côtés a, b, de l'angle droit d'un triangle rectangle, on détermine l'hypoténuse c à l'aide de la relation $c^2 = a^2 + b^2$, d'où $c = \sqrt{a^2 + b^2}$.

II. Connaissant l'hypoténuse c et l'un des côtés a de l'angle droit, on a, pour calculer l'autre côté b, $a^2 + b^2 = c^2$, d'où $b^2 = c^2 - a^2$ et $b = \sqrt{c^2 - a^2}$.

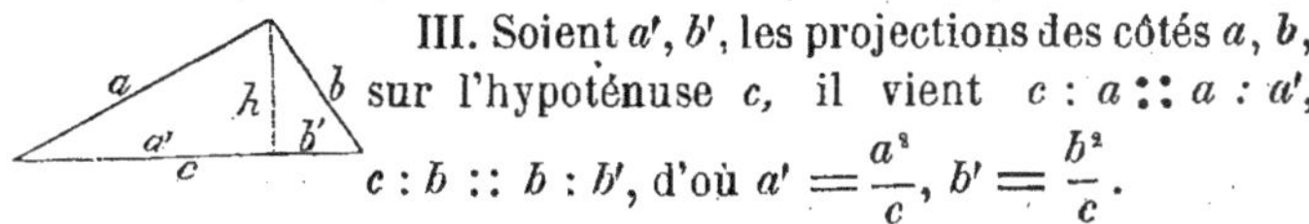

III. Soient a', b', les projections des côtés a, b, sur l'hypoténuse c, il vient $c : a :: a : a'$, $c : b :: b : b'$, d'où $a' = \dfrac{a^2}{c}$, $b' = \dfrac{b^2}{c}$.

IV. Soit h la perpendiculaire tirée sur l'hypoténuse du sommet de l'angle droit. On a $a' : h :: h : b'$, d'où $h^2 = a' \times b' = \dfrac{a^2}{c} \times \dfrac{b^2}{c}$, ou bien $h = \dfrac{a \times b}{c}$. Le scholie de la proposition 1 donne aussi immédiatement $c : a :: b : h$, c'est-à-dire $h = \dfrac{a \times b}{c}$.

PROP. 3. — THÉORÈME : *Le quarré d'un côté d'un triangle égale la somme des quarrés des deux autres, plus ou moins deux fois la projection de l'un de ses côtés sur l'autre multipliée par ce dernier, plus, si l'angle opposé au côté d'abord cité est obtus, et moins, s'il est aigu.*

Premier cas. — Soient abc un triangle *obtus-angle* en c, et cd la projection de ac sur bc. — Le pied d de la perpendiculaire ad tombe essentiellement à la gauche du sommet c : car, s'il tombait à la droite de ce sommet, le triangle acd aurait un angle obtus et un angle droit, ce qui est impossible. — Ainsi, pour exprimer que l'angle acb est *obtus*, il suffit de poser $db = cd + bc$, d'où résulte, en élevant au quarré, $db^2 = cd^2 + bc^2 + 2cd \times bc$; on a d'ailleurs, dans le triangle rectangle acd, $ad^2 = ac^2 - cd^2$. Si maintenant on ajoute ces deux égalités, en observant que le triangle rectangle abd fournit $db^2 + ad^2 = ab^2$, et que les termes cd^2 et $- cd^2$ se détruisent, il vient $ab^2 = ac^2 + bc^2 + 2cd \times bc$.

Deuxième cas. — Si l'angle c est *aigu*, le pied d tombe évidemment à la droite du sommet c; on exprime cette circonstance

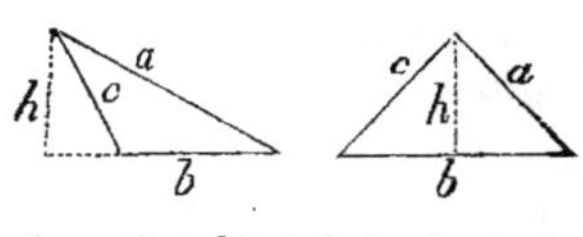

par l'égalité $bd = bc - cd$, si le point d est situé entre b et c (fig. 1), et par $bd = cd - bc$, s'il se trouve sur le prolongement du côté bc (fig. 2). Ces égalités, élevées au quarré, produisent l'une et l'autre

$$bd^2 = cd^2 + bc^2 - 2cd \times bc\,;$$

on a d'autre part

$$ad^2 = ac^2 - cd^2\,;$$

ajoutant et observant que $bd^2 + ad^2 = ab^2$; il vient

$$ab^2 = ac^2 + bc^2 - 2cd \times bc.$$

Corollaire 1. — Ainsi, *selon qu'un angle d'un triangle est obtus ou aigu, le quarré du côté opposé est plus grand ou plus petit que la somme des quarrés des deux autres côtés.* — Et réciproquement.

Corollaire 2. — *Un triangle est obtusangle ou acutangle, selon que le quarré du plus grand côté est plus grand ou plus petit que la somme des quarrés des deux autres côtés.* — Cela résulte de ce que le plus grand angle d'un triangle est opposé au plus grand côté.

Scholies. — I. Soient a, b, c, les trois côtés d'un triangle ; pour déterminer la projection a' d'un côté a sur un autre côté b, on a

$$c^2 = a^2 + b^2 + 2a' \times b,\ \text{si } c^2 \text{ est} > a^2 + b^2,\ \text{et } c^2 = a^2 + b^2 - 2a' \times b,$$

si c^2 est $< a^2 + b^2$; ainsi, dans le premier cas, $a' = \dfrac{c^2 - a^2 - b^2}{2b}$, et, dans le second, $a' = \dfrac{a^2 + b^2 - c^2}{2b}$. — Lorsque $c^2 = a^2 + b^2$, il vient $a' = 0$.

II. Pour calculer la perpendiculaire h, tirée sur le côté b du sommet opposé, on a $h^2 = a^2 - a'^2$; d'où $h = \sqrt{a^2 - a'^2}$.

III. Quand on connaît les quatre côtés d'un trapèze $abcd$, on détermine la distance do des côtés parallèles ab, cd, au moyen du triangle adk, dont le côté dk est parallèle et égal à bc, et dont le côté $ak = ab - cd$.

PROP. 4. — THÉORÈME : *Dans tout triangle* abc : 1° *la somme des quarrés de deux côtés* ac, bc, *égale deux fois le quarré de la moitié* ao *du troisième côté* ab, *plus deux fois le quarré de la distance* oc *de son milieu* o *au sommet opposé* c ; 2° *la différence des quarrés des mêmes côtés égale le double du troisième côté* ab *multiplié par la projection* ok *de la distance* oc *sur ce troisième côté.*

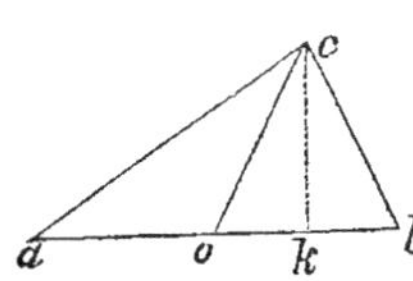

Les angles supplémentaires aoc, boc, étant l'un obtus et l'autre aigu, les triangles aoc, boc, fournissent

$$ac^2 = ao^2 + oc^2 + 2ao \times ok,$$
$$bc^2 = bo^2 + oc^2 - 2bo \times ok.$$

Cela posé, il vient 1° en ajoutant ces égalités et en observant que $ao = bo$, $ac^2 + bc^2 = 2ao^2 + 2oc^2$; 2° en retranchant la seconde de la première, $ac^2 - bc^2 = 2\,(ao + bo)\,ok$ ou $ac^2 - bc^2 = 2ab \times ok$.

Scholie. — Soient a, b, c, les trois côtés d'un triangle, s la distance du milieu du côté c au sommet opposé, et s' la projection de cette distance sur le côté c. — On a

$$a^2 + b^2 = 2 \cdot \frac{c^2}{4} + 2s^2, \quad a^2 - b^2 = 2c \times s' ;$$

d'où

$$s = \frac{1}{2} \sqrt{2a^2 + 2b^2 - c^2}, \quad s' = \frac{a^2 - b^2}{2c}.$$

Corollaires. 1 — *Tous les points, dont la somme des quarrés des distances aux extrémités d'une droite est constante, sont également éloignés du milieu de cette droite.*

2. — *Tous les points dont la différence des quarrés des distances aux extrémités d'une droite est constante, sont situés sur une droite perpendiculaire à la première.*

Prop. 5. — Théorème : *Le produit de deux côtés* ac, bc, *d'un triangle* abc *égale le quarré de la bissectrice* co *de leur angle* acb, *plus le produit des segments* ao, bo, *qu'elle forme sur le troisième côté* ab.

Soit fait ang $cbk = $ ang aoc. — Parce que ang $bck = $ ang ack, les triangles bck, aco, sont semblables, et il vient, en observant

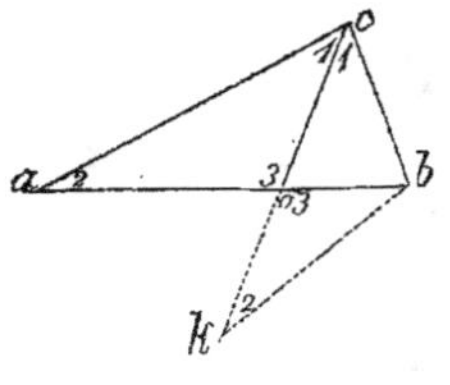

que $ck = co + ok$, $co + ok : ac :: bc : co$; d'où $ac \times bc = co^2 + co \times ok$. — Mais, à cause de ang $kob =$ ang aoc, les triangles bok, aoc, sont aussi semblables, et partant $bo : co :: ok : ao$ ou $co \times ok = ao \times bo$; donc $ac \times bc = co^2 + ao \times bo$.

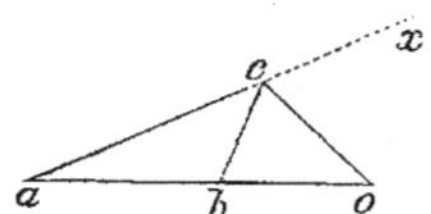

Théorème corrélatif (à démontrer). — Si co est la bissectrice de l'angle extérieur bcx, on a $ac \times bc = ao \times bo - co^2$.

Scholie. — Soient a, b, c, les trois côtés d'un triangle; s et s_1 les bissectrices de l'angle intérieur et de l'angle extérieur opposés au côté c; c' et c'', les segments additifs; c_1 et c_2 les segments soustractifs formés par s et s_1 sur le côté c. On a $a \times b = s^2 + c' \times c''$, $a \times b = c_1 \times c_2 - s_1^2$, d'où

$$s = \sqrt{a \times b - c' \times c''}, \quad s_1 = \sqrt{c_1 \times c_2 - a \times b}.$$

On déterminera les segments c' et c'', c_1 et c_2, par les propositions 7 et 8, page 71.

PROP. 6. — THÉORÈME : *La diagonale* d *et le côté* c *d'un quarré sont incommensurables et dans le rapport de* $\sqrt{2} : 1$.

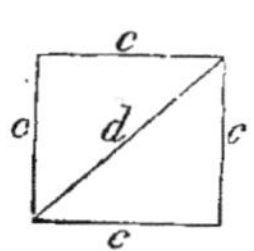

La diagonale d partageant le quarré en deux triangles rectangles isocèles, il vient $d^2 = c^2 + c^2$ ou $d^2 = 2c^2$, d'où $d = c\sqrt{2}$; ainsi, la diagonale d est incommensurable avec le côté c. — Cette égalité peut d'ailleurs se mettre sous la forme $d : c :: \sqrt{2} : 1$.

Scholie. — Connaissant le côté c d'un quarré, on trouve la diagonale d à l'aide de la formule $d = c\sqrt{2}$. — On a, pour résoudre le problème inverse, $c = \dfrac{d}{\sqrt{2}}$ ou $c = \dfrac{d\sqrt{2}}{2}$.

PROP. 7. — THÉORÈME : *La somme des quarrés des quatre côtés d'un quadrilatère* abcd *égale la somme des quarrés des deux diagonales* ac, bd, *plus quatre fois le quarré de la distance* mn *de leurs milieux* m, n.

Les triangles abc, acd, fournissent, le premier, $ab^2 + bc^2 =$

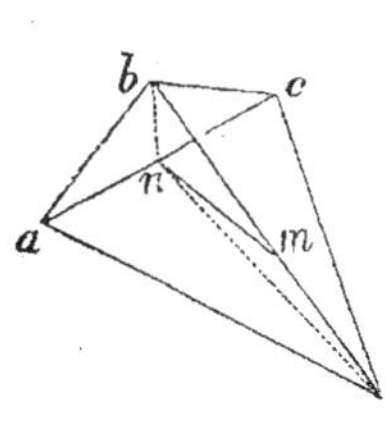

$2an^2 + 2nb^2$, et le second, $cd^2 + da^2 = 2an^2 + 2nd^2$. — Ajoutant, il vient $ab^2 + bc^2 + cd^2 + da^2 = 4an^2 + 2nb^2 + 2nd^2$. — Mais le triangle nbd donne aussi

$$nb^2 + nd^2 = 2bm^2 + 2mn^2,$$

et, en doublant, $2nb^2 + 2nd^2 = 4bm^2 + 4mn^2$. — Substituant, on trouve

$$ab^2 + bc^2 + cd^2 + da^2 = 4an^2 + 4bm^2 + 4mn^2$$
$$= (2an)^2 + (2bm)^2 + 4mn^2$$
$$= ac^2 + bd^2 + 4mn^2.$$

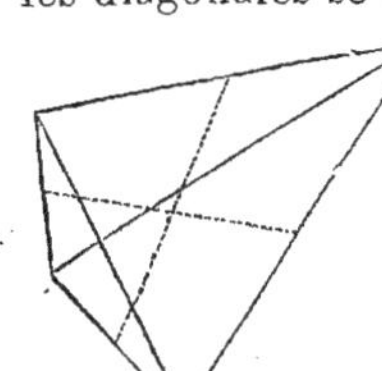

Corollaires. — 1. *La somme des quarrés des quatre côtés d'un parallélogramme égale la somme des quarrés des deux diagonales.* — Car, les diagonales se coupant mutuellement en deux parties égales, la distance des milieux de ces deux lignes est nulle.

Réciproquement, *tout quadrilatère, dans lequel la somme des quarrés des quatre côtés égale la somme des quarrés des deux diagonales, est un parallélogramme.* — Car, la distance des milieux des diagonales étant nulle en vertu du présent théorème, les diagonales se coupent mutuellement en parties égales.

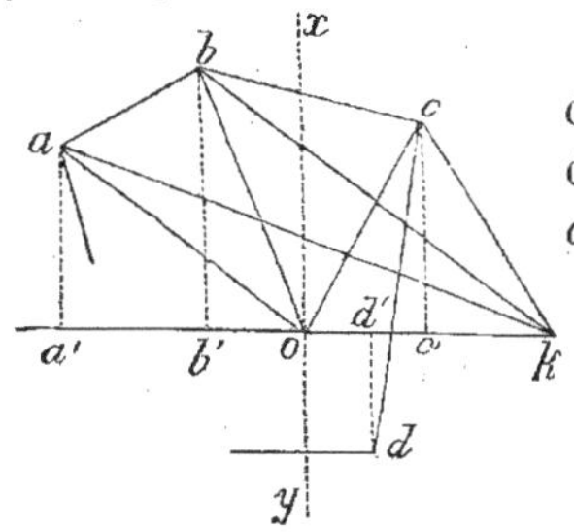

2 (à démontrer). — *La somme des quarrés des diagonales d'un quadrilatère est double de la somme des quarrés des droites qui joignent les milieux des côtés opposés.*

PROP. 8. — THÉORÈME : *La somme des quarrés des distances de* m *points* a, b, c, d,.. *à un point quelconque* k *égale la somme des quarrés des distances des mêmes points à leur centre* o *des moyennes distances, plus* m *fois le quarré de la distance de ce centre au point arbitraire* k.

Soient a', b', c', d',... les projections des points a, b, c, d,...... sur la droite ok; les triangles aok, bok, cok..... fournissent

$$ak^2 = ao^2 + ok^2 + 2ok \times oa',$$
$$bk^2 = bo^2 + ok^2 + 2ok \times ob',$$
$$ck^2 = co^2 + ok^2 - 2ok \times oc'....;$$

ajoutant ces m égalités, et observant que la somme algébrique $oa' + ob' - oc' \ldots$ des distances des points a, b, c, $\ldots$ à l'axe xy des moyennes distances perpendiculaire à ok, est nulle d'elle-même, il vient

$$ak^2 + bk^2 + ck^2 + \ldots = ao^2 + bo^2 + co^2 + \ldots + m.ok^2.$$

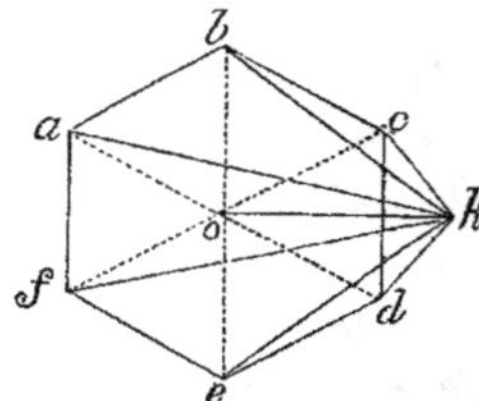

Scholies. — I. Le point dont la somme des quarrés des distances à m points donnés a, b, c, $\ldots$, est un *minimum*, est le centre o des moyennes distances de ces m points.

II. Si, le point k restant invariable, on fait tourner autour du centre o, le polygone $abcd \ldots$ qui a pour sommets les m points a, b, c, $\ldots$, les distances ak, bk, ck, $\ldots$. varieront, mais la somme $ak^2 + bk^2 + ck^2 + \ldots$ de leurs quarrés sera invariable. — Si le polygone $abcd \ldots$ est régulier, auquel cas les distances ao, bo, co, .. sont égales, cette somme sera exprimée par $m.ao^2 + m.ok^2$ ou par $m(ao^2 + ok^2)$.

PROP. 9. — THÉORÈME : *La somme des quarrés des côtés et des diagonales d'un polygone de* m *côtés égale* m *fois la somme des quarrés des distances des sommets à leur centre des moyennes distances.*

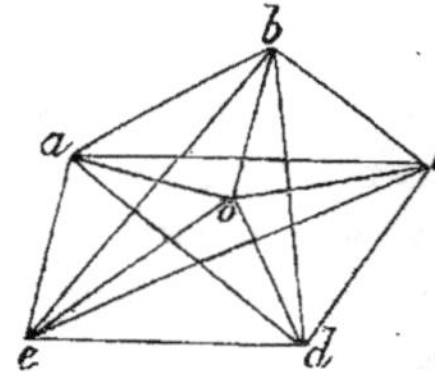

Soit, pour fixer les idées, o le centre des moyennes distances des sommets a, b, c, d, e, d'un pentagone $abcde$. — Si l'on suppose que le point arbitraire du théorème précédent soit placé en a, on aura

$$ab^2 + ac^2 + ad^2 + ae^2 = ao^2 + bo^2 + co^2 + do^2 + eo^2 = 5.ao^2 ;$$

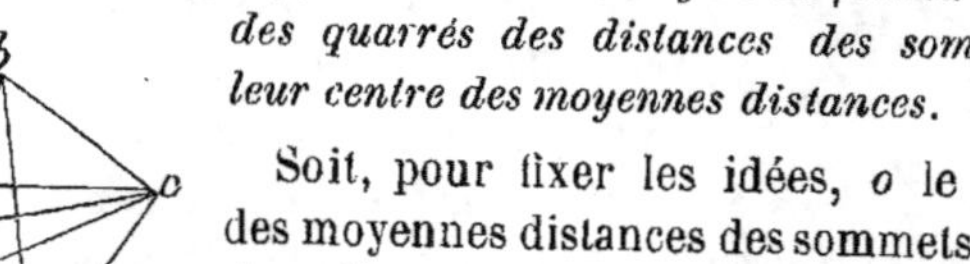

en plaçant successivement le même point en b, c, d, e, on trouvera des égalités de même forme ; ajoutant les cinq égalités ainsi obtenues et divisant par 2, le premier membre de celle résultante sera la somme des quarrés des côtés et des diagonales du pentagone *abcde*; quant au second membre, il se réduira à

$$5\,(ao^2 + bo^2 + co^2 + do^2 + eo^2).$$

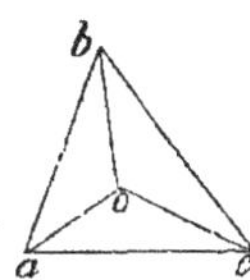

Scholie. — Soit o le centre des moyennes distances des sommets d'un triangle *abc*. — On a $ab^2 + bc^2 + ca^2 = 3\,(ao^2 + bo^2 + co^2)$. — Si le triangle est équilatéral, cette égalité devient $3\,ab^2 = 9ao^2$, d'où $ab = ao\,\sqrt{3}$.

IIIᵉ SECTION.

LA CIRCONFÉRENCE.

§ 1. — Diamètres, sécantes, tangentes, arcs et cordes.

I. *La circonférence* ou *la ligne circulaire* est une courbe fermée, tracée sur un plan, dont tous les points sont également éloignés d'un point intérieur que l'on appelle *centre*.

Si l'on conçoit qu'une droite *oa* tourne, sur un plan, autour de son extrémité *o*, supposée fixe, l'autre extrémité *a*, ou plus généralement un point quelconque de cette droite, décrira une circonférence qui aura son centre au point *o*.

La circonférence, en vertu de sa définition, ne cesse pas de coïncider avec elle-même, lorsqu'on la fait tourner autour de son centre.

II. *Un rayon* est une droite qui unit le centre à un point de la circonférence. — Il y a une infinité de rayons. — Tous les rayons sont égaux.

Selon qu'un point est *extérieur* ou *intérieur* à la circonférence, sa distance au centre est plus grande ou plus petite que le rayon. — Et réciproquement.

On désigne, pour l'ordinaire, une circonférence au moyen de son rayon, en mettant la lettre du centre la première ; ainsi, circonférence *oa* signifie une circonférence décrite du centre *o* avec un rayon *oa*.

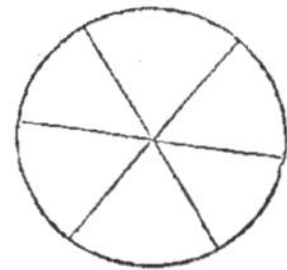

III. *Un diamètre* est une droite qui, passant par le centre, est limitée dans les deux sens à la circonférence. — Il y a une infinité de diamètres. — Tous les diamètres sont égaux, chacun d'eux étant double du rayon.

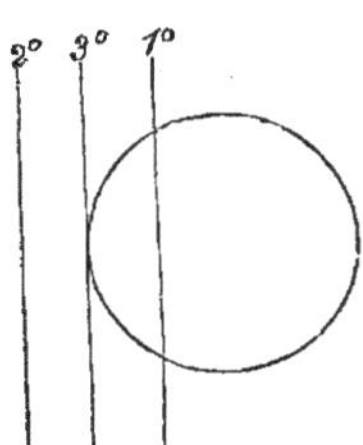

IV. Une droite peut avoir trois positions différentes par rapport à une circonférence :

1° Elle est *sécante* quand elle a des points hors de la circonférence et des points en dedans.

2° Elle est dite *extérieure* quand tous ses points se trouvent hors de la circonférence.

3° Elle est *tangente* quand elle a un point commun avec la circonférence, et que tous ses autres points sont extérieurs à cette courbe. — Le point commun prend le nom de *point de contact*, de *tangence* ou *d'attouchement*.

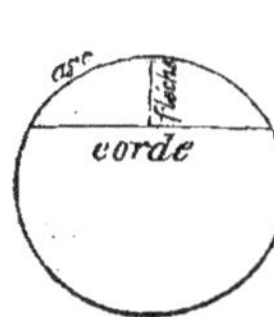

V. On appelle : 1° *arc*, une portion de la circonférence ; 2° *corde* ou *sous-terdante*, la droite qui joint les extrémités d'un arc ; 3° *flèche*, la droite qui unit les milieux d'un arc et de sa corde. — On peut remarquer qu'une même corde correspond à deux arcs, qui, pris ensemble, forment la circonférence entière.

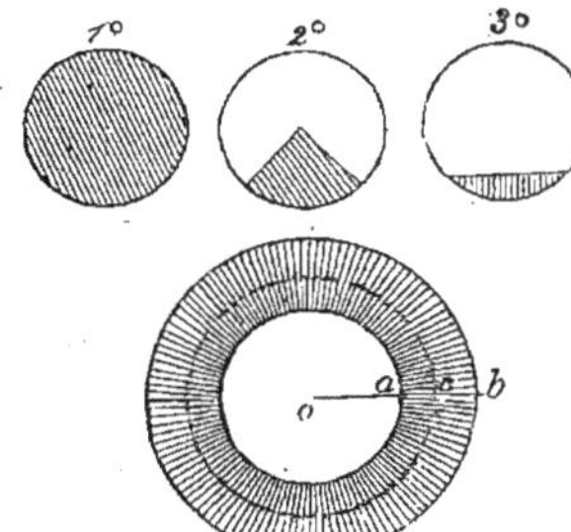

VI. On appelle : 1° *cercle*, une portion de plan terminée par une circonférence ; 2° *secteur*, la portion d'un cercle comprise entre deux rayons ; 3° *segment*, la portion d'un cercle comprise entre un arc et sa corde.

On appelle aussi *couronne* ou *zone circulaire* la partie d'un plan interceptée entre deux circonférences de même centre et de rayons inégaux. — L'*épaisseur* de la zone est égale à la différence des deux rayons. — La distance du centre commun au milieu de l'épaisseur prend le nom de *rayon moyen*.

PROPOSITION 1. — THÉORÈME : *Tout diamètre ab divise le cercle et sa circonférence en deux parties égales.*

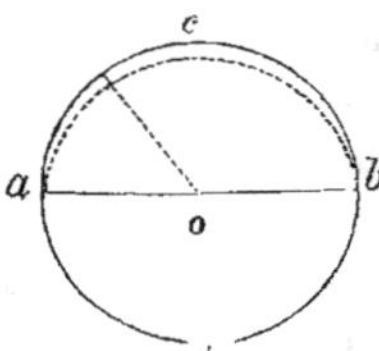

Car, si, la partie *acb* restant fixe, on fait tourner autour du centre *o* la partie *adb*, de manière que l'extrémité *a* tombe en *b* et l'extrémité *b* en *a*, ces deux parties coïncideront parfaitement, sans quoi il y aurait des points de la circonférence inégalement éloignés du centre, ce qui est contraire à la définition de cette ligne.

Corollaire. — *Tout diamètre* ab *est un axe de symétrie.* — Cela résulte de ce que l'on peut aussi, pour la même raison, superposer les parties *acb* et *adb*, en pliant le plan du cercle le long de ce diamètre.

Scholie. — La demi-circonférence a pour corde un diamètre.

Prop. 2. — Théorème : *Une droite* ab *coupe une circonférence ou lui est extérieure, selon que sa distance* ok *au centre* o *est plus petite ou plus grande que le rayon* oc.

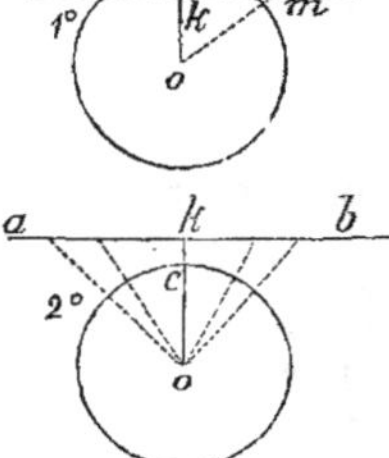

1° Si *ok* est $<$ *oc*, le point *k* est intérieur à circonférence *oc*; de plus, en prenant *km = oc*, on a oblique *mo* $>$ perpendiculaire *km* ou *mo > oc*; donc le point *m* est extérieur à la circonférence, et partant la droite *ab* est sécante. — 2° Si *ok* est $>$ *oc*, tous les points de la droite *ab* se trouvent hors de la circonférence : car leurs distances au centre *o*, ne pouvant être moindres que la perpendiculaire *ok*, sont plus grandes que le rayon *oc*.

Prop. 3. — Théorème : *Une droite ne peut couper une circonférence en plus de deux points.*

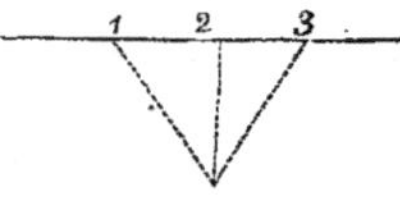

S'il y avait trois points d'intersection, trois rayons de la circonférence aboutiraient à la droite; or, c'est ce qui est impossible, puisque du centre on ne peut tirer sur cette ligne plus de deux obliques égales.

Corollaire. — *La circonférence est une ligne convexe.*

Prop. 4. — Théorème : *Toute droite* ab, *perpendiculaire à l'extrémité d'un rayon* oc, *est une tangente.*

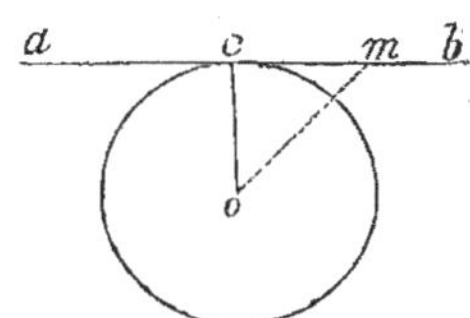

Unissant le centre *o* à un point quelconque *m* de la droite *ab*, on a oblique *om* > perpendiculaire *oc* ; ainsi, le point *m*, et en général tous les points de cette ligne, à l'exception du point *c*, sont extérieurs à circonférence *oc*. — Donc *ab* est une tangente.

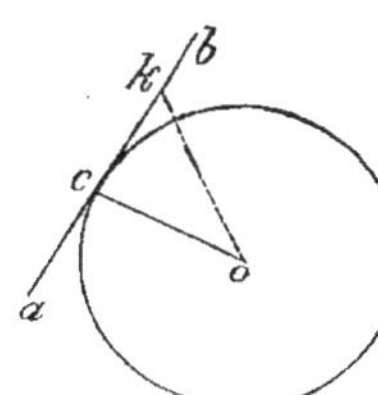

Réciproque. — **Toute tangente** ab **est perpendiculaire au rayon** oc, *tiré par le point de contact* c.

Car, sans cela, la perpendiculaire *ok*, abaissée du centre *o* sur la droite *ab*, serait moindre que le rayon *oc*, et par suite le point *k* serait intérieur à circonférence *oc*, ce qui est contraire à l'hypothèse.

Corollaire 1. — *Il n'existe qu'une seule tangente en chacun des*

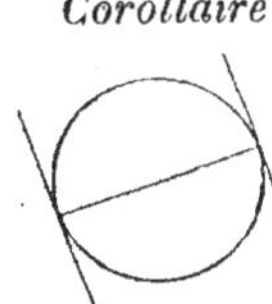

points d'une circonférence. — S'il y avait deux tangentes en un même point de la circonférence, elles seraient l'une et l'autre perpendiculaires à l'extrémité du rayon de ce point, ce qui est impossible.

Corol. 2. — *Les tangentes aux extrémités d'un diamètre sont parallèles,* comme étant perpendiculaires à une même droite.

Corol. 3. — *Toutes les droites, également distantes d'un point donné, touchent une même circonférence dont ce point est le centre.*

PROP. 5. — THÉORÈME : *Toute corde est plus petite que le diamètre.*

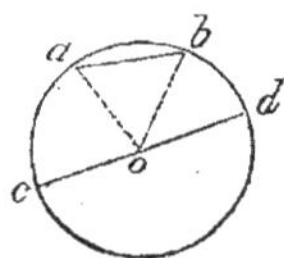

Car, si l'on tire les rayons *oa*, *ob*, aux extrémités d'une corde *ab*, le triangle *oab* fournit $ab < oa + ob$; mais $oa + ob = oc + od = cd$; donc *ab* est < *cd*.

Scholie. — Le plus grand segment, qu'une circonférence puisse intercepter sur une droite, est égal au diamètre.

PROP. 6. — THÉORÈME : *Dans une même circonférence, 1° les*

arcs égaux ont des cordes égales; 2° les plus grands arcs ont les plus grandes cordes.

1° Si arc *acb* = arc *mln*, je dis que corde *ab* = corde *mn*. —

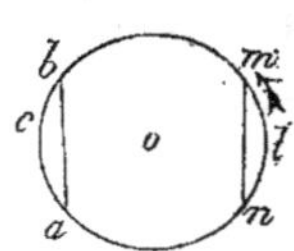

Parce que tous les points de la circonférence sont à égale distance du centre, l'arc *mln*, quand on le fait tourner autour du centre *o*, ne cesse pas d'appartenir à circonférence *oa*; conséquemment, on pourra amener cet arc sur son égal *acb*, en faisant décrire à son extrémité *m* l'arc *mba* ; les points *m* et *n* coïncidant avec les points *a* et *b*, la corde *mn* couvrira exactement la corde *ab*, sans quoi il y aurait deux lignes droites entre les points *a* et *b* : donc corde *ab* = corde *mn*.

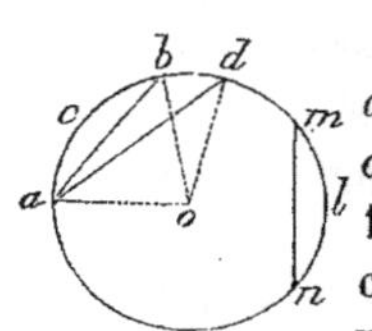

2° Soit arc *acd* > arc *mln* ; je dis que corde *ad* est > corde *mn*. — Je tire les rayons *oa*, *ob*, *od*, et je compare les triangles *aod* et *aob* : 1° angle *aod* est > sa partie ang *aob* ; 2° le côté *oa* est commun ; 3° *od* = *ob*, comme rayons : donc corde *ad*, opposée à angle *aod*, est plus grande que corde *ab*, opposée à angle *aob* ; mais corde *ab* = corde *mn* : donc aussi corde *ad* est > corde *mn*.

Réciproque. — Dans une même circonférence, 1° les cordes égales sous-tendent des arcs égaux; 2° les plus grandes cordes sous-tendent les plus grands arcs.

1° Soit corde *ab* = corde *mn*. — Si arc *acb* était > ou < arc *mln*,

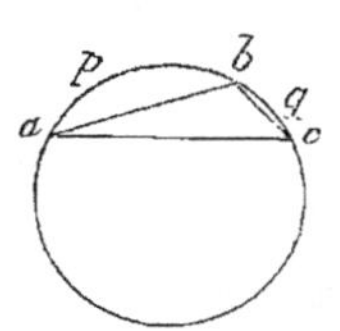

on aurait corde *ab* > ou < corde *mn*, ce qui est contre l'hypothèse : donc arc *acb* = arc *mln*. 2° Soit corde *ad* > cord *mn*. — Si l'on avait arc *acd* = ou < arc *mln*, il s'ensuivrait corde *ad* = ou < corde *mn*, ce qui est contraire à l'énoncé : donc arc *acd* est > arc *mln*.

Scholie. — On sous-entend dans cette proposition et sa réciproque que les arcs dont il s'agit sont moindres qu'une demi-circonférence. — S'ils étaient plus grands, la première partie serait encore vraie, mais il faudrait changer la seconde et dire : *les plus grands arcs ont les plus petites cordes.*

Prop. 7. — Théorème : *Tout diamètre* cd, *perpendiculaire sur une corde* ab, *divise cette corde et chacun des arcs sous-tendus* adb, acb, *en deux parties égales.*

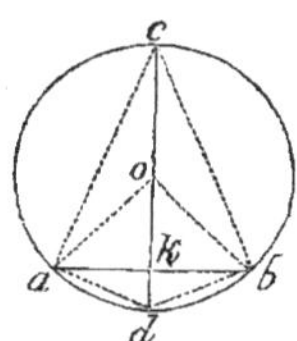

Tirant les rayons oa, ob, les triangles rectangles oak, obk, sont égaux, comme ayant des hypoténuses égales oa, ob, et un côté commun ok; donc $ak = bk$. — On a corde $ad =$ corde bd et corde $ac =$ corde bc, parce que ces obliques ont des projections égales ak, bk; mais les cordes égales sous-tendent des arcs égaux : donc arc $ad =$ arc bd et arc $ac =$ arc bc.

Corollaires. — La droite cd jouit de cinq propriétés ; elle passe 1° par le centre o; 2° et 3° par les milieux d et c des arcs adb et acb ; 4° par le milieu k de leur corde commune ab ; 5° elle est perpendiculaire sur cette corde. — Or, deux des cinq propriétés mentionnées suffisent pour déterminer la direction d'une ligne droite : donc toute droite, qui jouit de deux de ces cinq propriétés, jouira aussi des trois autres. — De là diverses conséquences, dont voici les plus remarquables :

I. *La perpendiculaire élevée sur le milieu d'une corde divise les arcs qu'elle sous-tend chacun en deux parties égales, et passe par le centre.*

II. *La flèche d'un arc est perpendiculaire sur sa corde et passe par le centre.*

.III. *La droite, qui unit les milieux de deux arcs sous-tendus par la même corde, est un diamètre perpendiculaire sur le milieu de cette corde.*

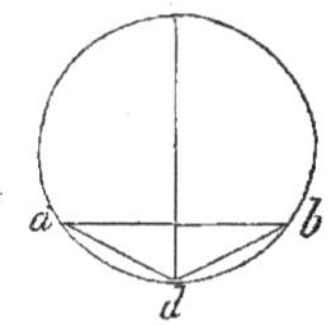

Scholies. — I. *Les arcs ne sont pas proportionnels à leurs cordes.* — Si cette proportionnalité existait, on aurait arc adb : arc ad :: corde ab : corde ad ; or, cette proportion est évidemment fausse : car arc $adb = 2$ arc ad, tandis que corde ab est $< ad + bd$ ou que 2 corde ad.

II. On peut considérer une tangente comme une sécante sur laquelle la circonférence intercepte une corde nulle, ou bien comme une sécante dont les deux points d'intersection se confondent.

Prop. 8. — Théorème : *Dans une même circonférence, 1° les cordes égales sont également éloignées du centre ; 2° les plus grandes cordes sont les moins éloignées du centre.*

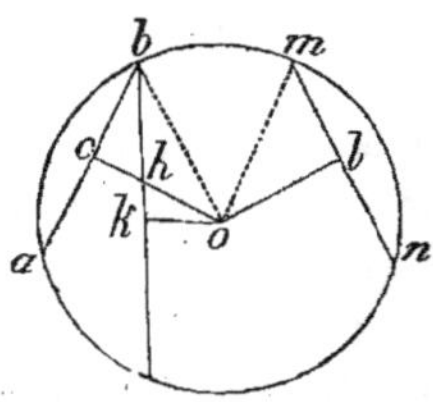

1° Si corde $ab =$ corde mn, je dis que perpendiculaire $oc =$ perpendiculaire ol ; car, si l'on tire les rayons ob et om, les triangles rectangles obc, oml, sont égaux, parce que les hypoténuses ob, om, sont égales, et que $bc = ml$ comme moitiés des cordes égales ab, mn. — Donc $oc = ol$.

— 2° Soit corde $bd >$ corde mn, je dis que perpendiculaire ok est $<$ perpendiculaire ol. — En effet, la perpendiculaire ok est plus courte que l'oblique oh, et la partie oh est moindre que le tout oc ; donc, à plus forte raison, perpendiculaire ok est $<$ perpendiculaire oc ou que son égale perpendiculaire ol.

Scholie. — Les réciproques s'établissent par le raisonnement à l'absurde.

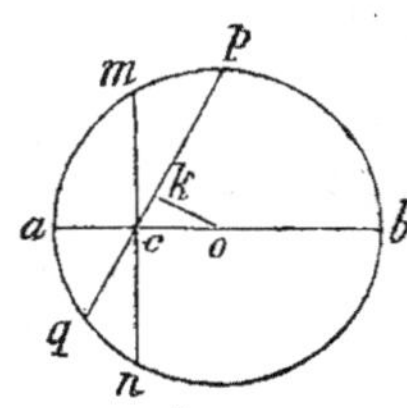

Corollaire. — *La plus petite* mn *de toutes les cordes tirées par un point* c, *intérieur à la circonférence, est perpendiculaire au diamètre* ab *qui passe par ce point* ; car, si pq est l'une de ces cordes, on a perpendiculaire $ok <$ oblique oc, d'où résulte corde $pq >$ corde mn.

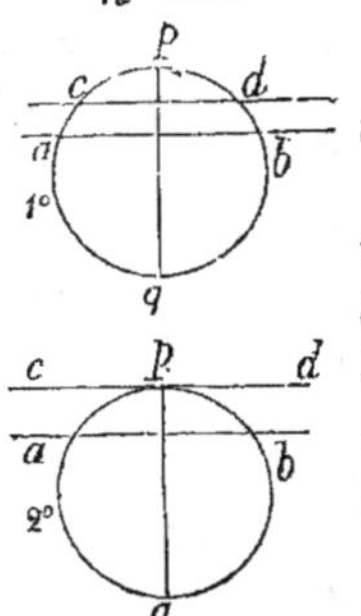

Prop. 9. — Théorème : *Deux parallèles interceptent sur la circonférence des arcs égaux.*

1° Si les parallèles ab, cd, sont sécantes, je tire le diamètre pq qui leur est perpendiculaire, et j'ai arc $ap =$ arc bp, arc $cp =$ arc dp ; d'où, en retranchant, arc $ap -$ arc $cp =$ arc $bp -$ arc dp, ou bien arc $ac =$ arc bd ; 2° si les parallèles ab, cd, sont l'une sécante et l'autre tangente, le diamètre pq du point de contact p est perpendiculaire sur la tangente cd, et par suite sur sa parallèle ab ; d'où résulte arc $ap =$ arc bp ; 3° si

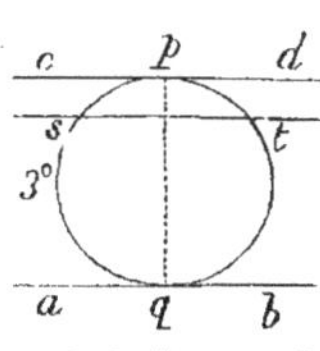

les parallèles *ab*, *cd*, sont toutes deux tangentes, je tire entre elles une droite *st* qui leur soit parallèle, et j'ai arc $qs =$ arc qt, arc $sp =$ arc tp, et, en ajoutant, arc $qsp =$ arc qtp. — On voit en outre que la droite *pq*, qui divise la circonférence en parties égales, est un diamètre.

Scholie. — La réciproque de la première partie est fausse.

PROP. 10. — THÉORÈME : *La plus grande et la plus petite des droites qui unissent les divers points d'une circonférence à un point quelconque* k, *sont dirigées selon le diamètre* pq *de ce point.*

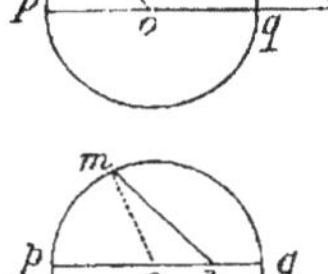

Fig. 1.

Soit *m* un point quelconque de la circonférence. — Le triangle *omk* fournit, si le point *k* est extérieur (*fig. 1*), $mk < ok + om$, $mk > ok - om$, ou bien $mk < kp$, $mk > kq$; et, si le point *k* est intérieur (*fig. 2*), $mk < ok + om$, $mk > om - ok$, ou bien $mk < kp$, $mk > kq$.

Fig. 2.

PROP. 11. — THÉORÈME : *La plus grande et la plus petite, entre les distances des divers points d'une circonférence à une droite extérieure* ab, *sont dirigées selon le diamètre* pq *perpendiculaire à cette droite.*

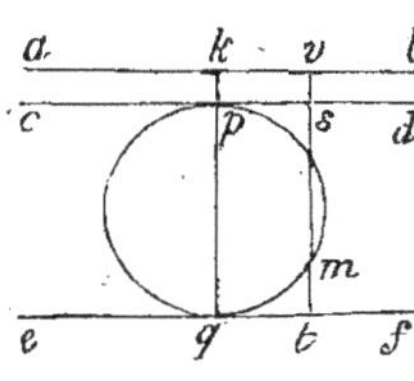

Les tangentes *cd*, *ef*, des points *p* et *q*, sont perpendiculaires au diamètre *pq*, et par suite parallèles à *ab*; si donc, d'un point quelconque *m* de la circonférence, on abaisse une perpendiculaire *vt* commune à ces trois parallèles, on aura $mv < tv$ et $mv > sv$, ou bien $mv < qk$ et $mv > pk$.

Scholie. — Lorsque la droite *ab* est sécante, les extrémités *p* et *q* du diamètre perpendiculaire à *ab* sont les points de la circonférence qui sont les plus éloignés de cette ligne ; le premier parmi les points de l'arc *apb*, et le second parmi ceux de l'arc *aqb*.

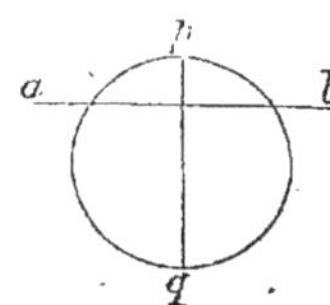

§ 2. — Mesure des angles par des arcs circulaires.

I. Un angle *aob* est dit *au centre* quand son sommet *o* se trouve au centre d'une circonférence, ou, en d'autres termes, lorsqu'il est formé par deux rayons *oa*, *ob*.

II. Un angle *b* est *inscrit* dans un arc *abc*, lorsque ses côtés sont deux cordes *ba*, *bc*, unissant un point *b* de cet arc à ses extrémités *a* et *c*. — Réciproquement, on dit que l'arc *abc* est *capable* de l'angle *b*.

Le supplément *cbe* d'un angle inscrit *abc* prend le nom d'angle *ex-inscrit*.

III. Un angle *b* est *circonscrit* à un arc *adc*, quand ses côtés *ab*, *bc*, sont tangents aux extrémités *a* et *c* de cet arc. — La corde *ac*, tirée entre les points de tangence *a* et *c*, s'appelle *corde de contact*.

IV. Pour exprimer avec facilité le rapport d'un arc à la circonférence dont il fait partie, on a imaginé de la diviser en 360 parties égales ou *degrés*, en sorte que le quart de la circonférence ou le *quadrant* est composé de 90 degrés ; chaque degré comprend 60 *minutes* ; chaque minute, 60 *secondes* ; chaque seconde, 60 *tierces*, etc., etc. On désigne le quadrant par la lettre *q*, et les degrés, minutes, secondes, tierces,..... par les caractères °, ', ", ''', ... Ainsi, un arc de 27 degrés 59 minutes 14 secondes 38 tierces s'écrit 27° 59' 14" 38'''.

Cette division de la circonférence est nommée *ancienne* ou *sexagésimale*. — Dans la division *nouvelle* ou *centésimale*, due aux auteurs du système métrique, le quadrant comprend 100 *grades*, et la circonférence 400 ; le grade est composé de 100 minutes ; la minute de 100 secondes ; la seconde de 100 tierces, et ainsi de suite. — Le principal avantage de la division moderne consiste en ce que l'on peut sur-le-champ opérer la conversion d'un arc en parties décimales du quadrant, ce qui simplifie beaucoup les calculs ; l'arc 18^{gr} 17' 89" équivaut, par exemple, à 0^q, 181789.

PROPOSITION 1. — THÉORÈME : *Dans une même circonférence, les angles au centre égaux* aob, cod, *interceptent des arcs égaux,* aeb, cfd.

Si l'on tire les cordes *ab, cd,* on a : 1° ang *aob* = ang *cod,* par hypothèse; 2° et 3° *oa* = *oc, ob* = *od,* comme rayons : donc les triangles *oab, ocd,* sont égaux, et partant corde *ab* = corde *cd;* mais les cordes égales sous-tendent des arcs égaux : donc arc *aeb* = arc *cfd.*

Réciproque. — Dans une même circonférence, les arcs égaux aeb cfd, *correspondent à des angles au centre égaux* aob, cod.

Parce que les arcs égaux *aeb, cfd,* ont des cordes égales *ab, cd,* les triangles *oab, ocd,* sont équilatéraux entre eux, et par suite égaux : donc ang *aob* = ang *cod.*

Corollaire. — Tout angle droit aob, *qui a son sommet au centre, intercepte un quadrant, et réciproquement.* — Prolongeant le rayon *oa,* on a ang *aob* = ang *boc,* et par suite arc *ab* = arc *bc* ; donc l'arc *ab* est un quadrant. — Réciproquement, si l'arc *ab* est un quadrant, il vient arc *ab* = arc *bc,* puis, ang *aob* = ang *boc;* d'où résulte que l'angle *aob* est droit.

PROP. 2. — PROBLÈME : *Trouver :* 1° *la plus grande commune mesure de deux arcs de même rayon ;* 2° *la plus grande commune mesure de deux angles.*

1° Je porte le plus petit *cd* des deux arcs donnés sur le plus grand *ab* autant de fois que cela est possible ; je suppose qu'il y soit contenu deux fois, avec un reste *be ;* je divise pareillement le plus petit arc *cd* par le reste *be* ; soient 3 le quotient et *df* le reste ; pour abréger, j'admets que le second reste *df* se trouve un nombre exact de fois, par exemple 2 fois, dans le premier reste *be.* — L'arc *df* est la plus grande commune mesure cherchée ; c'est ce que l'on démontrera par un raisonnement tout-à-fait identique à celui de la proposition 2, page 66. — Les égalités

$$ab = 2 : cd + be, \quad cd = 3 \cdot be + df, \quad be = 2 \cdot df,$$

conduisent d'ailleurs aux égalités,

$$be = 2df, \quad cd = 3 \cdot 2df + df = 7df, \quad ab = 2 \cdot 7df + 2df = 16df\,;$$

d'où l'on déduit $\dfrac{ab}{cd} = \dfrac{16}{7}$. — Si, en prolongeant indéfiniment la recherche de la plus grande commune mesure, on ne parvenait pas à une division exacte, les arcs ab, cd, seraient incommensurables, et leur rapport numérique ne pourrait être obtenu que par approximation.

2° Pour obtenir la plus grande commune mesure de deux angles *mon*, *poq*, je décris, avec un rayon arbitraire *oa*, une circonférence ayant pour centre le sommet commun *o* ; je cherche ensuite la plus grande commune mesure *df*, des arcs *ab*, *cd*, compris entre les côtés de ces angles ; l'angle *dof* est la plus grande commune mesure demandée. — En effet, de ce que l'arc *df* est contenu exactement 16 fois dans l'arc *ab* et 7 fois dans l'arc *cd*, il suit que l'ang *dof* est aussi contenu exactement 16 fois dans l'angle *mon* et 7 fois dans l'angle *poq*; ainsi, l'angle *dof* est une commune mesure des angles *mon* et *poq*; de plus, c'est leur plus grande commune mesure parce que les nombres 16 et 7 sont premiers entre eux. — Quand les arcs *ab*, *cd*, sont incommensurables, les angles *mon*, *poq*, le sont aussi, et on ne peut déterminer leur rapport numérique qu'approximativement.

PROP. 3. — THÉORÈME : *Dans une même circonférence, les angles au centre* aob, aoc, *sont entre eux comme leurs arcs* ab, ac.

1° Supposons que les arcs *ab*, *ac*, soient *commensurables*, et que leur plus grande commune mesure *ak* soit contenue 5 fois dans *ab* et 3 fois dans *ac*, de manière que l'on ait arc *ab* : arc *ac* ∷ 5 : 3. — Les angles au centre, correspondants aux divisions de l'arc *ab*, étant égaux entre eux, le petit angle *aok*, est contenu exactement 5 fois dans l'angle *aob* et 3 fois dans l'angle *aoc*; par conséquent, on a aussi ang *aob* : ang *aoc* ∷ 5 : 3. — Donc, à cause du rapport commun 5 : 3, il vient

$$\text{ang } aob : \text{ang } aoc :: \text{arc } ab : \text{arc } ac.$$

2° Si les arcs *ab*, *ac*, sont *incommensurables*, je dis que l'on a encore ang *aob* : ang *aoc* ∷ arc *ab* : arc *ac*. — En effet, supposons

un instant que cette proportion soit inexacte et que l'on ait ang
aob : ang *aoc* :: arc *ab* : arc *ak*, arc *ak* étant > ou < arc *ac*. —
Divisons l'arc *ab* en parties égales, moindres
chacune que arc *ck*, afin qu'il tombe au moins
un point *m* de division entre les points *c* et *k* ;
les arcs *ab*, *am*, étant commensurables par construction, on aura, en tirant le rayon *om*,
ang *aob* : ang *aom* : : arc *ab* : arc *am*, et, parce
que cette proportion et la précédente ont les mêmes antécédents,
ang *aoc* : ang *aom* : : arc *ak* : arc *am* ; or, c'est ce qui est faux ;
car angle *aoc* est plus petit que ang *aom*, tandis que arc *ak* est
plus grand que arc *am*. — Donc, etc., etc.

PROP. 4. — THÉORÈME : *Un angle au centre peut être mesuré
par l'arc compris entre ses côtés.*

Dire que deux angles au centre sont entre eux
comme leurs arcs, c'est dire qu'il y a entre un
angle au centre et son arc une liaison telle que,
lorsque l'un croît ou décroît dans un certain
rapport, l'autre croît ou décroît aussi dans le même
rapport. On peut donc, à cause de la simplicité de cette relation,
convenir *de mesurer un angle au centre par son arc.*

Au surplus, si la brièveté de cet énoncé laissait quelque vague
dans l'esprit, il faudrait lui substituer celui-ci : *le rapport numérique d'un angle au centre à l'angle droit est égal au rapport
numérique de son arc au quadrant.*

Scholies. — I. L'œil appréciant plus aisément la grandeur d'un
arc circulaire que celle d'un espace angulaire indéfini, il y a évidemment avantage à substituer des arcs aux angles. — On évitera
toutefois de dire qu'un angle est égal à un arc, et on ne perdra
pas de vue que les propositions de ce paragraphe ne sont vraies que
dans le cas où les arcs employés sont décrits avec un même rayon.

II. On peut, sans équivoque, énoncer les angles de la même
manière que les arcs ; ainsi, un angle de 81^{gr} 97′ 14″ est un angle
qui, ayant son sommet au centre d'une circonférence, y intercepte
un arc de pareille valeur. — Le rapport de cet arc au quadrant
ou de l'angle à l'angle droit est 0,819714.

Prop. 5. — Théorème : *Tout angle inscrit a pour mesure la moitié de l'arc compris entre ses côtés.*

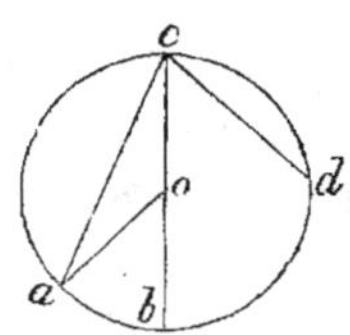

Il faut distinguer trois cas : l'angle inscrit est formé : 1° par un diamètre et par une corde ; 2° par deux cordes qui comprennent le centre ; 3° par deux cordes qui ne le comprennent pas. — 1° Si l'angle inscrit *acb* est formé par un diamètre *cb* et par la corde *ca*, je tire le rayon *oa*, et j'ai, parce que l'angle *aob* est extérieur au triangle *aco*, ang *aob* = ang a + ang *acb* ; mais les côtés *co* et *ao*, étant égaux comme rayons, les angles opposés a et *acb* sont aussi égaux, et partant ang *aob* = 2 ang *acb* ou ang *acb* = $\frac{1}{2}$ ang *aob* ; or, l'angle au centre *aob* a pour mesure l'arc *ab* : donc celle de l'angle *acb* est $\frac{1}{2}$ arc *ab*.

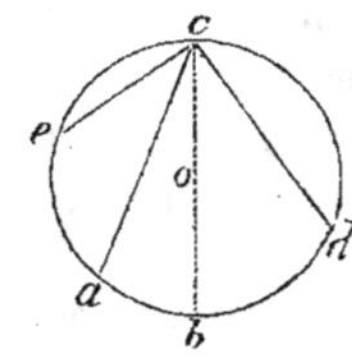

2° Si l'angle inscrit *acd* est formé par deux cordes *ac*, *cd*, qui comprennent le centre *o*, on a ang *acd* = ang *acb* + ang *bcd* ; or, les angles inscrits *acb* et *bcd*, formés chacun par un diamètre et par une corde, sont respectivement mesurés par $\frac{1}{2}$ arc *ab* et $\frac{1}{2}$ arc *bd* : donc la mesure de l'angle *acd* est $\frac{1}{2}$ arc *ab* + $\frac{1}{2}$ arc *bd*, ou bien $\frac{1}{2}$ arc *abd*.

3° Si l'angle inscrit *ace* est formé par deux cordes *ca*, *ce*, qui ne comprennent pas le centre *o*, il vient ang *ace* = ang *bce* — ang *bca* ; mais ces derniers angles ont pour mesures $\frac{1}{2}$ arc *be* et $\frac{1}{2}$ arc *ba* ; donc celle de l'angle *ace* est $\frac{1}{2}$ arc *be* — $\frac{1}{2}$ arc *ba*, ou $\frac{1}{2}$ arc *ae*.

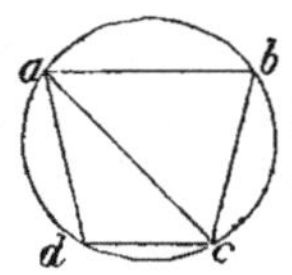

Corollaire 1. — *Les angles* b *et* d, *inscrits dans deux arcs* abc, adc, *sous-tendus par la même corde* ac, *sont supplémentaires* : car la somme de ces angles est mesurée par

$$\frac{1}{2} \text{ arc } adc + \frac{1}{2} \text{ arc } abc,$$

c'est-à dire par $\frac{1}{2}$ circonférence ou par deux quadrants.

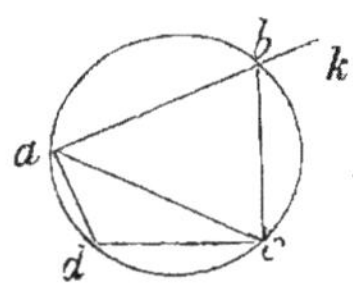

Corol. 2. — Tout angle ex-inscrit cbk *a pour mesure la moitié de l'arc* abc *dans lequel son adjacent* abe *est inscrit.* — Cela résulte de ce que les angles cbk et adc, supplémentaires du même angle abc sont égaux entre eux, et de ce que l'angle inscrit adc a pour mesure $\frac{1}{2}$ arc abc.

PROP. 6. — THÉORÈME : *Tout angle* acd, *formé par une tangente* ab *et une corde* cd, *issue du point de contact* c, *a pour mesure la moitié de l'arc* ckd *compris entre ses côtés.*

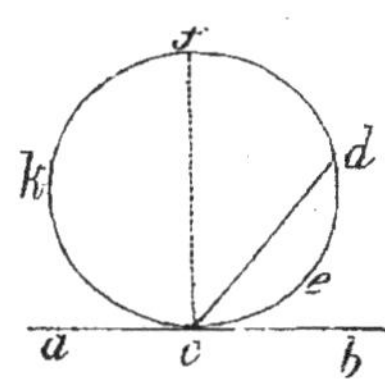

Parce que le diamètre cf tiré par le point de contact c est perpendiculaire à la tangente ab, l'angle acf est droit, et partant il a pour mesure un quadrant ou la moitié de la demi-circonférence ckf ; l'angle inscrit fcd a aussi pour mesure $\frac{1}{2}$ arc fd : donc l'angle acd, somme des deux angles acf et fcd, est mesuré par $\frac{1}{2} ckf + \frac{1}{2} fd$, ou bien par $\frac{1}{2}$ arc ckd. — Pareillement, l'angle bcd, différence de l'angle droit bcf à l'angle inscrit dcf, est mesuré par $\frac{1}{2} cdf - \frac{1}{2} fd$, ou par $\frac{1}{2}$ arc ced.

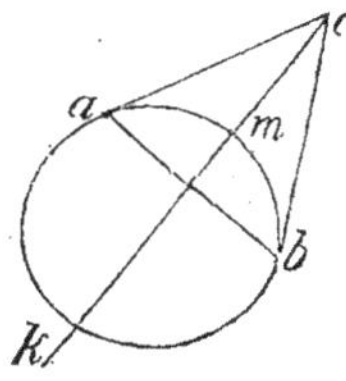

Corollaires. — 1. *Les côtés* ac, bc, *d'un angle circonscrit* acb, *limités à leurs points de contact* a *et* b, *sont égaux entre eux :* car les angles cab, cba, ayant chacun pour mesure $\frac{1}{2}$ arc amb, sont égaux, et par suite le triangle cab est isocèle.

2. — De là suit que *la bissectrice* ck *d'un angle circonscrit* acb *est un diamètre perpendiculaire sur le milieu de la corde de contact* ab.

PROP. 7. — THÉORÈME : *Tout angle* aob, *dont le sommet o est intérieur à la circonférence, a pour mesure la demi-somme des arcs* ab, cd, *compris entre ses côtés et leurs prolongements.*

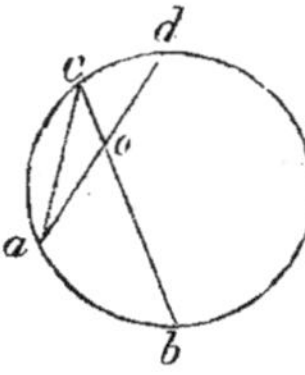

Je tire ac, et j'ai, à cause du triangle *aoc*, ang $aob = \text{ang } c + \text{ang } a$; mais les angles inscrits *c* et *a* ont respectivement pour mesures $\frac{1}{2}$ arc *ab* et demi arc *cd* : donc celle de l'angle *aob* est

$$\frac{1}{2} (\text{arc } ab + \text{arc } cd).$$

PROP. 8. — THÉORÈME : *Tout angle formé par deux droites, sécantes ou tangentes, qui se coupent hors de la circonférence, a pour mesure la demi-différence des arcs compris entre ses côtés.*

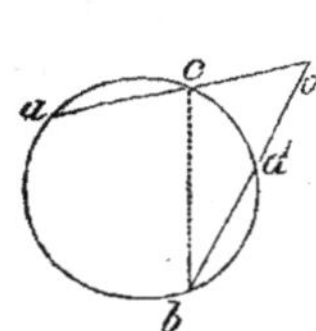

1° Si l'angle est formé par deux sécantes *oa* et *ob*, je tire *bc*, et j'ai ang $acb = \text{ang } o + \text{ang } b$, d'où ang $o = \text{ang } acb - \text{ang } b$; or, les angles inscrits *acb* et *b* sont mesurés par $\frac{1}{2}$ arc *ab* et $\frac{1}{2}$ arc *cd* ; donc la

mesure de l'angle *o* est $\frac{1}{2}$ (arc *ab* - arc *cd*).

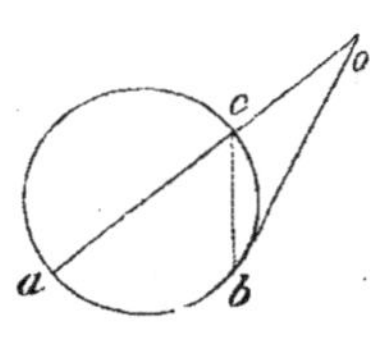

2° Si l'angle est formé par une sécante *oa* et une tangente *ob*, j'ai, en tirant *bc*, ang $o = \text{ang } acb - \text{ang } b$; mais les angles *acb* et *b* ont pour mesures $\frac{1}{2}$ arc *ab* et $\frac{1}{2}$ arc *bc* ;

donc celle de l'angle *o* est $\frac{1}{2}$ (arc *ab* — arc *bc*).

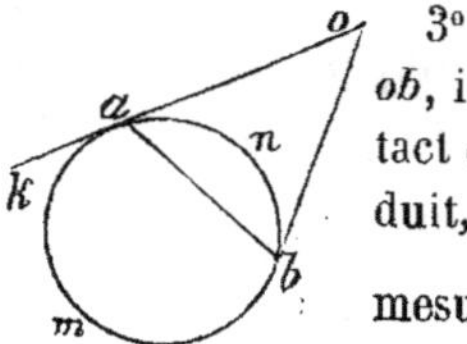

3° Si l'angle est formé par deux tangentes *oa*, *ob*, il vient encore, en tirant la corde de contact *ab*, ang $o = \text{ang } kab - \text{ang } b$; d'où l'on déduit, comme précédemment, que l'angle *o* est mesuré par $\frac{1}{2}$ (arc *amb* — arc *anb*).

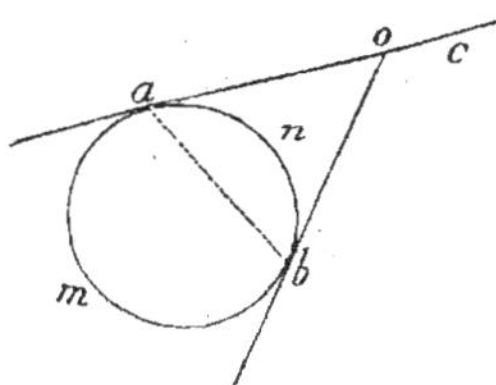

Corollaire. — *Le supplément* boc *d'un angle circonscrit* aob *a pour mesure le plus petit* anb *des deux arcs* anb, amb, *sous-tendus par la corde de contact* ab. — Cela résulte de ce que ang *boc* = ang *a* + ang *b* et de ce que chacun des angles *a* et *b* a pour mesure $\frac{1}{2}$ arc *anb*.

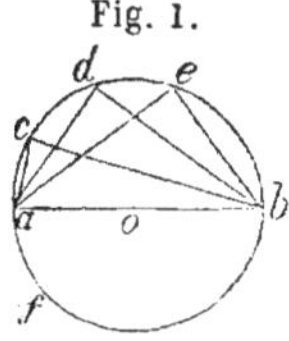

Fig. 1.

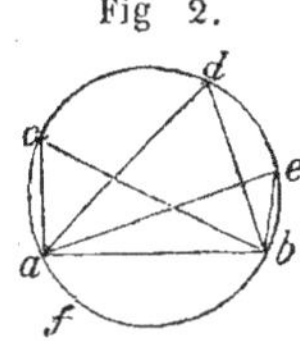

Fig 2.

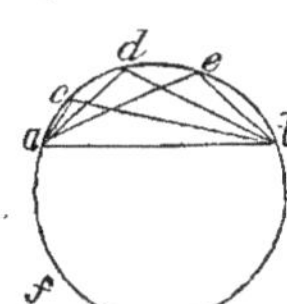

Fig. 3.

Prop. 9. — Théorème : 1° *Tous les angles* acb, adb, aeb, . . ., *inscrits dans le même arc* acb, *sont égaux* (fig. 1, 2, 3); 2° *ces angles sont droits* (fig. 1), *aigus* (fig. 2), *ou obtus* (fig. 3), *suivant que l'arc* acb *est égal, supérieur ou inférieur à une demi-circonférence.*

1° Les angles inscrits *acb*, *adb*, *aeb*, . . . sont égaux, parce qu'ils ont pour mesure commune la moitié de l'arc *afb* ; 2° suivant que l'arc *acb* est égal, supérieur ou inférieur à une demi-circonférence, la moitié de l'arc *afb* est égale, inférieure ou supérieure à la moitié d'une demi-circonférence ou à un quadrant ; or, le quadrant est la mesure d'un angle droit : donc les angles *acb*, *adb*, *aeb*, ... sont droits dans le premier cas, aigus dans le second, et obtus dans le troisième.

Scholie. — Ainsi, *lorsqu'on fait mouvoir un angle invariable* pkq, *de manière que ses côtés* pp', qq', *passent constamment par deux points fixes* a *et* b, *le sommet* k *de cet angle décrit une circonférence* akbk', *qui contient ces deux points.* — Le sommet *k* engendre l'arc *akb* quand la corde fixe *ab* est située dans l'un des angles pkq, p'kq', et l'arc *ak'b* quand elle se trouve dans l'angle pkq' ou dans l'angle p'kq.

§ 3. — Propriétés métriques des cordes, sécantes et tangentes.

PROPOSITION 1. — THÉORÈME : *La perpendiculaire* cd, *abaissée d'un point quelconque* c *de la circonférence sur un diamètre* ab, *est moyenne proportionnelle entre les deux segments* ad, db, *de ce diamètre.*

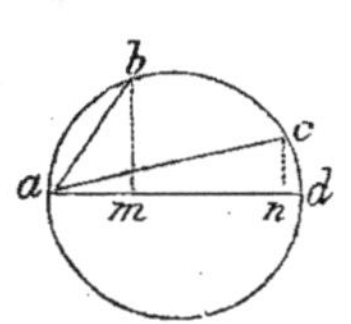

Car, si l'on tire les cordes ac et *bc*, l'angle *acb*, inscrit dans la demi-circonférence *akb*, est droit, et le triangle rectangle *acb* donne $ad : cd :: cd : db$, ou bien $cd^2 = ad \times db$.

Corollaires. — 1. *Toute corde* ac *est moyenne proportionnelle entre le diamètre* ab, *issu de son extrémité* a, *et sa projection* ad *sur ce diamètre.* — Le triangle rectangle *acb* fournit en effet $ab : ac :: ac : ad$, ou bien $ac^2 = ab \times ad$.

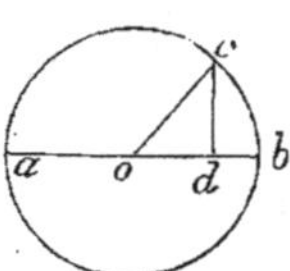

2. — *Les quarrés de deux cordes* ab, ac, *issues d'un point* a *de la circonférence, sont entre eux comme les projections* am, an, *de ces cordes sur le diamètre* ad, *issu du même point :* car $ab^2 = ad \times am$, $ac^2 = ad \times an$, et par suite,

$$\frac{ab^2}{ac^2} = \frac{ad \times am}{ad \times an} = \frac{am}{an},$$

ou bien $ab^2 : ac^2 :: am : an$.

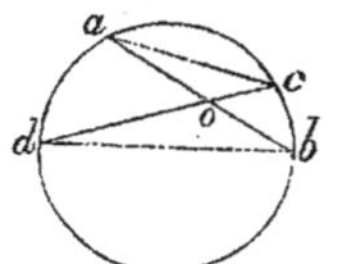

Scholie. — *La moyenne proportionnelle* dc *entre deux droites* ad, db, *est moindre que leur moyenne arithmétique* oc. — Ainsi on a

$$\sqrt{ad \times db} < \frac{ad + db}{2}.$$

Ces deux moyennes sont égales lorsque $ad = db$.

PROP. 2. — THÉOR. : *Les parties* oa *et* ob, oc *et* od, *de deux cordes* ab, cd, *qui se coupent dans la circonférence, sont inversement proportionnelles.*

Tirant les cordes ac, *bd*, j'obtiens deux triangles semblables *oac*, *obd*; car les angles *a* et *d*, inscrits dans l'arc *cadb*, sont égaux, et les angles *c* et *b* le sont aussi, comme étant inscrits dans l'arc *acbd*. — Remarquant donc que les côtés *oa*, *oc*, du triangle *oac*, ont pour homologues les côtés *od*, *ob*, du triangle *obd*, il vient *oa* : *od* : : *oc* : *ob*.

Scholie. — *Toute corde, tirée par un point intérieur o, y est divisée en deux parties dont le produit est constant :* car on déduit de la proportion qui précède $oa \times ob = oc \times od$.

Prop. 3. — Théorème : *Les sécantes* oa, oc, *issues d'un point* o, *situé hors de la circonférence, sont inversement proportionnelles à leurs parties extérieures* ob, od.

Tirant les cordes *ad*, *bc*, j'ai deux triangles semblables *oad*, *ocb*, parce que l'angle *o* est commun, et que les angles *a* et *c*, inscrits dans le même arc *bacd*, sont égaux; il vient donc, en observant que les côtés *oa* et *oc*, *od* et *ob*, sont *homologues* deux à deux, *oa* : *oc* : : *od* : *ob*.

Scholie. — *Le produit de toute sécante, issue d'un point o situé hors de la circonférence, par sa partie extérieure, est constant :* car on tire de la proportion obtenue $oa \times ob = oc \times od$.

Prop. 4. — Théorème : *La tangente* oa *est une moyenne proportionnelle entre toute sécante* ob, *issue du même point* o, *et sa partie extérieure* oc.

Je tire les cordes *ac*, *ab*, et je compare les triangles *oba*, *oac* : l'angle *o* est commun ; l'angle inscrit *b* a pour mesure la moitié de l'arc *ac*, et l'angle *oac*, formé par la tangente *ao* et la corde *ac*, est mesuré par la moitié du même arc; ainsi, ang *b* = ang *oac*, et par suite les triangles sont semblables ; et, comme les côtés *ob*, *oa*, du premier, sont les homologues des côtés *oa*, *oc*, du second, il vient *ob* : *oa* : : *oa* : *oc*.

Scholie I. — *Le quarré d'une tangente est égal au produit de toute sécante, issue du même point, par sa partie extérieure.* — La proportion obtenue donne en effet $oa^2 = ob \times oc$.

Scholie II. — Toutes les réciproques du présent paragraphe peuvent s'établir par la tournure à l'absurde.

§ 4. — Polygones inscrits et circonscrits à la circonférence.

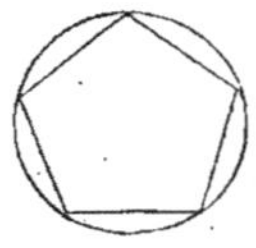

I. Un polygone est *inscrit* dans une circonférence lorsque cette ligne courbe passe par tous ses sommets. — Réciproquement, on dit que la circonférence est *circonscrite au polygone*.

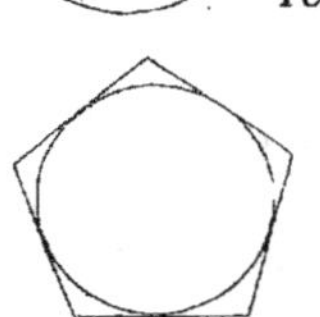

II. Un polygone est *circonscrit* à une circonférence lorsque tous ses côtés sont des tangentes. — Réciproquement, la circonférence est dite *inscrite* dans le polygone.

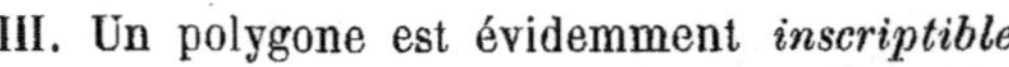

III. Un polygone est évidemment *inscriptible* quand tous ses sommets sont à égale distance d'un même point, et *circonscriptible* quand il existe un point également éloigné de tous ses côtés.

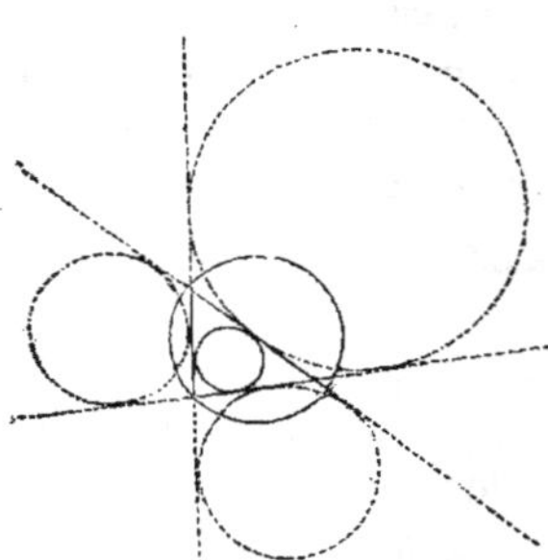

Ainsi, en vertu des propositions 13 et 14, page 41, tout triangle est inscriptible dans une circonférence, et circonscriptible à quatre circonférences distinctes, dont l'une est intérieure, et les trois autres extérieures. — Ces trois dernières sont appelées *ex-inscrites*.

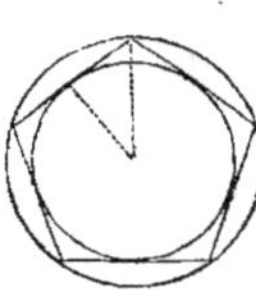

Il résulte aussi de la proposition 6, page 56, qu'à tout polygone régulier correspondent deux circonférences, l'une inscrite et l'autre circonscrite, ayant pour centre commun celui du polygone, et pour rayons son apothème et son rayon propre.

PROPOSITION 1. — THÉORÈME : *Dans tout triangle* abc, *le produit de deux côtés* ac, bc, *est égal au diamètre* cm *de la circonférence circonscrite multiplié par la distance* ck *du troisième côté* ab *au sommet opposé* c.

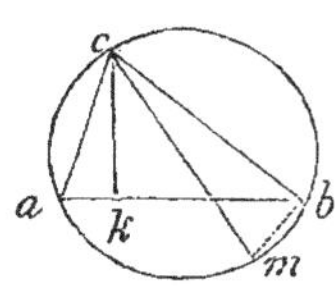

L'angle *cbm*, formé par le côté *bc* et la corde *bm*, est droit, parce qu'il est inscrit dans une demi-circonférence ; de plus, les angles *a* et *m*, inscrits dans le même arc *bac*, sont égaux : donc, les triangles rectangles *cak*, *cmb*, sont semblables, et partant *ac* : *cm* : : *ck* : *bc*, d'où $ac \times bc = cm \times ck$.

Scholie. — Connaissant les trois côtés, *a*, *b*, *c*, d'un triangle, on détermine aisément, page 84, la distance *h* du côté *c* au sommet opposé ; on a donc, pour calculer le rayon R de la circonférence circonscrite, $a \times b = 2R \times h$, d'où $R = \dfrac{a \times b}{2h}$. Quand le triangle est rectangle, il vient $a \times b = c \times h$, *c* représentant l'hypoténuse, et par suite $R = \dfrac{c}{2}$.

Prop. 2 — Théorème : *Dans tout triangle* abc, *le point de concours* s *des perpendiculaires tirées des sommets sur les côtés opposés, celui* t *des droites qui unissent ces sommets au milieu des mêmes côtés et le centre de la circonférence circonscrite sont situés en ligne droite.*

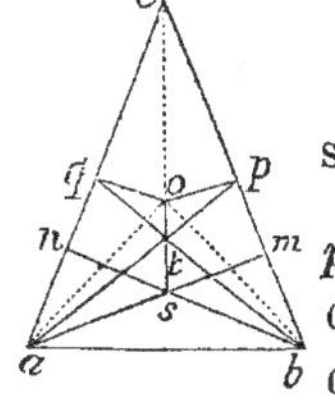

Comme $tp = \dfrac{ta}{2}$, $tq = \dfrac{tb}{2}$, proposition 16, page 42, si l'on prolonge la droite *ts* de $to = \dfrac{ts}{2}$, les droites *po*, *qo*, seront respectivement parallèles aux droites *am*, *bn*, et par suite elles seront perpendiculaires sur les milieux des côtés *bc* et *ac ;* ainsi, obl *ob* = obl *oc*, obl *oc* = obl *oa* ; donc le point *o* est le centre de la circonférence circonscrite au triangle *abc*.

Prop. 3. — Théorème : *Les pieds* m, n, l, *des perpendiculaires abaissées d'un point quelconque* k *d'une circonférence sur les trois côtés d'un triangle inscrit* abc, *sont situés en ligne droite.*

Les angles *ack* et *kbm*, inscrit et ex-inscrit, ayant chacun pour mesure $\dfrac{1}{2}$ arc *abk*, sont égaux ; et, comme les triangles

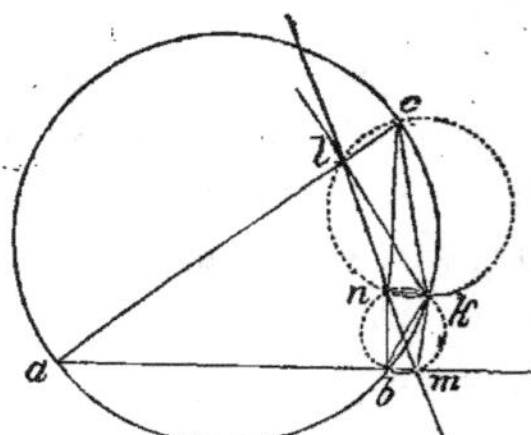

clk, *kbm*, sont rectangles, ang *ckl* = ang *bkm*. — Or, les circonférences décrites sur les diamètres *ck* et *bk* passent, l'une par les sommets *l* et *n* des angles droits *clk*, *cnk*, et l'autre par ceux *n* et *m* des angles droits *knb*, *kmb* ; conséquemment, si l'on tire les droites *ln* et *nm*, les angles *ckl*, *cnl*, inscrits dans l'arc *cknl*, sont égaux, ainsi que les angles *bkm*, *bnm*, inscrits dans l'arc *bnkm* : donc aussi ang *lnc* = ang *mnb*, et par suite *nl*, *nm*, sont en ligne droite.

PROP. 4. — THÉORÈME : *Le périmètre d'un triangle* abc *multiplié par le rayon* om *de la circonférence inscrite est égal au produit d'un côté quelconque* ab *par sa distance* ck *au sommet opposé* c.

Soit *p* le point de rencontre du côté *ab* et de la droite *co*, il vient *om* : *ck* :: *op* : *cp* — Mais, parce que *ao* est la bissectrice de l'angle *bac*, on a, page 71, *op* : *cp* :: *ap* : *ap* + *ac* ; donc *om* : *ck* :: *ap* : *ap* + *ac*, ou bien $(ap + ac).om = ap \times ck$. — On prouverait de même que $(bp + bc).om = bp \times ck$. — Ajoutant, on trouve
$$(ab + ac + bc).om = ab \times ck.$$

Scholies. — I. Soient *a*, *b*, *c*, les trois côtés d'un triangle, *h* la distance du côté *c* au sommet opposé, et *r* le rayon de la circonférence inscrite. — On a $(a + b + c).r = c \times h$, d'où $r = \dfrac{c \times h}{a+b+c}$.

II. En désignant par r', r'', r''', les rayons des circonférences ex-inscrites, on prouve, par un raisonnement analogue, que
$$r' = \frac{c \times h}{b+c-a}, \quad r'' = \frac{c \times h}{a+c-b}, \quad r''' = \frac{c \times h}{a+b-c}.$$

III. On déduit de là les relations
$$\frac{1}{r} = \frac{1}{r'} + \frac{1}{r''} + \frac{1}{r'''}, \quad R = \frac{1}{4}(r' + r'' + r''' - r).$$

.Prop. 5. — Théorème : *La distance* ko *des centres des circonférences inscrite et circonscrite à un triangle* abc *est moyenne proportionnelle entre le rayon* op *de la seconde et l'excès de ce rayon sur deux fois celui* km *de la première.*

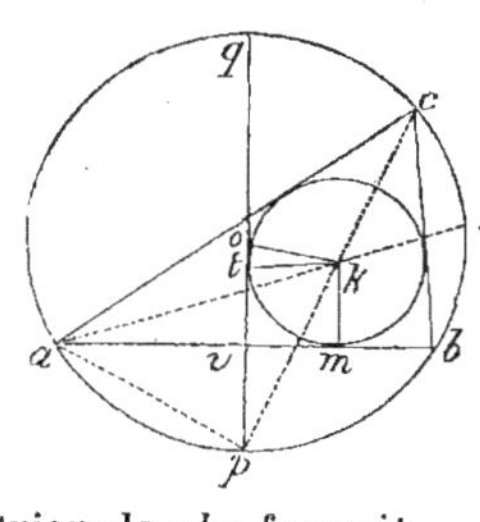

Les droites ck et ak étant les bissectrices des angles acb et bac, on a arc $ap = $ arc bp et arc $cs = $ arc bs ; d'où résulte $\frac{1}{2}$ (arc $ap + $ arc cs) $= \frac{1}{2}$ arc ps ; donc ang $akp = $ ang kap, et partant $pk = ap$. — Or, $ap^2 = pq \times pv$; donc $pk^2 = 2op\,(pt - tv)$. — Maintenant, le triangle okp fournit

$$ko^2 = op^2 + pk^2 - 2op \times pt ;$$

substituant la valeur de pk^2, il vient $ko^2 = op^2 - 2op \times tv$ ou $ko^2 = op\,(op - 2km)$.

Scholies. I — Soient r et R les rayons des circonférences inscrite et circonscrite à un triangle, et D la distance de leurs centres. — On a $D^2 = R\,(R - 2r)$. On voit que R ne peut être moindre que $2r$, et que D $= o$ quand R $= 2r$; c'est le cas du triangle équilatéral.

II. — En représentant par r', r'', r''', les rayons des circonférences ex-inscrites, et par d', d'', d''', les distances de leurs centres à celui de la circonférence circonscrite, on trouve aussi

$$d'^2 = R\,(R + 2r'),\ d''^2 = R\,(R + 2r''),\ d'''^2 = R\,(R + 2r''').$$

Prop. 6. — Théorème : *Dans tout quadrilatère inscriptible* abcd, *deux angles opposés* a *et* c *sont supplémentaires.*

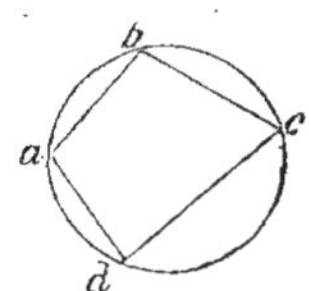

Car les angles inscrits a et c étant mesurés par $\frac{1}{2}$ arc bcd et $\frac{1}{2}$ arc bad, leur somme a pour mesure $\frac{1}{2}$ circonférence ou 2 quadrants.

Réciproque. — *Un quadrilatère* abcd *est inscriptible quand deux angles opposés* a *et* c *sont supplémentaires.*

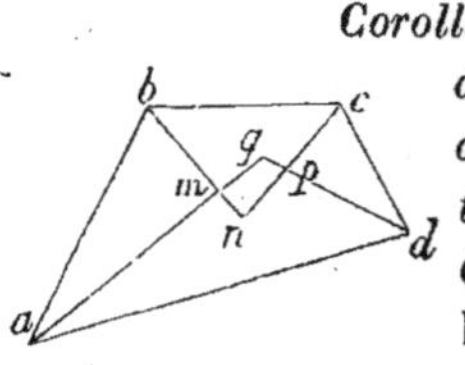

Si la circonférence circonscrite au triangle *abc* ne passe pas par le sommet *d,* soit *k* le point où elle coupe le côté *ad.* — Tirant la corde *ck,* l'angle *akc,* en vertu de la directe, est le supplément de l'angle *b ;* mais, par hypothèse, l'angle *d* est le supplément du même angle : donc ang *akc =* ang *d,* ce qui est impossible, parce que le triangle *ckd* fournit ang *akc =* ang *d +* ang *kcd.*

Corollaire 1. — *Tout rectangle est inscriptible à la circonférence.*

Corollaire 2. — *Les bissectrices* am, bn, cp, dq, *des angles intérieurs d'un quadrilatère quelconque* abcd *forment un quadrilatère inscriptible* mnpq. — La somme des six angles des deux triangles *qad, nbc,* est égale à 4^d ; or, la somme des quatre angles *qad, qda, nbc,*

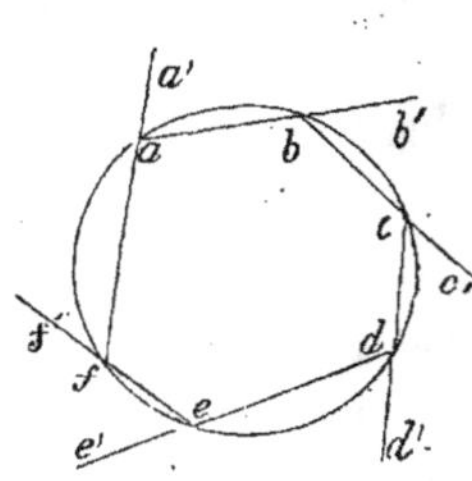

ncb, étant la moitié de celle des quatre angles du quadrilatère, vaut 2^d ; donc ang *q +* ang $n = 2^d$.

N. B. — Les bissectrices des angles extérieurs d'un quadrilatère quelconque forment aussi un quadrilatère inscriptible.

Scholie. — En général, *dans tout polygone inscriptible* abcdef *d'un nombre pair de côtés, la somme des angles de rangs pairs est égale à la somme des angles des rangs impairs.* — En effet, les angles exinscrits *a'ab, b'bc, c'cd,*..... ayant pour mesures respectives $\frac{1}{2}$ arc *fab,* $\frac{1}{2}$ arc *abc,* $\frac{1}{2}$ arc *bcd,*..., les sommes *a'ab + c'cd + e'ef* et *b'bc + d'de + f'fa,* sont mesurées l'une et l'autre par $\frac{1}{2}$ circonférence, et partant elles sont égales : donc il y a aussi égalité entre les sommes *fab + bcd + def* et *abc + cde + efa* des suppléments de ces angles.

Prop. 7. — Théorème : *Dans tout quadrilatère inscrit, les bissectrices des angles formés par les côtés opposés sont parallèles aux bissectrices des angles compris entre les diagonales.*

Par le point de concours o des diagonales ac, bd, je mène pq parallèle à la bissectrice km de l'angle akd formé par les prolongements des côtés ab, cd. — L'angle akm est mesuré par $\dfrac{am - bn}{2}$, ou, à cause que $mp = nq$, par $\dfrac{ap - bq}{2}$. — On prouverait de même que l'angle dkm est mesuré par $\dfrac{dp - cq}{2}$;

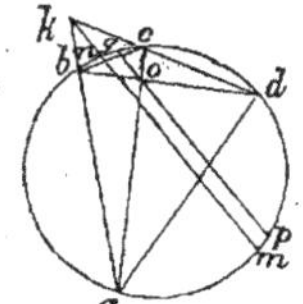

donc $\dfrac{ap - bq}{2} = \dfrac{dp - cq}{2}$, d'où l'on tire $\dfrac{ap + cq}{2} = \dfrac{dp + bq}{2}$.

— Conséquemment, ang $aop =$ ang dop.

Prop. 8. — Théorème : *Dans tout quadrilatère inscrit, les diagonales sont entre elles comme les sommes des produits des côtés issus de leurs extrémités.*

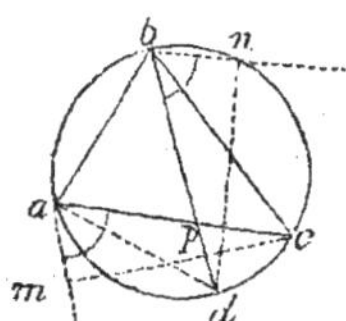

Par les sommets a et b, je tire am, bn, parallèlement aux diagonales bd, ac; puis, par les sommets c, d, les droites cm, dn, perpendiculaires sur am et bn. Parce que ang $mac =$ ang nbd, les triangles rectangles mac, nbd, sont semblables, et partant $cm : dn :: ac : bd$. Maintenant, si l'on désigne par D le diamètre, les triangles inscrits abd, cbd, fournissent $D \times mp = ab \times ad$, $D \times cp = cb \times cd$, et, en ajoutant, $D \times cm = ab \times ad + cb \times cd$. — On déduirait pareillement des triangles bac et dac, $D \times dn = ba \times bc + da \times dc$. Divisant et substituant le rapport $ac : bd$ au rapport $cm : dn$, il vient $ac : bd :: ab \times ad + cb \times cd : ba \times bc + da \times dc$. — C. q f. d.

Prop. 9. — Théorème : *Dans tout quadrilatère inscrit, le produit des diagonales est égal à la somme des produits des côtés opposés.*

8

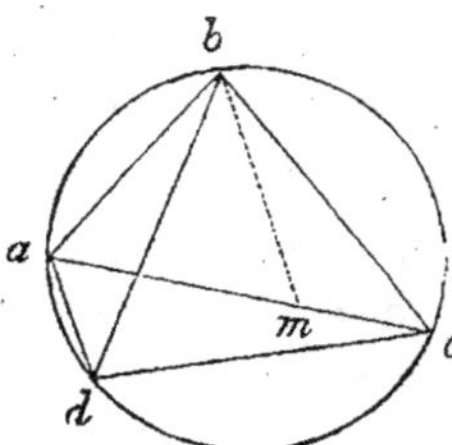

Les angles bca, bda, inscrits dans le même arc acb, étant égaux, si je fais ang cbm = ang abd, les triangles abd, bcm, seront semblables, et il viendra $bd : bc :: ad : cm$. — De plus, parce que ang abd + ang dbm = ang cbm + ang dbm ou bien ang abm = ang dbc et ang bac = ang bdc, les triangles cbd et mab sont aussi semblables; donc $bd : ab :: cd : am$. — On tire de ces proportions $cm \times bd = bc \times ad$, $am \times bd = ab \times cd$, et, en ajoutant,

$$ac \times bd = ab \times cd + bc \times ad.$$

Scholie. — Soient D le diamètre d'une circonférence, c et c' les cordes de deux arcs, x et y les cordes de la somme et de la différence de ces arcs, on a

$$D \cdot x = c \sqrt{D^2 - C'^2} + c' \sqrt{D^2 - C^2},$$
$$D \cdot y = c \sqrt{D^2 - C'^2} - c' \sqrt{D^2 - C^2}.$$

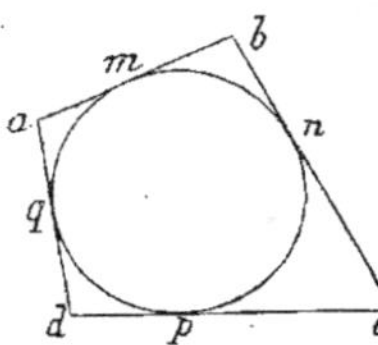

PROP. 10. — THÉORÈME : *Dans tout quadrilatère circonscriptible* abcd, *les sommes* ab + cd, bc + ad, *des côtés opposés, sont égales.*

On a $am = aq$, $bm = bn$, $dp = dq$, $cp = cn$, et, en ajoutant, $ab + cd = bc + ad$.

Réciproque. — *Un quadrilatère* abcd, *est circonscriptible lorsque les sommes* ab + cd, bc + ad, *des côtés opposés, sont égales.*

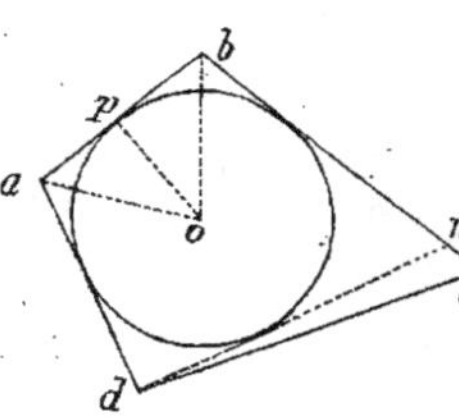

Le point de concours o des bissectrices ao, bo, des angles dab, abc, est également distant des côtés ad et ab, ab et bc, c'est-à-dire des trois côtés ad, ab, bc. Donc la circonférence, décrite du centre o avec un rayon égal à la droite op perpendiculaire sur ab, touche ces trois côtés : je dis en outre qu'elle est tangente au côté dc. — Si cela n'est pas, soit dm la tangente issue du sommet d. — On a, par la directe, $ad + bm = ab + dm$, et, par hypothèse, $ad + bc = ab + dc$;

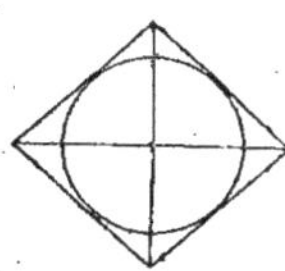

retranchant la première égalité de la seconde, il vient $mc = dc - dm$, ce qui est impossible, puisque le triangle mcd fournit $mc > dc - dm$.

Corollaire. — Tout losange est circonscriptible à la circonférence.

Scholie. — En général, *dans tout polygone circonscriptible abcdef d'un nombre pair de côtés, la somme des côtés de rangs pairs est égale à la somme des côtés de rangs impairs :* car on a $am = aq$, $bm = bn$,

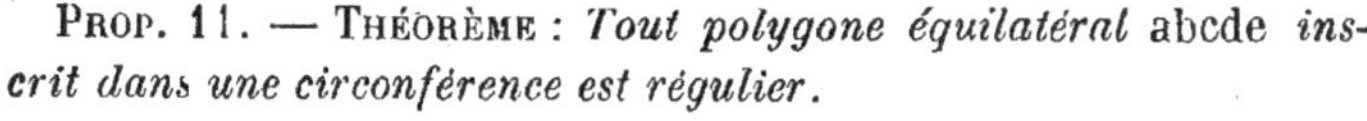

$cl = cn$, $dl = do$, $ep = eo$, $fp = fq$, et, en ajoutant, $ab + cd + ef = bc + de + fa$.

PROP. 11. — THÉORÈME : *Tout polygone équilatéral abcde inscrit dans une circonférence est régulier.*

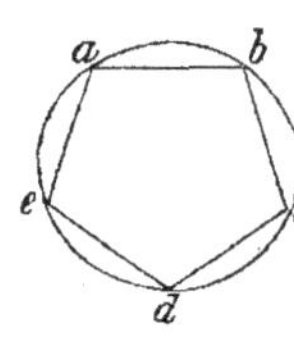

L'égalité des cordes ab, bc, cd,.... entraîne celle des arcs qu'elles sous-tendent ; conséquemment, les angles a, b, c,..., inscrits dans les arcs eab, abc, bcd,.... doubles des premiers, sont égaux. — Ainsi, le polygone équilatéral $abcde$ est aussi équiangle : donc il est régulier.

Réciproque. — *Un polygone équiangle abcde inscrit dans une circonférence est régulier s'il a un nombre impair de côtés.*

On a arc $abc =$ arc bcd, parce que les angles égaux b et c sont inscrits dans ces arcs ; retranchant de part et d'autre arc bc, il vient arc $ab =$ arc cd, et par suite $ab = cd$. — On prouverait de même que $cd = ea$, $ea = bc$, $bc = de$; donc le polygone $abcde$ est équilatéral.

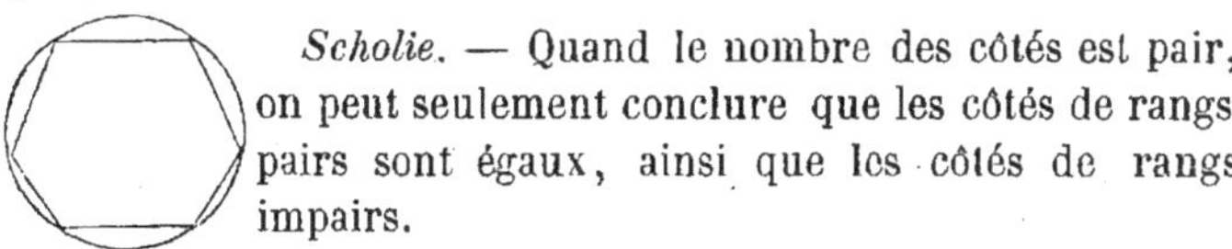

Scholie. — Quand le nombre des côtés est pair, on peut seulement conclure que les côtés de rangs pairs sont égaux, ainsi que les côtés de rangs impairs.

PROP. 12. — THÉORÈME : *Tout polygone équiangle abcde circonscrit à une circonférence est régulier.*

D'abord, les bissectrices ao, bo, co,... des angles eab, abc,

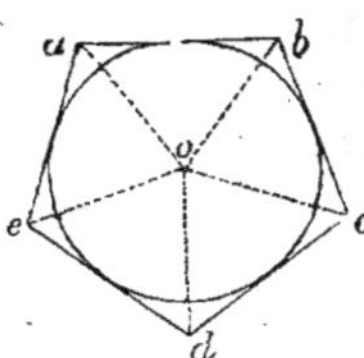

bcd,... passent toutes par le centre *o*, parce que ce point est également éloigné des côtés *ab*, *bc*, *cd*,... — De plus, l'angle *eab* étant égal à l'angle *abc*, on a ang *oab* = ang *oba*, et par suite *oa* = *bo*. — On démontrerait de même que *bo* = *co*, *co* = *do*,... ainsi, le polygone *abcde* est inscriptible à circonférence *oa* : donc les côtés *ab*, *bc*, *cd*,..... sont égaux, comme cordes également distantes du centre.

Réciproque. — *Un polygone équilatéral* abcde *circonscrit à une circonférence est régulier s'il à un nombre impair de côtés.*

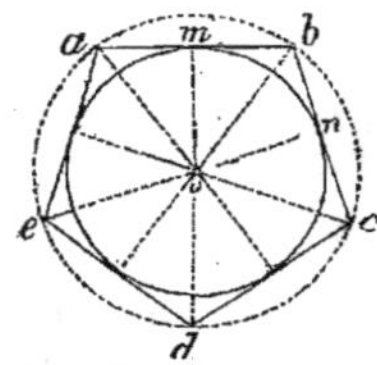

On a *ab* = *bc* et *bm* = *bn* : donc *am* = *nc*, et par suite les triangles rectangles *amo*, *anc*, sont égaux : donc ang *bao* = ang *bco*, et, en doublant, ang *eab* = ang *bcd*. — On prouverait pareillement que ang *bcd* = ang *dea*, ang *dea* = ang *abc*, ang *abc* = ang *cde*. — Conséquemment, le polygone *abcde* est équiangle.

Scholie. — Quand le nombre des côtés est pair, on peut seulement conclure que les angles de rangs pairs sont égaux, ainsi que ceux de rangs impairs.

§ 3. — Positions relatives de deux circonférences.

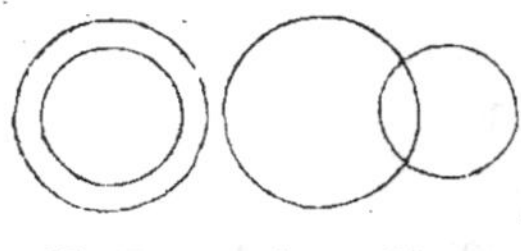

I. Deux circonférences sont dites *concentriques* quand elles ont le même centre, et *excentriques* si elles ont des centres différents.

II. Deux circonférences peuvent avoir, l'une par rapport à l'autre, cinq positions diverses.

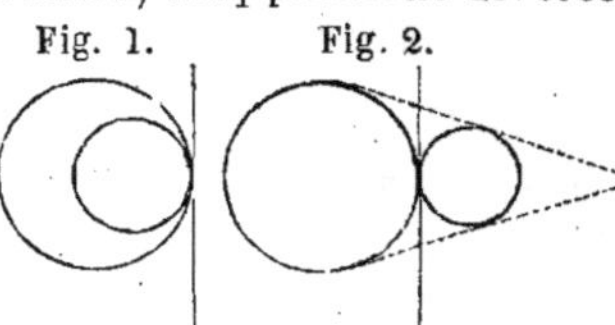

Elles sont *tangentes* lorsqu'elles touchent la même droite au même point. — Le contact est *intérieur* (fig. 1) ou *extérieur* (fig. 2), selon que les deux circonférences sont ou ne sont pas situées d'un même côté de la tangente commune.

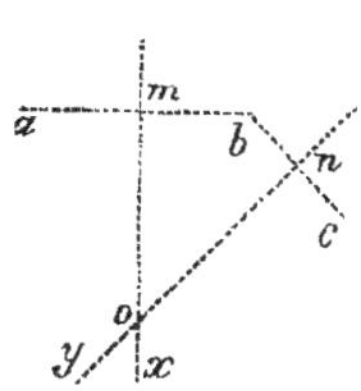

Fig. 3.

Elles sont *sécantes* (fig. 3) lorsque chacune est située en partie dans l'autre et en partie au dehors.

Enfin, elles peuvent être *extérieures l'une à l'autre* (fig. 4), ou *intérieures l'une à l'autre* (fig. 5).

Fig. 5.   Fig. 4.

III. On dit qu'une tangente commune à deux circonférences est *extérieure* ou *intérieure*, suivant que les deux circonférences se trouvent d'un même côté de la tangente ou de côtés différents.

Les circonférences de la figure 4 ont quatre tangentes communes, dont deux extérieures et deux intérieures. — Celles de la figure 2 ont deux tangentes communes extérieures et une seule intérieure. — Celles de la figure 3 ont deux tangentes communes extérieures. — Celles de la figure 1 ont une seule tangente commune extérieure. — Enfin, celles de la figure 5 n'en ont pas.

PROPOSITION 1. — THÉORÈME : *Deux circonférences ne peuvent se couper en plus de deux points.*

Si elles se coupaient en trois points a, b, c, les perpendiculaires mx, ny, tirées sur les milieux des cordes communes ab, bc, passeraient chacune par les deux centres. — Conséquemment, les deux circonférences auraient pour centre commun le point de concours o. — Or, c'est ce qui est impossible, parce que deux circonférences concentriques ne peuvent se couper.

Corollaire. — *Par trois points donnés, on ne peut faire passer qu'une circonférence* : car, si l'on pouvait en faire passer deux, elles se couperaient en trois points, ce qui est impossible.

PROP. 2. — THÉORÈME : *Quand deux circonférences se coupent, la ligne des centres* ab *est perpendiculaire sur le milieu de la corde commune* cd.

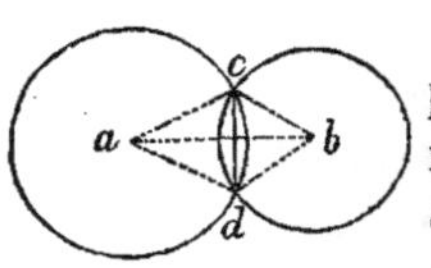

Parce que $ac = ad$, $bc = bd$, chacun des points a, b, est également distant des extrémités c, d, de la corde cd. — Donc la droite ab est perpendiculaire sur le milieu de cette corde.

Corollaire. — *Lorsque les deux circonférences sont égales, la corde commune* cd *est aussi perpendiculaire sur le milieu de la ligne des centres* ab. — Cela résulte de ce que la figure $acbd$ est alors un losange.

PROP. 3. — THÉORÈME : *Si deux circonférences sont tangentes extérieurement ou intérieurement, les deux centres et le point de contact sont situés en ligne droite.*

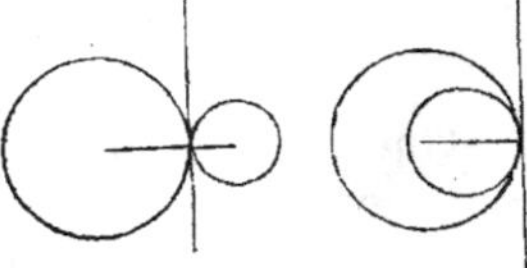

Les rayons qui unissent les deux centres au point de contact sont perpendiculaires à la tangente commune : donc ces rayons sont en ligne droite.

PROP. 4. — THÉORÈME : *Parmi toutes les droites limitées à deux circonférences extérieures ou intérieures l'une à l'autre, la plus grande et la plus petite sont dirigées selon la ligne des centres.*

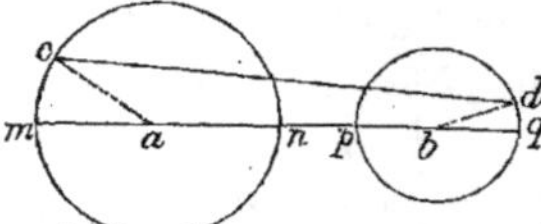

Soit cd l'une de ces droites. — 1° Si les circonférences sont extérieures, il vient

$$mq = ma + ab + bq = ac + ab + bd;$$

mais on a $ac + ab + bd > cd$; donc mq est $> cd$. — Il vient en second lieu ab ou $an + np + pb < ac + cd + db$; or, $an = ac$, $pb = db$; donc np est $< cd$.

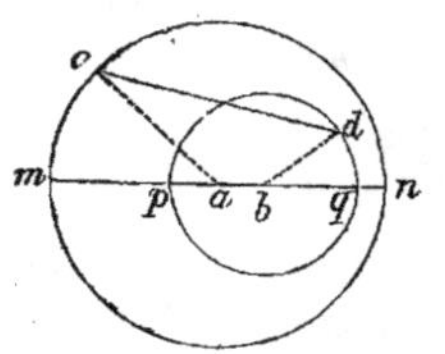

2° Si les circonférences sont intérieures l'une à l'autre, on a

$$mq = ma + ab + bq = ac + ab + bd;$$

or, $ac + ab + bd$ est $> cd$: donc aussi mq est $> cd$. — On a pareillement, en observant que $ac = ab + bq + qn$,

$$ab + bq + qn < ab + bd + cd;$$ d'où, parce que $bq = bd$, $qn < cd$.

Prop 5. — Théorème : 1° *Lorsque deux circonférences sont extérieures l'une à l'autre, la distance des centres est plus grande que la somme des rayons ; — 2° lorsqu'elles sont tangentes extérieurement, la distance des centres égale la somme des rayons ; — 3° lorsqu'elles se coupent, la distance des centres est plus petite que la somme des rayons et plus grande que leur différence ; — 4° lorsqu'elles sont tangentes intérieurement, la distance des centres égale la différence des rayons ; — 5° lorsqu'elles sont intérieures l'une à l'autre, la distance des centres est plus petite que la différence des rayons.*

1° Si les circonférences sont extérieures l'une à l'autre, on a $ab = ac + cd + db$, et par suite $ab > ac + db$.

2° Si les circonférences se touchent extérieurement, il vient, parce que les centres a, b, et le point de contact c, sont en ligne droite, $ab = ac + bc$.

3° Si les circonférences se coupent aux points c et d, les trois points a, b, c, ne peuvent se trouver en ligne droite, parce que la ligne des centres ab est perpendiculaire sur le milieu de la corde cd; or, le triangle abc fournit $ab < ac + bc$ et $ab > ac - bc$.

4° Si les circonférences se touchent intérieurement, il vient, parce que les centres a, b, et le point de contact c, appartiennent à la même droite, $ab = ac - bc$.

5° Si les circonférences sont intérieures l'une à l'autre, on a ad ou bien $ab + bd < ac$; d'où $ab < ac - bd$.

Scholie. — *Les cinq réciproques ont lieu* : car les conséquences qui découlent des cinq positions mentionnées sont incompatibles deux à deux.

Corollaire. — *Deux circonférences égales se coupent quand la distance des centres est moindre que le double du rayon commun.*

§ 6. — Rapport et similitude des circonférences.

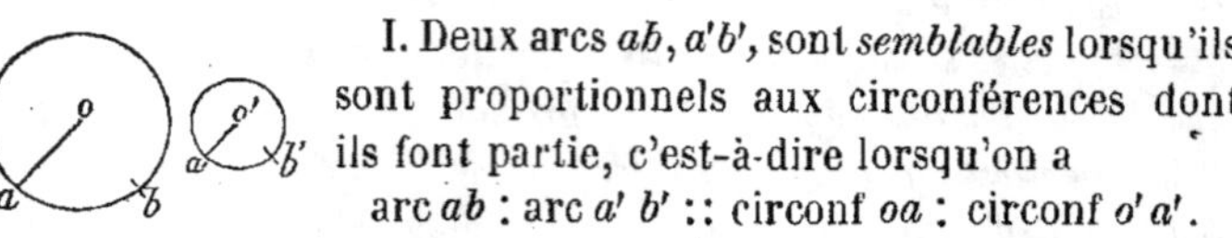

I. Deux arcs ab, $a'b'$, sont *semblables* lorsqu'ils sont proportionnels aux circonférences dont ils font partie, c'est-à-dire lorsqu'on a

arc ab : arc $a'b'$ :: circonf oa : circonf $o'a'$.

II. Deux secteurs ou deux segments sont *semblables* lorsqu'ils correspondent à des arcs semblables.

PROPOSITION 1. — THÉORÈME : *L'excès d'un arc* acb *moindre qu'une demi-circonférence sur sa corde* ab *est plus petit que le cube de cet arc divisé par huit fois le quarré du rayon.*

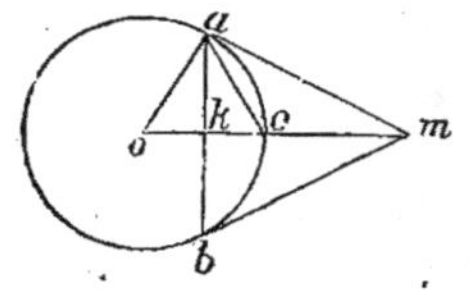

Les tangentes am, bm, des points a, b, se coupent en m sur le prolongement du rayon oc, perpendiculaire à ab. — Les triangles rectangles oak, oam, ayant un angle aigu o commun, sont semblables ; ainsi $ak : am :: ok : oa$ ou oc ; d'où, en observant que $ak = \dfrac{ab}{2}$ et $ok = oc - ck$, $2am\,(oc - ck) = ab \times oc$.

— Or, la ligne enveloppe $am + mb$ ou $2am$ est $> a\!\cdot\! b$; de plus, parce que $ck = \dfrac{ac^2}{2\,oc}$ et que $ac < \dfrac{acb}{2}$, il vient $ck < \dfrac{acb^2}{8oc}$; conséquemment, l'égalité obtenue produit l'inégalité

$$acb\left(oc - \frac{acb^2}{8oc}\right) < ab \times oc,$$

ou, en divisant par oc,
$$acb - \frac{acb^3}{8oc^2} < ab,$$

ou bien enfin
$$acb - ab < \frac{acb^3}{8oc^2}.$$

Corollaire. — *On peut considérer une circonférence comme étant le périmètre d'un polygone régulier d'un nombre in-*

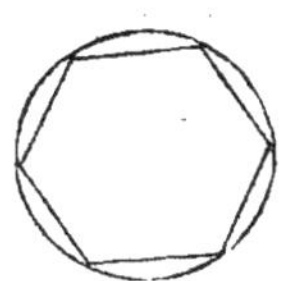

finiment grand de côtés infiniment petits. — Soit P le périmètre d'un polygone régulier de m côtés, inscrit dans une circonférence C d'un rayon R ; le côté de ce polygone est exprimé par $\dfrac{P}{m}$, et il sous-tend un arc égal à $\dfrac{C}{m}$; on a donc $\dfrac{C}{m} - \dfrac{P}{m} < \dfrac{c^3}{m^3 \cdot 8R^2}$, ou bien

$$C - P < \frac{c^3}{8\,m^2\,R^2}.$$

On voit que la différence C — P décroît à mesure que le nombre m des côtés augmente, et qu'elle devient nulle lorsqu'on donne à m une valeur infinie.

PROP. 2. — THÉORÈME : *Les circonférences de deux cercles sont entre elles comme leurs rayons.*

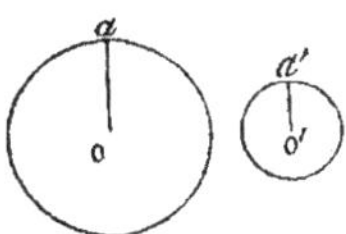

On peut considérer deux cercles comme deux polygones réguliers d'un même nombre infiniment grand de côtés infiniment petits. — Or, les périmètres des polygones réguliers d'un même nombre de côtés sont proportionnels à leurs rayons. — Donc aussi les circonférences de deux cercles sont entre elles comme les rayons. — Ainsi

circ oa : circ $o'a'$ :: oa : $o'a'$.

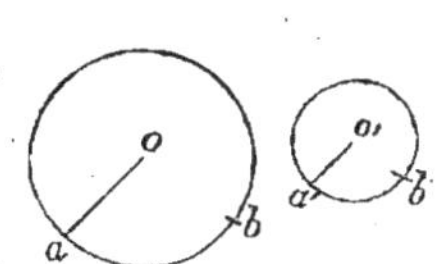

Corollaire. — *Les arcs semblables* ab, a'b', *sont entre eux comme leurs rayons* oa, o'a'. — On a, par définition, arc ab : arc $a'b'$ :: circ oa : circ $o'a'$, et, par démonstration, circ oa : circ $o'a'$ :: oa : $o'a'$. — Donc arc ab : arc $a'b'$ :: oa : $o'a'$.

PROP. 3. — THÉORÈME : *Le rapport de la circonférence au diamètre est invariable pour tous les cercles.*

Soient R, R', les rayons de deux circonférences : on a circ R : circ R' :: R : R' ou bien circ R : circ R' :: 2R : 2R' ; d'où

$$\frac{\text{circ R}}{2\,\text{R}} = \frac{\text{circ R'}}{2\,\text{R'}}.$$

Ainsi, le rapport de circonférence R à son diamètre 2R est égal au rapport de circonférence R′ à son diamètre 2R′.

Scholies. — I. On représente ordinairement, pour abréger, le rapport constant de la circonférence au diamètre par la lettre grecque π, que l'on prononce *pi*. — Ce rapport ne peut être déterminé en toute rigueur; mais, ainsi qu'on le verra bientôt, on peut en approcher autant qu'on le veut. — On fait, selon le degré d'exactitude que l'on a en vue, $\pi = \dfrac{22}{7}$, $\pi = \dfrac{355}{113}$, $\pi = 3,14159\dots$

Le premier rapport est dû à *Archimède*, et le second à *Métius*. On ne fera usage dans ce cours que du rapport évalué en décimales.

II. *La circonférence d'un cercle est égale au double du rapport de la circonférence au diamètre multiplié par le rayon.* — On a $\dfrac{\text{circ R}}{2R} = \pi$, d'où, en multipliant par 2R, circ R $= 2\pi$ R.

Cette formule sert à déterminer une circonférence dont le rayon est donné. — Soit par exemple, R $= 10^{m}$; il vient

Circonférence $10^{m} = 2 \times 3,14159 \times 10 = 62^{m},8318$.

La même formule donne aussi, pour calculer le rayon quand on connaît la circonférence, l'expression $R = \dfrac{\text{circ R}}{2\pi}$. — Si

circ R $= 62^{m},8318$, il vient $R = \dfrac{62,8318}{2 \times 3,14159} = 10^{m}$.

III. Soit A un arc de n grades et d'un rayon R. — La longueur d'un grade étant 2πR : 400 ou $\dfrac{\pi R}{200}$, on a A $= \dfrac{\pi R n}{200}$; on tire de là

$$R = \frac{200\,A}{\pi\,n} \quad \text{et} \quad n = \frac{200\,A}{\pi R}.$$

Ainsi, deux des trois quantités n, R, A, étant données, il est facile de trouver la troisième.

PROP. 4. — THÉORÈME : *Les angles aux centres égaux* aob, a′o′b′, *interceptent des arcs semblables* ab, a′b′.

On a ang *aob* : 4^{d} :: arc *ab* : circ *oa*, et ang *a′o′b′* : 4^{d} :: arc

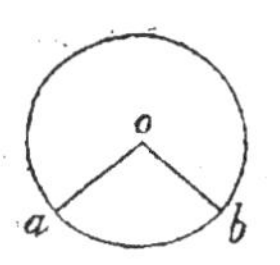

$a'b'$: circ $o'a'$; d'où résulte, à cause de
$$\text{ang } aob = \text{ang } a'o'b',$$
arc ab : circ oa :: arc $a'b'$: circ $o'a'$,
ou bien
$$\text{arc } ab : \text{arc } a'b' :: \text{circ } oa : \text{circ } o'a'.$$

Réciproque. — *Les arcs semblables* ab, a'b', *correspondent à des angles aux centres égaux* aob, a'o'b'. — On a

ang aob : 4^d :: arc ab : circ oa, ang $a'o'b'$: 4^d :: arc $a'b'$: circ $o'a'$, et, par hypothèse, arc ab : circ oa :: arc $a'b'$: circ $o'a'$; donc, à cause des rapports communs,

ang aob : 4^d :: ang $a'o'b'$: 4^d, d'où ang aob = ang $a'o'b'$.

Scholie. — Deux arcs semblables comprennent le même nombre de grades, minutes, secondes, etc.

Corollaire. — *Les cordes* ab, a'b', *et les flèches* ck, c'k' *de deux arcs semblables* acb, a'c'b', *sont proportionnelles aux · rayons* oa, oa'. — Parce que $oa = oc$, $oa' = oc'$, les triangles oac, $oa'c'$, sont semblables, et toutes leurs lignes homologues sont proportionnelles. — Donc 1° $ak : a'k' : oa : oa'$,

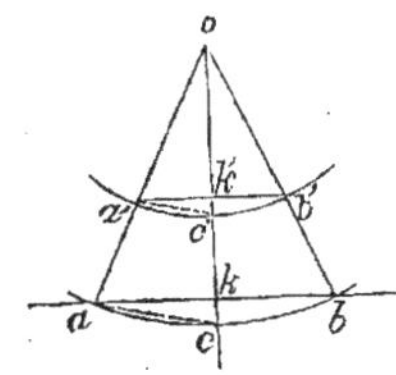

ou, en doublant les deux premiers termes $ab : a'b' :: oa : oa'$; 2° $ck : c'k' :: oa : oa'$.

PROP. 5. — THÉORÈME : *Deux angles aux centres quelconques* aob, a'o'b', *sont entre eux comme les rapports* $\dfrac{ab}{oa}$, $\dfrac{a'b'}{o'a'}$ *des arcs aux rayons.*

Du centre o, avec un rayon $oa'' = oa'$, soit décrit l'arc $a''b''$. — On a ang aob : ang $a'o'b'$ :: $a''b''$: $a'b'$ ou :: $\dfrac{a''b''}{oa''}$: $\dfrac{a'b'}{o'a'}$; mais, parce que les arcs $a''b''$, ab, sont semblables, on a aussi $a''b''$: ab :: oa'' : oa, d'où
$$\frac{a''b''}{oa''} = \frac{ab}{oa}.$$

Remplaçant, il vient ang aob : ang $a'o'b'$ :: $\dfrac{ab}{oa}$: $\dfrac{a'b'}{o'a'}$.

Scholie. — Ainsi, quand on substitue aux angles les arcs circulaires qui les mesurent, il est essentiel, si ces arcs ont des rayons différents, de diviser chacun d'eux par son rayon.

PROP. 6. — THÉORÈME : *Dans deux circonférences quelconques, les droites qui joignent les extrémités des rayons parallèles de même sens ou celles des rayons parallèles de sens contraires, concourent toutes sur la ligne des centres.*

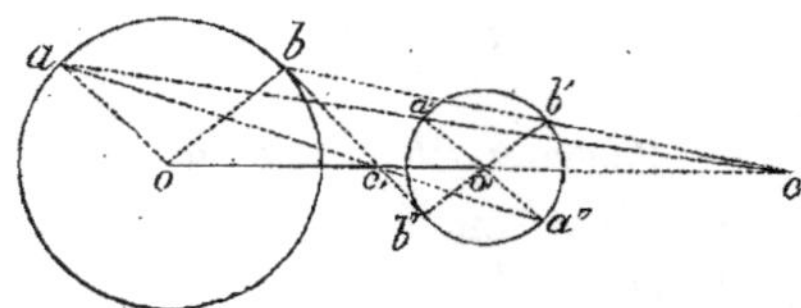

Soient oa, $o'a'$, deux rayons parallèles de même sens, et c le point où la droite aa' coupe le prolongement de oo'. — Parce que les triangles coa, $co'a'$, sont semblables, il vient $oc : o'c :: oa : o'a'$; or, il n'existe qu'un seul point qui puisse diviser la distance oo' en parties soustractives proportionnelles aux rayons oa, $o'a'$; donc toutes les droites aa' bb',.... doivent aboutir au point c. — Soient oa, $o'a''$, deux rayons parallèles de sens contraires, et c' le point où la droite aa'' traverse oo'; à cause de la similitude des triangles $c'oa$, $c'o'a''$, on a $oc' : o'c' :: oa : o'a''$; le point c' divisant la distance oo' en parties additives proportionnelles aux rayons oa, $o'a''$, toutes les droites aa'' bb'',... doivent y concourir.

Scholies. —I. Les points c et c' se nomment *centre de similitude directe* et *centre de similitude inverse* des deux circonférences. —. Ils divisent la distance oo' des centres en *parties harmoniques* : car, des proportions $oc : o'c :: oa : o'a'$, $oc' : o'c' :: oa : o'a'$, il résulte $oc : o'c :: oc' : o'c'$.

II. Les distances ca et ca', $c'a$ et $c'a''$, sont *proportionnelles* aux rayons oa et $o'a'$; on les appelle *rayons directs* et *rayons inverses de similitude*.

III. Les arcs homologues ab, $a'b'$ ou ab, $a''b''$, sont *semblables* comme correspondants à des angles aux centres égaux aob, $a'o'b'$, ou aob, $a''o'b''$.

Corollaires. 1. — *Les tangentes communes extérieures aboutissent au centre de similitude directe et les tangentes communes inté-*

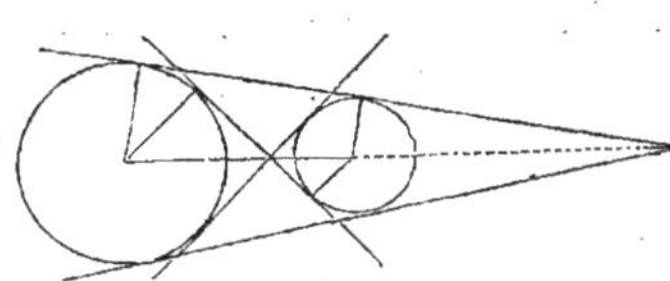

rieures au centre de similitude inverse.

Car, pour chaque tangente commune, les rayons des points de contact sont parallèles ; de même sens si la tangente est extérieure, et de sens contraires si elle est intérieure.

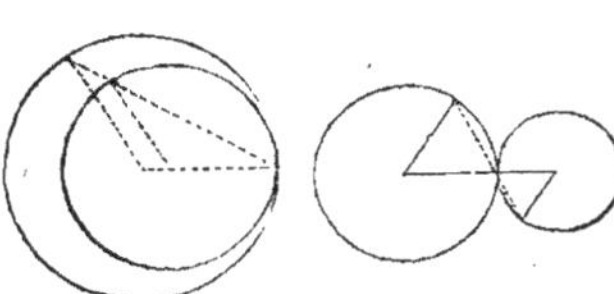

2. — *Si deux circonférences se touchent, le point de contact est le centre de similitude directe ou inverse, selon que le contact est intérieur ou extérieur.*

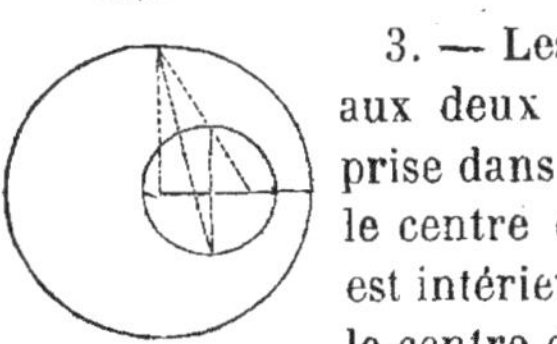

3. — Les centres de similitude sont intérieurs aux deux circonférences quand l'une est comprise dans l'autre ; mais lorsqu'elles se coupent, le centre de similitude inverse seulement leur est intérieur. — Si les circonférences sont égales, le centre de similitude directe passe à l'infini, et le centre de similitude inverse est le milieu de la ligne des centres. — Enfin, si elles sont concentriques, les deux centres de similitude se confondent avec le centre commun.

Corollaire (à démontrer). — *Deux angles circonscrits à deux circonférences sont égaux, lorsqu'ils ont pour sommet commun un point de la circonférence qui a pour diamètre la distance des centres de similitude.*

Prop. 7. — Théorème : *Les six centres de similitude de trois circonférences, considérées deux à deux, sont situés, trois à trois, sur quatre droites.*

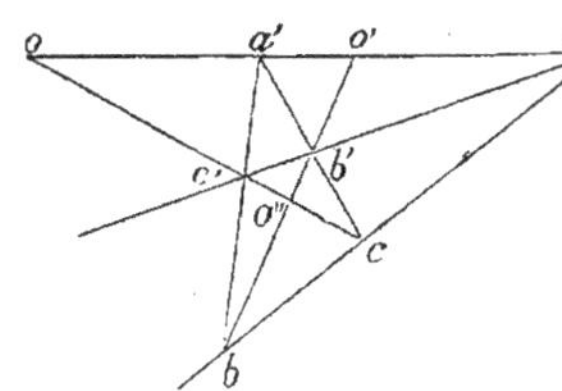

Soient o, o', o'', les centres de trois circonférences de rayons R, R' R' ; a et a' les centres de similitude de circonférence R et circonférence R' ; b et b' ceux de circonférence R' et circonférence R'' ; enfin c et c' ceux de circonférence R'' et circonférence R. — On a les six proportions :

$$oa : o'a :: \mathrm{R} : \mathrm{R}', \qquad o'b : o''b :: \mathrm{R}' : \mathrm{R}'', \qquad o''c : oc :: \mathrm{R}'' : \mathrm{R},$$
$$oa' : o'a' :: \mathrm{R} : \mathrm{R}', \qquad o'b' : o''b' :: \mathrm{R}' : \mathrm{R}'', \qquad o''c' : oc' :: \mathrm{R}'' : \mathrm{R}.$$

Multipliant entre elles celles de la première ligne, il vient

$$oa \times o'b \times o''c : o'a \times o''b \times oc :: \mathrm{RR'R''} : \mathrm{R'R''R} ;$$

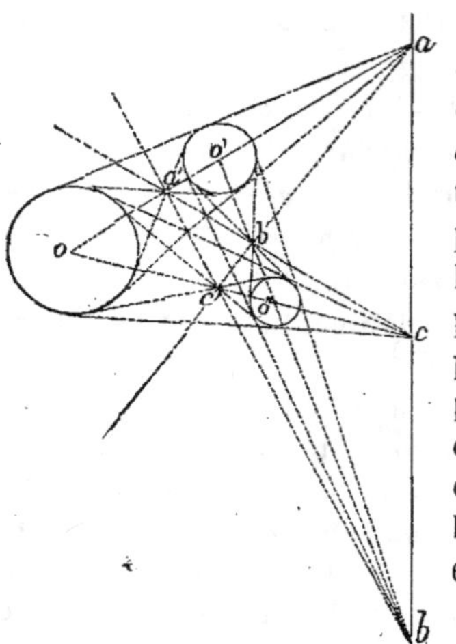

ainsi,

$$oa \times o'b \times o''c = o'a \times o''b \times oc,$$

et par suite les trois centres a, b, c, de similitude directe, sont situés en ligne droite. — En multipliant chacune des proportions de la première ligne par les deux proportions qui ne lui correspondent pas dans la seconde, on prouve pareillement que chaque centre de similitude directe est en ligne droite avec deux centres de similitude inverse, savoir : a avec b' et c', b avec a' et c', c avec a' et b'.

Scholie. — La droite acb est dite *axe de similitude directe* des trois circonférences. — Les trois droites $ab'c'$, $bc'a'$, $cb'a'$, sont dites *axes de similitude inverse.*

IVᵉ SECTION.

PROBLÈMES SUR LA LIGNE DROITE ET LA CIRCONFÉRENCE.

§ 1. — Perpendiculaires, parallèles, angles, arcs, etc.

PROPOSITION 1. — PROBLÈME : *Décrire par points une droite assujettie à passer par deux points donnés* a *et* b.

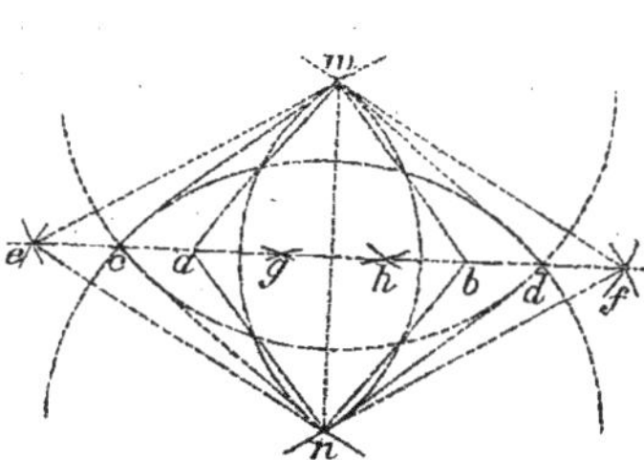

Des centres *a* et *b*, avec un rayon plus grand que la moitié de la distance *ab* (égal ou supérieur à *ab*, par exemple), je décris deux circonférences, qui se coupent aux points *m* et *n*. — Cela fait, des centres *m* et *n*, avec un rayon quelconque, mais au moins égal à la moitié de la distance *mn*, je décris deux circonférences, qui se rencontrent en *c* et *d* ; j'obtiens, par une construction semblable, les points *e* et *f*, *g* et *h*, etc., etc. — Les points donnés *a* et *b* et les points *c, d, e, f,* .... ainsi déterminés, appartiennent à la perpendiculaire tirée sur le milieu de la droite *mn*, car on a $am = an$, $bm = bn$, $cm = cn$, $dm = dn$, $em = en$, etc., etc.

PROP. 2. — PROBLÈME : *Élever une perpendiculaire en un point* c *d'une droite* ab.

Je prends à volonté les distances égales *cm* et *cn* ; des centres *m* et *n*, avec un rayon plus grand que *cm*, je décris deux arcs,

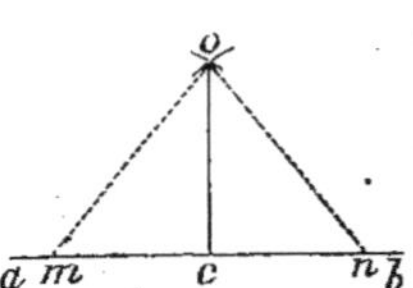

qui se coupent au point *o* : la droite *oc* est la perpendiculaire demandée ; car, par construction, elle a deux de ses points *c* et *o* à égale distance des extrémités *m* et *n* de la droite *mn*.

Scholie. — *Pour faire un angle droit en un point* c *d'une droite* ab, on construit la perpendiculaire *co* à cette ligne.

PROP. 3. — PROBLÈME : *Abaisser une perpendiculaire sur une droite* ab *d'un point extérieur* o.

Du centre *o*, avec un rayon suffisamment grand, je décris une circonférence, qui rencontre la droite *ab* aux points *m* et *n* ;

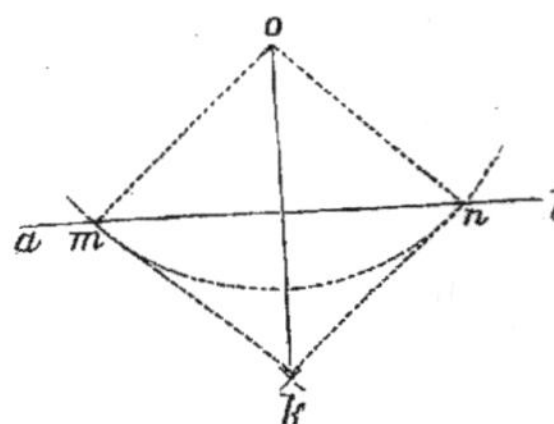

des centres *m* et *n*, avec un rayon plus grand que la moitié de la distance *mn*, je trace deux arcs et j'unis leur point d'intersection *k* au point *o* ; la droite *ok* est la perpendiculaire cherchée, car les points *o* et *k* sont chacun également distants des extrémités *m* et *n* de la droite *mn*.

PROP. 4. — PROBLÈME : *Elever une perpendiculaire sur le milieu d'une droite* ab.

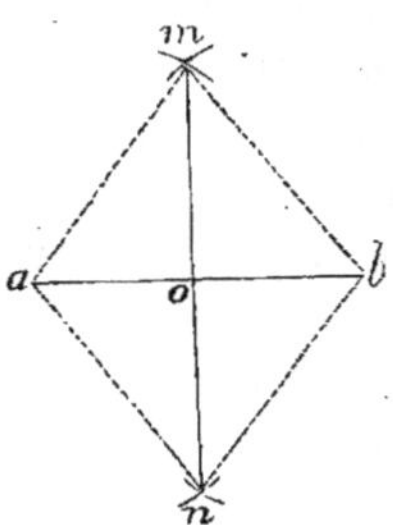

Des centres *a* et *b*, avec un rayon plus grand que la moitié de *ab*, je décris deux circonférences, qui se coupent aux points *m* et *n*. — La droite *mn* est perpendiculaire sur le milieu de la droite *ab* ; car, par construction, chacun des points *m* et *n* est à égale distance des extrémités *a* et *b*.

Scholie. — Cette construction sert aussi *à déterminer le milieu* o *d'une droite donnée* ab, ou, en d'autres termes, *à la diviser en deux parties égales*, oa, ob. — En la répétant plusieurs fois, *on peut diviser une droite en* 4, 8, 16,... *parties égales*.

PROP. 5. — PROBLÈME : *Elever une perpendiculaire à l'extrémité* a *d'une droite* ab *qu'on ne peut prolonger*.

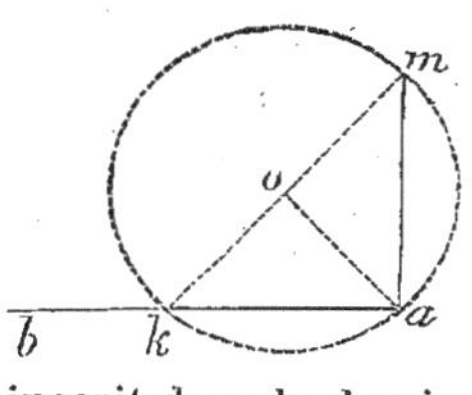

Du centre o, pris à volonté, avec un rayon oa, je décris une circonférence, qui coupe la droite ab en un second point k ; je tire le diamètre km et je joins son extrémité m au point a : la droite am est la perpendiculaire demandée, car l'angle kam, inscrit dans la demi-circonférence kam, est droit. .

PROP. 6. — PROBLÈME : *Par un point donné* o, *mener une parallèle à une droite donnée* ab.

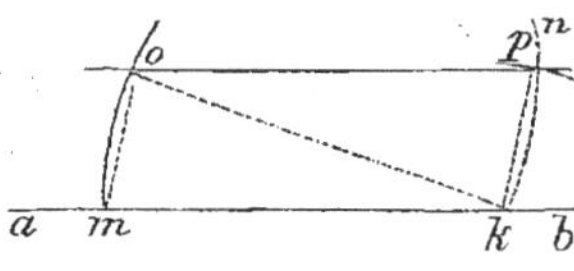

D'un point quelconque k de la droite ab, avec un rayon égal à ko, je décris un arc om, qui coupe ab en m ; du centre o, avec le même rayon, je décris un deuxième arc kn ; enfin, du centre k, avec un rayon égal à la distance mo des points m et o, je décris un troisième arc, qui coupe le deuxième en p. — La droite op est la parallèle cherchée. — En effet, $mo = kp$, $km = op$, comme rayons de circonférences égales : donc le quadrilatère $opkm$ est un parallélogramme, et par suite op est parallèle à ab.

PROP. 7. — PROBLÈME : *Insérer, entre les côtés d'un angle* abc, *une droite parallèle et égale à une droite donnée* mn.

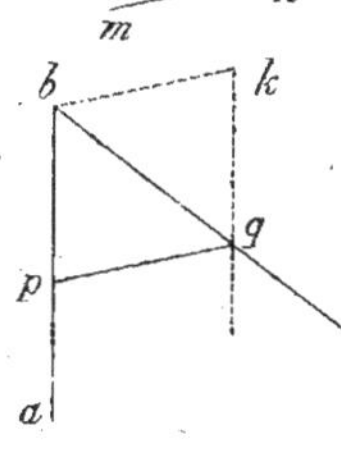

Je tire : 1° par le sommet b, la droite bk parallèle et égale à mn ; 2° par l'extrémité k, la droite kq parallèle au côté ba, laquelle coupe le côté bc en q ; 3° par le point q, la droite qp parallèle à bk. — C'est la droite cherchée : car, la figure $bkqp$ étant un parallélogramme, on a $pq = bk = mn$.

PROP. 8. — PROBLÈME : *Par un point donné* o, *tirer une droite sur laquelle deux parallèles données* ab, cd, *interceptent une longueur* L.

Du centre k, pris à volonté sur ab, avec un rayon égal à L,

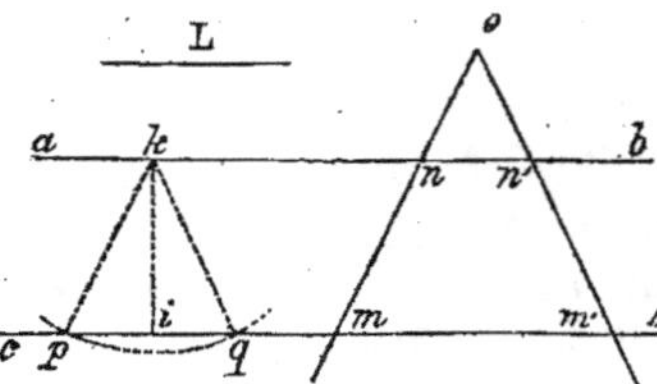

je décris un arc, qui coupe la droite *cd* en *p* et *q ;* je tire les rayons *kp*, *kq*, et par le point *o* je leur méne des parallèles *om*, *om'*, qui répondent l'une et l'autre à la question. — En effet, parce que les parallèles comprises entre parallèles sont égales, $nm = kp = L$, $n'm' = kq = L$. — La construction serait la même si le point *o* était compris entre les deux parallèles. — Le problème est impossible lorsque la longueur L est moindre que la distance *ki* de ces deux droites.

PROP. 9. — PROBLÈME : *En un point* k *d'une droite* kx, *construire un angle égal à un angle donné.* a.

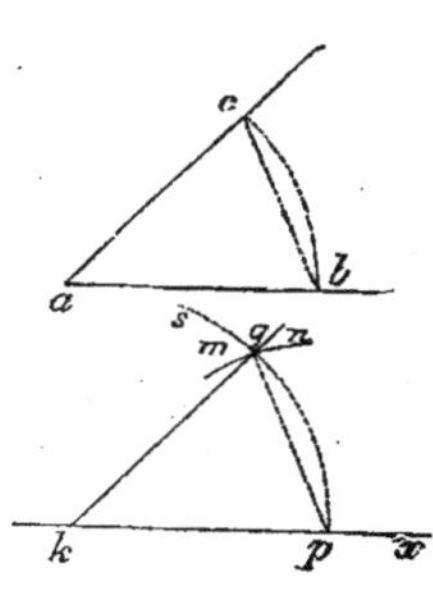

Des points *a* et *k*, avec un même rayon, d'ailleurs quelconque, je décris les arcs *bc* et *ps ;* du centre *p*, avec un rayon égal à la corde *bc*, je décris un troisième arc *mn*, qui coupe le deuxième *ps* en *q ;* je tire la droite *kq*, et je dis que l'angle *pkq* est l'angle demandé. — On a, par construction, $kp = ab$, $kq = ac$, $pq = bc$; donc les triangles *kpq*, *abc*, sont égaux, et par suite l'angle *k*, opposé au côté *pq*, est égal à l'angle *a*, opposé au côté *bc*.

PROP. 10. — PROBLÈME : *Par un point* o *tirer une droite inclinée sur la droite* ab *d'un angle donné* k.

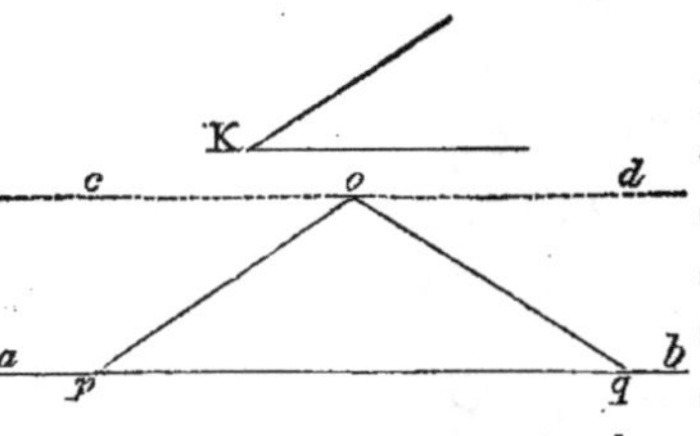

Par le point *o*, je tire *cd* parallèle à *ab*, et je fais deux angles *cop*, *doq*, égaux entre eux et à l'angle *k* ; les droites *op*, *oq*, satisfont l'une et l'autre à l'énoncé : car les droites *ab*, *cd*, étant parallèles, il vient

ang *opq* = ang *cop* = ang *k*, ang *oqp* = ang *doq* = ang *k*.

PROP. 11. — PROBLÈME : *Trouver la bissectrice d'un angle* acb.

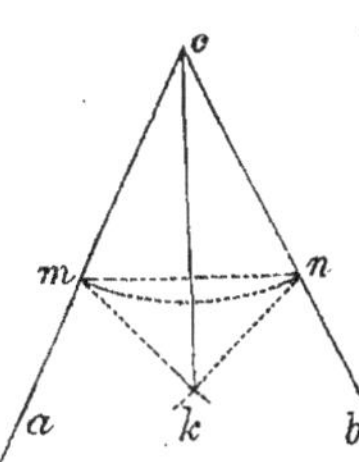

Du centre *c*, avec un rayon arbitraire, je décris un arc *mn* entre les côtés de l'angle *acb ;* des centres *m, n*, avec un rayon quelconque plus grand que la moitié de la corde *mn*, je décris deux autres arcs, et j'unis leur intersection *k* au sommet *c ;* la droite *ck* est la bissectrice cherchée. — Les triangles *cmk*, *cnk*, sont égaux, parce que *ck* est commun, et que *cm = cn*, *mk = nk*, par construction : donc les angles *mck*, *nck*, opposés aux côtés *mk*, *nk*, sont égaux.

Scholie. — Cette construction permet de *diviser un angle en* 2, 4, 8, 16...... *parties égales.*

PROP. 12. — PROBLÈME : *Reconnaître si un arc donné* abc *est circulaire, et dans ce cas déterminer son centre et son rayon.*

Par un point quelconque *b* de l'arc *abc*, je tire arbitrairement deux cordes *bm, bn*, sur les milieux desquelles j'élève les perpen-

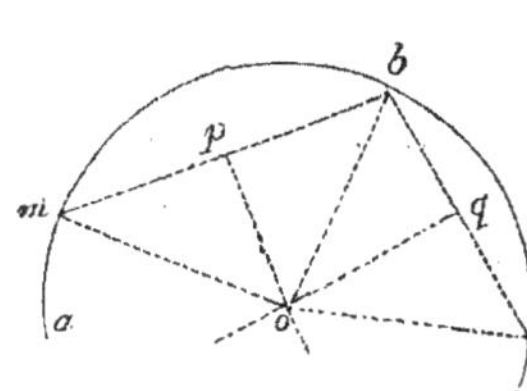

diculaires *po, qo ;* du point de concours *o*, avec le rayon *om*, je décris une circonférence, qui passe par les trois points *m*, *b*, *n*, parce que *om = ob*, et *ob = on*. — Si l'arc *abc* en fait partie, son centre est en *o*, et son rayon est *om*. — S'il en est autrement, l'arc *abc* n'est pas circulaire, deux circonférences ne pouvant se couper en plus de deux points.

PROP. 13. — PROBLÈME : *Trouver le milieu d'un arc circulaire* acb.

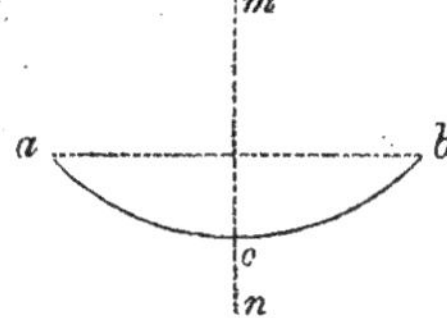

J'élève une perpendiculaire *mn* sur le milieu de la corde *ab* de l'arc *acb ;* le point *c* où elle coupe cet arc est le milieu cherché.

Scholie. — Cette construction sert aussi à *diviser un arc en* 2, 4, 8, 16,.... *parties égales.*

Prop. 14. — Problème : *Décrire sur une corde donnée* ab *un arc capable d'un angle donné k.*

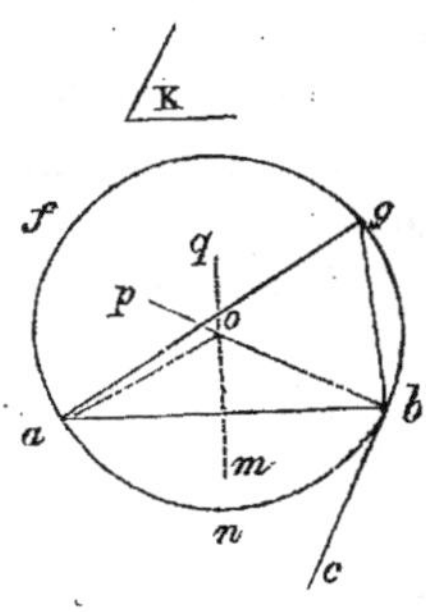

Après avoir fait ang *abc* = ang *k*, j'élève une perpendiculaire *bp* au point *b* du côté *bc* et une perpendiculaire *mq* sur le milieu de la corde *ab ;* du point de concours *o*, avec un rayon *ob*, je décris une circonférence, qui touche la droite *bc* au point *b*, et qui, parce que *oa* = *ob*, passe par le point *a ;* l'arc *afb* est celui cherché ; car, si l'on y inscrit à volonté un angle *agb*, il aura pour mesure $\frac{1}{2}$ arc *anb* ; or, l'angle *abc*, formé par la corde *ba* et la tangente *bc*, a aussi pour mesure la moitié du même arc : donc ang *agb* = ang *abc* = ang *k*. — Quand l'angle *k* est obtus, le centre *o* est situé au-dessous de *ab*, et l'arc *afb* est moindre qu'une demi-circonférence. — Quand il est droit, l'arc *afb* se confond avec la demi-circonférence décrite sur le diamètre *ab*.

Prop. 15. — Problème : *Trouver un point dont les distances aux points* a *et* b *fassent entre elles un angle* u, *et dont les distances aux points* c *et* d *fassent entre elles un angle* v.

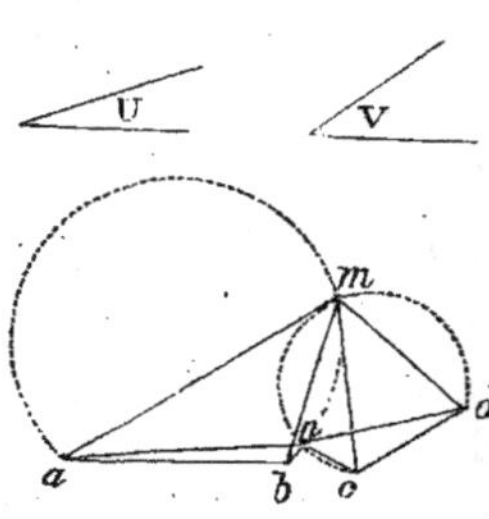

Sur la corde *ab* je décris un arc capable de l'angle *u*, et sur la corde *cd* un arc capable de l'angle *v*. — Ces deux arcs se coupent aux points *m* et *n*, qui répondent l'un et l'autre à la question. — Si ces arcs étaient tangents, il n'y aurait qu'une seule solution ; s'ils ne se rencontraient pas, le problème serait impossible.

Prop. 16. — Problème : *Trouver sur une droite donnée* ab,

le point dont la somme des distances à deux points c *et* d, *situés d'un même côté de cette droite, est la plus petite possible.*

Du point *c* j'abaisse sur *ab* une perpendiculaire, que je prolonge de *om = co* ; je tire ensuite la droite *md*, qui coupe *ab* au point cherché *k*. — Pour le faire voir, soit *p* un point quelconque de *ab* ; le triangle *dmp* fournit *mp + dp > mk + dk* ; mais, parce que *ab* est perpendiculaire sur le milieu de *cm*, *mp = cp*, *mk = ck* ; il vient donc

$$cp + dp > ck + dk.$$

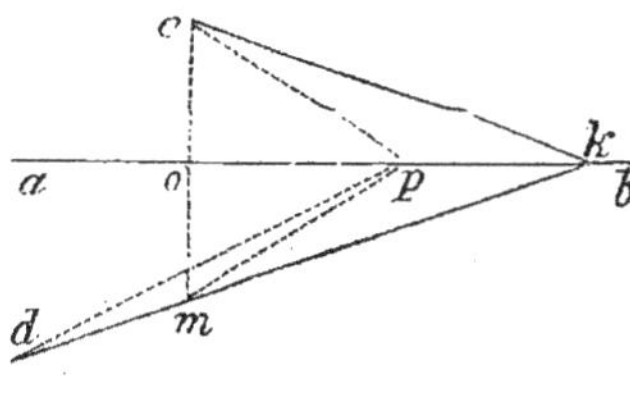

Scholie. — *Les droites* ck, dk, *sont également inclinées sur la droite* ab : car, le triangle *kcm* étant isocèle, ang *ckb =* ang *bkm* ; mais ang *bkm =* ang *dka* : donc ang *ckb =* ang *dka*.

Prop. 17. —- Problème : *Trouver sur une droite donnée* ab, *le point dont la différence des distances à deux points* c *et* d, *situés de divers côtés de cette droite, est la plus grande possible.*

Du point *c* j'abaisse sur *ab* une perpendiculaire, que je prolonge de *om = co* ; puis, je tire la droite *md*, qui coupe *ab* au point cherché *k*. — Pour le prouver, soit *p* un point quelconque de *ab* ; le triangle *dmp* fournit

$$md \text{ ou } dk - mk > dp - mp ;$$

mais *mk = ck*, *mp = cp* ; il vient donc *dk - ck > dp - cp*.

Scholie. — *Les droites* ck, dk, *sont également inclinées sur la droite* ab.

Prop. 18. — Problème : *Par le sommet* c *d'un quarré* abcd, *tirer une droite sur laquelle les côtés de l'angle opposé* a *interceptent une longueur* L.

Je prolonge le côté *bc* de *ck = L* ; du centre *d*, avec le rayon *dk*, je décris une circonférence qui coupe les prolongements de *dc* en *p* et *q* ; sur les diamètres *cp*, *cq*, je décris deux circon-

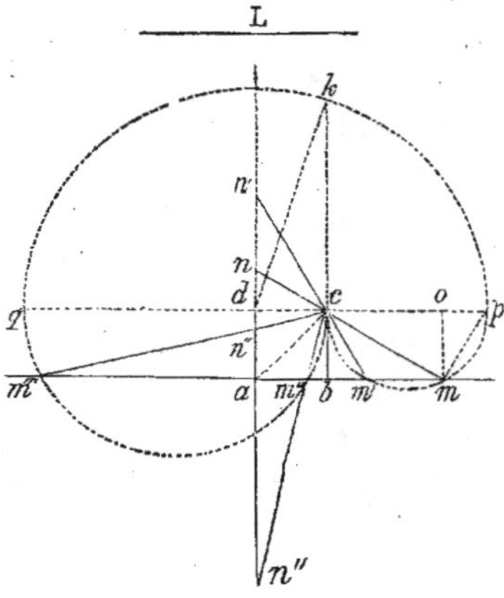

férences ; je joins les quatre points m, m', m'', m''', où elles rencontrent la droite ab, au point c, par les droites mc, $m'c$, $m''c$, $m'''c$, que je prolonge jusqu'aux points n, n', n'', n''', de la ligne ad. — Chacune de ces quatre droites satisfait à l'énoncé. — Tirant mp et la perpendiculaire mo, j'ai $(cm + mp)^2 = cm^2 + mp^2 + 2cm \times mp$; mais, parce que le triangle cmp est rectangle en m, $cm^2 + mp^2 = cp^2$, $cm \times mp = cp \times mo$; donc

$$(cm + mp)^2 = cp^2 + 2cp \times mo = cp\,(cp + 2cd) = cp \times cq = ck^2 = L^2,$$

ou bien $cm + mp = L$. Maintenant, le triangle rectangle opm étant semblable à cpm, et par suite à cnd, il vient, parce que $mo = cd$, $mp = cn$; ainsi, $cm + cn = L$ ou $mn = L$. — On prouverait de même que $m'n' = L$, $m''n'' = L$, $m'''n''' = L$.

Scholie. — Comme dk ou dq est $> dc$, qc est $> 2da$; ainsi, la circonférence décrite sur le diamètre cq, rencontrera, quelle que soit la grandeur de L, le côté ab en deux points m'', m'''. — Quant à la circonférence dont le diamètre est cp, il faut, pour qu'elle atteigne le même côté, que l'on ait $cp > 2bc$ ou $dk - bc > 2bc$ ou bien $dk > 3bc$; élevant au quarré, en observant que $dk^2 = L^2 + bc^2$, il vient $L^2 + bc^2 > 9bc^2$, d'où $L^2 > 8bc^2$, $L > 2bc\sqrt{2}$, et enfin $L > 2ac$. — Quand $L = 2ac$, les droites mn, $m'n'$, se confondent en une seule perpendiculaire à ac. — C'est la moindre droite que l'on puisse tirer par le point c dans l'angle bad.

Problèmes (à résoudre). — I. *Trouver sur une ligne droite, brisée ou courbe, 1° un point dont la distance à un point donné ou à une droite donnée soit une ligne L; 2° un point également distant de deux points ou de deux droites donnés; 3° un point dont les distances à deux points donnés fassent un angle* V.

II. *Trouver : 1° un point dont les distances à deux points ou à deux droites, ou bien à un point et à une droite donnés, soient égales aux lignes* A *et* B *; 2° un point également distant des points ou droites* a *et* b, *et également distant des points ou droites* c *et* d.

III. *Trouver le point dont la somme des distances à trois points donnés est la plus petite possible.*

IV. *Trouver la bissectrice de l'angle de deux droites qu'on ne peut prolonger.*

V. *Par un point donné, mener à une droite inaccessible 1° une perpendiculaire ; 2° une parallèle.*

VI. — *Par un point donné, tirer une droite qui divise en parties égales la distance de deux points inaccessibles.*

§ 2. — Construction des triangles, quadrilatères et polygones.

Proposition 1. — Problème : *Etant donnés deux angles* U *et* V *d'un triangle, déterminer le troisième angle.*

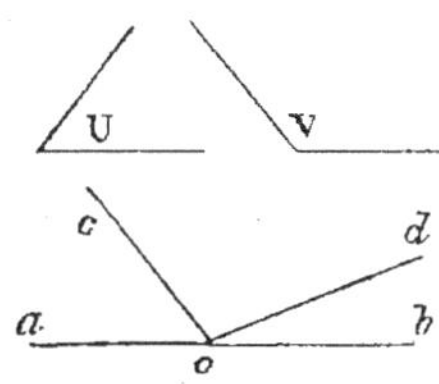

Au point quelconque o d'une droite indéfinie ab je fais ang aoc=ang U, et, au même point o de la droite oc, ang cod=ang V ; l'angle dob est celui cherché, car on a ang aoc + ang cod + ang dob= 2^d, et par suite ang U + ang V + ang dob= 2^d. — Ce problème serait impossible si l'on avait ang U + ang V = ou > 2^d.

Scholie. — Ce problème comprend celui-ci : *Connaissant l'un des deux angles aigus d'un triangle rectangle, déterminer l'autre.*

Prop. 2. — Problème : *Construire un triangle, connaissant un côté et deux angles.*

La connaissance de deux angles entraînant celle du troisième,

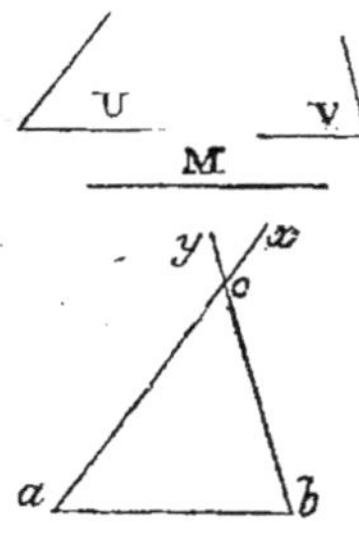

ce problème rentre toujours dans celui-ci : *Construire un triangle, connaissant un côté* M *et les deux angles adjacents* U *et* V. — Je tire une droite $ab = $ M ; au point a, je fais l'angle $bax=$angle U, et au point b l'angle $aby=$ang V. — Le triangle abc est évidemment celui que l'on cherche. — Si la somme angle U $+$ angle V était égale ou supérieure à 2^d, les droites ax, by, seraient parallèles ou se couperaient au-dessous de ab ; par suite, le problème serait impossible.

Scholie. — Ce problème comprend celui-ci : *Construire un triangle rectangle dont on connaît un côté quelconque et un angle aigu.*

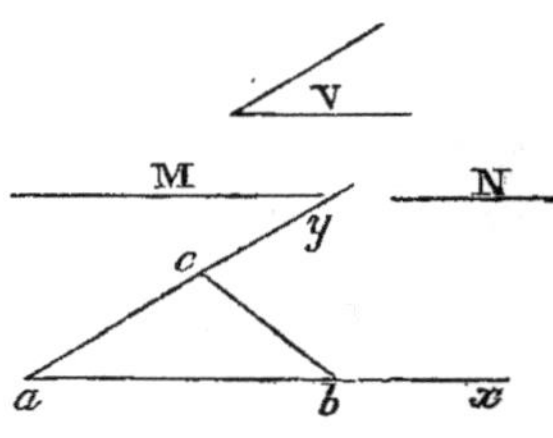

PROP. 3. — PROBLÈME : *Construire un triangle, connaissant deux côtés* M *et* N *et l'angle compris* V.

Au point a d'une droite indéfinie ax, je fais l'angle xay égal à l'angle V ; je prends $ab = $ M, $ac = $ N, et je tire bc. — Le triangle abc est évidemment celui demandé.

PROP. 4. — PROBLÈME : *Construire un triangle, connaissant deux côtés* M *et* N *et l'angle* V *opposé au côté* M.

Sur une corde ab, égale au côté M, je décris un arc acb capable de l'angle V ; du sommet a, avec un rayon égal à N, je décris une circonférence qui coupe cet arc au point c ; l'angle acb étant égal à l'angle V, le triangle abc est celui que l'on cherche. Lorsque l'angle V est aigu, et que le côté N n'est pas plus grand que le côté M (fig. 1), ou bien lorsque l'angle V est droit ou obtus (fig. 2), le problème n'a qu'une seule solution ; il est même impossible dans le second cas si N n'est pas $<$ M.

Fig. 1.

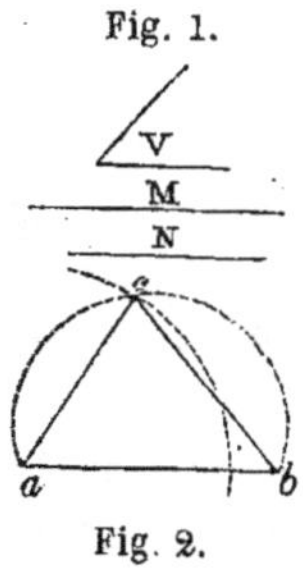

Fig. 2.

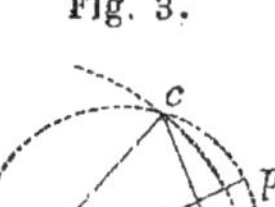

Fig. 3.

— Mais (fig. 3), lorsque, l'angle V étant aigu, N est $>$ M, la circonférence rencontre l'arc *acb* en deux points *c*, *c'*, et chacun des triangles *abc*, *abc'*, répond à la question. — Toutefois, il n'y a qu'une solution si le côté N est égal au diamètre *ap*, et, s'il est plus grand, le problème est impossible.

Scholie. — Ce problème comprend celui-ci : *Construire un triangle rectangle, connaissant l'hypoténuse et un côté de l'angle droit.*

PROP. 5. — PROBLÈME : *Construire un triangle, connaissant ses trois côtés* L, M, N.

Je tire une droite *ab* égale à L ; des centres *a* et *b*, avec des rayons respectivement égaux à M et à N, je décris deux arcs, et j'unis leur point d'intersection *c* aux extrémités *a* et *b* par les

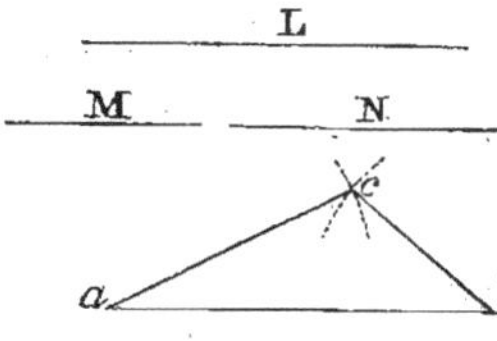

droites *ac* et *bc*; le triangle *abc* satisfait évidemment à l'énoncé. — Pour que ce problème soit possible, il faut que les deux arcs se coupent, ce qui exige que L soit $<$ M $+$ N et $>$ M $-$ N, ou, plus simplement, que le plus grand des trois côtés L, M, N, soit plus petit que la somme des deux autres.

PROP. 6. — PROBLÈME : *Construire un parallélogramme, connaissant deux côtés adjacents* M, N, *et l'angle compris* V.

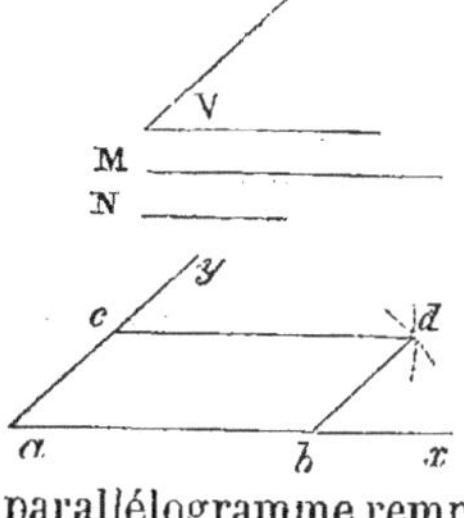

Au point *a* d'une droite indéfinie *ax*, je fais l'angle *xay* égal à l'angle V ; je prends *ab* $=$ M et *ac* $=$ N ; puis, des centres *b* et *c*, avec des rayons respectivement égaux à N et à M, je décris deux arcs, qui se coupent en *d*. — Le quadrilatère *abdc* est un parallélogramme, parce que, par construction, côté *ab* $=$ côté *cd*, côté *ac* $=$ côté *bd*. — Ce parallélogramme remplit d'ailleurs les trois conditions de l'énoncé.

Scholie. — On peut, à l'aide de la même construction, faire

1° *un losange dont on connaît un côté et un angle ; 2° un rectangle dont on connaît deux côtés adjacents ; 3° un quarré dont on connaît le côté.*

PROP. 7. — PROBLÈME : *Construire un trapèze, connaissant ses quatre côtés.*

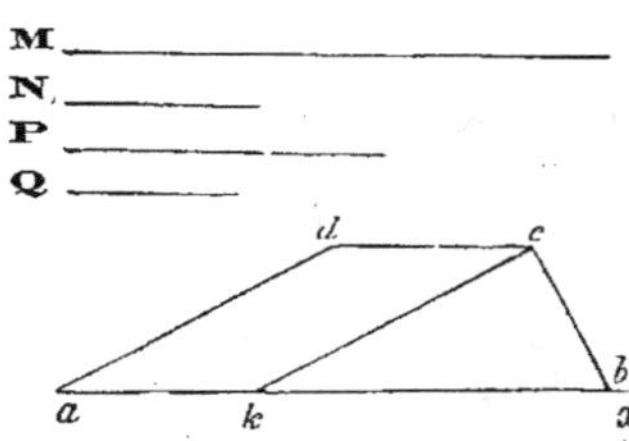

Soient M, N, les côtés parallèles, et P, Q, les deux autres côtés. — Sur une droite indéfinie ax, je prends $ab = M$, $ak = N$, et je construis le triangle kbc ayant pour côtés 1° la différence kb des lignes M et N ; 2° $kc = P$; 3° $bc = Q$; par les points a et c, je mène des parallèles ad, cd, aux droites kc et ab, et j'ai le trapèze cherché $abcd$. — En effet, par construction $ab = M$, $cb = Q$, et, parce que les parallèles comprises entre parallèles sont égales, $cd = ak = N$, $ad = ck = P$. — Ce problème n'est possible que lorsque le triangle kbc existe, ce qui exige que kb soit $< kc + cb$ et $> kc - cb$, c'est-à-dire que l'on ait $M - N < P + Q$ et $> P - Q$.

PROP. 8. — PROBLÈME : *Construire un polygone égal à un polygone donné* abcde.

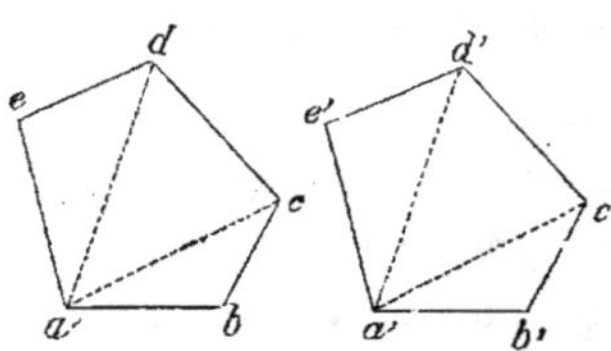

Je tire toutes les diagonales, ac, ad, qui aboutissent au sommet a ; puis, je construis successivement les triangles $a'b'c'$, $a'c'd'$, $a'd'e'$, respectivement égaux aux triangles abc, acd, ade ; le polygone $a'b'c'd'e'$, ainsi obtenu, est égal au polygone $abcde$, car il est visible que ces polygones sont superposables.

Scholie. — De là suit que *deux polygones sont égaux lorsqu'ils sont équilatéraux entre eux, et que toutes leurs diagonales, issues de deux sommets homologues, sont respectivement égales.*

Problèmes (à résoudre). — 1. *Construire un triangle, connaissant : 1° un côté, l'angle opposé et la distance du milieu de ce côté au sommet de l'angle ; 2° un côté, l'angle opposé et la distance de ce côté au sommet de l'angle ; 3° un côté, l'angle opposé et la bissectrice de cet angle.*

II. *Construire un triangle, connaissant : 1° deux côtés et la distance du milieu du troisième côté au sommet opposé : 2° deux côtés et la distance du troisième côté au sommet opposé ; 3° deux côtés et la bissectrice de l'angle qu'ils comprennent.*

III. *Construire un triangle, connaissant : 1° les trois distances des sommets aux milieux des côtés opposés ; 2° les trois distances des sommets aux côtés opposés ; 3° les bissectrices des trois angles.*

IV. *Construire un triangle, connaissant : 1° les milieux des trois côtés ; 2° les projections des trois sommets sur les côtés opposés ; 3° les pieds des trois bissectrices des angles intérieurs.*

V. *Construire un triangle, connaissant un angle, le côté opposé et la somme ou la différence des deux autres côtés.*

VI. *Construire un quadrilatère, connaissant les quatre côtés et un angle.*

VII. *Construire un quadrilatère inscriptible à la circonférence, connaissant les quatre côtés.*

VIII. *Construire un quarré, connaissant la différence entre la diagonale et le côté.*

§ 3. — Tangentes à la circonférence.

PROPOTITION 1. — PROBLÈME : *Mener une tangente à la circonférence : 1° par un point donné sur cette courbe ; 2° par un point quelconque ; 3° parallèlement à une droite donnée.*

1° On a la tangente du point *a* de circonférence *oa* en élevant une perpendiculaire *ab* à l'extrémité du rayon *oa*.

2° Pour obtenir les tangentes de circonférence *oa* qui passent par le point *k*, on joint ce point au centre *o*, et sur le diamètre

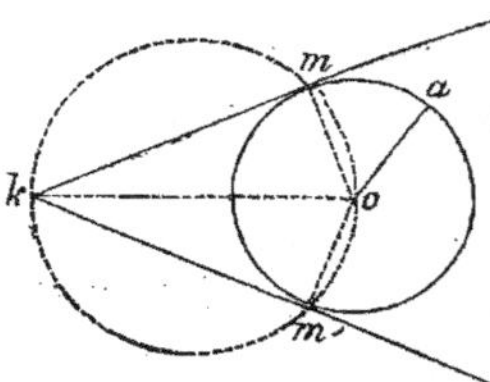

ok, on décrit une circonférence qui coupe circonférence *oa* en *m* et *m'* ; les droites *km*, *km'*, sont les tangentes demandées. — En effet, si l'on tire *om* et *om'*, les angles *m* et *m'*, inscrits dans les demi-circonférences *kmo*, *km'o*, sont droits, et par suite les droites *km*, *km'*, sont perpendiculaires aux extrémités des rayons *om* et *om'*. — Si le point *k* était intérieur à circonférence *oa*, les deux circonférences seraient intérieures l'une à l'autre, et le problème serait impossible.

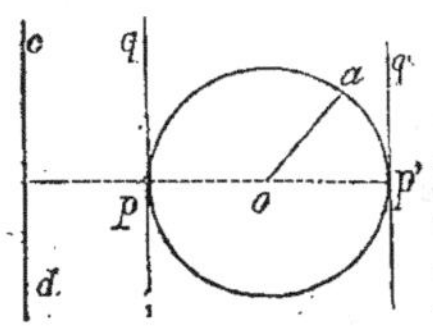

3° On détermine les tangentes de circonférence *oa* parallèles à la droite donnée *cd*, en tirant le diamètre *pp'* perpendiculaire à cette ligne, et ensuite les droites *pq* et *p'q'* perpendiculaires à ce diamètre. — Les droites *pq*, *p'q'*, touchent évidemment la circonférence, et de plus, étant perpendiculaires sur *pp'*, elles sont parallèles à la droite *cd*.

PROP. 2. — PROBLÈME : *Par un point donné* k, *tirer une droite sur laquelle circonférence* oa *intercepte une corde assignée* L.

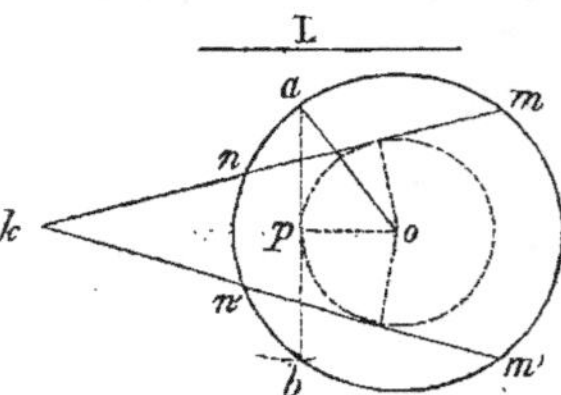

D'un point quelconque *a* de circonférence *oa*, avec un rayon L, je décris un arc, qui la coupe en *b*, et j'ai corde *ab* = L. — Du centre *o*, avec un rayon égal à la distance *op* de ce point à la corde *ab*, je trace une circonférence, à laquelle je mène deux tangentes *km*, *km'*, par le point *k*. — Ce sont les droites cherchées : car les trois cordes *mn*, *m'n'*, *ab*, étant équidistantes du centre, sont égales entre elles et à L. — Quand le point *k* est extérieur à circonférence *oa*, le problème est toujours possible tant que la longueur L ne surpasse pas le diamètre. — Quand le point *k* est intérieur, il faut en outre que la ligne L ne soit pas moindre que la plus petite des cordes issues de ce point.

Scholie. — *Tirer une parallèle à une droite donnée sur laquelle circonférence* oa *intercepte une corde* L. — Ce problème se réduit évidemment à construire les tangentes de circonférence *op* parallèles à la droite donnée.

PROP. 3. — **PROBLÈME** : *Construire les tangentes communes à deux circonférences données.*

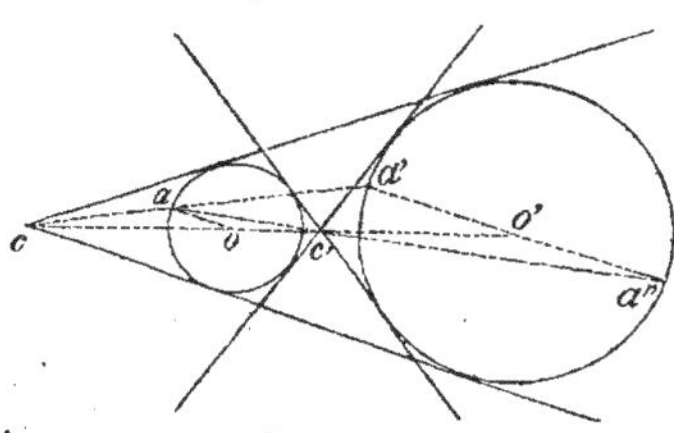

Je tire à volonté le rayon *oa* de la première circonférence et le diamètre parallèle *a' a''* de la seconde ; je tire ensuite les droites *aa', aa''*, qui coupent la ligne des centres *oo'* aux centres *c* et *c'* de similitude directe et inverse. — Les tangentes de circonférence *oa*, issues des points *c* et *c'*, touchent aussi circonférence *o' a'*. — Ce sont les tangentes cherchées — Selon les positions relatives des deux circonférences, il peut y avoir une, deux, trois ou quatre solutions. — Le problème peut aussi être impossible.

PROP. 4. — **PROBLÈME** : *Tirer une droite sur laquelle circonférence* oa *et circonférence* o'a', *interceptent deux cordes données* L *et* L'.

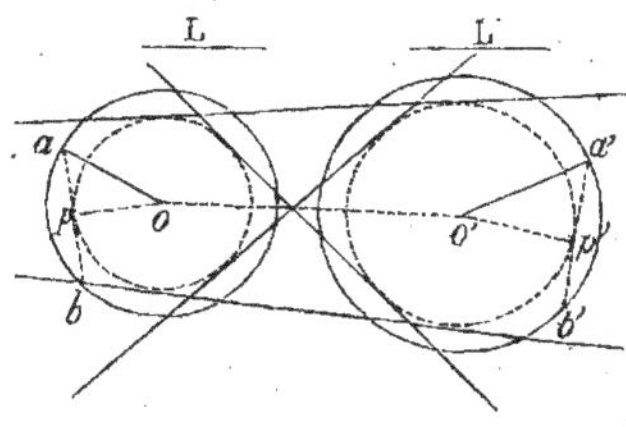

Je construis corde *ab* = L, corde *a' b'* = L'. — Des centres *o* et *o'*, avec des rayons égaux aux distances *op* et *o' p'*, je décris deux circonférences : leurs tangentes communes sont évidemment les droites cherchées. — Il y a au plus quatre solutions.

Problèmes (à résoudre). — I. *Par un point donné, tirer une droite sur laquelle deux circonférences données interceptent des cordes égales ou qui diffèrent d'une ligne* L.

II. *Insérer entre un arc et sa corde une droite, d'une longueur* L, *dont la direction passe par l'extrémité du diamètre perpendiculaire à cette corde.*

III. *Par un des points d'intersection de deux circonférences qui se coupent, tirer une droite qui, limitée à ces deux courbes, ait une longueur L.*

IV. *Inscrire ou circonscrire à un triangle donné : 1° un triangle égal à un triangle proposé ; 2° un triangle dont le périmètre soit le moindre possible.*

§ 4. — Les lignes proportionnelles.

PROPOSITION 1. — PROBLÈME : *Diviser une droite en un certain nombre de parties égales.*

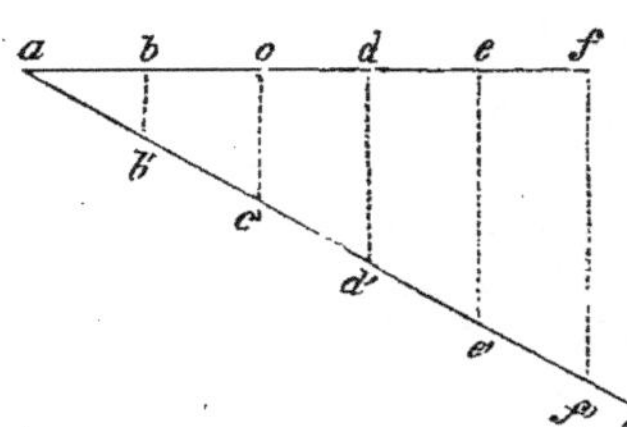

Soit à diviser la droite af en cinq parties égales. — Par l'extrémité a, je tire, sous un angle quelconque, la droite ax, sur laquelle je prends à volonté cinq parties égales ab', $b'c'$, $c'd'$, $d'e'$, $e'f'$; je mène la droite ff', et ses parallèles $b'b$, $c'c$, $d'd$, $e'e$, des points b', c', d', e'. — Les points b, c, d, e, sont ceux que l'on cherche, car on a (page 69, prop. 4)

$$ab : ab' :: bc : b'c' :: cd : c'd' :: de : d'e' :: ef : e'f' ;$$

or, par construction $ab' = b'c' = c'd' = \ldots$; donc aussi

$$ab = bc = cd = \ldots.$$

PROP. 2. — PROBLÈME : *Diviser une droite en parties proportionnelles à des droites données.*

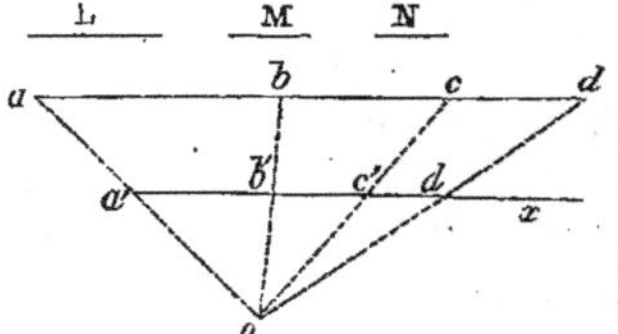

Soit à diviser la droite ad en trois parties proportionnelles aux lignes L, M, N. — Sur une droite indéfinie $a'x$ parallèle à ad, je prends $a'b' = $ L, $b'c' = $ M, $c'd' = $ N ; je tire les droites aa', dd', et j'unis leur point de concours o aux points b' et c'. — On a (page 69)

$$ab : a'b' :: bc : b'c' :: cd : c'd', \text{ ou bien, } ab : L :: bc : M :: cd : N.$$

Prop. 3. — Problème : *Partager la droite* ab *en parties addi-tives ou soustractives proportionnelles aux droites* M *et* N.

Par l'extrémité *a*, je tire à volonté une droite *ap* égale à **M**, et je lui mène, par l'extrémité *b*, une parallèle, sur laquelle je prends $bq = bq' = $ N ; — je tire ensuite les droites *pq* et *pq'* ;

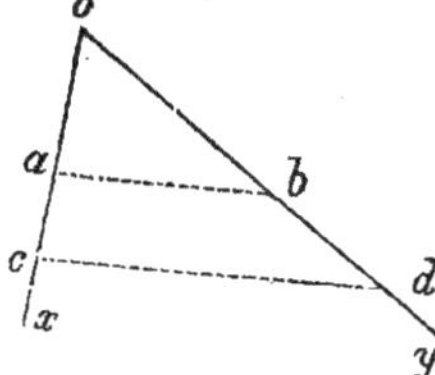

les points *c* et *c'* sont ceux demandés, car on a (page 70) *ac* : *bc* :: *ap* : *bq*, *ac'* : *bc'* :: *ap* : *bq'*, ou bien *ac* : *bc* :: M : N, *ac'* : *bc'* :: M : N. Lorsque M = N, *ap* = *bq* = *bq'*, le point *c* se trouve au milieu de *ab*, et le point *c'* passe à l'infini.

Prop. 4. — Problème : *Insérer entre les côtés* ox, oy, *d'un angle* xoy, *une droite qui soit divisée par le point* K *en parties proportionnelles aux lignes* M *et* N.

Après avoir mené *kc* parallèle à *ox* et avoir pris, sur le prolongement de ce côté, *op* = M et *pq* = N, je tire *pc* et la parallèle *qb* du point *q* ; la ligne *ab*, qui unit les points *k* et *b*, est la droite demandée. — Parce que *ck* est parallèle à *ox*, on a *ka* : *kb* :: *oc* : *cb*, et, parce que *cp* est parallèle à *qb*, *oc* : *cb* :: *op* : *pq* ; donc *ka* : *kb* :: *op* : *pq*, ou bien :: M : N. — Lorsque M = N, il vient *bc* = *oc*.

Prop. 5. — Problème : *Trouver une quatrième proportionnelle à trois droites données.*

Je tire, sous un angle quelconque, deux lignes *ox*, *oy*, sur lesquelles je prends *oa* = la 1re droite, *ob* = la 2e, et *ac* = la 3e ; je tire *ab* et sa parallèle *cd* du point *c* ; la droite *bd* est la 4e proportionnelle cherchée, car l'on a *oa* : *ob* :: *ac* : *bd*.

Corollaire. — *Pour déterminer une troisième proportionnelle aux droites* A *et* B, on cherche une quatrième proportionnelle aux trois lignes A, B et B.

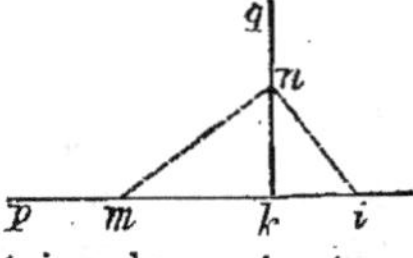

Autre solution. — Sur les côtés d'un angle droit *pkq*, on prend *km* = A, *kn* = B ; on tire la droite *mn* et sa perpendiculaire *ni* au point *n*. — Il vient, parce que le triangle *mni* est rectangle, *km* : *kn* :: *kn* : *ki* ou A : B :: B : *ki*.

PROP. 6. — PROBLÈME : *Trouver une moyenne proportionnelle entre deux droites données.*

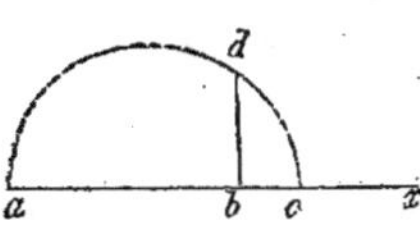

Première solution. — Je prends, sur une droite indéfinie *ax*, les distances *ab* et *bc* respectivement égales aux deux droites données ; j'élève en *b*, sur *ax*, une perpendiculaire *bd*, que je prolonge jusqu'au point *d* de la demi-circonférence décrite sur le diamètre *ac*. — C'est la moyenne proportionnelle cherchée, car (page 106) on a *ab* : *bd* :: *bd* : *bc*.

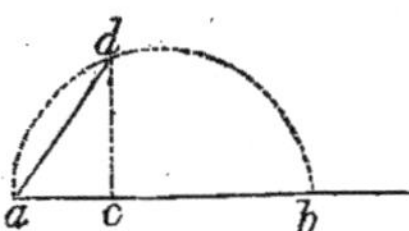

Deuxième solution. — Je prends, sur une droite indéfinie *ax*, les distances *ab*, *ac*, égales aux deux droites données ; du point *c* j'élève sur *ax* une perpendiculaire *cd*, qui coupe en *d* la demi-circonférence décrite sur le diamètre *ab* ; la corde *ad* est la moyenne proportionnelle cherchée, car il vient (page 106, corol. 1) *ab* : *ad* :: *ad* : *ac*.

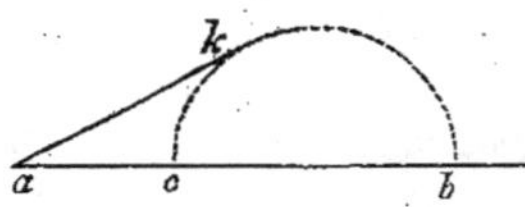

Troisième solution. — Après avoir pris, sur la droite *ax*, les distances *ab*, *ac*, égales aux droites données, sur le diamètre *bc* je décris une demi-circonférence, à laquelle je mène par le point *a* la tangente *ak*. — C'est la moyenne proportionnelle que l'on cherche, car (page 107) *ab* : *ak* :: *ak* : *ac*.

PROP. 7. — PROBLÈME : *Trouver en lignes le rapport de deux produits composés d'un même nombre de facteurs linéaires.*

Soit, pour fixer les idées, à trouver en lignes le rapport

$A \times B \times C \times D : A' \times B' \times C' \times D'$. — Je cherche : 1° une quatrième proportionnelle L aux trois droites A', A et B ; 2° une quatrième proportionnelle M aux trois droites B', L et C ; 3° une quatrième proportionnelle N aux trois droites C', M et D. — J'ai $A' : A :: B : L$, $B' : L :: C : M$, $C' : M :: D : N$, d'où

$$\frac{A \times B}{A'} = L, \quad \frac{L \times C}{B'} = M, \quad \frac{M \times D}{C'} = N ;$$

multipliant ces égalités entre elles, puis, divisant par $L \times M \times D'$, il vient

$$\frac{A \times B \times C \times D}{A' \times B' \times C' \times D'} = \frac{N}{D'}.$$

Scholie. — On peut, à l'aide de ce procédé, déterminer en lignes les rapports $A^2 : B^2$, $A^3 : B^3$, $A^4 : B^4$, etc., etc.

PROP. 8 — PROBLÈME : *Trouver le centre des moyennes distances des points donnés* a, b, c, d, e.

On tire arbitrairement une droite xy et ses perpendiculaires aa', bb', cc', dd', ee', des cinq points donnés a, b, c, d, e ; on fait la somme *algébrique* de ces lignes, et on la divise en cinq parties égales : en un point quelonque m de la droite xy, on élève une perpendiculaire mn égale à l'une des parties, et par l'extrémité n on mène zu parallèlement à xy ; c'est un axe des moyennes distances. — On obtient un autre axe st par une construction semblable. — Le point o, où les axes se coupent, est le centre des moyennes distances demandé.

PROP. 9. — PROBLÈME : *Par un point donné* k, *tirer une droite dont la somme algébrique des distances aux points* a, b, c, d, e, *soit égale à une ligne* L.

Je détermine le centre o des moyennes distances des cinq points a, b, c, d, e ; du centre o, avec un rayon égal à $\dfrac{L}{5}$, je décris une circonférence à laquelle je mène, par le point k, les tan-

10

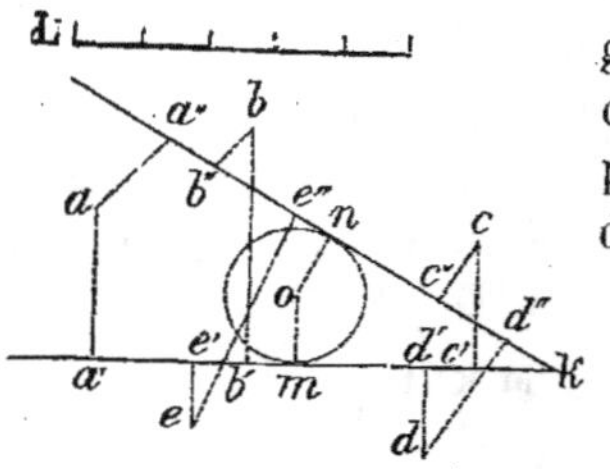

gentes *km* et *kn*. — Ce sont les droites cherchées. — En effet, parce que le point *o* est le centre des moyennes distances des points a, b, c, d, e, il vient

$$\frac{aa' + bb' + cc' - dd' - ee'}{5} = om,$$

$$\frac{aa'' - bb'' - cc'' + dd'' + ee''}{5} = on,$$

d'où résulte, à cause de $om = on = \dfrac{L}{5}$,

$$aa' + bb' + cc' - dd' - ee' = L,$$

$$aa'' - bb'' - cc'' + dd'' + ee'' = L.$$

Problèmes (à résoudre). — I. *Trouver, sur une droite ax, un point dont les distances aux quatre points x donnés* a, b, c, d, *soient en proportion.*

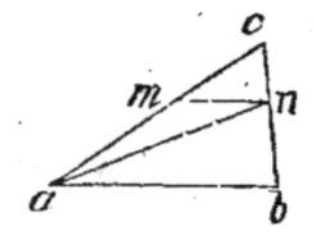

II. *Tirer une droite* mn, *parallèle au côté* ab *d'un triangle* abc, *de manière que l'on ait la proportion*

$$ab : an :: an : mn.$$

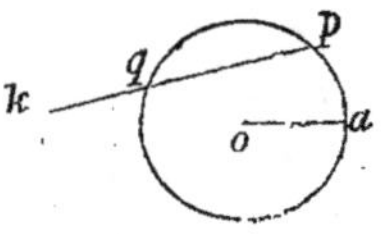

III. *Par un point* k, *extérieur à circonférence* oa, *tirer une droite* kp, *de manière que l'on ait la proportion*

$$kp : pq :: pq : kq.$$

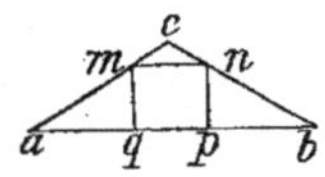

IV. *Inscrire un quarré* mnpq *dans un triangle* abc.

§ 3. — Détermination d'une circonférence d'après trois conditions.

PROPOSITION 1. — PROBLÈME : *Faire passer une circonférence par trois points donnés* a, b, c.

Je tire les droites *ab*, *bc*, et sur leurs milieux les perpendicu-

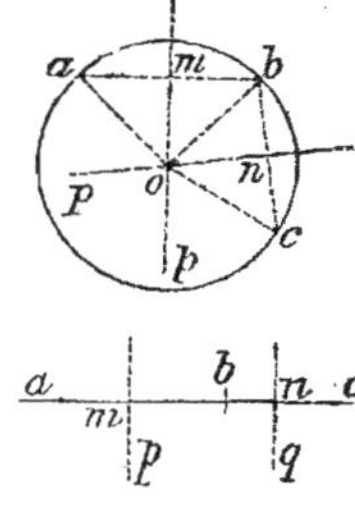

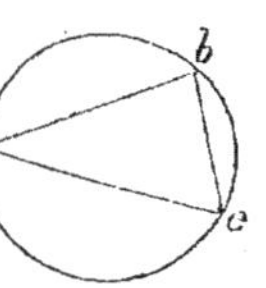

laires mp, nq, qui se rencontrent essentiellement en o si les lignes ab, bc, forment un angle, c'est-à-dire si les trois points a, b, c, ne sont pas en ligne droite. — Il vient oblique $oa=$oblique ob, parce que $ma=mb$, et oblique $ob=$oblique oc, parce que $nb=nc$; ainsi les trois distances oa, ob, oc, sont égales : donc si du centre o, avec un rayon. oa, on décrit une circonférence, elle passera par les trois points a, b, c.

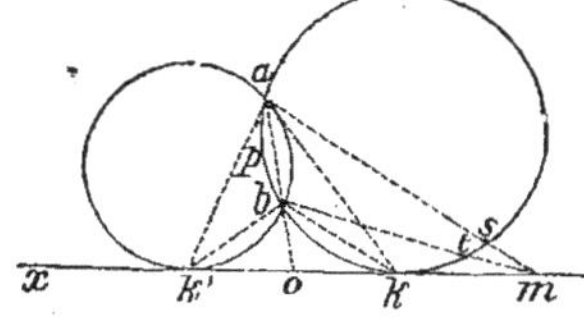

Si les trois points a, b, c, se trouvaient en ligne droite, les perpendiculaires mp, nq, seraient parallèles, et le problème serait impossible.

Scholie. — Pour circonscrire une circonférence à un triangle, il suffit de faire passer une circonférence par ses trois sommets.

PROP. 2. — PROBLÈME : *Par deux points donnés* a, b, *faire passer une circonférence tangente à une droite donnée* xy.

Je tire la droite ab, qui coupe la ligne xy en o ; je cherche la moyenne proportionnelle entre oa et ob, que je porte en ok et ok' ; les circonférences qui passent par les trois points a, b, k, et par les trois points a, b, k', répondent l'une et l'autre à la question. — Lorsque la droite ab est parallèle à xy, ou lorsque l'un des points a, b, appartient à cette dernière ligne, ce procédé n'est plus applicable ; mais alors le problème n'a plus qu'une seule solution et n'offre aucune difficulté. — Il est évidemment impossible quand les points a, b, sont situés de différents côtés de la droite xy.

Scholie. — Parmi tous les angles qui ont leurs sommets sur la droite xy, *et dont les côtés passent par les points* a *et* b, *le plus grand, à la droite du point* o, *est l'angle* akb, *et le plus grand, à sa gauche, est l'angle* ak'b. — Car l'un quelconque amb de ces angles a pour mesure $\frac{1}{2}$ ($apb - st$), tandis que celle de l'angle akb

est $\frac{1}{2} apb$. — On peut remarquer que l'angle, qui a pour sommet le point o, est nul.

PROP. 3. — PROBLÈME : *Par un point donné* a, *faire passer une circonférence qui touche deux droites données* ox, oy.

Du point a, j'abaisse, sur la bissectrice om de l'angle xoy, la

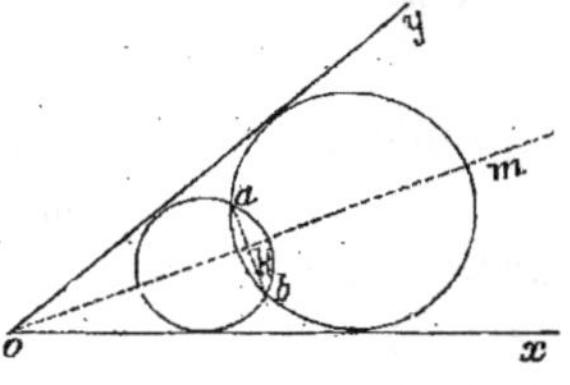

perpendiculaire ak, que je prolonge de $bk = ak$; par les points a, b, je fais passer les deux circonférences tangentes à la droite ox; elles touchent aussi la droite oy, parce que leurs centres, appartenant à la bissectrice om, sont également distants des deux côtés ox, oy, de l'angle xoy.

PROP. 4. — PROBLÈME : *Inscrire une circonférence dans un triangle* abc.

Je tire les bissectrices ax et by des angles bac et abc, lesquelles

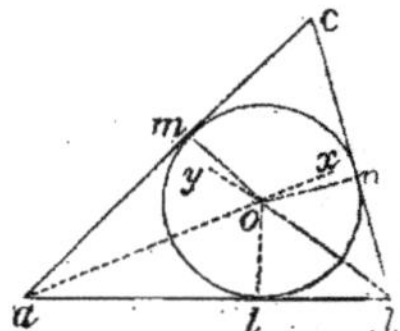

se rencontrent en un certain point o; car la somme des angles bax et aby, étant moindre que celle des angles bac et abc, est inférieure à 2^d; du point o, j'abaisse sur les trois côtés du triangle abc les perpendiculaires ol, om, on; parce que ce point appartient à la bissectrice ax, il vient $ol = om$, et $ol = on$, parce qu'il appartient aussi à la bissectrice by; ainsi $ol = om = on$; donc la circonférence, décrite du centre o avec le rayon ol, passe par les trois points l, m, n; elle est en outre inscrite dans le triangle abc; car les côtés ab, ac, bc, perpendiculaires aux extrémités des rayons ol, om, on, sont des tangentes.

Scholie. — Si l'on proposait de *décrire une circonférence tangente à trois droites données* ab, ac, bc, indépendamment de la circonférence inscrite dans le triangle abc, il y aurait

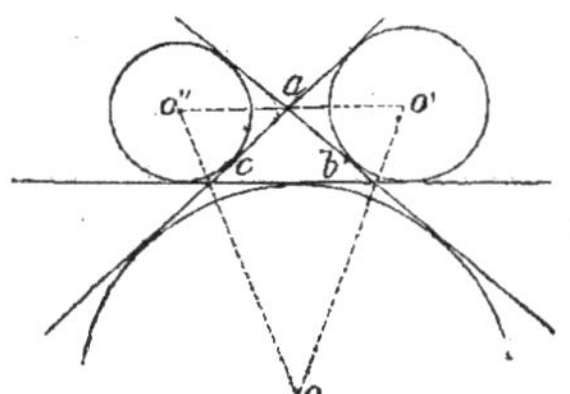

trois autres circonférences, ex-inscrites à ce triangle, qui répondraient à l'énoncé. — Leurs centres se trouvent aux trois sommets du triangle $oo'\,o''$, dont les côtés oo', oo'', $o'o''$, sont les bissectrices des angles extérieurs du triangle abc.

PROP. 5. — PROBLÈME : *Construire un triangle inscrit dans circonférence* oa *et circonscrit à circonférence* km.

En vertu de la prop. 5, page 111, ce problème n'est possible que dans le cas où il existe entre la distance ok des centres et

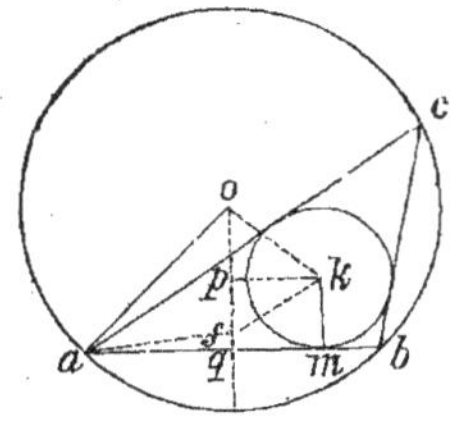

les rayons oa, km, la relation $ok^2 = oa\,(oa - 2km)$, ou bien $oa^2 - ok^2 = 2oa \times km$. — Quand cette relation a lieu, le problème est *indéterminé*; pour le faire voir, je circonscris arbitrairement à circonférence km le triangle abc, de manière pourtant que les sommets a, b, soient situés sur circonférence oa; je dis que le troisième sommet c appartient aussi à la même circonférence; s'il n'en est pas ainsi, soit f le centre de la circonférence circonscrite au triangle abc; la ligne of sera perpendiculaire sur le milieu de ab, et on aura, à cause du théorème cité $fa^2 - fk^2 = 2fa \times km$; or, si l'on tire la perpendiculaire kp sur of, les triangles aof, kof, fournissent $oa^2 = of^2 + fa^2 + 2of \times fq$, $ok^2 = of^2 + fk^2 - 2of \times fp$; retranchant la seconde égalité de la première, en ayant égard aux relations qui précèdent et en observant que $fq + fp = km$, il vient $2oa \times km = 2fa \times km + 2of \times km$ ou $oa = fa + of$, ce qui est absurde. — Donc le point c appartient à circonférence oa.

Scholie. — Ce problème est encore possible et indéterminé lorsque l'on a $ok^2 = oa\,(oa + 2km)$; mais alors tous les triangles sont ex-inscrits à circonférence km.

§ 6. — Construction des figures semblables.

PROPOSITION. 1. — PROBLÈME : *Construire un triangle semblable au triangle* abc, *sur le côté* a'b' *homologue à* ab.

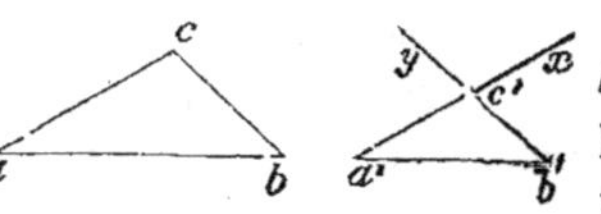

Aux points a' et b' je fais angle $b'\,a'\,x=$ ang a et ang $a'b'y=$ ang b ; le triangle $a'b'c'$ est semblable au triangle abc, car ces triangles ont deux angles égaux chacun à chacun.

PROP. 2. — PROBLÈME : *Construire un polygone semblable au polygone* abcde *sur le côté* a'b' *homologue à* ab.

Je tire les diagonales ac, ad ; puis, je fais sur $a'b'$, homologue

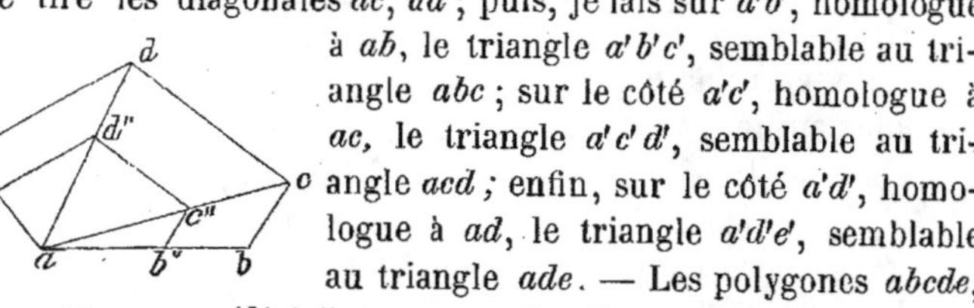

à ab, le triangle $a'b'c'$, semblable au triangle abc ; sur le côté $a'c'$, homologue à ac, le triangle $a'c'd'$, semblable au triangle acd ; enfin, sur le côté $a'd'$, homologue à ad, le triangle $a'd'e'$, semblable au triangle ade. — Les polygones $abcde$, $a'b'c'd'e'$, composés d'un même nombre de triangles semblables chacun à chacun, etc., sont évidemment semblables.

Pour abréger, on peut prendre $ab''=a'b'$; par b'', mener $b''c''$ parallèle à bc ; par c'', la droite $c''d''$ parallèle à cd ; enfin, par d'', la droite $d''e''$ parallèle à de. — Le polygone $ab''c''d''e''$ est celui que l'on cherche : car deux polygones sont semblables quand ils sont composés d'un même nombre de triangles semblables chacun à chacun, etc., etc.

PROP. 3. — PROBLÈME : *Déterminer le centre de similitude de deux polygones semblables.*

Soient ab, $a'b'$, deux côtés homologues quelconques dans les

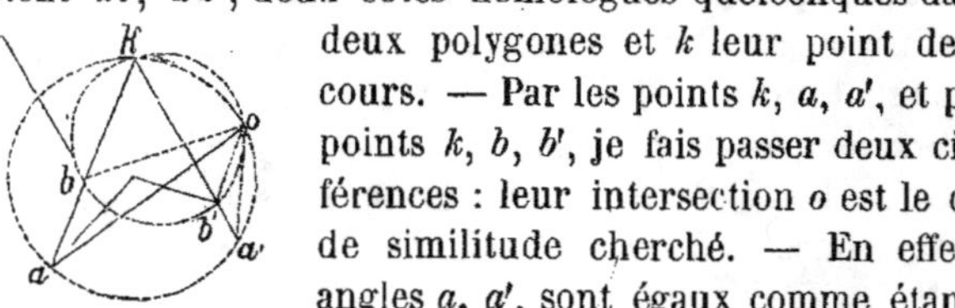

deux polygones et k leur point de concours. — Par les points k, a, a', et par les points k, b, b', je fais passer deux circonférences : leur intersection o est le centre de similitude cherché. — En effet, les angles a, a', sont égaux comme étant inscrits dans le même arc $kaa'o$; les angles kbo, $kb'o$, inscrits dans l'arc $kbb'o$, sont aussi égaux, ainsi que leurs suppléments abo, $a'b'o$. — Conséquemment, les triangles oab, $oa'b'$, sont semblables et pareillement disposés par rapport aux deux polygones ; donc le point *o* est leur centre de similitude.

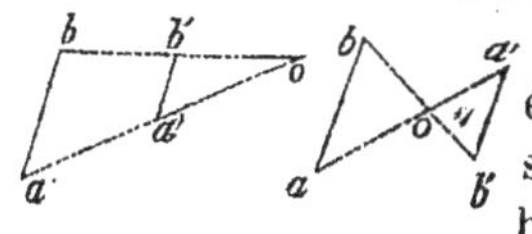

Si les côtés homologues *ab*, *a'b'*, étaient parallèles, de même sens ou de sens contraires, on joindrait les sommets homologues *a*, *a'* et *b*, *b'* ; le point de concours *o* des droites *aa'*, *bb'*, serait le centre demandé.

Problèmes (à résoudre). — I. *Construire un polygone semblable à un polygone donné et dont le périmètre soit égal à une ligne* L.

II. *Construire un triangle semblable à un triangle donné, et tel que deux de ses sommets se trouvent sur les côtés d'un angle et le troisième en un point donné.*

III. *Inscrire ou circonscrire à une circonférence un triangle semblable à un triangle donné.*

§ 7. — Inscription et circonscription des polygones réguliers à la circonférence.

Une droite *ab* est divisée en *moyenne et extrême raison* au point *c*, lorsque le plus grand segment *ac* est moyen proportionnel entre la ligne *ab* et le plus petit segment *cb*, c'est-à-dire lorsque l'on a $ab : ac :: ac : cb$.

PROPOSITION 1. — PROBLÈME : *Etant donné un polygone régulier inscrit abcde, circonscrire à circonférence oa un polygone régulier, d'un même nombre de côtés.*

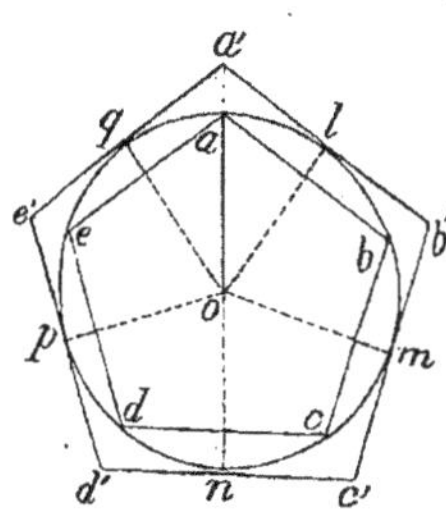

Je tire les rayons *ol*, *om*, *on*, ... perpendiculaires sur les côtés *ab*, *bc*, *cd*,... et les tangentes *a'b'*, *b'c'*, *c'd'*,... des extrémités *l*, *m*, *n*,...; le polygone circonscrit *a'b'c'd'e'* est celui que l'on cherche. — En effet, parce que deux angles sont égaux lorsque leurs côtés sont parallèles et de même sens, on a angle *a'* = angle *a*, angle $b'=$ angle b, angle $c'=$ angle c, ...; mais, par hypothèse, les angles a, b, c, ... sont égaux ; donc les angles a', b', c', ... le sont aussi, et le polygone équiangle circonscrit $a'\,b'\,c'\,d'\,e'$ est régulier (prop. 12, page 115).

Autre solution. — Je tire les tangentes lm, mn, np, ... des sommets a, b, c, ...; le polygone circonscrit $lmnpq$, est régulier,

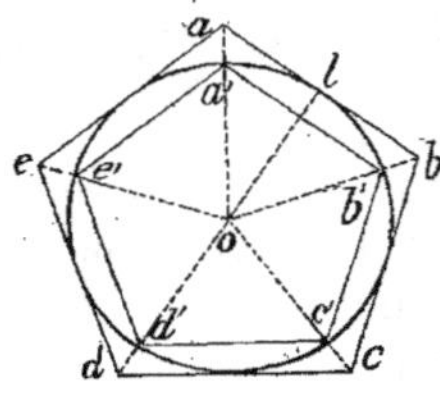

car, les arcs ab, bc, cd, ... étant sous-tendus par des cordes égales, sont égaux : donc les angles m, n, p, ... circonscrits à ces arcs, sont aussi égaux.

PROP. 2. — **PROBLÈME** : *Etant donné un polygone régulier circonscrit* abcde, *inscrire dans circonférence* ol *un polygone régulier d'un même nombre de côtés.*

Je joins le centre o aux sommets a, b, c, ... et je tire les cordes $a'b'$, $b'c'$, $c'd'$ ....; le polygone inscrit $a'\,b'\,c'\,d'\,e'$ est celui cherché. — Parce que les angles au centre aob, boc, cod, ... sont égaux, les arcs $a'b'$, $b'c'$, $c'd'$, ... le sont aussi : donc, les cordes de ces arcs étant égales, le polygone inscrit $a'b'c'd'e'$ est équilatéral et par suite régulier (page 115).

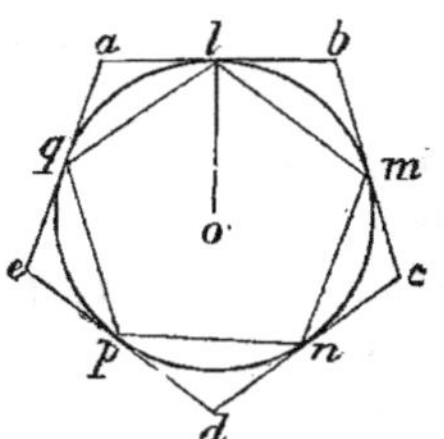

Autre solution. — Je tire les cordes de contact lm, mn, np, ...; le polygone inscrit $lmnpq$ est régulier, car les angles égaux a, b, c, ... sont circonscrits à des arcs égaux ql, lm, mn, ... et partant les cordes de ces arcs sont égales.

PROP. 3. — **PROBLÈME** : *Un polygone régulier étant inscrit ou circonscrit à une circonférence, inscrire ou circonscrire un polygone régulier d'un nombre double de côtés.*

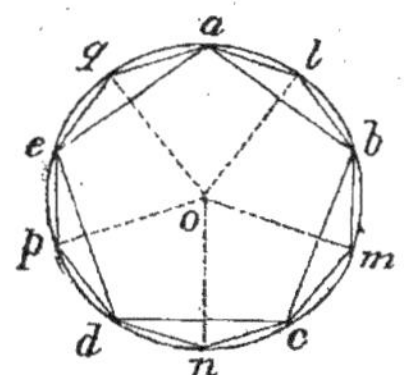

1° J'abaisse sur les côtés du polygone régulier inscrit *abcde*, les rayons perpendiculaires *ol*, *om*, *on*,…..et j'ai, en tirant les cordes *al*, *lb*, *bm*, *mc*,…un polygone inscrit *albmcndpeq* d'un nombre double de côtés. — De plus, parce que les arcs *al*, *lb*, *bm*,…sont égaux, le polygone est équilatéral, et par suite régulier.

2° J'unis le centre *o* aux sommets du polygone régulier circonscrit *abcde*, et, en tirant les tangentes *lm*, *np*, *qr*,… des

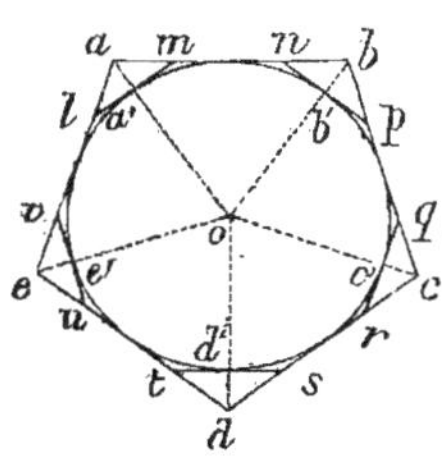

points *a'*, *b'*, *c'*,…., j'obtiens un polygone circonscrit *lmnpqrstuv* d'un nombre double de côtés. — De plus, les angles *alm*, *aml*, *bnp*, *bpn*,…. étant chacun le complément de la moitié de l'un des angles du polygone *abcde*, sont égaux entre eux, ainsi que les angles supplémentaires *vlm*, *lmn*, *mnp*, *npq*,…..; donc le polygone obtenu est équiangle, et par suite régulier.

PROP. 4. — PROBLÈME : *Inscrire un quarré dans une circonférence.*

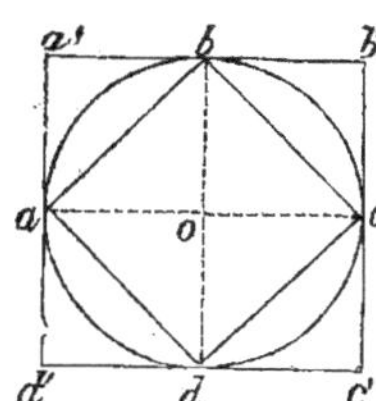

Je tire à volouté deux diamètres *ac*, *bd*, perpendiculaires l'un à l'autre, et j'unis leurs extrémités par les cordes *ab*, *bc*, *cd*, *da* ; le quadrilatère *abcd*, est le quarré inscrit. — D'abord, les quatre côtés *ab*, *bc*, *cd*, *da*, sont égaux, parce qu'ils sous-tendent des quadrants; en second lieu, chacun des quatre angles *dab*, *abc*, *bcd*, *cda*, est droit, parce qu'il est inscrit dans une demi-circonférence.

Corollaire 1. — *Le côté* ab *du quarré inscrit est égal au rayon* oa *multiplié par* $\sqrt{2}$. — *Le triangle rectangle* aob *donne*

$$ab^2 = oa^2 + ob^2 \text{ ou } ab^2 = 2oa^2, \text{ d'où } ab = oa\sqrt{2}.$$

Corol. 2. — *Le côté* a'b' *du quarré circonscrit est égal au diamètre* ac.

Scholie. — On peut inscrire et circonscrire à la circonférence les polygones réguliers de 4, 8, 16, 32,.... côtés.

PROP. 5. — **PROBLÈME** : *Inscrire un hexagone régulier dans une circonférence.*

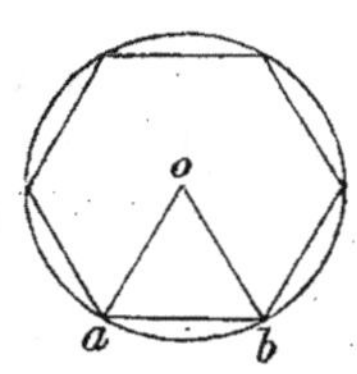

Je suppose le problème résolu, et je représente par ab, le côté de l'hexagone cherché. — L'angle au centre aob vaut $4^d : 6$ ou $\frac{2}{3}$ d'angle droit ; donc, à cause du triangle aob,

$$\text{ang } bao + \text{ang } abo = 2 - \frac{2}{3} = \frac{4^d}{3} ;$$

et, comme angle $bao = $ angle abo, parce que $oa = ob$, il vient ang $bao = $ ang $abo = \frac{2}{3}$; conséquemment, le triangle aob est équiangle, et par suite équilatéral. Ainsi, *le côté* ab *de l'hexagone régulier inscrit est égal au rayon* oa, et on obtiendra cet hexagone en portant le rayon six fois sur la circonférence.

PROP. 6. — **PROBLÈME** : *Inscrire un triangle équilatéral dans une circonférence.*

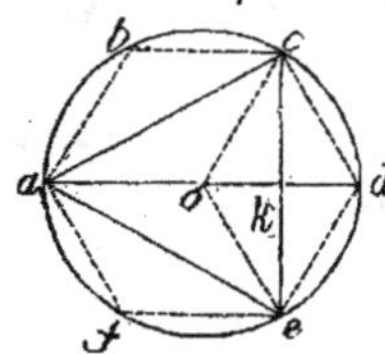

J'inscris d'abord un hexagone régulier $abcdef$, puis, je joins alternativement les sommets par les trois cordes ac, ce, ea. — Les arcs ab, bc, cd,... étant égaux, les arcs doubles abc, cde, efa, le sont aussi : donc $ac = ce = ea$.

Je remarque que $oc = dc$, $oe = de$, et que, par suite, le côté ce est perpendiculaire sur le milieu du rayon od. -- Donc, pour inscrire un triangle équilatéral dans une circonférence, on peut élever, sur le milieu d'un rayon od, une corde perpendiculaire ce, et joindre ses extrémités c et e à l'extrémité a du rayon opposé oa.

Corollaire 1. — *Le rayon* od *d'un triangle équilatéral* ace *est double de son apothème* ok.

Corol. 2. — *Le côté* ac *du triangle équilatéral inscrit est égal au rayon* oa *multiplié par* $\sqrt{3}$. — La corde ac étant moyenne proportionnelle entre le diamètre $ad = 2oa$ et le segment $ak = \frac{3}{2} oa$, il vient $ac^2 = 2oa \times \frac{3}{2} oa$ ou $ac^2 = 3oa^2$, d'où $ac = oa \sqrt{3}$.

Scholie. — On peut inscrire et circonscrire à la circonférence les polygones réguliers de 3, 6, 12, 24,... côtés.

Prop. 7. — Problème : *Diviser la droite* ab *en moyenne et extrême raison.*

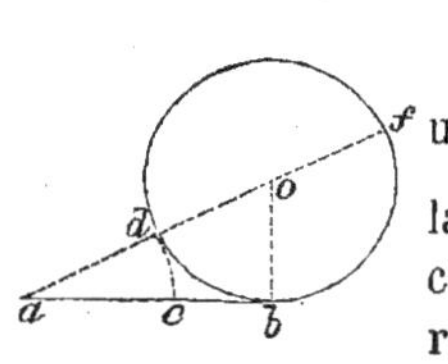

A l'extrémité b de la droite ab, je tire une perpendiculaire bo égale à $\frac{ab}{2}$; je tire la droite oa, qui coupe aux points d et f la circonférence décrite du centre o avec le rayon ob ; enfin, je rabats ad en ac au moyen de l'arc dc ; le point c est celui demandé. — En effet, à cause de la tangente ab, on a $ad : ab :: ab : af$, d'où l'on déduit $ab - ad : ad :: af - ab : ab$; mais $ad = ac$, $ab - ad = bc$, et, parce que $ab = 2ob = df$, $af - ab = ad = ac$; donc $bc : ac :: ac : ab$.

Scholie. — Parce que $ob = \frac{ab}{2}$, on a $ac = ao - \frac{ab}{2}$; mais le triangle rectangle aob fournit $ao^2 = ab^2 + \frac{ab^2}{4} = \frac{5}{4} ab^2$,

d'où $\qquad ao = \frac{ab}{2} \sqrt{5}$; donc $ac = \frac{\sqrt{5} - 1}{2} \cdot ab$.

Réciproque. — *Etant donné le plus grand segment* ab *d'une droite divisée en moyenne et extrême raison, retrouver cette droite.*

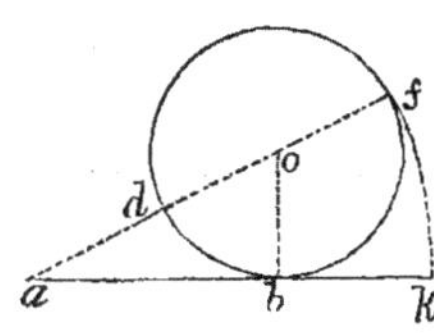

On fait les mêmes constructions que précédemment, et on rabat af en ak à l'aide de l'arc fk. — La droite ak est celle demandée. — En effet, on a $ad : ab :: ab : af$; mais $ad = af - df = ak - ab = bk$; donc $bk : ab :: ab : ak$.

Scholie. — On a $ak = ao + \dfrac{ab}{2}$ ou $ak = \dfrac{\sqrt{5}+1}{2} \cdot ab$.

PROP. 8. — PROBLÈME : *Inscrire un décagone régulier dans une circonférence.*

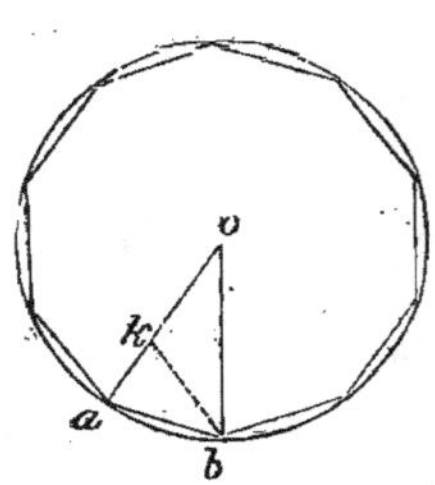

Je suppose le problème résolu, et je représente par *ab* le côté du décagone cherché. — L'angle au centre *aob* vaut $4^d : 10$, c'est-à-dire $\dfrac{4}{10}$ ou $\dfrac{2}{5}$ d'angle droit; il s'ensuit, à cause du triangle *abo*,

$$\text{ang } bao + \text{ang } abo = 2 - \frac{2}{5} = \frac{8^d}{5};$$

et, comme angle *bao* = angle *abo*, parce que $oa = ob$, il vient ang $bao = $ ang $abo = \dfrac{4}{5}$, en sorte que chacun des angles à la base *ab* du triangle *aob* est double de l'angle au sommet *o*. — Conséquemment, si l'on tire la bissectrice *bk* de l'angle *abo*, on a ang $kbo = $ ang o, d'où résulte $ok = bk$; et, parce que l'angle *akb* est extérieur au triangle *okb*, ang $akb = \dfrac{2}{5} + \dfrac{2}{5} = \dfrac{4}{5} = $ ang bao, d'où suit $bk = ab$; donc aussi $ok = ab$. — Actuellement, à raison de la bissectrice *bk*, on a $ak : ok :: ab : ob$, ou bien $ak : ok :: ok : oa$. — Ainsi, *le côté* ab *du décagone régulier inscrit est égal au plus grand segment* ok *du rayon* oa *divisé en moyenne et extrême raison.* — Pour décrire ce décagone, il faudra donc porter ce plus grand segment dix fois sur la circonférence.

Corollaire 1. — *Pour inscrire un pentagone régulier dans une circonférence,* on y inscrit d'abord un décagone régulier, et on joint ensuite les sommets alternativement.

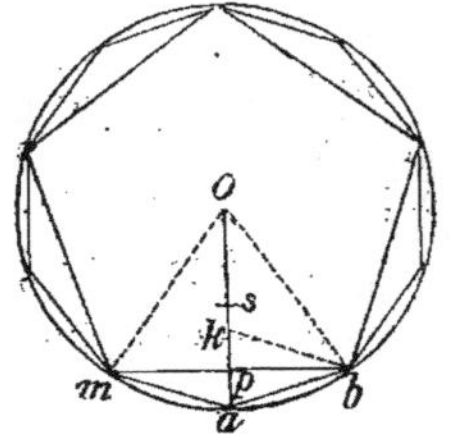

Corol. 2. — *La différence des quarrés des côtés* bm *et* ab *des pentagone et décagone réguliers, inscrits dans une même circonférence, est égale au quarré du rayon* oa. — Soit *s* le milieu du rayon *oa*,

il vient $sa = \dfrac{ok + ka}{2} = \dfrac{ab}{2} + pa$, et, par suite, $sp = \dfrac{ab}{2}$; or, en vertu de la proposition 7, page 86, le quadrilatère $omab$ fournit

$$2ob^2 + 2ab^2 = bm^2 + oa^2 + 4 \cdot \dfrac{ab^2}{4},$$

égalité qui se réduit à $oa^2 + ab^2 = bm^2$, ou bien à $bm^2 - ab^2 = oa^2$.

Scholie. — On peut inscrire et circonscrire à la circonférence les polygones réguliers de 5, 10, 20, 40,... côtés.

PROP. 9. — PROBLÈME : *Inscrire un pentédécagone régulier dans une circonférence.*

Soient ab et ac les côtés des hexagone et décagone réguliers inscrits. — On a

$$\text{arc } bc = \text{arc } ab - \text{arc } ac = \dfrac{\text{circ}}{6} - \dfrac{\text{circ}}{10} = \dfrac{5\,\text{circ} - 3\,\text{circ}}{30} = \dfrac{\text{circ}}{15}.$$

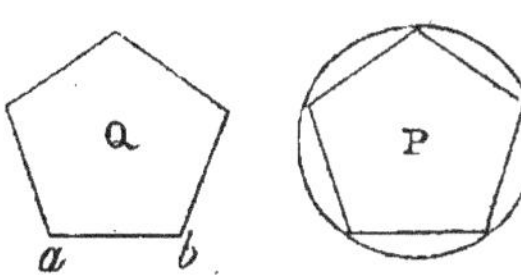

Donc la corde bc est le côté du pentédécagone cherché ; et, pour le construire, il faut porter cette corde quinze fois sur la circonférence.

Scholie. — On peut inscrire et circonscrire à la circonférence les polygones réguliers de 15, 30, 60, 120,... côtés.

PROP. 10. — PROBLÈME : *Construire, sur le côté* ab, *un polygone régulier d'une espèce donnée.*

On inscrit dans une circonférence quelconque un polygone régulier P de l'espèce donnée ; on construit ensuite, sur le côté ab, un polygone Q semblable à P.

Scholie. — L'inscription dont il s'agit ne peut se faire rigoureusement que dans le cas où le nombre des côtés du polygone est égal à l'un des nombres 1, 3, 5, 15, multiplié par une puissance de 2.

PROP. 11. — PROBLÈME : *Recouvrir un plan avec des polygones réguliers égaux.*

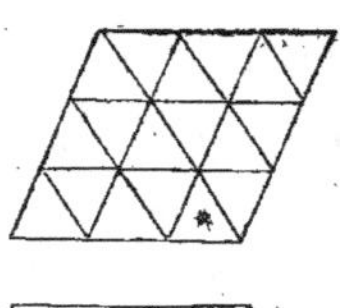

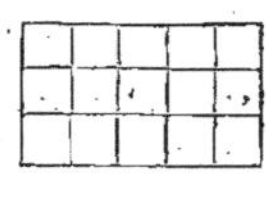

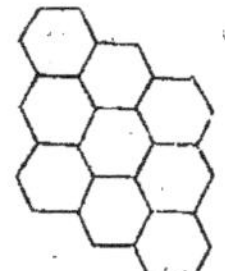

Supposons que l'on puisse assembler exactement autour d'un point, sur un plan, m polygones réguliers égaux de n côtés ; l'angle de chaque polygone valant $\dfrac{2(n-2)}{n}$, on a

$$\frac{2(n-2)}{n} \, m = 4^d,$$

d'où $\quad m = \dfrac{2n}{n-2}$ et $m = 2 + \dfrac{4}{n-2}$;

comme m est un nombre entier, il faut que le dénominateur $n-2$ soit égal à l'un des diviseurs 1, 2, 4, du numérateur 4. Il vient donc $n-2=1$, $n-2=2$ ou $n-2=4$, d'où l'on déduit $n=3$, $n=4$, $n=6$; les valeurs correspondantes de m sont $m=6$, $m=4$, $m=3$. — Ainsi, on ne peut recouvrir un plan avec des polygones réguliers égaux que de trois manières ; savoir, en assemblant autour d'un point : 1° six triangles équilatéraux ; 2° quatre quarrés ; 3° trois hexagones réguliers.

Scholie. — On peut encore recouvrir un plan en assemblant autour d'un point : un triangle équilatéral et deux dodécagones réguliers, un quarré et deux octogones réguliers, un décagone et deux pentagones réguliers ; un triangle équilatéral, un décagone et un pentédécagone réguliers, etc., etc.

§ 8. — Détermination du rapport de la circonférence au diamètre.

Deux figures quelconques sont dites *isopérimètres* lorsqu'elles ont le même contour.

Proposition. 1. — Problème : *Etant donnés l'apothème oc et le rayon oa d'un polygone régulier, déterminer l'apothème et le rayon d'un polygone régulier d'un nombre double de côtés.*

Je prolonge l'apothème oc jusqu'au point k de circonférence oa ;

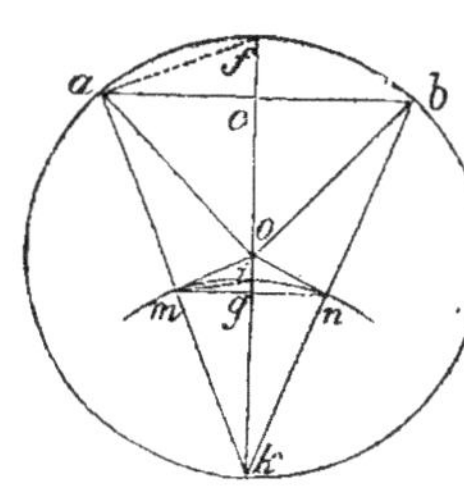

j'abaisse les perpendiculaires om, on, sur les cordes ka, kb, et je tire mn. — Parce que $km = \dfrac{ka}{2}, kn = \dfrac{kb}{2}$, la droite mn est parallèle à ab, et par suite $mn = \dfrac{ab}{2}$; donc mn est le côté du second polygone. — L'angle au centre aob, mesuré par l'arc afb, est double de l'angle inscrit akb, mesuré par $\dfrac{1}{2} afb$; et, comme l'angle aob est égal à 4^d divisés par le nombre des côtés du polygone donné, l'angle mkn est contenu dans 4^d autant de fois que le second polygone a de côtés : conséquemment kg et km sont l'apothème et le rayon de ce dernier polygone. — Maintenant, à cause que mn est parallèle à ab, $kg = \dfrac{kc}{2}$ ou $kg = \dfrac{oc + oa}{2}$, et, à cause que le triangle kmo est rectangle en m, $kg : km :: km : ko$ ou oa; d'où $km = \sqrt{oa \times kg}$.

Corollaire 1. — Parce que $kg = gc$, il vient apothème $kg >$ apothème oc, et, parce que perpendiculaire km est $<$ oblique ko, rayon $km <$ rayon oa.

Corol. 2. — **La différence** km **—kg** *du rayon et de l'apothème d'un polygone régulier est moindre que le quart de la différence* oa**—oc** *du rayon et de l'apothème du polygone régulier isopérimètre d'un nombre sous-double de côtés.* — Les angles imn, imo, ayant pour mesures $\dfrac{1}{2}$ arc in et $\dfrac{1}{2}$ arc im, sont égaux, et partant $ig : io :: mg : mo$; or, perpendiculaire mg est $<$ oblique mo; donc ig est $< io$, et par conséquent ig est $< \dfrac{og}{2}$. Mais, parce que og et fc sont des lignes homologues par rapport aux triangles semblables omk, fak, il vient $og = \dfrac{fc}{2}$; donc on a $ig < \dfrac{fc}{4}$, ou bien $km - kg < \dfrac{1}{4}(oa - oc)$.

PROP. 2. — PROBLÈME : *Trouver le rapport de la circonférence au diamètre.*

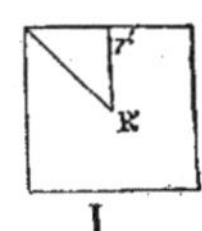

Soient r' et R' l'apothème et le rayon du quarré dont le côté $=1$ et dont le périmètre est 4; r'' et R'', r''' et R''', r^{iv} et R^{iv},..... les apothèmes et les rayons des polygones réguliers isopérimètres de 8, 16, 32,.... côtés. — On a la suite

$$r' = \frac{1}{2}, \ R' = \sqrt{\frac{1}{4} + \frac{1}{4}} = \sqrt{\frac{1}{2}}, \ r'' = \frac{r' + R'}{2}, \ \left. \right\} \ (1)$$

$$R'' = \sqrt{R'r''}, \ r''' = \frac{r'' + R''}{2}, \ R''' = \sqrt{R''r'''}, \ldots \ \left. \right\}$$

et le tableau ci-dessous :

PÉRIMÈTRE = 4.		
NOMBRE DES CÔTÉS.	VALEUR DE r.	VALEUR DE R.
4......	0,500000	0,707106
8......	0,603553	0,653281
16......	0,628417	0,640728
32......	0,634573	0,637643
64......	0,636108	0,636875
128......	0,636491	0,636683
256......	0,636587	0,636635
512......	0,636611	0,636623
1024......	0,636617	0,636620
2048......	0,636619	0,636619

où les calculs ont été poussés jusqu'à la sixième décimale. — Les différences $R' - r'$, $R'' - r''$, $R''' - r'''$,..... étant chacune moindre que le quart de la précédente, décroissent plus rapidement que les termes de la progression géométrique, qui a pour premier terme $\sqrt{\frac{1}{2}} - \frac{1}{2}$, et pour raison $\frac{1}{4}$, de sorte qu'en prolongeant la suite (1), ces différences deviennent aussi petites qu'on le veut.

En désignant généralement par r et R l'apothème et le rayon de l'un des polygones dont il s'agit, les circonférences inscrite et circonscrite sont exprimées par $2\pi r$ et $2\pi R$, et, comme elles sont l'une intérieure et l'autre extérieure au polygone, on a $2\pi r < 4$ et $2\pi R > 4$, d'où résulte $\pi < \dfrac{2}{r}$ et $\pi > \dfrac{2}{R}$; conséquemment, si l'on représente par e l'erreur commise lorsqu'on pose $\pi = \dfrac{2}{r}$ ou $\dfrac{2}{R}$, il vient $e < \dfrac{2}{r} - \dfrac{2}{R}$ ou bien $e < \dfrac{2(R-r)}{Rr}$; mais, parce que R est $> r$ et $r > \dfrac{1}{2}$, Rr est $> \dfrac{1}{4}$, et par suite $e < 8(R - r)$. — On voit que, si la différence $R - r$ est moindre qu'une unité décimale du $m + 1^{me}$ ordre, la valeur de π, ainsi trouvée, sera exacte jusqu'à la m^{me} décimale. — Pour le polygone de 2048 côtés par exemple, $R - r$ étant $< 0,000001$, il vient, à $0,00001$ près,

$$\pi = \frac{2}{0,636619} = 3,14159\ldots$$

En remarquant que $\dfrac{1}{2}$ est moyen arithmétique entre 0 et 1, et que $\sqrt{\dfrac{1}{2}}$ est moyen proportionnel entre 1 et $\dfrac{1}{2}$, on a donc la règle qui suit :

Pour calculer le rapport π jusqu'à la m^{me} *décimale, formez une suite de nombres commençant par 0 et 1, et tels que chacun, à partir du troisième, soit alternativement moyen arithmétique et moyen proportionnel entre les deux précédents ; prolongez cette suite jusqu'à ce que vous obteniez deux termes consécutifs qui s'accordent dans les* m + 1 *premières décimales ; divisez le nombre 2 par l'un de ces termes, et poussez le quotient jusqu'à la* m^{me} *décimale ; ce quotient sera le rapport cherché.*

Scholie I. — Les termes de la suite (1) *convergent vers le rayon* x *de la circonférence égale à 4.*

Parce que $2\pi x = 4$, il vient $2\pi x > 2\pi r$ et $2\pi x < 2\pi R$, ou bien $x > r$, et $x < R$; ainsi, le rayon x est compris entre r et R, et, comme la différence $R - r$ tend vers 0 à mesure que le nombre des côtés augmente, les nombres croissants r', r'', r''',... convergent vers x, ainsi que les nombres décroissants R', R'', R''',.. — En appelant r_1 et R_1 les termes qui suivent r et R, on a $x > r_1$, et $x < R_1$, ou bien, $x > \dfrac{r + R}{2}$ et $x < \sqrt{Rr_1}$; on déduit de la première égalité $x - r > R - x$, et de la seconde $\dfrac{x}{r_1} < \dfrac{R}{x}$ ou $\dfrac{x - r_1}{r_1} < \dfrac{R - x}{x}$, ou bien, parce que r_1 est $< x$, $x - r_1 < R - x$; on voit que les différences entre le rayon x et les termes de la suite (1) sont numériquement de plus en plus petites.

Scholie II. — *La somme des côtés du triangle équilatéral et du quarré inscrits dans un cercle est sensiblement égale à la moitié de la circonférence.* — Soient a et b ces côtés et R le rayon, on a

$$a = R\sqrt{3}, \quad b = R\sqrt{2} \quad \text{et} \quad a + b = (\sqrt{3} + \sqrt{2})\, R ;$$

mais $\qquad\qquad \sqrt{3} + \sqrt{2} = 3{,}148\ldots;$

donc, à un 0,01 de R près, $a + b = \pi R$.

Ve SECTION.

LES SURFACES PLANES.

§ 1. — Mesure des aires planes.

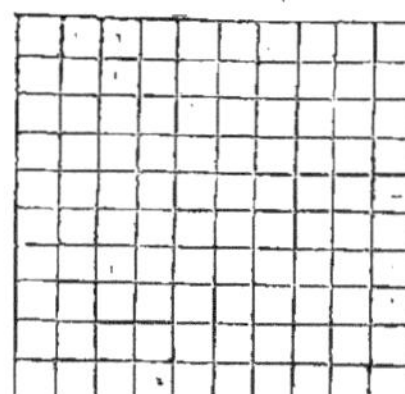

I. *Mesurer une surface*, c'est l'exprimer numériquement en la comparant à une autre surface prise arbitrairement pour unité.

Le rapport d'une surface à l'unité de superficie s'appelle *aire*.

II. On prend généralement pour *unité superficielle* le quarré qui a pour côté l'unité de longueur. — Ainsi, l'*unité linéaire* étant *le mètre*, l'*unité de superficie* est *le mètre quarré*.

Les subdivisions du *mètre quarré* sont le *décimètre quarré*, le *centimètre quarré*, le *millimètre quarré*, ... — Le *mètre quarré vaut* 100 *décimètres quarrés :* car, si après avoir divisé deux côtés adjacents chacun en 10 parties égales ou décimètres, on mène par les points de division du premier des parallèles au second, et par les points de division du second des parallèles au premier, le mètre quarré se trouve décomposé en 10×10 ou 100 petits quarrés d'un décimètre de côté. — On prouve de même que le *décimètre quarré vaut* 100 *centimètres quarrés ;* que le *centimètre quarré vaut* 100 *millimètres quarrés*, etc.

De là résulte que 1 déc. q $= 0^{mq}.01$, 1 cent. q. $= 0^{mq}.001$, etc.; il faut donc bien se garder de confondre 1^{dq}. avec $0^{mq}. 1$, 1^{cq}. avec $0^{mq}. 01$, etc.

III. Deux figures sont *équivalentes* lorsqu'elles ont la même aire. — Deux figures égales sont toujours équivalentes, mais deux figures équivalentes ne sont pas généralement égales. — Un triangle, par exemple, ne saurait être égal à un quarré, mais il peut lui être équivalent.

IV. La *hauteur* d'un parallélogramme *abcd* est la distance *mn*

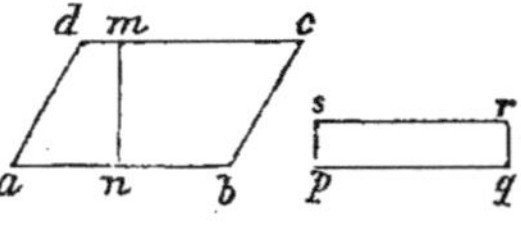

de deux côtés parallèles *ab*, *cd*, pris pour *bases*. — Les côtés adjacents *pq*, *ps*, d'un rectangle *pqrs*, c'est-à-dire sa base et sa hauteur, prennent le nom de *dimensions*.

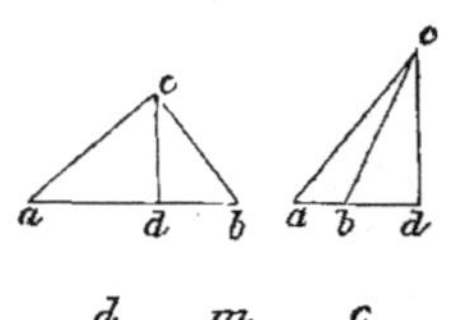

V. La *hauteur* d'un triangle *abc* est la perpendiculaire *cd* abaissée de l'un des sommets *c* sur le côté opposé *ab* ou sur son prolongement. — Le côté *ab* s'appelle alors *base*.

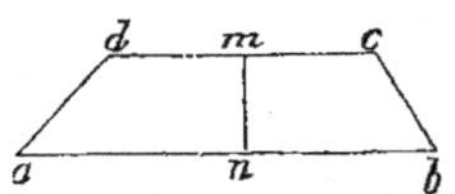

VI. La *hauteur* d'un trapèze *abcd* est la distance *mn* des deux côtés parallèles ou *bases,* ab, cd.

PROPOSITION 1. — THÉORÈME : *Deux rectangles* bd *et* cd, *de même base* ad, *sont entre eux comme leurs hauteurs* ab *et* ac.

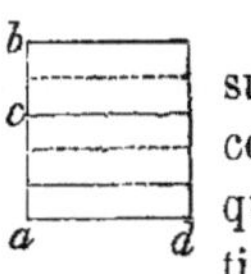

1° Si les hauteurs *ab*, *ac*, sont *commensurables*, supposons que leur plus grande commune mesure soit contenue 5 fois dans *ab* et 3 fois dans *ac*, de manière que l'on ait *ab* : *ac* :: 5 : 3. — Les perpendiculaires tirées des points de division sur *ab*, étant parallèles et égales à la base *ad*, décomposent le rectangle *bd* en cinq petits rectangles égaux entre eux ; et, comme le rectangle *cd* en contient trois, il vient rectangle *bd* : rectangle *cd* :: 5 : 3. — Donc, à cause du rapport commun, rectangle *bd* : rectangle *cd* :: *ab* : *ac*.

2° Si les hauteurs *ab*, *ac*, sont *incommensurables*, on a encore rectangle *bd* : rectangle *cd* :: *ab* : *ac*. — Supposons qu'il n'en soit pas ainsi et que l'on ait rectangle *bd* : rectangle *cd* :: *ab* : *am* ; divisons *ab* en parties égales moindres chacune que *cm*, en sorte qu'il tombe au moins un point de division *k* entre *c* et *m* ; puis tirons *kp* parallèle à *ad* ; parce que les hauteurs *ab*, *ak*, sont commensurables, il vient rectangle *bd* : rectangle *kd* : : *ab* : *ak* ; or, de ce que cette proportion et la précédente ont les mêmes antécédents, il résulte celle-ci : rectangle *cd* : rectangle *kd* : : *am* : *ak*; laquelle est fausse, puisque rectangle *cd* est < rectangle *kd*, tandis que *am* est > *ak*. — Donc la proportion rectangle *bd* : rectangle *cd* : : *ab* : *ac* est exacte.

Scholie. — *Deux rectangles* bd *et* cd, *de même hauteur* ad, *sont entre eux comme les bases* ab *et* ac.

PROP. 2. — THÉORÈME : *Deux rectangles quelconques* R *et* R' *sont entre eux comme les produits* b $\times$ h, b' $\times$ h', *des bases par les hauteurs.*

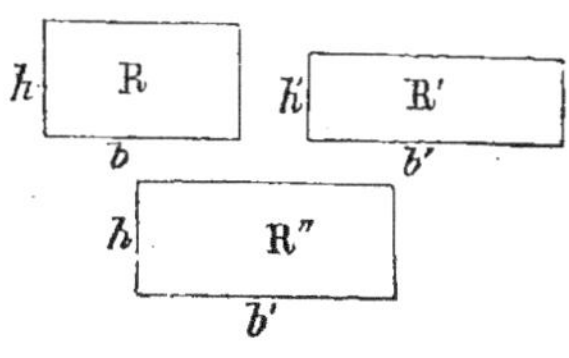

Si l'on construit un troisième rectangle R" de même hauteur *h* que le rectangle R et de même base *b'* que le rectangle R', on a R : R" : : *b* : *b'*, R" : R' : : *h* : *h'*, et, en multipliant ces proportions,

$$R \times R'' : R'' \times R' :: b \times h : b' \times h';$$

divisant les deux premiers termes par R", il vient

$$R : R' :: b \times h : b' \times h'.$$

PROP. 3. — THÉORÈME : *L'aire d'un rectangle* R *est égale au produit* b $\times$ h *de sa base par sa hauteur.*

En comparant le rectangle R au quarré Q construit sur le côté *k*, on a

$$R : Q :: b \times h : k \times k,$$

d'où $$\frac{R}{Q} = \frac{b}{k} \times \frac{h}{k} \, .$$

Maintenant, si l'on suppose que le côté *k* soit égal à l'unité linéaire, et si l'on convient de prendre pour unité superficielle le quarré Q, le rapport $\frac{R}{Q}$ exprime l'aire du rectangle R, et les rapports $\frac{b}{k}$, $\frac{h}{k}$, ne sont autre chose que la base *b* et la hauteur *h* considérées comme deux nombres abstraits. — Conséquemment aire $R = b \times h$.

Scholies. — I. Soient $b = 5^m.4$, $h = 3^m.21$. — On a
$$R = 5. 4 \times 3.21 = 17^{mq}.334.$$

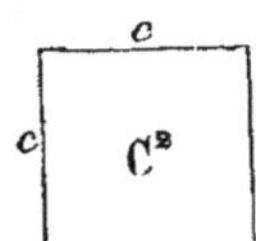

II. L'aire du quarré construit sur le côté c est exprimée par $c \times c$ ou par c^2, c'est-à-dire par la deuxième puissance du côté. — Voilà pourquoi on donne à la deuxième puissance d'une quantité le nom de *quarré*.

III. *Le côté* x *du quarré équivalent à une figure donnée est égal à la racine quarrée de l'aire* A *de cette figure :* car on a $x^2 = A$, d'où $x = \sqrt{A}$.

PROP. 4. — THÉORÈME : *L'aire d'un parallélogramme* abcd *est égale au produit* ab $\times$ mn *de sa base par sa hauteur.*

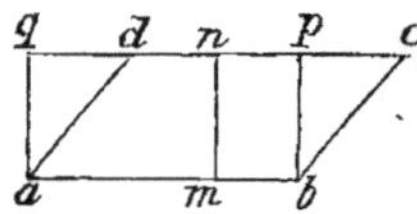

Soit construit un rectangle $abpq$ sur la base ab et la hauteur mn. — On a parallélogramme $abcd =$ trapèze $abcq$ — triangle adq, et rectangle $abpq =$ trapèze $abcq$ — triangle bcp ; mais triangle $adq =$ triangle bcp, parce que hypoténuse $ad =$ hypoténuse bc et $aq = bp$; donc parallélogramme $abcd =$ rectangle $abpq$; et, comme rectangle $abpq = ab \times mn$, il vient aussi parallélogramme $abcd = ab \times mn$.

Corollaire. — 1° *Deux parallélogrammes sont équivalents lorsqu'ils ont même base et même hauteur, et plus généralement lorsque les produits des bases par les hauteurs sont égaux.*

2° *Deux parallélogrammes sont entre eux comme les produits des bases par les hauteurs.*

3° *Deux parallélogrammes, de même base, sont entre eux comme les hauteurs.*

4° *Deux parallélogrammes, de même hauteur, sont entre eux comme les bases.*

PROP. 5. — THÉORÈME : *L'aire d'un triangle* abc *est égale à la moitié du produit de sa base* ab *par sa hauteur* co.

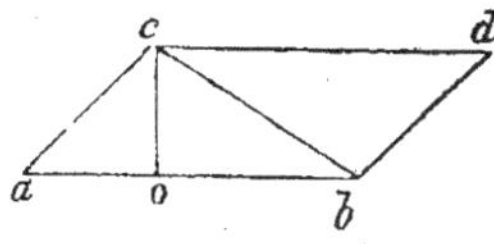

Soit construit sur les côtés *ab* et *ac* le parallélogramme *abdc*. — Parce que *bc* est commun, et que *ab=cd* et *ac=bd*, il vient triangle *abc =* triangle *cbd*, et partant, triangle *abc* $= \frac{1}{2}$ parallélogramme *abdc* ; mais parallélogramme *abdc* $= ab \times co$; donc triangle *abc* $= \dfrac{ab \times co}{2}$.

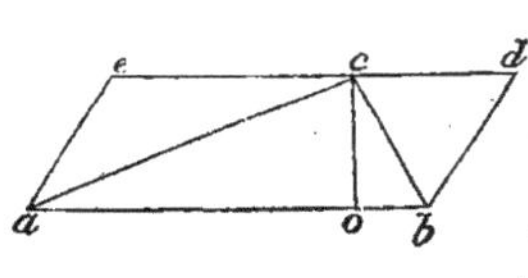

Corollaire 1. — *Tout triangle* abc *est la moitié du parallélogramme* abde, *de même base* ab *et de même hauteur* co : car triangle *abc* $= \dfrac{ab \times co}{2}$, tandis que parallélogramme *abde* $= ab \times co$.

Corol. 2. — 1° *Deux triangles sont équivalents lorsque les produits des bases par les hauteurs sont égaux.*

2° *Deux triangles sont entre eux comme les produits des bases par les hauteurs.*

3° *Deux triangles, de même base, sont entre eux comme les hauteurs.*

4° *Deux triangles, de même hauteur, sont entre eux comme les bases.*

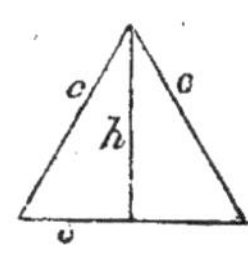

Scholie. — Soient A et *h* l'aire et la hauteur du triangle équilatéral construit sur le côté *c*. — On a

$$h^2 = c^2 - \frac{c^2}{4} = \frac{3}{4} c^2, \text{ d'où } h = \frac{c}{2} \sqrt{3} ;$$

Ainsi $\qquad A = \frac{1}{2} c \times \frac{c}{2} \sqrt{3} = \frac{c^2}{4} \sqrt{3}$.

PROP. 6. — THÉORÈME : *Deux triangles* abc, ab'c', *qui ont un angle égal* a, *sont entre eux comme les produits* ab $\times$ ac, ab' $\times$ ac' *des côtés qui le comprennent.*

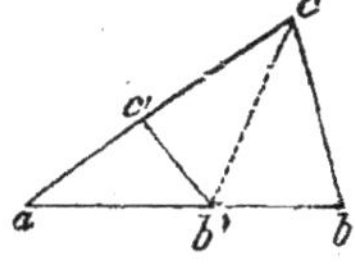

Parce que les triangles *abc*, *acb'*, ont pour hauteur commune la distance du point *c* à la ligne *ab*, on a *abc* : *acb'* :: *ab* : *ab'* ; parce que les triangles *acb'*, *ab'c'*, ont pour hauteur commune la perpendiculaire abaissée du sommet

b' sur ac, il vient aussi $acb' : ab'c' :: ac : ac'$. — Multipliant ces proportions, et divisant ensuite les deux premiers termes par acb', on trouve

$$abc : ab'c' :: ab \times ac : ab' \times ac'.$$

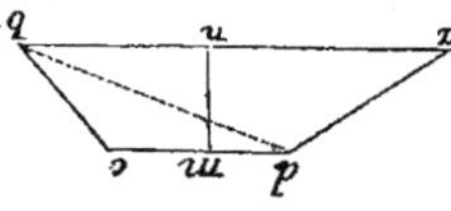

Scholie. — Cette proportionnalité existe encore quand les angles au sommet a des triangles abc, $ab'c'$, sont supplémentaires.

PROP. 7. — THÉORÈME : *L'aire d'un trapèze* abcd *est égale à la demi-somme de ses bases parallèles* ab, cd, *multipliée par sa hauteur* mn.

Car, si l'on tire la diagonale bd, on a triangle $dab = \dfrac{ab}{2} \times mn$,

triangle $bcd = \dfrac{cd}{2} \times mn$; et, en ajoutant,

trapèze $abcd = \dfrac{ab + cd}{2} \times mn$.

Corollaire. — *L'aire du trapèze* abcd *est aussi égale à sa hauteur* mn *multipliée par la droite* pq *qui joint les milieux* p, q, *des côtés concourants* ad, bc. — On a, page 47,

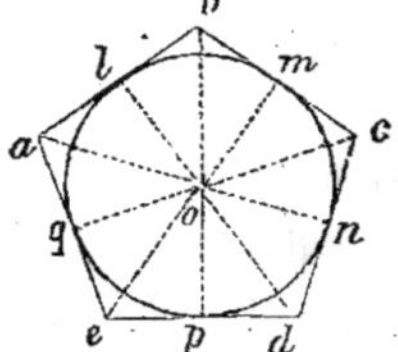

$\dfrac{ab + cd}{2} = pq$; conséquemment, trapèze $abcd = pq \times mn$.

PROP. 8. — THÉORÈME : *L'aire d'un polygone régulier, et en général celle de tout polygone circonscriptible, est égale à son périmètre multiplié par la moitié du rayon de la circonférence inscrite.*

Tirant les rayons ol, om, on, ... des points de contact l, m, n, ...et les droites oa, ob, oc, .., on a triangle

$oab = ab \times \dfrac{ol}{2}$, triangle $obc = bc \times \dfrac{om}{2}$,

triangle $ocd = cd \times \dfrac{on}{2}$, ... et, en ajoutant toutes ces égalités,

polyg $abcde = (ab + bc + cd + ...) \times \dfrac{ol}{2}$

ou bien polygone $abcde$ = périmètre $abcde \times \dfrac{ol}{2}$.

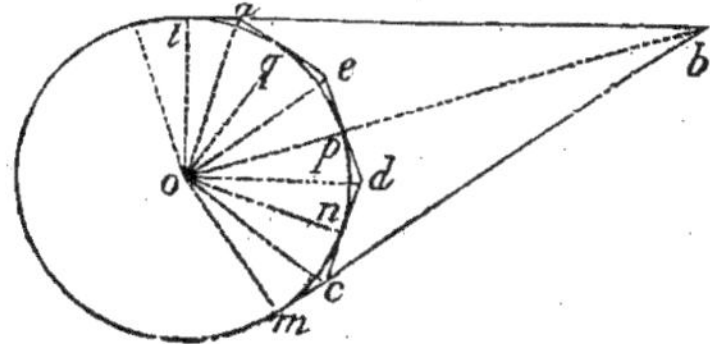

Scholie I. — Si la circonférence était *ex-inscrite* au polygone $abcde$, on ajouterait les deux premières égalités, et on retrancherait ensuite la somme des trois autres. — On trouverait ainsi

$$\text{polygone } abcde = (ab + bc - cd - de - ea) \times \frac{ol}{2}.$$

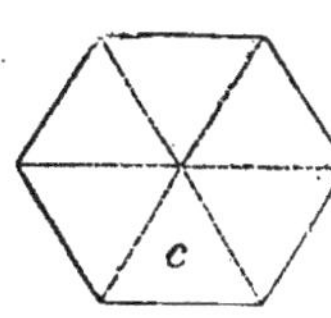

Scholies. — I. L'hexagone régulier construit sur le côté c, étant la somme de six triangles équilatéraux de même côté c, vaut

$$6 \times \frac{c^2}{4} \sqrt{3} \quad \text{ou} \quad \frac{3}{2} c^2 \sqrt{3}.$$

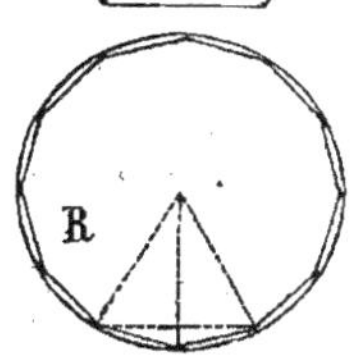

II. Le dodécagone régulier inscrit dans circonférence R, pouvant se décomposer en 12 triangles qui ont pour base R et pour hauteur $\dfrac{R}{2}$, est égal à $12R \times \dfrac{R}{4}$, ou bien à $3R^2$.

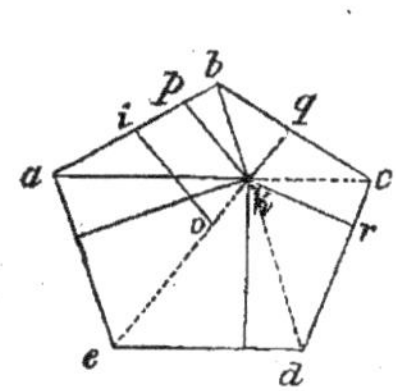

Corollaire. — *La somme des perpendiculaires* kp, kq, kr, ... *abaissées d'un point intérieur* k *sur les côtés d'un polygone régulier* abcde, *est égale à l'apothème* oi *multiplié par le nombre des côtés.* — Les aires des triangles *kab, kbc, kcd,* . . . .étant

$$\frac{ab \times kp}{2}, \quad \frac{bc \times kq}{2}, \quad \frac{cd \times kr}{2}, \ldots,$$

l'aire du polygone $abcde$ est exprimée par $\dfrac{ab}{2} (kp + kq + kr + \ldots)$;

mais cette aire vaut aussi $\dfrac{5 . ab \times oi}{2}$; il faut donc que l'on ait

$$kp + kq + kr + \ldots = 5 . oi.$$

N. B. — Cette propriété curieuse subsiste encore quand le point k est extérieur au polygone, mais alors il faut prendre avec le signe *moins* les perpendiculaires dirigées de dehors en dedans.

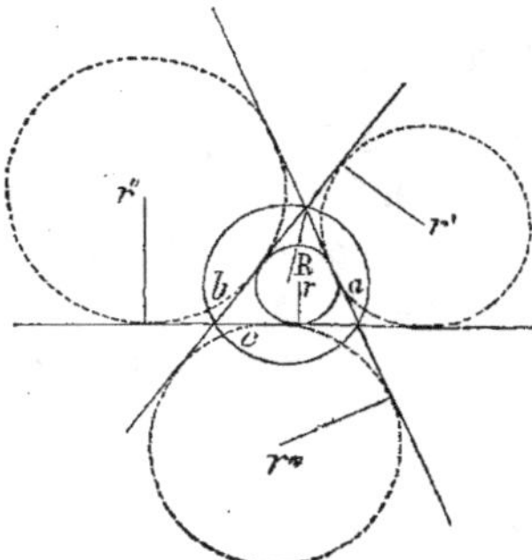

Prop. 9. — Problème : *Trouver en fonction des côtés : 1° l'aire* T *d'un triangle ; 2° les rayons* r, r', r", r'", *des circonférences inscrite et ex-inscrites ; 3° le rayon* R *de la circonférence circonscrite.*

1° Soient BC $= a$, AC $= b$, AB $= c$. — On a, en vertu de la proposition qui précède et du scholie 1,

$$T = \frac{1}{2}(a + b + c)\,r,$$

$$T = \frac{1}{2}(b + c - a)\,r',$$

$$T = \frac{1}{2}(a + c - b)\,r'',$$

$$T = \frac{1}{2}(a + b - c)\,r''' ;$$

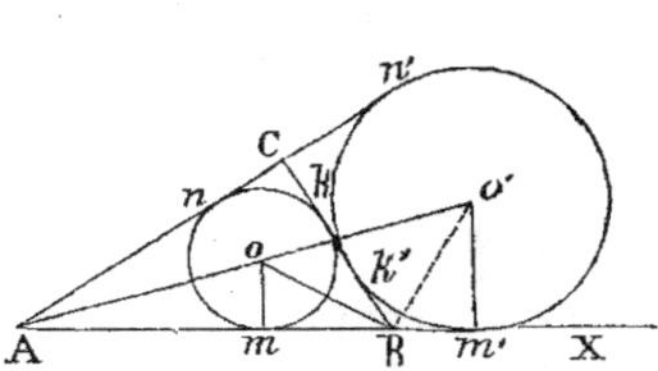

posant $a + b + c = 2p$, d'où, en retranchant successivement $2a$, $2b$ et $2c$, $b + c - a = 2(p - a)$, $a + c - b = 2(p - b)$, $a + b - c = 2(p - c)$, il vient

$$T = pr, \quad T = (p - a)\,r', \quad T = (p - b)\,r'', \quad T = (p - c)\,r'''. \quad (1)$$

Maintenant, parce que les bissectrices Bo, Bo', des angles ABC et CBX sont rectangulaires, l'angle oBm, complémentaire de l'angle o'Bm', est égal à l'angle B$o'm'$; donc les triangles rectangles Bom, B$o'm'$, sont semblables, et partant $om : Bm' :: Bm : o'm'$, d'où $om \times o'm' = Bm \times Bm'$. — Or, $om = r$, $o'm' = r'$; de plus, à cause que A$m = An$, B$m = Bk$ et C$n = Ck$, $p = $AC $+ Bm$ ou B$m = p - b$; pareillement,

$$2p = AB + Bk' + AC + Ck' = Am' + An', \quad \text{ou} \quad p = Am',$$

et par suite B$m' = p - c$. — Conséquemment, $rr' = (p - b)(p - c)$. — Multipliant les deux premières égalités (1), remplaçant rr' par la valeur trouvée et extrayant la racine quarrée, il vient

$$T = \sqrt{p\,(p - a)\,(p - b)\,(p - c)}.$$

Ainsi, *l'aire d'un triangle est égale à la racine quarrée du produit de son demi-périmètre* p *par les excès* p — a, p — b, p — c, *de ce demi-périmètre sur chacun des trois côtés.*

2° Tirant les valeurs de r, r', r'', r''', dans les égalités (1), et substituant à T sa valeur, on trouve

$$r = \sqrt{\frac{(p-a)\,(p-b)\,(p-c)}{p}}, \quad r' = \sqrt{\frac{p\,(p-b)\,(p-c)}{p-a}},$$

$$r'' = \sqrt{\frac{p\,(p-a)\,(p-c)}{p-b}}, \quad r''' = \sqrt{\frac{p\,(p-a)\,(p-b)}{p-c}}.$$

3° En désignant par h la hauteur relative au côté a, on a, page 109, $h \times 2R = b \times c$; multipliant par a et remplaçant $a \times h$ par 2T, il vient $4T \times R = a \times b \times c$, d'où

$$R = \frac{abc}{4\sqrt{p\,(p-a)\,(p-b)\,(p-c)}}.$$

Corollaire. — *L'aire d'un triangle est égale à la racine quarrée du produit des quatre rayons des circonférences inscrite et ex-inscrites.* — En multipliant les quatre équations (1) et en observant que $T^2 = p\,(p-a)\,(p-b)\,(p-c)$, il vient $T^2 = rr'\,r''\,r'''$, d'où $T = \sqrt{rr'\,r''\,r'''}$.

PROP. 10. — PROBLÈME : *Trouver l'aire d'un polygone donné.*

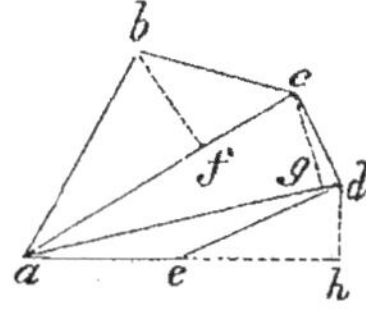

En tirant toutes les diagonales qui aboutissent à un même sommet, on décompose le polygone en autant de triangles qu'il a de côtés moins deux. — La somme des aires de tous les triangles est l'aire demandée. — Ainsi,

$$\text{aire } abcde = \frac{ac \times bf}{2} + \frac{ad \times cg}{2} + \frac{ae \times dh}{2}.$$

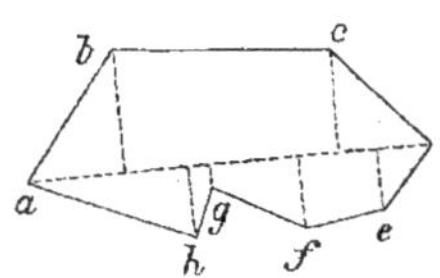

Dans la pratique, il est plus avantageux de décomposer le polygone en triangles, trapèzes et rectangles, en abaissant des sommets b, c, e, f, . . des perpendiculaires sur la plus grande diagonale ad. — En ajoutant les aires de toutes ces figures, on a celle du polygone.

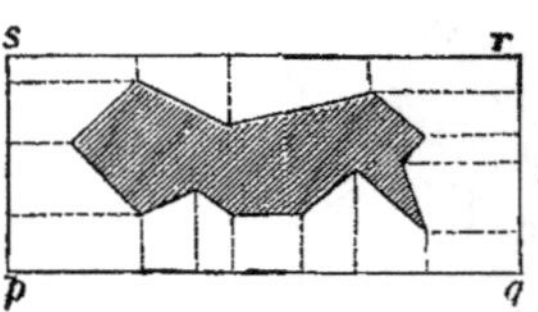

S'il n'est point permis d'entrer dans le polygone, on construit un rectangle *pqrs* qui l'enveloppe de toutes parts. — On détermine l'aire comprise entre eux, en la divisant en trapèzes et rectangles ; on retranche cette aire de celle du rectangle *pqrs* ; la différence est évidemment l'aire cherchée.

PROP. 11. — THÉORÈME : *L'aire d'un cercle est égale à sa circonférence multipliée par la moitié du rayon.*

Un cercle peut être considéré comme un polygone régulier d'un nombre infini de côtés infiniment petits, de manière que l'apothème et le rayon se confondent. — Or, l'aire d'un polygone régulier est égale à son périmètre multiplié par la moitié de l'apothème : donc aussi celle d'un cercle est égale à sa circonférence multipliée par la moitié du rayon. — Ainsi, cercle $R = $ cir $R \times \dfrac{R}{2}$.

Corollaire. — *L'aire d'un cercle est égale au rapport de la circonférence au diamètre multiplié par le quarré du rayon* ; parce que circonférence $R = 2\pi R$, on a cercle $R = 2\pi R \times \dfrac{R}{2}$, ou cercle $R = \pi R^2$.

Scholies. — I. La formule cercle $R = \pi R^2$ sert à calculer l'aire d'un cercle dont le rayon est donné. On en déduit, pour déterminer le rayon d'un cercle dont on connaît l'aire, $R = \sqrt{\dfrac{\text{cercle } R}{\pi}}$.

Ces deux problèmes ne peuvent être résolus qu'approximativement.

II. On trouve aussi, par le calcul,
$$\text{cercle } R = \frac{(\text{circ } R)^2}{4\pi} \text{ et circ } R = 2\sqrt{\pi \text{ cercle } R}.$$

La première formule donne le cercle en fonction de la circonférence, et la seconde la circonférence en fonction du cercle.

PROP. 12. — THÉORÈME : *L'aire d'un secteur est égale à son arc multiplié par la moitié du rayon.*

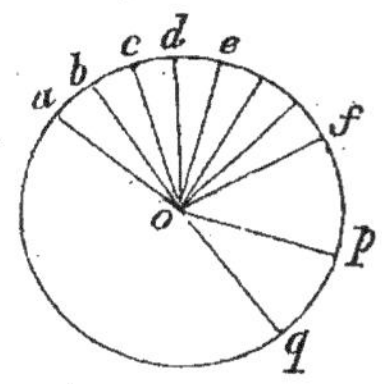

Tout secteur *aof* peut être décomposé en secteurs *aob*, *boc*, *cod*, ... assez petits pour être regardés comme des triangles ayant pour bases les éléments *ab*, *bc*, *cd*, ... de l'arc *af*, et pour hauteur le rayon *oa*. — Donc, l'aire d'un triangle étant égale au produit de sa base par la moitié de sa hauteur, l'aire du secteur *aof* sera exprimée par la somme des bases *ab*, *bc*, *cd*, ...

multipliée par $\frac{oa}{2}$, c'est-à-dire par arc $af \times \frac{oa}{2}$.

Corollaire. — *Les secteurs d'un même cercle sont entre eux comme leurs arcs.* — On a

$$\text{secteur } aof = af \times \frac{oa}{2}, \quad \text{secteur } poq = pq \times \frac{oa}{2},$$

et, en divisant, secteur *aof* : secteur *poq* :: *af* : *pq*.

Scholie. — Soient A et R l'aire et le rayon d'un secteur, et *m* le nombre des grades de son arc. — On a A : cercle R :: *m* : 400,

d'où $A = \frac{\pi R^2 m}{400}$.

PROP. 13. — PROBLÈME : *Trouver l'aire d'un segment.*

On a seg acb = sect $oacb$ — triangle oab = $acb \times \frac{oa}{2} - bk \times \frac{oa}{2}$,

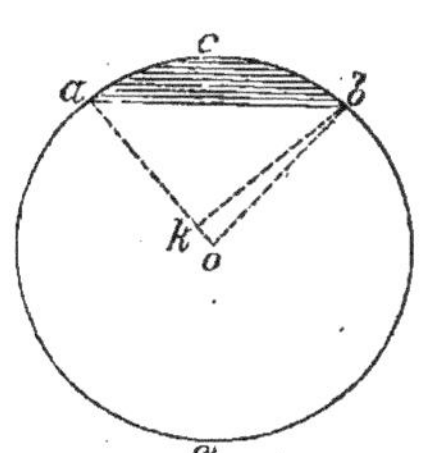

bk étant la perpendiculaire abaissée du point *b* sur *oa*. — Mettant $\frac{oa}{2}$ en facteur, il vient

segment $acb = (acb - bk) \times \frac{oa}{2}$. On démontrerait de même que

$$\text{segment } ac'b = (ac'b + bk) \times \frac{oa}{2}.$$

PROP. 14. — THÉORÈME : *L'aire d'un fragment de couronne* aff' a' *est égale à son épaisseur* aa', *multipliée par la demi-somme des arcs extrêmes* af, a'f', *ou par l'arc moyen* a"f".

Si l'on décompose le fragment *aff'a'*, en fragments infiniment

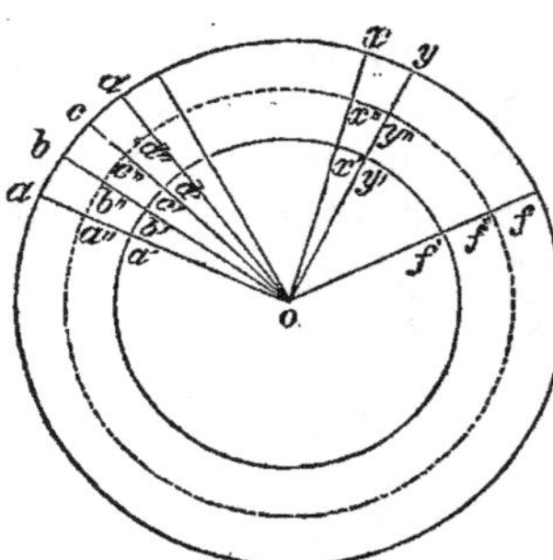

petits $abb'a'$, $bcc'b'$, $cdd'c'$,.... en tirant les rayons très-voisins ob, oc, od,... chacun d'eux, par exemple le fragment $xyy'x'$, peut être regardé comme un trapèze ayant pour bases parallèles les petits arcs xy, $x'y'$, et pour hauteur xx' ou aa' ; on a conséquemment

$$xyy'x' = \frac{xy + x'y'}{2} \times aa'$$

ou $xyy'x' = x''y'' \times aa'$. — Faisant la somme de toutes les expressions semblables, et observant que $ab + bc + cd + \ldots = af$, $a'b' + b'c' + c'd' + \ldots = a'f'$, $a''b'' + b''c'' + c''d'' + \ldots = a''f''$, on trouve fragment $aff'a' = \dfrac{af + a'f'}{2} \times aa' = a''f'' \times aa'$.

Corollaire. — *L'aire d'une couronne est égale à son épaisseur multipliée par la demi-somme des circonférences limites ou par la circonférence moyenne* : car un fragment se change en couronne quand les arcs extrêmes deviennent des circonférences complètes.

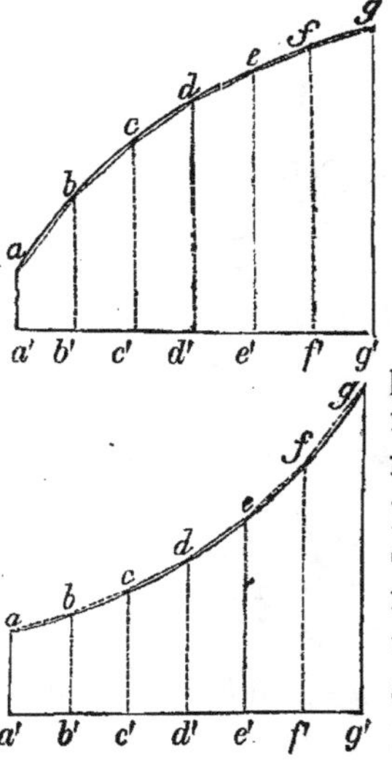

Prop. 15. — **Problème :** *Trouver l'aire d'une figure* $agg'a'$ *comprise entre une courbe quelconque* ag, *une base rectiligne* $a'g'$ *et deux perpendiculaires* aa', gg', *à cette base.*

Divisons la base $a'g'$ en parties égales très-petites $a'b'$, $b'c'$, $c'd'$,..... et élevons aux points de division les perpendiculaires $b'b$, $c'c$, $d'd$,...; la figure $agg'a'$ est décomposée en tranches minces qui diffèrent d'autant moins des petits trapèzes $abb'a'$, $bcc'b'$, $cdd'c'$,.... que les points a, b, c,.... sont plus rapprochés. — En faisant la somme de tous ces trapèzes, on aura donc par approximation l'aire cherchée. — Supposons, pour fixer les idées, que la base $a'g'$ contienne 6 parties égales, les aires des 6 trapèzes seront :

$$1^o\ \frac{aa' + bb'}{2} \times \frac{a'g'}{6}\ ;\ 2^o\ \frac{bb' + cc'}{2} \times \frac{a'g'}{6}\ ;\ 3^o\ \frac{cc' + dd'}{2} \times \frac{a'g'}{6}\ ;$$

$$4^o\ \frac{dd' + ee'}{2} \times \frac{a'g'}{6}\ ;\ 5^o\ \frac{ee' + ff'}{2} \times \frac{a'g'}{6}\ ;\ 6^o\ \frac{ff' + gg'}{2} \times \frac{a'g'}{6}\ ;$$

et on aura

$$agg'a' = \left[\frac{aa' + gg'}{2} + bb' + cc' + dd' + ee' + ff'\right] \times \frac{a'g'}{6}.$$

On voit qu'en général *il faut prendre la demi-somme des perpendiculaires extrêmes, y joindre la somme de toutes les perpendiculaires intermédiaires, multiplier le tout par la base et diviser par le nombre de ses parties.* — L'aire obtenue péchera par défaut ou par excès, selon que la concavité ou la convexité de la courbe sera tournée vers la base.

Autre solution. — Pour obtenir une valeur plus approchée, considérons trois points l, m, n, très voisins de la courbe, dont les projections l', m', n', sur la base, soient équidistantes; prolongeons mm' de $mx' = mx$ et divisons xx' en un nombre pair de parties égales, par exemple en six; tirons : 1° les droites lx', nx', et par le point y la droite pp' parallèle à ln ; 2° les droites py', $p'y'$, et par le point z la droite qq' parallèle à pp' ; 3° les droites qz', $q'z'$, et par le point m la droite rr' parallèle à qq' ; nous formerons ainsi une ligne brisée $lpqrr'q'p'n$, qui passera par les points l, m, n, et dans laquelle on aura, à cause que $xl = xn$, $yp = yp'$; puis $zq = zq'$ et $mr = mr'$. — Lorsque les divisions de xx' sont très nombreuses, les côtés $lp, pq, qr, \ldots$ deviennent très petits, et la ligne brisée se transforme en une courbe que l'on peut regarder comme se confondant avec la courbe donnée. — Dans cette hypothèse, on peut substituer aux trapèzes $lxyp$, $pyzq$, $\ldots$ les parallélogrammes $sxyp$, $tyzq$, $\ldots$ et, parce que ces parallélogrammes sont respectivement doubles des triangles $px'y'$, $qy'z'$, $\ldots$ qui ont même base et même hauteur, il s'ensuit que

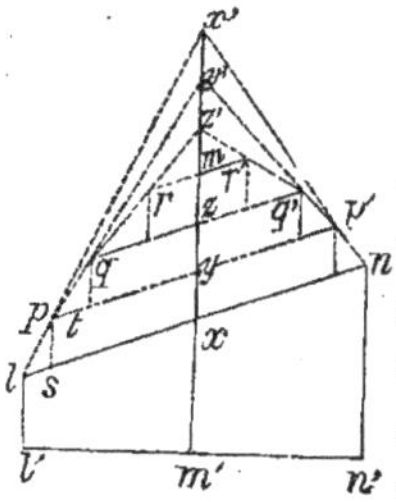

$$lpqrmx = 2pq\dot{r}mx' = \frac{2}{3}\text{ triangle } lxx' = \frac{2}{3} . mx \times l'm', \text{ et partant que } lpqrr'q'p'n = \frac{4}{3} . mx \times l'm'. \text{ En observant que trapèze}$$

$$ll'n'n = m'x \times 2l'm', \text{ on a donc } l'lmnn' = [6m'x + 4mx] . \frac{l'm'}{3};$$

mais $4m'x + 4mx = 4mm'$, $2m'x = ll' + nn'$; conséquemment,

$$l'lmnn' = [ll' + nn' + 4mm'] . \frac{l'm'}{3}.$$

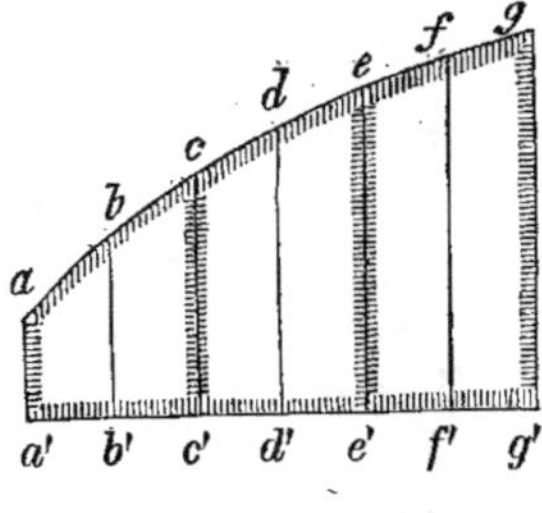

Présentement, on a

$$aa'c'c = [aa' + cc' + 4bb'] . \frac{a'b'}{3},$$

$$cc'e'e = [cc' + ee' + 4dd'] . \frac{a'b'}{3},$$

$$ee'g'g = [ee' + gg' + 4ff'] . \frac{a'b'}{3}.$$

Ajoutant et remarquant que

$$\frac{a'b'}{3} = \frac{a'g'}{3.6},$$

il vient enfin

$$agg'a' = [aa' + gg' + 2(cc' + ee') + 4(bb' + dd' + ff')] . \frac{a'g'}{3.6}.$$

De là cette règle : *Divisez la base en un nombre pair de parties égales ; à la somme des perpendiculaires extrêmes, ajoutez le double de la somme des autres perpendiculaires de rangs impairs et le quadruple de celle des perpendiculaires de rangs pairs ; multipliez le tout par la base, et divisez par trois fois le nombre de ses parties égales.*

§ 2. — Transformation des surfaces.

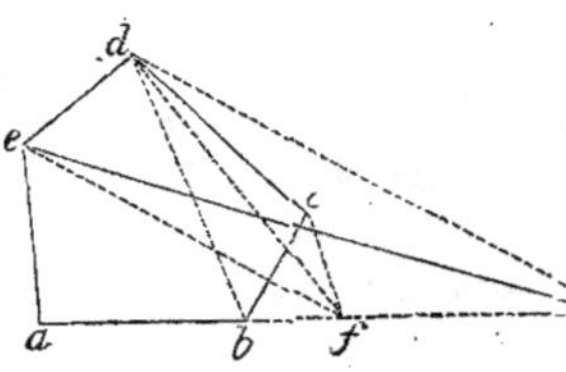

PROPOSITION 1. — PROBLÈME : *Construire un triangle équivalent à un polygone donné abcde.*

Par le sommet c je mène à la diagonale bd la parallèle cf, qui coupe en f le prolongement du côté *ab*, et je tire *df*. Les triangles *cbd*, *fbd*, ayant même base *bd*, et pour hauteur commune la distance des parallèles *bd* et *cf*, sont équivalents ; en ajoutant à chacun d'eux le quadrilatère *abde*, on a pentagone *abcde* = quadrilatère *afde*. — Ainsi, *tout polygone peut être transformé en un polygone équivalent ayant un côté de moins.* — Si donc on répète la construction qui précède autant de fois que le polygone donné a de côtés moins trois, on parviendra à le réduire en triangle. — Dans le cas de la figure, il faut par le sommet *d* mener *dg* parallèlement à la diagonale *ef* et tirer *eg* ; le triangle *eag* répond à l'énoncé.

Prop. 2. — Problème : *Trouver le quarré équivalent à un triangle, à un parallélogramme ou à un trapèze donné.*

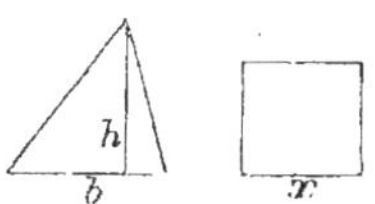

1° Je détermine la moyenne proportionnelle *x* entre la base *b* et la moitié de la hauteur *h* du triangle donné : c'est le côté du quarré demandé ; car, de la proportion $b : x :: x : \dfrac{h}{2}$ on déduit $x^2 = b \times \dfrac{h}{2}$.

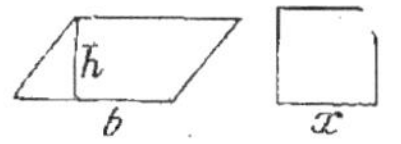

2° Soit *x* la moyenne proportionnelle entre la base *b* et la hauteur *h* du parallélogramme donné, on a $b : x :: x : h$, d'où $x^2 = b \times h$; donc le quarré construit sur le côté *x*, est celui cherché.

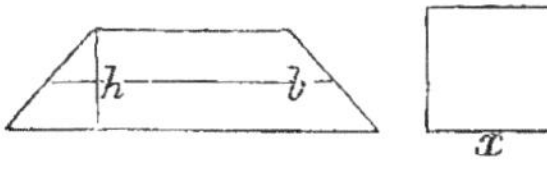

3° Soit *x* une moyenne proportionnelle entre la hauteur *h* d'un trapèze et la droite *b* qui joint les milieux des côtés concourants. — On a $h : x :: x : b$ ou $x^2 = b \times h$; conséquemment, le quarré x^2 est équivalent à ce trapèze.

Prop. 3. — Problème : *Trouver le quarré équivalent à un polygone donné.*

On transforme d'abord le polygone en triangle, puis on trouve le quarré équivalent à ce triangle ; c'est évidemment le quarré cherché.

Scholie. — Quand le polygone donné est *régulier*, le côté *x* du quarré équivalent est égal à la moyenne proportionnelle entre

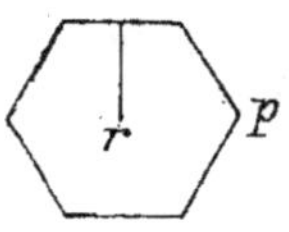 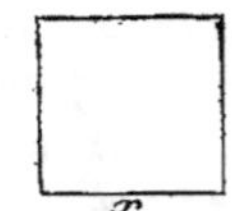

le périmètre p et la moitié de son apothème r ; car, de la proportion $p : x :: x : \dfrac{r}{2}$, on tire $x^2 = p \times \dfrac{r}{2}$.

PROP. 4. — PROBLÈME : *Sur une base donnée* a, *construire un rectangle équivalent au rectangle dont les dimensions sont* b *et* h.

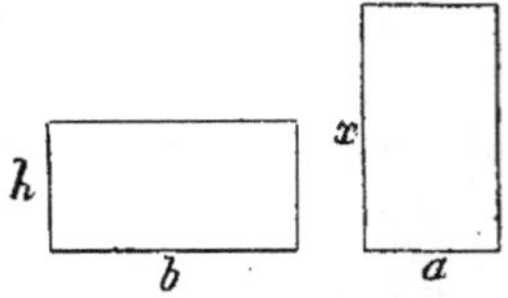

Soit x la hauteur inconnue, on a $a \times x = b \times h$ ou $a : b :: h : x$; ainsi, cette hauteur est une 4me proportionnelle à la base donnée a et aux dimensions b et h.

PROP. 5. — PROBLÈME : *Construire un rectangle équivalent à un quarré* k^2, *dont la somme des dimensions soit une droite* ab.

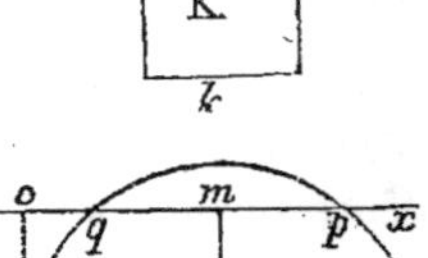

Après avoir décrit sur le diamètre ab une demi-circonférence, je prends, sur la tangente du point a, $ac = k$, et par le point c je tire cx parallèle à ab ; les droites cp, cq, sont les dimensions cherchées. — D'abord, on a $cp : ca :: ca : cq$, d'où $cp \times cq = ca^2 = k^2$; en second lieu, parce que la projection m du centre o sur pq est le milieu de cette corde, il vient, page 11, $cp + cq = 2cm = 2oa = ab$; donc le rectangle construit sur cp et cq est celui que l'on cherche.

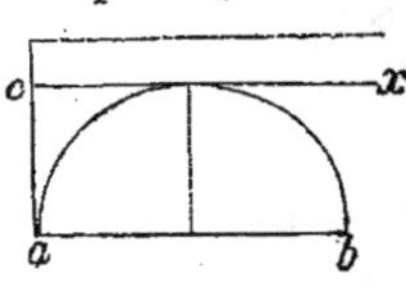

Lorsque le côté k ou ac est égal à $\dfrac{ab}{2}$, la parallèle cx est tangente, et les dimensions cp, cq, deviennent égales entre elles et à ac ; dans ce cas, le quarré k^2 répond lui-même à la question. — Lorsque le côté k ou ac est $> \dfrac{ab}{2}$, la parallèle ne coupe pas la demi-circonférence, et le problème est impossible.

PROP. 6. — PROBLÈME : *Construire un rectangle équivalent à un quarré* k^2, *dont les dimensions diffèrent d'une droite* ab.

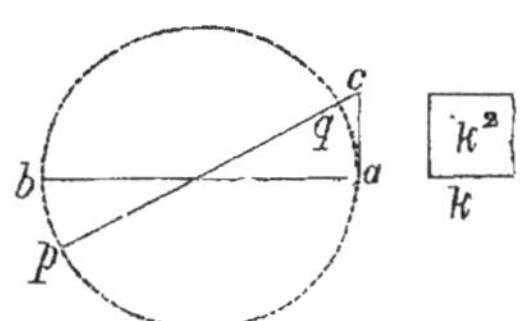

Après avoir décrit sur le diamètre *ab* une circonférence, je prends, sur la tangente du point *a*, $ac = k$, et je tire le diamètre *pq*, qui passe par le point *c*. — Les droites *cp*, *cq*, sont les côtés cherchés. En effet, on a $cp : ac :: ac : cq$, d'où, $cp \times cq = ac^2 = k^2$; de plus, $cp - cq = pq = ab$. — Ce problème est toujours possible.

PROP. 7. — PROBLÈME : *Trouver le quarré équivalent à un cercle donné.*

Puisque cercle $R = \text{circ } R \times \dfrac{R}{2}$, tout cercle est équivalent à

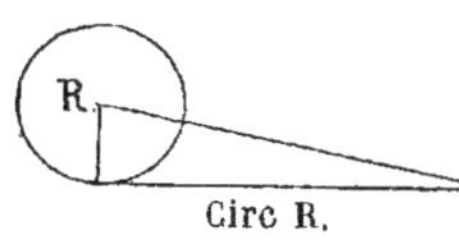

un triangle qui a pour base la circonférence rectifiée et pour hauteur le rayon, ou à un quarré dont le côté est moyen proportionnel entre la circonférence rectifiée et la moitié du rayon. Ainsi, le fameux problème de la *quadrature du cercle* n'offrirait aucune difficulté si l'on savait rectifier rigoureusement la circonférence ; mais, parce que cir $R = 2\pi R$, cette opération dépend du rapport π et ne peut être faite qu'approximativement.

Scholie. — Soit *c* le côté d'un quarré équivalent à cercle R ; on a $c^2 = \pi R^2$, d'où $c = R \sqrt{\pi}$ et $R = \dfrac{c}{\sqrt{\pi}}$. — Ces formules servent à déterminer par approximation le côté d'un quarré équivalent à un cercle et le rayon d'un cercle équivalent à un quarré.

PROP. 8. — PROBLÈME : *Trouver un cercle équivalent à une couronne.*

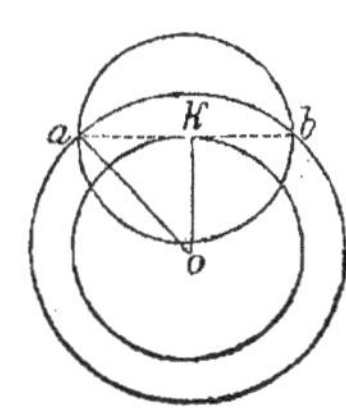

Le cercle cherché a pour diamètre la corde *ab* de circonférence *oa* tangente à circonférence *ok*. — En effet, le triangle rectangle *oak* fournit

$$ka^2 = oa^2 - ok^2,$$

et, par suite, $\pi . ka^2 = \pi . oa^2 - \pi . ok^2$, c'est-à-dire cercle *ka* = cercle *oa* — cercle *ok* = couronne.

§ 3. — Rapport entre les aires des figures semblables.

PROPOSITION 1. — THÉORÈME : *Les triangles semblables* abc, a'b'c', *sont entre eux comme les quarrés des côtés homologues* ab, a'b'.

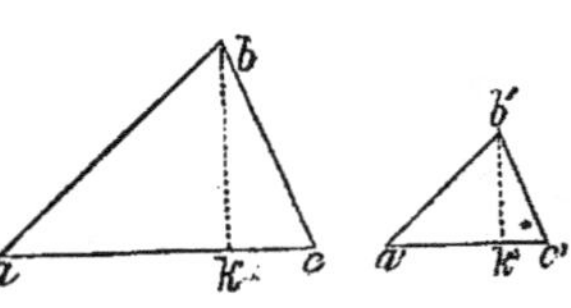

On a, à cause de la similitude des deux triangles, $ac : a'c' :: ab : a'b'$. — Tirant les hauteurs bk, $b'k'$, les triangles rectangles abk, $a'b'k'$ sont aussi semblables, parce que ang $a =$ ang a', et, par suite, $bk : b'k' :: ab : a'b'$. — Multipliant ces proportions et divisant par 2 les deux premiers termes, il vient

$$\frac{ac \times bk}{2} : \frac{a'c' \times b'k'}{2} :: ab^2 : a'b'^2,$$

ou bien triangle abc : triangle $a'b'c' :: ab^2 : a'b'^2$.

PROP. 2. — THÉORÈME : *Deux polygones semblables* abcde, a'b'c'd'e', *sont entre eux comme les quarrés des côtés homologues* ab, a'b'.

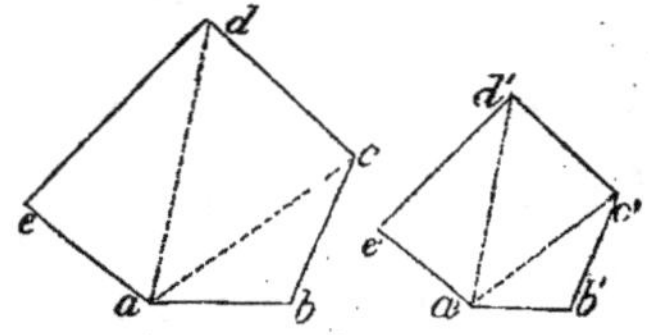

Ces polygones pouvant être décomposés en triangles abc, acd, ade, et $a'b'c'$, $a'c'd'$, $a'd'e'$, semblables deux à deux, on a

$$abc : a'b'c' :: ac^2 : a'c'^2,$$
$$acd : a'c'd' :: ac^2 : a'c'^2 ;$$

d'où résulte $abc : a'b'c' :. acd : a'c'd'$. — On prouverait de même que $acd : a'c'd' :: ade : a'd'e'$. — Ainsi, $abc : a'b'c' :: acd : a'c'd' :: ade : a'd'e'$, et, par suite, $abc + acd + ade : a'b'c' + a'c'd' + a'd'e' :: abc : a'b'c'$, ou bien polygone $abcde$: polygone $a'b'c'd'e' :: abc : a'b'c'$; mais $abc : a'b'c' :: ab^2 : a'b'^2$; donc

$$\text{polyg } abcde : \text{polyg } a'b'c'd'e' :: ab^2 : a'b'^2.$$

Corollaire. — *Les polygones réguliers d'un même nombre de côtés sont entre eux comme les quarrés de leurs apothèmes ou de leurs rayons.* — Car les apothèmes et les rayons sont des lignes homologues.

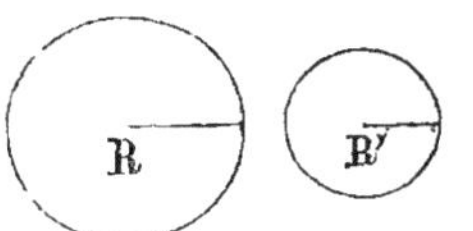

PROP. 3. — THÉORÈME : *Les cercles sont entre eux comme les quarrés de leurs rayons.*

Soient R, R', les rayons de deux cercles. — On a cercle R $= \pi R^2$, cercle R' $= \pi R'^2$, et, en divisant, $\dfrac{\text{cercle R}}{\text{cercle R'}} = \dfrac{\pi R^2}{\pi R'^2} = \dfrac{R^2}{R'^2}$, c'est-à-dire cercle R : cercle R' :: $R^2 : R'^2$.

PROP. 4. — THÉORÈME : *Les secteurs semblables* oab, o'a'b', *sont entre eux comme les quarrés de leurs rayons* oa, o'a'.

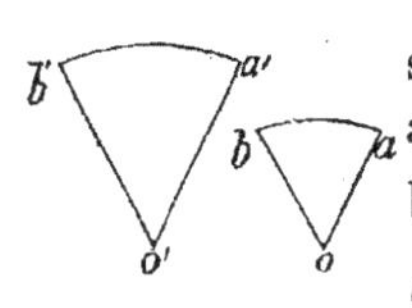

Il vient, parce que les arcs *ab*, *a'b'*, sont semblables, *ab* : *a'b'* : *oa* : *o'a'*, multipliant les antécédents par *oa* et les conséquents par *o'a'*, puis divisant les deux premiers termes par 2, on a $\dfrac{ab \times oa}{2} : \dfrac{a'b' \times o'a'}{2} :: oa^2 : o'a'^2$, ou bien

secteur *oab* : secteur *o'a'b'* :: $oa^2 : o' a'^2$.

Corollaire. — *Les segments semblables sont entre eux comme les quarrés des rayons.*

PROP. 5. — THÉORÈME : *Si trois polygones semblables ont pour côtés homologues l'hypoténuse et les côtés de l'angle droit d'un triangle rectangle, le premier est égal à la somme des deux autres.*

Lorsque les trois polygones sont des quarrés, on a $ab^2 = ac^2 + bc^2$, ou, ce qui revient au même, quarré *ag* = quarré *cd* + quarré *ck*. — Ce théorème fondamental peut encore être démontré comme il suit : Tirons les droites *ch*, *bd*, et, du sommet *c*, sur *ab*, la perpendiculaire *co*, dont le prolongement rencontre *hg* en *i*. — Le rectangle *ai* est double du triangle *cah*, qui a même base *ah* et même hauteur *ao*. — Pareillement, les perpendiculaires *cb*, *ce*, au côté *ac*, étant en ligne droite, le quarré *cd* est double du triangle *bad*, qui a même base *ad* et même hauteur *ac*. — Mais les triangles *cah*, *bad*, sont égaux, parce qu'ils ont un angle

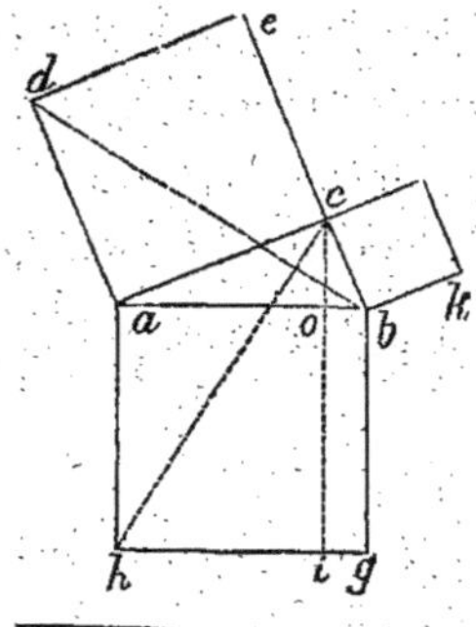

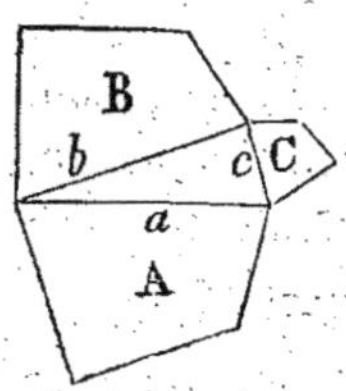

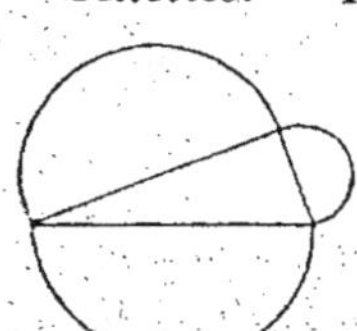

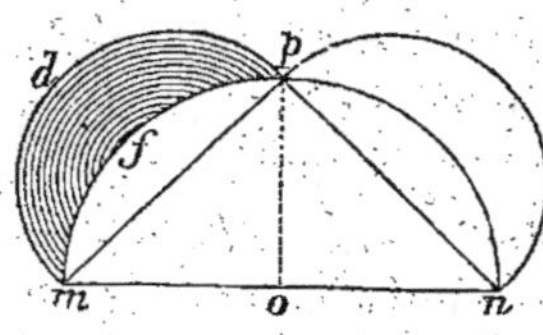

égal compris entre côtés égaux, savoir : 1° ang cah = angle bad, car chacun de ces angles est égal à un angle droit augmenté de l'angle cab ; 2° ah = ab, et 3° ac = ad, comme côtés de même quarré. — Donc aussi rectangle ai = quarré cd. — On prouverait semblablement que rectangle bi = quarré ck. — Ajoutant ces égalités, il vient

quarré ag = quarré cd + quarré ck.

Soient maintenant A, B, C, trois polygones semblables ayant pour cotés homologues l'hypoténuse a et les côtés b, c, de l'angle droit d'un triangle rectangle. — On a A : B :: a^2 : b^2 et B : C :: b^2 : c^2, d'où B + C : B :: $b^2 + c^2$: b^2 ; mais, parce que $a^2 = b^2 + c^2$, la première et la troisième proportion ont leurs trois derniers termes communs : donc A = B + C.

Scholies. — I. Les rectangles ai et bi, ayant même hauteur oi, il vient rectangle ai : rectangle bi :: ao : bo, ou bien quarré cd : quarré ck :: ao : bo. (V. page 82.)

II. *Si trois cercles ont pour diamètres l'hypoténuse et les côtés de l'angle droit d'un triangle rectangle, le premier est égal à la somme des deux autres.*

III. Si le triangle rectangle mpn est en même temps isocèle, on a demi-cercle mpd = secteur $omfp$, et, en retranchant de part et d'autre le segment mfp, *lunule* $mfpd$ = triangle mop ; ainsi, *cette lunule est exactement quarrable.*

§ 4. — Problèmes sur les figures semblables.

PROPOSITION 1. — PROBLÈME : *Construire le quarré égal à la somme de plusieurs quarrés donnés,* a², b², c², d², ...

Je tire, sous un angle droit, les droites lo, lm, respectivement

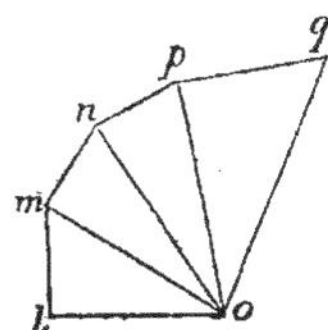

égales aux côtés a, b, et ensuite l'hypoténuse om; j'ai $om^2 = lo^2 + lm^2 = a^2 + b^2$; donc om est le côté du quarré égal à la somme des deux quarrés a^2 et b^2. — Du sommet m, j'élève sur om, une perpendiculaire mn égale au côté c, et j'unis le point n au point o; j'ai

$$on^2 = om^2 + mn^2 = a^2 + b^2 + c^2;$$

donc on est le côté du quarré égal à la somme des trois quarrés a^2, b^2 et c^2. — En tirant, sur on, une perpendiculaire $np =$ côté d, il vient pareillement $op^2 = a^2 + b^2 + c^2 + d^2$, etc., etc.

Scholie. — Soit x le côté d'un quarré *multiple* d'un quarré donné, par exemple quintuple du quarré a^2. — On a $x^2 = 5a^2$, d'où $a : x :: x : 5a$; ainsi, le côté x est moyen proportionnel entre a et $5a$.

Prop. 2. — Problème : *Construire le quarré égal à la diffé-rence de deux quarrés donnés* a^2 *et* b^2.

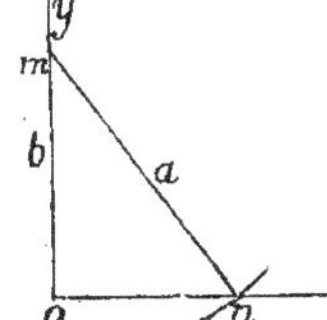

Sur le côté oy d'un angle droit yox, je prends $om =$ côté b, et du centre m, avec le côté a pour rayon, je décris un arc qui coupe ox en n; j'ai $on^2 = mn^2 - om^2 = a^2 - b^2$; donc on est le côté du quarré cherché.

Prop. 3. — Problème : *Deux polygones semblables* P, Q, *étant donnés, construire un polygone semblable égal à leur somme ou à leur différence.*

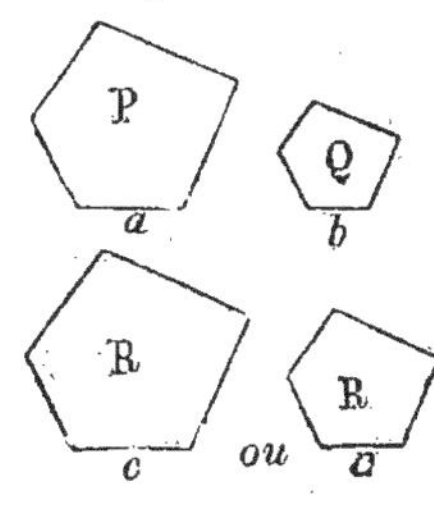

Je détermine le côté c du quarré égal à la somme $a^2 + b^2$ ou à la différence $a^2 - b^2$ des quarrés a^2 et b^2, construits sur deux côtés homologues a et b; je fais ensuite, sur le côté c homologue au côté a, un polygone R semblable au polygone P; c'est le polygone cherché. — En effet, on a $P : Q :: a^2 : b^2$, d'où $P \pm Q : P :: a^2 \pm b^2 : a^2$ et $R : P :: c^2 : a^2$; mais, par construction, $c^2 = a^2 \pm b^2$; donc $R = P \pm Q$.

Scholie. — Soit x le rayon d'un cercle égal à la somme ou à la différence de cercle R et cercle R', on a $\pi x^2 = \pi R^2 \pm \pi R'^2$ ou

$x^2 = R^2 \pm R'^2$; on pourra donc construire le rayon x à l'aide des propositions 1 ou 2.

Prop. 4. — Problème : *Construire un quarré qui soit au quarré* k^2 *comme la droite* m *est à la droite* n.

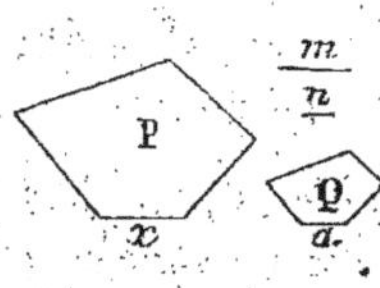

Je prends, sur une droite *ax, ab* $= m$, *bc* $= n$, et j'élève en *b* une perpendiculaire *bf*, qui coupe au point *f* la demi-circonférence décrite sur le diamètre *ac*; je tire les cordes indéfinies *fa, fc*, et, après avoir pris *fq* $=$ côté *k*, la droite *qp*, parallèle à *ac*; le segment *fp* est le côté du quarré demandé. — Le triangle *fac* est rectangle en *f*, parce que l'angle *afc* est inscrit dans une demi-circonférence : donc, à cause que *fb* est perpendiculaire sur *pq* parallèle à *ac, fp²* : *fq²* ou k^2 : *gp*:*gq* ; mais *gp* : *gq* :: *ab* : *bc* ou :: *m* : *n*; donc *fp²* : k^2 :: *m* : *n*.

Prop. 5. — Problème : *Construire un polygone semblable au polygone* Q *et qui soit avec lui dans le rapport de* m : n.

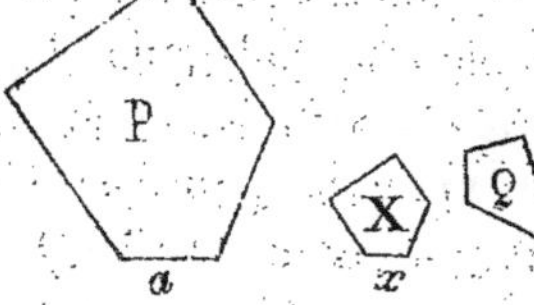

Je détermine le côté x du quarré qui est au quarré a^2, fait sur un côté quelconque *a*, comme *m* : *n* ; sur le côté *x*, homologue au côté *a*, je construis un polygone P semblable à Q ; c'est le polygone cherché. — En effet, on a P : Q :: x^2 : a^2 ; mais, par construction, x^2 : a^2 :: *m* : *n* ; donc P : Q :: *m* : *n*.

Scholie. — Soit x le rayon d'un cercle qui soit à cercle R comme *m* : *n* ; on a πx^2 : πR^2 :: *m* : *n* ou x^2 : R^2 :: *m* : *n*. — On trouvera donc le rayon x par la proposition 4.

Prop. 6. — Problème : *Construire un polygone semblable au polygone* P *et équivalent au polygone* Q.

Supposons le problème résolu, et soit x le côté homologue au côté *a* dans le polygone cherché X ; on a P : X :: a^2 : x^2, d'où, en extrayant la racine quarrée et observant que $X = Q$, $\sqrt{P} : \sqrt{Q} :: a : x$; or, $\sqrt{P}$ et $\sqrt{Q}$ sont les côtés des quarrés équivalents aux polygones P et Q ; on cherchera donc une quatrième proportionnelle x à ces deux côtés et au côté a, et sur x, homologue à a, on construira un polygone semblable à P ; on aura le polygone demandé.

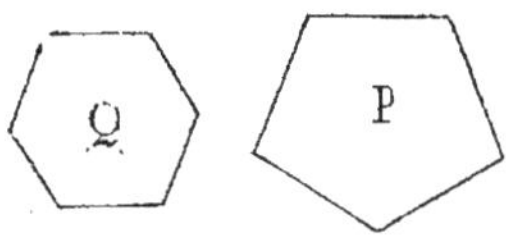

Scholie. — *Construire un polygone régulier d'une espèce donnée équivalent au polygone Q.* — On construit arbitrairement un polygone régulier P de l'espèce désignée, et la question revient à faire un polygone semblable à P, et équivalent à Q.

Prop. 7. — Problème : *Décomposer le polygone* P *en deux polygones qui lui soient semblables et dans le rapport de* m : n.

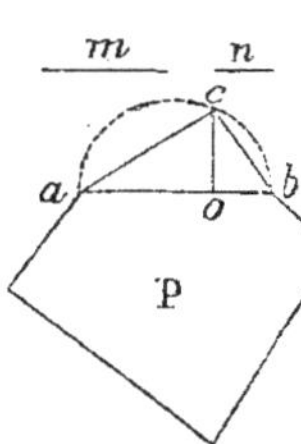

Je divise l'un des côtés ab au point o, de manière que l'on ait $ao : bo :: m : n$; puis, j'élève en o la perpendiculaire oc, qui coupe au point c la demi-circonférence décrite sur le diamètre ab ; je construis ensuite sur les côtés ac, bc, homologues au côté ab, deux polygones P', P'', semblables à P ; ce sont les polygones cherchés. — D'abord, parce que le triangle acb est rectangle en c, $P = P' + P''$; en second lieu, $P' : P'' :: ac^2 : bc^2$; mais $ac^2 : bc^2 :: ao : bo$ ou $:: m : n$; donc $P' : P'' :: m : n$.

Prop. 8. — Problème : *Diviser, par une droite parallèle aux bases, le trapèze* abcd *en parties proportionnelles aux droites* m *et* n.

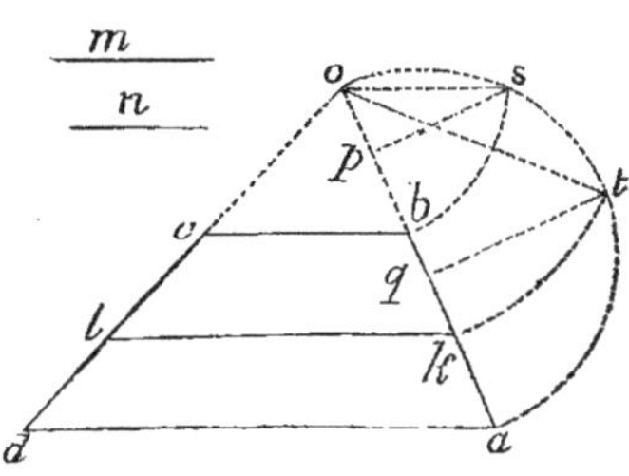

Je prolonge les côtés ab, cd, jusqu'à leur rencontre o, et je décris, sur le diamètre oa, une demi-circonférence ; je prends corde $os = ob$ et j'abaisse sp perpendiculaire à oa ; je divise ensuite la distance pa au point q, de manière que l'on ait $pq : qa ::$ $m : n$; j'élève sur cette ligne la perpendiculaire qt et je rabats la corde *ot* en *ok*; enfin, par le point *k* je mène *kl* parallèle à *ad*; c'est la droite cherchée. — Parce que les triangles *obc*, *okl*, *oad*, sont semblables, on a la suite $obc : okl : oad :: ob^2 : ok^2 : oa^2$ ou $obc : okl : oad :: os^2 : ot^2 : oa^2$; mais $os^2 : ot^2 : oa^2 :: op : oq : oa$; donc $obc : okl : oad :: op : oq : oa$; on tire de là $okl - obc : oad - okl :: oq - op : oa - oq$, c'est-à-dire $bklc : kadl :: pq : qa$; or, par construction, $pq : qa :: m : n$; donc $bklc : kadl :: m : n$.

PROP. 9. — PROBLÈME : *Par un point* p, *donné dans un angle* xoy, *tirer une droite telle que le triangle résultant soit équivalent à un quarré* k².

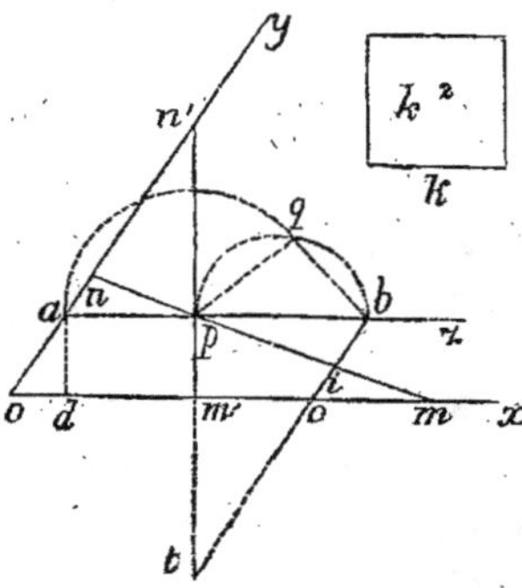

Par le point *p*, je mène *az* parallèle à *ox*; je prends *ab* égale à la 3ᵐᵉ proportionnelle à la perpendiculaire *ad* sur *ox* et au côté *k* du quarré k^2 ; puis, j'achève le parallélogramme *abco*, lequel est équivalent au quarré : car, de la proportion $ad : k :: k : ab$, on déduit $ab \times ad = k^2$. — Cela fait, je décris une demi-circonférence sur le diamètre *pb* ; je prends corde $pq = pa$, et je tire la corde *bq*, que je porte en *cm* et en *cm'*; les droites *mn*, *m'n'*, qui unissent les points *m*, *m'*, au point *p*, résolvent l'une et l'autre la question. — 1° les triangles semblables *pbi*, *apn*, *cmi*, ayant pour côtés homologues les droites *pb*, *ap*, *cm*, c'est-à-dire les trois côtés du triangle rectangle *pbq*, on a $pbi = apn + cmi$; ajoutant pentagone *oapic* aux deux membres, il vient parallélogramme $abco = $ triangle *omn*; mais parallélogramme $abco = k^2$: donc aussi triangle $omn = k^2$. — 2° On prouve, comme précédemment, que $pbt = pan' + cm't$ ou $pbcm' = pan'$; ajoutant de part et d'autre trapèze *oapm'*, on trouve *abco* ou $k^2 = $ triangle *om'n'*.

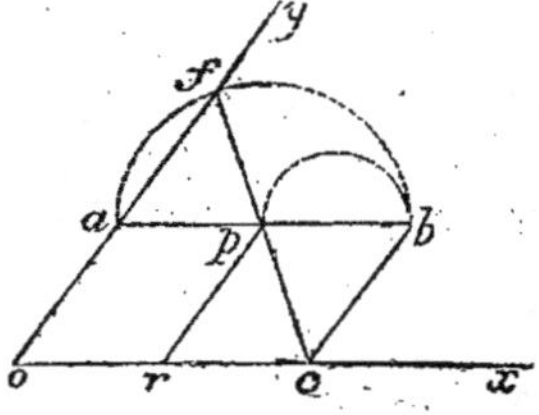

Scholie. — Ce problème est impossible lorsque *ap* est $> pb$, c'est-à-dire lorsque parallélogramme *apro* est $> \frac{1}{2}$ parallélogramme *abco* ou que $\frac{1}{2} k^2$. Quand

$ap = pb$, la corde qb devient nulle, et la droite cpf, résout seule la question ; alors les triangles pbc, paf, sont égaux, et il vient $pc = pf$. — De là résulte que, *parmi toutes les lignes droites menées par le point p entre les côtés d'un angle* xoy, *celle qui intercepte le plus grand triangle est divisée par ce point en parties égales.* — Ce plus grand triangle est d'ailleurs double du parallélogramme *upro*.

§ 5. — Figures équivalentes. — Figures isopérimètres.

PROPOSITION 1. — THÉORÈME : *Parmi tous les triangles* abd, abe, ... *équivalents et de même base* ab, *celui* abc, *qui a le moindre périmètre, est isocèle.*

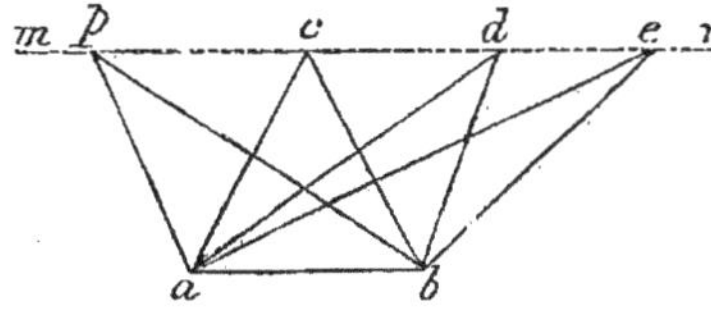

Les triangles équivalents abc, abd, abe, ... ayant même base ab, ont aussi même hauteur, et partant, les sommets c, d, e, .. sont tous situés sur une droite mn parallèle à ab ; par conséquent, ang $acm =$ ang cab et ang $bcn =$ ang cba ; donc aussi ang $acm =$ ang bcn ; de là résulte, proposition 16, page 133, que la somme $ac + bc$ est moindre que chacune des sommes $ad + bd$, $ae + be$, ...

PROP. 2. — THÉORÈME : *Parmi tous les polygones équivalents d'un même nombre de côtés, celui* abcdef, *qui a le moindre périmètre, est régulier.*

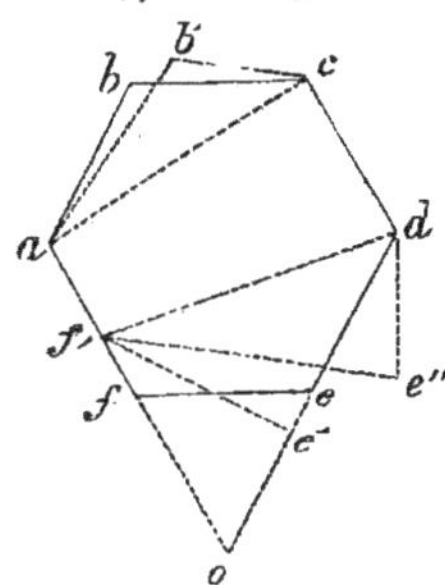

Je dis d'abord que $ab = bc$; car, si cela n'était pas, on pourrait construire sur la base ac, un triangle isocèle $ab'c$ équivalent au triangle abc, de manière que polygone $ab'cdef$ = polygone $abcdef$; or, comme $ab' + b'c$ est $< ab + bc$, il viendrait périmètre $ab'cdef <$ périmètre $abcdef$, ce qui est contre l'hypothèse. — Pareillement, $bc = cd$, $cd = de$, ... ; donc le polygone $abcdef$ est équilatéral. —

Soit *o* le point de concours des côtés *de*, *fa*, je dis que $oe = of$. Je suppose un instant que l'on ait $oe > of$; comme *oe* est $< of + fe$ ou que *oa*, si je prends $oe' = of$, $of' = oe$, le point *f'* tombera entre *f* et *a* ; parce que l'angle *o* est commun; les triangles *oe'f'*, *oef*, sont égaux, et, en les retranchant tour à tour du polygone *oabcd*, il vient polyg $abcde'f' = $ polyg *abcdef* ; de plus, à cause que $e'f' = ef$ et $oe - oe' = of' - of$ ou $ee' = ff'$, périmètre $abcde'f' = $ périmètre *abcdef*. — Maintenant, si, sur la base *df'*, on construit le triangle isocèle *de''f'* équivalent au triangle *de'f'*, il vient polyg $abcde''f = $ polyg $abcde'f = $ polyg *abcdef*, tandis que périmètre *abcde''f* est $<$ périmètre *abcde'f'* ou que périmètre *abcdef*, ce qui est contraire à la supposition : donc $oe = of$, d'où résulte ang $oef = $ ang *ofe* et ang $def = $ ang *efa*. — On prouverait de même que ang $efa = $ ang *fab*, etc. — Donc le polygone *abcdef* est régulier.

Scholie. — Si les côtés égaux *de*, *fa*, étaient parallèles, le quadrilatère *defa* serait un quarré ; s'il en était autrement, on aurait losange $defa = $ rectangle *de'f'a* et $de + ef + fa > de' + e'f' + f'a$, ce qui est contre l'hypothèse.

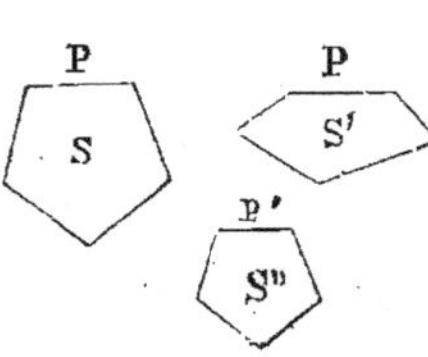

Corollaire. — *Un polygone régulier S est plus grand que tout polygone isopérimètre S' d'un même nombre de côtés.* — Soient P le périmètre commun de S et S', et P' le périmètre d'un polygone régulier S'' semblable à S et équivalent à S'. — Parce que $S'' = S'$, P' est $<$ P ; il faut donc que S soit $>$ S'' ou que S'.

Prop. 3. — **Théorème** : *De deux polygones réguliers équivalents, celui qui a le plus grand nombre de côtés a le moindre périmètre.*

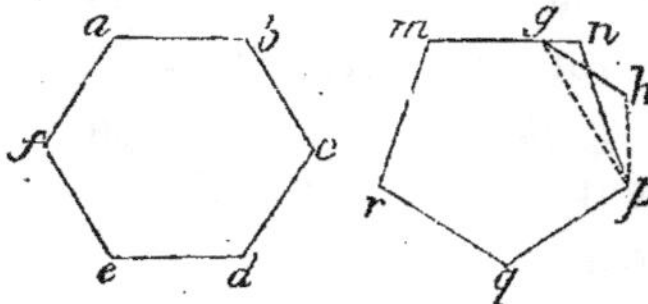

Il suffit d'établir cette proposition dans le cas où l'un des polygones *abcdef* a un côté de plus que l'autre *mnpqr*. — Je joins le sommet *p* à un point quelconque *g* du côté *mn* ; puis, sur *pg*, je construis le triangle isocèle *pgh* équivalent au triangle *pgn*, en sorte que polygone *mghpqr* = polygone *mnpqr*, et que périmètre *mghpqr* est < périmètre *mnpqr*. Maintenant, parce que les polygones équivalents *abcdef*, *mghpqr*, ont le même nombre de côtés, et que le premier est régulier, il vient périmètre *abcdef* < périmètre *mghpqr* ; donc aussi périmètre *abcdef* est < périmètre *mnpqr*.

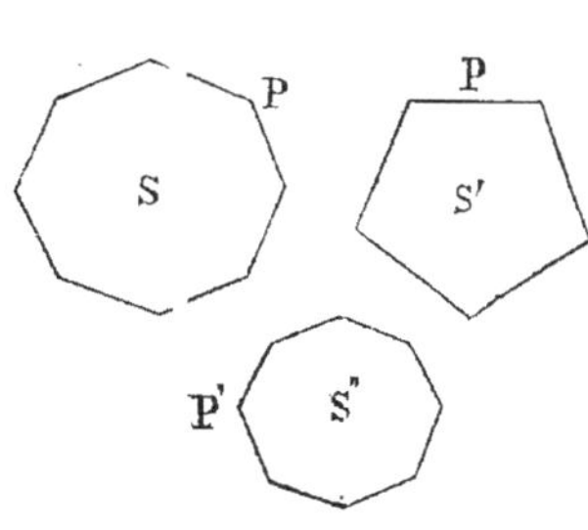

Corollaire. — *De deux polygones réguliers isopérimètres* S *et* S', *le plus grand* S *est celui qui a le plus grand nombre de côtés.* — Soient P le périmètre commun de S et S', et P' celui d'un polygone régulier S" semblable à S et équivalent à S'. — Parce que S" = S', il vient P' < P, et partant S" ou S' < S.

Scholie. — 1° *Le cercle a un moindre contour que toute figure équivalente* ; 2° *le cercle a une plus grande surface que toute figure isopérimètre.* — Cela résulte de ce qu'un cercle peut être regardé comme un polygone régulier d'une infinité de côtés.

§ 6. — Problèmes à résoudre.

I. *Diviser un triangle, par des droites tirées d'un point intérieur aux sommets, en trois triangles équivalents ou proportionnels aux lignes* l, m, n.

II. *Diviser un triangle, par des perpendiculaires tirées d'un point intérieur sur les côtés, en trois quadrilatères équivalents ou proportionnels aux lignes* l, m, n.

III. *Par un point donné, tirer une droite qui décompose un triangle ou un quadrilatère en deux parties équivalentes ou proportionnelles aux lignes* m *et* n.

IV. *Soient* a, b, c, d, *les quatre côtés d'un quadrilatère ins-*

criptible à la circonférence, p son demi-périmètre et S son aire ; on a $S = \sqrt{(p-a)(p-b)(p-c)(p-d)}$.

V. *Diviser une zone circulaire en trois zones équivalentes ou proportionnelles aux lignes* l, m, n.

GÉOMÉTRIE PLANE.

DEUXIÈME PARTIE.

Iʳᵉ SECTION.

LES LIGNES COURBES.

§ 1. — Notions générales sur les courbes.

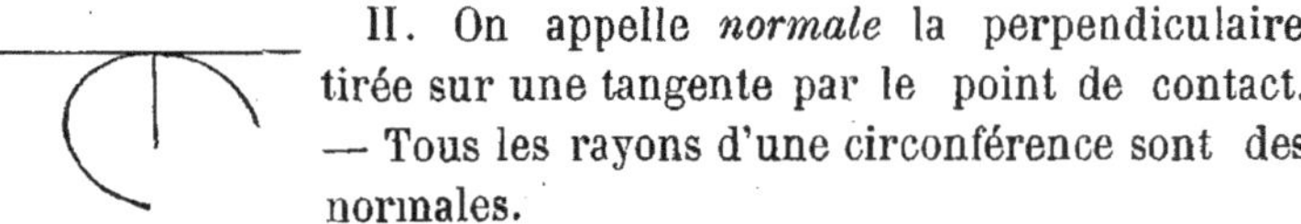

I. On appelle *tangente* toute droite qui unit deux points infiniment voisins d'une ligne courbe. — La distance de ces points étant inappréciable à l'œil, on les considère comme se confondant en un seul qui prend le nom de *point de contact*.

Une ligne courbe peut généralement être traversée par l'une de ses tangentes en un ou plusieurs points. — Toutefois, cette circonstance ne saurait se présenter quand la ligne est *convexe*.

II. On appelle *normale* la perpendiculaire tirée sur une tangente par le point de contact. — Tous les rayons d'une circonférence sont des normales.

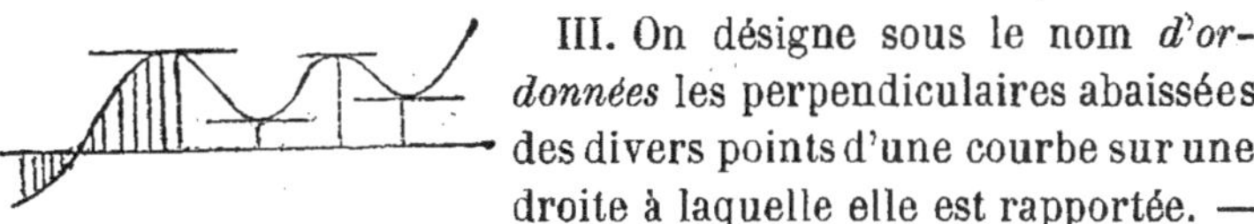

III. On désigne sous le nom *d'ordonnées* les perpendiculaires abaissées des divers points d'une courbe sur une droite à laquelle elle est rapportée. — Les plus grandes et les plus petites ordonnées correspondent évidemment aux points dont les tangentes sont parallèles à la droite.

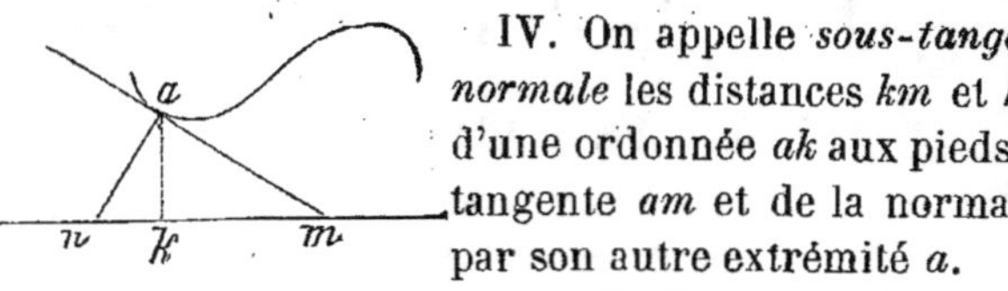

IV. On appelle *sous-tangente* et *sous-normale* les distances *km* et *kn* du pied *k* d'une ordonnée *ak* aux pieds *m* et *n* de la tangente *am* et de la normale *an*, tirées par son autre extrémité *a*.

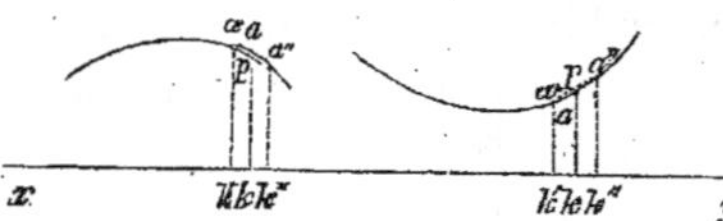

V. Une *asymptote* est une droite dont une courbe indéfinie s'approche de plus en plus et d'aussi près qu'on le veut, sans cependant pouvoir jamais l'atteindre.

L'ordonnée d'un point variable sur une courbe rapportée à l'une de ses tangentes décroît et tend à s'anéantir à mesure que l'on s'avance vers le point de contact ; cette propriété subsiste encore lorsque la courbe est illimitée et qu'il s'agit de la tangente dont le point de contact est situé à l'infini ; cette droite, si d'ailleurs elle ne passe pas elle-même à l'infini, sera donc une asymptote.

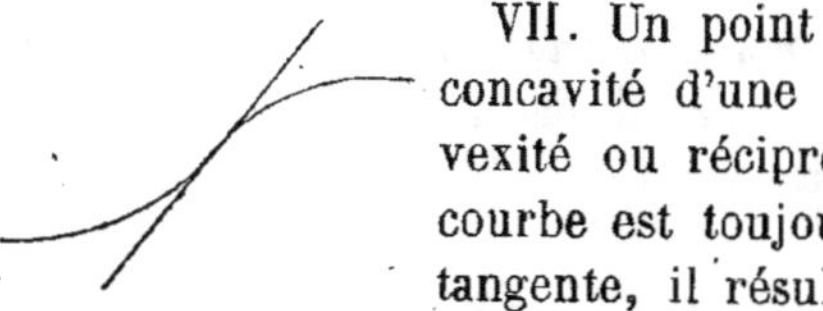

VI. On dit qu'une courbe tourne en un point *a* sa *concavité* ou sa *convexité* vers une droite *xy*, selon que l'ordonnée *ak* de ce point est plus grande ou plus petite que la demi-somme *pk* des ordonnées infiniment voisines et équidistantes *a'k'*, *a"k"*.

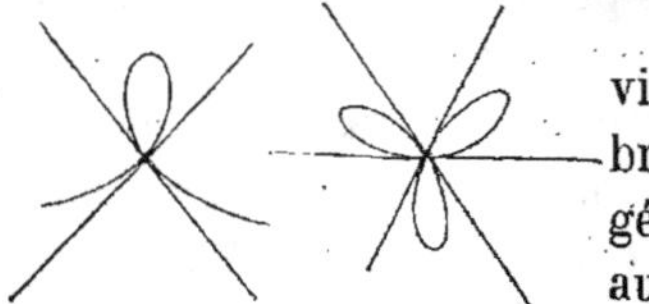

VII. Un point d'*inflexion* est celui où la concavité d'une courbe se change en convexité ou réciproquement. — De ce qu'une courbe est toujours convexe du côté de sa tangente, il résulte que la tangente en un point d'inflexion est aussi une *sécante*.

VIII. Un point *multiple* est celui où viennent se croiser deux ou plusieurs branches d'une même courbe. — Il y a généralement en un point de ce genre autant de tangentes que de branches.

IX. Un point de *rebroussement* est celui où deux branches

d'une même courbe viennent se terminer brusquement. — La

tangente de ce point est commune aux deux branches. — Il y a *rebroussement de 1re ou de 2e espèce*, selon que les convexités des deux branches sont opposées ou tournées dans le même sens.

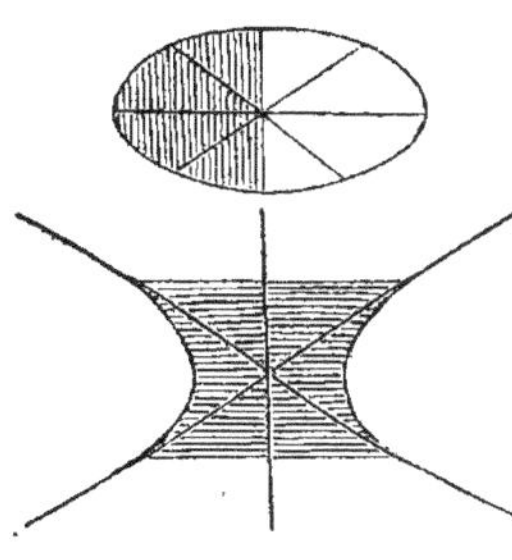

X. On appelle *axes* et *centre* d'une courbe les droites et le point désignés jusqu'alors sous le nom d'axes et de centre de symétrie.

Un axe est *transverse* quand il rencontre la courbe en un ou plusieurs points ; ces points s'appellent *sommets*. — Un axe est *non transverse* quand il ne rencontre pas la courbe.

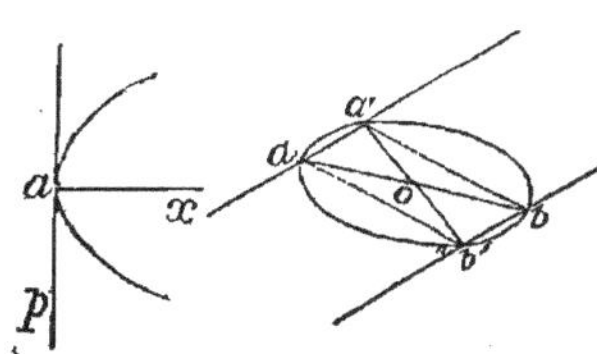

La perpendiculaire ap, *menée à un axe* ax *par le sommet* a, *est une tangente* : car, si cette droite coupait la courbe en un second point, le milieu de la corde obtenue devrait se trouver sur l'axe *ax*, ce qui est impossible.

Les tangentes tirées aux extrémités d'une droite qui passe par le centre sont parallèles : car, si, par le centre *o*, on tire deux droites *ab*, *a'b'*, infiniment voisines, on a $oa = ob$, $oa' = ob'$, et par suite la figure *aa' bb'*, est un parallélogramme : donc les tangentes *aa'*, *bb'*, sont parallèles.

§ 2. — Courbure, contact et osculation des courbes.

I. Lorsqu'on décompose une courbe en arcs très petits, les différences entre ces arcs et leurs cordes peuvent être négligées, et il est permis de substituer à la courbe *une ligne brisée composée d'un nombre infini de côtés infiniment petits*. — Les prolongements de ces petits côtés ou *éléments* sont des tangentes.

II. On appelle *angle de contingence* l'angle infiniment petit cdx formé par deux éléments consécutifs cd, de, ou, ce qui revient au même, par deux tangentes infiniment voisines.

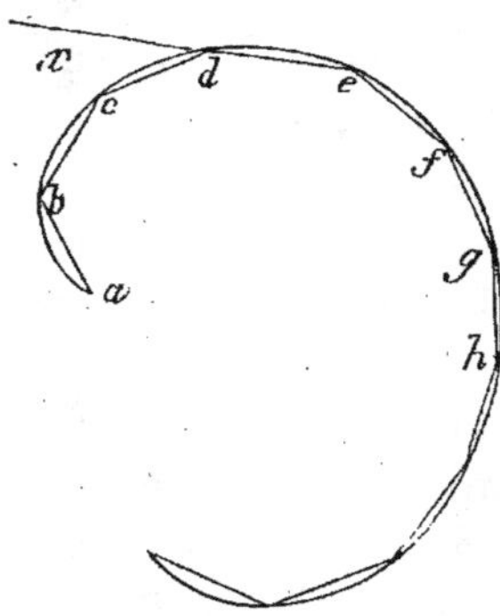

III. Quand tous les éléments de la courbe sont égaux, la *courbure* en un point déterminé, c'est-à-dire l'écart de l'élément de ce point par rapport au précédent est naturellement mesuré par l'angle de contingence.

IV. Une courbe est *continue* lorsque, tous ses angles de contingence étant infiniment petits, sa courbure ne croît ou ne décroît que par degrés insensibles; la loi de cette variation constitue la nature de la courbe. — Il y a *solution de continuité* dès que l'angle de contingence acquiert une grandeur finie.

V. On sait que tous les angles extérieurs d'un polygone régulier sont égaux entre eux; cette égalité subsiste encore quand, le nombre des côtés devenant infini, le polygone se transforme en un cercle; il s'ensuit que *la courbure d'une circonférence est partout uniforme.*

VI. *Les courbures des circonférences sont inversement proportionnelles à leurs rayons.* — Désignant par A et A' les angles extérieurs de deux polygones réguliers de m et m' côtés, on a

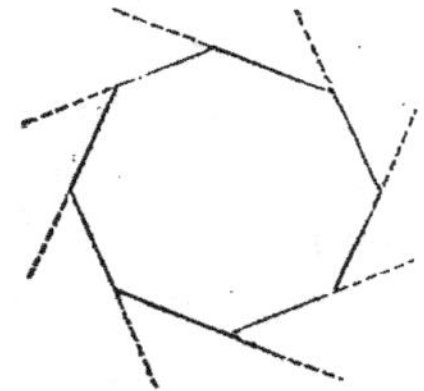

$m.A = 4^d$, $m'.A' = 4^d$, et partant $m.A = m'.A'$ ou bien $A : A' :: m' : m$; supposant maintenant que les deux polygones ont un même côté c infiniment petit, et que les nombres m, m', sont très-grands, ces polygones se transforment en deux cercles de rayons R et R', tels que $mc = 2\pi R$, $m'c = 2\pi R'$, d'où résulte $m' : m :: R' : R$; donc, à cause du rapport commun, $A : A' :: R' : R$. — On voit que la courbure d'une circonférence est d'autant plus considérable que le rayon est plus petit; qu'au contraire, elle est presque nulle quand il devient très grand, et qu'alors cette ligne tend à dégénérer en ligne droite.

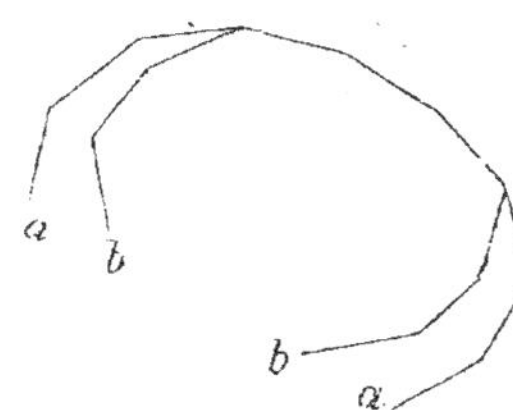

VII. Deux lignes ont un *contact du* 1er, 2e, 3e,..... *ordre* lorsqu'elles ont 1, 2, 3,... éléments consécutifs communs. — L'ensemble de ces petits éléments, quel que soit leur nombre, forme un arc de grandeur insensible, que l'on appelle *élément de contact*.

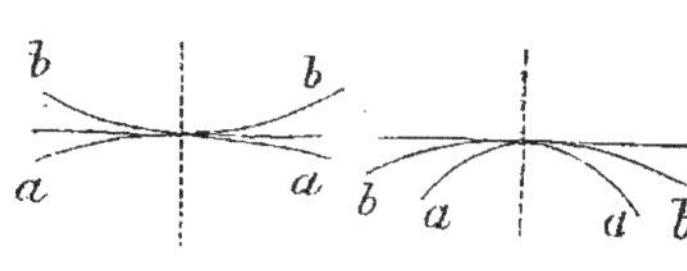

Quand deux courbes se touchent, elles ont au point de contact même tangente et même normale ; elles ont aussi en ce point même courbure, pourvu que le contact soit d'un ordre supérieur au premier.

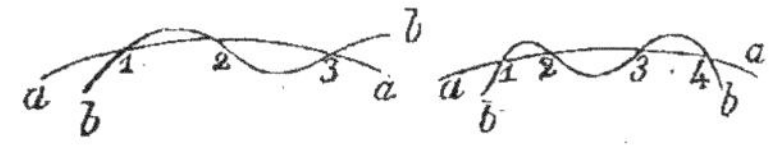

VIII. Supposons que deux lignes se coupent en deux ou plusieurs points, et que ces points se rapprochent de manière que la distance des points extrêmes devienne infiniment petite et que les lignes passent à l'état de contact ; si les intersections communes sont en nombre pair, il y aura un simple attouchement ; si elles sont en nombre impair, les lignes, sans cesser de se toucher, se couperont. — Ainsi, *deux lignes qui ont un contact d'un ordre impair ne font que se toucher*; *mais, si le contact est d'un ordre pair, elles sont à la fois tangentes et sécantes*.

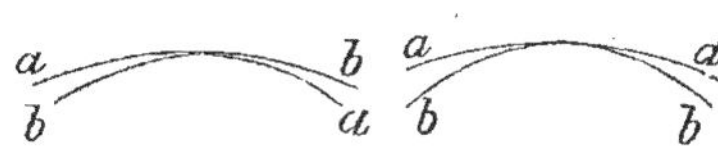

IX. Une ligne est dite *oscula-trice* quand elle a avec une autre ligne, eu égard à sa nature, un contact d'un ordre aussi élevé que possible.

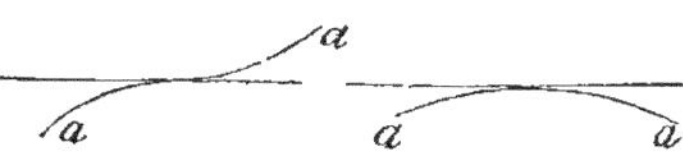

X. Une ligne droite étant dé-terminée par deux points, toutes les tangentes d'une courbe sont des lignes osculatrices. — Toutefois, en certains points singuliers, le contact peut être d'un ordre supérieur au premier ; si l'ordre est pair, la droite coupe la courbe, et il y a *inflexion simple* ; s'il est impair, il y a seulement un attouchement plus intime que l'on appelle *inflexion double*.

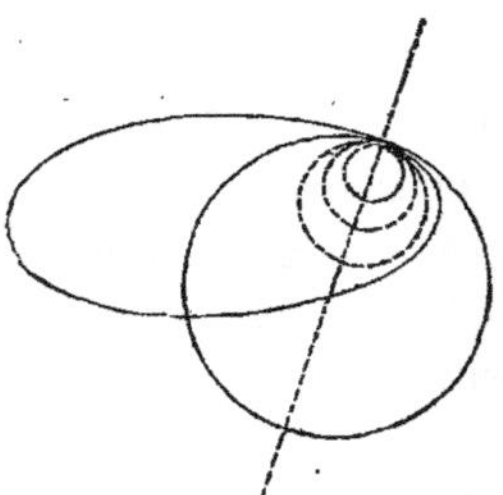

XI. Une circonférence, étant déterminée par trois points, est *osculatrice* lors ju'elle a avec une courbe un contact du second ordre. — Il existe en un point d'une courbe une infinité de circonférences tangentes, lesquelles ont leurs centres sur la normale ; mais on distingue aisément la circonférence osculatrice, parce qu'elle seule a la propriété d'être à la fois tangente et sécante.

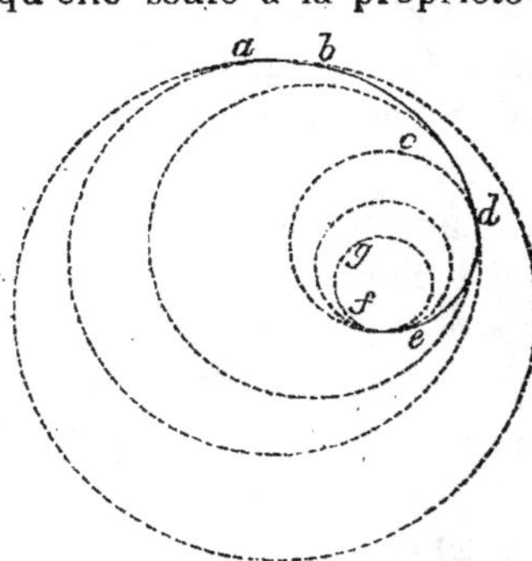

XII. Il suit de là que *toute ligne courbe* abcde.... *peut être décomposée en petits arcs circulaires* ab, bc, cd, de,... *dont chacun est touché extérieurement par celui qui précède, et intérieurement par celui qui suit, ou réciproquement.*

XIII. *Les courbures des divers éléments d'une courbe sont inversement proportionnelles aux rayons de leurs circonférences osculatrices :* car les courbures de ces éléments sont les mêmes que celles des circonférences dont elles font partie.

Voilà pourquoi les centres et les rayons des circonférences osculatrices ont reçu le nom de *centres et de rayons de courbure*.

XIV. *La courbure en un point d'inflexion simple ou double est nulle :* car, la circonférence osculatrice dégénérant en ligne droite, son centre et son rayon passent à l'infini.

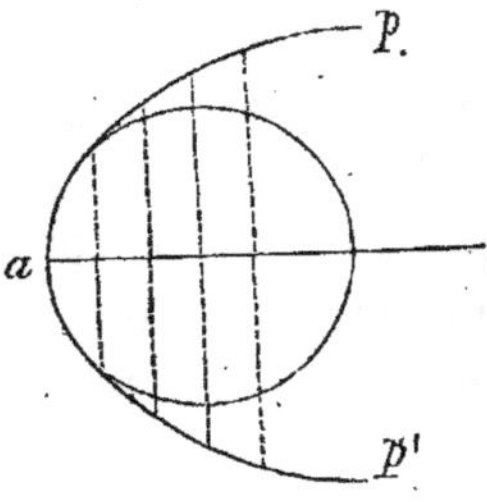

XV. Le contact d'une courbe et d'une circonférence peut, dans quelques cas particuliers, être d'un ordre supérieur au second ; cette circonstance se présente notamment aux sommets. — En effet, la normale au sommet *a* d'une courbe *pap'* étant dirigée selon l'axe *ax*, le petit arc osculateur de ce point est précédé et suivi de petits arcs symétriques deux à deux, par rapport à cette droite ; conséquemment, ce petit arc touche les petits arcs adjacents tous deux intérieurement ou tous deux extérieurement, et par suite il a un simple attouchement avec la courbe ; or, les choses ne peuvent se passer ainsi, à moins que le contact ne soit du troisième ordre ou d'un ordre supérieur impair. — On peut aussi conclure de là que *les sommets d'une courbe sont des points de plus grande et de plus petite courbure.*

§ 3. — Développées et développantes.

I. Les intersections successives l, m, n, o, p, ... des normales infiniment voisines al, bm, cn, do, ep, ... d'une courbe ax sont les centres des petits arcs osculateurs ab, bc, cd, de, ...et forment une autre courbe $lmnop$..... dont les petites droites lm, mn, no, op,. .. sont les éléments. — Ainsi, *il existe, entre une ligne courbe quelconque et celle qui passe par tous ses centres de courbure, une relation telle, que toutes les normales de la première sont tangentes à la seconde, et qu'à l'inverse toutes les tangentes de la seconde sont normales à la première.*

II. Supposons qu'un fil *flexible* et *inextensible* soit enroulé sur le contour de la courbe $lmnop$..., que l'une de ses extrémités soit fixée quelque part sur cette ligne, et que, de l'autre côté, il prenne la direction de la tangente la, et se termine en a. — Si l'on déroule ce fil, en ayant soin de le maintenir constamment tendu, le point a décrira d'abord, autour du centre l, le petit arc ab ; ensuite, autour du centre m, le petit arc bc ; puis, autour du centre n, le petit arc cd, et ainsi de suite. — On voit que, pendant le développement du fil, le point a engendrera la courbe ax.

III. La ligne $lmnop$... est appelée, à raison de cette propriété

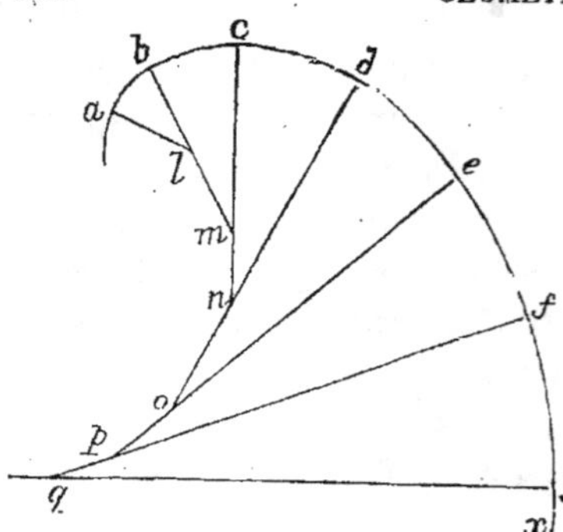

remarquable, *la développée* de la courbe *ax*. — Réciproquement, la courbe *ax* est dite *la développante* de la ligne *lmnop* ....

IV. *Un arc* lmnop *de la développée est égal à la différence des rayons de courbure* pf, la, *tangents à ses extrémités*. — On a en effet la $+$ arc *lmnop* $= pf$, d'où arc *lmnop* $= pf - la$.

V. Une courbe n'a qu'une seule développée, mais cette ligne peut être composée de plusieurs branches distinctes; les sommets et les points d'inflexion simple ou double de la première produisent dans l'autre des points de rebroussement et des asymptotes. — On peut aussi remarquer que la ligne droite n'a pas de développée, et que celle de la circonférence se réduit à son centre.

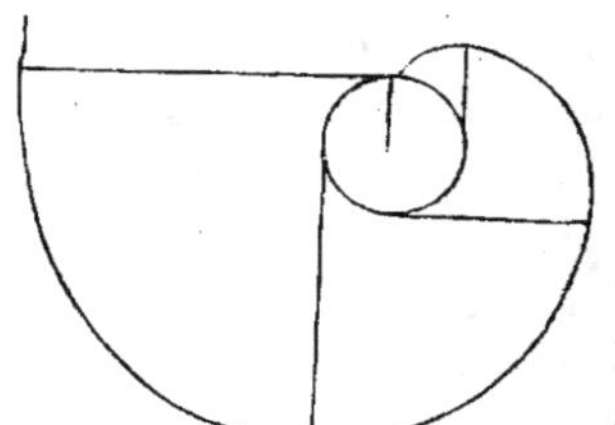

VI. Toute ligne courbe, pouvant être développée au moyen d'un fil à partir de l'un quelconque de ses points, a une infinité de développantes; ces lignes coupent toutes les tangentes *orthogonalement*, c'est-à-dire à angle droit. — Quand la courbe est fermée, les développantes forment autour d'elle une infinité de circonvolutions nommées *spires*; telles sont en particulier celles de la circonférence.

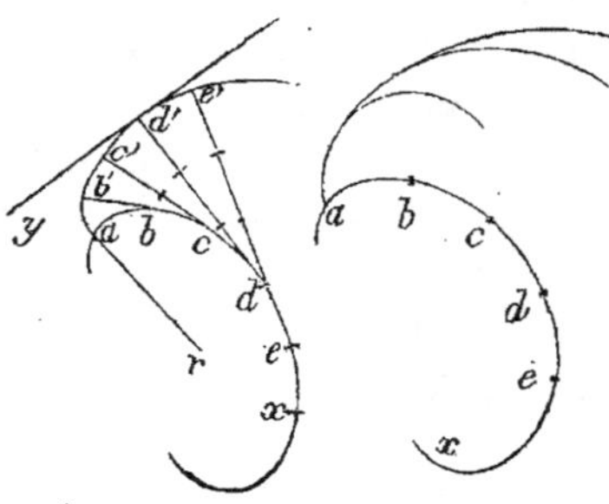

VII. Pour construire une développante de la courbe *ax* sans faire usage d'un fil, il suffit de la diviser en petits arcs égaux *ab*, *bc*, *cd*,.., de mener les tangentes des points de division, et de prendre $bb' = ab$, $cc' = 2ab$, $dd' = 3ab$, etc., etc.; la ligne *ab'c'd'* ..... est la développante cherchée. — La perpendiculaire

$d'y$ à l'extrémité de dd' est la tangente du point d' ; celle ar de l'origine a est normale au même point de la courbe ax.

VIII. Voici un procédé plus expéditif. — Des centres $b, c, d, \ldots$ avec des rayons égaux à $ab, 2ab, 3ab,..$, on décrit une série de petits arcs, et on trace ensuite une courbe qui les touche tous successivement ; c'est la développante demandée.

IX. Soit développée circonférence oa à partir du point a, et proposons-nous de déterminer la longueur de l'arc ag' de la développante relatif à l'arc adk. — Divisons à cet effet ce dernier

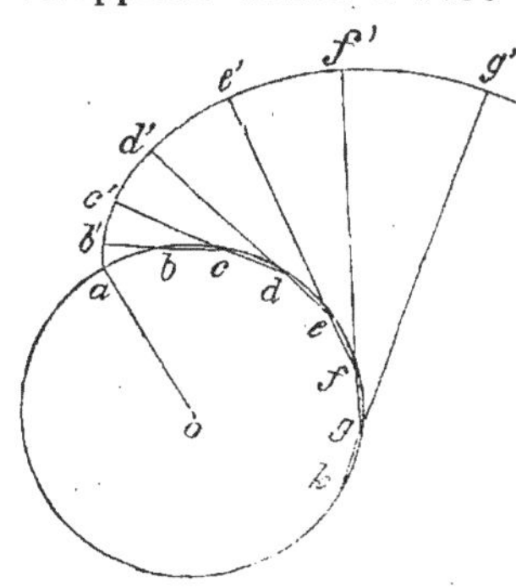

arc en un nombre impair de petites parties égales $ab, bc, cd, \ldots$ et considérons les petites parties correspondantes $ab', b'c', c'd', \ldots$ de ag'. — L'angle $b'cc'$ ayant pour mesure $\dfrac{b'c'}{cc'}$, comme angle au centre, et $\dfrac{bc}{oa}$ comme angle ex-inscrit, on a

$$\frac{b'c'}{cc'} = \frac{bc}{oa},$$

ou bien, parce que $cc' = abc$,

$$b'c' = \frac{abc}{oa} \cdot bc ;$$ on prouverait de même que $e'f' = \dfrac{adf}{oa} \cdot ef$.

Si les points c, f, sont équidistants des extrémités a, k, il vient $abc + adf = adk$, et partant $b'c' + e'f' = \dfrac{adk}{oa} \cdot bc$. — Ajoutant toutes les expressions semblablement formées, on obtient

$$\text{arc } ag' = \frac{adk}{oa} \cdot \frac{adk}{2}, \text{ ou bien arc } ag' = \frac{(adk)^2}{2oa}.$$

Ainsi, la première spire de la développante vaut $\dfrac{(2\pi oa)^2}{2oa} = 2\pi^2 oa$, ou $18.oa$ environ ; la deuxième est égale à $8\pi^2 . oa$; la troisième à $18\pi^2 . oa$, etc., etc.

§ 4. — Similitude des courbes.

I. Deux lignes courbes sont *semblables* lorsque, ayant inscrit arbitrairement dans l'une un polygone, on peut toujours inscrire dans l'autre un polygone semblable.

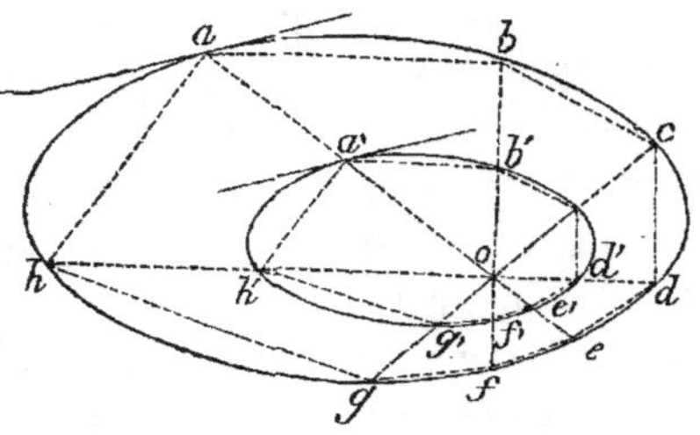

II. Soient prises, sur les distances oa, ob, oc,... d'un point quelconque o aux divers points de la courbe $abcde$... ou sur leurs prolongements, des distances oa', ob', oc',... qui leur soient proportionnelles ; la ligne $a'b'c'd'$.... qui passe par les points a', b', c',... est semblable à la première : car, si l'on inscrit à volonté dans l'une un polygone $abcd$...., le polygone inscrit $a'b'c'd'$..., qui correspond dans l'autre, lui est semblable.

III. Le point o est *le centre de similitude* des deux courbes ; la similitude est *directe* quand les rayons homologues oa et oa', ob et ob', oc et oc',... sont dirigés dans le même sens, et *inverse* quand ils sont dirigés dans des sens contraires.

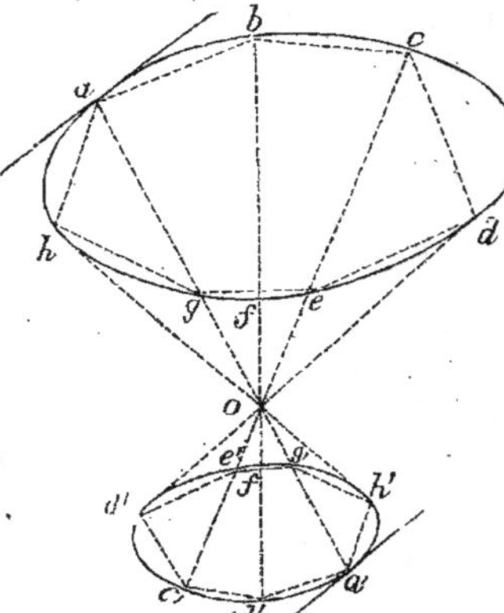

IV. *Les tangentes des points homologues* a *et* a', *sont parallèles* ; car les cordes homologues ab, $a'b'$, sont parallèles, et il en est encore ainsi quand leurs extrémités a et b, a' et b', sont très-voisines.

V. *Les périmètres des courbes semblables, les arcs semblables, les rayons de courbure homologues, etc., etc., sont proportionnels aux dimensions homologues des deux courbes.*

Les aires des courbes semblables sont proportionnelles aux quarrés des mêmes dimensions.

Cela résulte de ce que deux lignes semblables peuvent être considérées comme des polygones semblables composés d'une infinité de petits côtés.

2ᵉ SECTION.

L'ELLIPSE. — L'HYPERBOLE. — LA PARABOLE.

§ 1. — L'ellipse.

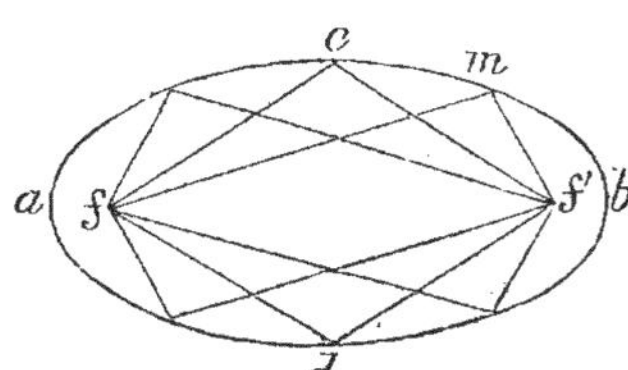

L'*ellipse* est le lieu *acbd* des points dont les distances à deux points fixes *f* et *f'*, nommés *foyers*, font constamment une même somme.

Les distances *mf*, *mf'*, sont dites les *rayons vecteurs* du point *m*.

PROPOSITION 1. — THÉORÈME : *L'ellipse a deux axes transverses rectangulaires.*

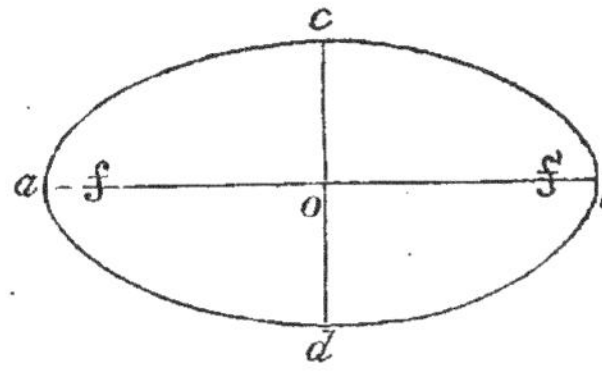

Supposons que le plan de l'ellipse *acbd* fasse une demi-révolution, en tournant autour de la droite *ab* qui passe par les foyers *f, f'*, ou bien autour de la droite *cd*, perpendiculaire sur le milieu de *ff'* ; les foyers resteront fixes dans le premier cas, et ne feront que changer de place dans le second : donc l'ellipse, après l'un ou l'autre déplacement, retombera exactement sur elle-même ; conséquemment, les droites *ab, cd*, sont des axes.

Corollaire. — *Les axes* ab, cd, *se coupent mutuellement en parties égales, et leur point d'intersection* o *est le centre de l'ellipse.* (Prop. 5, page 55.)

Scholies. — I. Les droites *ab* et *cd* se nomment *grand axe* et *petit axe*.

II. L'ellipse a quatre *sommets*, *a*, *b*, *c*, *d*.

III. La distance *of* du centre *o* à l'un des foyers s'appelle *excentricité*.

PROP. 2. — THÉORÈME : *La somme des rayons vecteurs* mf, mf', *d'un point quelconque* m *de l'ellipse est égale au grand axe* ab.

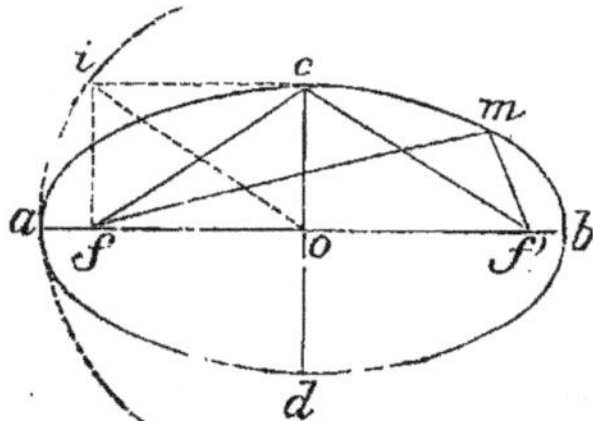

Parce que les rayons vecteurs du sommet *a* sont *af* et *af'*, on a
$$mf + mf' = af + af';$$
mais $af + af' = 2oa = ab$; donc
$$mf + mf' = ab.$$

Corollaire 1. — *Les distances des sommets du petit axe aux foyers sont égales au demi-grand axe.* — On a $cf + cf' = 2oa$; mais $cf = cf'$, parce que $of = of'$; donc $cf = cf' = oa$.

Corol. 2. — *Le grand axe est divisé par un foyer en deux segments dont le produit est égal au quarré du demi-petit axe.* — Soit construit sur *of* et *oc* le rectangle *foci* ; parce que $oi = cf$, le point *i* appartient à circonférence *oa* ; donc $fa \times fb = fi^2 = oc^2$.

PROP. 3. — PROBLÈME : *Décrire par points ou par un mouvement continu une ellipse dont les axes* ab, cd, *sont donnés.*

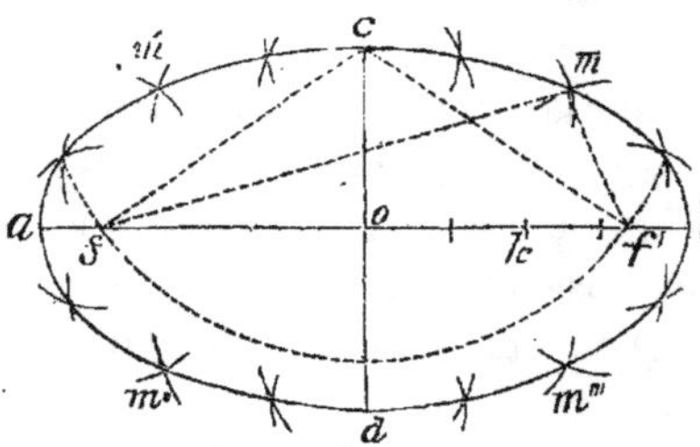

1° Du sommet *c* du petit axe *cd* comme centre, avec le demi-grand axe *oa* pour rayon, je décris un arc qui coupe la droite *ab* aux points *f* et *f'* ; ce sont les deux foyers. — Cela fait, je prends à volonté un point *k* sur la ligne *ff'* ; des centres *f* et *f'*, avec un rayon *ak* égal à la distance du sommet *a* au point *k*, je décris quatre arcs, dont deux au-dessus de *ab* et deux au-dessous ; des mêmes centres, avec un rayon *bk*

égal à la distance du sommet b au même point k, je décris quatre autres arcs, qui coupent les premiers en m, m', m'', m'''. — Ces quatre points appartiennent à l'ellipse : car, si l'on considère le point m, par exemple, on a $fm + f'm = ak + bk = ab$. — Il importe de remarquer que les huit arcs se couperont deux à deux, tant que le point k sera compris entre f et f'; en effet, parce que $ak + bk = ab$ et $ak - bk = 2ok$, il vient $ff' < ak + bk$ et $ff' > ak - bk$. Maintenant, en marquant un autre point entre les foyers, on trouvera, par le même procédé, quatre autres points de la courbe; et, en continuant, on en obtiendra autant que l'on voudra. — Si ensuite on trace un trait continu qui passe par tous ces points et par les quatre sommets a, b, c, d, il ne pourra différer de l'ellipse cherchée qu'entre les points rigoureusement déterminés.

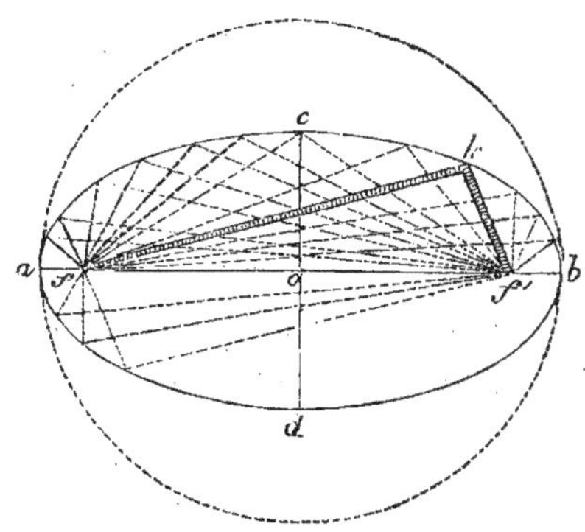

2° Je fixe aux foyers f, f', les extrémités d'un fil *inextensible* d'une longueur égale au grand axe ab; puis, appliquant en k un *style*, je le fais glisser le long du fil, de manière qu'il soit constamment tendu. — Le style décrit évidemment l'ellipse demandée : car, dans chacune de ses positions, la somme de ses distances aux foyers est égale à la longueur du fil, c'est-à-dire au grand axe.

Scholie. — Si les axes ab, cd, sont égaux, les foyers f, f', se confondent avec le centre o, en sorte que, le fil étant plié en double, le style engendre circonférence oa.

Corollaire 1. — *Deux ellipses sont égales lorsque leurs axes sont égaux deux à deux.*

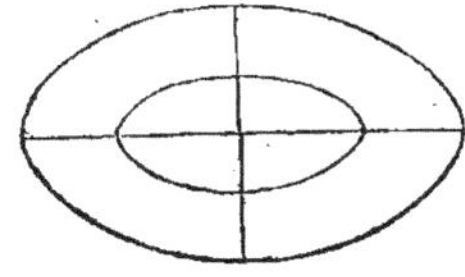

Corol. 2. — *Deux ellipses sont semblables lorsque leurs axes sont proportionnels.*

Prop. 4. — Théorème : *La tangente* pq

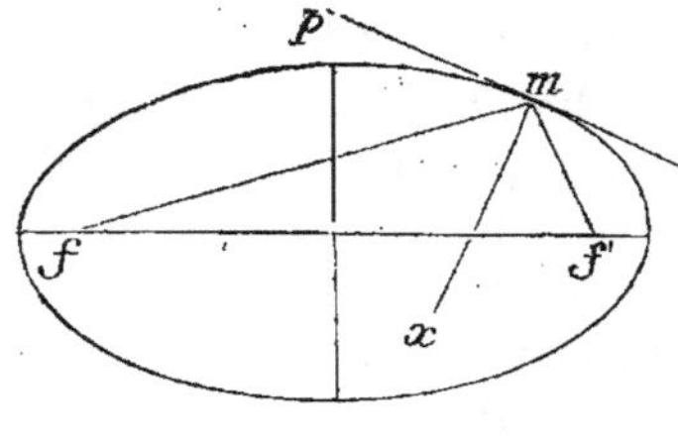

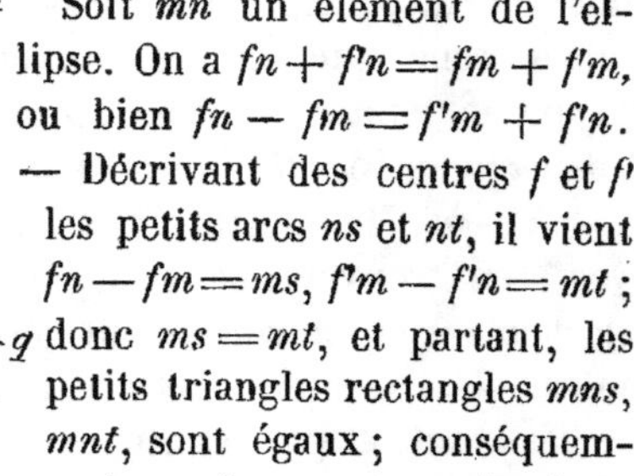

fait avec les rayons vecteurs mf, mf', *du point de contact* m, *des angles égaux* fmp, f'mq.

Soit mn un élément de l'ellipse. On a $fn + f'n = fm + f'm$, ou bien $fn - fm = f'm + f'n$. — Décrivant des centres f et f' les petits arcs ns et nt, il vient $fn - fm = ms$, $f'm - f'n = mt$; donc $ms = mt$, et partant, les petits triangles rectangles mns, mnt, sont égaux ; conséquemment, angle $smq =$ angle $f'mq$; mais angle $smq =$ angle fmp ; donc angle $fmp =$ angle $f'mq$.

Corollaire. — *La bissectrice* mx *de l'angle* fmf' *des rayons vecteurs* mf, mf', *est une normale* ; car, si l'on ajoute les égalités $fmx = f'mx$, $fmp = f'mq$, il vient $pmx = qmx$.

PROP. 5. — PROBLÈME : *Mener une tangente à l'ellipse :* 1° *par un point de cette ligne* ; 2° *par un point extérieur* ; 3° *parallèlement à une droite donnée.*

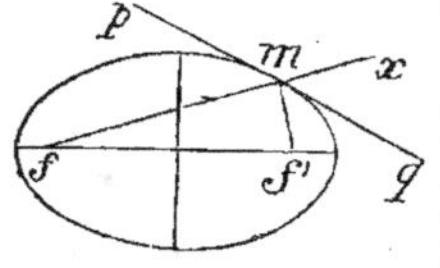

1° On obtient la tangente du point m en tirant la bissectrice pq de l'angle $f'mx$ formé par $f'm$ et le prolongement mx de fm. — Cela résulte de ce que

$$\text{ang } f'mq = \text{ang } xmq = \text{ang } fmp.$$

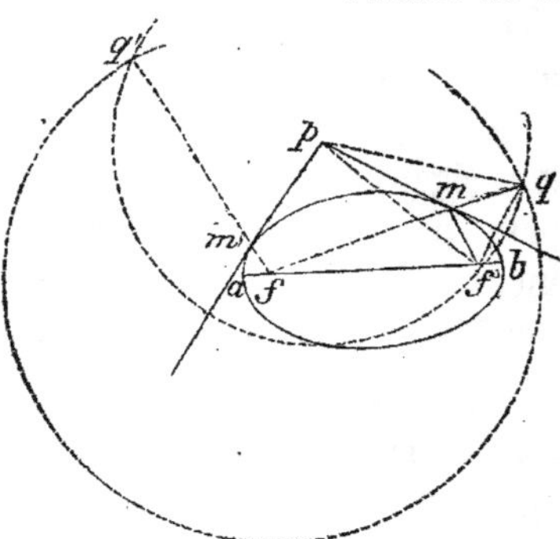

2° Du point extérieur p, avec un rayon égal à sa distance pf' au foyer f', je décris une circonférence ; du foyer f, avec le grand axe ab pour rayon, je décris une autre circonférence, qui coupe la première en q et q' ; je tire les droites qf, $q'f$, et je joins les points m, m', où elles rencontrent l'ellipse, au point p ; les droites pm, pm', sont les tangentes cherchées. — En effet, par construction, $pf' = pq$, $fm + mf' = fq$ ou $mf' = mq$; donc la droite pm est perpendiculaire sur le milieu de $f'q$, et, comme le triangle $f'mq$ est isocèle, cette droite est la bissectrice de l'angle $f'mq$. — On prouverait de même que pm' est la tangente du point m.

3° Pour construire les tangentes parallèles à la droite xy, je cherche les points q, q', où la perpendiculaire $f'z$, tirée du foyer f' sur xy, rencontre la circonférence décrite du centre f avec un rayon ab ; les tangentes mp, $m'p'$, des points d'intersection m, 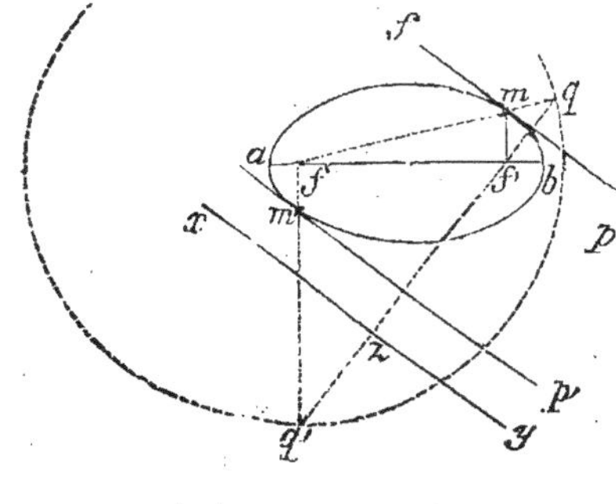 m', de l'ellipse et des droites qf, $q'f$, sont celles que l'on cherche. — En effet, on a $fm + fm' = fq$ ou $mf' = mq$; donc, le triangle $mf'q$ étant isocèle, la bissectrice mp de l'angle $f'mq$ est perpendiculaire sur $f'z$, et par suite parallèle à xy. — La démonstration est la même pour $m'p'$.

PROP. 6. — THÉORÈME : *Les projections* p, p', *des foyers* f, f', *sur une tangente quelconque* xy *sont situées sur la circonférence qui a pour diamètre le grand axe* ab.

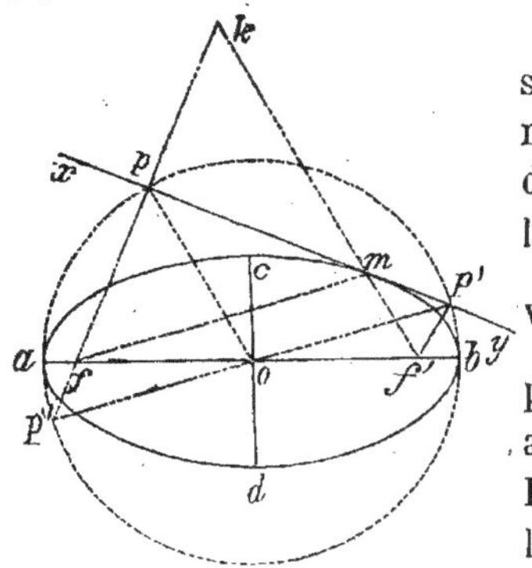 Les triangles rectangles pmf, pmk, sont égaux, parce que mp est commun, et que ang $pmf =$ ang pmk ; donc $fp = pk$; et, comme $of = of'$, la droite op est parallèle à $f'k$ et vaut $\dfrac{f'k}{2}$; or, $f'k = fm + f'm = 2oa$; par conséquent, $op = oa$ et le point p appartient à circonférence oa — La démonstration est la même pour le point p'.

Scholie. — Ainsi, *lorsqu'un angle droit* p'' pp' *se meut de manière que son sommet* p *décrive circonférence* oa, *et que le côté* pp'' *passe*

par un point intérieur f, *l'autre côté* pp' *touche constamment l'ellipse* acbd *dont le point* f *est l'un des foyers.*

Corollaire. — *Le produit des distances d'une tangente quelconque aux deux foyers est égal au quarré du demi-petit axe.* — On a $fp \times fp'' = fa \times fb = oc^2$; mais, parce que l'angle droit $p''pp'$ est inscrit, la corde $p''p'$ passe par le centre o ; par suite, triangle $fop'' =$ triangle $f'op'$ et $fp'' = f'p'$; donc $fp \times f'p' = oc^2$.

§ 2. — L'hyperbole.

L'*hyperbole* est le lieu des points dont les rayons vecteurs, par rapport à deux points fixes ou *foyers* f, f', ont constamment une

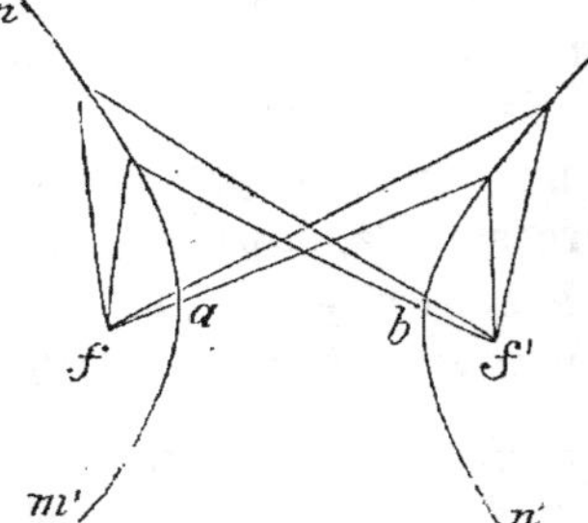

même différence. — Elle est composée de deux branches *mam'*, *nbn'*, indéfinies dans les deux sens ; les rayons vecteurs, issus du foyer f, sont inférieurs dans la branche *mam'*, aux rayons vecteurs correspondants qui aboutissent à l'autre foyer f' ; le contraire a lieu pour la branche *nbn'*.

PROPOSITION 1. — THÉORÈME : *L'hyperbole a deux axes rectangulaires.*

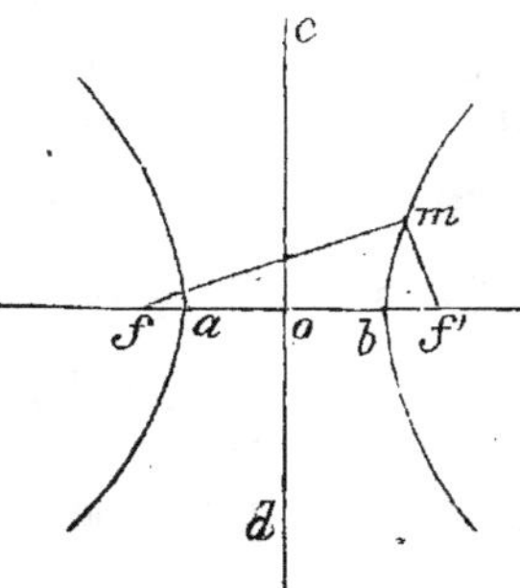

Car, si l'on fait faire une demi-révolution au plan de cette courbe autour de la droite *ab* qui passe par les foyers f, f', ou bien autour de la perpendiculaire *cd* sur le milieu de *ff'*, les foyers restent fixes ou ne font que changer de place : donc, etc., etc.

Corollaire. — *L'intersection* o *des axes est le centre de l'hyperbole.*

Scholies. — I. L'axe *ab* est *transverse* et l'axe *cd non transverse.*

II. Les extrémités *a*, *b*, sont les sommets de l'hyperbole.

III. La distance of du centre o à l'un des foyers f s'appelle *excentricité*.

PROP. 2. — THÉORÈME : *La différence des rayons vecteurs* mf, mf', *d'un point* m *de l'hyperbole est égale à l'axe transverse* ab.

Parce que les rayons vecteurs du sommet b sont bf et bf', on a $mf - mf' = bf - bf'$; mais $bf - bf' = 2ob = ab$; donc $mf - mf' = ab$.

PROP. 3. — PROBLÈME : *Décrire par points ou par un mouvement continu une hyperbole dont l'axe transverse* ab *et les foyers* f, f', *sont donnés.*

1° Je prends à volonté, sur l'axe transverse, un point k non compris entre les foyers; des centres f, f', avec un rayon ak, je décris quatre arcs, deux au-dessus de ab et deux au-dessous;

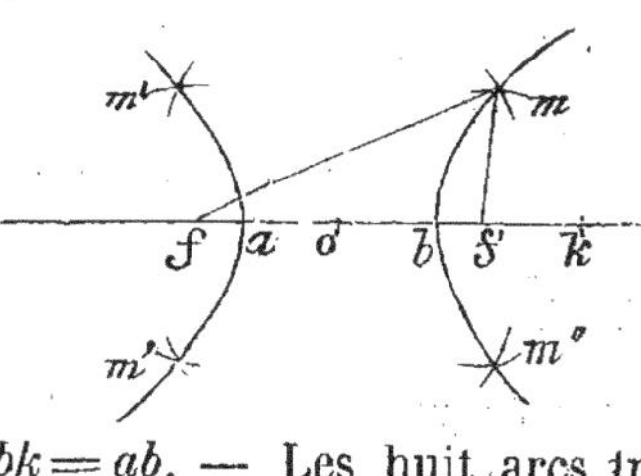

des mêmes centres, avec un rayon bk, je décris quatre autres arcs, qui coupent les premiers en m, m', m'', m'''; ce sont quatre points de l'hyperbole; car, si l'on considère le point m, par exemple, on a $mf - mf' = ak - bk = ab$. — Les huit arcs tracés se coupent d'ailleurs deux à deux; parce que $ak + bk = 2ok$ et $ak - bk = ab$, il vient en effet $ff' < ak + bk$ et $ff' > ak - bk$.

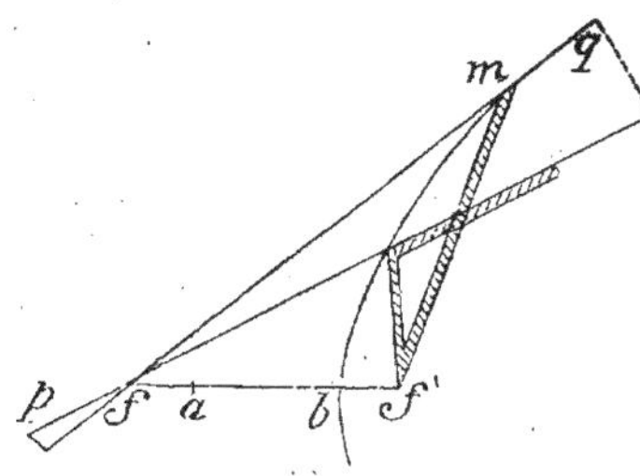

2° Je fixe les extrémités d'un fil inextensible $f'm$ au foyer f' et au point m d'une règle pq, mobile autour du foyer f, et telle que $mf - mf' = ab$. — Je fais ensuite glisser un style m le long de la règle, de manière que, pendant sa rotation autour du centre f, le fil s'y applique en partie et reste constamment tendu. — L'arc mb, décrit par le style, appartient à l'hyperbole cherchée; car, quelle que soit sa position, la différence de ses rayons vecteurs est égale à ab.

Corollaires. — 1. *Deux hyperboles sont égales lorsqu'elles ont même axe transverse et même excentricité.*

2. — **Deux hyperboles sont semblables lorsque les axes transverses sont proportionnels aux excentricités.**

PROP. 4. — THÉORÈME : *La tangente* pq *est la bissectrice de l'angle* fmf' *formé par les rayons vecteurs* mf, mf', *du point de contact* m.

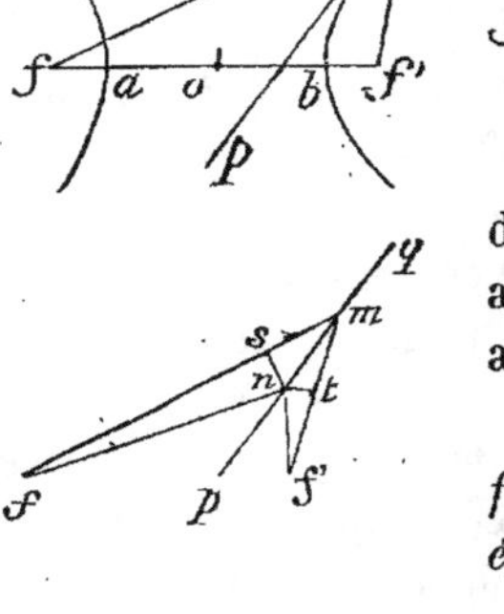

Soit *mn* un élément de l'hyperbole. — On a $fm - f'm = fn - f'n$ ou $fm - fn = f'm - f'n$; décrivant des centres f, f', les petits arcs *ns* et *nt*, il vient $fm - fn = ms$, $f'm - f'n = mt$; donc $ms = mt$; par suite, les petits triangles rectangles *mns*, *mnt*, sont égaux, et ang $fmp = $ ang $f'mp$.

Corollaire. — *La normale* gg' *du point* m *fait avec ses rayons vecteurs des angles égaux* fmg, f'mg'.

PROP. 5. — PROBLÈME : *Mener une tangente à l'hyperbole :* 1° *par un point de cette ligne* ; 2° *par un point extérieur* ; 3° *parallèlement à une droite donnée.*

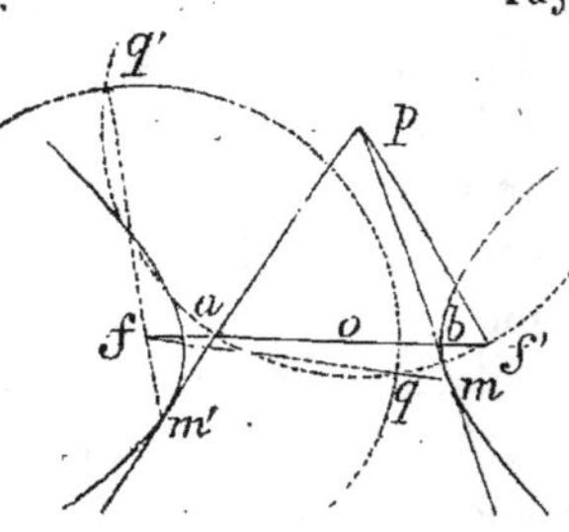

1° La tangente du point *m* est la bissectrice *mp* de l'angle *fmf'* que forment ses rayons vecteurs *mf*, *mf'*.

2° Du point extérieur *p* avec un rayon *pf'*, et du foyer *f* avec un rayon *ab*, je décris deux circonférences qui se coupent en *q* et *q'* ; je tire les lignes *qf*, *q'f*, et j'unis les points *m* et *m'*, où elles rencontrent l'hyperbole, au point *p*. — Les droites *pm*, *pm'*, sont les tangentes cherchées.

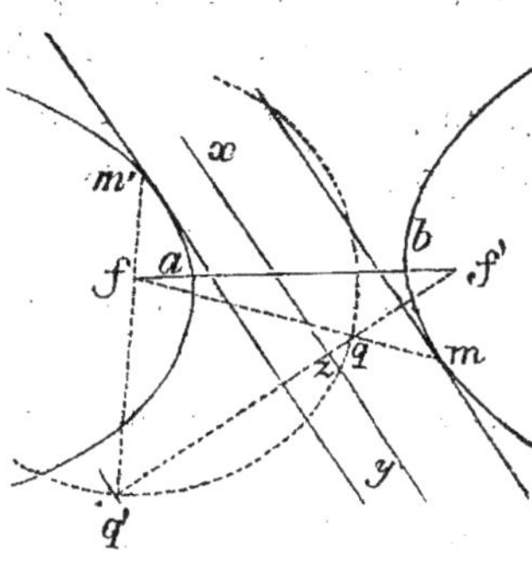

3° Pour construire les tangentes parallèles à la droite xy, je détermine les points q, q', où la perpendiculaire $f'z$ à xy, coupe la circonférence du centre f et du rayon ab; les points d'intersection m, m', de l'hyperbole et des droites qf, $q'f$, sont les points de contact cherchés. Le problème serait impossible si la droite $f'z$ ne rencontrait pas la circonférence.

PROP. 6. — THÉORÈME : *Les projections* p, p', *des foyers* f, f', *sur une tangente quelconque* xy, *sont situées sur la circonférence qui a pour diamètre l'axe transverse* ab.

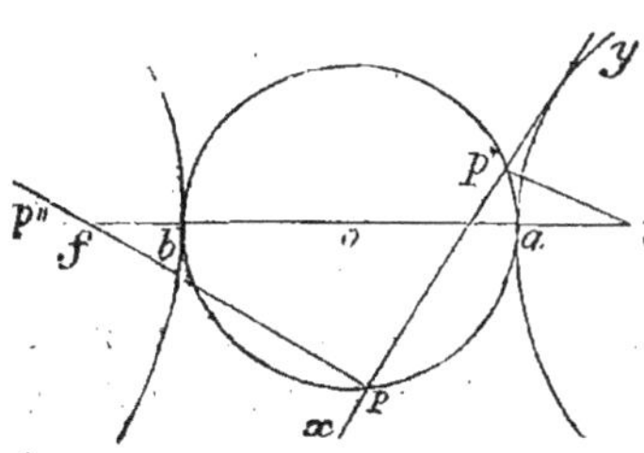

Scholie. — *Lorsqu'un angle droit* p″pp' *se meut de manière que son sommet* p *décrive circonférence* oa, *et que le côté* pp″ *passe par un point extérieur* f, *l'autre côté* pp' *touche constamment une branche d'hyperbole, dont le point* f *est l'un des foyers.*

Corollaire. — *Le produit des distances* fp, f′p', *d'une tangente quelconque* xy *aux deux foyers est égal à* fa $\times$ fb.

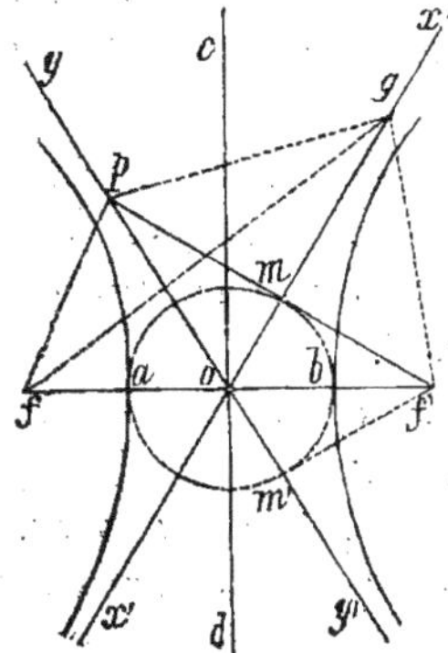

PROP. 7. — THÉORÈME : *L'hyperbole a deux asymptotes.*

Soient $f'm$, $f'm'$, les tangentes de circonférence oa issues du foyer f'; les diamètres indéfinis xx', yy', touchent l'hyperbole, parce que les angles $f'mx$, $f'm'y$, sont droits (prop. 6); je dis en outre que les points de contact sont situés à l'infini. Je suppose un instant que la droite xx', par exemple, ait pour point de contact le point q, de manière que $fq - f'q = ab$; je joins ce point au point p, où $f'm$ est coupée par la droite fp parallèle à ox ; parce que $of' = of$, $fp = 2om = ab$ et $f'm = mp$, d'où résulte oblique $f'q =$ oblique pq ; ainsi, on aurait $fq - pq = fp$, ce qui est impossible. — Donc les droites xx', yy', sont des asymptotes.

Scholies. — I. Les axes ab, cd, sont les bissectrices des angles formés par les asymptotes.

II. L'hyperbole est dite *équilatère* quand les asymptotes se coupent à l'angle droit.

Corollaire. — *Les angles des asymptotes sont égaux dans les hyperboles semblables :* car le triangle rectangle $f'om$ et son homologue dans l'autre hyperbole sont semblables comme ayant l'hypoténuse et un côté proportionnels.

§ 3. — La parabole.

La *parabole* est le lieu *mom'* des points également éloignés d'un point fixe ou *foyer* f et d'une droite fixe yy' nommée *directrice*. — Cette courbe est illimitée dans les deux sens. — Le double de la distance fg du foyer à la directrice prend le nom de *paramètre*.

PROPOSITION 1. — THÉORÈME : *La parabole a pour axe la perpendiculaire* gx, *tirée du foyer* f *sur la directrice* yy'.

Car, si l'on considère une corde quelconque aa', perpendiculaire à gx, on a $fa = ab$, $fa' = a'b'$; or, $ab = a'b'$; donc $fa = fa'$, et par suite, $ka = ka'$.

Corollaires. — 1. *Le sommet* o *est le milieu de la distance* fg.

2. — *L'ordonnée* fp, *issue du foyer, est égale à* pq *ou au demi-paramètre* fg.

PROP. 2. — THÉORÈME : *Toute parallèle* lz *à l'axe ne coupe la parabole qu'en un seul point* m.

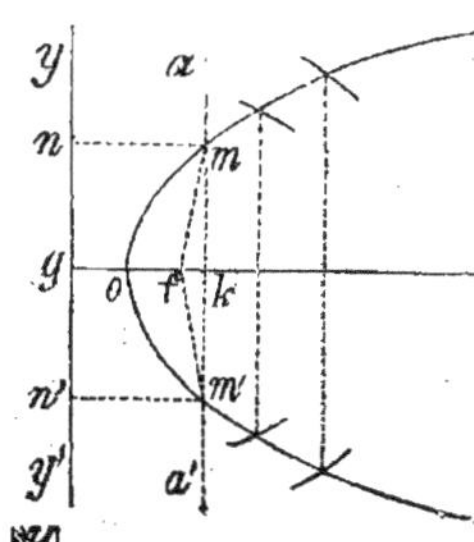

Car, si elle rencontrait cette courbe en un second point m', on aurait

$$fm' = m'l = mm' + ml = mm' + fm,$$

ce qui est impossible.

Corollaire. — *La parabole n'a pas de centre.* — Si elle en avait un, il serait le milieu de la corde indéfinie menée par ce point parallèlement à l'axe, ce qui est absurde.

PROP. 3. — PROBLÈME : *Décrire par points ou par un mouvement continu une parabole dont le foyer* f *et la directrice* yy' *sont donnés.*

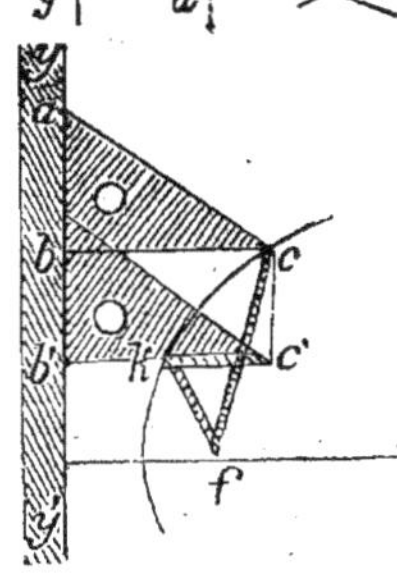

1° Je tire à volonté sur l'axe gx une perpendiculaire aa'; du centre f, avec kg pour rayon, je décris une circonférence, qui coupe cette droite aux points m, m'; ce sont deux points de la parabole : car, par construction,

$$fm = kg = mn, fm' = kg = m'n'.$$

2° Je fixe au foyer f et au sommet c d'une *équerre* abc les extrémités d'un fil égal au côté bc; je fais ensuite glisser l'équerre sur la directrice yy', en tendant le fil, au moyen d'un style k, le long de cb. — Pendant ce mouvement, le style engendre un arc parabolique : car, quelle que soit sa position, on a $c'k + fk = c'k + kb'$ ou $fk = kb'$.

Corollaire 1. — *Deux paraboles, de même paramètre, sont égales.*

Corol. 2. — *Toutes les paraboles sont des courbes semblables.*

PROP. 4. — THÉORÈME : *La tangente* mp *est également inclinée sur l'axe* gx *et le rayon vecteur* mf *du point de contact* m.

Soit mn un élément de la parabole; on a $fm = mm'$, $fn = nn'$,

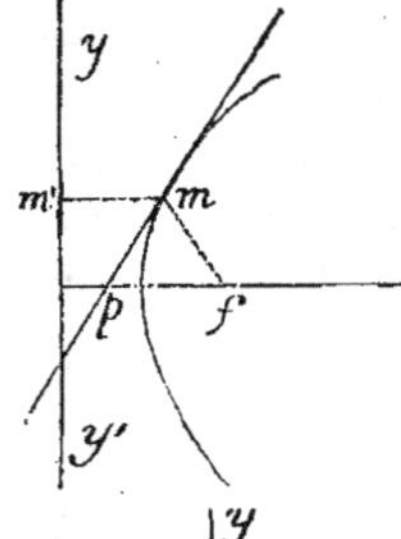

et par suite $fm - fn = mm' - nn'$; tirant ns, nt, perpendiculaires à fm et mm', il vient
$$fm - fn = ms, \quad mm' - nn' = mt\,;$$
donc $ms = mt$, et par suite les petits triangles rectangles mns, mnt, sont égaux. Ainsi,
$$\text{ang } fmp = \text{ang } pmm'\,;$$
mais ang $pmm' = $ ang mpx; donc
$$\text{ang } fmp = \text{ang } mpx.$$

Corollaire. — *La normale* mq *est la bissectrice de l'angle* f m k.

Prop. 5. — Problème : *Mener une tangente à la parabole :* 1° *par un point de cette ligne;* 2° *par un point extérieur;* 3° *parallèlement à une droite donnée.*

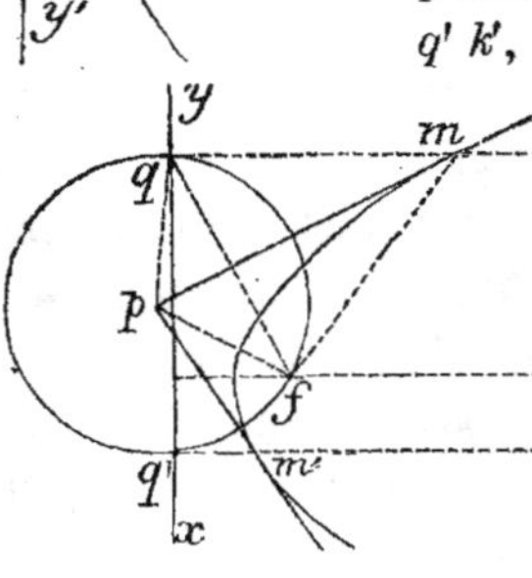

1° La bissectrice mp de l'angle fmm', que forme le rayon vecteur fm avec la parallèle mm' à l'axe, est la tangente du point m.

2° Du point extérieur p, avec un rayon pf, je décris une circonférence, qui coupe la directrice yy' aux points q, q'; puis, je joins le point p aux points m, m', où les parallèles qk, $q'k'$, à l'axe, rencontrent la parabole : les droites pm, pm', sont les tangentes demandées. — En effet, $pf = pq$ par construction, et $mf = mq$, parce que le point m appartient à la parabole : donc la droite mp est perpendiculaire sur le milieu de la base fq du triangle isocèle mfq, et partant elle est la bissectrice de l'angle fmq. — On prouverait de même que $m'p$ est la tangente du point m'.

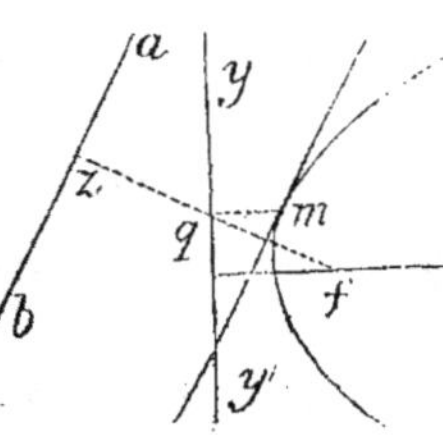

3° Pour construire la tangente parallèle à la droite ab, j'abaisse du foyer f une perpendiculaire fz à cette droite; du point q, où elle coupe la directrice yy', je tire qm parallèle à l'axe : le point m est évidemment le point de contact cherché.

PROP. 6. — **THÉORÈME :** *La projection* p *du foyer* f *sur une tangente quelconque* ml *est située sur la tangente du sommet.*

Parce que le triangle fmq est isocèle, la droite ml est perpendiculaire sur le milieu de fq; et, comme $fo = og$, la droite po est parallèle à yy', et par suite perpendiculaire à ox; donc elle touche la parabole au sommet o.

Scholies. — I. *Si un angle droit* fpm *se meut de manière que son sommet* p *reste sur la droite* st, *et que le côté* fp *passe par le point* f, *l'autre côté* pm *touchera constamment une parabole ayant pour foyer le point* f.

II. *Si un triangle est circonscrit à une parabole, la circonférence circonscrite à ce triangle passe par le foyer.* (Proposition 3, page 109.)

Corollaire 1. — *Le sommet* o *est le milieu de la sous-tangente* kl. — De ce que le triangle mfl est isoangle, il résulte $fm = fl$, et partant $mp = pl$ et $ok = ol$.

Corol. 2. — *La sous-normale* kz *est égale à la moitié* fg *du paramètre.* — Parce que $lm = 2lp$, il vient $mz = 2pf$; puis, $kz = 2fo = fg$.

PROP. 7. — **THÉORÈME :** *Le foyer* f *est le milieu de la pro-*

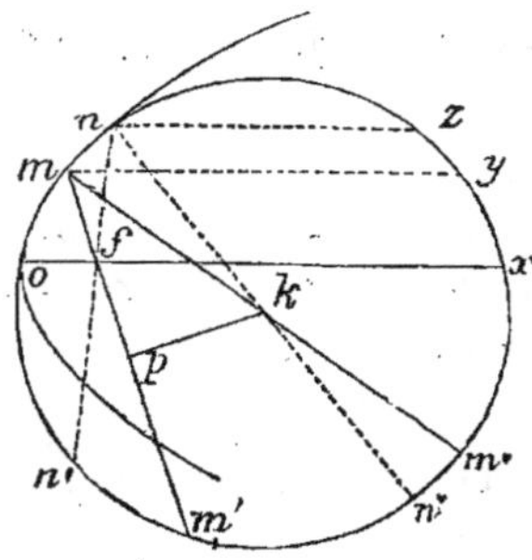

jection mp *d'un rayon de courbure quelconque* mk *sur le rayon vecteur correspondant* fm.

Soient *my*, *nz*, deux parallèles à l'axe tirées par le point *m* et le point très-voisin *n*. — On a

ang *nfo* = ang *fnz* = 2 ang *fnk*,
et pareillement angle *mfo* = 2 ang *fmk*;
en retranchant, il vient

ang *mfn* = 2 ang *fnk* — 2 ang *fmk*, d'où résulte

$$\frac{m'n' + mn}{2} = n'n'' - m'm'' = m'n' - m''n'',$$

ou bien, parce que $m''n'' = mn$, $m'n' + mn = 2m'n' - 2mn$, ou enfin $m'n' = 3mn$. — Donc, à cause de la similitude des triangles *fm'n'*, *fmn*, on a aussi $fm' = 3fn$ ou $3fm$, et partant *mm'* ou $2mp = 4fm$; ainsi, $mp = 2fm$ et $fp = fm$.

Scholie — Cette proposition donne un moyen fort élégant pour construire le rayon de courbure en un point assigné. — Celui du sommet *o* est égal au $\frac{1}{2}$ paramètre $2fo$.

Prop. 8. — Théorème : *L'aire d'un segment parabolique* omk *est égal aux deux tiers du rectangle* okmn *de même base* ok *et de même hauteur* km.

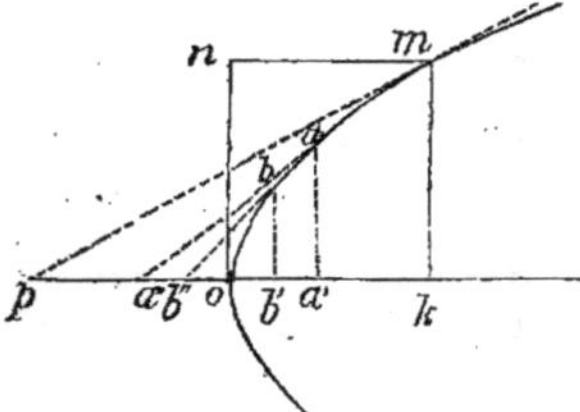

Si l'on prend $op = ok$, la droite *mp* est la tangente du point *m*. — Pareillement, si l'on tire les ordonnées *aa'*, *bb'*, et les tangentes *aa''*, *bb''*, de deux points infiniment voisins *a*, *b*, de l'arc *om*, il vient $oa' = oa''$, $ob' = ob''$, et par suite $a'b' = a''b''$; ainsi, le petit trapèze *abb'a'* est double du petit triangle *aa''b''*; si donc l'on décompose le segment *omk* et la figure *omp* en éléments correspondants, on pourra conclure que segment *omk* = 2 fig. *omp*, ou bien que

$$\text{segment } omk = \frac{2}{3} \text{ triangle } pmk = \frac{2}{3} ok \times km.$$

IIIᵉ SECTION.

COURBES DIVERSES.

§ 1. L'ovale de Cassini.

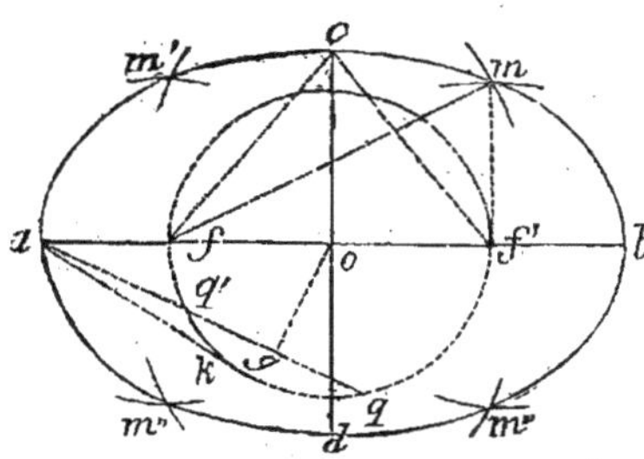

On appelle ainsi le lieu des points dont les distances à deux points fixes f, f', font constamment un même produit.

La droite ab, qui passe par les points fixes f, f', et la droite cd, perpendiculaire sur le milieu de ff', sont évidemment deux *axes* de cette courbe. — Leur intersection o en est le *centre*.

PROPOSITION 1. — PROBLÈME : *Décrire l'ovale de Cassini.*

Je construis circonférence of, et par le sommet a je tire à volonté la sécante aq. — Des centres f, f', avec aq pour rayon, je décris quatre arcs, deux au-dessus de ab et deux au-dessous ; des mêmes centres, avec un rayon aq', je décris quatre autres arcs, qui coupent les premiers en m, m', m'', m''' ; ce sont quatre points de l'ovale ; car, si l'on considère le point m, par exemple, on a $fm \times f'm = aq \times aq' = af' \times af$.

Comme ff' est $>qq'$ ou que $fq - fq'$, il suffit, pour que les huit arcs se coupent deux à deux, que l'on ait $ff' < aq + aq'$ ou $of < ag$, g étant la projection du centre o sur la sécante aq. — Cela posé :

• 1° Si of est $<$ tangente ak, toute sécante aq produira quatre points de l'ovale, et les rayons vecteurs des sommets c et d seront égaux à ak.

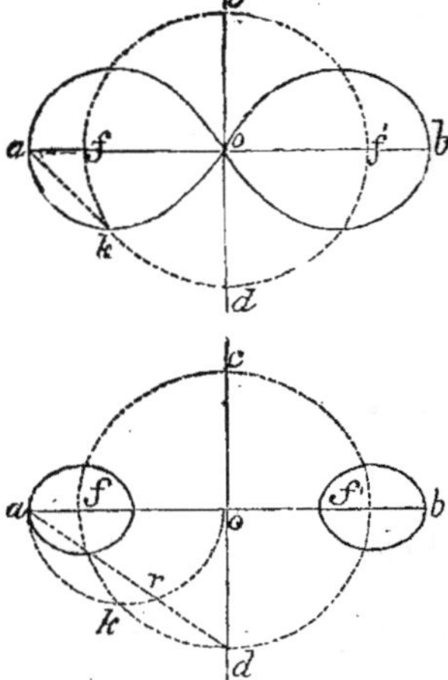

2° Si $of = ak$, ces deux sommets se réuniront au centre o, et la courbe prendra la forme du chiffre 8.

3° Si of est $> ak$, soit tirée une corde ar égale à of, dans la circonférence décrite sur le diamètre oa ; il ne faudra se servir que des sécantes comprises entre ab et ar. — La courbe se compose alors de deux branches fermées nommées *ovoïdes*.

Si l'on représente par D le diamètre de la circonférence qui passe par les points fixes f, f', et par un point quelconque x de la courbe, et par h la distance de ce point à l'axe ab, il vient $D \times h = fx \times f'x = ak^2$; ainsi, la plus grande valeur de h correspond à la plus petite valeur de D, laquelle est évidemment égale à ff' ; il s'ensuit que circonférence of coupe la courbe aux points les plus éloignés de l'axe ab ; pour que ces points existent,

il faut que h ou $\dfrac{ak^2}{2of}$ soit $< of$,

c'est-à-dire que l'on ait

$$ak < of \sqrt{2}.$$

Quand ak est en même temps $> of$, la courbe a deux axes transverses et quatre points d'inflexion.

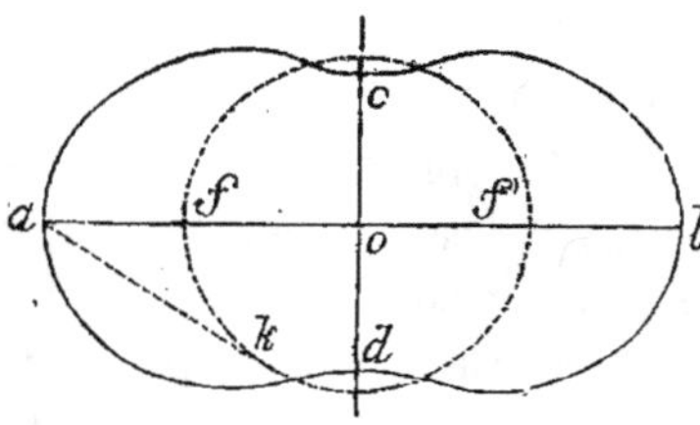

PROP. 2. — PROBLÈME : *Mener la tangente en un point de l'ovale de Cassini.*

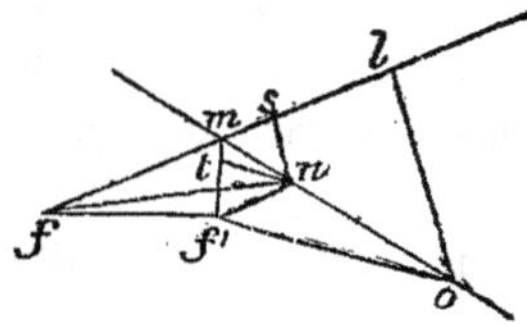

Soit mn un élément de cette courbe ; rabattons fn en fs et $f'n$ en $f't$ au moyen des petits arcs ns et nt. — Nous aurons $fn = fm + ms, f'n = f'm - mt$, et partant $(fm + ms)(f'm - mt) = fm \times f'm$; effectuant les calculs, supprimant le terme $fm \times f'm$ commun aux deux membres, et négligeant le terme $ms \times mt$, qui est infiniment petit par rapport à ceux qui restent, on trouve $fm \times mt - f'm \times ms = 0$ ou $fm : f'm :: ms : mt$. — Tirons maintenant $f'o$ perpendiculaire à $f'm$ et ol perpendiculaire à fm; les quadrilatères $mf'ol$, $mtns$, sont visiblement semblables, et partant $ml : f'm :: ms : nt$; donc $ml = fm$. — Conséquemment, pour déterminer la tangente du point m, on prolongera fm d'une quantité égale ml; aux extrémités f' et l de mf' et ml on élèvera des perpendiculaires $f'o$ et lo; la droite mo sera la ligne cherchée.

§ 2. — La spirale d'Archimède.

Cette ligne est le lieu des points dont les distances à un point fixe, nommé *pôle*, sont proportionnelles aux angles qu'elles forment avec une droite fixe.

PROPOSITION 1. -- PROBLÈME : *Décrire la spirale d'Archimède.*

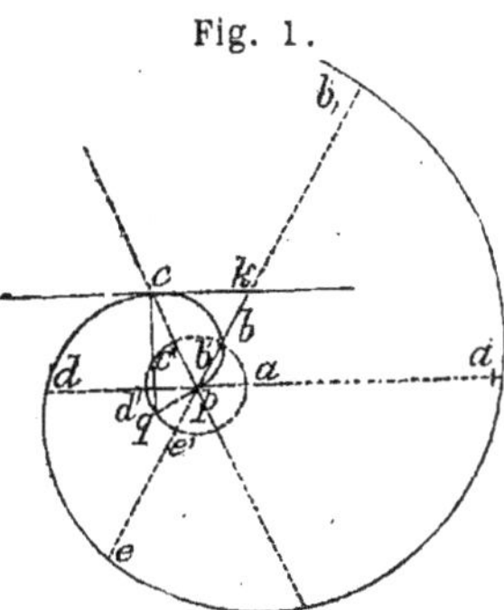

Fig. 1.

Je divise circonférence pa en petites parties égales ab', $b'c'$, $c'd'$,....; puis, sur les rayons pb', pc', pd',.... des points de division, je prends $pb = $ arc ab', $pc = $ arc $ac' = 2$ arc ab', $pd = $ arc $ad' = 3$ arc ab',....; la ligne $pbcde...$ est la spirale cherchée, car, les distances pb, pc, pd,.... sont égales aux arcs ab', ac', ad',.... et par suite proportionnelles aux angles apb, apc, apd, ... — Lorsqu'on est parvenu au point a, pour lequel $pa_1 = $ circ pa, on prend $pb_1 = $ circ $pa + ab'$, etc., etc., de manière que la spirale fait autour du pôle p une infinité de circonvolutions.

Scholie. — Le rayon pa est dit le *paramètre* de la spirale.

PROP. 2. — THÉORÈME : *La sous-normale* pq, *estimée sur le rayon* px *perpendiculaire à la distance* pc, *est égale au paramètre* pa. (*Fig.* 1 *et* 2.)

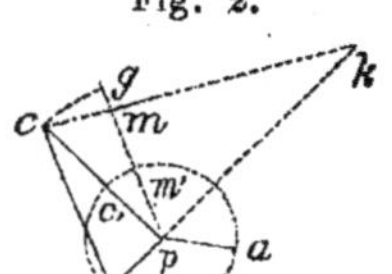

Fig. 2.

Soit *cm* un petit élément de la courbe. — Rabattons *pc* en *pg* au moyen du petit arc *cg*, en sorte que

$$mg = pc - pm = \text{arc } ac' - \text{arc } am' = \text{arc } m'c'.$$

Parce que les angles droits *pcg*, *qck*, ont une partie commune *pck*, ang *mcg* = ang *pcq*; donc les triangles rectangles *gmc*, *pcq*, sont semblables, et partant *cg* : *mg* :: *pc* : *pq*; mais *cg* : *m'c'* :: *pc* : *pc'*; donc *pq* = *pc'* = *pa*.

Corollaire. — Ainsi, pour déterminer la tangente du point *c* à la spirale de la figure 1, on tire *pq* perpendiculaire sur la distance *pc*, puis *cq*, et enfin *ck* perpendiculaire à *cq*.

§ 3. — La spirale hyperbolique.

On appelle ainsi le lieu des points dont les distances à un point fixe ou *pôle* sont inversement proportionnelles aux angles qu'elles forment avec une droite fixe.

PROPOSITION 1. — PROBLÈME : *Décrire la spirale hyperbolique.*

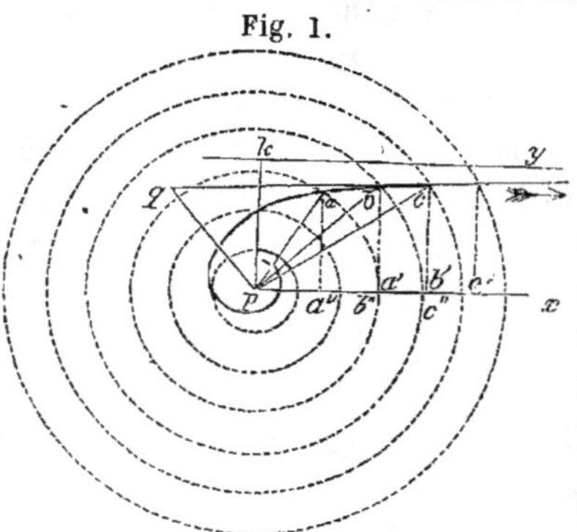

Fig. 1.

Je décris une série de circonférences concentriques au pôle *p*, et je prends arbitrairement, à partir du rayon *px*, des arcs *aa'*, *bb'*, *cc'*, *dd'*,..... égaux entre eux; la ligne *abcd*.... est la spirale cherchée. En effet, si l'on considère deux points quelconques *a* et *b*, on a

$$\text{ang } bpx : \text{ang } apx :: \frac{bb'}{pb} : \frac{aa'}{pa},$$

ou bien, parce que *aa'* = *bb'*, *pa* : *pb* :: ang *bpx* : ang *apx*. — Cette spirale s'étend indéfiniment dans les deux sens : d'une part, elle fait une infinité de circonvolutions autour du pôle *p* sans pouvoir l'atteindre; de l'autre, les ordonnées croissantes aa'', bb'', cc'',... ne pouvant devenir plus grandes que les arcs aa', bb', cc',.., la spirale a pour asymptote la droite ky, parallèle à px et distante du pôle p de la ligne pk égale à l'arc aa' rectifié.

Scholie. — La distance pk est le *paramètre* de la spirale.

PROP. 2. — THÉORÈME : *La sous-tangente* pq, *estimée sur le rayon* pz *perpendiculaire à la distance* pc, *est égale au paramètre* pk. (*Fig.* 1 *et* 2.)

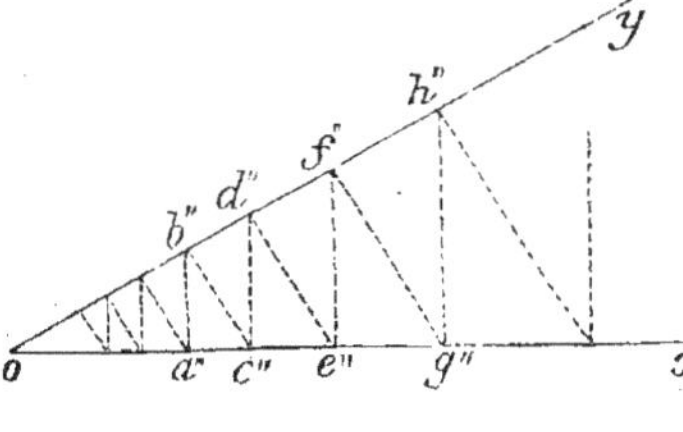

Fig. 2.

Si cg est un petit élément de la spirale, on a $cc' = gg'$; or,

$$gg' : ic' :: pg : pi,$$

d'où $gg' - ic' : pg - pi :: gg' : pg$,

ou bien $ci : gi :: cc' : pg$; on a aussi $ci : gi :: pq : pg$; donc $pq = cc' = pk$.

Corollaire. — Ainsi, pour obtenir la tangente du point c (fig. 1), il faut élever, sur la distance pc, une perpendiculaire pq égale à pk et tirer cq.

§ 4. — La spirale logarithmique.

Cette ligne est le lieu des points dont les distances à un *pôle* fixe croissent en progression géométrique, lorsque les angles qu'elles forment avec une droite fixe croissent en progression arithmétique.

PROPOSITION 1. — PROBLÈME : *Décrire la spirale logarithmique.*

Sur le côté ox d'un angle quelconque xoy, je tire à volonté une perpendiculaire $a'' b''$; je tire ensuite $b'' c''$ perpendiculaire à oy; puis, $c'' d''$ perpendiculaire à ox, $d'' e''$ à oy, etc., etc. Parce que les triangles $ob''c''$, $oc''d''$,

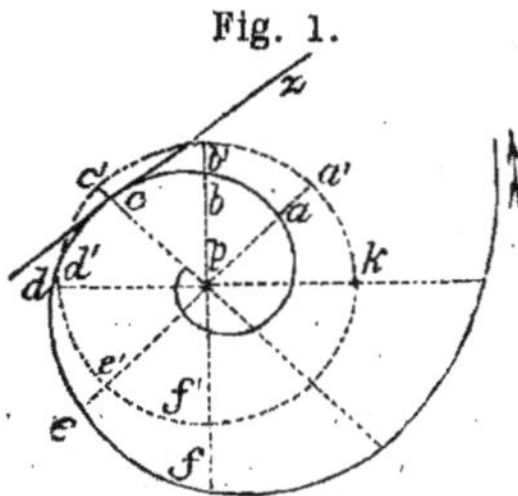

Fig. 1.

$od''e''$,... sont rectangles, on a $oa'' : ob''$ :: $ob'' : oc''$, $ob'' : oc'' :: oc'' : od''$, $oc'' : od''$ :: $od'' : oe''$,..; d'où résulte la progression géométrique $\div oa'' : ob'' : oc'' : od'' : oe'' : \ldots$ — Cela fait, je divise circonférence pk en parties égales ka', $a'b'$, $b'c'$, $c'd'$,... et, sur les rayons pa', pb', pc', pd',.... je prends $pa = oa''$, $pb = ob''$, $pc = oc''$, $pd = od''$....; la ligne $abcde$..... est évidemment la spirale cherchée. Elle s'étend dans les deux sens, et fait autour du pôle p, sans pouvoir l'atteindre, une infinité de circonvolutions.

PROP. 2. — THÉORÈME : *Toutes les tangentes sont également inclinées sur les rayons des points de contact.*

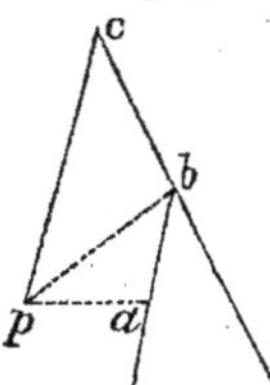

Fig. 2.

Il suffit d'établir cette propriété pour deux tangentes infiniment voisines. — Soient donc ab, bc, deux éléments consécutifs de la spirale, correspondants aux petits angles égaux apb; bpc. — Parce que $pa : pb :: pb : pc$, les triangles apb, bpc, sont semblables : donc ang $abp =$ ang bcp.

Scholie. — L'inclinaison constante des tangentes sur les rayons de leurs points de contact est le *paramètre* de la spirale.

Corollaire 1. — On obtient la tangente du point c (fig. 1) en tirant la droite cz sous un angle pcz égal au paramètre angulaire de la spirale.

Corol. 2. — *Toutes les normales sont également inclinées sur les rayons qui leur correspondent :* car chacune de ces inclinaisons est le complément du paramètre angulaire.

PROP. 3. — THÉORÈME : *Le pôle de la spirale logarithmique est la projection d'un centre de courbure quelconque sur le rayon correspondant.*

Soient pa, pb et aa', ba', les rayons et les normales de deux points a, b, infiniment voisins. — Parce que ang $paa' =$ ang pba', les quatre points p, a, b, a', appartiennent à une même circon-

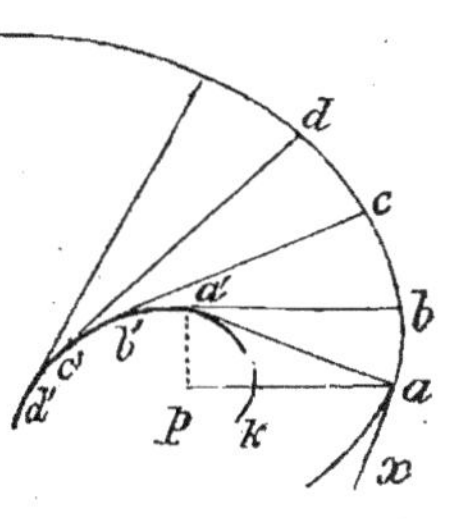

férence, et, comme l'angle *aba'* est droit, la droite *a'p* est la perpendiculaire abaissée du centre de courbure *a'* sur le rayon *pa*.

Corollaire. — *La développée a' b' c'.... d'une spirale logarithmique abcd.... est une spirale logarithmique égale* : car l'inclinaison *aa'p* de la tangente *aa'* sur le rayon *pa'* est complémentaire de l'angle *paa'*, et par suite elle est égale au paramètre angulaire *pax*.

Scholie. — Ainsi, quoique la spirale *a'k* fasse une infinité de révolutions autour du pôle *p*, l'arc, compris entre ce point et l'extrémité *a'*, est égal au rayon de courbure *a'a*.

§ 5. — Cycloïde ordinaire, rallongée et raccourcie.

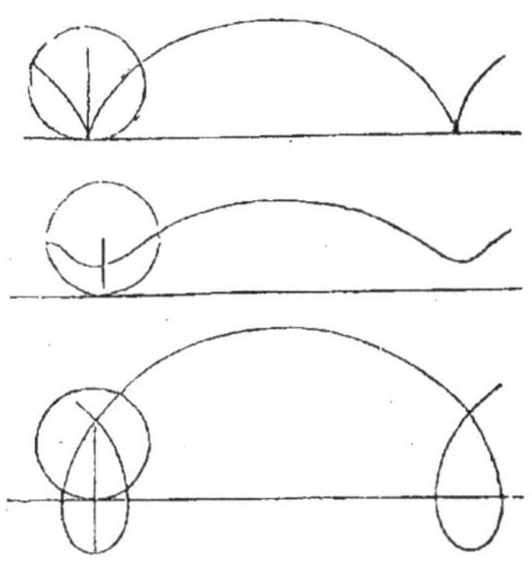

On appelle *cycloïde* la courbe décrite par un point du plan d'un cercle qui roule, sans glisser, sur l'une de ses tangentes. — La cycloïde est *ordinaire* si le point décrivant est situé sur la circonférence génératrice ; elle est *rallongée* si ce point lui est intérieur, et *raccourcie* s'il est extérieur. — La tangente fixe prend le nom de *directrice*.

PROPOSITION 1. — PROBLÈME : *Décrire une cycloïde ordinaire, rallongée ou raccourcie.*

Supposons que circonférence *oa*, roulant sans glisser le long de la tangente *xy*, entraîne avec elle le rayon *oa*, et proposons-nous de construire les cycloïdes ordinaire, rallongée et raccourcie, engendrées par les trois points *a*, *b*, *c*. — Pendant ce mouvement, les éléments de circonférence *oa* s'appliquent successivement sur la directrice *xy*, de manière que l'arc, limité d'une part au point décrivant, et de l'autre au point de contact, est constamment

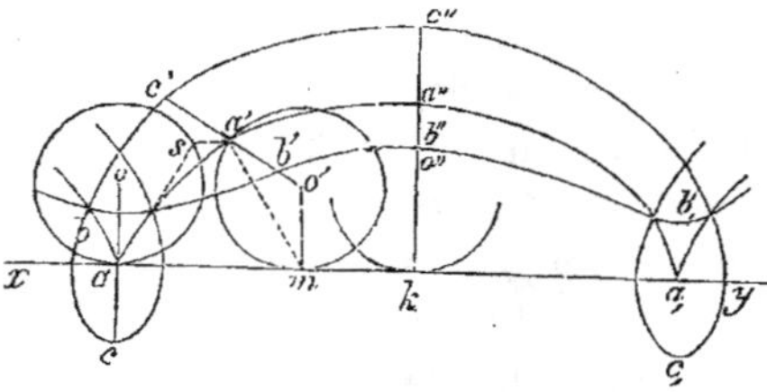

égal à la portion de la directrice comprise entre ce dernier point et l'origine a ; lors donc que circonférence oa est devenue circonférence $o'm$, le point décrivant a se trouve en a', tel que arc $a'm = am$; le rayon oa, occupant la position $o'a'$, on obtient un point de la cycloïde rallongée en prenant $o'b' = ob$, et un point de la cycloïde raccourcie en prenant $o'c' = oc$. — Après une révolution complète de circonférence oa, le point décrivant a se retrouve sur la directrice xy en a_1, tel que $a_1a = $ circ oa, et les points b et c en b_1 et c_1 ; la droite aa_1, prend le nom de *base*. — Après une demi-révolution, la circonférence mobile touche la base aa_1 en son milieu k, et le rayon oa est dirigé selon le prolongement de $o''k$; ce rayon est un *axe* commun aux trois courbes, et les points a'', b'', c'', en sont les *sommets*. — Comme circonférence oa peut rouler indéfiniment, dans les deux sens, le long de xy, les trois cycloïdes sont composées d'une infinité de branches égales à celles que l'on vient de considérer ; on voit que les points a, a_1, sont des points de *rebroussement* de la première espèce, que chaque branche de la cycloïde rallongée a deux points *d'inflexion*, enfin que la cycloïde raccourcie est *bouclée*.

Si, par le point a' de la cycloïde ordinaire, on tire $a's$ parallèlement à xy, on a visiblement arc $a'm = $ arc sa et corde $a'm = $ corde sa.

Cette remarque fournit un procédé plus expéditif pour décrire cette courbe. — On divise circonférence oa en petits arcs égaux $a1$, $1\,2$, $2\,3$,... que l'on porte sur xy en $a1'$, $1'2'$, $2'3'$,... ; des centres $1'$, $2'$, $3'$,..., avec les cordes $a1$, $a2$, $a3$,... pour rayons, on décrit une série de

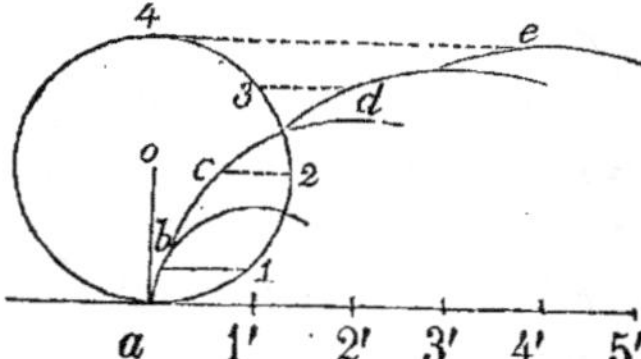

petits arcs ; les points b, c, d,... où il sont traversés par les droites $1b$, $2c$, $3d$,... parallèles à xy, appartiennent à la cycloïde.

— Il existe des procédés analogues pour les cycloïdes rallongée et raccourcie.

PROP. 2. — PROBLÈME : *Construire la tangente en un point d'une cycloïde.*

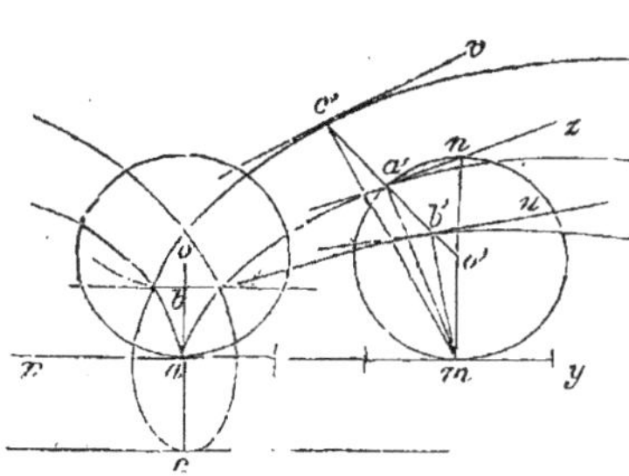

Soient a', b', c', les points des cycloïdes ordinaire, rallongée et raccourcie, qui correspondent au point de contact m. — Si l'on fait rouler infiniment peu circonférence $o'm$, le point m n'éprouve qu'un déplacement insensible, et par suite les trois points a', b', c', décrivent, autour du centre m, trois petits arcs circulaires ; mais ces petits arcs se confondent avec les éléments des trois courbes : donc les normales des points a', b', c', sont dirigées selon les rayons $a'm$, $b'm$, $c'm$, et les perpendiculaires $a'z$, $b'u$, $c'v$, menées à leurs extrémités, sont les tangentes demandées. — L'angle $ma'z$ étant droit, la tangente $a'z$ doit passer par l'extrémité n du diamètre mn.

Scholie. — La tangente du point a est oa ; celles des points b et c sont parallèles à xy.

Corollaire. — La normale en un point d'une cycloïde quelconque passe par le point de contact de la circonférence génératrice.

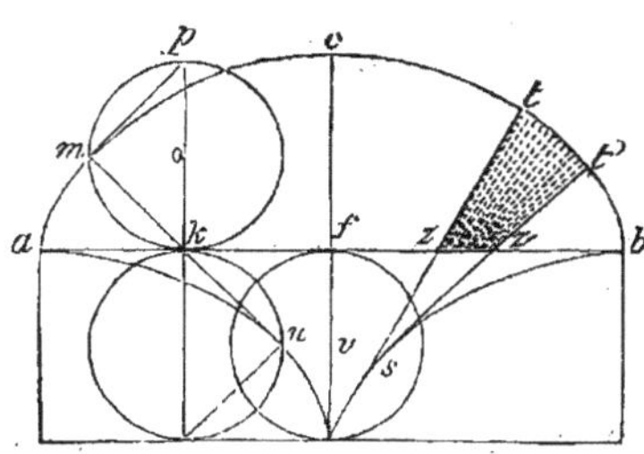

PROP. 3. — THÉORÈME : *La développée d'une cycloïde ordinaire est une cycloïde égale.*

Soient ab la base et cf l'axe de la cycloïde engendrée par le point m de circonférence ok. — Je décris une circonférence sur le diamètre $kq = kp$; par le point q je mène $a'b'$ parallèle à ab ; enfin je tire mkn, mp et nq. — Parce que ang $mkp =$ ang nkq, les triangles rectangles pkm, qkn, sont égaux, et il vient $mp = nq$ et arc $mp =$ arc nq ; mais arc $mk +$ arc $mp = ak + kf$ et arc $mk = ak$; donc arc $mp = kf$ et partant arc $nq = gq$. — Ainsi, le point n appartient à la cycloïde ga décrite par le point g de circonférence vg, roulant, de droite à gauche, sur $a'b'$; de plus, comme la droite mn passe par le point k, elle est à la fois normale au point m de la courbe acb et tangente au point n de la courbe ag ; de là résulte que la développée de la première cycloïde est composée de deux demi-cycloïdes ya et gb.

Corollaire 1. — *La base* ab *divise en parties égales tous les rayons de courbure de la cycloïde* acb : car on a $km = kn$.

Corol. 2. — *La cycloïde rectifiée est égale à quatre fois le diamètre de la circonférence génératrice.* — Supposons qu'un fil, fixé en g, soit tendu le long de l'arc ga, et ensuite déroulé par son extrémité a : ce point décrira d'abord la demi-cycloïde ac ; puis, l'autre moitié cb, si on enveloppe le fil gc sur l'arc gb. — Conséquemment, $ag = cg = 2cf$ ou $acb = 4kp$.

Corol. 3. — *L'aire de la cycloïde vaut trois fois celle du cercle générateur.* — Soient st, st', deux normales très voisines ; on a $st = 2sz$, $st' = 2sz'$, et, par conséquent, $st \times st' = 4 . sz \times sz'$; ainsi, à cause de l'angle commun tst', triangle $stt' = 4$ triangles szz', ou quadrilatère $tt'z'z = 3$ triangles szz' ; il s'ensuit que

$$\text{cycloïde } acb = 3 \text{ fig } gab = \frac{3}{4} gacb = \frac{3}{4} \text{ rect } abb'a'.$$

Mais rect $abb'a' = $ circ $ok \times 2ok$: donc

$$\text{cycloïde } acb = 3 \text{ circ } ok \times \frac{ok}{2} = 3 \text{ cercle } ok.$$

§ 6. — Les épicycloïdes ordinaire, rallongée et raccourcie.

On appelle *épicycloïde* la courbe décrite par un point du plan d'un cercle qui roule, sans glisser, sur un autre cercle fixe.

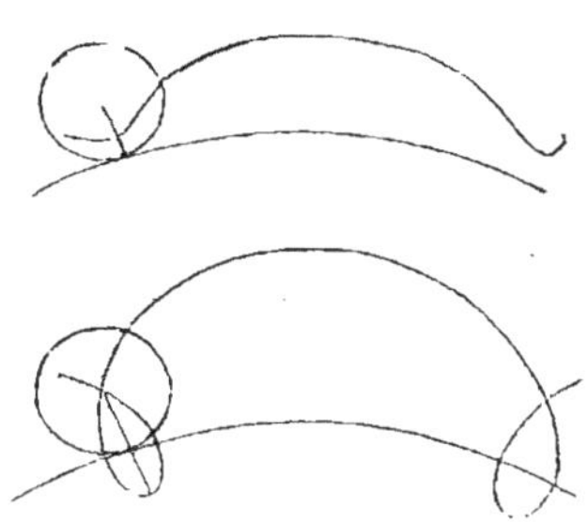

— On dit que l'épicycloïde est *ordinaire*, *rallongée* ou *raccourcie*, selon que le point décrivant est situé sur la circonférence génératrice, au dedans ou au dehors.

— On dit aussi que cette ligne est *interne* ou *externe*, suivant que le cercle fixe comprend ou ne comprend pas le cercle mobile.

PROPOSITION 1. — PROBLEME : *Décrire une épicycloïde ordinaire, rallongée ou raccourcie.*

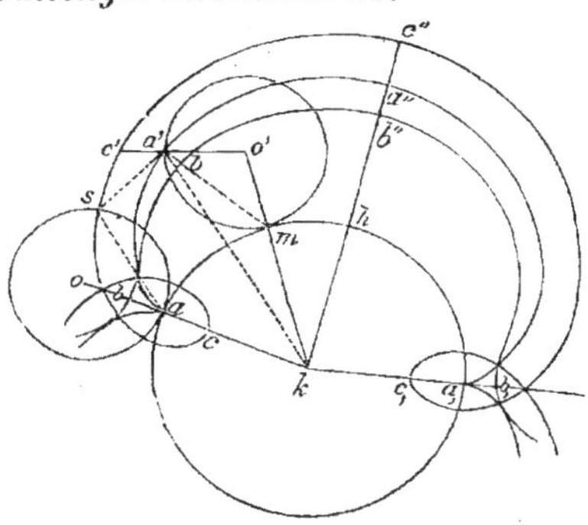

Supposons que circonférence oa, roulant sans glisser sur circonférence ka, entraîne avec elle le rayon oa, et proposons-nous de construire les épicycloïdes ordinaire, rallongée et raccourcie, engendrées par les trois points a, b, c. — Pendant ce mouvement, l'arc, compris entre le point décrivant et le point de contact, est con-stamment égal à l arc limité à ce dernier point et à l'origine a ; ainsi, lorsque circonférence oa est devenue circonférence $o'm$, le point a se trouve en a' tel que arc $ma' = $ arc ma ; en prenant sur le rayon $o'a'$, $o'b' = ob$, $o'c' = oc$, les points b', c', appartiennent, l'un à l'épicycloïde rallongée, et l'autre à l'épicycloïde raccourcie. — Après une révolution complète de circonférence oa, le point décrivant a se trouve sur circ ka en a_1, tel que arc $aa_1 = $ circ oa et les points b et c en b_1 et c_1 ; l'arc aa_1 prend le nom de *base*. — Après une demi-révolution, circonférence oa touche cette base en son milieu h ; la droite kh est visiblement un *axe* commun aux trois courbes, et les points a'', b'', c'', en sont les *sommets*.

Soit décrit du centre k, avec un rayon ka', un arc $a's$; on a arc $a'm = $ arc sa et corde $a'm = $ corde sa. — De là ce procédé plus rapide pour tracer l'épicycloïde ordinaire. — On divise cir-

15

conférence *oa* en petits arcs égaux *a*1, 12, 23, 34,.. que l'on porte sur circonférence *ka* en *a*1′, 1′2′, 2′3′, 3′4′,..; du centre *k*, avec *k*1, *k*2, *k*3, *k*4,.... pour rayons, on décrit une série d'arcs ; des

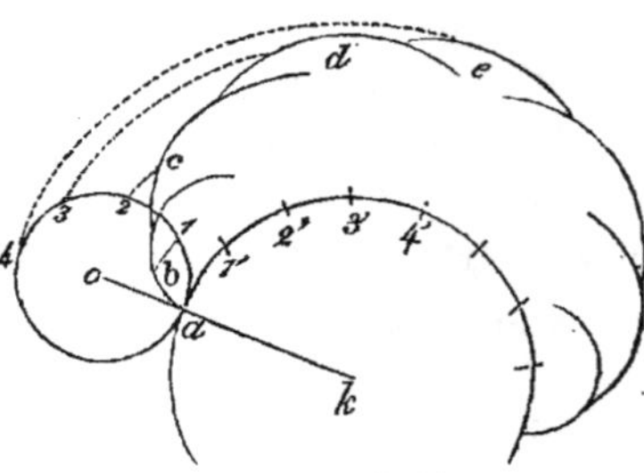

centres 1′, 2′, 3′, 4′,..., avec des rayons égaux à *a*1, *a*2, *a*3, *a*4,... on décrit une autre suite d'arcs ; les points *b*, *c*, *d*, *e*,.... où les arcs de même rang se coupent, appartiennent à la courbe cherchée. — Il existe des procédés analogues pour les épicycloïdes rallongée et raccourcie.

Scholie. — Lorsque circonférence *oa* roule indéfiniment sur circonférence *ka*, le nombre des branches épicycloïdales décrites par le point *a*, est fini ou infini, selon que le point décrivant reprend ou ne reprend pas sa position initiale. — Supposons que le premier cas arrive après que circonférence *oa* a fait *m* révolutions autour de circonférence *ka* et *n* tours sur son centre ; on aura $n.2\pi.oa = m.2\pi.ka$ ou bien $n.oa = m.ka$, d'où $oa : ka : : m : n$. — Conséquemment, *le nombre des branches sera limité ou illimité, suivant que les rayons* oa, ka, *seront commensurables ou incommensurables*.

PROP. 2. — THÉORÈME : *Quand un cercle roule intérieurement sur un cercle d'un rayon double, les épicycloïdes ordinaires sont des diamètres du cercle fixe et les épicycloïdes rallongée et raccourcie sont des ellipses*.

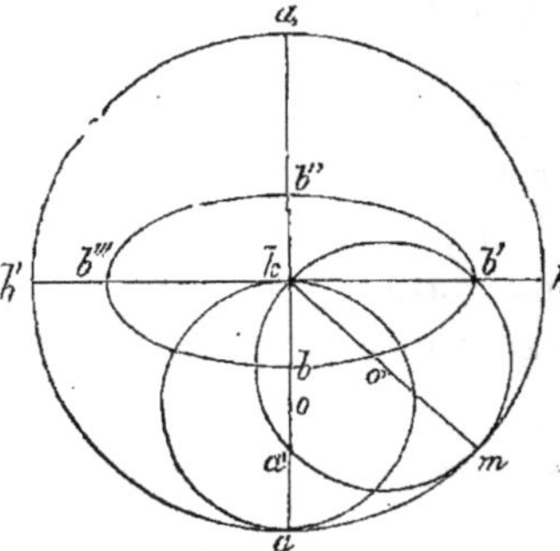

Soient *oa* le rayon du cercle mobile et *ka* celui du cercle fixe. Je dis que l'épicycloïde engendrée par le point *a* est le diamètre *aa₁*. — Pour justifier cette assertion, il suffit de faire voir que, lorsque circonférence *oa* est devenue circonférence *o′m*, on a arc *ma* = arc *ma′* ; l'angle *akm*, ayant son sommet au centre *k* de circonférence *ka*, a pour mesure

$\dfrac{ma}{ka}$; ce même angle, étant inscrit dans circonférence $o'm$, a aussi pour mesure $\dfrac{ma'}{2o'm}$; donc $\dfrac{ma}{ka} = \dfrac{ma'}{2o'm}$, et par suite $ma = ma'$.

Quand circonférence oa a fait une demi-révolution, le point a se trouve évidemment en k et son point k en h ; donc l'épicycloïde décrite par le point k est le diamètre hh_1. Ainsi, pendant le mouvement de cette circonférence, les extrémités a et k du diamètre ak glissent sur les droites rectangulaires aa_1 et hh_1 ; il s'ensuit qu'un point quelconque b de ce diamètre ou de son prolongement engendre une ellipse $b\,b'\,b''\,b'''$ dont les demi-axes sont kb et $kb' = ab$.

Prop. 3. — Problème : *Construire la tangente en un point d'une épicycloïde.*

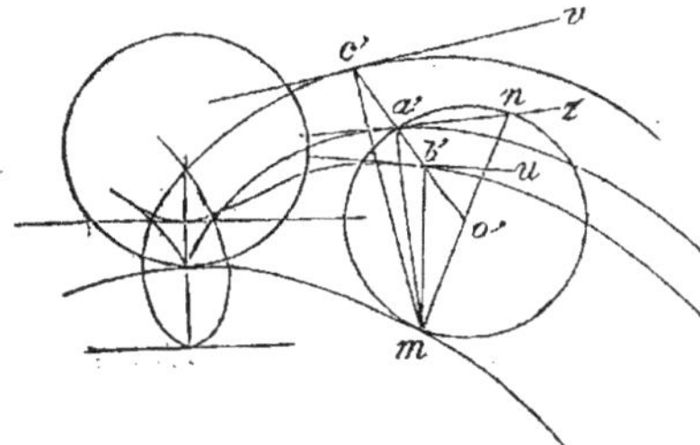

Soient a', b', c', les points des épicycloïdes ordinaire, rallongée ou raccourcie, qui correspondent au point de contact m. — Si l'on fait rouler infiniment peu circonférence $o'm$, le déplacement du point m est insensible, et partant les trois points a', b', c', décrivent autour du centre m trois petits arcs circulaires ; comme ces petits arcs se confondent avec les éléments des trois courbes, les normales de ces trois points sont $a'm$, $b'm$, $c'm$, et les perpendiculaires $a'z$, $b'u$, $c'v$, menées à leurs extrémités, sont les tangentes cherchées. — L'angle $ma'z$ étant droit, la tangente $a'z$ doit passer par l'extrémité n du diamètre mn.

Prop. 4. — Théorème : *La développée d'une épicycloïde ordinaire est une épicycloïde semblable.*

Soient ab la base et $kç$ l'axe de l'épicycloïde engendrée par le point m de circonférence on. — Divisons nk au point n', de manière que l'on ait

$$kn : kn' :: np : nn' ;$$

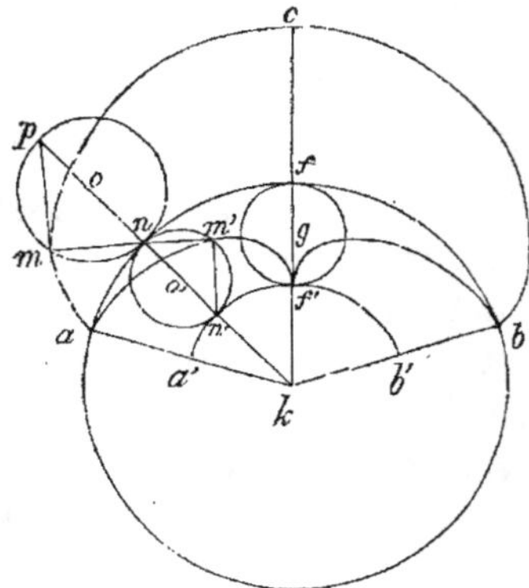

décrivons ensuite circonférence $o'n'$ et l'arc $a'b'$; tirons enfin les droites mnm', mp, $m'n'$. — Parce que les arcs nf, $n'f'$, sont semblables, on a

$$nf : n'f' :: kn : kn' \text{ ou } :: np : nn';$$

les angles inscrits égaux mnp, $m'nn'$, interceptant des arcs semblables mp et $m'n'$, on a aussi arc mp : arc $m'n' :: np : nn'$; conséquemment arc mp : arc $m'n' :: nf : n'f'$. — Or, de ce que arc $mn = an$, il suit arc $mp = nf$; donc arc $m'n' = n'f'$. — Ainsi, le point m' appartient à l'épicycloïde $f'a$ décrite par le point f' de circonférence gf' roulant sur $a'b'$; de plus, la droite mm' est tangente au point m' de cette courbe, et normale au point m de la courbe acb; donc la première ligne est la développée de la seconde. — Les épicycloïdes ac et af' sont semblables en vertu de la proportion

$$kn : kn' :: np : nn' \text{ ou } :: on : o'n'.$$

Corollaire 1. — *La base* ab *divise en parties proportionnelles tous les rayons de courbure de l'épicycloïde* acb : car on a

$$mn : m'n :: np : nn'.$$

Corol. 2. — La droite cf' est égale à l'arc af' rectifié.

§ 7. — Les trajectoires et les enveloppes. Les lemniscates et les conchoïdes.

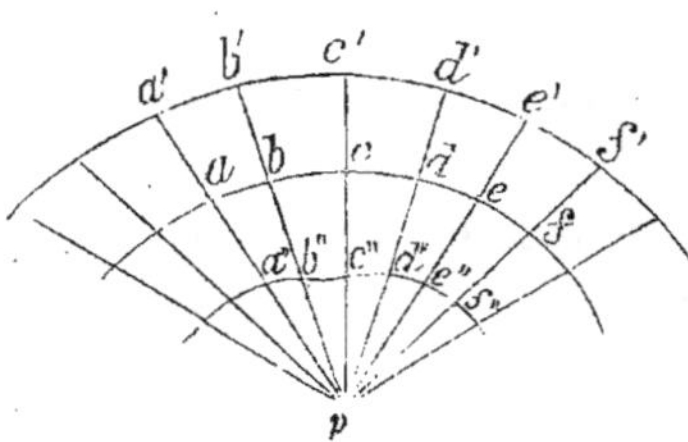

I On désigne sous le nom de *trajectoires* les lignes décrites par les sommets d'un triangle mobile sur un plan, et sous celui d'*enveloppes* les courbes qui sont constamment touchées par les côtés. — On nomme quelquefois *lemniscates* les trajectoires des divers points d'une même droite.

II. Lorsque plusieurs droites pa, pb, pc,... issues d'un même point p, sont coupées par une ligne abc...., et que l'on prend, dans les deux sens, des distances égales aa', aa'', bb', bb'', cc', cc'',..., les points a', b', c',... et a'', b'', c'',.... déterminent une courbe, composée de deux branches $a'b'c'$.... et $a''b''c''$..... que l'on appelle *conchoïde*. — Le point p, la longueur constante aa' et la ligne abc..... sont le pôle, le paramètre et la directrice de la conchoïde.

Proposition 1. — Théorème : *Tout mouvement d'un triangle sur un plan peut être produit par le roulement d'une certaine ligne sur une autre ligne fixe, le triangle étant invariablement lié à la première ligne.*

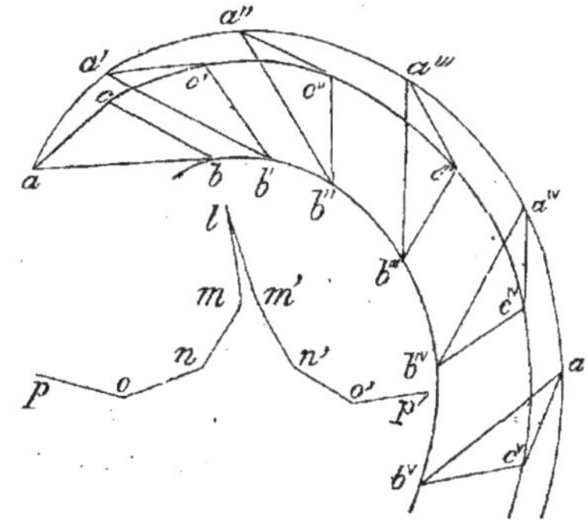

On a vu, page 63, que, pour opérer la superposition de deux polygones égaux, situés sur le même plan, il suffit de faire tourner convenablement l'un d'eux autour d'un certain centre fixe. — Cela posé, imaginons qu'un triangle passe de la position abc à la position $a'b'c'$ en tournant autour du centre l; de la position $a'b'c'$ à la position $a''b''c''$ en tournant autour du centre m; de la position $a''b''c''$ à la position $a'''b'''c'''$ en tournant autour du centre n, etc., etc. Imaginons ensuite que, le point m étant fixé au triangle $a'b'c'$, le point n au triangle $a''b''c''$, le point o au triangle $a'''b'''c'''$, etc., on transporte tous ces triangles en abc; soient m', n', o',... les positions de ces points après le transport; enfin, construisons les deux polygones $lmnop$.. , et $lm'n'o'p'$... — Maintenant, supposons que le triangle abc entraîne avec lui la ligne polygonale $lm'n'o'p'$.... et examinons ce qu'elle devient aux diverses époques du mouvement. — D'abord, le triangle abc tourne autour du centre l, et, quand il parvient en $a'b'c'$, le sommet m'

se trouve en m ; donc $lm' = lm$; lorsqu'il passe ensuite à la position $a''b''c''$, en tournant autour du centre m, le sommet n' arrive en n ; donc $m'n' = mn$, etc., etc. — Réciproquement, si l'on fait rouler le polygone $lm'n'o'p'$.... sur le polygone $lmnop$...., le triangle abc sera entraîné et passera successivement par les positions $a'b'c'$, $a''b''c''$, etc.; or, en supposant ces positions très voisines, les sommets l, m, n,.. et l, m', n',... sont aussi très rapprochés, et les deux polygones dégénèrent en deux lignes continues. — Ce qui démontre le théorème énoncé.

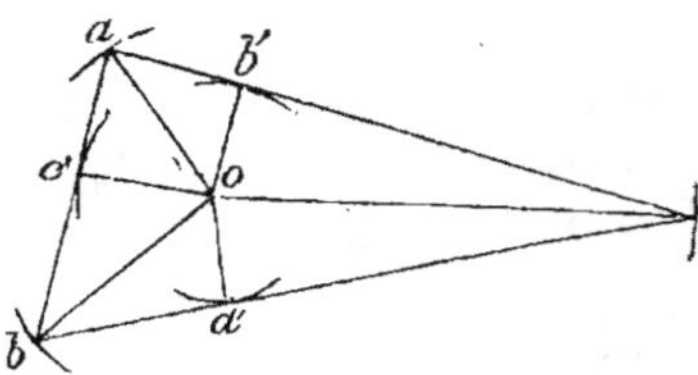

Corollaires 1. — Les normales ao, bo, co, *des trajectoires des sommets* a, b, c, *et celles* c'o, a'o, b'o, *des enveloppes des côtés* ab, bc, ac, *concourent constamment au même point* : car, si l'on communique un petit mouvement au triangle abc, les sommets décrivent autour du centre de rotation o trois petits arcs circulaires, et les côtés restent tangents à circonférence oc', circonférence oa', et circonférence ob'.

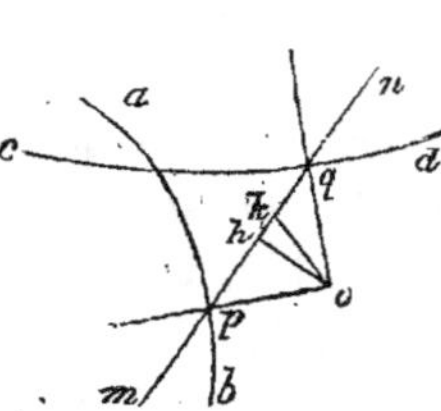

2. — Soient ab, cd, les trajectoires des points p, q, de la droite mn ; tirons les normales po, qo, de ces lignes : la normale de la *lemniscate* décrite par le point k sera ko ; la droite mn touchera son enveloppe au point h, projection du centre o sur cette ligne.

3. — Supposons qu'un angle invariable xky se meuve de manière que ses côtés kx, ky, touchent constamment les courbes

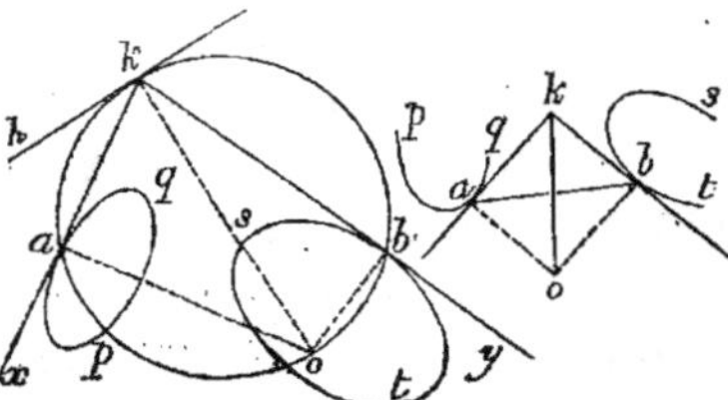

pq, st. — Le point de concours o des normales ao, bo, est le centre de rotation ; la normale de la ligne engendrée par le sommet k est donc dirigée selon ko ; la tangente kh à cette ligne touche évidemment la circonférence déterminée par le sommet h et les points de contact a, b.

— Quand l'angle *xky* est droit, la normale *ko* passe par le milieu de la corde de contact *ab*.

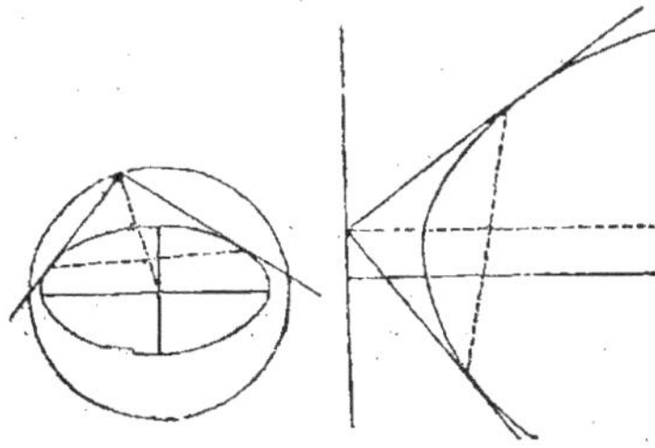

Lorsqu'un angle est circonscrit à une conique, on sait que la droite, tirée du sommet au milieu de la corde de contact, est un diamètre. — On en conclut sur-le-champ cet élégant théorème : *Lorsqu'un angle droit se meut de manière que les côtés touchent constamment une même conique, son sommet décrit une circonférence si la conique a un centre, et une droite si elle est parabolique.*

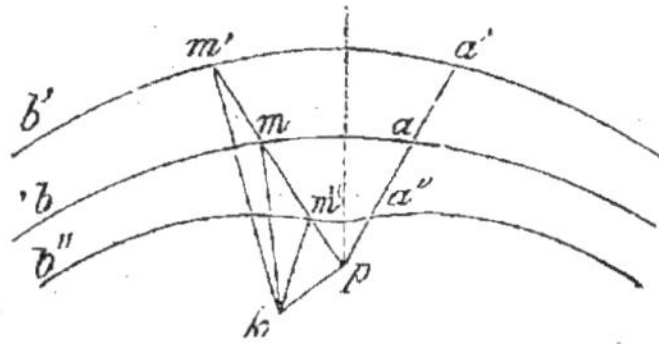

4. — Soient *a'b'*, *a"b"*, les branches d'une *conchoïde* ayant pour pôle le point *p*, pour directrice *ab*, et pour paramètre *aa' = aa"*. — L'enveloppe du rayon mobile *pm* étant le pôle *p*, la normale *pk* de cette enveloppe est une droite *pk* perpendiculaire à *pm* ; si donc on tire la normale *mk* au point *m* de la directrice *ab*, le point *k* sera le centre de rotation : ainsi, les droites *km'*, *km"*, sont les normales aux points *m'*, *m"*, des branches conchoïdales.

Prop. 2. — Théorème : *Si un triangle abc se meut de manière que les côtés* ab, ac, *touchent constamment circonférence* fl *et circonférence* gm, 1° *l'enveloppe du troisième côté* bc *est aussi une circonférence ;* 2° *les centres des trois enveloppes déterminent une nouvelle circonférence qui contient tous les centres de rotation.*

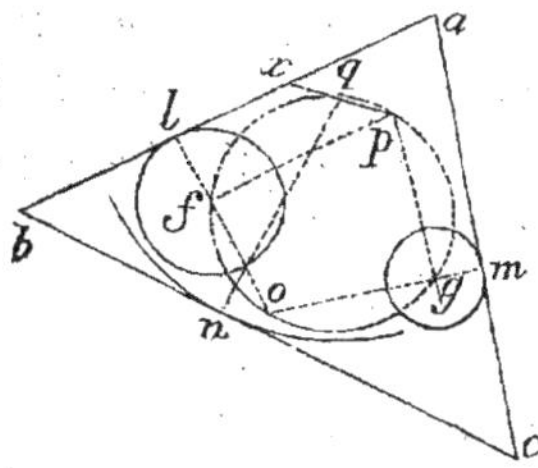

Soient tirées *fp*, *gp*, puis *px*, parallèlement aux trois côtés *ab*, *ac*, et *bc*. Lorsque ces parallèles seront entraînées dans le mouvement du triangle *abc*, il est visible que la première ne cessera pas de passer par le point *f*, la deuxième par le point *g*, et que, l'angle *fpg* étant constant, le sommet p décrira la circonférence fpg; parce que l'angle gpx est aussi constant, la parallèle mobile px glissera sur le point fixe q, et, comme la distance qn du point q au côté bc ne change pas, le côté bc, en se mouvant, demeurera tangent à circonférence qn. — Il est d'ailleurs évident que le point de concours o des normales lf, mg, c'est-à-dire le centre de rotation, appartient à circonférence fpg, et qu'il ne quitte pas cette ligne pendant ses déplacements successifs.

Corollaire. — De là résulte que *les centres de courbure correspondants, dans les enveloppes des côtés d'un triangle mobile sur un plan, appartiennent à une circonférence variable qui passe constamment par le centre variable de rotation.*

Prop. 3. — Problème : *Etant donnés les centres de courbure* f, g, *aux points* a, b, *des trajectoires décrites par les sommets* a, b, *du triangle* abc, *déterminer le centre de courbure correspondant dans la trajectoire du troisième sommet* c.

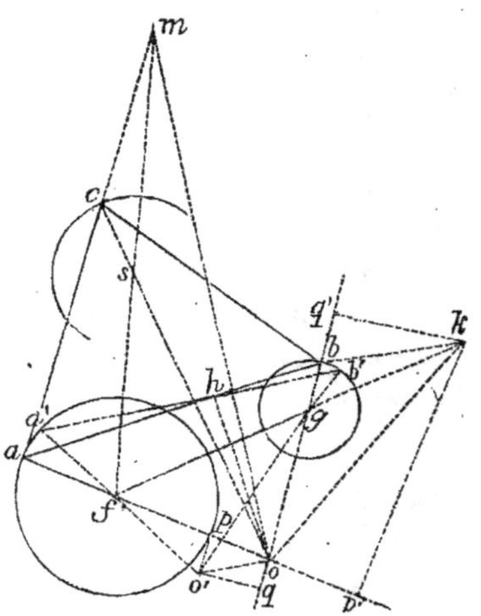

Quand on fait tourner le triangle abc autour du centre de rotation o, les petits arcs aa', bb', engendrés par les sommets a, b, sont semblables : on a donc $aa' : bb' :: oa : ob$; de plus, l'intersection o' des nouvelles normales $a'f$, $b'g$, est le centre de rotation suivant, et la petite droite oo' est l'élément commun à la ligne roulante et à la ligne fixe (prop. 1). — Décrivons les arcs $o'p$, $o'q$, des centres f, g; il vient, parce que pf et of, qg et og, diffèrent très peu,

$$o'p : aa' :: of : af, \quad bb' : o'q :: bg : og.$$

Abaissant kp', kq', oh, perpendiculairement sur oa, ob, ab,

on trouve aisément
$$hp' : oh :: ak : oa, \quad oh : kq' :: ob : bk.$$
Multipliant entre elles ces cinq proportions et simplifiant, il vient
$$o'p \times kp' : o'q \times kq' :: of \times bg \times ak : og \times af \times bk ;$$
or, parce que le triangle oab est coupé par la transversale fk, on a
$$of \times bg \times ak = og \times af \times bk ;$$
donc $o'p \times kp' = o'q \times kq'$, ou bien $o'p : o'q :: kq' : kp'$, et par suite ang $o'op =$ ang kob. — On prouvera de même que, si s est le centre de courbure de la trajectoire du sommet c, on a
$$\text{ang } o'op = \text{ang } moc ;$$
conséquemment ang $moc =$ ang kob. — De là, cette construction : on fait ang $moc =$ ang kob, on tire mf, et le point de concours s de co et mf est le centre cherché.

Scholie. — Ce paragraphe est extrait d'un mémoire de l'auteur sur les *Lois géométriques du mouvement.*

GÉOMÉTRIE DE L'ESPACE.

PREMIÈRE PARTIE.

Iʳᵉ SECTION.

LES PLANS.

§ 1. — Détermination d'un plan dans l'espace.

PROPOSITION 1. — THÉORÈME : *Une droite ne peut être située en partie dans un plan et en partie au dehors.*

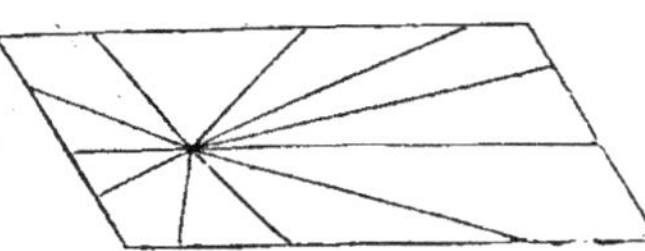

Toute droite, qui est en partie dans un plan, a au moins deux points communs avec lui : donc, en vertu de la définition du plan, elle y est située entièrement.

Scholie. — On ne peut affirmer qu'une surface est *plane* quand on y a couché, en certains sens, une ligne droite; pour que cette conclusion soit légitime, il faut que l'on puisse tirer sur la surface, en chacun de ses points, une infinité de lignes droites.

PROP. 2. — THÉORÈME : *Une droite* ab *ne peut rencontrer un plan* mn *qu'en un seul point* o.

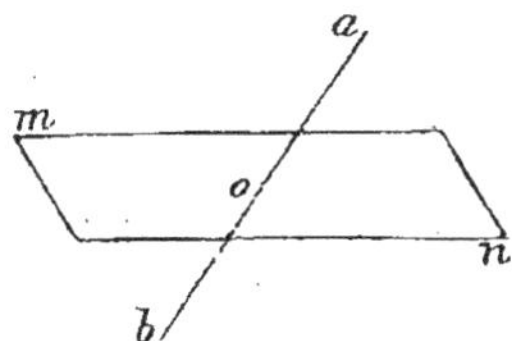

Car, si elle le rencontrait en deux points, elle aurait deux points communs avec lui, et par conséquent elle y serait située tout entière, ce qui est contre l'hypothèse.

Scholie. — *Deux droites, tirées arbi-*

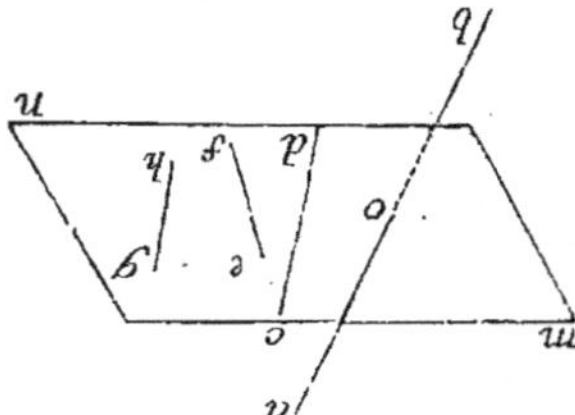

trairement dans l'espace, ne se rencontrent pas généralement. — On voit bien en effet que toutes les droites *cd*, *ef*, *gh*, .. que l'on peut mener dans le plan *mn*, hormis celles qui passent par le point *o*, ne rencontrent pas la droite *ab*. — On ne peut dire d'ailleurs que les droites *ab*, *cd*, par exemple, sont parallèles, attendu qu'elles ne se trouvent pas dans un même plan.

PROP. 3. — THÉORÈME : *Deux plans qui ont trois points communs* a, b, c, *non situés en ligne droite, coïncident dans toute leur étendue.*

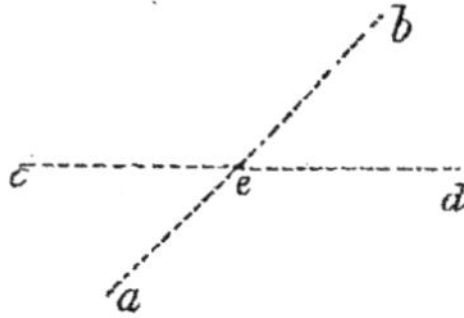

La droite *cd*, qui joint le point *c* à un point quelconque *d* du premier plan, et la droite *ab*, étant situées toutes deux sur cette surface, se coupent en un certain point *e ;* or, comme le point *c* et la droite *ab*, ainsi que son point *e*, appartiennent au second plan, la droite *ce*, et par suite le point *d*, en font aussi partie ; ainsi, tout point de l'un des deux plans est commun à l'autre : donc ces deux plans coïncident.

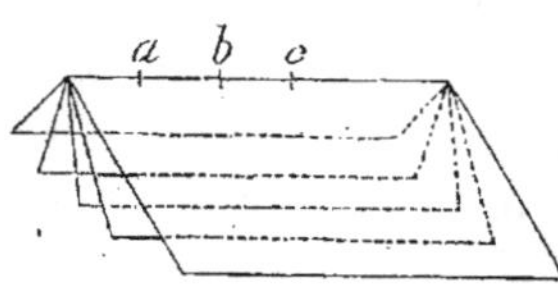

Scholies. — I. *Par trois points* a, b, c, *situés en ligne droite, on peut faire passer une infinité de plans.* — On peut en effet, appliquer un plan sur *ab* et le faire tourner autour de cette droite.

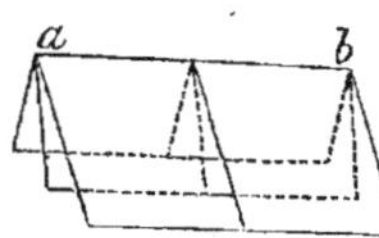

II. *On peut tirer en chaque point d'une droite* ab, *une infinité de perpendiculaires :* car on peut en mener une dans chacun des plans qui passent par la droite *ab*.

Corollaire. — *Par un point* o *de l'espace on ne peut tirer à une droite* ab *qu'une seule parallèle.* — Pour que l'on pût en tirer deux, *oc* et *od*, il faudrait que le plan des parallèles *ab*,

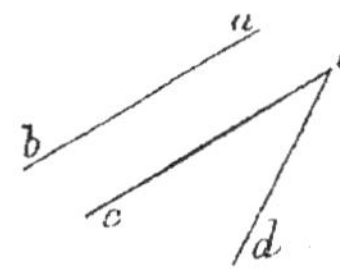

oc, fût distinct du plan des parallèles *ab*, *od* ; or, c'est ce qui ne peut être, parce que ces deux plans ont trois points communs, *a*, *b*, *c*, non situés en ligne droite.

PROP. 4. — THÉORÈME : *La position d'un plan est déterminée par deux droites*, ab, ac, *qui se coupent.*

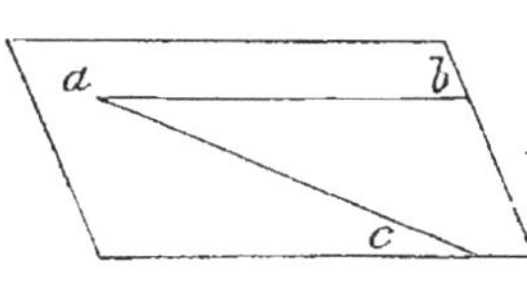

Si on applique un plan sur *ab*, et si on le fait tourner ensuite autour de cette droite, il prendra successivement une infinité de positions diverses ; mais, si on l'assujettit en outre à passer par un point quelconque *c* de *ac*, et par conséquent à contenir cette droite, qui a alors avec lui deux points communs, *a* et *c*, la rotation deviendra impossible : donc la position du plan sera fixée. — D'ailleurs, il n'existe qu'un seul plan qui contienne les droites *ab*, *ac* ; car, s'il y en avait deux, ils auraient trois points communs, *a*, *b*, *c*, non situés en ligne droite, et par suite ils se confondraient.

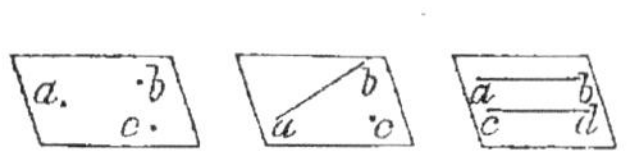

Corollaire. — *La position d'un plan est aussi déterminée :* 1° *par trois points*, a, b, c, *non situés en ligne droite* ; 2° *par une droite* ab *et un point* c ; 3° *par deux parallèles*, ab, cd.

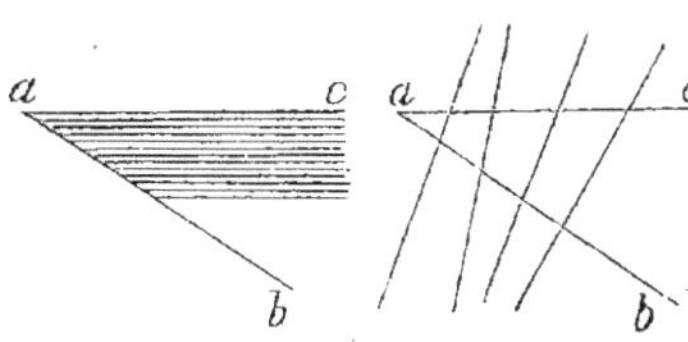

Scholie. — *Le plan d'un angle* bac *peut être engendré par une droite indéfinie qui glisse sur le côté* ab, *en restant parallèle au côté* ac, *ou plus généralement par une droite qui s'appuie, d'une manière quelconque, sur les deux côtés* ab, ac.

PROP. 5. — THÉORÈME : *L'intersection* ab *de deux plans* am, an, *qui se coupent, est une droite.*

Car, s'il y avait sur l'intersection *ab* trois points *k*, *g*, *h*, qui

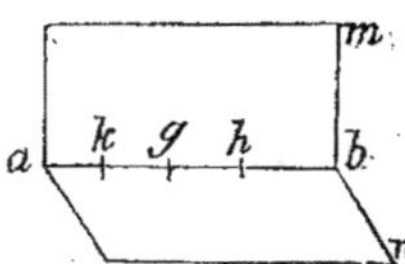

ne fussent pas en ligne droite, les deux plans *am*, *an*, passant chacun par ces trois points, se confondraient; ce qui est contraire à la supposition.

Corollaire. — *L'intersection commune de trois plans qui se coupent est un point :* car, le point, où l'intersection de deux quelconques de ces plans rencontre le troisième, est le seul qui puisse appartenir à la fois aux trois plans.

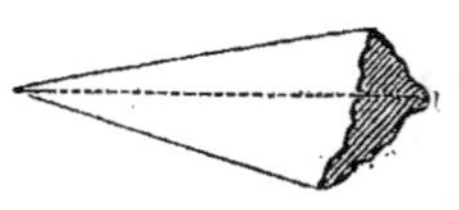

PROP. 6. — PROBLÈME : *Tirer par un point donné* o, *une droite qui rencontre deux droites* ab, cd, *non situées dans le même plan.*

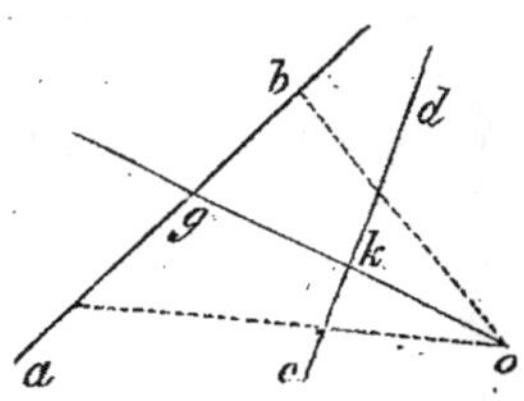

Par le point *o* et la droite *ab* je fais passer un plan *oab*, qui coupe la droite *cd* en un point *k*; je tire la droite *ok*; c'est la ligne cherchée. — Elle a, par construction, deux points communs, *o* et *k*, avec le plan *oab*; donc elle est située dans ce plan, et partant elle doit rencontrer, en un certain point *g*, la droite *ab*, qui y est aussi située.

§ 2. — Théorie des perpendiculaires et des obliques à un plan.

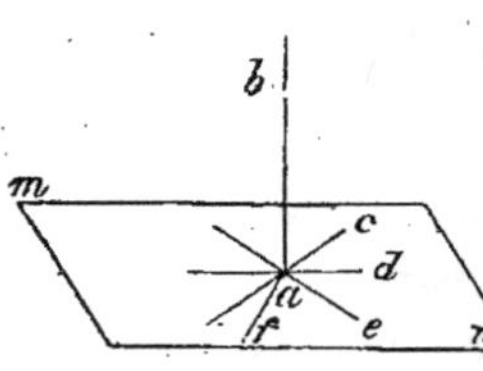

I. *Une droite* ab est dite *perpendiculaire à un plan* mn lorsqu'elle est perpendiculaire à toutes les droites *ac*, *ad*, *ae*,..... menées par son *pied* a dans ce plan. — Réciproquement, le *plan* mn est dit *perpendiculaire à la droite* ab.

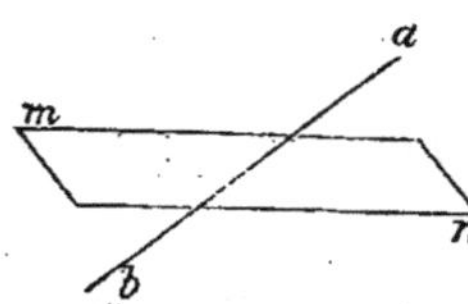

II. *Une droite* ab *est oblique à un plan* mn lorsqu'elle rencontre ce plan sans lui être perpendiculaire. — Réciproquement, *le plan* mn *est oblique à la droite* ab.

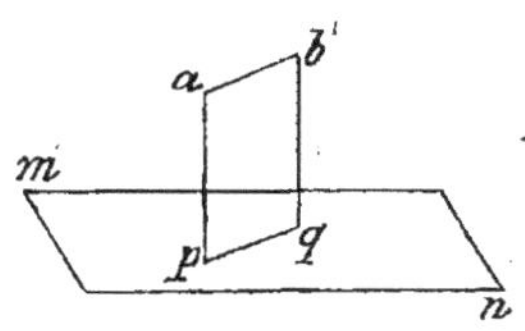

III. On appelle : 1° *projection d'un point* a *sur un plan* mn le pied *p* de la perpendiculaire *ap* tirée du point sur le plan ; 2° *projection d'une droite* ab *sur un plan* mn la distance *pq* des projections *p*, *q*, de ses extrémités *a*, *b*.

PROPOSITION 1. — THÉORÈME : *En un point* o *d'un plan* mn *on peut toujours mener à ce plan une perpendiculaire, mais on ne peut en mener qu'une.*

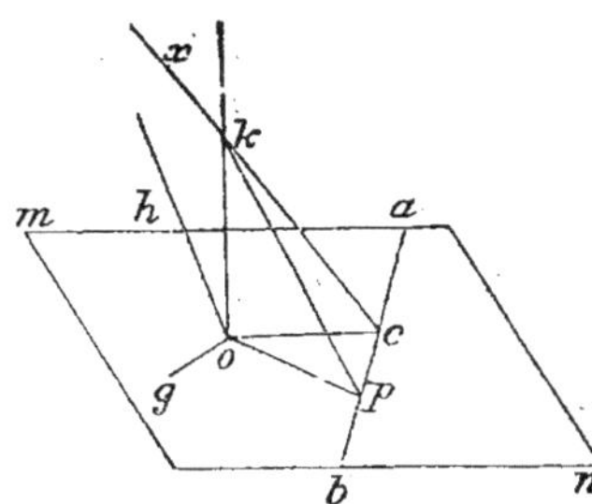

Du point *o*, j'abaisse sur la droite *ab* tirée à volonté dans le plan *mn*, une perpendiculaire *oc* ; j'élève arbitrairement en *c* une autre perpendiculaire *cx* à la droite *ab* ; enfin, dans le plan *ocx*, déterminé par *co* et *cx*, je mène la perpendiculaire *ok* à l'extrémité *o* de *oc* ; je dis que la ligne *ok* est perpendiculaire à une droite quelconque *op*, issue de son pied *o* dans le plan *mn*, c'est-à-dire qu'elle est perpendiculaire à ce plan. — En effet, si l'on tire *kp*, les triangles *kcp*, *ocp*, *koc*, rectangles les deux premiers en *c* et le troisième en *o*, fournissent $kp^2 = kc^2 + cp^2$, $oc^2 + cp^2 = op^2$, $kc^2 = ok^2 + oc^2$; ajoutant et supprimant les termes oc^2, cp^2, kc^2, communs aux deux membres, il vient $kp^2 = op^2 + ok^2$; donc l'angle *kop* est droit. — Je dis en second lieu que toute autre droite *oh*, menée par le point *o*, est oblique au plan *mn* ; car le plan *koh*, déterminé par *ok* et *oh*, coupe le plan *mn* suivant une droite *og*, et, comme angle *hog* est < angle droit *kog*, la droite *oh* est oblique sur *og*.

PROP. 2. — THÉORÈME : *D'un point* k, *pris hors d'un plan* mn, *on peut toujours tirer sur ce plan une perpendiculaire, mais on ne peut en tirer qu'une.*

Du point *k* j'abaisse une perpendiculaire *kc* sur une droite *ab* tirée à volonté dans le plan *mn* ; du pied *c* j'élève sur *ab*, dans le plan *mn*, une autre perpendiculaire *cz* ; enfin, par le point *k*,

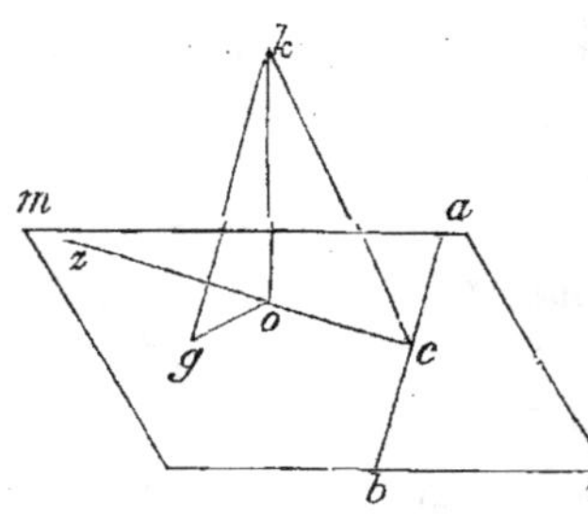

je tire sur *cz* une perpendiculaire *ko* ; on démontrera, comme dans la proposition précédente, que la ligne *ko* est perpendiculaire au plan *mn*. — En second lieu, toute autre droite *kg*, tirée du point *k* sur ce plan, est une oblique : car, si l'on joint les points *o* et *g*, le triangle *kog* est rectangle en *o*, et par suite *kg* est oblique sur *og*.

PROP. 3. — THÉORÈME : *Toute droite* op, *perpendiculaire à deux droites* ox, oy, *issues de son pied* o *dans un plan* mn, *est perpendiculaire à ce plan.*

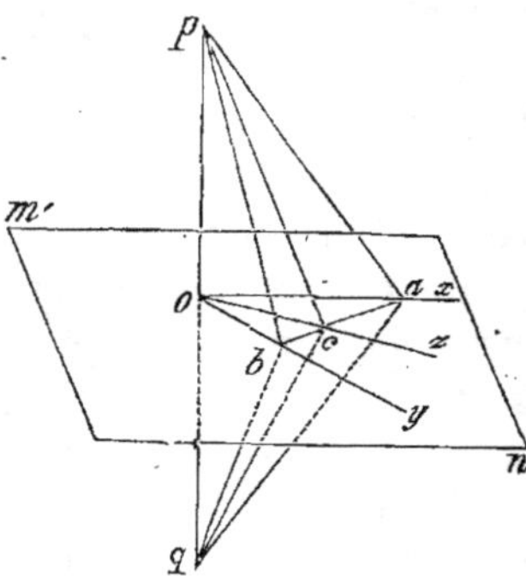

On va faire voir en effet que la droite *op* est perpendiculaire à toute autre droite *oz* qui passe par son pied *o* dans le plan *mn*. — Tirons à volonté dans ce plan une sécante qui traverse les trois droites *ox*, *oy*, *oz*, aux points *a, b, c*, et, après avoir pris arbitrairement les distances égales *op*, *oq*, menons les six droites *pa*, *pb*, *pc*, et *qa*, *qb*, *qc*. — Les triangles **pab**, **qab**, sont égaux, parce que 1° *ab* est commun ; 2° obl *pa* = obl *qa*, à cause que projection *op* = projection *oq* ; 3° obl *pb* = obl *qb*, par la même raison ; donc ang *pab* = ang *qab*. — Et, comme *ac* est commun, et que *pa* = *qa*, les triangles *pac*, *qac*, sont aussi égaux, et partant *pc* = *qc*. — Donc la droite *oz*, dont deux points *c* et *o* sont équidistants des extrémités *p* et *q* de la droite *pq*, est perpendiculaire sur le milieu de cette droite ; et réciproquement, *pq* est perpendiculaire sur *oz*.

PROP. 4. — THÉORÈME : *En un point* o *d'une droite* ab, *on peut toujours mener sur cette ligne un plan perpendiculaire, mais on ne peut en mener qu'un.*

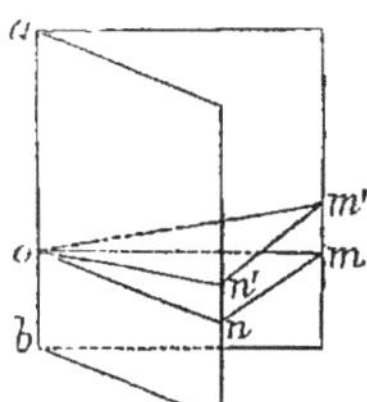

Du point *o* j'élève sur *ab*, dans deux plans conduits à volonté suivant cette droite, deux perpendiculaires *om* et *on ;* la droite *ab* est perpendiculaire au plan *mon*, déterminé par ces deux lignes, et réciproquement le plan *mon* est perpendiculaire à la droite *ab*. — Je dis en second lieu que tout autre plan, mené par le point *o*, est oblique à la droite *ab*. Soient en effet *om'* et *on'* les intersections de ce plan avec les plans *aom* et *aon ;* on a ang *aom'* $<$ ang droit *aom* et ang *aon'* $<$ ang droit *aon ;* donc *ab* est une oblique par rapport au plan *m' on'*, et réciproquement, le plan *m' on'* est oblique à cette droite.

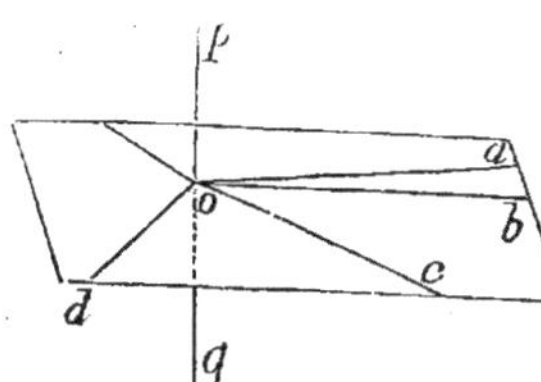

Corollaire. — *Le lieu des perpendiculaires* oa, ob, oc, od,...., *menées au même point* o *d'une droite* pq, *est un plan perpendiculaire à cette droite.* — Car, si trois de ces perpendiculaires *oa*, *ob*, *oc*, n'étaient pas dans le même plan, on pourrait du point *o* mener sur la droite *pq* trois plans perpendiculaires *aob*, *aoc*, *boc*, ce qui est impossible.

PROP. 5. — THÉORÈME : *D'un point* o, *pris hors d'une droite* ab, *on peut toujours mener à cette ligne un plan perpendiculaire, mais on ne peut en mener qu'un.*

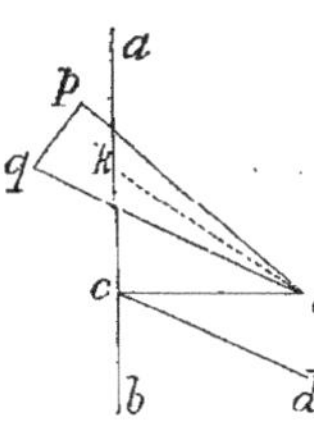

Du point *o* j'abaisse sur *ab* la perpendiculaire *oc ;* j'élève arbitrairement en *c*, sur la même ligne, une autre perpendiculaire *od ;* la droite *ab* est perpendiculaire au plan *ocd*, déterminé par *oc* et *od*, et, réciproquement, le plan *ocd* est perpendiculaire sur *ab*. — Tout autre plan *opq*, mené par le point *o*, est oblique à cette droite ; car, si l'on joint le point *o* au point d'intersection *k*, l'angle *cko* du triangle rectangle *ock* est aigu ; par suite la droite *ab* est oblique au plan *opq*, et réciproquement ce plan est oblique à la droite *ab*.

16

PROP. 6. — THÉORÈME : *Si d'un point o, pris hors d'un plan* mn, *on abaisse sur ce plan une perpendiculaire* oa *et diverses obliques,* ob, oc, od,... : *1° la perpendiculaire* oa *est plus courte que toute oblique* ob ; *2° les obliques* ob, oc, *qui ont des projections égales* ab, ac, *sont égales ; 3° de deux obliques* . od, oc, *celle* oc, *qui a la moindre projection, est la plus petite.*

1° On a $oa < ob$, parce que dans un plan *oab* la perpendicu-

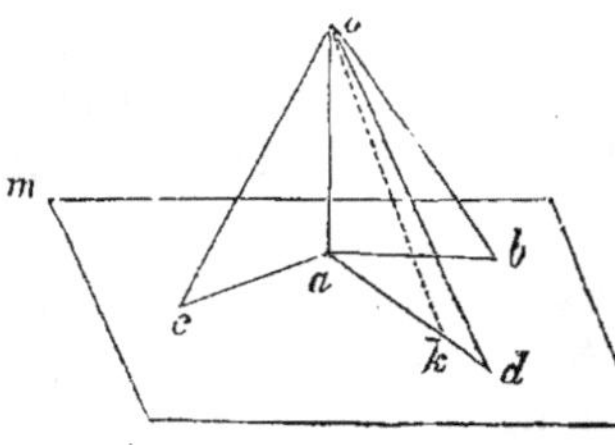

laire *oa* à une droite *ab* est plus courte que l'oblique *ob*. — 2° Les triangles rectangles *oab, oac,* sont égaux, à cause que *oa* est commun et que $ab = ac$ par hypothèse ; donc $ob = oc$. — 3° Prenons $ak = ac$. et tirons *ok ;* parce que la perpendiculaire *oa* à *ad* et les deux obliques *ok, od,* sont situées dans le même plan *aod,* on a $ok < od$; mais $ok = oc$, donc aussi *oc* est $< od$.

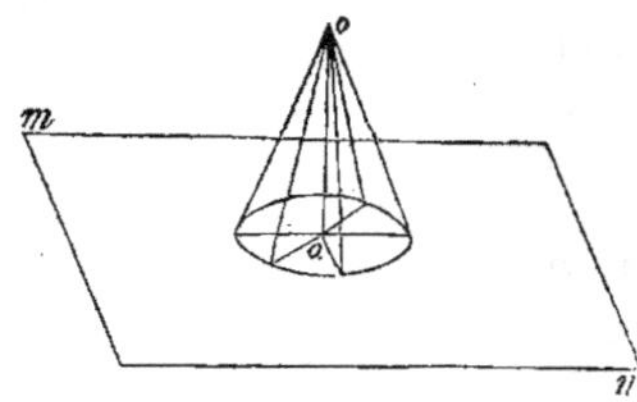

Corollaire 1. —- *D'un point* o, *pris hors d'un plan* mn, *on peut abaisser sur ce plan une infinité d'obliques égales.* — Car, si l'on décrit, dans le plan *mn,* une circonférence d'un rayon quelconque et ayant son centre au pied *a* de la perpendiculaire *oa,* toutes les obliques, tirées du point *o* aux divers points de cette circonférence, ont des projections égales.

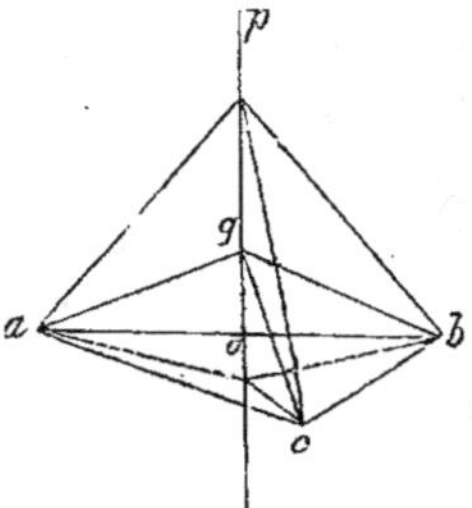

Corol. 2. — *Toute droite* pq, *dont deux points* p, q, *sont équidistants des trois sommets d'un triangle* abc, *est perpendiculaire sur le plan de ce triangle.* — Les pieds des perpendiculaires abaissées des points *p, q,* sur le plan *abc,* étant l'un et l'autre équidistants des trois sommets *a, b, c,* se confondent entre eux et avec le centre de la circonférence circonscrite au triangle *abc ;*

donc les deux perpendiculaires se confondent aussi entre elles et avec la droite *pq*.

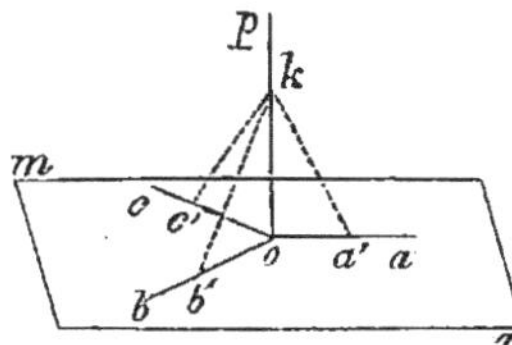

Corol. 3. — *Toute droite* op, *également inclinée sur trois droites* oa, ob, oc, *qui passent par son pied* o *dans un plan* mn *est perpendiculaire à ce plan.* — Prenons à volonté les trois distances égales *oa'*, *ob'*, *oc'*, et joignons les trois points *a'*, *b'*, *c'*, à un point quelconque *k* de *op ;* parce que ang *poa* = ang *pob* = ang *poc*, il vient triang *koa'* = triang *kob'* = triang *koc'*, et par suite *ka'* = *kb'* = *kc'* ; donc *po* est perpendiculaire sur le plan *mn*.

Scholies. — I. On mesure naturellement *la distance d'un point* p *à un plan* mn par la perpendiculaire *po* tirée du point sur le plan. — Cette ligne est en effet la plus courte parmi toutes celles qui unissent le point *p* aux divers points du plan *mn*.

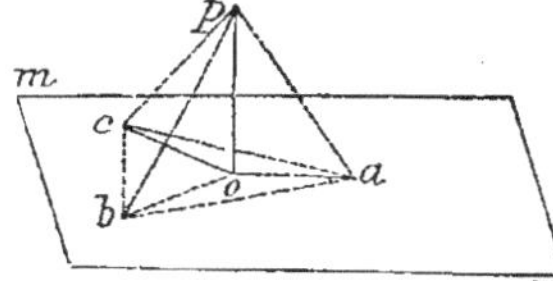

II. *Pour abaisser une perpendiculaire du point* p *sur le plan* mn, on marque sur ce plan, à l'aide d'un cordeau, trois points *a, b, c,* équidistants du point *p ;* le centre *o* de la circonférence circonscrite au triangle *abc* est le pied de la perpendiculaire cherchée (Corol. 2).

PROP. 7. — THÉORÈME : 1° *Tout point* c *d'un plan* mn *perpendiculaire sur le milieu* o *d'une droite* ab, *est équidistant des extrémités* a, b, *de cette droite.* — 2° *Tout point* d, *pris hors de ce plan, est inégalement distant des mêmes extrémités.*

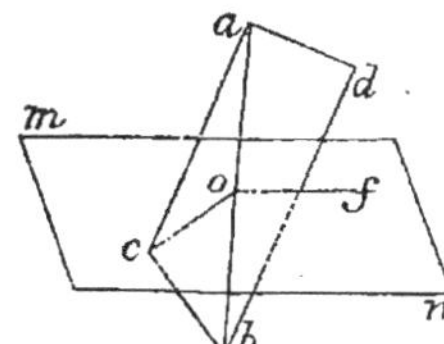

1° On a *ca* = *cb*, parce que *co* est perpendiculaire sur le milieu de *ab*. — 2° Le plan *dab*, déterminé par le point *d* et la droite *ab*, coupe le plan *mn* suivant une droite *of*, perpendiculaire sur le milieu de *ab ;* et, comme le point *d* est situé hors de cette droite, il vient *da* < *db*.

Corollaire 1. — *Le plan perpendiculaire sur le milieu*

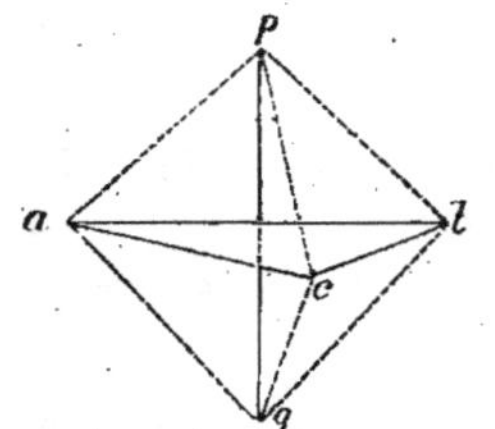

d'une droite est le lieu de tous les points également distants de ses extrémités.

Corol. 2. — *Le plan d'un triangle* abc *est perpendiculaire sur le milieu d'une droite* pq, *lorsque les trois sommets* a, b, c, *sont chacun à égale distance des extrémités* p, q, *de cette droite.*

§ 3. — Du parallélisme dans l'espace.

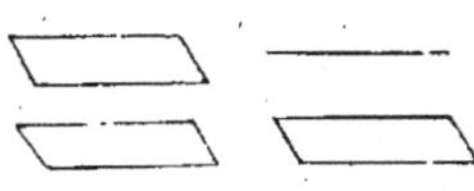

Deux plans ou bien *un plan et une droite* sont *parallèles* lorsqu'ils ne peuvent se rencontrer à quelque distance qu'on les prolonge.

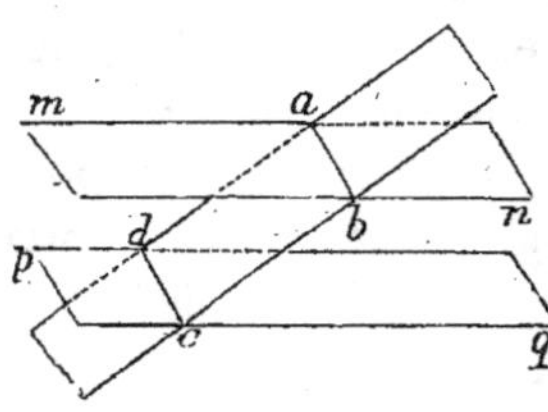

PROPOSITION 1. — THÉORÈME : *Si deux plans parallèles* mn, pq, *sont traversés par un troisième plan* abcd, *les intersections* ab, cd, *sont parallèles.*

Si les droites *ab, cd,* n'étaient pas parallèles, elles se rencontreraient, parce qu'elles sont situées dans le plan *abcd ;* par suite, les plans *mn, pq,* se rencontreraient aussi, ce qui est contre l'hypothèse.

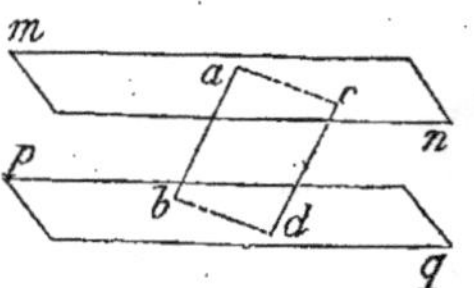

PROP. 2. — THÉORÈME : *Les parallèles* ab, cd, *comprises entre deux plans parallèles* mn, pq, *sont égales.*

Les parallèles *ab, cd,* déterminent un plan *acdb* qui coupe les plans parallèles *mn, pq,* selon deux droites parallèles *ac, bd ;* or, les parallèles comprises entre parallèles sont égales : donc *ab = cd.*

PROP. 3. — THÉORÈME : *Trois plans parallèles* mn, pq, st, *interceptent sur deux droites quelconques* ab, cd, *des parties proportionnelles* af, fb, cg *et* gd.

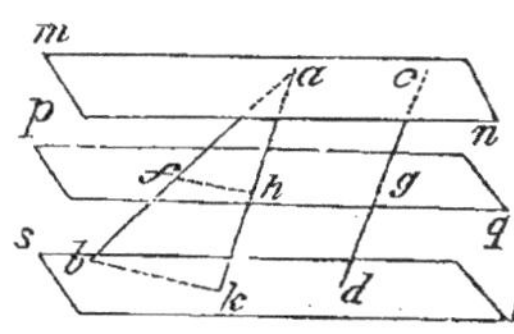

Par la droite *ab* et la droite *ak*, tirée du point *a* parallèlement à *cd*, je fais passer un plan, qui traverse les plans *pq*, *st*, selon deux droites parallèles *fh*, *bk*; on a par conséquent $af : fb :: ah : hk$; mais $ah = cg$, $hk = gd$; donc $af : fb :: cg : gd$.

PROP. 4. — THÉORÈME : *Deux plans* mn, pq, *perpendiculaires à une même droite* ab, *sont parallèles.*

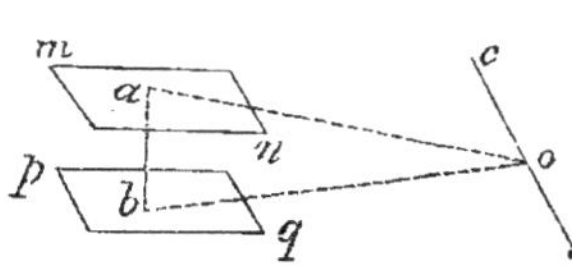

Car, s'ils se rencontraient selon la droite *xy*, d'un point quelconque *o* de cette intersection, on pourrait mener deux plans perpendiculaires *mn*, *pq*, sur la droite *ab*, ce qui est impossible.

PROP. 5. — THÉORÈME : *Toute droite* ab, *perpendiculaire à un plan* mn, *est aussi perpendiculaire au plan parallèle* pq.

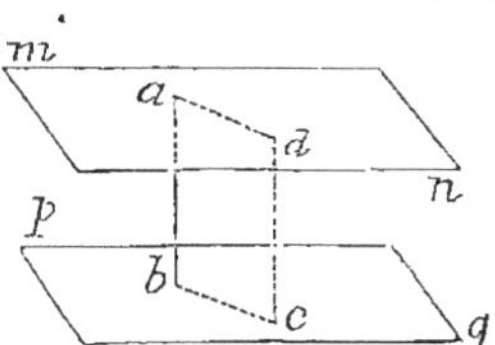

Le plan *abcd*, conduit arbitrairement selon la droite *ab*, rencontre les plans *mn* et *pq* suivant deux droites parallèles *ad*, *bc*; mais, parce que *ab* est perpendiculaire au plan *mn*, l'angle *bad* est droit : donc son supplément *abc* est aussi droit, et par suite la droite *ab* est perpendiculaire à toute droite *bc*, issue de son pied *b* dans le plan *pq*; donc elle est perpendiculaire à ce plan.

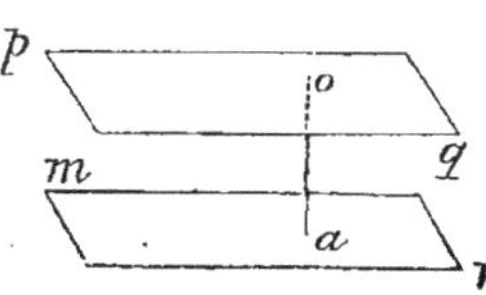

Corollaire. — *Par un point quelconque* o *on peut toujours faire passer un plan parallèle à un plan donné* mn, *mais on ne peut en faire passer qu'un.* — D'abord, si l'on mène la perpendiculaire *oa* sur le plan *mn*, puis le plan *pq* perpendiculaire à l'extrémité de *oa*, les deux plans *mn*, *pq*, seront parallèles entre eux. — En second lieu, tout autre plan, conduit par le point *o*, ne peut être parallèle au plan *mn*, attendu que la droite *oa* ne lui serait pas perpendiculaire.

PROP. 6. — THÉORÈME : *Tous les plans* ad, af, ah,.... *qui passent par une droite* ab *parallèle à un plan* mn, *rencontrent ce plan suivant des lignes* cd, ef, gh,.... *parallèles entre elles et à cette droite.*

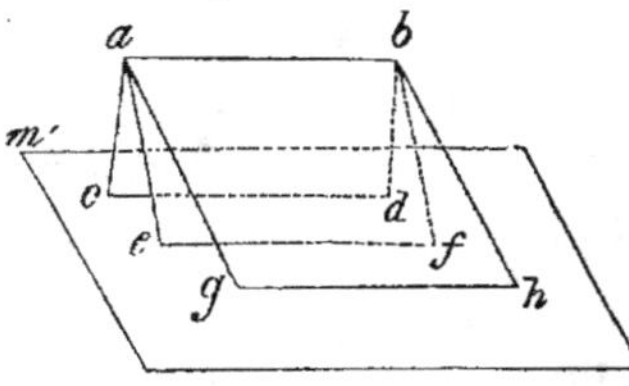

La droite *ab* est parallèle à chacune des intersections *cd*, *ef*, *gh*,...., car elle ne pourrait rencontrer l'une d'elles sans rencontrer aussi le plan *mn*, ce qui est contraire à l'hypothèse. — De plus, toutes ces intersections sont parallèles entre elles : car, si, par exemple, les lignes *cd*, *ef*, se coupaient, le point de concours, appartenant à la fois aux deux plans *ad*, *af*, serait situé sur l'intersection *ab*, ce qui est encore contre l'hypothèse.

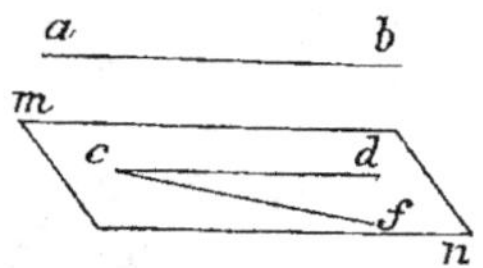

Corollaire 1. — *Si un plan* mn *et une droite* ab *sont parallèles, toute parallèle* cd *à la droite, issue d'un point* c *du plan, est située dans ce plan.* — S'il n'en était pas ainsi, le plan *cab*, conduit par le point *c* et la droite *ab*, couperait le plan *mn* suivant une droite *cf* aussi parallèle à *ab*, ce qui est impossible.

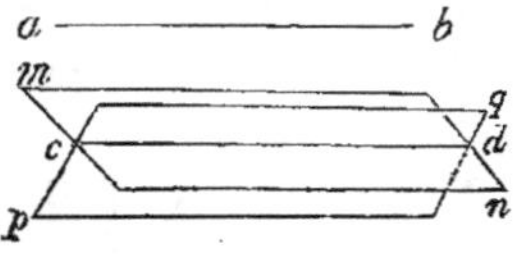

Corol. 2. — *Une droite* ab, *parallèle à la fois à deux plans* mn, pq, *qui se coupent, est parallèle à leur intersection* cd. — Car la parallèle à la droite *ab*, tirée par un point quelconque de *cd*, est située dans chacun des plans *mn*, *pq* ; donc elle se confond avec leur intersection.

PROP. 7. — THÉORÈME : *Toute droite* ab, *parallèle à une droite* cd *située dans un plan* mn, *est parallèle à ce plan.*

Si la droite *ab* rencontrait le plan *mn*, le point d'intersection appartiendrait à la fois à ce plan et au plan *abdc* des deux parallèles *ab*, *cd* ; par suite, il serait situé sur leur intersection *cd*, ce qui est contre la supposition.

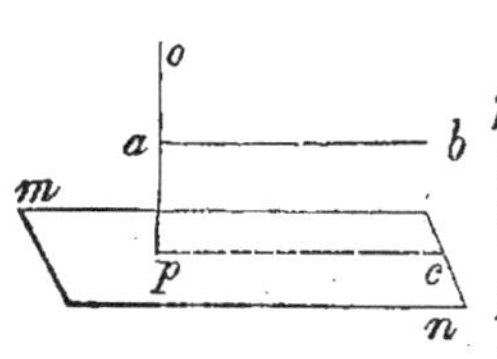

Corollaire 1. — Une droite ab *et un plan* mn, *perpendiculaires à une même droite* po, *sont parallèles.* — Car le plan *bap* coupe le plan *mn* suivant une droite *pc* perpendiculaire à *op*, et par suite parallèle à la droite *ab*.

Corol. 2. — Le lieu des parallèles, menées à un plan mn *par un point quelconque* o, *est un plan* pq *parallèle au premier.* —

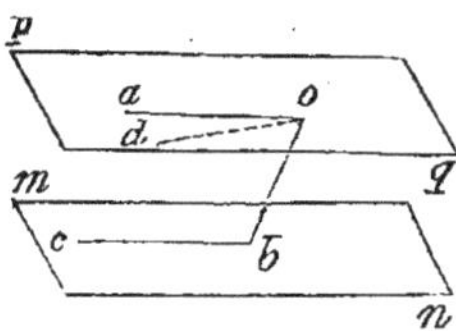

Si l'une *oa* de ces lignes ne se trouvait pas dans le plan *pq*, tout plan *aob*, passant par *oa*, rencontrerait le plan *mn* suivant une droite *bc* parallèle à cette ligne, et le plan *pq* suivant une droite *od* parallèle à *bc* ; il faudrait donc que *oa* fût parallèle à *od*, ce qui est absurde.

PROP. 8. — THÉORÈME : *Si deux plans* af, cf, *qui se coupent, passent par deux parallèles* ab, cd, *leur intersection* ef *est parallèle à ces droites.*

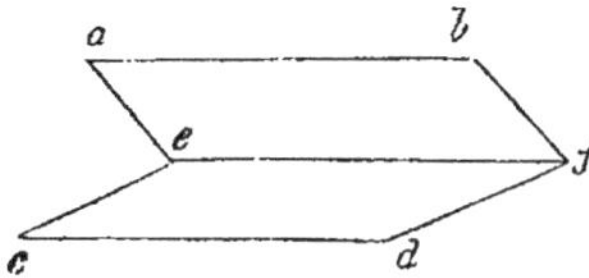

La droite *ab*, étant parallèle à *cd*, est aussi parallèle au plan *cf* ; donc, prop. 6, la droite *ab* est parallèle à l'intersection *ef*. — On prouve de même que *ef* est parallèle à *cd*.

PROP. 9. — THÉORÈME : *Deux angles* xoy, x'o'y', *ont des plans parallèles et sont égaux, lorsque leurs côtés* ox *et* o'x', oy *et* o'y', *sont parallèles et de même sens.*

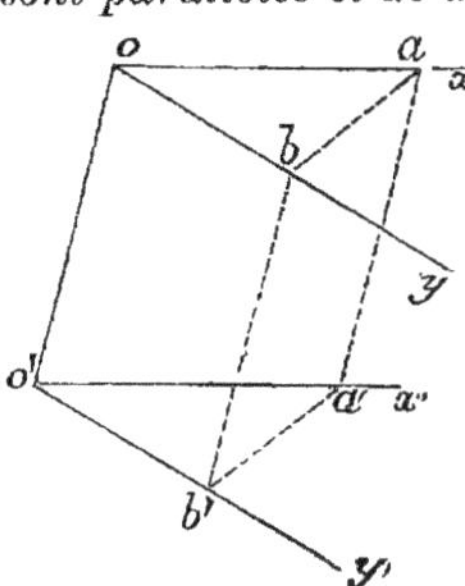

Remarquons d'abord que les plans *xoy*, *x'o'y'*, passent par les deux parallèles *ox*, *o'x'*, et en outre par les deux parallèles *oy*, *o'y'* ; si donc ces plans se coupaient, leur intersection serait parallèle à la fois aux deux droites *ox*, *oy*, ce qui est impossible : donc ces plans sont parallèles. — Conduisons arbitrairement un plan *abb'a'* parallèle à la droite *oo'*, et qui par conséquent coupe les plans $xoo'x'$, $yoo'y'$, selon les droites aa', bb', parallèles entre elles et à oo' (prop. 6) ; comme d'ailleurs ses intersections ab, $a'b'$, avec les plans parallèles xoy, $x'o'y'$, sont parallèles, les trois quadrilatères $oo'a'a$, $oo'b'b$, $abb'a'$, sont des parallélogrammes, et partant $oa = o'a'$, $ob = o'b'$, $ab = a'b'$; donc triang $oab =$ triang $o'a'b'$ et ang $xoy =$ ang $x'o'y'$.

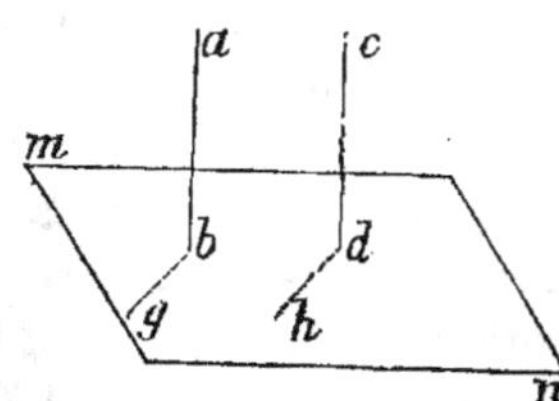

Prop. 10. — Théorème : *Si une droite* ab *est perpendiculaire à un plan* mn, *sa parallèle* cd *est aussi perpendiculaire à ce plan.*

Si l'on tire à volonté dans le plan mn et par les pieds b et d deux parallèles bg et dh, on a ang $cdh =$ ang abg ; mais l'angle abg est droit par hypothèse : donc l'angle cdh est aussi droit, et par suite la droite cd est perpendiculaire au plan mn.

Prob. 11. — Théorème : *Deux droites* ab, cd, *perpendiculaires à un même plan* mn, *sont parallèles.*

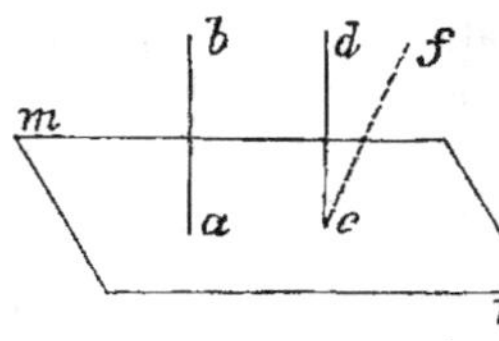

S'il n'en était pas ainsi, la droite cf, menée par le point c parallèlement à la droite ab, serait perpendiculaire au plan mn : du point c on pourrait donc élever sur ce plan deux perpendiculaires cd et cf, ce qui est impossible.

Prop. 12. — Théorème : *Dans l'espace, deux droites* a *et* b, *parallèles à une troisième* c, *sont parallèles entre elles.*

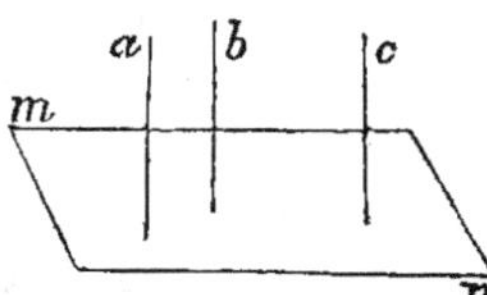

Car, si l'on imagine un plan mn perpendiculaire à la droite c, chacune des droites a et b sera aussi perpendiculaire à ce plan, et partant ces deux lignes seront parallèles.

Prop. 13. — Théorème : *Deux plans parallèles* mn, pq, *sont partout à égale distance.*

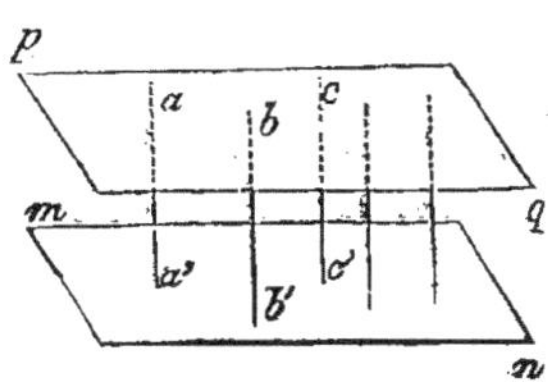

Car les perpendiculaires aa', bb', cc',.., abaissées des divers points a, b, c,... du plan pq sur le plan mn, sont parallèles entre elles; donc elles sont égales comme parallèles comprises entre plans parallèles.

PROP. 14. — THÉORÈME : *Une droite* ab, *parallèle à un plan* mn, *en est partout également distante.*

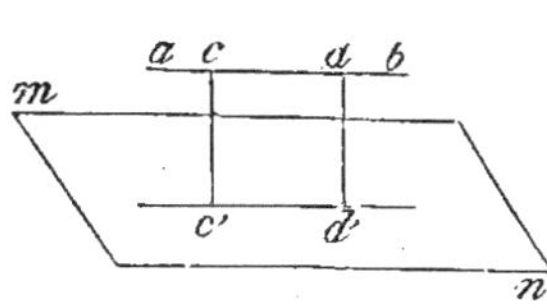

Car les perpendiculaires cc', dd', abaissées de deux points quelconques c et d de la droite ab sur le plan mn, sont parallèles, et leur plan $c'cdd'$ coupe le plan mn selon une droite $c'd'$ parallèle à ab.

PROP. 15. — PROBLÈME : 1° *Par une droite* ab, *faire passer un plan parallèle à une autre droite* cd. — 2° *Par un point* o, *faire passer un plan parallèle à deux droites* mn, pq, *non situées dans le même plan.*

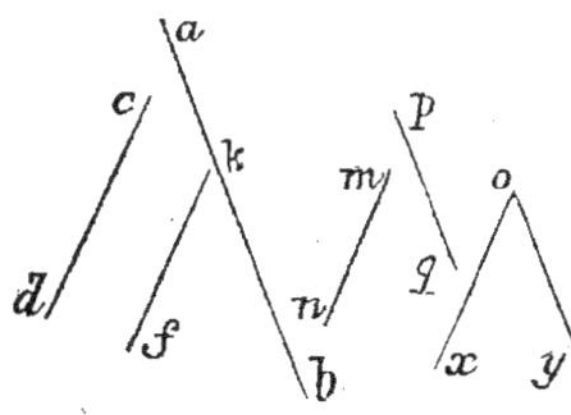

1° Par un point quelconque k de la droite ab, je tire kf parallèle à cd; le plan bkf, déterminé par ab et kf, est parallèle à cd. — 2° Par le point o je tire ox parallèle à mn et oy parallèle à pq; le plan xoy est parallèle aux deux droites mn et pq.

PROP. 16. — PROBLÈME : *Tirer une droite qui rencontre deux droites* ab, cd, *non situées dans le même plan, et qui soit parallèle à une droite* fg.

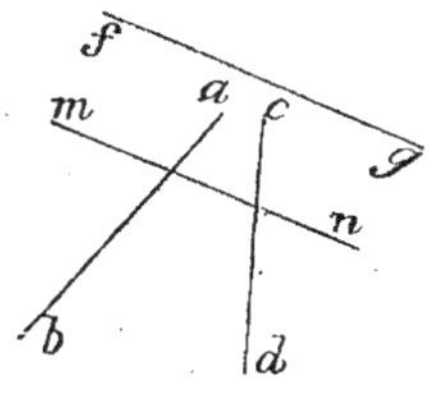

Par chacune des droites ab, cd, je fais passer un plan parallèle à fg; l'intersection mn de ces plans est la ligne cherchée. — Elle rencontre, par construction, les droites ab, cd, et elle est parallèle à fg, en vertu de la proposition 8.

§ 4. — Angles de deux plans, d'une droite et d'un plan, de deux droites quelconques.

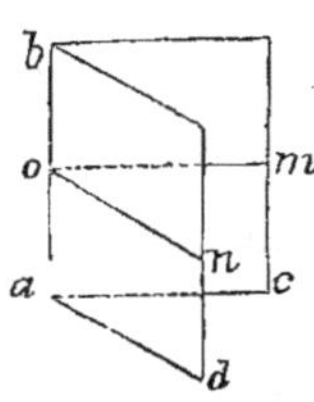

I. *Un angle dièdre* est la portion de l'espace comprise entre deux plans *bac*, *bad*, qui se coupent. — Les plans *bac*, *bad*, prennent le nom de *faces*, et leur intersection *ab* celui d'*arête*. — On énonce un dièdre au moyen de quatre lettres, celles de l'arête étant placées au milieu ; ainsi on dira : dièdre *cbad*.

II. *On appelle angle rectiligne d'un dièdre* cbad l'angle *mon*

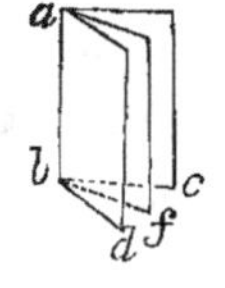

formé par deux perpendiculaires *om*, *on*, en un même point *o* de l'arête *ab*, et situées respectivement dans les deux faces *bac*, *bad*.

III. Deux plans qui se coupent forment quatre dièdres qui sont, deux à deux, *adjacents* ou *opposés par l'arête*.

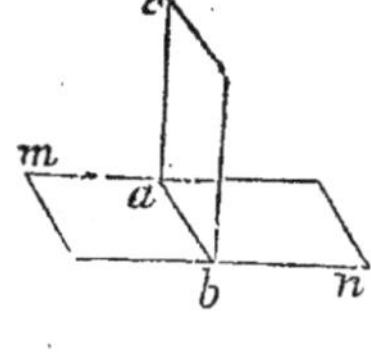

IV. On appelle *bissecteur d'un dièdre* cbad, le plan *fab* qui le divise en deux dièdres égaux *fabc*, *fabd*.

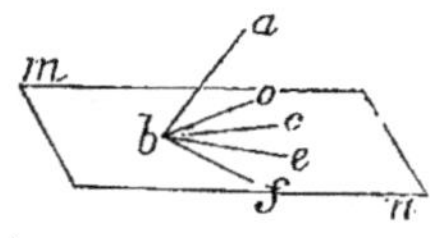

V. *Un plan* cab *est perpendiculaire à un autre plan* mn, lorsqu'il fait avec lui deux dièdres adjacents *cabm*, *cabn*, égaux entre eux. — On dit alors que les dièdres *cabm*, *cabn*, sont *droits*.

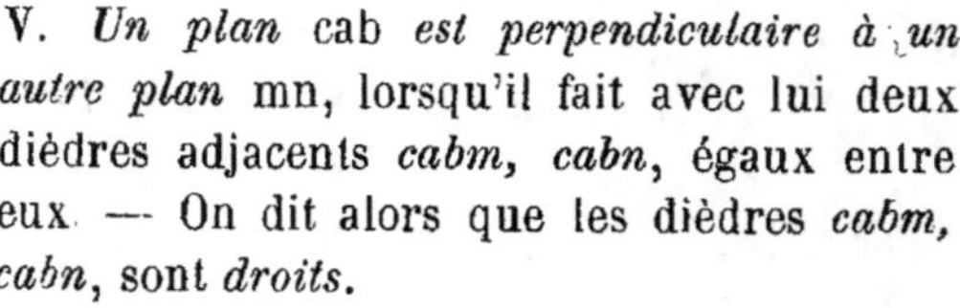

VI. *On appelle inclinaison d'une droite* ab *sur un plan* mn, le plus petit *abc* de tous les angles *abd*, *abe*, *abf*, ... qu'elle forme avec les diverses droites *bd*, *be*, *bf*, ... issues de son pied *b* dans ce plan.

PROPOSITION 1. — THÉORÈME : *L'angle rectiligne d'un dièdre*

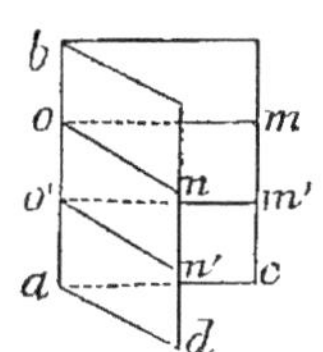

cbad *est invariable, quelle que soit la position de son sommet sur l'arête* ab.

Soient *mon* et *m'o'n'* les angles rectilignes aux points o et o' ; les droites *om*, *o'm'*, perpendiculaires à *ab* dans le même plan *bac*, sont parallèles ; pareillement, *on* est parallèle à *o'n'*; donc ang *mon* = ang *m'o'n'*.

Scholie. — *Le plan de l'angle rectiligne d'un dièdre est perpendiculaire à son arête.*

PROP. 2. — THÉORÈME : *Deux dièdres égaux* cbad, c'b'a'd', *ont des angles rectilignes égaux* mon, m'o'n'. — *Et réciproquement.*

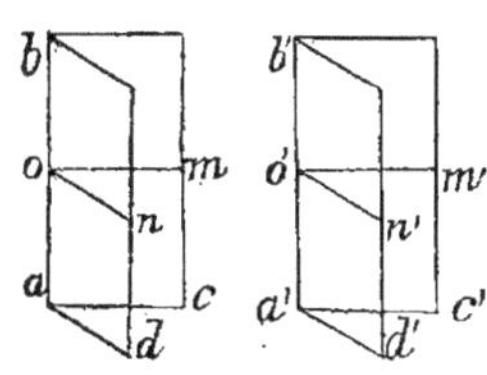

Après avoir posé le dièdre *c'b'a'd'* sur son égal *cbad*, de manière qu'ils coïncident parfaitement, je le fais glisser, en maintenant la coïncidence, jusqu'à ce que le point o' vienne se placer en o. — Les côtés *o'm'*, *o'n'*, tomberont alors respectivement sur *om*, *on*, parce qu'on ne peut tirer qu'une seule perpendiculaire au point o de la droite *ab* dans chacun des plans *bac*, *bad* ; donc ang *m'o'n'* = angle *mon*.

Réciproque. — Je transporte le dièdre *c'b'a'd'* de manière que l'angle rectiligne *m'o'n'* s'applique sur son égal *mon;* l'arête *a'b'*, perpendiculaire au plan *m'o'n'*, tombera sur l'arête *ab*, perpendiculaire au plan *mon*, sans quoi on pourrait tirer du point o deux perpendiculaires à ce dernier plan. Ainsi le plan *b'a'c'* de l'angle *b'o'm'*, coïncidera avec le plan *bac* de l'angle *bom ;* par une raison semblable, les plans *b'a'd'*, *bad*, coïncideront aussi : donc

dièdre *c'b'a'd'* = dièdre *cbad*.

Corollaire. — *A un dièdre droit* cabd *correspond un angle rectiligne droit* mon *et réciproquement.* — Parce que dièdre *cabd* = dièdre *fabd*, ang *mon* = ang *lon*; donc l'angle *mon* est droit. — *Réciproquement*, si l'angle *mon* est droit, on a angle

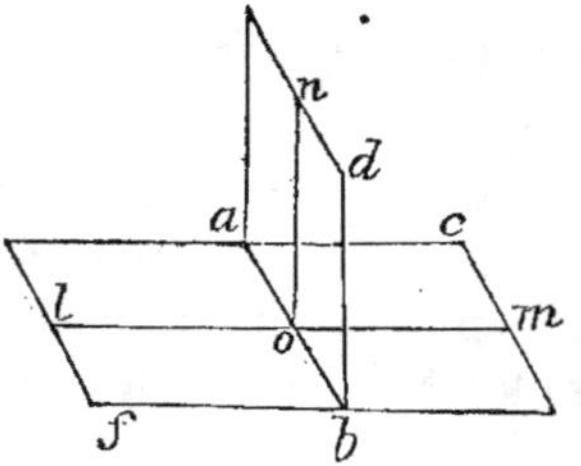

$mon =$ angle lon, et partant dièdre $cabd =$ dièdre $fabd$; donc le dièdre $cabd$ est droit.

Prop. 3. — Théorème : *Deux dièdres* cbad, cbaf, *sont entre eux comme leurs angles rectilignes* cad, caf.

1° Supposons d'abord que les angles rectilignes *cad*, *caf*, soient

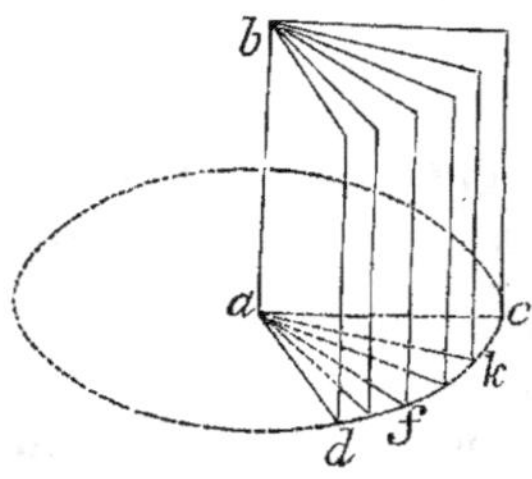

commensurables, et que leur plus grande commune mesure *cak* soit contenue 5 fois dans le premier et 3 fois dans le second, de manière que l'on ait ang *cad* : ang *caf* : : 5 : 3. — Les plans déterminés par l'arête *ab* et les lignes de division, partageront les dièdres *cbad* et *cbaf* en 5 et en 3 petits dièdres égaux entre eux et au dièdre *cbak*; on aura conséquemment dièdre *cbad* : dièdre *cbaf* : : 5 : 3 ; donc, à cause du rapport commun, dièdre *cbad* : dièdre *cbaf* : : angle *cad* : angle *caf*.

2° Si les angles *cad*, *caf*, sont incommensurables, je dis que l'on a encore dièdre *cbad* : dièdre *cbaf* : : ang *cad* : ang *caf*. — Admettons un instant que l'on ait dièdre *cbad* : dièdre *cbaf* : : ang

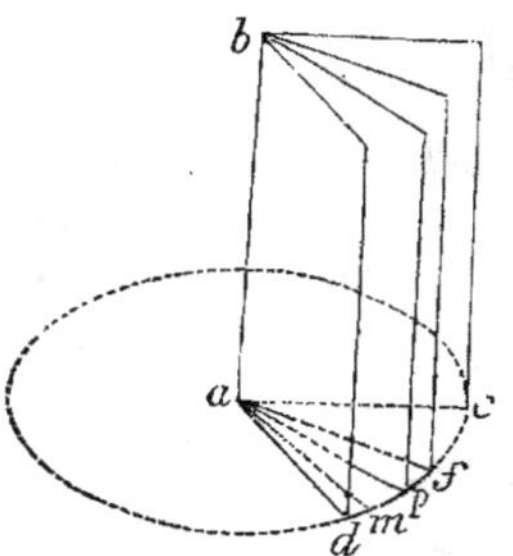

cad : ang *cam* ; divisons l'angle *cad* en parties égales plus petites que *fam*, en sorte qu'il tombe au moins une ligne *ap* de division entre *af* et *am* ; les angles *cad*, *cap*, étant commensurables, il vient dièd *cbad* : dièd *cbap* : : ang *cad* : ang *cap*, et, parce que les antécédents sont communs,

dièd *cbaf* : dièd *cbap* : : ang *cam* : ang *cap*;

ce qui est faux, car dièdre *cbaf* est $<$ dièdre *cbap*, tandis que ang *cam* est $>$ ang *cap*. — Donc la proportion énoncée est exacte.

Prop. 4. — Théorème : *Un dièdre peut être mesuré par son angle rectiligne.*

Car le rapport d'un dièdre au *dièdre droit* est égal au rapport de son angle rectiligne à *l'angle droit*. — Si, par exemple, l'angle rectiligne vaut les $\frac{2}{3}$ d'un angle droit, le dièdre vaudra les $\frac{2}{3}$ d'un dièdre droit.

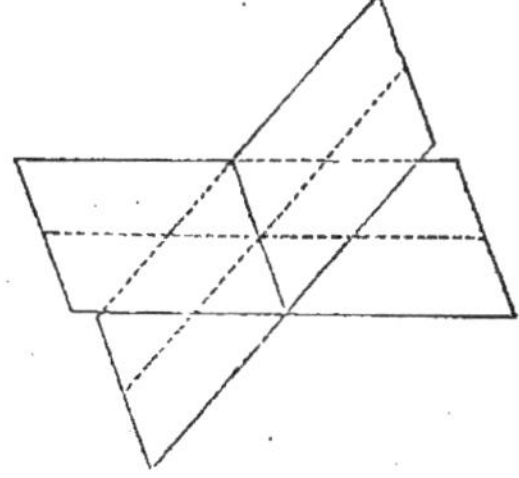

Corollaire 1. — Lorsque deux plans se coupent : 1° La somme des quatre dièdres résultants est égale à quatre dièdres droits ; 2° les dièdres adjacents sont supplémentaires ; 3° les dièdres, opposés par l'arête, sont égaux : car les intersections de ces plans avec un troisième plan perpendiculaire à l'arête commune forment quatre angles rectilignes qui mesurent les quatre dièdres dont il s'agit.

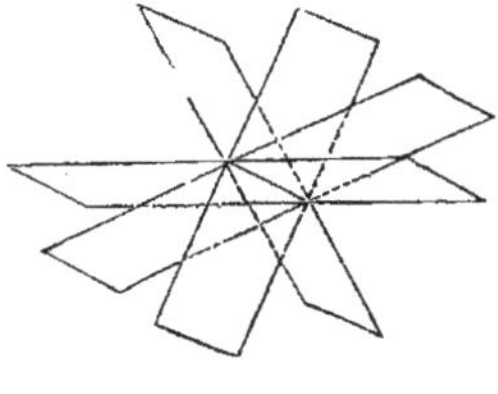

Corol 2. — Lorsque deux plans se coupent : 1° les bissecteurs des dièdres opposés se confondent ; 2° les bissecteurs des dièdres adjacents sont perpendiculaires. — (Même démonstration.)

Corol. 3. — Deux dièdres sont égaux lorsque leurs faces sont parallèles et de même sens.

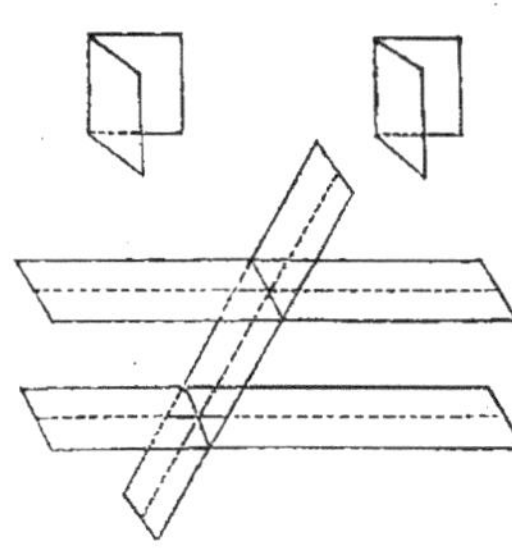

En général, les plans parallèles, traversés par un plan, jouissent des mêmes propriétés angulaires que les droites parallèles coupées par une sécante rectiligne. — Toutes les réciproques ont lieu, pourvu que les dièdres que l'on considère aient des arêtes parallèles.

PROP. 5. — THÉORÈME : *L'inclinaison d'une droite* ab *sur un plan* mn, *est mesurée par l'angle* abc *qu'elle forme avec sa projection* bc *sur ce plan.*

Tirons par le pied b et dans le plan *mn* une droite quelconque bd égale à bc, et unissons les points a, d. — Parce que ab est commun, $bc = bd$, et perpendiculaire $ac <$ oblique ad, les

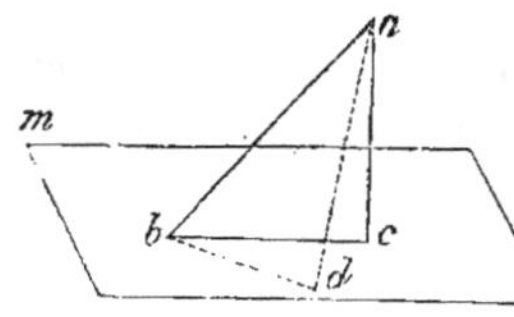

triangles *abc*, *abd*, fournissent ang *abc* < ang *abd*. — Donc l'angle *abc* est le plus petit de tous les angles formés par la droite *ab* et les diverses droites issues de son pied *b* dans le plan *mn*.

Scholie. — L'inclinaison *abc* est le complément de l'angle *bac*, formé par la droite *ab* et la perpendiculaire *ac* tirée du point *a* sur le plan *mn*.

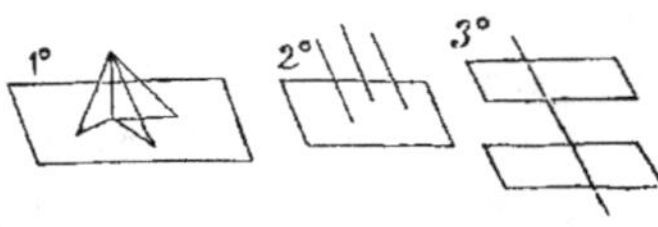

Corollaire. — 1° *Les obliques égales, tirées d'un même point sur un plan, sont également inclinées sur ce plan ;* 2° *les droites parallèles sont également inclinées sur un plan quelconque ;* 3° *les inclinaisons d'une droite quelconque sur des plans parallèles sont égales.*

PROP. 6. — THÉORÈME : *L'inclinaison de deux droites* ab, cd, *non situées dans le même plan, est mesurée par l'angle* mon *que forment deux lignes* om, on, *parallèles à ces droites et issues d'un même point* o *de l'espace.*

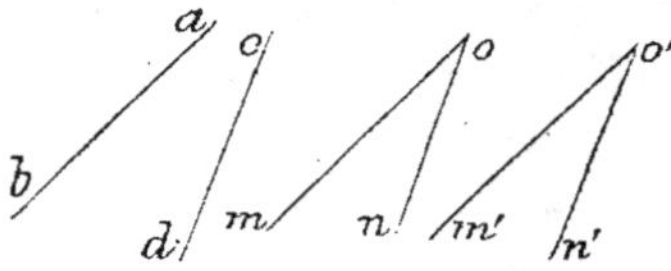

Pour établir la légitimité de cette mesure, il faut faire voir qu'elle reste la même, quelle que soit la position du sommet de l'angle. Par un point quelconque *o′* tirons *o′m′* parallèle à *ab*, et *o′n′* parallèle à *cd*; les droites *om*, *o′m′*, parallèles à *ab*, sont parallèles entre elles ; par une raison semblable, *on* est parallèle à *o′n′* ; donc ang *mon* = ang *m′o′n′*.

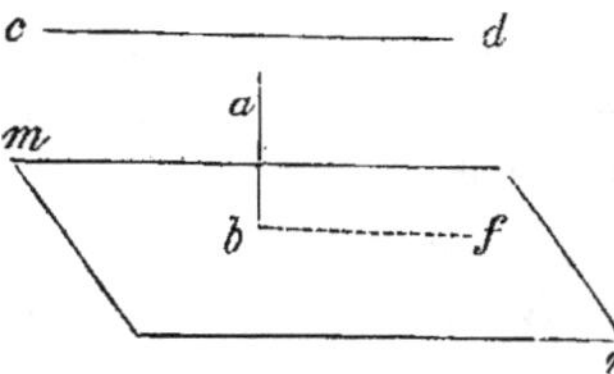

Corollaire. — *Deux droites quelconques* ab, cd, *l'une perpendiculaire et l'autre parallèle au plan* mn, *sont rectangulaires.* — Si par le pied *b*, on mène *bf* parallèle à *cd*, l'angle *abf* mesure l'inclinaison des droites *ab*, *cd* ; or, la droite *bf* étant située dans le plan *mn* (prop. 6, page 246), l'angle *abf* est droit : donc les droites *ab*, *cd*, sont rectangulaires.

§ 5. — Plans perpendiculaires. — Plus courte distance de deux droites.

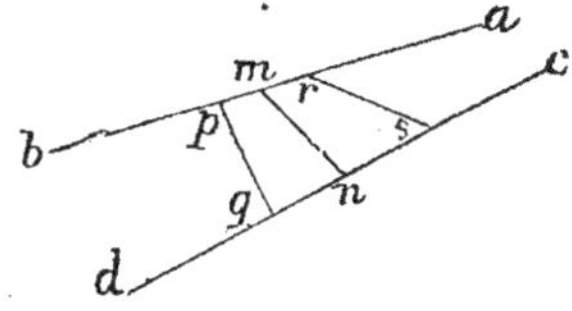

La *plus courte distance* de deux droites *ab*, *cd*, non situées dans le même plan, est la plus petite droite *mn*, entre toutes celles *pq*, *rs*,.... que l'on peut tirer entre ces deux lignes.

PROPOSITION 1. — THÉORÈME : *Tout plan* pq, *conduit suivant une droite* ab *perpendiculaire à un plan* mn, *est aussi perpendiculaire à ce plan.*

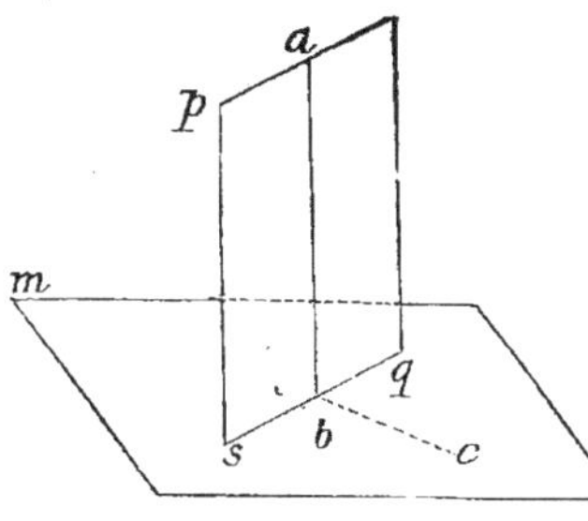

D'abord, la droite *ab* est perpendiculaire à la droite *sq*, qui passe par son pied *b* dans le plan *mn*; si donc on tire en *b*, sur *sq* et dans le plan *mn*, la perpendiculaire *bc*, le dièdre *pqsn* aura pour mesure l'angle rectiligne *abc*; or, l'angle *abc* est droit en vertu de l'hypothèse : donc le dièdre *pqsn* est pareillement droit.

Scholie. — On peut encore énoncer ce théorème comme il suit : *Tout plan* mn, *perpendiculaire à une droite* ab, *située dans un plan* pq, *est aussi perpendiculaire à ce plan.*

PROP. 2. — THÉORÈME : *Si deux plans* mn, pq, *sont perpendiculaires, toute droite* ab, *tirée dans l'un d'eux* pq *perpendiculairement à l'intersection* sq, *est perpendiculaire à l'autre plan* mn.

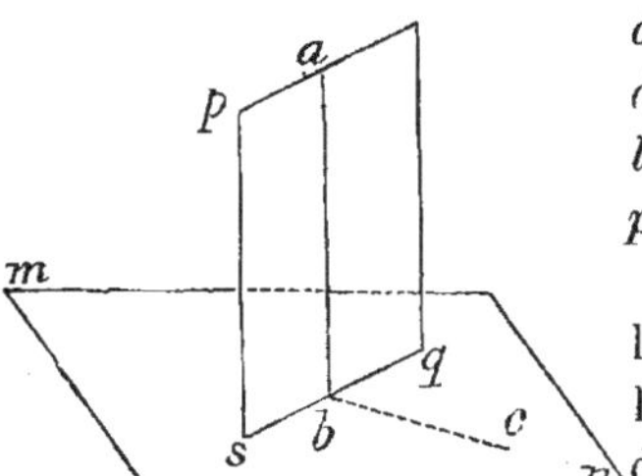

Si du point *b* on tire sur *sq*, dans le plan *mn*, la perpendiculaire *bc*, l'angle rectiligne *abc* mesure le dièdre *pqsn*; mais, par hypothèse, ce dièdre est droit : donc l'ang *abc* est pareillement droit. Il s'ensuit que la droite *ab* est perpendiculaire aux deux droites *sq* et *bc*, et par suite au plan *mn*.

Corollaire. — *Lorsque deux plans* mn, pq, *sont perpendiculaires, et que, d'un point* a, *pris dans l'un d'eux* pq, *on mène à l'autre* mn *une perpendiculaire, elle se trouve tout entière dans le premier plan.* — S'il n'en était pas ainsi, la perpendiculaire *ab*, tirée du point *a* sur l'intersection *sq*, serait aussi perpendiculaire au plan *mn :* on pourrait donc abaisser du point *a* sur ce plan deux perpendiculaires, ce qui est impossible.

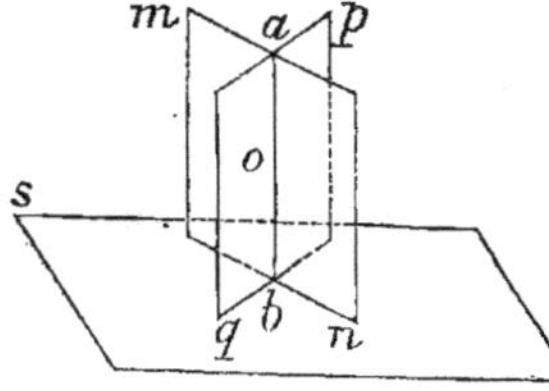

PROP. 3. — **THÉORÈME** : *Lorsque deux plans* mn, pq, *qui se coupent, sont perpendiculaires à un même plan* st, *leur intersection* ab *est aussi perpendiculaire à ce plan.*

Car la perpendiculaire abaissée d'un point quelconque *o* de l'intersection *ab* sur le plan *st*, est située à la fois dans chacun des plans *mn*, *pq*, et par suite elle se confond avec cette intersection.

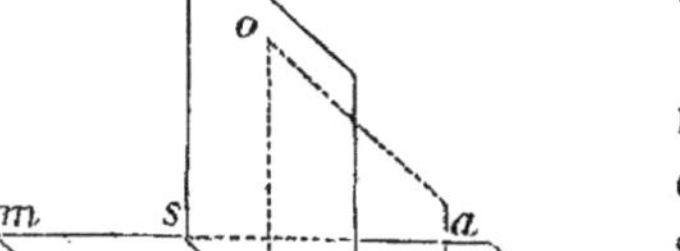

PROP. 4. — **THÉORÈME** : *Un plan* pq *et une droite* ab, *perpendiculaire à un même plan* mn, *sont parallèles.*

Si le plan *pq* et la droite *ab* se rencontraient au point *o*, la perpendiculaire *ok*, tirée du point *o* sur l'intersection *qs*, serait perpendiculaire au plan *mn ;* on pourrait donc mener par le point *o* deux perpendiculaires *ob* et *ok* à ce plan, ce qui est impossible.

PROP. 5. — **THÉORÈME** : *Par une droite* ab *on peut toujours*

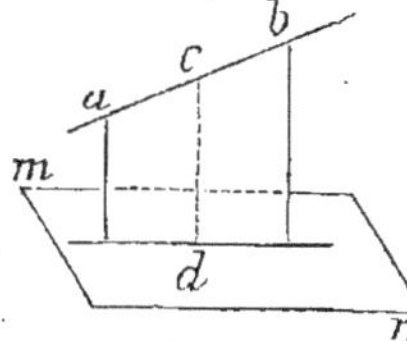

faire passer un plan perpendiculaire à un plan mn, *mais on ne peut en faire passer qu'un.*

D'abord, si d'un point quelconque *c* de *ab* on abaisse une perpendiculaire *cd* sur le plan *mn*, le plan *acd*, déterminé par *ab* et *cd*, sera perpendiculaire à ce même plan. — En second lieu, si par la droite *ab* on pouvait mener deux plans perpendiculaires au plan *mn*, leur intersection *ab* serait aussi perpendiculaire à ce plan, ce qui est contre l'hypothèse.

PROP. 6. — THÉORÈME : *Deux plans* pq, p' q', *sont parallèles lorsque, étant perpendiculaires à un même plan* mn, *ils passent par deux droites* ab, a' b', *parallèles et non perpendiculaires à ce plan.*

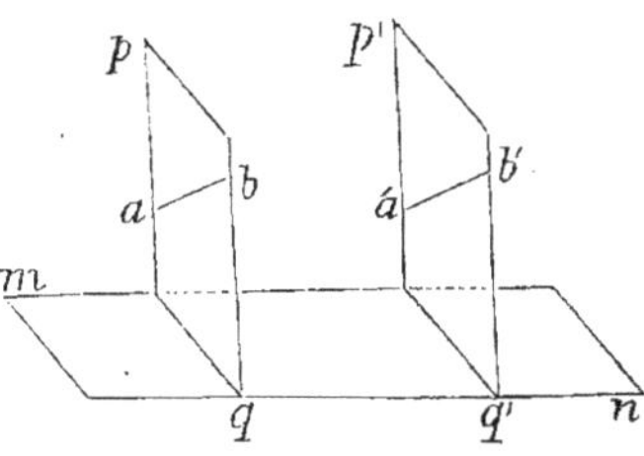

Car, si ces plans se coupaient, par l'intersection on pourrait mener deux plans perpendiculaires au plan *mn*, ce qui est impossible, attendu que cette intersection serait parallèle aux droites *ab* et *a' b'*.

PROP. 7. — THÉORÈME : *Les perpendiculaires* op, oq, *abaissées sur les faces* ac, ad, *d'un dièdre* cabd, *d'un point intérieur* o, *forment un angle* poq, *dont le plan est perpendiculaire à l'arête* ab, *et qui est le supplément de ce dièdre.*

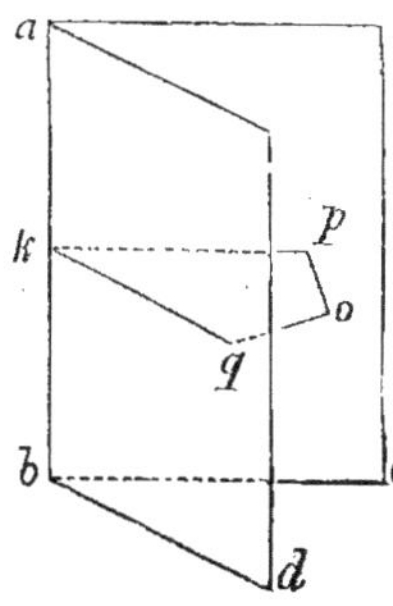

Les plans *ac*, *ad*, étant perpendiculaires aux droites *op*, *oq*, sont tous deux perpendiculaires au plan *poq ;* donc leur intersection *ab* est aussi perpendiculaire à ce plan, et réciproquement, le plan *poq* est perpendiculaire sur l'arête *ab* au point *k*. — De là résulte que le dièdre *cbad* est mesuré par l'angle rectiligne *pkq ;* or, dans le quadrila-

17

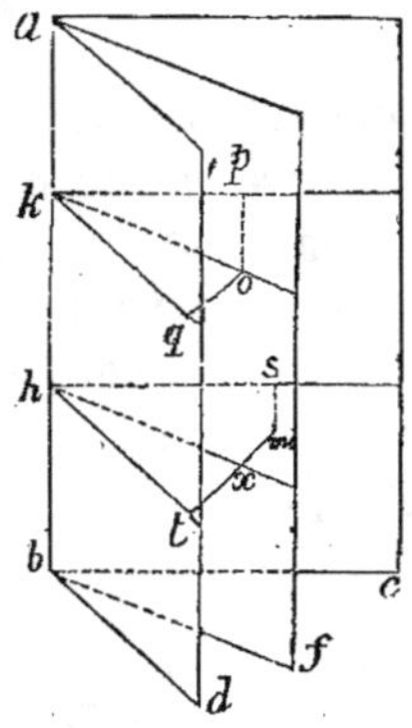

tère *opkq*, les angles *opk*, *oqk*, sont droits : donc les angles *poq*, *pkq*, sont supplémentaires.

PROP. 8. — THÉORÈME : 1° *Tout point* o, *pris sur le bissecteur* af *d'un dièdre* cabd *est équidistant de ses deux faces* ac, ad ; 2° *tout point* m, *pris hors de ce plan, en est inégalement distant.*

1° Le plan *poq* des perpendiculaires *op*, *oq*, sur les faces *ac*, *ad*, rencontre ces faces et le bissecteur selon les droites *kp*, *kq* et *ko*, perpendiculaires à l'arête *ab* ; or, parce que dièdre *cabf* = dièdre *dabf*, ang *pko* = ang *qko* ; donc *ko* est la bissectrice de l'angle *pkq*, et par suite *op* = *oq*. — 2° Le plan *smt* des perpendiculaires *ms*, *mt*, aux faces *ac*, *ad*, rencontre ces faces selon *hs*, *ht*, et le bissecteur *af* selon la bissectrice *hx* de l'angle *sht* ; parce que le point *m* est extérieur à cette bissectrice, il vient *ms* < *mt*.

Corollaire. — *Les bissecteurs des dièdres formés par deux plans qui se coupent, sont le lieu de tous les points de l'espace équidistants de ces deux plans.*

PROP. 9. — THÉORÈME : *La perpendiculaire commune à deux droites* ab, cd, *non situées dans le même plan, est leur plus courte distance.*

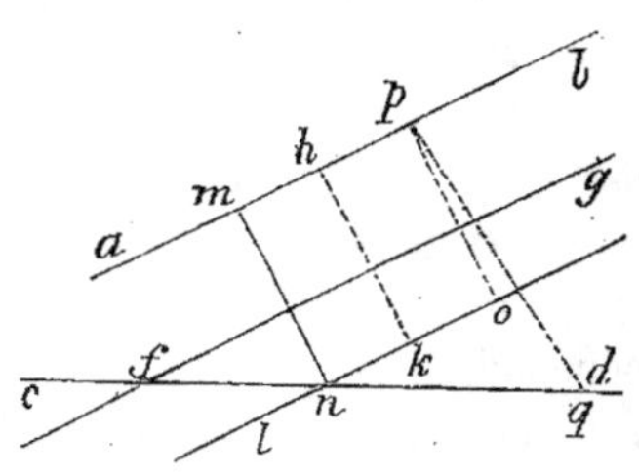

Par un point *f*, pris à volonté sur *cd*, je tire *fg* parallèle à *ab*, et j'ai un plan *dfg* parallèle à cette ligne. — D'un point quelconque *h* de *ab* j'abaisse *hk* perpendiculaire sur ce plan : l'intersection *kl* des plans *dfg*, *ahk*, est parallèle à *ab*. — Enfin, par le point de concours *n* de *cd* et *kl*, je mène *nm* parallèle à *hk* ; cette droite rencontre évidemment la ligne *ab* ; de plus, elle est perpendiculaire au plan *dfg*, et par suite à la droite *cd*, à la droite *nk* et à sa parallèle *ab* ; ainsi, la ligne *mn* est la perpendiculaire commune aux deux droites *ab*, *cd*. — Je dis maintenant que *mn* est moindre que toute autre ligne *pq* tirée entre *ab* et *cd* ; en effet, la parallèle *po* à *mn*, issue du point *p*, étant perpendiculaire au plan *dfg*, il vient $po < pq$; mais $po = mn$; donc aussi *mn* est $< pq$.

§ 6. — Propriétés des angles solides.

I. *Un angle solide* est la partie de l'espace comprise entre les plans de plusieurs angles *asb, bsc, csd, dse, esa*, de même sommet *s*, et qui ont, deux à deux, un côté commun.

Le point *s* est le *sommet* de l'angle solide ; les droites *sa*, *sb*, *sc*, *sd*, *se*, en sont les *arêtes*.

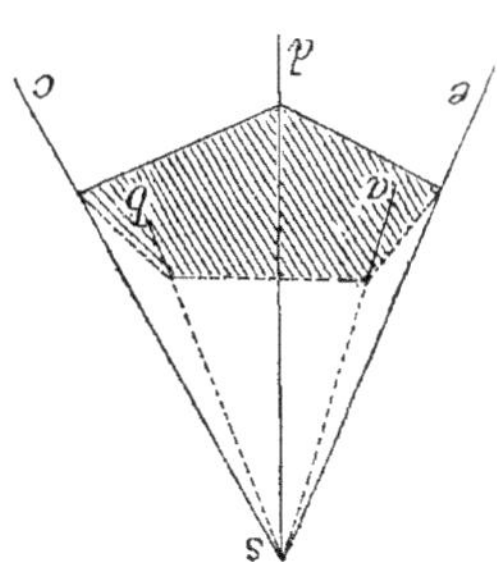

II. On énonce un angle solide par la seule lettre du sommet, ou, quand il y a lieu à confusion, par cette même lettre suivie de celles qui se trouvent sur les arêtes, prises dans leur ordre naturel. — Ainsi, on dira angle solide *s* ou angle solide *sabcde*.

III. *Les angles plans* ou *faces asb, bsc, csd, dse, esa*, et les dièdres *asbc, bscd, csde, dsea, esab*, que les faces forment deux à deux, sont ce que l'on appelle *les parties* de l'angle solide *s*. — Le nombre des parties est toujours double du nombre des arêtes.

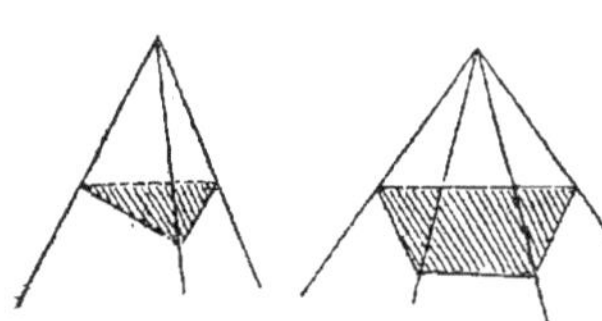

IV. Les angles solides les plus simples ont trois angles plans et trois dièdres ; on les nomme *angles solides triples* ou *trièdres* ; viennent ensuite les *angles solides quadruples*, qui ont quatre faces et quatre dièdres ; *les angles solides quintuples*, qui ont cinq faces et cinq dièdres ; etc., etc.

V. Un angle solide est *convexe* lorsque toutes les sections que l'on peut obtenir, en le coupant par des plans, sont des polygones convexes. — Si cette condition n'est pas remplie, on dit que l'angle

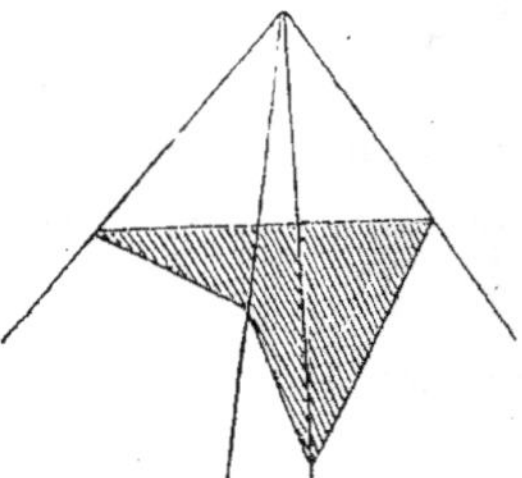

solide est *concave* ou à *angles ren-trants*. — Un trièdre est toujours convexe.

VI. Un trièdre est *rectangle* quand il a un dièdre droit ; *birectangle* quand il en a deux, et *trirectangle* quand il en a trois.

VII Un trièdre est *isoèdre* lorsqu'il a deux angles plans égaux, et *isoangle* lorsqu'il a deux dièdres égaux.

VIII. Un angle solide est *équièdre* quand tous ses angles plans sont égaux, et *équiangle* quand tous ses dièdres sont égaux.

PROPOSITION 1. — THÉORÈME : *Dans tout trièdre* s, *un angle plan quelconque* asb *est plus petit que la somme des deux autres* asc *et* bsc.

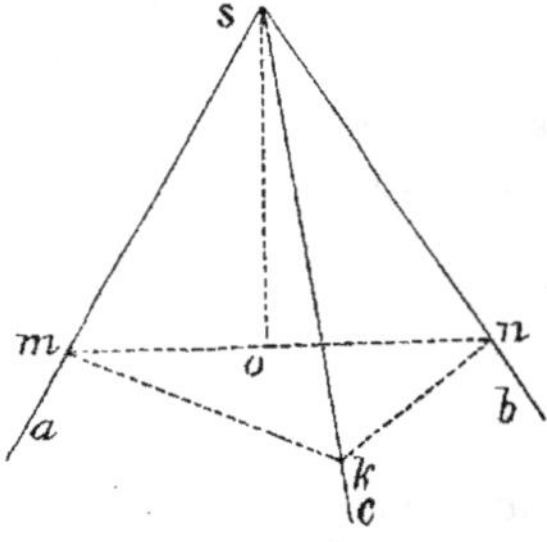

Il n'y a lieu à établir cette inégalité que lorsque l'angle *asb* est plus grand que chacun des deux autres *asc* et *bsc*. — Joignons par la droite *mn* deux points quelconques *m*, *n*, des arêtes *sa*, *sb*, et, après avoir fait dans le plan *asb*, ang *bso* = ang *bsc*, prenons *sk* = *so* et tirons *mk*, *nk*. — Les triangles *nso*, *nsk*, sont égaux, parce que *sn* est commun, *so* = *sk* et angle *bso* = angle *bsc* par construction ; donc *no* = *nk*. — Et, comme le triangle *mnk* fournit *mn* ou *mo* + *no* < *mk* + *nk*, il s'ensuit *mo* < *mk*. — Parce qu'en outre *sm* est commun et *so* = *sk*, la comparaison des triangles *mso*, *msk*, donne ang *aso* < ang *asc* ; ajoutant ang *bso* au premier membre et son égal *bsc* au second, il vient ang *asb* < ang *asc* + ang *bsc*.

Corollaire. — Dans tout trièdre, un angle plan quelconque est plus grand que la différence des deux autres. — On a en effet l'inégalité ang *asc* + ang *bsc* > ang *asb*, et, en retranchant ang *bsc* de part et d'autre, ang *asc* > ang *asb* — ang *bsc*.

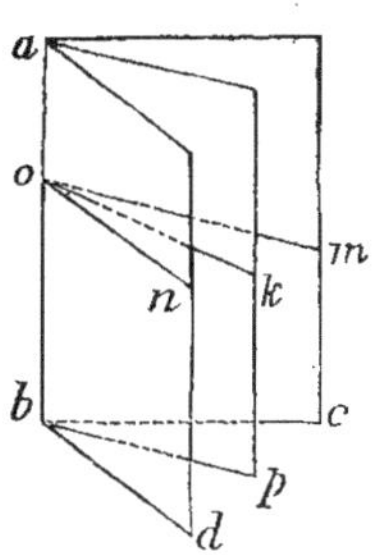

Scholie. — *L'angle rectiligne, dont le plan est perpendiculaire à l'arête d'un dièdre, est le seul angle qui puisse servir de mesure à ce dièdre.* — Supposons en effet que l'angle *mon* soit propre à mesurer le dièdre *cbad*. — D'abord, cet angle devant devenir nul en même temps que le dièdre, c'est-à-dire lorsque la face *ad* est rabattue sur la face *ac*, il faut que

$$\text{ang } bom = \text{ang } bon.$$

De plus, si l'on amène la face *ad* en *ap*, et par suite *on* en *ok*, on a dièdre *cabd* = dièdre *cabp* + dièdre *dabp*, et par conséquent ang *mon* = ang *mok* + ang *nok*; ainsi, la droite *ok* est située dans le plan *mon*; car, sans cela, on aurait ang *mon* < ang *mok* + ang *nok*. — Maintenant, l'arête *ab*, étant également inclinée sur les trois droites *om*, *on*, *ok*, issues de son pied *o* dans le plan *mon*, est perpendiculaire à ce plan : donc *om*, *on*, sont perpendiculaires à l'arête *ab*.

PROP. 2. — THÉORÈME : *Dans tout angle solide* s, *un angle plan quelconque* asb *est moindre que la somme de tous les autres* bsc, csd, dse, esa.

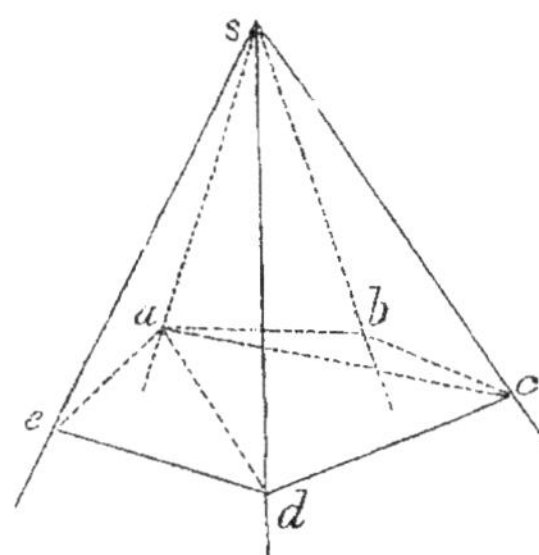

Par l'arête *sa* et chacune des autres *sc*, *sd*, à l'exception des deux voisines *sb*, *se*, faisons passer des plans *sac*, *sad*; l'angle solide *s* sera par là décomposé en autant de trièdres *sabc*, *sacd*, *sade*, qu'il a de faces moins deux. — Or, ces trièdres fournissent :

1° *asb* < *bsc* + *asc*; 2° *asc* < *csd* + *asd*; 3° *asd* < *dse* + *esa*; ajoutant ces inégalités et supprimant ensuite les termes *asc* et *asd* communs aux deux membres, il vient *asb* < *bsc* + *csd* + *dse* + *esa*.

PROP. 3. — THÉORÈME : *Dans tout angle solide* s, *la somme de tous les angles plans est plus petite que quatre angles droits.*

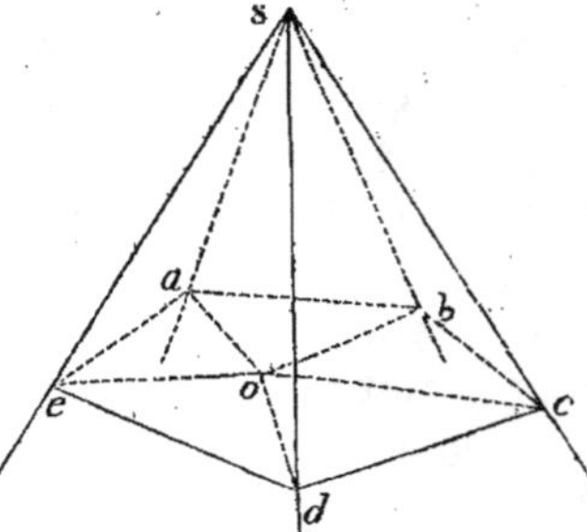

Soit *abcde* une section faite dans l'angle solide *s* par un plan qui rencontre toutes les arêtes, — Si l'on joint les sommets *a*, *b*, *c*,... de ce polygone à un point intérieur quelconque *o*, les triangles *abo*, *bco*, *cdo*,... sont évidemment en même nombre que les triangles *abs*, *bcs*, *cds*,..; et, comme les trois angles d'un triangle valent ensemble deux angles droits, la somme de tous les angles des triangles au sommet *o* est égale à celle de tous les angles des triangles au sommet *s*. — Or, la première somme se compose de celle M des angles du polygone *abcde* et de celle des angles au sommet *o*, laquelle vaut quatre angles droits; la seconde somme est formée de celle N des angles *abs*, *cbs*, *bcs*,... et de celle X des angles plans *asb*, *bsc*, *csd*,..... de l'angle solide : ainsi, on a M + 4 = N + X. — Maintenant, les trièdres *bacs*, *cbds*, *dces*,.... fournissent *abc* < *abs* + *cbs*, *bcd* < *bcs* + *dcs*, *cde* < *cds* + *eds*,..., et, en ajoutant, M < N ; donc, par compensation, il faut que l'on ait X < 4 angles droits.

PROP. 4. — THÉORÈME : *Un trièdre isoèdre est aussi isoangle.*

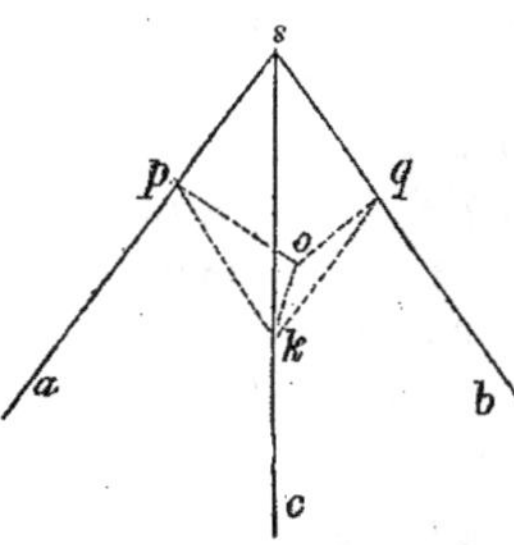

D'un point quelconque *k* de l'arête *sc*, soient abaissés les plans *kpo*, *kqo*, perpendiculaires aux arêtes *sa*, *sb*, et par suite au plan *asb* ; leur intersection *ko* étant aussi perpendiculaire à ce plan, les angles *kop*, *koq*, sont droits. — Parce que hypoténuse *sk* est commune, et que ang *asc* = ang *bsc* par hypothèse, les triangles *kps*, *kqs*, rectangles en *p* et *q*, sont égaux : donc *kp* = *kq*. — Parce que hypot *kp* = hypot *kq et ko* commun, les triangles rectangles *kop*, *koq*, sont aussi égaux : donc ang *kpo* = ang *kqo*. — Mais ces angles mesurent les dièdres *csab* et *csba* ; conséquemment, dièdre *csab* = dièdre *csba*.

Réciproque. — *Un trièdre isoangle est aussi isoèdre.*

Les triangles rectangles *kpo*, *kqo*, sont égaux, car *ko* est commun et ang *kpo* = ang *kqo* par hypothèse : donc *kp* = *kq*. — Parce qu'en outre l'hypoténuse *sk* est commune, les triangles rectangles *kps*, *kqs*, sont aussi égaux : donc ang *asc* = ang *bsc*.

Corollaire 1. — *Un trièdre équièdre est aussi équiangle, et réciproquement.*

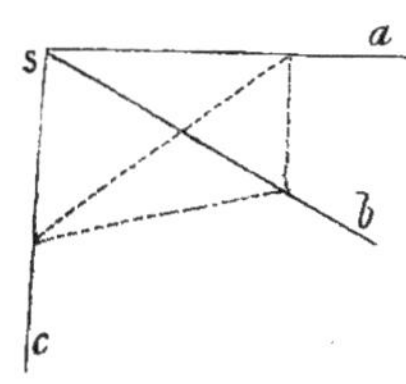

Corol. 2. — *Aux dièdres droits* bsac, asbc, *d'un trièdre birectangle* s, *sont opposés des angles plans droits* bsc, asc. — Car, les faces *asc*, *bsc*, étant perpendiculaires au plan *asb*, l'intersection *sc* est aussi perpendiculaire à ce plan, et par suite aux droites *sa* et *sb*.

Corol. 3. — *Les trois angles plans d'un trièdre trirectangle sont droits.*

Prop. 5. — Théorème : *Les perpendiculaires* s'c', s'a', s'b', *tirées d'un point intérieur* s' *d'un trièdre* s *sur ses trois faces* asb, bsc, csa, *forment un second trièdre* s', *dont les angles plans et les dièdres sont les suppléments des dièdres et des angles plans du premier.*

On a d'abord, prop. 7, page 257, ang $b's'c' = 2^{d}$ — dièdre *bsac*, ang $c's'a' = 2^{d}$ — dièdre *csba*, ang $a's'b' = 2^{d}$ — dièdre *ascb*. — De plus, les trois plans $b's'c'$, $c's'a'$, $a's'b'$, étant respectivement perpendiculaires aux arêtes *sa*, *sb*, *sc*, et réciproquement, le

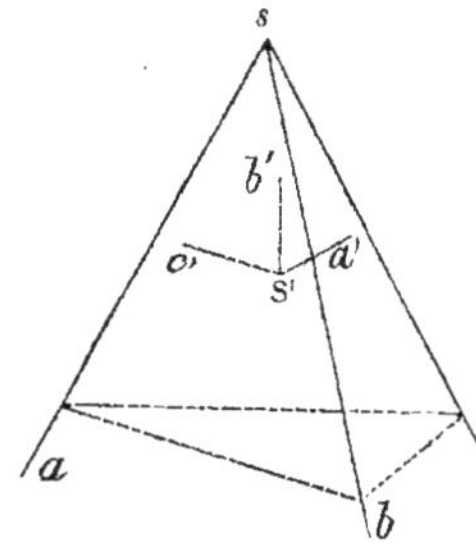

trièdre *s* jouit par rapport au trièdre *s'* des mêmes propriétés que le trièdre *s'* par rapport au trièdre *s* ; conséquemment, on a aussi

ang $asb = 2^{d}$ — dièdre $a's'c'b'$,
ang $bsc = 2^{d}$ — dièdre $b's'a'c'$,
ang $csa = 2^{d}$ — dièdre $c's'b'a'$.

Scholies. — I. Les trièdres *s* et *s'* sont dits *supplémentaires l'un de l'autre.*

II. Le présent théorème subsiste encore quand on substitue au trièdre *s* un angle solide quelconque.

PROP. 6. — THÉORÈME : *La somme des dièdres* A, B, C, *d'un trièdre quelconque, est comprise entre deux et six dièdres droits.*

Si l'on représente par *a*, *b*, *c*, les trois angles plans du trièdre supplémentaire, il vient $A = 2^d - a$, $B = 2^d - b$, $C = 2^d - c$, et, en ajoutant, $A + B + C = 6^d - (a + b + c)$; or, la somme des trois angles plans *a*, *b*, *c*, est plus petite que quatre angles droits et plus grande que zéro : il s'ensuit que $A + B + C$ est $> 6 - 4$ ou 2^d et $< 6^d$.

PROP. 7. — THÉORÈME : *La somme des* n *dièdres d'un angle solide de* n *faces est comprise entre* 2 (n — 2) *et* 2n *dièdres droits.*

En faisant passer des plans par l'une des arêtes et chacune des autres, à l'exception des deux voisines, on décompose l'angle solide en $n - 2$ trièdres ; or, la somme des dièdres de chacun d'eux étant supérieure à 2^d, la somme des diédres de tous ces trièdres, c'est-à-dire, celle des *n* dièdres de l'angle solide, est plus grande que $2 (n - 2)^d$. — En second lieu, parce que chaque dièdre est $< 2^d$, la somme de ces *n* dièdres est plus petite que $2n^d$.

§ 7. — Egalité et symétrie des angles solides.

I. Deux angles solides sont dits *symétriques* ou *égaux par symétrie* lorsque, toutes leurs parties, angles plans et dièdres, étant égales chacune à chacune, ils ne peuvent toutefois être superposés parce que les parties égales sont assemblées dans des ordres inverses.

II. Deux angles solides sont *opposés par le sommet* quand les arêtes de l'un sont les prolongements des arêtes de l'autre.

PROPOSITION 1. — THÉORÈME : *Deux trièdres sont égaux quand*

II.

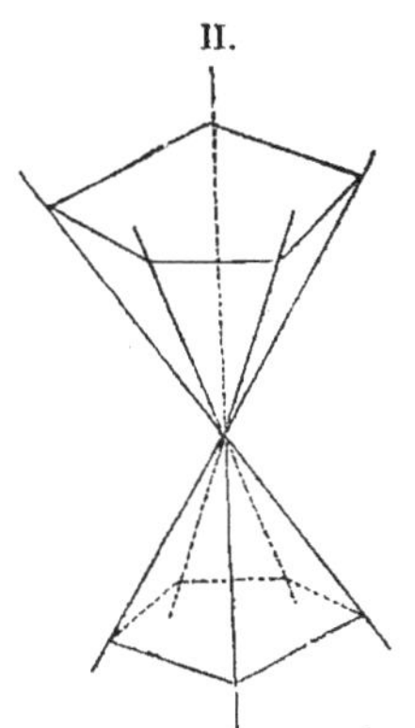

leurs angles plans sont égaux chacun à chacun et pareillement assemblés.

Soient ang $asb =$ ang $a's'b'$, ang $bsc =$ ang $b's'c'$, ang $csa =$ ang $c's'a'$. — Prenons à volonté les distances égales sl, $s'l'$; du point l élevons sur sa, dans les plans asb, asc, les perpendiculaires lm, ln, et tirons mn ; du point l' élevons aussi sur $s'a'$, dans les plans $a's'b'$, $a's'c'$, les perpendiculaires $l'm'$, $l'n'$, et tirons $m'n'$. — Les triangles slm, $s'l'm'$, sont égaux, parce que $sl = s'l'$ par construction, ang $asb =$ ang $a's'b'$ par hypothèse, et angle droit $slm =$ angle droit $s'l'm'$; donc $sm = s'm'$ et $lm = l'm'$. — On prouve de la même manière que triang $sln =$ triang $s'l'n'$, d'où résulte $sn = s'n'$ et $ln = l'n'$. — Comme, par hypothèse, ang $bsc =$ ang $b's'c'$, les triangles msn, $m's'n'$, sont

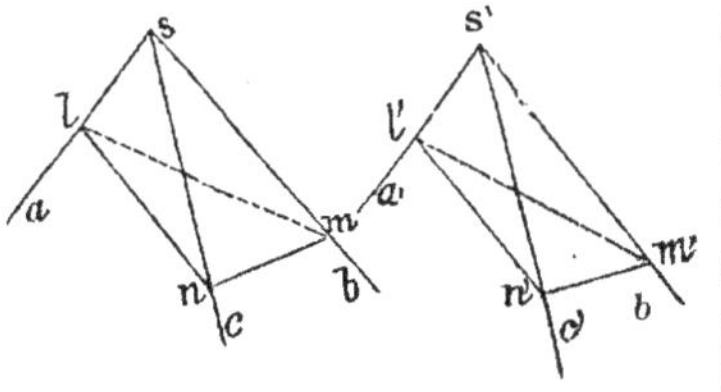

aussi égaux, et partant $mn = m'n'$. — Ainsi, les triangles lmn, $l'm'n'$, sont équilatéraux entre eux, et par conséquent ang $mln =$ ang $m'l'n'$, c'est-à-dire, dièdre $bsac =$ dièdre $b's'a'c'$. — On démontre de même que dièdre $csba =$ dièdre $c's'b'a'$, et dièdre $ascb =$ dièdre $a's'c'b'$. — Transportons maintenant le trièdre s' de manière que le triangle $l'm'n'$ s'applique sur son égal lmn ; l'arête $l's'$, perpendiculaire au plan $l'm'n'$, prendra la direction de l'arête ls, perpendiculaire au plan lmn ; et, comme $s'l' = sl$, le sommet s' tombera sur le sommet s ; de plus, les points m', n', se trouvant déjà en m, n, les droites $s'm'$, $s'n'$, coïncideront avec sm, sn ; donc les deux trièdres sont superposables.

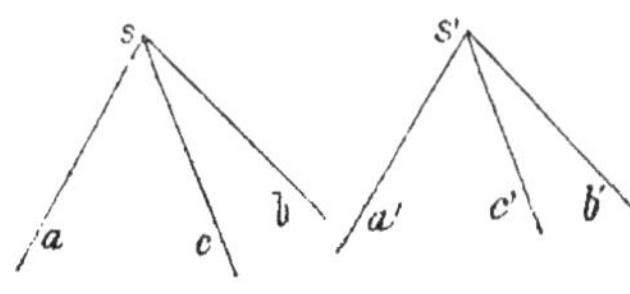

Scholie. — Cette démonstration est en défaut lorsque les angles plans asb, asc, sont droits ; mais alors l'arête sa est perpendiculaire au plan bsc et l'arête $s'a'$ au plan $b's'c'$; conséquemment, si l'on pose l'angle $b's'c'$ sur son égal bsc, la droite $s'a'$ tombera sur l'arête sa et les trièdres seront superposés. — Lorsqu'un seul angle plan est droit, il faut avoir le soin de prendre le point l sur l'arête qui lui est opposée.

PROP. 2. — THÉORÈME : *Deux trièdres sont égaux quand ils ont un dièdre égal compris entre deux angles plans égaux chacun à chacun et pareillement disposés.*

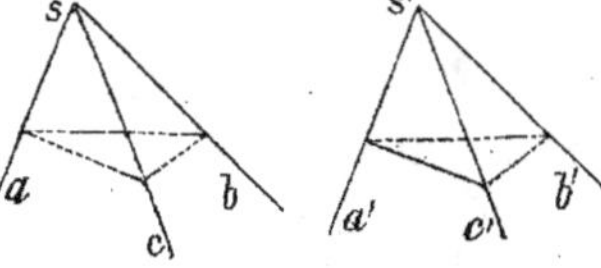

Soient
dièdre $bsac$ = dièdre $b's'a'c'$,
ang asb = ang $a's'b'$,
ang asc = ang $a's'c'$.

— Je pose le trièdre s' sur le trièdre s, de manière que l'angle $a's'b'$ couvre son égal asb; parce que dièdre $b's'a'c'$ = dièdre $bsac$, le plan de l'angle $a's'c'$ se confondra avec celui de l'angle asc; et, parce que ang $a's'c'$ = ang asc, l'arête $s'c'$ tombera sur sc : donc trièdre s' = trièdre s.

PROP. 3. — THÉORÈME : *Deux trièdres sont égaux, quand ils ont un angle plan égal adjacent à deux dièdres égaux chacun à chacun et pareillement disposés.*

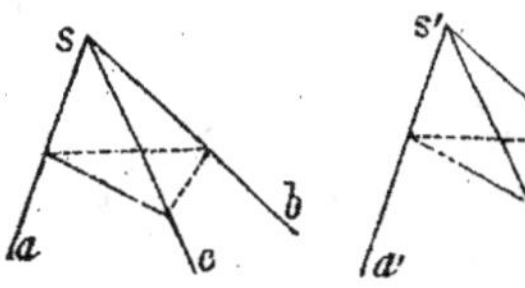

Soient ang asb = ang $a's'b'$,
dièdre $bsac$ = dièdre $b's'a'c'$,
dièdre $asbc$ = dièdre $a's'b'c'$. —
Je transporte le dièdre s' de manière que l'angle $a's'b'$ couvre son égal asb; parce que dièdre $b's'a'c'$ = dièdre $bsac$, le plan de l'angle $a's'c'$ se confondra avec le plan asc; pareillement, à cause que dièdre $a's'b'c'$ = dièdre $asbc$, les plans des angles $b's'c'$, bsc, se confondront entre eux : donc l'intersection $s'c'$ des plans $a's'c'$, $b's'c'$, tombera sur celle sc des plans asc, bsc, et par suite trièdre s' = trièdre s.

PROP. 4. — THÉORÈME : *Deux trièdres sont égaux, quand leurs trois dièdres sont égaux chacun à chacun et pareillement disposés.*

Soient A, B, C, les trois dièdres communs ; a, b, c et a', b', c', les angles plans qui leur sont opposés dans les deux trièdres s et s'. — Formons les trièdres t et t', supplémentaires de s et s'. — Les trièdres t, t', ayant les mêmes angles plans 2^d — A, 2^d — B, 2^d — C, sont égaux entre eux : donc leurs dièdres 2^d — a, 2^d — b, 2^d — c et 2^d — a', 2^d — b', 2^d — c', sont aussi égaux chacun à chacun, et par suite $a = a'$, $b = b'$, $c = c'$; conséquemment, trièdre s = trièdre s'.

Prop. 5. — Théorème : *Deux trièdres* sabc, sa'b'c', *opposés par le sommet, sont égaux par symétrie.*

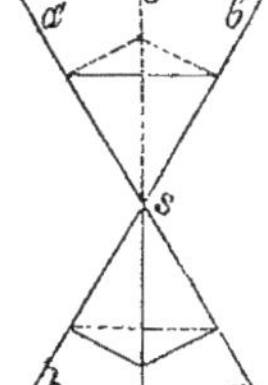

On a, parce que les angles rectilignes, opposés par le sommet, sont égaux,

ang asb = ang $a'sb'$, ang bsc = ang $b'sc'$,

ang csa = ang $c'sa'$;

et parce que les dièdres, opposés par l'arête, sont aussi égaux,

dièdre $csab$ = dièdre $c'sa'b'$,

dièdre $asbc$ = dièdre $a'sb'c'$,

dièdre $bsca$ = dièdre $b'sc'a'$.

Ainsi, les six parties des deux trièdres sont égales chacune à chacune. — D'ailleurs ces trièdres ne peuvent être superposés : car, si l'on applique l'angle $a'sb'$ sur son égal asb, de manière que sa' tombe sur sa, et sb' sur sb, les arêtes sc, sc', se trouvent de divers côtés du plan asb ; lorsqu'au contraire on fait tomber sa' en sb et sb' en sa, les parties égales ne se correspondent plus ; donc les trièdres $sabc$, $sa'b'c'$, sont symétriques.

Corollaire 1. — *Un trièdre isoèdre n'a pas de symétrique* : car, si ang asc = ang bsc, on peut opérer la superposition des trièdres $sabc$, $sa'b'c'$, en posant l'angle $a'sb'$ sur son égal asb, de manière que sa' tombe en sb et sb' en sa.

Corol. 2. — *Si, dans les propositions 1, 2, 3 et 4 de ce paragraphe, les trois parties, supposées égales, n'étaient pas pareillement disposées, les trièdres* sabc, s'a'b'c', *au lieu d'être égaux par superposition, seraient symétriques.* — En prolongeant les arêtes

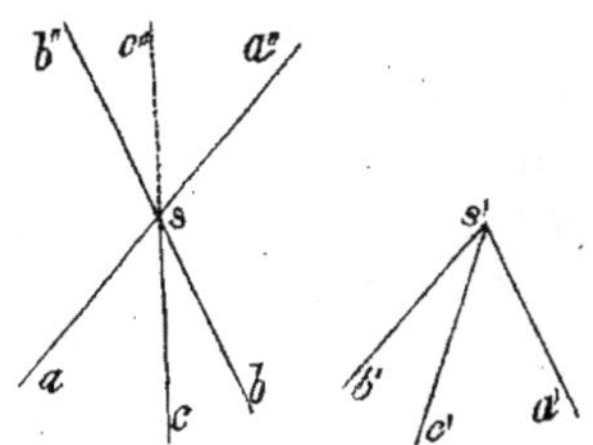

sa, *sb*, *sc*, on forme en effet un troisième trièdre *sa″ b″ c″* symétrique de *sabc*, et qui, en vertu des propositions citées, est aussi l'égal de *s′ a′ b′ c′* par superposition.

Corol. 3. — *Un trièdre est déterminé par trois de ses six parties.*

— Cela résulte de ce que deux trièdres, qui ont trois parties égales chacune à chacune, sont égaux par superposition ou par symétrie. — Il peut arriver toutefois qu'aucun trièdre ne corresponde à trois parties assignées ; ainsi, quand on donne les trois angles plans, il faut que le plus grand angle soit plus petit que la somme des deux autres, et que la somme des trois angles soit moindre que quatre angles droits ; pareillement, quand on donne les trois dièdres, il faut que leur somme soit comprise entre deux et six dièdres droits.

Scholies. — I. *En général, deux angles solides, opposés par le sommet, sont symétriques.* (Même démonstration.)

II. *Deux angles solides symétriques quelconques peuvent être décomposés en un même nombre de trièdres symétriques chacun à chacun et symétriquement placés.*

Prop. 6. — Théorème : *Deux angles solides de même espèce sont égaux lorsque, abstraction faite d'un angle plan et des deux dièdres adjacents, toutes les autres parties sont égales chacune à chacune et assemblées dans le même ordre.*

On opère en effet directement la superposition lorsque les parties égales se succèdent dans le même sens. — Lorsqu'elles sont disposées en sens inverses, les deux angles solides sont égaux par symétrie, car chacun d'eux est égal par superposition à l'angle solide formé par les prolongements des arêtes de l'autre.

Scholie. — *Ainsi, un angle solide de* n *faces est déterminé par* n — 1 *angles plans et* n — 2 *dièdres,* c'est-à-dire, *par* 2n — 3 *parties.*

§ 8. — Mesure des angles solides.

Deux angles solides quelconques ou *un angle solide et un dièdre* sont dits *équivalents* lorsqu'ils intercteptent une même portion de l'espace.

Fig. 1.

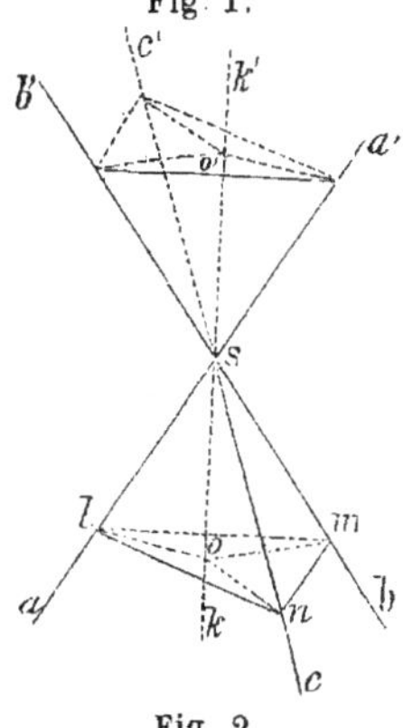

PROPOSITION 1. — THÉORÈME : *Deux trièdres symétriques* sabc, sa′ b′ c′, *sont équivalents.*

Prenons arbitrairement les trois distances égales *sl*, *sm*, *sn*, et abaissons du sommet *s*, sur le plan *lmn* des trois points *l*, *m*, *n*, la perpendiculaire *so*. — Les obliques égales *sl*, *sm*, *sn*, ayant des projections égales *ol*, *om*, *on*, les triangles *slo*, *smo*, *sno*, rectangles en *o*, sont égaux, et par suite ang *lso* = ang *mso* = ang *nso* ; donc, parce qu'un trièdre isoèdre n'a pas de symétrique,

Fig. 2.

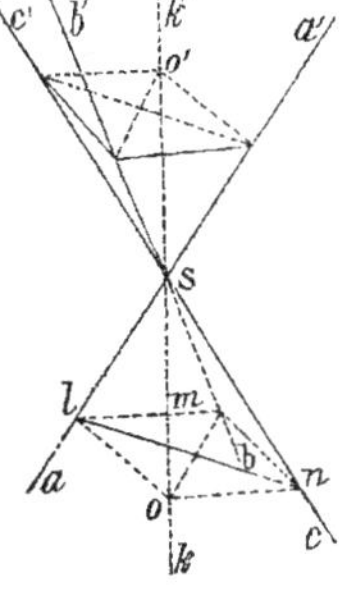

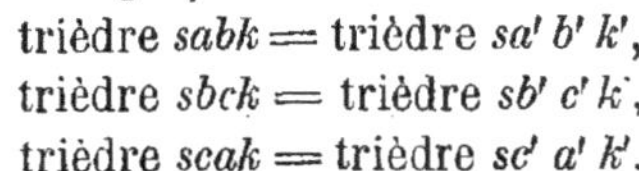

trièdre *sabk* = trièdre *sa′ b′ k′*,
trièdre *sbck* = trièdre *sb′ c′ k′*,
trièdre *scak* = trièdre *sc′ a′ k′*.

Maintenant, si le pied *o* est intérieur au triangle *lmn* (fig. 1), il vient en ajoutant ces égalités, trièdre *sabc* = trièdre *sa′ b′ c′* ; si ce point est extérieur (fig. 2), on parvient au même résultat en ajoutant les deux premières et en retranchant la troisième.

Corollaire. — *Deux angles solides symétriques quelconques sont équivalents.*

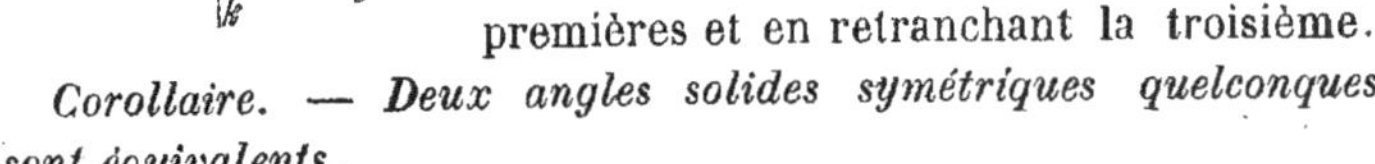

PROP. 2. — THÉORÈME : *Tout trièdre équivaut à l'excès de la demi-somme de ses trois dièdres sur un dièdre droit.*

Si on prolonge les arêtes *sa*, *sb*, *sc*, du trièdre *sabc* en *a′*, *b′*, *c′*, il vient :

1° trièd $sabc$ + trièd $sa'bc$ = dièd $bsac$;

2° trièd $sabc$ + trièd $sab'c$ = dièd $csba$;

3° trièd $sabc$ + trièd $sabc'$ = dièd $ascb$;

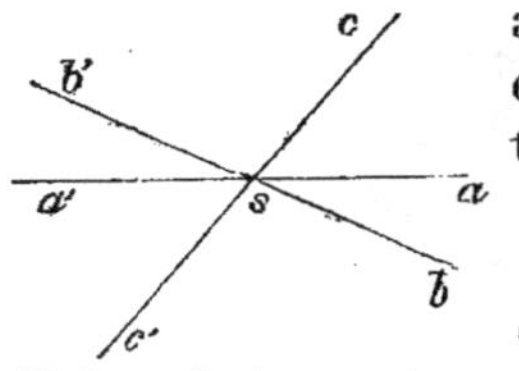

ajoutant ces égalités membres à membres, en observant que $sabc' = sa'b'c$ (proposition précédente), et que la somme

trièdre $sabc$ + trièdre $sa'bc$ + trièdre $sab'c$ + trièdre $sa'b'c$

est égale à la moitié de l'espace ou à deux dièdres droits, on trouve

2 trièd $sabc$ + 2 dièd droits = dièd $bsac$ + dièd $csba$ + dièd $ascb$,

d'où l'on déduit

trièd $sabc = \dfrac{1}{2}$ (dièd $bsac$ + dièd $csba$ + dièd $ascb$) — 1 dièd droit.

Scholie. — Ainsi, en désignant par A le dièdre aigu ou obtus d'un trièdre birectangle s, on a trièdre $s = \dfrac{1}{2}$ (A + 2) — 1 $= \dfrac{A}{2}$, ce qui est évidemment exact.

Prop. 3. — Théorème : *Un angle solide quelconque équivaut à l'excès de la demi-somme de tous ses dièdres sur autant de dièdres droits qu'il a de faces moins deux.*

Cela résulte de la proposition précédente et de ce que tout angle solide peut être décomposé en autant de trièdres qu'il a de faces moins deux.

Scholie. — Soit A la somme des dièdres d'un angle solide de n faces. — On a vu que A est $> 2 (n-2)$ et $< 2n$. — On déduit de là $\dfrac{A}{2} - (n-2) > 0$ et $\dfrac{A}{2} - (n-2) < 2$. — Ainsi, tout angle solide est compris entre 0 et 2 dièdres droits, ou entre 0 et la moitié de l'espace.

IIᵉ SECTION.

LES POLYÈDRES.

§ 1. — Propriétés des polyèdres.

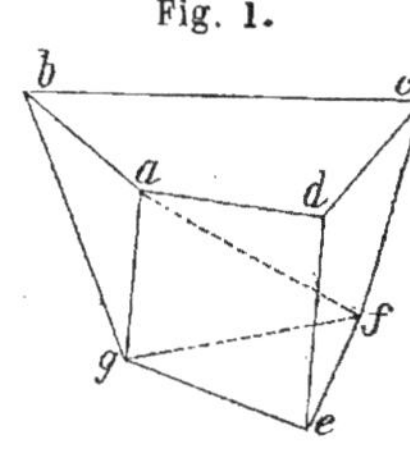

Fig. 1.

I. Un *polyèdre* est un corps *abcdefg* terminé de toutes parts par des polygones *abcd*, *abg*, *bcfg*,… — Ces polygones, leurs côtés et leurs sommets, sont dits *les faces*, *les arêtes* et *les sommets* du polyèdre. — La somme de toutes les faces constitue sa *surface* et celle de toutes les arêtes en est le *périmètre*.

Il y a dans un polyèdre autant de dièdres que d'arêtes, et autant d'angles solides que de sommets. — Les dièdres sont droits, aigus ou obtus. — Les angles solides peuvent être triples, quadruples, quintuples, etc., etc.

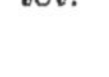

tèt.   hex.   oct.

II. Le plus simple des polyèdres a quatre faces triangulaires, six arêtes et quatre sommets ; il se nomme *tétraèdre*. — On appelle *hexaèdres*, *octaèdres*, *décaèdres*, *dodécaèdres*, *icosaèdres*, les polyèdres de 6, 8, 10, 12 et 20 faces. — On désigne rarement les autres polyèdres sous des noms particuliers.

III. Un polyèdre est *convexe* quand sa surface ne peut être traversée par une droite indéfinie en plus de deux points. — Il est *concave* ou à *dièdres rentrants*, lorsque cette condition n'est pas satisfaite. — Tous les tétraèdres sont convexes.

IV. *Une diagonale* est une droite qui unit deux sommets d'un polyèdre non situés sur la même face. Telle est, fig. 1, la droite *af*.

Prisme oblique.

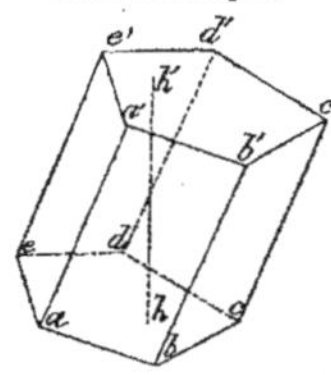

V. *Un prisme* est un polyèdre *abcdee'd'c'b'a'* compris sous plusieurs faces parallélogrammiques *abb'a'*, *bcc'b'*, *cdd'c'*,...., dont les bases *ab*, *bc*, *cd*,... et *a'b'*, *b'c'*, *c'd'*,... aboutissent aux côtés de deux polygones *abcde*, *a'b'c'd'e'*, égaux et situés dans des plans parallèles.

Les deux polygones *abcde*, *a'b'c'd'e'*, sont les *bases* du prisme. — La droite *hh'*, qui mesure leur distance en est *la hauteur*.

Prisme droit.

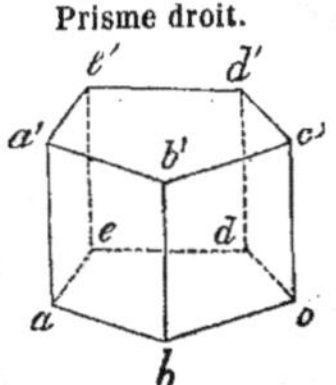

VI. Un prisme est *droit* ou *oblique* selon que les arêtes latérales *aa'*, *bb'*, *cc'*,.. sont perpendiculaires ou obliques aux plans des bases *abcde*, *a'b'c'd'e'*. — Dans un prisme droit, toutes les faces latérales sont des rectangles.

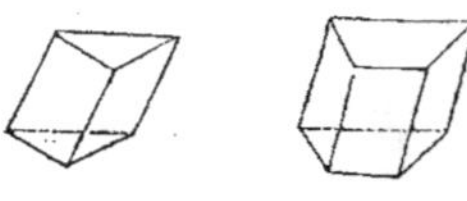

VII. Un prisme est *triangulaire, quadrangulaire, pentagonal,*.... suivant que la base est un triangle, un quadrilatère, un pentagone,...

VIII. Un prisme est *régulier* lorsqu'il est droit et que sa base est un polygone régulier.

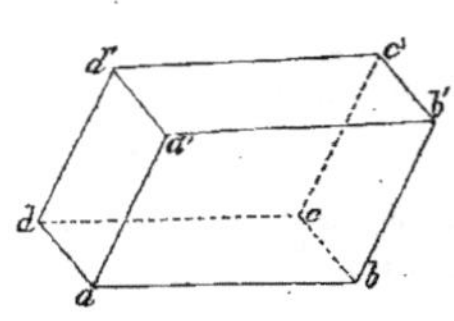

IX. Un *parallélipipède* est un prisme *abcdd'c'b'a'* dont les bases *abcd*, *a'b'c'd'*, sont des parallélogrammes. — Un parallélipipède est compris sous six parallélogrammes lorsqu'il est oblique, et sous deux parallélogrammes et quatre rectangles lorsqu'il est droit.

X. Un parallélipipède est *rectangle* quand ses six faces sont des rectangles. — Il prend le nom de *cube* quand il est compris sous six quarrés égaux.

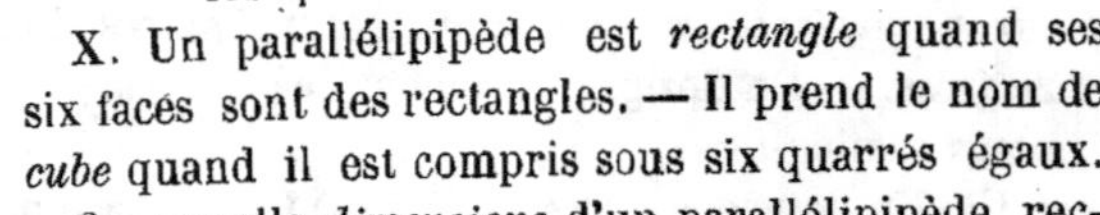

On appelle *dimensions* d'un parallélipipède rectangle les longueurs des trois arêtes issues d'un même sommet. — Les trois dimensions d'un cube sont égales.

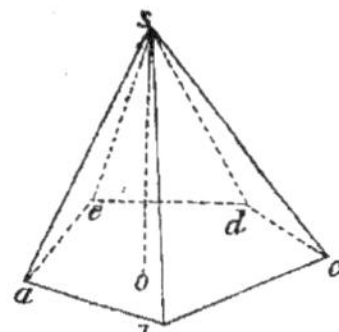

XI. *Une pyramide* est un polyèdre *sabcde* compris sous plusieurs faces triangulaires *sab*, *sbc*, *scd*,…. qui ont un sommet commun *s*, et dont les bases *ab*, *bc*, *cd*,…. aboutissent aux côtés d'un polygone *abcde*.

Le point *s* est le *sommet* de la pyramide ; le polygone *abcde* en est la *base ;* la perpendiculaire *so*, abaissée du sommet sur la base ou sur son prolongement, en est la *hauteur*.

XII. Une pyramide est *triangulaire*, *quadrangulaire*, *pentagonale*, etc., etc., selon que la base est un triangle, un quadrilatère, un pentagone, etc. — Un tétraèdre est une pyramide triangulaire.

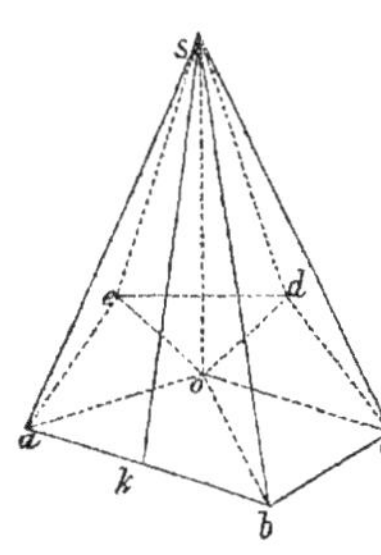

XIII. Une pyramide *sabcde* est *régulière* lorsque sa base *abcde* est un polygone régulier, ayant pour centre le pied *o* de la hauteur *so*. — Toutes les arêtes latérales *sa*, *sb*, *sc*,… ayant des projections égales *oa*, *ob*, *oc*,… sont égales, et par suite les faces latérales *sab*, *sbc*, *scd*,…. sont des triangles isocèles égaux. — La hauteur *sk* de l'un quelconque de ces triangles se nomme l'*apothème* de la pyramide.

PROPOSITION 1. — THÉORÈME : *Toute section* mnpq, *faite par un plan dans un polyèdre quelconque* abcdefg, *est un polygone.*

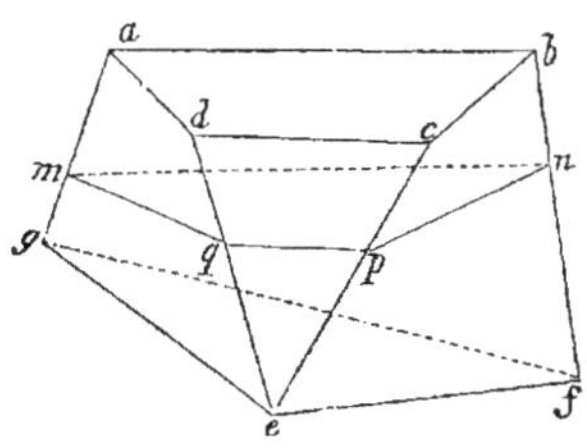

Car les intersections d'un plan avec les faces du polyèdre qu'il atteint, sont des droites qui se coupent deux à deux, sur les arêtes communes aux mêmes faces.

Scholies. — I. Les sections, faites dans un polyèdre par divers plans, n'ont pas généralement le même nombre de côtés. — Ce nombre est au moins égal à trois, et ne peut être supérieur à celui des faces. — Les sections planes d'un tétraèdre, par exemple, sont triangulaires ou quadrangulaires.

18

II. Toutes les sections planes d'un polyèdre convexe sont des polygones convexes.

PROP. 2. — THÉORÈME : *Tout polyèdre peut être décomposé en tétraèdres.*

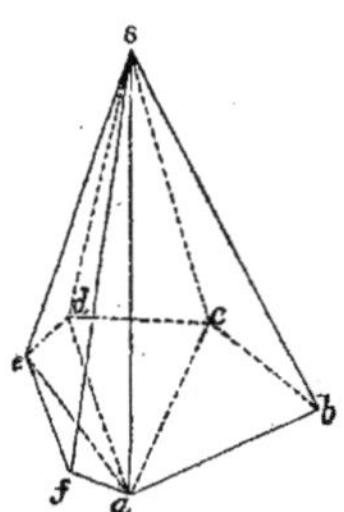

Car, 1° toute pyramide *sabcdef* peut être décomposée en autant de tétraèdres *sabc, sacd, sade, saef,* que la base *abcdef* a de côtés moins deux, en faisant passer des plans *sac, sad, sae,* par l'une *sa* de ses arêtes et les diagonales *ac, ad, ae,* de la base, issues du sommet *a ;* 2° tout polyèdre convexe peut être décomposé en pyramides, ayant pour sommet commun un point intérieur ou l'un des sommets du polyèdre, et pour bases ses diverses faces ; 3° tout polyèdre concave ou à dièdres rentrants peut toujours être décomposé en plusieurs autres polyèdres convexes.

PROP. 3. — PROBLÈME : *Construire un prisme, connaissant la base* abcde *et une arête latérale* aa'.

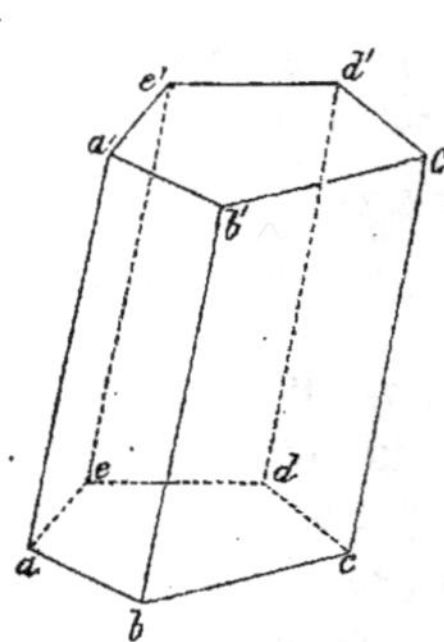

Par les sommets *b, c, d, e,* je tire les droites *bb', cc', dd', ee',* parallèles à l'arête *aa',* que je prolonge jusqu'aux points *b', c', d', e',* du plan, mené par l'extrémité *a'* parallèlement à la base donnée *abcde* ; j'unis ensuite les points *a', b', c', d', e',* deux à deux, pour former la base supérieure *a'b'c'd'e'* ; le corps *ad'* est le prisme cherché. — En effet, les parallèles comprises entre plans parallèles étant égales, les faces *abb'a', bcc'b', cdd'c',....* sont des parallélogrammes ; de plus, parce que les côtés *ab* et *a'b', bc* et *b'c', cd* et *c'd',....* sont égaux et parallèles, les polygones *abcde, a'b'c'd'e',* sont équilatéraux et équiangles entre eux : donc ils sont égaux et situés dans des plans parallèles.

Corollaire. — *Les arêtes latérales* aa', bb', cc',..... *d'un prisme* ad', *sont égales et parallèles.*

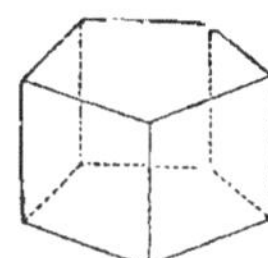

Scholies. — I. *Un prisme droit est déterminé par sa base et par sa hauteur.*

II. *Deux prismes droits, de même base et de même hauteur, sont égaux.*

PROP. 4. — THÉORÈME : *Les sections* pqrst, p'q'r's't', *faites dans un prisme* ad' *par des plans parallèles, sont égales.*

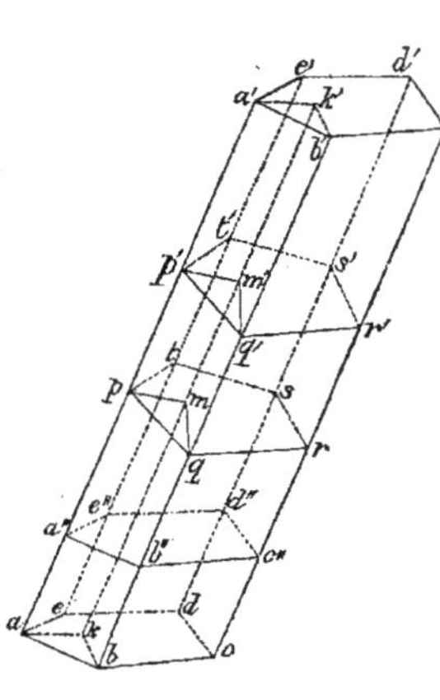

Puisque les intersections de deux plans parallèles par un troisième plan sont parallèles, et que les parallèles comprises entre parallèles sont égales, les côtés pq et $p'q'$, qr et $q'r'$, rs et $r's'$,.. . sont égaux et parallèles deux à deux ; de plus, parce que ces côtés sont dirigés dans le même sens, ang $pqr =$ ang $p'q'r'$, ang $qrs =$ ang $q'r's'$,.... : donc les polygones $pqrst$, $p'q'r's't'$, sont équiangles et équilatéraux entre eux et partant égaux.

Corollaire 1. — *Toute section* $a''b''c''d''e''$, *parallèle à la base* abcde, est égale à cette base.

Corol. 2. — *Toute droite* kk', *parallèle aux arêtes latérales, rencontre les sections parallèles en des points homologues* m *et* m'. — Car les triangles mpq, $m'p'q'$, sont égaux comme sections parallèles du prisme triangulaire $abkk'b'a'$.

Scholies. — I. On appelle *section droite* d'un prisme toute section faite par un plan perpendiculaire aux arêtes latérales. — La section droite d'un prisme droit est égale à sa base.

II· Un *tronc de prisme* ou un *prisme tronqué* est la portion d'un prisme comprise entre deux sections non parallèles.

PROP. 5. — THÉORÈME : *Dans tout parallélipipède, 1° les faces opposées sont égales et parallèles; 2° les trièdres opposés sont symétriques.*

1° Les bases *abcd*, *efgh*, du parallélipipède *ah* jouissent par

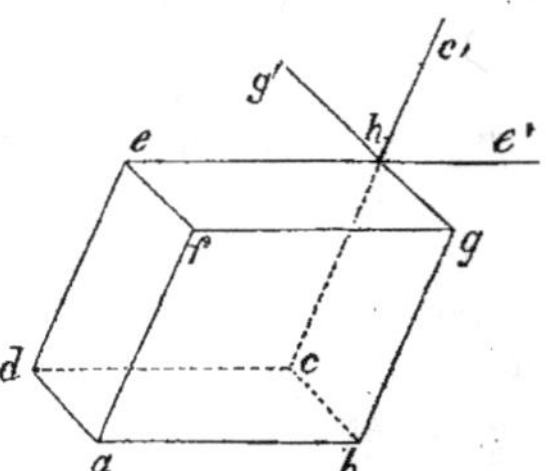

définition de la propriété énoncée. — Parce que les figures *abcd*, *afed*, sont des parallélogrammes, les côtés *ab* et *dc*, *af* et *de*, sont égaux et parallèles : donc les angles *baf*, *cde*, ont des plans parallèles et sont égaux, et partant il y a aussi égalité entre les parallélogrammes *abgf* et *cdeh*. — On établit de la même manière l'égalité et le parallélisme des faces *afed* et *bghc*. — 2° Les prolongements *he'*, *hg'*, *hc'*, des arêtes *he*, *hg*, *hc*, étant respectivement parallèles aux arêtes *ab*, *ad*, *af*, les trièdres *abdf*, *he'g'c'*, sont compris sous trois angles plans égaux chacun à chacun et pareillement disposés : donc ces trièdres sont égaux, et par suite le trièdre *abdf* est le symétrique du trièdre *hegc*. — On prouve pareillement que les trièdres *b* et *e*, *c* et *f*, *d* et *g*, sont symétriques deux à deux.

Scholie. — *On peut prendre pour bases deux faces opposées quelconques.*

Corollaire 1. — *Tout corps, compris sous six faces parallèles deux à deux, est un parallélipipède.*

Corol. 2. — *Pour construire un parallélipipède, connaissant trois arêtes* ab, ad, af, *issues d'un même sommet* a, il faut par l'extrémité de chaque arête mener un plan parallèle au plan des deux autres, savoir : par l'extrémité *b*, le plan *bchg* parallèle à *daf*; par *d*, le plan *dehc* parallèle à *fab*; enfin par *f*, le plan *fehg*, parallèle à *bad*.

Prop. 6. — Théorème : *Les quatre diagonales d'un parallélipipède se coupent mutuellement en deux parties égales.*

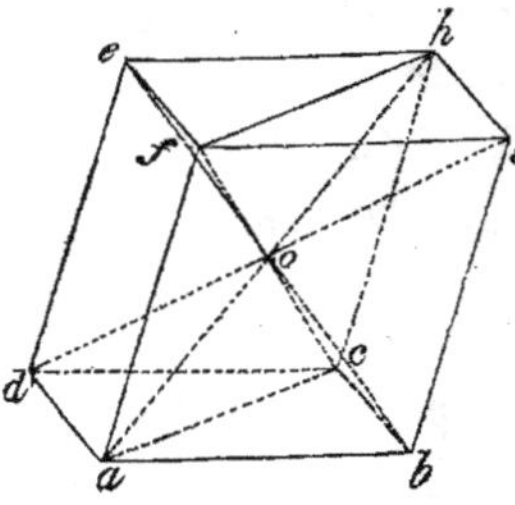

Les arêtes *af*, *ch*, étant égales et parallèles, le quadrilatère *achf* est un parallélogramme, et par suite les diagonales *ah*, *cf*, se coupent en leurs milieux respectifs *o*. — Comme cette propriété convient à deux quelconques des quatre diagonales *ah*, *be*, *cf*, *dg*, le théorème est démontré.

Corollaire. — *Les quatre diagonales d'un parallélipipède rectangle sont égales.* — Cela résulte de ce que le quadrilatère *achf* est alors un rectangle.

PROP. 7. — THÉORÈME : *Dans tout parallélipipède, la somme des quarrés des quatre diagonales est égale à la somme des quarrés des douze arêtes.*

Les parallélogrammes *achf*, *bdeg*, *abcd*, fournissent :

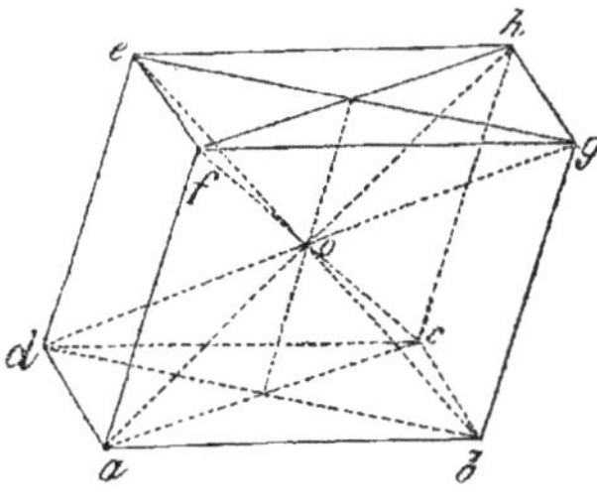

$$1° \ ah^2 + cf^2 = 2af^2 + 2ac^2 ;$$
$$2° \ be^2 + dg^2 = 2de^2 + 2bd^2 ;$$
$$3° \ ac^2 + bd^2 = 2ab^2 + 2ad^2 ;$$

ajoutant ces égalités après avoir multiplié la troisième par 2, observant que $de = af$, et supprimant de part et d'autre les termes communs $2ac^2$ et $2bd^2$, il vient

$$ah^2 + be^2 + cf^2 + dg^2 = 4ab^2 + 4ad^2 + 4af^2.$$ — C'est ce qui était à démontrer, car les douze arêtes sont égales quatre à quatre.

Corollaire 1. — *Dans un parallélipipède rectangle, le quarré d'une diagonale est égal à la somme des quarrés des trois dimensions.* — Parce que $ah = be = cf = dg$, il vient en effet

$$4ah^2 = 4ab^2 + 4ad^2 + 4af^2 \ \text{ou} \ ah^2 = ab^2 + ad^2 + af^2.$$

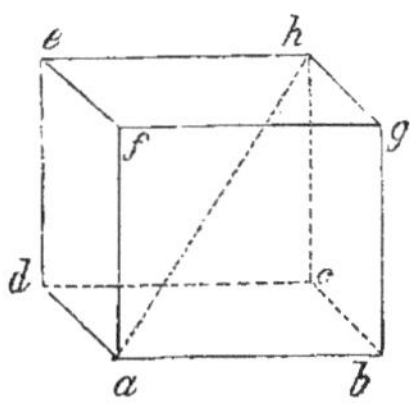

Corollaire 2. — La diagonale d'un cube est égale à son côté multiplié par $\sqrt{3}$. — A cause que $ab = ad = af$, on a $ah^2 = 3af^2$, d'où l'on déduit $ah = af\sqrt{3}$.

Scholie. — *Le quarré d'une droite* ah *est égal à la somme des quarrés de ses projections* ab, ad, af, *sur les trois arêtes d'un trièdre trirectangle* abdf.

PROP. 8. — THÉORÈME : *Tout plan a'b'c'd'e', parallèle à la base* abcde *d'une pyramide* sabcde, *divise proportionnellement les arêtes* sa, sb, sc,.... *et la hauteur* so.

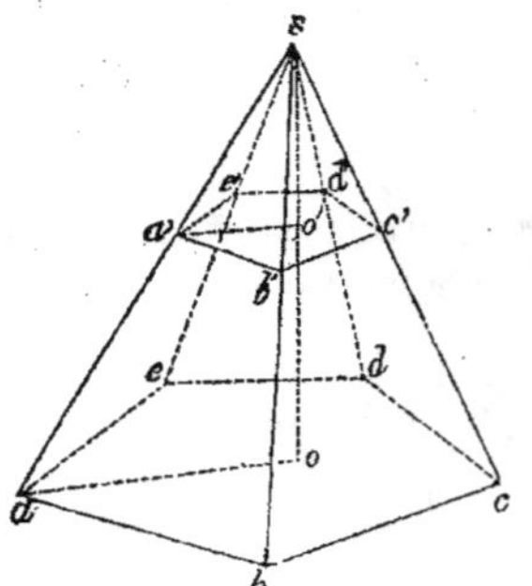

Parce que les intersections de deux plans parallèles par un troisième sont parallèles, les droites ab et $a'b'$, bc et $b'c'$, cd et $c'd'$, ... ao et $a'o'$, sont parallèles ; mais toute droite, parallèle à la base d'un triangle, divise les côtés proportionnellement : donc $sa : sa' :: sb : sb'$, $sb : sb' :: sc : sc'$, $sc : sc' :: sd : sd'$, ..., $sa : sa' :: so : so'$; de là résulte

$$sa : sa' :: sb : sb' :: sc : sc'$$
$$:: sd : sd' : :...... : : so : so'.$$

Réciproque. — *Les points* a', b', c',.... *et* o', *qui divisent proportionnellement les arêtes* sa, sb, sc,... *d'une pyramide* sabcde, *sont situés dans un même plan* a'b'c'd' e' *parallèle à la base* abcde.

Car, si le plan mené par le point a' parallèlement à la base ne passait pas par le point c', par exemple, il couperait l'arête sc en c'', et l'on aurait $sa : sa' :: sc : sc''$; mais, par hypothèse, $sa : sa' :: sc : sc'$; il faudrait donc que l'on eût $sc' = sc''$, ce qui est absurde.

PROP. 9. — THÉORÈME : *Dans une pyramide* sabcde : 1° *toute section* a'b'c'd'e', *parallèle à la base* abcde, *est semblable à cette base ;* 2° *la base et la section sont entre elles comme les quarrés de leurs distances* so *et* so' *au sommet.*

1° Par l'arête sa et chacune des autres sc, sd, à l'exception des deux voisines sb, se, faisons passer des plans sac, sad. — Puisque les intersections de deux plans parallèles par un troisième sont parallèles, les côtés ab, bc, cd,... et les diagonales ac, ad, de la base $abcde$, sont respectivement parallèles aux côtés $a'b'$, $b'c'$, $c'd'$,... et aux diagonales $a'c'$, $a'd'$, de la section $a'b'c'd'e'$; mais deux angles ayant des côtés parallèles et de même sens sont égaux : donc les triangles abc et $a'b'c'$, acd et $a'c'd'$, ade et $a'd'e'$, sont équiangles entre eux, et par suite semblables ; de là résulte que la section $a'b'c'd'e'$ est aussi semblable à la base $abcde$. — 2° On a, à cause de cette similitude, $abcde : a'b'c'd'e' :: ab^2 : a'b'^2$; or, parce que les droites ab, $a'b'$, sont parallèles, il vient $ab : a'b' :: sa : sa'$, ou bien $:: so : so'$, et par conséquent $ab^2 : a'b'^2 :: so^2 : so'^2$; donc

$$abcde : a'b'c'd'e' :: so^2 : so'^2.$$

Corollaire. — *Toute droite* sk, *issue du sommet* s, *rencontre la base et la section en des points homologues* k *et* k'. — Car les triangles abk, $a'b'k'$, sont semblables comme sections parallèles de la pyramide triangulaire $sabk$.

Scholie. — On appelle *tronc de pyramide à bases parallèles*, la partie $abcdee'd'c'b'a'$ d'une pyramide $sabcde$ comprise entre la base $abcde$ et une section parallèle $a'b'c'd'e'$. — La distance oo' des deux bases est la *hauteur* du tronc.

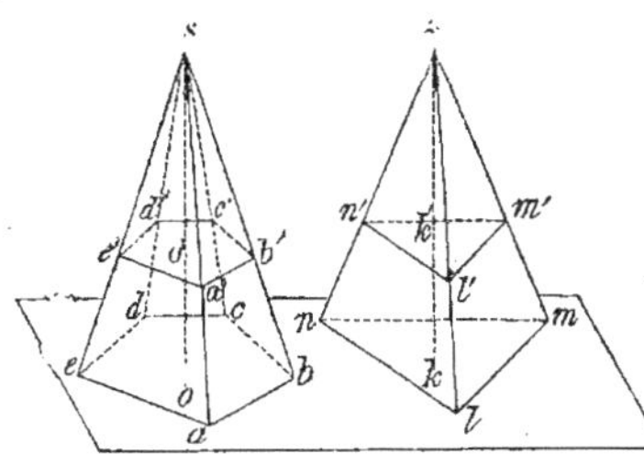

PROP. 10. — THÉORÈME : *Si deux pyramides de hauteurs égales* so, zk, *ont leurs bases* abcde, lmn, *sur un même plan, les sections* a'b'c'd'e', l'm'n', *faites par un plan parallèle à celui des bases, sont entre elles comme ces bases.*

On a $a'b'c'd'e' : abcde :: so'^2 : so^2$ et $l'm'n' : lmn :: zk'^2 : zk^2$.— Mais, parce que les hauteurs so, zk, sont égales et parallèles, les sommets s et z se trouvent sur un plan parallèle à celui des bases ou à celui des sections : donc $so' = zk'$. — Ainsi, à cause du rapport commun, il vient $a'b'c'd'e' : abcde :: l'm'n' : lmn$, ou bien $a'b'c'd'e' : l'm'n' :: abcde : lmn$.

Corollaire. — *Si les bases* abcde, lmn, *sont équivalentes, les sections* a'b'c'd'e', l'm'n', *le sont aussi.*

PROP. 11. — THÉORÈME : *Les trois droites* mn, pq, rt, *qui*

unissent dans un tétraèdre abcd *les milieux des arêtes opposées,
se coupent mutuellement en deux parties égales.*

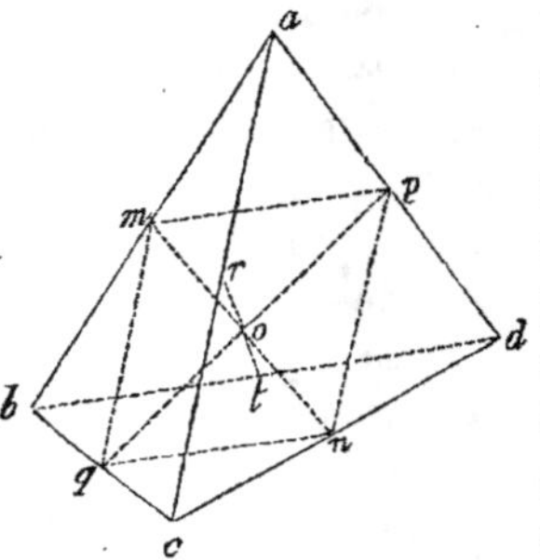

Les droites *mp*, *nq*, parallèles chacune à l'arête *bd*, sont parallèles entre elles : pareillement *mq* est parallèle à *np* : donc le quadrilatère *mpnq* est un parallélogramme, et partant les diagonales *mn*, *pq*, se coupent mutuellement en deux parties égales au point *o*. — Cette propriété convenant à deux quelconques des trois droites *mn*, *pq*, *rt*, le théorème est démontré.

§ 2. — La symétrie dans l'espace. — Les polyèdres réguliers.

I. Deux points *a*, *a'*, sont *symétriques* par rapport à un plan *mn* lorsque ce plan est perpendiculaire sur le milieu *o* de la droite *aa'* qui les unit.

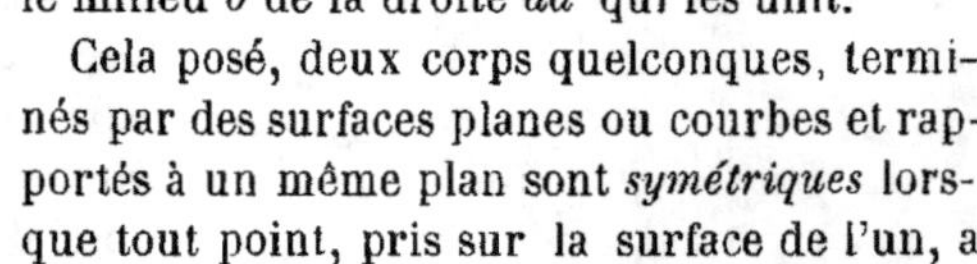

Cela posé, deux corps quelconques, terminés par des surfaces planes ou courbes et rapportés à un même plan sont *symétriques* lorsque tout point, pris sur la surface de l'un, a son symétrique sur la surface de l'autre, et réciproquement. — Le plan prend le nom de *plan de symétrie.*

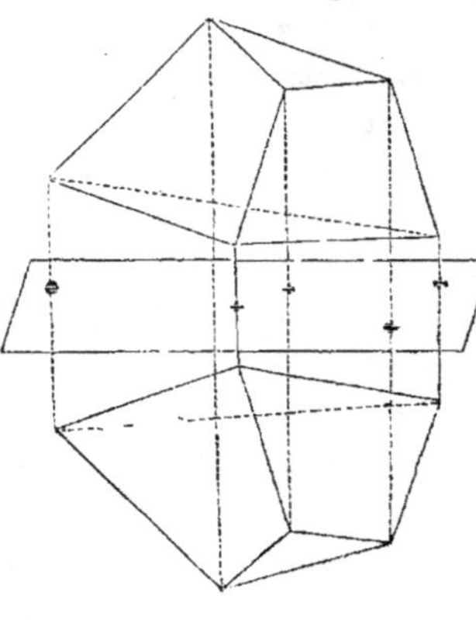

II. On appelle aussi *plan de symétrie* d'un corps tout plan qui divise ce corps en deux parties symétriques l'une de l'autre.

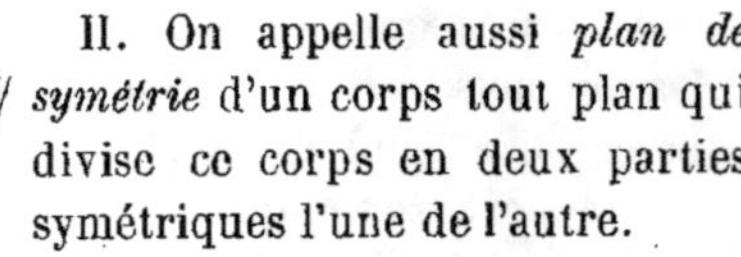

III. On appelle *axe de symétrie* d'un corps une droite qui contient les centres de toutes les sections qui lui sont perpendiculaires.

IV. Un point est dit *le centre de symétrie* d'un corps lorsqu'il est le centre de toutes les sections qui passent par ce point.

V. Un polyèdre est *régulier* lorsque toutes ses faces sont des polygones réguliers égaux, et qu'en outre tous ses angles solides sont égaux.

PROPOSITION 1. — THÉORÈME : *Deux polyèdres sont symétriques lorsque leurs sommets sont deux à deux symétriques par rapport à un même plan.*

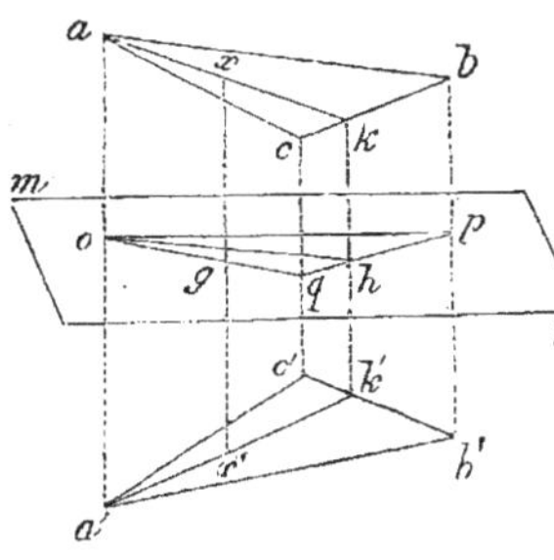

Considérons d'abord les triangles abc, $a'b'c'$, dont les sommets a et a', b et b', c et c', sont symétriques par rapport au plan mn. — Parce que $pb = pb'$, $qc = qc'$, les côtés bc, $b'c'$, sont symétriques relativement à la droite pq, et partant ils sont égaux ; on prouve de même que $ab = a'b'$, $ac = a'c'$; donc

$$\text{triangle } abc = \text{triang } a'b'c'.$$

Menons à volonté sur le plan mn la perpendiculaire xx', et soient x, x', les points où elle rencontre les plans des deux triangles ; les plans $bb'c'c$, $aa'x'x$, étant perpendiculaires au plan mn, leur intersection kk' est aussi perpendiculaire à ce plan et à la droite pq ; il s'ensuit que $hk = hk'$, et, comme en outre $oa = oa'$, les droites ak, $a'k'$, sont symétriques par rapport à la droite oh : donc $gx = gx'$. — Ainsi, *deux triangles qui ont leurs sommets symétriques par rapport à un plan sont égaux et situés dans des plans symétriques.* — Maintenant, les surfaces des deux polyèdres pouvant être décomposées en triangles symétriques chacun à chacun, il est visible que tout point, pris sur l'une d'elles, a son symétrique sur l'autre, et réciproquement : donc les deux polyèdres sont symétriques.

Corollaire. — *Deux polyèdres symétriques peuvent être décomposés en un même nombre de tétraèdres symétriques chacun à chacun* (Voyez, page 274, prop 2).

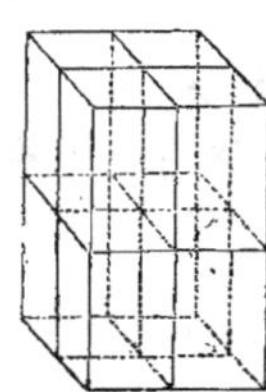 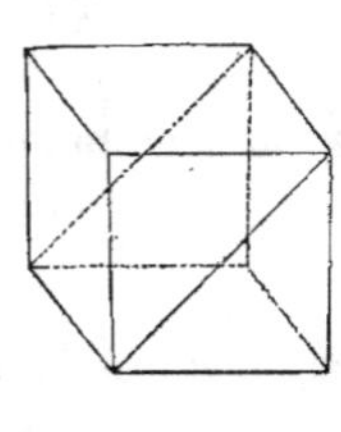

Scholie. — Les trois plans équidistants des faces parallèles d'un parallélipipède rectangle sont des plans de symétrie. — Le cube a en outre six autres plans de symétrie déterminés par les six couples d'arêtes opposées.

PROP. 2. — THÉORÈME : 1° *Deux polyèdres symétriques sont compris sous un même nombre de faces égales chacun à chacun ; 2° les dièdres homologues sont égaux ; 3° les angles solides homologues sont symétriques.*

1° Si les triangles *dea, dab, dbc*, sont situés dans un même plan et forment une face *abcde* du polyèdre, les triangles homologues *d'e'a', d'a'b', d'b'c'*, sont situés dans le plan symétrique et forment une face égale *a'b'c'd'e'* dans le second polyèdre ; car, deux polygones sont égaux lorsqu'ils sont composés d'un même nombre de triangles égaux chacun à chacun et assemblés dans le même ordre. 2° A cause de l'égalité des faces homologues *abcde*

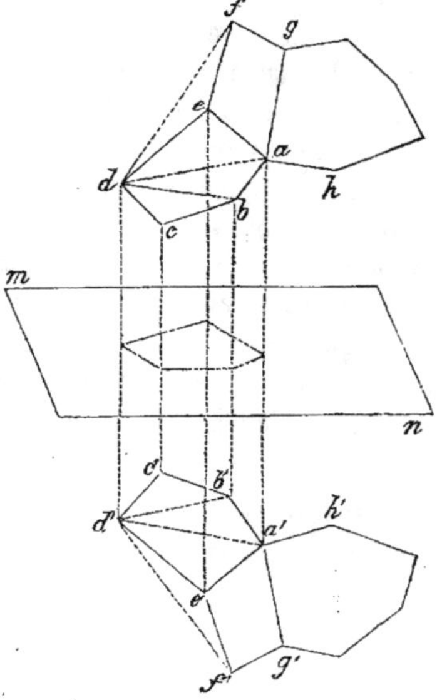

et *a'b'c'd'e'*, *aefg* et *a'e'f'g'*, on a angle *aed* = angle *a'e'd'*, angle *aef* = angle *a'e'f'* ; de plus, parce que les triangles symétriques *def, d'e'f'*, sont égaux, angle *def* = angle *d'e'f'* ; donc les trièdres *eadf, e'a'd'f'*, ont leurs trois angles plans égaux deux à deux, et partant dièdre *deag* = dièdre *d'e'a'g'*. 3° Les angles solides homologues *abeghk, a'b'e'g'h'k'*, ont toutes leurs parties respectivement égales, savoir : ang *bae* = ang *b'a'e'*, ang *eag* = ang *e'a'g'*,... et dièdre *baeg* = dièdre *b'a'e'g'*, dièdre *eagh* = dièdre *e'a'g'h'*,....; d'ailleurs, les parties égales sont évidemment disposées en sens inverses : donc ils sont symétriques.

Scholie. — *Deux polyèdres symétriques ne peuvent être super-posés.* — Cela résulte de ce que leurs angles solides homologues ne sont égaux que par symétrie.

Corollaire. — *Un polyèdre n'a qu'un seul symétrique.* — Soient P′ et P″ les symétriques d'un même polyèdre P par rapport à deux plans différents : parce que les faces homologues sont égales, et que les angles solides homologues sont symétriques dans P, P′ et dans P, P″, les polyèdres P′, P″, ont des faces homologues égales et des angles solides homologues égaux par superposition : donc les polyèdres P′, P″, sont superposables.

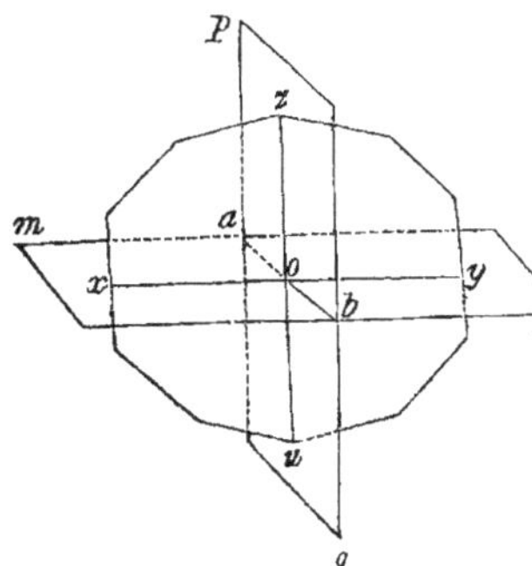

PROP. 3. — THÉORÈME : *S'il existe dans un corps quelconque deux plans de symétrie rectangulaires* mn, pq, *leur intersection* ab *est un axe de symétrie.*

Toute section *xzyu*, faite dans le corps par un plan perpendiculaire à la droite *ab*, et par suite aux deux plans *mn*, *pq*, a pour axe de symétrie les droites *xy*, *zu*, intersection du premier plan avec les deux derniers ; or, parce que l'angle *xoz* mesure le dièdre droit *mabp*, les axes de symétrie *xy*, *zu*, sont rectangulaires : donc le point de concours *o* est le centre de la section. — Conséquemment, l'intersection *ab* est un axe de symétrie du corps.

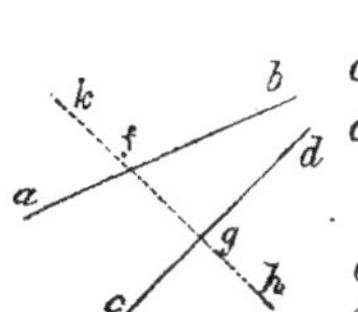

Corollaire 1. — *Tout axe de symétrie d'un corps est aussi un axe de symétrie par rapport à toutes les sections qui le contiennent.*

Corol 2. — *Deux axes de symétrie* ab, cd, *d'un même corps, se coupent essentiellement.* — S'il en était autrement, la perpendiculaire *fg*, commune aux deux axes, rencontrerait la

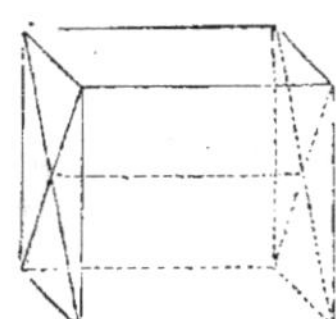

surface du corps en deux points k, h, tels que $fk = fh$ et $gk = gh$, ce qui est absurde.

Scholie. — Les trois droites, qui unissent les centres des faces opposées d'un parallélipipède rectangle, sont des axes de symétrie.

Prop. 4. — Théorème : *Tout corps, dans lequel il existe trois plans de symétrie* mn, pq, rs, *rectangulaires deux à deux, a pour centre de symétrie l'intersection* o *de ces trois plans*.

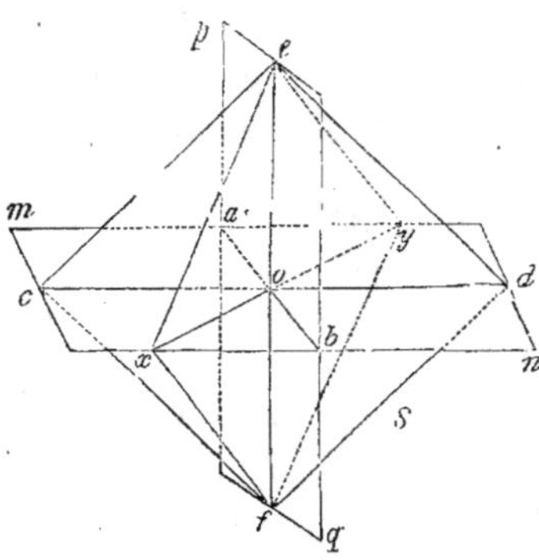

D'abord les intersections ab, cd, ef, des trois plans, sont trois axes de symétrie perpendiculaires deux à deux. — Si donc par l'un d'eux ef on conduit à volonté un plan $exfy$, son intersection xy avec le plan de symétrie mn et la droite ef seront des axes de symétrie relativement à la section produite dans le corps ; mais ces deux axes sont rectangulaires, parce que ef est perpendiculaire au plan mn : donc le point o est le centre de la section. — Ainsi, toutes les lignes inscrites dans le corps, qui passent par le point o, ont leurs milieux en ce point : donc ce corps a pour centre de symétrie le point o.

Corollaire. — *Un corps ne peut avoir qu'un seul centre de symétrie :* car, s'il en avait deux, la droite qui les unirait, limitée dans les deux sens à la surface du corps, aurait deux milieux, ce qui est absurde.

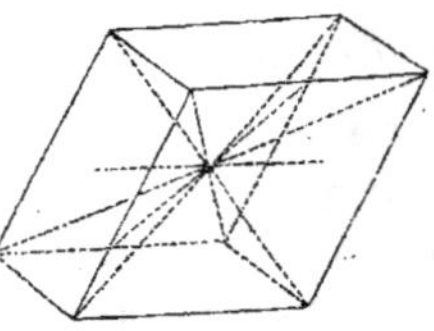

Scholie. — Tout parallélipipède a pour centre le point d'intersection des trois plans équidistants des faces opposées : car toutes les lignes inscrites dans le parallélipipède, qui passent par ce point, y sont évidemment divisées en parties égales. —

Il est visible d'ailleurs que ce point se confond avec l'intersection commune des quatre diagonales.

PROP. 5. — THÉORÈME : *Dans tout polyèdre convexe, le nombre F des faces, augmenté du nombre S des sommets, et diminué de celui A des arêtes, est égal à deux unités.*

Les droites qui unissent tous les sommets d'un polyèdre à un point intérieur quelconque, décomposent ce polyèdre en pyramides qui ont pour bases ses diverses faces et ce point pour sommet commun. — Supposons que les faces aient n', n'', n''',.... côtés, et que S', S'', S''',.... soient les sommes des dièdres des angles solides opposés ; les mesures en dièdres droits de ces angles solides sont $\frac{S'}{2} - (n'-2)$, $\frac{S''}{2} - (n''-2)$, $\frac{S'''}{2} - (n'''-2)$, ou bien $2 + \frac{S'}{2} - n'$, $2 + \frac{S''}{2} - n''$, $2 + \frac{S'''}{2} - n'''$,...; et, comme leur assemblage constitue l'espace, la somme de ces F expressions est égale à 4 dièdres droits ; ainsi, on a

$$2\,\mathrm{F} + \frac{1}{2}(S' + S'' + S''' + \ldots) - (n' + n'' + n''' + \ldots) = 4.$$

Or, parce que tous les dièdres, formés autour de chacune des droites issues des sommets du polyèdre, valent ensemble 4 dièdres droits, et parce que le nombre total des côtés des faces, quand elles sont séparées les unes des autres, est double du nombre des arêtes du polyèdre, il vient

$$S' + S'' + S''' + \ldots = 4S \text{ et } n' + n'' + n''' + \ldots = 2A ;$$

substituant, on trouve $2\mathrm{F} + 2S - 2A = 4$, ou bien $\mathrm{F} + S - A = 2$.

Corollaire 1. — *La somme X des angles plans d'un polyèdre convexe est égale à autant de fois quatre angles droits qu'il a de sommets moins deux.* — On a en effet

$$X = 2(n'-2) + 2(n''-2) + 2(n'''-2) + \ldots\ldots\ldots$$
$$= 2(n' + n'' + n''' + \ldots) - 4\mathrm{F} = 4A - 4\mathrm{F} = 4(A - \mathrm{F}) ;$$

mais, à cause que $\mathrm{F} + S - A = 2$, $A - \mathrm{F} = S - 2$: donc

$$X = 4(S - 2).$$

Corol. 2. — *Il n'existe pas de polyèdre convexe dont toutes les faces aient plus de cinq côtés, ou dont tous les angles solides aient plus de cinq arêtes.* — Supposons en premier lieu que chaque face ait plus de cinq côtés ; les F faces, séparées les unes des autres, produiront au moins 6F arêtes et autant de sommets ; et, comme deux côtés se réunissent à une même arête et au moins trois sommets à celui d'un angle solide, il viendra $A =$ ou $> 3F$ et $S =$ ou $< 2F$, d'où, en retranchant $A - S =$ ou $> F$; mais, de la relation $F + S - A = 2$, on tire $A - S = F - 2$; donc $F - 2 =$ ou $> F$, ce qui est absurde. — Supposons en second lieu que chaque angle solide ait plus de cinq arêtes, le nombre des arêtes sera au moins égal à la moitié de $6S$ ou à $3S$; celui des sommets, les faces étant détachées, sera aussi au moins de $6S$; et, parce que chaque face a trois ou un plus grand nombre de côtés, le nombre des faces ne saurait être plus grand que $2S$; ainsi, on aura
$A =$ ou $> 3S$ et $= $ ou $< 2S$; d'où résulte $A - F =$ ou $> S$;
mais $A - F = S - 2$; donc $S - 2 =$ ou $> S$, ce qui est absurde.

PROP. 6. — THÉORÈME : *Il n'existe que cinq polyèdres convexes réguliers.*

Supposons qu'un polyèdre régulier soit compris sous F polygones réguliers égaux de n cotés, et que m faces aboutissent à chaque sommet. Lorsque les faces sont détachées, il y a en tout nF sommets, et quand elles sont assemblées, il y en a seulement $\dfrac{n}{m}$ F ; ainsi, la somme de tous les angles plans du polyèdre est

égale à $4 \left[\dfrac{n}{m} F - 2 \right]$; mais cette somme est aussi exprimée par

$2 (n - 2) F$; donc $4 \dfrac{n}{m} \left[F - 2 \right] = 2 (n - 2) F$, égalité d'où l'on tire

$$F = \frac{4m}{2m + 2n - mn} \cdot$$

Comme la valeur de F est essentiellement positive, il faut que

l'on ait $2m + 2n - mn > 0$ ou $n < \dfrac{2m}{m - 2}$; de plus, parce que n

est au moins égal à 3, il vient $3 < \dfrac{2m}{m-2}$ ou $m < 6$. — D'ailleurs m ne peut être moindre que trois ; on ne peut donc attribuer à m que les valeurs 3, 4, 5. — En posant $m = 3$, on trouve $n < 6$; on fait conséquemment $n = 3$, $n = 4$, $n = 5$, et on a

$$1° \; F = 4 ; \quad 2° \; F = 6 ; \quad 3° \; F = 12 ;$$

en posant $m = 4$, il vient $n < 4$; faisant $m = 4$ et $n = 3$, il vient

$$4° \; F = 8.$$

tétr. régul. octa. régul.   isoc. régul.

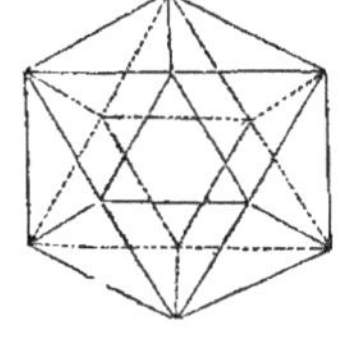

— Enfin, pour $m = 5$, on obtient $n < \dfrac{10}{3}$; posant $m = 5$ et $n = 3$, on trouve

$$5° \; F = 20.$$

Scholie. I. — On appelle 1° *tétraèdre régulier*, 2° *octaèdre régulier*, 3° *icosaèdre régulier*, les polyèdres réguliers compris sous 4, 8 et 20 triangles équilatéraux ; 4° *hexaèdre régulier* ou *cube* le corps compris sous 6 quarrés égaux ; 5° *dodécaèdre régulier*, le polyèdre terminé par 12 pentagones réguliers.

dodé. régul.   hex régul.

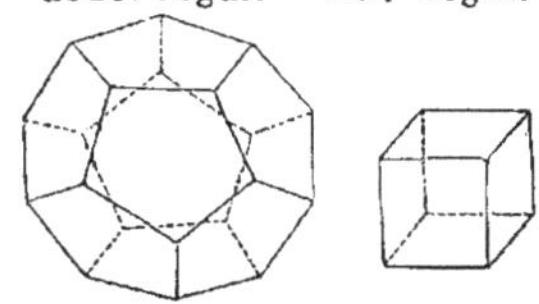

Scholie. II. — Les figures de la marge représentent les développements des surfaces des cinq polyèdres réguliers ; on obtient ces corps en exécutant ces développements sur une feuille de carton, que l'on plie ensuite convenablement selon toutes les lignes ponctuées.

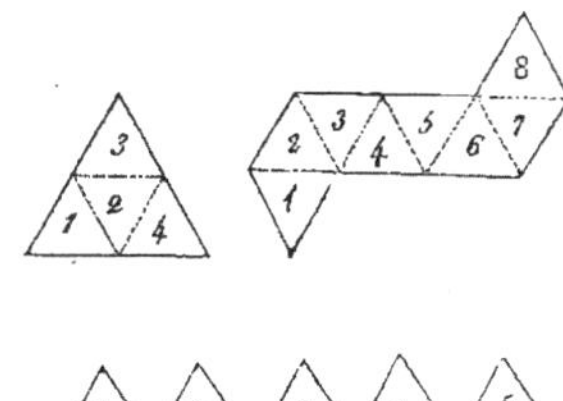

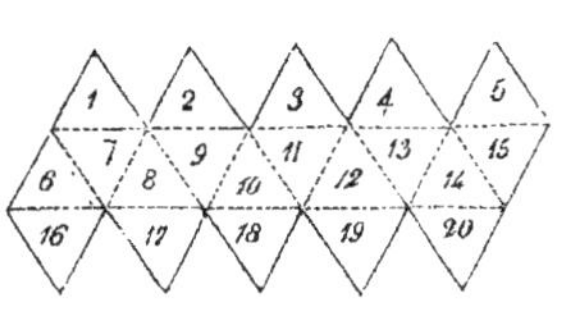

Scholie. III. — Les plans perpendiculaires sur les milieux des arêtes d'un polyèdre régulier et

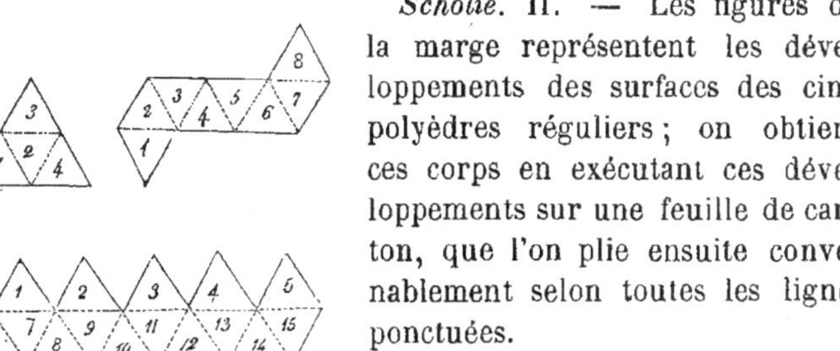

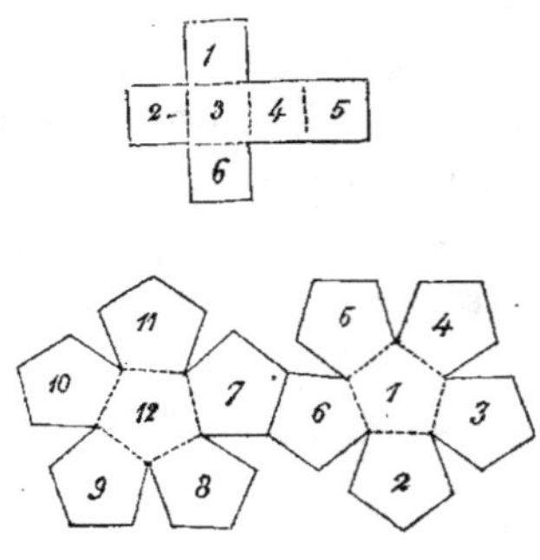

les bissecteurs des dièdres sont des plans de symétrie. — Il s'ensuit que les droites, perpendiculaires sur les milieux des arêtes et également inclinées sur les faces adjacentes, sont des axes de symétrie. — Enfin, tous les polyèdres réguliers, à l'exception du tétraèdre, sont doués d'un centre de symétrie. — Ce point est équidistant de tous les sommets et équidistant de toutes les faces.

§ 3. — Mesure des aires polyédrales.

PROPOSITION 1. — PROBLÈME : *Trouver l'aire d'un polyèdre.*

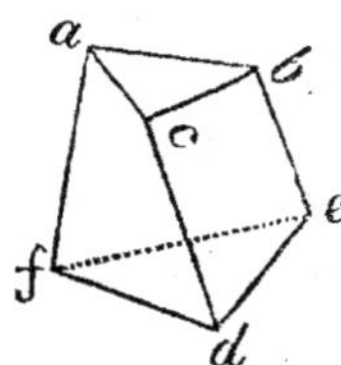

Soit *abcdef* le polyèdre donné. — On évaluera les aires des diverses faces *abc*, *abef*, *bcde*, *cafd* et *fed*, à l'aide des règles exposées dans la géométrie plane ; on fera ensuite la somme de toutes ces aires : ce sera évidemment la surface du polyèdre.

PROP. 2. — THÉORÈME : *L'aire latérale d'un prisme oblique* ad' *est égale à son arête* aa' *multipliée par le périmètre de sa section droite* mnpqr.

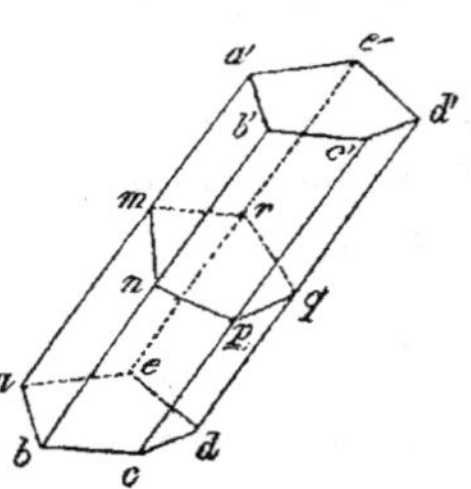

Les aires des parallélogrammes *abb'a'*, *bcc'b'*, *cdd'c'*,…. étant exprimées par $aa' \times mn$, $bb' \times np$, $cc' \times pq$,…, la surface latérale S du prisme vaut

$$aa' \times mn + bb' \times np + cc' \times pq + ….;$$

en observant donc que

$$aa' = bb' = cc' = ….,$$

il vient

$$S = aa' (mn + np + pq + ….)$$

ou bien

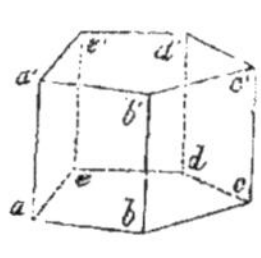

$$S = aa' \times \text{périmètre } mnpqr.$$

Corollaire. — *L'aire latérale d'un prisme droit* ad' *est égale à sa hauteur* aa' *multipliée par le périmètre de sa base* abcde.

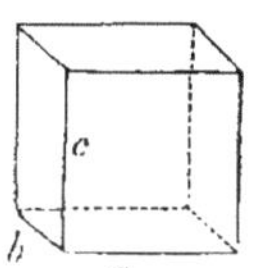

Scholies. — I. L'aire totale d'un parallélipipède rectangle ayant pour dimensions a, b, c, est $2(ab + ac + bc)$. — L'aire totale du cube dont le côté est c, est $6c^2$.

II. Soient p le périmètre de la base, r l'apothème, et h la hauteur d'un prisme régulier. — Son aire totale est

$$ph + 2p \times \frac{r}{2} \text{ ou bien } p(h + r).$$

PROP. 3. — THÉORÈME : *L'aire latérale d'une pyramide régulière* sabcde *est égale au périmètre de la base* abcde *multiplié par la moitié de l'apothème* sk.

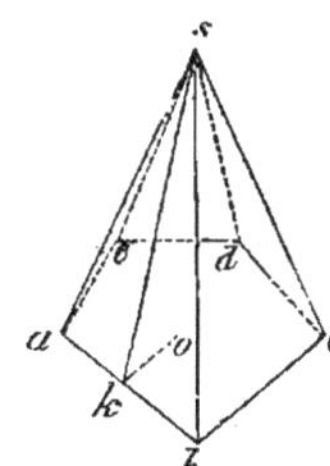

L'aire latérale S, étant composée de cinq triangles isocèles égaux à *sab*, il vient

$$S = 5.ab \times \frac{sk}{2};$$

mais $5.ab =$ périmètre *abcde* ; donc

$$S = \text{périmètre } abcde \times \frac{sk}{2}.$$

Corollaire. — L'aire de la base *abcde* étant égale à son périmètre multiplié par la moitié de son apothème *ok*, l'aire totale de la pyramide est périmètre $abcde \times \dfrac{sk}{2}$ + périmètre $abcde \times \dfrac{ok}{2}$,

ou bien périmètre $abcde \times \dfrac{sk + ok}{2}$.

Scholie. — L'aire totale du tétraèdre régulier dont le côté est c, étant quadruple de l'aire $\dfrac{c^2\sqrt{3}}{4}$ de l'une de ses faces, est exprimée par $c^2\sqrt{3}$.

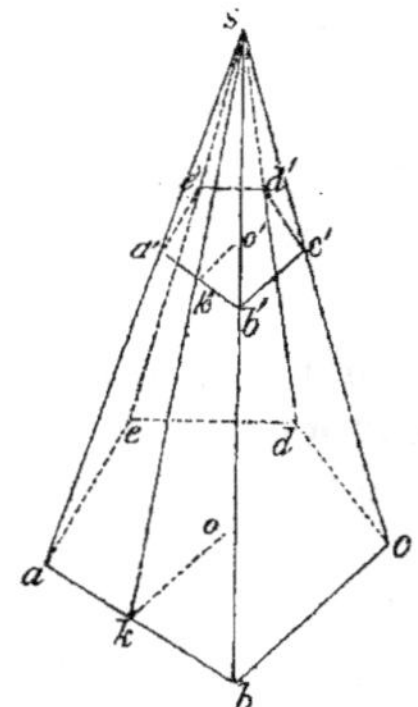

PROP. 4. — THÉORÈME : *L'aire latérale d'un tronc* ad' *de pyramide régulière, à bases parallèles, est égale à la somme des périmètres des bases* abcde, a'b'c'd'e', *multipliée par la moitié de l'apothème* kk'.

L'aire latérale S étant composée de cinq trapèzes égaux à *abb'a'*, il vient

$$S = 5 \cdot \frac{ab + a'b'}{2} \times kk' = (5ab + 5a'b') \times \frac{kk'}{2}$$

ou bien

$$S = (\text{périm } abcde + \text{périm } a'b'c'd'e') \times \frac{kk'}{2}.$$

Corollaire. — Soient p, p', les périmètres des deux bases ; r, r', leurs apothèmes ; c, l'apothème du tronc ; l'aire totale de ce tronc est

$$(p + p')\frac{c}{2} + \frac{pr}{2} + \frac{p'r'}{2} \quad \text{ou} \quad p \cdot \frac{c+r}{2} + p' \cdot \frac{c+r'}{2}.$$

§ 4. — Mesure des volumes des corps.

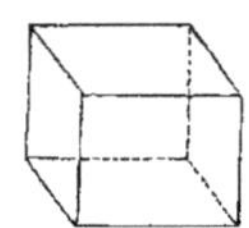

1. *Mesurer un corps*, c'est l'exprimer numériquement en le comparant à un autre corps, pris arbitrairement pour unité.

Le rapport d'un corps à celui qui sert d'unité s'appelle *volume*.

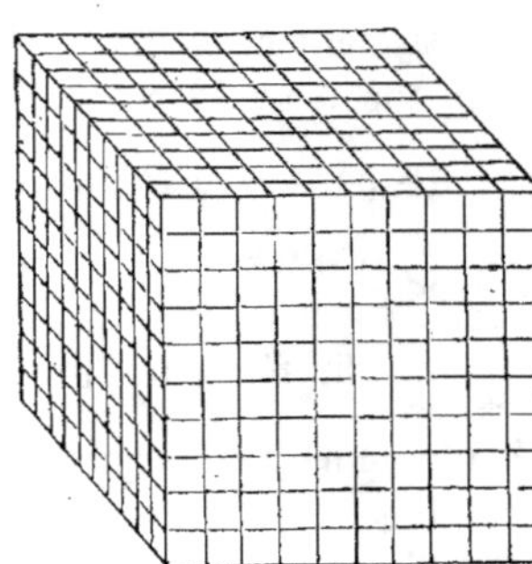

II. On prend ordinairement pour *unité* le cube qui a pour côté l'unité de longueur. — Ainsi, l'unité linéaire étant le mètre, l'unité usitée pour mesurer les corps est le *mètre cube*.

Les subdivisions du mètre cube sont : *le décimètre cube, le centimètre cube, le millimètre cube,* etc., etc. — *Le mètre cube vaut* 1000 *décimètres cubes ;* en effet, si, après avoir divisé trois arêtes issues d'un même sommet respectivement en 10 parties égales ou décimètres, on mène par les points de division de chacune, des plans parallèles au plan des deux autres, le mètre cube est décomposé en 100 parallélipipèdes rectangles d'un décimètre quarré de base, contenant chacun 10 décimètres cubes; conséquemment, le mètre cube vaut 100×10 ou 1000 décimètres cubes. — On prouve de même que le *décimètre cube* = 1000 *centimètres cubes*, que le *centimètre cube* = 1000 *millimètres cubes*, etc., etc.

De là résulte que $1^{\text{déc. c.}} = 0^{\text{mèt. c.}},001$, $1^{\text{cent. c.}} = 0^{\text{mèt. c.}},000001\ldots$; il faut donc se garder de confondre $1^{\text{déc. c.}}$ avec $0^{\text{mèt. c.}},1$, $1^{\text{cent. c.}}$ avec $0^{\text{mèt. c.}},01,\ldots$

III. Deux corps sont *équivalents* lorsqu'ils ont le même volume.

Proposition 1. — Théorème : *Deux parallélipipèdes rectangles* cp, cq, *de même base* abcd, *sont entre eux comme leurs hauteurs* ap, aq.

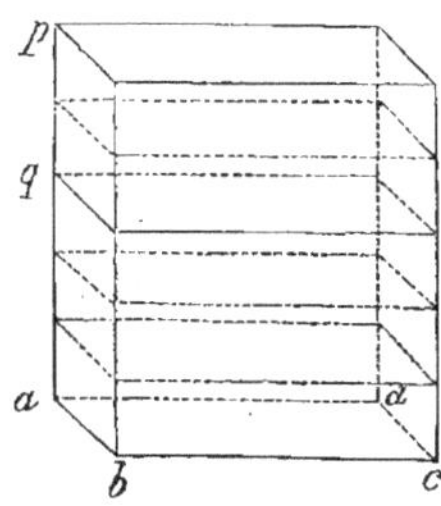

1° Supposons que les hauteurs *ap*, *aq*, soient *commensurables*, et que l'on ait $ap : aq :: 5 : 3$. — Si, après avoir divisé la hauteur *ap* en 5 parties égales, on mène des plans parallèles à la base *abcd*, toutes les sections seront égales entre elles et à cette base; par suite, les parallélipipèdes *cp*, *cq*, seront décomposés en 5 et en 3 petits parallélipipèdes rectangles, de même base et de même hauteur, et partant égaux; ainsi, on aura parallélipipède *cp* : parallélipipède *cq* :: 5 : 3. — Donc, à cause du rapport commun, parallélipipède *cp* : parallélipipède *cq* :: *ap* : *aq*.

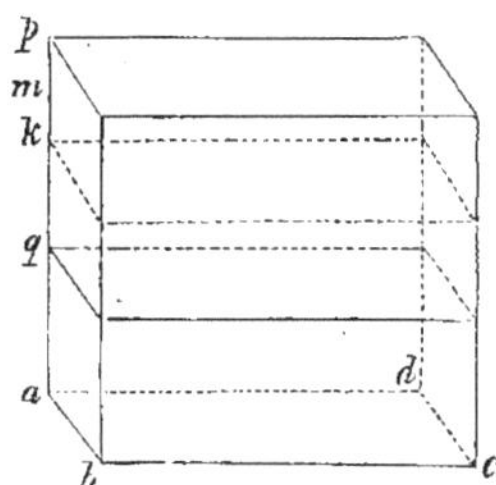

2° Si les hauteurs *ap*, *aq*, sont *incommensurables*, je dis que l'on aura encore parall *cp* : parall *cq* :: *ap* : *aq*. — Supposons en effet que l'on ait

parall *cp* : parall *cq* :: *ap* : *am* ;

divisons la hauteur *ap* en parties égales

moindres que qm, de manière qu'il tombe au moins un point de division k entre les points q et m; enfin, par le point k, menons un plan parallèle à la base $abcd$. — Comme ap, ak, sont commensurables, on a parall cp : parall ck :: ap : ak ; donc, parce que les antécédents sont les mêmes,

$$\text{parall } cq : \text{parall } ck :: am : ak \text{ ;}$$

or, c'est ce qui est impossible, car parall cq est $<$ parall ck, tandis que am est $> ak$; donc, etc., etc.

Prop. 2. — Théorème : *Deux parallélipipèdes rectangles de même hauteur sont entre eux comme leurs bases.*

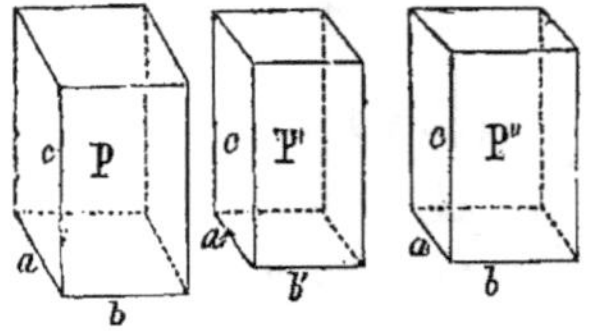

Soient P, P', les deux parallélipipèdes rectangles ; a et b, a' et b', les dimensions des bases, et c la hauteur commune. — Construisons un troisième parallélipipède rectangle P″ dont a', b, c, soient les dimensions. — Parce que P et P″ ont même base $b \times c$, et que les parallélipipèdes P″ et P′ ont aussi même base $a' \times c$, il vient P : P″ :: a : a', P″ : P′ :: b : c ; multipliant, puis divisant les deux premiers termes par P″, on a P : P′ :: $a \times b$: $a' \times b'$.

Prop. 3. — Théorème : *Deux parallélipipèdes rectangles quelconques sont entre eux comme les produits des bases par les hauteurs.*

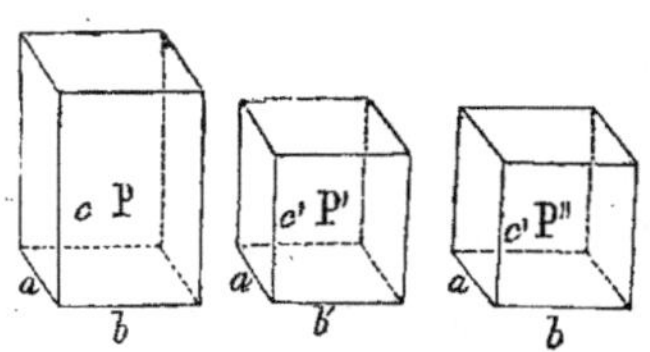

Soient P, P', les deux parallélipipèdes rectangles ; a, b, c, les dimensions de P, et a', b', c', celles de P'. — Construisons un troisième parallélipipède rectangle P″ sur les dimensions a, b et c', c'est-à-dire qui ait même base $a \times b$ que le premier et même hauteur c' que le second. — On aura P : P″ :: c : c', P″ : P′ :: $a \times b$: $a' \times b'$; multipliant, puis divisant les deux premiers termes par P″, il vient

$$\text{P} : \text{P'} :: a \times b \times c : a' \times b' \times c' \quad \text{ou} \quad \text{P} : \text{P'} :: ab \times c : a' b' \times c'.$$

Prop. 4. — **Théorème** : *Le volume d'un parallélipipède rectangle* P *est égal au produit de sa base* a $\times$ b *par sa hauteur* c.

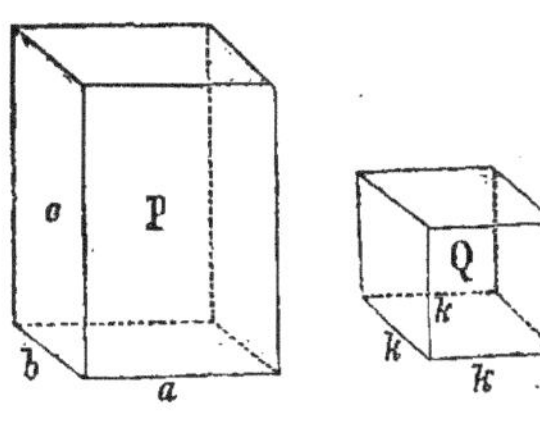

En comparant le parallélipipède **P** au cube Q construit sur le côté k, on a $P : Q :: a \times b \times c : k \times k \times k$, d'où $\frac{P}{Q} = \frac{a}{k} \times \frac{b}{k} \times \frac{c}{k}$. — Maintenant si l'on suppose que le côté k soit égal à l'unité linéaire, et, si l'on convient de prendre le cube Q pour mesurer

les corps, le rapport $\frac{P}{Q}$ exprime le volume du parallélipipède P

et les rapports $\frac{a}{k}, \frac{b}{k}, \frac{c}{k}$, ne sont autre chose que ses trois dimensions considérées comme des nombres abstraits. — Conséquemment, volume $P = a \times b \times c$ ou volume $P = ab \times c$.

Scholies. — I. Soient $a = 3^m$, $b = 2^m,7$, $c = 5^m,12$; on a
$$P = 3 \times 2,7 \times 5,12 = 41^{m.c.},472.$$

II. Le volume du cube construit sur le côté c est exprimé par $c \times c \times c$ ou par c^3, c'est-à-dire par la troisième puissance du côté. — Voilà pourquoi *la troisième puissance* d'une quantité s'appelle aussi *cube*.

III. *Le côté* x *d'un cube équivalent à un corps donné est égal à la racine cubique du volume* V *de ce corps.* — On a en effet $x^3 = V$, d'où $x = \sqrt[3]{V}$.

IV. Le problème de la *duplication du cube*, fameux chez les anciens, consiste à déterminer le côté d'un cube double d'un cube donné. — En représentant par x et c les côtés des deux cubes, on a $x^3 = 2c^3$, d'où $x = c\sqrt[3]{2}$; cette valeur de x ne peut pas être construite par la ligne droite et la circonférence ; elle ne peut non plus être exprimée exactement par des chiffres, attendu que $\sqrt[3]{2}$ est incommensurable. — Ainsi, ce problème ne peut être résolu que par approximation.

Prop. 5. — **Théorème :** *Le volume d'un prisme triangulaire est égal à l'une de ses faces parallélogrammiques multipliée par la moitié de sa distance à l'arête opposée.*

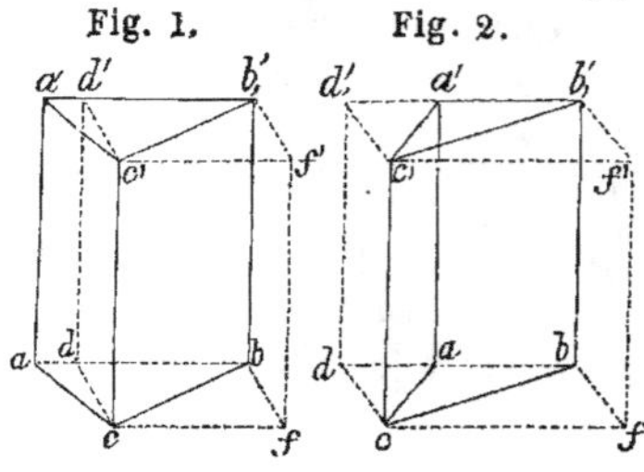

Fig. 1.   Fig. 2.

Considérons d'abord le prisme triangulaire *droit* $abcc'b'a'$; par l'arête cc', menons sur la face opposée (fig. 1) ou sur son prolongement (fig. 2) le plan perpendiculaire $cc'd'd$; puis, sur les trois arêtes db, dc, dd', qui se coupent deux à deux à angle droit, construisons le parallélipipède rectangle $dbfcc'f'b'd'$. — Les prismes triangulaires droits $bcdd'c'b'$, $bcff''c'b'$, ayant des bases égales bcd, bcf, et même hauteur bb', sont égaux, et partant prisme $bcdd'c'b' = \frac{1}{2}$ parallélipipède rectangle $fd' = bb'd'd \times \dfrac{cd}{2}$. — On prouve de même que prisme $acdd'c'a' = aa'd'd \times \dfrac{cd}{2}$. — Donc le prisme triangulaire droit $abcc'b'a'$, somme (fig. 1) ou différence (fig. 2) des deux prismes $bcdd'c'b'$ et $acdd'c'a'$, a pour mesure la somme ou la différence des rectangles $bb'd'd$, $aa'd'd$, multipliée par la moitié de cd, c'est-à-dire, $abb'a' \times \dfrac{cd}{2}$.

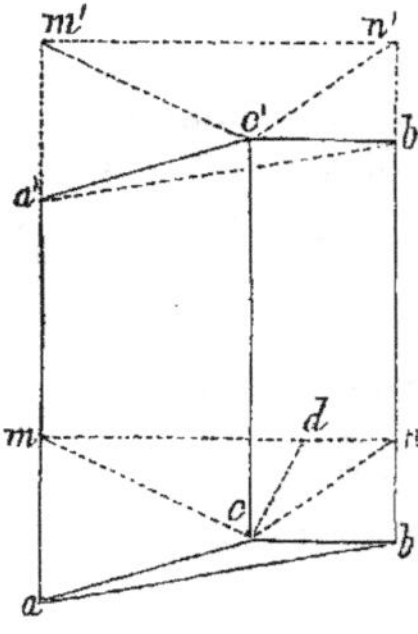

Considérons en second lieu le prisme triangulaire *oblique* $abcc'b'a'$; construisons sur sa section droite cmn et la hauteur cc' le prisme triangulaire droit $cmnn'm'c'$; transportons la pyramide quadrangulaire $cmnba$ sur la pyramide quadrangulaire $c'm'n'b'a'$, de manière que le triangle cmn couvre son égal $c'm'n'$. Les droites ma, nb, perpendiculaires au plan cmn, prendront les directions $m'a'$, $n'b'$, perpendiculaires au plan $c'm'n'$; mais, parce que les arêtes latérales d'un prisme sont égales, $cc' = aa'$, $cc' = mm'$; donc $aa' = mm'$, et, en retranchant de part et d'autre ma', $ma = m'a'$. Ainsi, le point a tombe en a'; pareillement, le point b tombe en b', et, par suite, le triangle cab en $c'a'b'$; donc pyramide $cmnba =$ pyramide $c'm'n'b'a'$, et, en ajoutant à chaque membre le tronc de prisme $cmnb'a'c'$, prisme oblique $abcc'b'a' =$ prisme droit $mncc'n'm'$. — Or, prisme droit $mncc'n'm' = mnn'm' \times \dfrac{cd}{2}$; de plus, parce que les bases aa', mm', sont égales, et que la hauteur mn est commune, rectangle $mnn'm' =$ parallélogramme $abb'a'$; donc prisme oblique $abcc'b'a' = abb'a' \times \dfrac{cd}{2}$.

Corollaire. — *Le volume d'un prisme triangulaire quelconque est égal à sa section droite multipliée par son arête latérale.* — On a prisme $abcc'b'a' = abb'a' \times \dfrac{cd}{2} = aa' \times mn \times \dfrac{cd}{2}$; or, triangle $cmn = mn \times \dfrac{cd}{2}$ et $aa' = cc'$; donc prisme $abcc'b'a' = cmn \times cc'$.

PROP. 6. — THÉORÈME : *Le volume de tout parallélipipède, et en général celui d'un prisme quelconque est égal au produit de sa base par sa hauteur.*

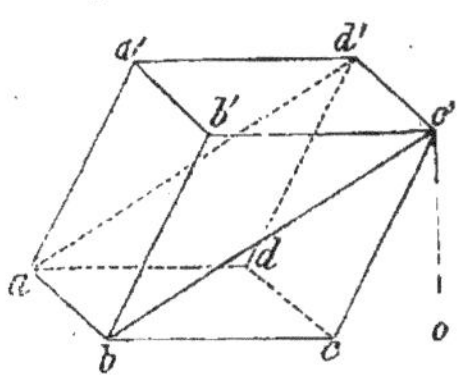

1° Les arêtes parallèles ab, $c'd'$, déterminent un plan $abc'd'$, qui divise le parallélipipède ca' en deux prismes triangulaires $bcc'd'ad$, $bb'c'd'a'a$, dont les volumes sont $abcd \times \dfrac{c'o}{2}$ et $a'b'c'd' \times \dfrac{c'o}{2}$, $c'o$ étant la hauteur du parallélipipède : donc, parce que $a'b'c'd' = abcd$, parallélipipède $ca' = 2abcd \times \dfrac{c'o}{2} = abcd \times c'o$.

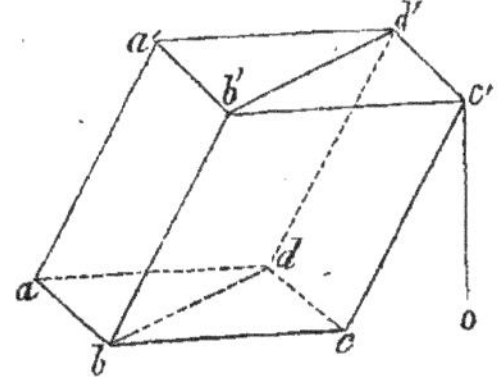

2° Le plan $bdd'b'$ des arêtes opposées bb', dd', décompose le parallélipipède ca', en deux prismes triangulaires équi-·

valents *bcdd'c'b'*, *badd'a'b'*, car ils ont pour mesures respectives les produits des faces égales *bcc'b'*, *add'a'*, par la distance de ces faces. — Donc

$$\text{prisme triang } bcdd'c'b' = \frac{1}{2} \text{ parallèl } ca' = \frac{1}{2} abcd \times c'o = bcd \times c'o.$$

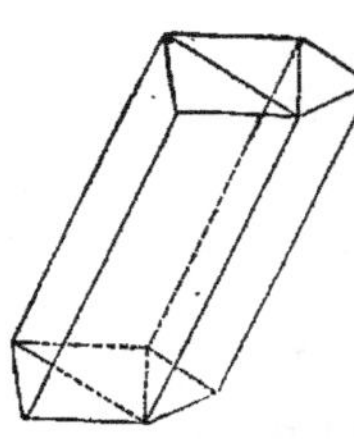

3° Tout prisme peut être décomposé en prismes triangulaires, ayant pour bases les divers triangles qui forment sa base, et pour hauteur commune celle du prisme ; chacun de ces prismes triangulaires ayant pour mesure le produit de sa base par sa hauteur, le volume du prisme polygonal est égal à la somme de toutes les bases triangulaires, c'est-à-dire à sa base multipliée par sa hauteur.

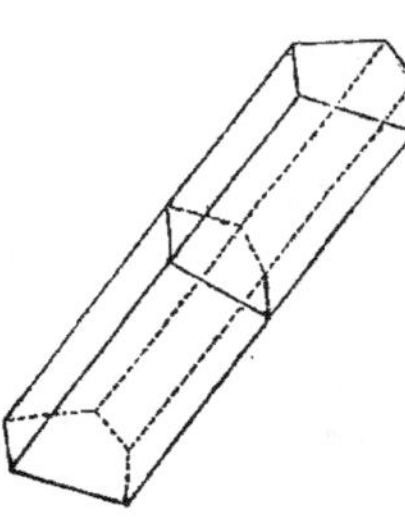

Corollaire 1. — Le volume d'un prisme polygonal est égal à sa section droite multipliée par son arête latérale. — Cela résulte de ce que cette mesure convient au prisme triangulaire, et de ce que la section droite du prisme polygonal est la somme de toutes les sections droites des prismes triangulaires dont il est composé.

Corollaire 2. — 1° Deux prismes quelconques sont équivalents quand ils ont des bases équivalentes et des hauteurs égales, et plus généralement quand les produits des bases par les hauteurs sont égaux.

2° Deux prismes quelconques sont entre eux comme les produits des bases par les hauteurs.

3° Deux prismes de bases équivalentes sont entre eux comme les hauteurs.

4° Deux prismes de même hauteur sont entre eux comme leurs bases.

PROP. 7. — THÉORÈME : *Le quarré d'une figure plane quelconque est égal à la somme des quarrés de ses projections sur les trois faces d'un trièdre trirectangle.*

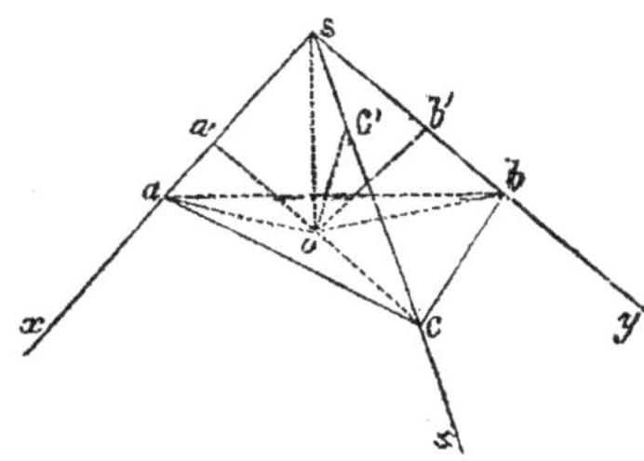

Soit *so* la perpendiculaire tirée du sommet *s* d'un trièdre trirectangle *sxyz* sur un plan quelconque *abc*, qui coupe les trois arêtes aux points *a*, *b*, *c*. — Projetons la distance *so* sur les mêmes arêtes en *sa'*, *sb'*, *sc'*. — On a, page 277,

$$sa'^2 + sb'^2 + sc'^2 = so^2 \; ;$$

mais, parce que les triangles *soa*, *sob*, *soc*, sont rectangles en *o*,

$$sa' = \frac{so^2}{sa}, \; sb' = \frac{so^2}{sb}, \; sc' = \frac{so^2}{sc} \; ;$$

substituant et divisant ensuite par so^4, il vient

$$\frac{1}{sa^2} + \frac{1}{sb^2} + \frac{1}{sc^2} = \frac{1}{so^2} \, .$$

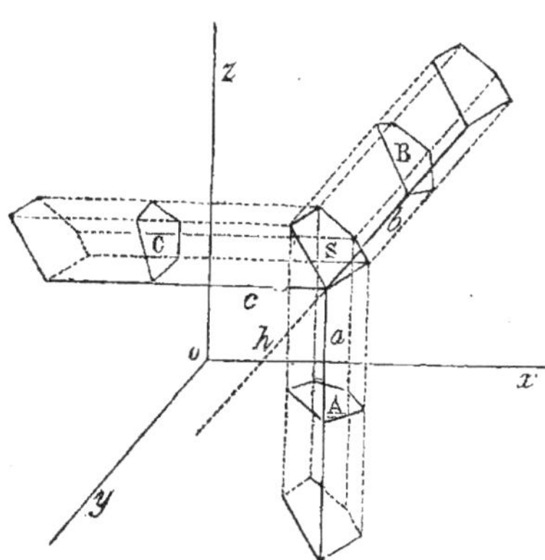

Imaginons maintenant trois prismes ayant pour base commune un polygone quelconque S, pour arêtes des droites parallèles aux trois arêtes *ox*, *oy*, *oz*, d'un trièdre trirectangle *oxyz*, et dont enfin les trois bases supérieures soient situées dans un même plan passant par le sommet *o;* en désignant par *h* la hauteur commune, le volume de chacun de ces prismes sera S*h*. — Mais, en représentant par A, B, C, les sections droites faites par les trois faces du trièdre trirectangle dans ces trois prismes, ou, ce qui revient au même, les projections du polygone S sur les plans de ces faces, et par *a*, *b*, *c*, les arêtes latérales, les volumes des trois prismes sont aussi exprimés par A*a*, B*b*, C*c* ; on a donc S*h* = A*a*, S*h* = B*b*, S*h* = C*c*, d'où l'on déduit

$$\frac{S^2}{a^2}=\frac{A^2}{h^2},\ \frac{S^2}{b^2}=\frac{B^2}{h^2},\ \frac{S^2}{c^2}=\frac{C^2}{h^2};$$

et, en ajoutant;

$$\left(\frac{1}{a^2}+\frac{1}{b^2}+\frac{1}{c^2}\right)S^2=\frac{1}{h^2}(A^2+B^2+C^2);$$

or, on a démontré que $\frac{1}{a^2}+\frac{1}{b^2}+\frac{1}{c^2}=\frac{1}{h^2}$; donc $S^2=A^2+B^2+C^2$.

— Comme on peut supposer que le polygone S est terminé par une infinité de côtés très petits, ce théorème subsiste encore lorsque la figure plane a pour périmètre une ligne courbe.

Scholie. — Soient S, S', deux figures situées dans le même plan ; A, B, C et A', B', C', leurs projections sur les trois faces d'un trièdre trirectangle ; on a

$$S^2 = A^2 + B^2 + C^2,\ S'^2 = A'^2 + B'^2 + C'^2.$$

Mais on peut aussi considérer les deux figures S, S', comme n'en faisant qu'une seule S + S', dont les trois projections sont A + A', B + B', C + C'; donc $(S+S')^2=(A+A')^2+(B+B')^2+(C+C')^2$; développant les calculs, en ayant égard aux premières égalités, on trouve SS' = AA' + BB' + CC'.

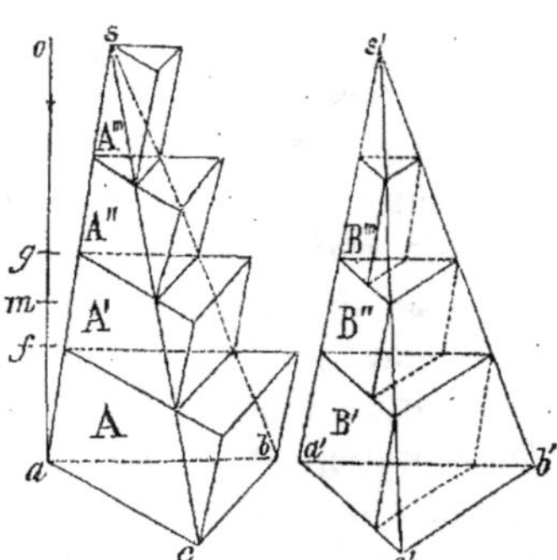

PROP. 8. — THÉORÈME : *Deux pyramides* sabc, s'a'b'c', *de bases équivalentes* abc, a'b'c', *et de même hauteur* ao, *sont équivalentes.*

S'il existe quelque inégalité entre ces pyramides, supposons que *sabc* soit la plus grande, et que l'on ait

$$sabc - s'a'b'c' = P,$$

P représentant un prisme ayant pour base *abc*, et pour hauteur *am*. — Divisons la hauteur *ao* en un certain nombre de parties égales *af*, *fg*,... moindres chacune que *am*, et, par les points de division *f*, *g*,.... menons des plans parallèles à celui des bases ; les sections correspondantes dans les deux pyramides seront équivalentes. — Actuellement, soient A, A′, A″,.... les prismes *excédants*, construits sur la base et les sections de la pyramide *sabc*, parallèlement à l'arête *sa*, et B′, B″,... les prismes *déficients*, construits sur les sections de la pyramide *s′a′b′c′*, parallèlement à l'arête *s′a′* ; on a évidemment $sabc < A + A' + A'' + ...$, $s'a'b'c' > B' + B'' + ...$, et, en retranchant,

$$sabc - s'a'b'c' < A + A' - B' + A'' - B'' ..... ;$$

mais $sabc - s'a'b'c' = P$ par hypothèse et $A' = B'$, $A'' = B''$,....., parce que ces prismes ont deux à deux des bases équivalentes et même hauteur ; la dernière inégalité se réduit donc à $P < A$, ce qui est absurde, attendu que les prismes P et A ont même base *abc*, et que la hauteur *am* du premier est plus grande que la hauteur *af* du second. — Donc $sabc = s'a'b'c'$.

PROP. 9. — THÉORÈME : *Le volume d'une pyramide triangulaire* sabc *est égal à sa base* abc *multipliée par le tiers de sa hauteur* so.

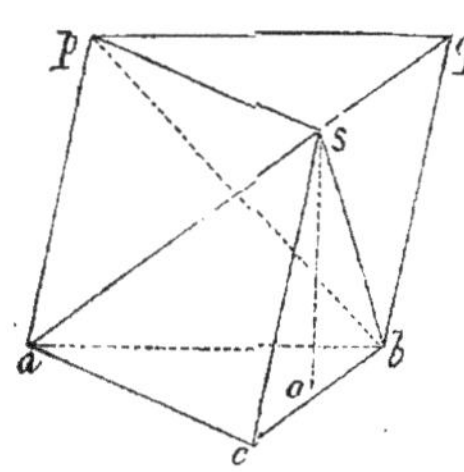

Le prisme triangulaire *abcspq*, construit sur la base *abc* et l'arête *sc*, se compose évidemment de la pyramide triangulaire *sabc* et de la pyramide quadrangulaire *sabqp* ; or, le plan *sbp* divise cette dernière en deux pyramides triangulaires *sabp*, *sbqp*, qui sont équivalentes, parce qu'elles ont des bases égales *abp*, *pbq*, et pour hauteur commune la distance du point *s* au plan *abqp* ; de plus, les pyramides *sbqp* ou *bpqs* et *sabc* sont aussi équivalentes comme ayant des bases égales *pqs*, *abc*, et même hauteur *so*. — Ainsi, la pyramide *sabc* est le tiers du prisme *abcspq* ; mais le volume du prisme vaut $abc \times so$; donc celui de la pyramide *sabc* est égal à $abc \times \dfrac{so}{3}$.

Corollaire. — *Le volume* V *du tétraèdre régulier dont le côté est* c, *est égal à* $\dfrac{c^3\sqrt{2}}{12}$. — Le rayon de la circonférence

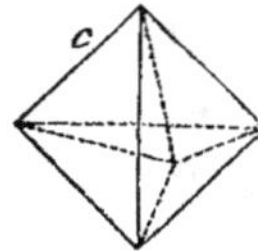

circonscrite à une face étant $\dfrac{c}{\sqrt{3}}$, la hauteur du tétraèdre vaut $\sqrt{c^2 - \dfrac{c^2}{3}} = \dfrac{c\sqrt{2}}{\sqrt{3}}$; mais l'aire d'une face est $\dfrac{c^2\sqrt{3}}{4}$; donc $V = \dfrac{c^2\sqrt{3}}{4} \times \dfrac{c\sqrt{2}}{3\sqrt{3}}$

$$\text{ou } V = \frac{c^3\sqrt{2}}{12}.$$

Prop. 10. — **Théorème** : *Le volume d'une pyramide polygonale est égal à sa base multipliée par le tiers de sa hauteur.*

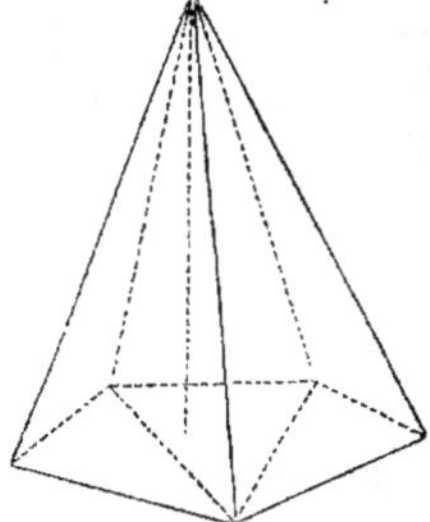

Toute pyramide polygonale peut être décomposée en tétraèdres de même hauteur et ayant pour bases les divers triangles dont sa base est formée ; or, le volume d'un tétraèdre est égal au produit de sa base par le tiers de sa hauteur ; donc la somme de tous ces tétraèdres, c'est-à-dire, le volume de la pyramide est égal à la somme des bases triangulaires ou à sa base propre multipliée par le tiers de la hauteur commune.

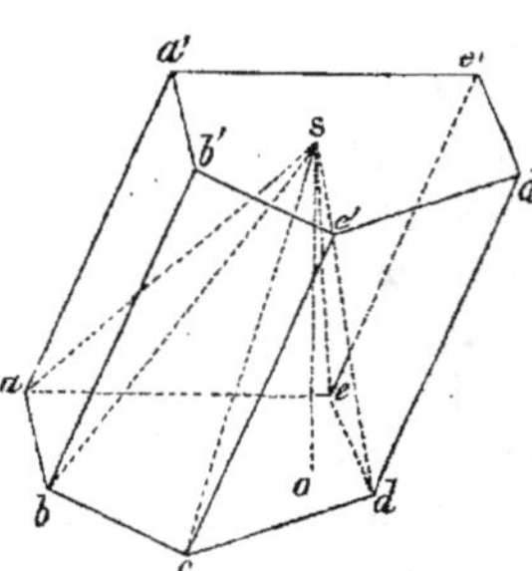

Corollaire 1. — *Toute pyramide sabcde est le tiers du prisme ac' de même base abcde et de même hauteur so* : car les volumes de ces deux corps sont $abcde \times \dfrac{so}{3}$ et $abcde \times so$.

Corol. 2. — I. *Deux pyramides quelconques sont entre elles comme les produits des bases par les hauteurs.*

II. *Deux pyramides de bases équivalentes sont entre elles comme les hauteurs.*

III. *Deux pyramides de même hauteur sont entre elles comme leurs bases.*

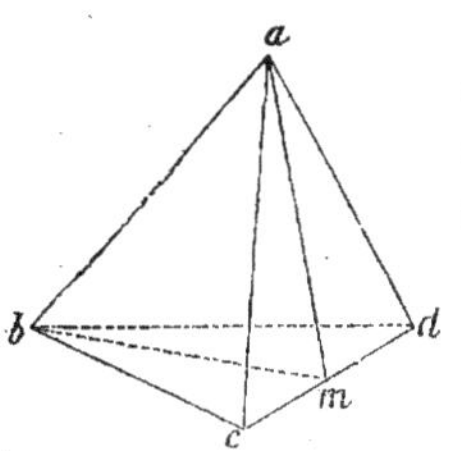

Corol. 3. — *Dans tout tétraèdre* abcd, *le bissecteur* abm *d'un dièdre* cbad *divise l'arête opposée* cd *en parties* cm, md, *proportionnelles aux faces adjacentes* abc, abd.

— Les tétraèdres *abcm*, *abmd*, ayant même hauteur, sont entre eux comme leurs bases *bcm*, *bmd*, c'est-à-dire comme cm : md.

— Mais, parce que le point *m* du bissecteur est équidistant des faces *abc*, *abd*, les deux tétraèdres ont encore même hauteur lorsque ces faces sont prises pour bases, et, par suite, ils sont aussi entre eux comme abc : abd ; donc

$$cm : md :: abc : abd.$$

PROP. 11. — THÉORÈME : *Deux tétraèdres* abcd, ab'c'd', *qui ont un trièdre commun* a, *sont entre eux comme les produits* ab × ac × ad, ab' × ac' × ad', *des arêtes qui forment ce trièdre.*

Si l'on tire les droites *bd'* et *cd'*, les tétraèdres *bacd*, *bacd'*, ont pour hauteur commune la distance du point *b* au plan *acd*, et par suite ils sont entre eux comme acd : acd' ou comme ad : ad'. — Pareillement, les tétraèdres *d'abc*, *d'ab'c'*, ayant pour hauteur commune la distance du point *d'* au plan *abc*, sont entre eux comme abc : ab'c' ou comme

$$ab × ac : ab' × ac'.$$

Ainsi, on a

$$abcd : abcd' :: ad : ad', \quad abcd' : ab'c'd' :: ab × ac : ab' × ac' ;$$

multipliant ces proportions et divisant les deux premiers termes par *abcd'*, il vient abcd : ab'c'd' :: ab × ac × ad : ab' × ac' × ad'.

Scholie. — Les tétraèdres *abcd*, *ab'c'd'*, sont équivalents lorsque ab × ac × ad = ab' × ac' × ad'.

PROP. 12. — THÉORÈME : *Tout tronc de prisme triangulaire* abcnml *équivaut à trois pyramides, qui ont pour base commune* .

l'une des bases abc *du tronc, et pour sommets les trois sommets* m, n, l, *de l'autre base* mnl.

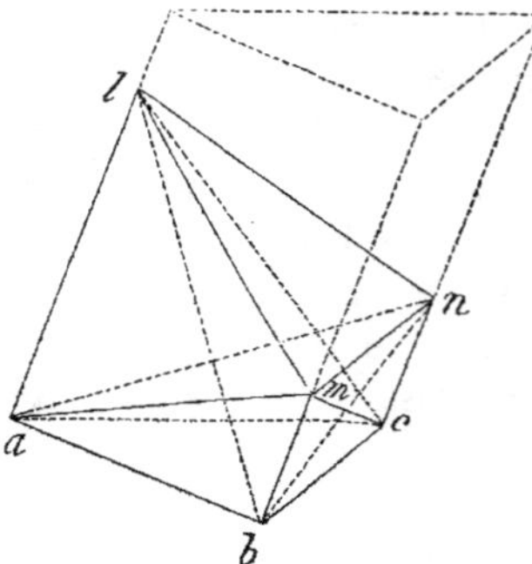

Le plan *mac*, déterminé par le sommet *m* et l'arête *ac*, détache du tronc la pyramide *mabc*, qui a pour base le triangle *abc*, et pour sommet le point *m* ; c'est-à-dire la première des pyramides annoncées. — Reste à considérer la pyramide quadrangulaire *macnl*, laquelle est décomposée par le plan *man* des droites *ma*, *mn*, en deux pyramides triangulaires *manc*, *manl* ; or, la première *manc* est équivalente à la pyramide *banc*, parce qu'elles ont même base *anc*, et pour hauteur commune la distance de l'arête *mb* au plan parallèle *acnl* ; la pyramide *banc*, pouvant s'énoncer *nabc*, est la deuxième des pyramides de l'énoncé, car elle a pour base le triangle *abc*, et pour sommet le point *n*. — Enfin, la pyramide *manl* est équivalente à la pyramide *bacl*, car les triangles *aln*, *alc*, de même base et de même hauteur, sont équivalents, et, de plus, les sommets *m*, *b*, sont situés sur l'arête *bm* parallèle au plan *acnl* des deux bases ; mais la pyramide *bacl* ou *labc* a pour base le triangle *abc*, et pour sommet le point *l* ; c'est donc la troisième des pyramides annoncées.

Scholie. — Soient T le volume du tronc, B l'une des bases, et H, H′, H″, les distances de cette base aux trois sommets de l'autre. — Les volumes des trois pyramides étant $B \times \dfrac{H}{3}$, $B \times \dfrac{H'}{3}$, $B \times \dfrac{H''}{3}$, il vient $T = B . \dfrac{H + H' + H''}{3}$.

PROP. 13. — THÉORÈME : *Tout tronc de pyramide, à bases parallèles, équivaut à trois pyramides de même hauteur que ce tronc, et qui ont pour bases sa base inférieure, sa base supérieure et une moyenne proportionnelle entre ces deux bases.*

Considérons d'abord le tronc triangulaire *abcnml* ; le plan *mac*,

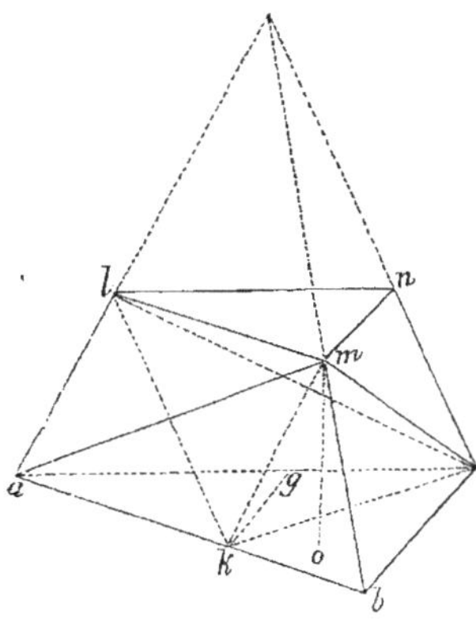

déterminé par le sommet m et l'arête ac, en détache la pyramide $mabc$, qui a pour base le triangle abc et même hauteur mo que le tronc. — Reste à examiner la pyramide quadrangulaire $macnl$, laquelle est décomposée par le plan mlc des droites mc, ml, en deux pyramides triangulaires $clmn$, $malc$; la première $clmn$, a pour base le triangle lmn, et pour hauteur la distance du sommet c à cette base ou son égale mo. — Par le sommet m, tirons la droite mk parallèle à l'arête al, et par suite à la face $acnl$; tirons aussi les droites kl et kc ; les pyramides $malc$, $kalc$, sont équivalentes comme ayant même base alc, et pour hauteur commune la distance de la droite mk au plan $acnl$; or, la pyramide $kalc$ ou $lakc$ a évidemment la même hauteur que le tronc ; il ne s'agit donc plus que de faire voir que sa base akc est moyenne proportionnelle entre les deux bases abc et lmn. — Tirons kg parallèle à bc ; les triangles de même hauteur étant entre eux comme leurs bases, on a $abc : akc :: ab : ak$, $akc : akg :: ac : ag$; d'où résulte, parce que les rapports $ab : ak$, $ac : ag$, sont égaux,

$$abc : akc :: akc : akg ;$$

mais le triangle akg est semblable au triangle abc, et par suite au triangle lmn, et, comme $ak = lm$, il vient triang $akg =$ triang lmn ; donc $abc : akc :: akc : lmn$.

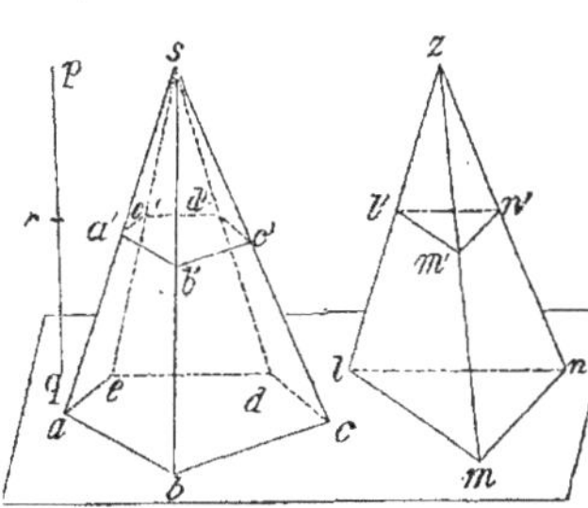

Considérons présentement une pyramide polygonale $sabcde$ et une pyramide triangulaire $zlmn$ de même hauteur pq et de bases équivalentes $abcde$, lmn ; en les coupant par un plan parallèle à celui des bases, on formera deux autres pyramides $sa'b'c'd'e'$, $zl'm'n'$, de même hauteur pr et de bases équivalentes $a'b'c'd'e'$, $l'm'n'$; ainsi, on aura $sabcde = zlmn$, $sa'b'c'd'e' = zl'm'n'$, et, en retranchant, tronc $ae' =$ tronc $lmnn'm'l'$. — Or, le volume du tronc triangulaire équivaut à trois pyramides triangulaires, etc., etc. : donc aussi le tronc polygonal équivaut à trois pyramides polygonales, etc., etc.

Scholies. — I. Soient T le volume d'un tronc pyramidal, B, B', ses bases parallèles et H sa hauteur. — Les volumes des trois pyramides étant $B \times \dfrac{H}{3}$, $B' \times \dfrac{H}{3}$, $\sqrt{\overline{B \cdot B'}} \times \dfrac{H}{3}$, il vient

$$T = [B + B' + \sqrt{\overline{B \cdot B'}}]\,\frac{H}{3}.$$

II. *Le volume d'un tronc de pyramide, dont les bases diffèrent peu, est sensiblement égal à la demi-somme des bases multipliée par la hauteur.* — Cela résulte de ce que l'expression précédente peut se mettre sous la forme

$$T = \frac{B + B'}{2} \cdot H - (\sqrt{\overline{B}} - \sqrt{\overline{B'}})^2 \cdot \frac{H}{6},$$

et, de ce que, par hypothèse, le dernier terme peut être négligé.

PROP. 14. — THÉORÈME : *Tout plan* ehfg *qui passe par les milieux* e, f, *de deux arêtes opposées* ab, cd, *d'un tétraèdre* abcd, *divise ce corps en deux parties équivalentes* aehfdg, begfch.

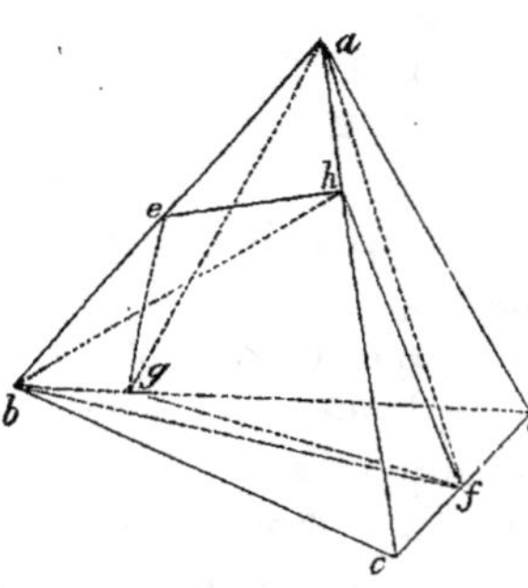

Les polyèdres *aehfdg*, *begfch*, sont composés l'un de la pyramide quadrangulaire *aehfg* et du tétraèdre *adfg*, l'autre de la pyramide quadrangulaire *behfg* et du tétraèdre *hbcf*; or, les pyramides *aehfg*, *behfg*, sont équivalentes, parce qu'elles ont la même base *ehfg*, et que leurs hauteurs sont proportionnelles aux moitiés *ae*, *be*, de l'arête *ab* ; reste donc à faire voir que les tétraèdres *adfg*, *hbcf*, ont aussi le même volume. — A cause de $df = cf$

les bases dfg, bcf, sont dans le rapport de leurs hauteurs ou dans celui de $dg : bd$; les hauteurs des deux tétraèdres sont d'ailleurs dans le rapport de $ac : ch$; donc $adfg : hbcf :: dg \times ac : bd \times ch$. — Actuellement, les distances des sommets d, b, au plan sécant $ehfg$, sont comme $dg : bg$, et celles des sommets c, a, au même plan comme $ch : ah$; mais les deux premières distances sont respectivement égales aux deux dernières, parce que $df = cf$ et $be = ae$; donc $dg : bg :: ch : ah$, d'où $dg : dg + bg :: ch : ch + ah$ ou bien $dg : bd :: ch : ac$, et partant $dg \times ac = bd \times ch$; conséquemment, $adfg = hbcf$.

PROP. 15. — **PROBLÈME** : *Trouver le volume* V *d'un polyèdre quelconque.*

Si le polyèdre est convexe, on le décompose en pyramides ayant pour bases ses diverses faces B, B′, B″,…. et pour hauteurs les distances H, H′, H″,…. des mêmes faces au point intérieur, sommet commun des pyramides. — On a alors

$$V = \frac{BH}{3} + \frac{B'H'}{3} + \frac{B''H''}{3} + \cdots$$

ou

$$V = \frac{1}{3}\left[BH + B'H' + B''H'' + \cdots\right].$$

Quand le polyèdre a des dièdres rentrants, il faut le décomposer en deux ou en plusieurs polyèdres convexes ou bien en tétraèdres.

Corollaire. — *Deux polyèdres symétriques sont équivalents.* — Ces polyèdres sont composés de tétraèdres symétriques chacun à chacun ; mais deux tétraèdres symétriques, ayant même base et même hauteur, sont équivalents : donc aussi les polyèdres symétriques sont équivalents.

PROP. 16. — **PROBLÈME** : *Trouver le volume d'un tronc de parallélipipède rectangle limité supérieurement à une surface courbe.*

1° Si les dimensions $a'b'$, $a'd'$, de la base $a'b'c'd'$ du tronc $a'b'c'd'dcba$ sont très petites, les courbes ab, bc, cd,

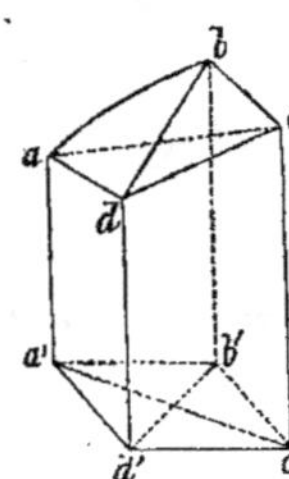

da, peuvent être considérées comme des lignes droites, et la base courbe *abcd* est entièrement comprise dans le tétraèdre *abcd* ; conséquemment, le volume cherché V est à peu près une moyenne arithmétique entre· le polyèdre formé des deux troncs *abcc'b'a'*, *adcc'd'a'* et le polyèdre formé des deux troncs *abdd'b'a'*, *cbdd'b'c'*. — Or, les quatre troncs ont respectivement pour mesure l'expression $a'd' \times \dfrac{a'b'}{3}$, multipliée par

$$1° \ \frac{1}{3}\,(aa' + bb' + cc') \ ; \quad 2° \ \frac{1}{3}\,(aa' + cc' + dd') \ ;$$

$$3° \ \frac{1}{3}\,(aa' + bb' + dd') \ ; \quad 4° \ \frac{1}{3}\,(bb' + cc' + dd') \ ;$$

donc
$$V = a'd' \times \frac{a'b'}{2}\left(\frac{aa' + bb'}{2} + \frac{cc' + da'}{2}\right)$$

ou bien
$$V = a'd' \times \frac{1}{2}\,(abb'a' + cdd'c').$$

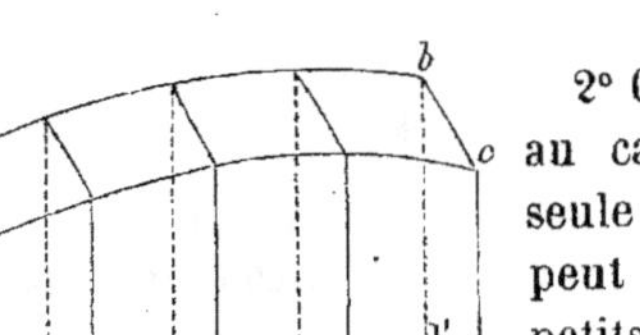

2° Cette mesure convient encore au cas où la dimension *a'd'* est seule très petite, car alors le tronc peut être décomposé en d'autres petits troncs par des plans parallèles à la face *add'a'*.

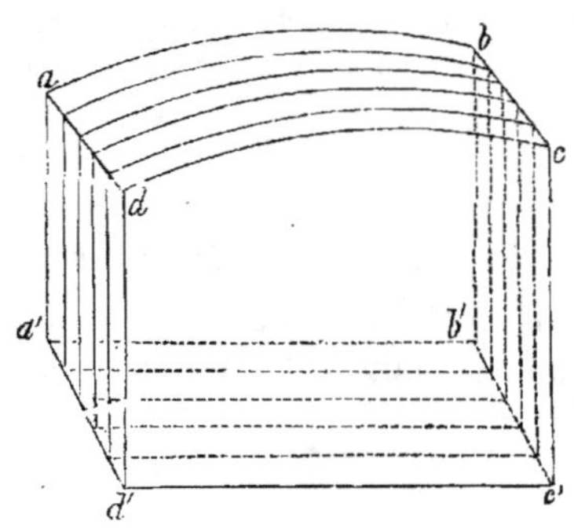

3° Enfin, si le rectangle *a'b'c'd'* est quelconque, on détermine les aires A, F,· des faces *abb'a'*, *cdd'c'*, et celles B, C, D, E, de plusieurs sections équidistantes et comprises entre ces faces ; on a alors

$$V = \frac{a'd'}{5}\left(\frac{A+B}{2} + \frac{B+C}{2} + \frac{C+D}{2} + \frac{D+E}{2} + \frac{E+F}{2}\right)$$

ou

$$V = \frac{a'd'}{5}\left(\frac{A+F}{2} + B + C + D + E\right).$$

§ 5. — La similitude des polyèdres.

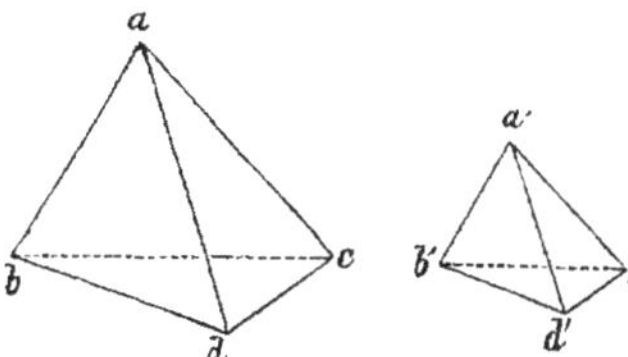

I. Deux tétraèdres $abcd$, $a'b'c'd'$, sont *semblables* lorsque leurs six arêtes sont proportionnelles et pareillement assemblées, c'est-à-dire lorsque l'on a

$$ab : a'b' :: ac : a'c' :: ad : a'd' :: \text{etc.}$$

II. Deux polyèdres sont *semblables* quand ils sont composés d'un même nombre de tétraèdres semblables chacun à chacun et pareillement disposés.

PROPOSITION 1. — THÉORÈME : *Dans deux tétraèdres semblables* abcd, a'b'c'd' : 1° *les faces homologues sont semblables;* 2° *les trièdres homologues sont égaux.*

1° La proportionnalité des côtés de deux triangles constituant leur similitude, les faces abc et $a'b'c'$, abd et $a'b'd'$,... sont semblables deux à deux ; 2° les triangles semblables étant équiangles entre eux, les trièdres homologues a et a', b et b',... composés d'angles égaux chacun à chacun, sont superposables.

Réciproques. — *Deux tétraèdres sont semblables :* 1° *lorsqu'ils sont compris sous des faces semblables chacune à chacune ;* 2° *lorsque leurs trièdres sont respectivement égaux.*

1° La similitude des faces entraîne la proportionnalité des arêtes ; 2° les triangles équiangles entre eux étant semblables, l'égalité des trièdres entraîne la similitude des faces.

Corollaire 1. — *Deux tétraèdres semblables ont leurs six dièdres égaux chacun à chacun, et réciproquement.*

Corol. 2. — *Toute section* a'b'c'd'e', *parallèle à la base*

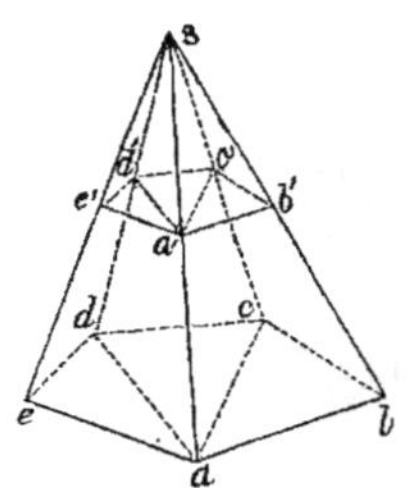

abcde *d'une pyramide* sabcde, *détermine une autre pyramide* sa'b'c'd'e', *semblable à la première.* — Les plans sac, sad, décomposent en effet les deux pyramides en tétraèdres sabc et sa'b'c', sacd et sa'c'd', sade et sa'd'e', semblables deux à deux, parce qu'ils sont compris sous des faces respectivement semblables.

PROP. 2. — THÉORÈME : *Dans deux polyèdres semblables :* 1° *les faces sont semblables deux à deux et également inclinées entre elles ;* 2° *les angles solides homologues sont égaux.*

1° Les deux polyèdres étant composés d'un même nombre de tétraèdres semblables chacun à chacun et pareillement disposés, leurs surfaces sont aussi formées d'un même nombre de triangles semblables chacun à chacun et assemblés de la même manière. De plus, l'inclinaison de deux triangles adjacents de la première surface est égale à l'inclinaison des triangles homologues de la seconde : car ces inclinaisons sont les dièdres homologues de deux tétraèdres semblables, ou bien ce sont les sommes d'un pareil nombre de dièdres homologues deux à deux. De là résulte, en observant que les faces d'un dièdre sont dans le même plan quand il est égal à deux dièdres droits et réciproquement, que deux polyèdres semblables sont compris sous un même nombre de faces semblables chacune à chacune et également inclinées entre elles ; 2° les angles solides homologues sont égaux, car toutes leurs parties, angles plans et dièdres, sont égales deux à deux et pareillement assemblées.

Fig. 1.   Prop. 3.   Fig. 2.

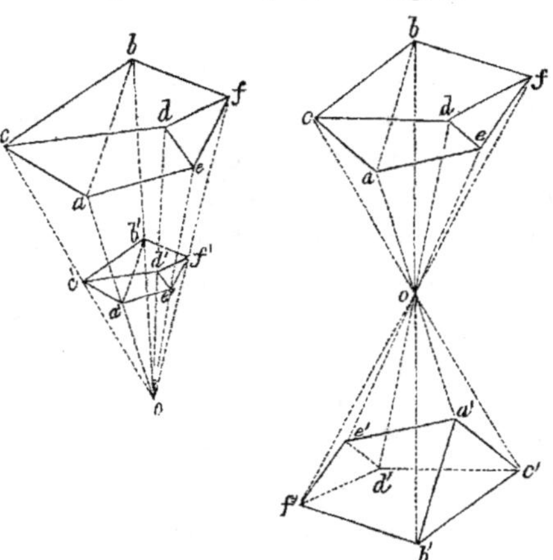

Corollaire. — *Les arêtes, les diagonales, et en général toutes les lignes homologues, sont proportionnelles.*

PROP. 3. — THÉORÈME : *Si, sur les distances* oa, ob, oc,. ...,
d'un point quelconque o *aux divers sommets d'un polyèdre* abcdef,
ou sur leurs prolongements, on porte des distances proportionnelles
oa′, ob′, oc′,...., *le polyèdre* a′b′c′d′e′f′, *qui a pour sommets les
extrémités* a′b′c′...., *est semblable au premier (Fig.* 1 *ou* 2).

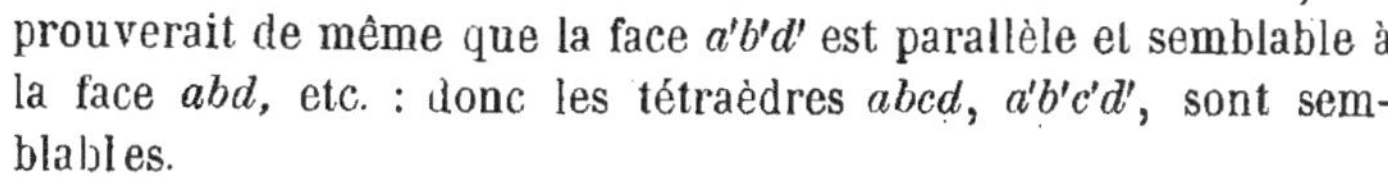

Fig. 3.

Il suffit, en vertu de la définition des polyèdres semblables, d'établir cette proposition dans le seul cas du tétraèdre (fig. 3). — Or, parce que

$$oa : oa' :: ob : ob' :: oc : oc',$$

la section a′b′c′ du tétraèdre oabc est parallèle et semblable à la base abc; on prouverait de même que la face a′b′d′ est parallèle et semblable à la face abd, etc. : donc les tétraèdres abcd, a′b′c′d′, sont semblables.

Scholie. — Le point o est dit le *centre de similitude* des deux polyèdres (fig. 1 ou 2) ; les distances oa et oa′, ob et ob′,...., sont *des rayons homologues de similitude.*

PROP. 4. — THÉORÈME : *Les tétraèdres semblables sont entre eux comme les cubes des arêtes homologues.*

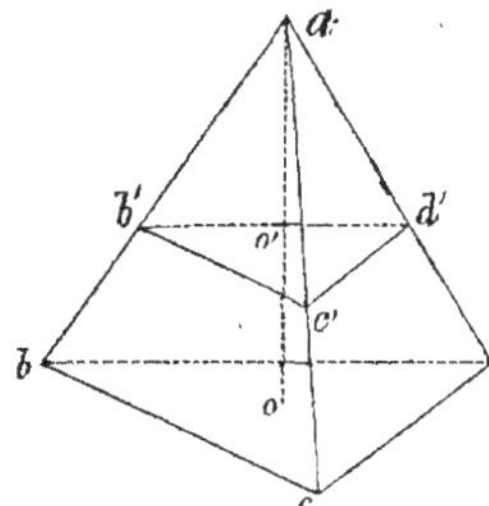

On peut toujours faire en sorte que les deux tétraèdres aient un trièdre commun a. — Parce que les bases bcd, b′c′d′, sont semblables, on a $bcd : b'c'd' :: bc^2 : b'c'^2$; de plus, à cause que

$$ab : ab' :: ac : ac' :: ad : ad',$$

le plan bcd est parallèle au plan b′c′d′ ; donc les hauteurs ao, ao′, sont dirigées selon une même droite, et partant $ao : ao' :: ab : ab'$ ou bien

$$\frac{ao}{3} : \frac{ao'}{3} :: bc : b'c'.$$

Multipliant ces proportions termes à termes, il vient

$$bcd \times \frac{ao}{3} : b'c'd' \times \frac{ao'}{3} :: bc^3 : b'c'^3.$$

ou bien

$$abcd : ab'c'd' :: bc^2 : b'c'^3.$$

PROP. 5. — THÉORÈME : *Dans deux polyèdres semblables :* 1° *les périmètres sont entre eux comme les arêtes homologues ;* 2° *les surfaces sont entre elles comme les quarrés des arêtes homologues ;* 3° *les volumes sont comme les cubes des mêmes arêtes.*

1° Les arêtes homologues des deux polyèdres forment une suite de rapports égaux : donc la somme des antécédents et celle des conséquents, c'est-à-dire les périmètres des deux polyèdres sont proportionnels aux arêtes homologues.

2° Les aires des polyèdres semblables étant proportionnelles aux quarrés des côtés homologues, les faces homologues des deux polyèdres forment une suite de rapports égaux : donc les sommes de ces faces, c'est-à-dire les surfaces des deux polyèdres, sont entre elles comme les quarrés des mêmes côtés.

3° Les tétraèdres semblables étant proportionnels aux cubes des arêtes homologues, les tétraèdres dont les deux polyèdres sont composés forment une suite de rapports égaux : donc les sommes des antécédents et des conséquents, c'est-à-dire les deux polyèdres sont entre eux comme les cubes des mêmes arêtes.

IIIᵉ SECTION.

LES CORPS RONDS.

§ 1. — Propriétés de la sphère.

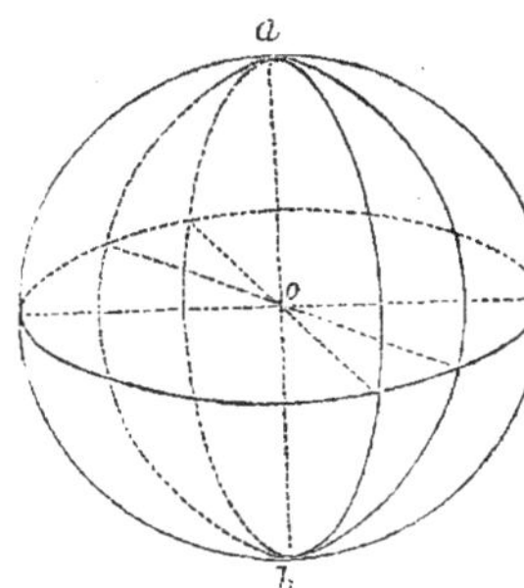

1. La *sphère* est un corps compris sous une surface courbe dont tous les {points sont également distants d'un point intérieur que l'on appelle *centre*.

La sphère peut être engendrée par la rotation d'un demi-cercle *acb* autour de son diamètre *ab*, car tous les points de la surface décrite par la demi-circonférence *acb* sont équidistants du centre *o*.

II. Un *rayon* est une droite qui unit le centre de la sphère à un point de sa surface. — Il y a une infinité de rayons. — Tous les rayons sont égaux.

III. Un *diamètre* est une droite qui, passant par le centre de la sphère, est limitée dans les deux sens à sa surface. — Tous les diamètres sont doubles du rayon et égaux entre eux.

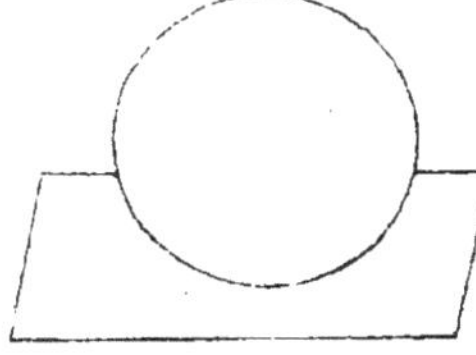

IV. Un plan est *tangent* à la sphère lorsqu'il a un seul point commun avec sa surface. — Ce point est dit point de *contact* ou de tangence.

V. Un polyèdre est *inscrit* dans la sphère quand tous ses sommets sont situés sur la surface sphérique. — Réciproquement, la sphère est *circonscrite* au polyèdre.

VI. Un polyèdre est *circonscrit* à la sphère quand toutes ses faces sont des plans tangents. — Réciproquement, la sphère est *inscrite* dans le polyèdre.

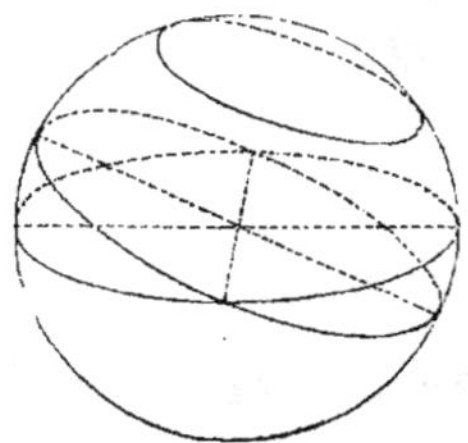

VII. Toutes les sections faites dans une sphère par des plans passant par le centre sont évidemment des cercles qui ont pour centres et pour rayons le centre et le rayon de la sphère. — On démontrera plus loin que toutes les autres sections planes de la sphère sont des cercles de rayons plus petits.

Cela posé, on appelle *grand cercle* toute section qui passe par le centre, et *petit cercle* toute section qui n'y passe pas.

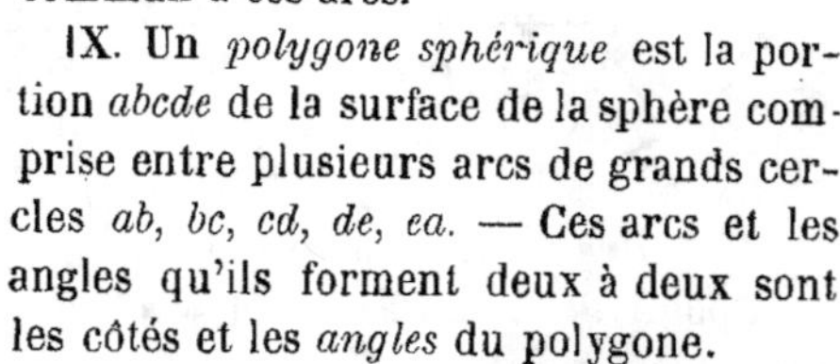

VIII. On appelle *angle de deux arcs de grands cercles* ab, ac, l'angle rectiligne *man* formé par les tangentes *am*, *an*, au point *a* commun à ces arcs.

IX. Un *polygone sphérique* est la portion *abcde* de la surface de la sphère comprise entre plusieurs arcs de grands cercles *ab*, *bc*, *cd*, *de*, *ea*. — Ces arcs et les angles qu'ils forment deux à deux sont les côtés et les *angles* du polygone.

X. Un *triangle sphérique* peut être *scalène*, *isocèle* ou *équilatéral* ; il peut aussi être *isoangle* ou *équiangle*. — Il est *rectangle* quand il a un angle droit ; *birectangle* quand il en a deux, et *trirectangle* quand il en a trois.

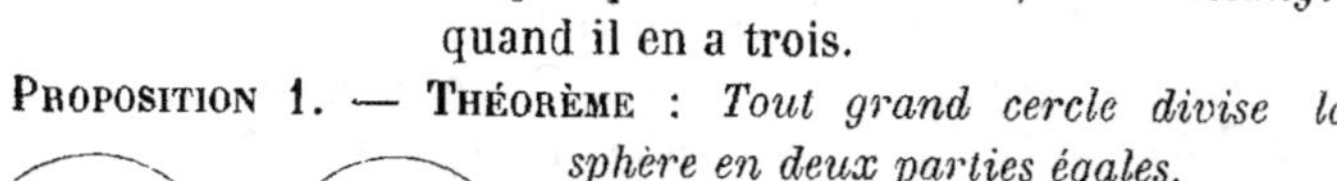

PROPOSITION 1. — THÉORÈME : *Tout grand cercle divise la sphère en deux parties égales.*

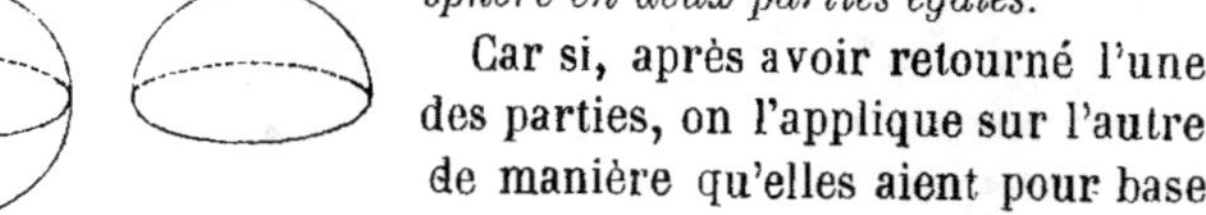

Car si, après avoir retourné l'une des parties, on l'applique sur l'autre de manière qu'elles aient pour base commune le grand cercle, les deux parties coïncideront parfaitement, sans quoi il y aurait des points de la surface sphérique inégalement distants du centre, ce qui est contre sa définition.

PROP. 2. — THÉORÈME : *Toute section plane abcd de la sphère est un cercle.*

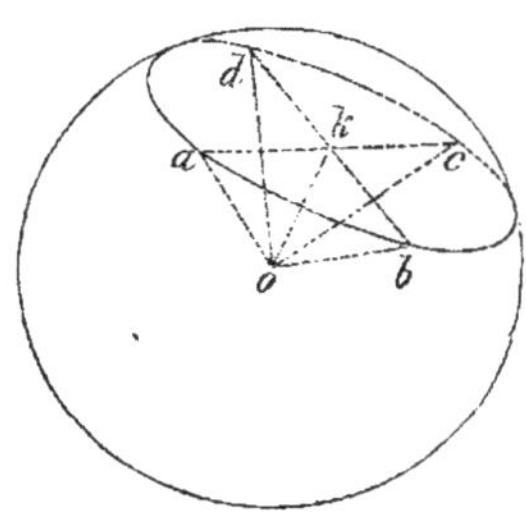

Soient *ok* la perpendiculaire abaissée du centre *o* sur le plan de la section *abcd* et *oa, ob, oc,...*, les rayons qui aboutissent à son contour. — Les triangles *oka, okb, okc,...*, rectangles en *k*, sont égaux, parce que *ok* est commun, et que les hypoténuses *oa, ob, oc,.....*, sont des rayons ; de là résulte que $ka = kb = kc = ...$: donc la section *abcd* est un cercle dont le centre est le pied *k* de la perpendiculaire *ok*.

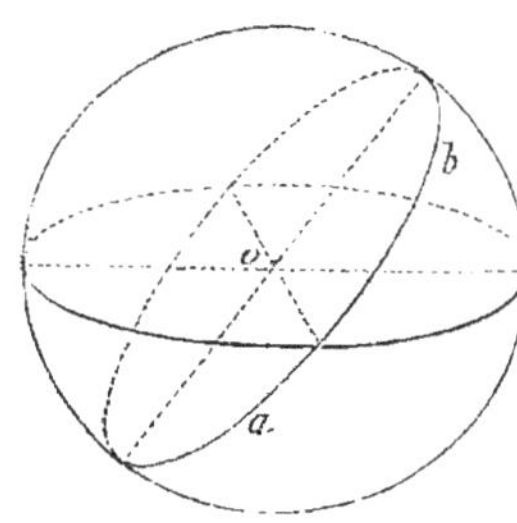

Corollaire 1. — Par deux points a, b, de la surface sphérique, on peut toujours faire passer une circonférence de grand cercle. — Le plan déterminé par le centre *o* et les deux points *a* et *b*, coupe en effet la surface sphérique selon une circonférence de grand cercle qui contient les points *a, b*. — Le problème est indéterminé lorsque les deux points donnés sont les extrémités d'un même diamètre.

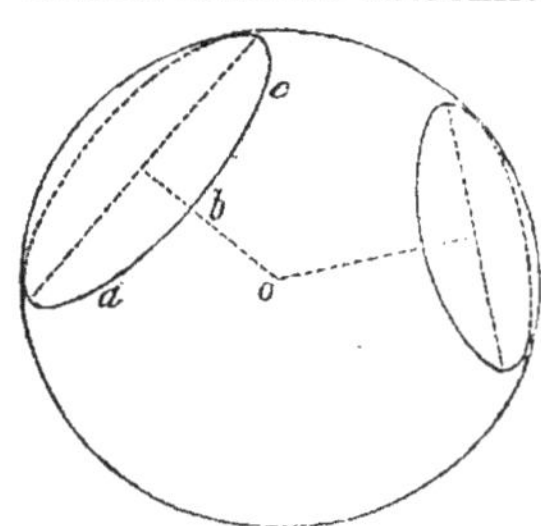

Corol. 2. — Par trois points a, b, c, de la surface sphérique, on peut toujours faire passer une circonférence de petit cercle. — Car le plan des trois points *a, b, c*, coupe généralement la surface de la sphère selon une circonférence de petit cercle qui contient ces trois points.

Corol. 3. — Les petits cercles égaux sont équidistants du centre de la sphère, et, de deux petits cercles inégaux, le plus grand en est le moins éloigné. — Cela résulte de ce que les intersections de deux petits cercles quelconques avec le grand cercle, qui passe par leurs centres, sont des diamètres respectifs de ces petits cercles.

PROP. 3. — THÉORÈME : *Tout plan* mn, *perpendiculaire à l'extrémité d'un rayon* oa, *est tangent à la sphère.*

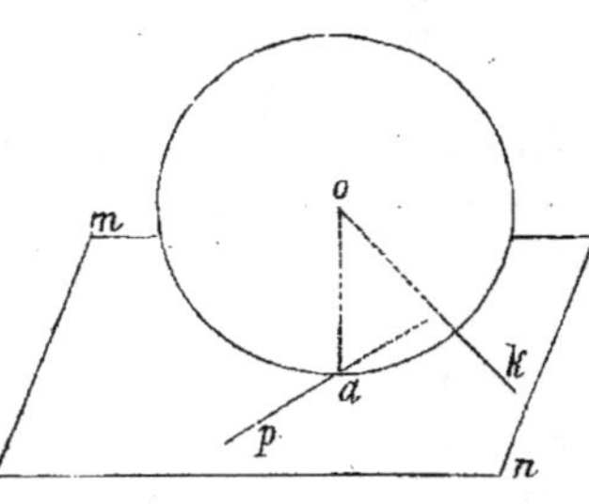

Unissant le centre *o* à un point quelconque *k* du plan *mn*, on a obl *ok* > perpend *oa* ; ainsi, le point *k*, et en général tous les points du plan *mn*, à l'exception du point *a*, sont extérieurs à la sphère. — Donc *mn* est un plan tangent.

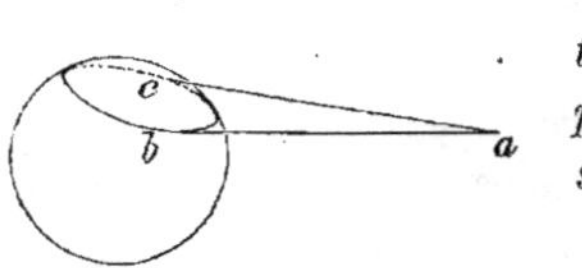

Corollaire 1. — *Toute droite* ap, *tirée dans le plan tangent* mn *par le point de contact* a, *est tangente à la sphère.*

Corol. 2. — *Deux tangentes* ab, ac, *à la sphère, issues d'un même point* a *et terminées à leurs points de contact* b, c, *sont égales ;* car elles sont aussi tangentes à la circonférence de la section faite par le plan *bac.*

PROP. 4. — PROBLÈME : *Faire passer une surface sphérique par quatre points donnés,* a, b, c, d.

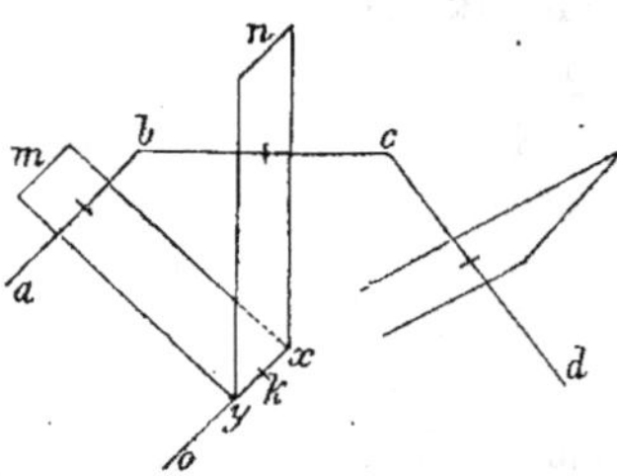

Le centre de la sphère, étant équidistant des points *a*, *b*, est situé sur le plan *my* perpendiculaire sur le milieu de la droite *ab*. — Parce que le même centre est équidistant des points *b*, *c*, il est aussi situé sur le plan *ny* perpendiculaire sur le milieu de la droite *bc*. — Ainsi, toutes les surfaces sphériques qui passent par les trois points *a*, *b*, *c*, ont leurs centres sur l'intersection *xy* de ces deux plans ; il est visible que cette droite est perpendiculaire au plan *abc*, et que son pied *k* est équidistant des trois points *a*, *b*, *c*. — Comme la surface sphérique doit encore contenir le point *d*, on obtiendra son centre en cherchant le point *o* où la droite *xy* rencontre le plan perpendiculaire sur le milieu de *cd* ; donc la surface de la sphère décrite du centre *o* avec un rayon *oa*, passe par les quatre points *a*, *b*, *c*, *d*. — Si les quatre points appartenaient à un même plan, la droite *xy* serait parallèle au plan perpendiculaire sur le milieu de *cd*, et le problème serait impossible. — Toutefois, si ce dernier plan contenait la droite *xy*, ce qui arrive dans le cas où le quadrilatère *abcd* est inscriptible à la circonférence, le problème serait indéterminé.

Corollaire. — *Les six plans, perpendiculaires sur les milieux des six arêtes d'un tétraèdre, passent par le centre de la sphère circonscrite à ce corps.*

Prop. 5. — Problème : *Inscrire une sphère dans un tétraèdre* abcd.

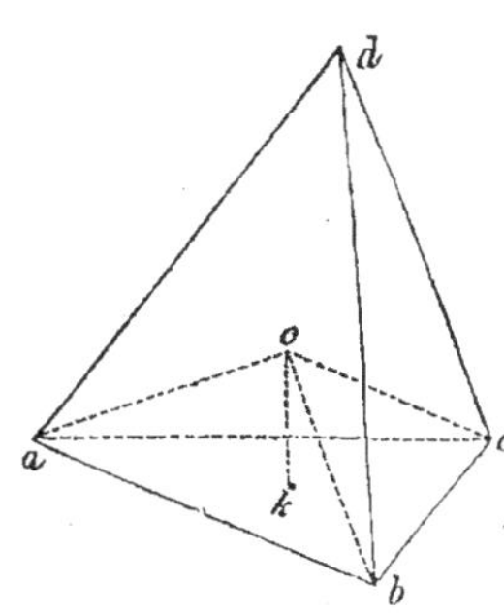

Le centre de la sphère, étant équidistant des faces *abc*, *abd*, est situé sur le bissecteur *abo* du dièdre *cabd*. — Par une raison semblable, le même centre se trouve sur les bissecteurs *bco*, *cao*, des dièdres *abcd*, *bcad*. — Donc, si, du point *o* commun aux trois bissecteurs, avec un rayon égal à la distance *ok* de ce point à l'une des faces *abc*, on décrit une sphère, elle sera inscrite dans le tétraèdre *abcd*.

Corollaire 1. — *Le volume d'un tétraèdre, et en général d'un polyèdre convexe quelconque circonscrit à la sphère, est égal à sa surface multipliée par le tiers du rayon.* — Car il est la somme de plusieurs pyramides ayant pour bases les faces du polyèdre, pour sommet commun le centre de la sphère, et pour hauteur le rayon.

Corol. 2. — *Les six plans bissecteurs des six dièdres d'un tétraèdre quelconque passent par le centre de la sphère inscrite dans ce tétraèdre.*

PROP. 6. — **THÉORÈME** : *Les côtés et les angles d'un polygone sphérique* abcde *sont les mesures des angles plans et des dièdres de l'angle solide* oabcde, *qui a pour arêtes les rayons des sommets.*

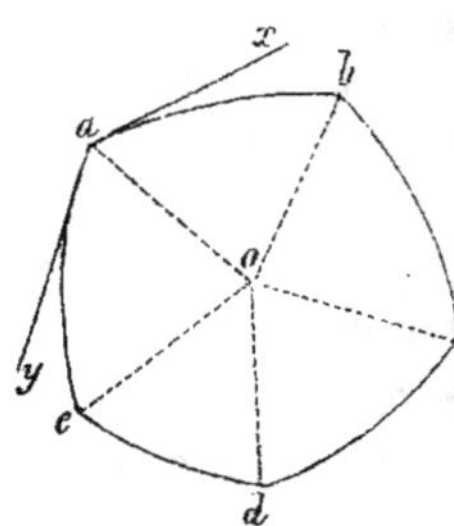

D'abord les angles au centre aob, boc, cod,...., sont évidemment mesurés par les arcs ab, bc, cd,...., qu'ils comprennent. — En second lieu, parce que les tangentes ax, ay, au point a des arcs ae, ab, sont perpendiculaires au rayon oa et situées dans les faces oae, oab, l'angle xay, c'est-à-dire l'angle eab est la mesure du dièdre $eoab$; on prouve de même que les angles abc, bcd,...., sont les mesures des dièdres $aobc$, $bocd$,....

Corollaire. — Ainsi, les diverses propriétés des angles solides conviennent aux polygones sphériques ; on a donc les théorèmes qui suivent :

I. *Dans un triangle, et en général dans un polygone sphérique, un côté quelconque est plus petit que la somme de tous les autres.*

II. *Dans tout polygone sphérique convexe, la somme de tous les côtés est moindre qu'une circonférence de grand cercle.*

III. *Un triangle sphérique isocèle est aussi isoangle, et réciproquement.*

IV. *Un triangle sphérique équilatéral est aussi équiangle, et réciproquement.*

V. *Deux triangles sphériques sont égaux par superposition ou par symétrie lorsqu'ils ont :* 1° *leurs trois côtés égaux chacun à chacun.* — 2° *Un angle égal compris entre deux côtés égaux chacun à chacun.* — 3° *Un côté égal, adjacent à deux angles égaux chacun à chacun.* — 4° *Leurs trois angles respectivement égaux.*

VI. *La somme des angles d'un triangle sphérique est comprise entre deux et six angles droits.*

VII. *La somme des angles d'un polygone sphérique de* n *côtés est comprise entre* 2n *et* 2 (n — 2) *angles droits.*

Prop. 7. — Théorème : *Le plus court chemin d'un point* a *à un autre point* b, *sur la surface sphérique, est l'arc de grand cercle* ab *qui unit ces deux points.*

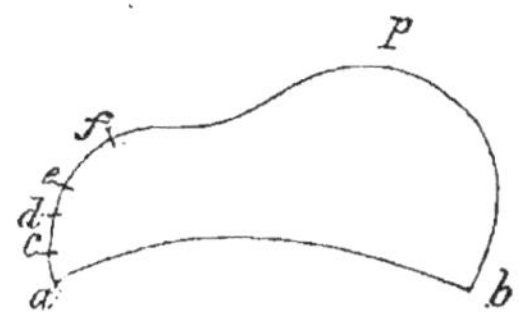

Parce que deux points sont essentiels et suffisent pour la détermination d'un arc de grand cercle, toute ligne courbe *apb*, tracée entre les points *a, b*, sur la surface de la sphère, peut être considérée comme composée d'une infinité de petits arcs de grands cercles *ac, cd, de*,....; or, dans tout polygone sphérique, un côté est plus petit que la somme de tous les autres ; on a donc $ab < ac + cd + de + ...$, c'est-à-dire $ab < apb$.

§ 2. — Propriétés des cylindres.

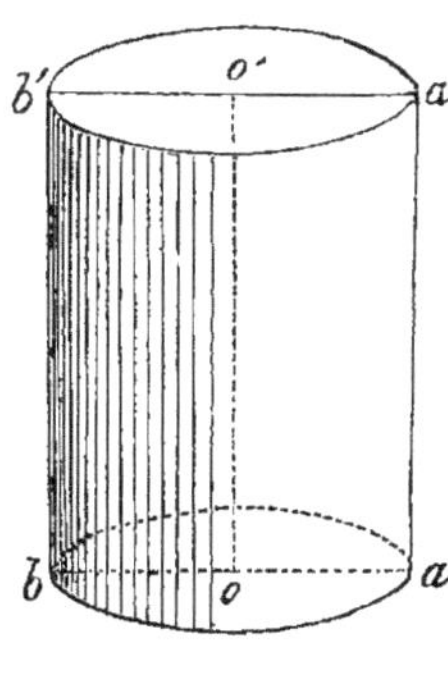

I. On appelle *cylindre droit circulaire* le corps *abb'a'* engendré par la rotation d'un rectangle *oo'a'a* autour de l'un de ses côtés *oo'*, supposé immobile. — Les cercles *ab, a'b'*, décrits par les côtés *oa, o'a'*, sont les *bases* du cylindre ; le côté fixe *oo'*, en est la hauteur ou l'*axe ;* enfin, le côté *aa'*, qui engendre sa surface latérale, se nomme *côté générateur.*

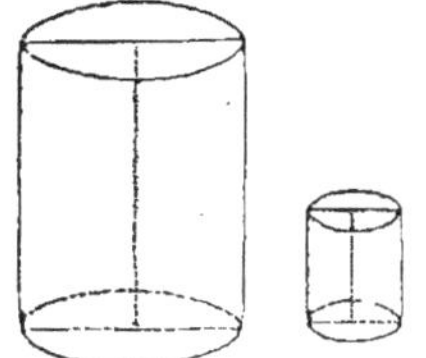

II. Deux cylindres droits circulaires sont *semblables* lorsqu'ils sont engendrés par des rectangles semblables, ou, en d'autres termes, lorsque leurs rayons sont entre eux comme leurs hauteurs.

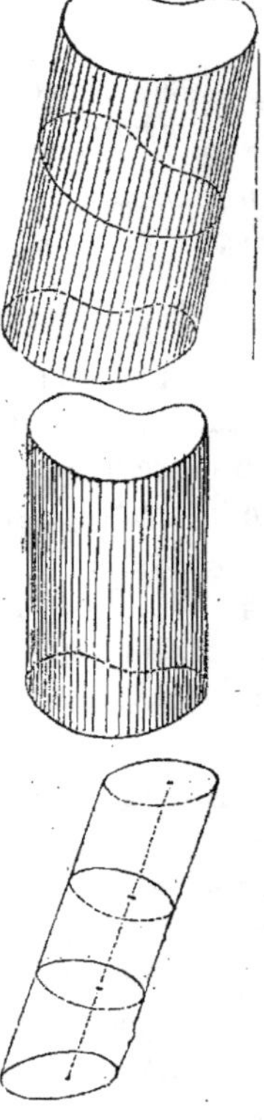

III. On donne plus généralement le nom de *cylindre* à tout prisme dont les bases sont terminées par une infinité de petits côtés, c'est-à-dire par des lignes courbes. — Les arêtes prennent alors le nom de *génératrices*.

IV. On dit qu'un cylindre est *droit* ou *oblique* selon que ses génératrices sont perpendiculaires ou obliques aux plans des bases. — Les sections perpendiculaires aux génératrices s'appellent *sections droites*.

Proposition 1. — **Théorème** : *Les sections planes parallèles d'un cylindre sont égales.*

Car un cylindre est un prisme dont les bases ont une infinité de petits côtés.

Corollaire I. — *Toute parallèle aux génératrices coupe les sections parallèles en des points homologues.*

Corol. 2. — *Un cylindre est engendré par sa base, quand elle se meut parallèlement à elle-même, de manière que l'un de ses points décrive une droite égale et parallèle aux génératrices.*

Prop. 2. — **Théorème** : *Tout cylindre oblique, à bases circulaires, peut être coupé suivant un cercle par un plan non parallèle aux bases.*

Car le symétrique du plan de la base *ab*, par rapport à une section droite quelconque *mn*, coupe le cylindre suivant une

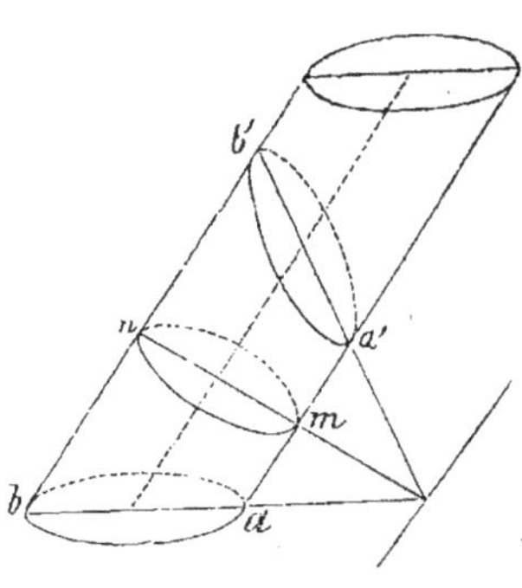

figure $a'b'$ symétrique de cette base et partant égale à cercle oa.

Scholie. — Ainsi, en un point quelconque de la surface cylindrique, on peut faire deux sections circulaires égales. — On les nomme *sections sous-contraires* ou *anti-parallèles.*

PROP. 3. — THÉORÈME : *Dans un cylindre droit circulaire, toute section* mpnq, *oblique aux bases, est une ellipse.*

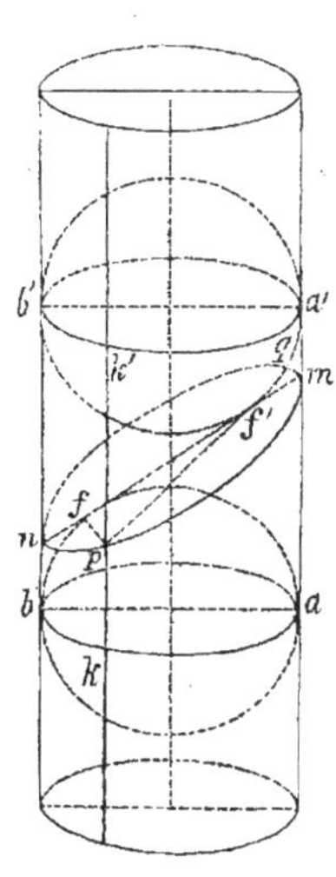

Concevons deux sphères de même rayon que le cylindre, tangentes en f et f' au plan sécant, et qui, inscrites dans ce corps, touchent sa surface latérale selon les circonférences des sections droites ab et $a'b'$. — Joignons les points f, f', à un point quelconque p du contour de la section, et tirons la génératrice kk'. — Parce que les droites fp, $f'p$, kk', touchent les sphères en f, f', k et k', on a $fp = pk$, $f'p = pk'$, et par suite

$$fp + f'p = kk' = aa' ;$$

donc la section $mpnq$ est une ellipse dont les foyers sont f, f', et dont le grand axe mn est égal à aa'.

§ 3. — Propriétés des cônes.

I. On appelle *cône droit circulaire* le corps sab engendré par la rotation d'un triangle rectangle sao autour de l'un des côtés so de l'angle droit, supposé immobile. — Le point s et le cercle ab,

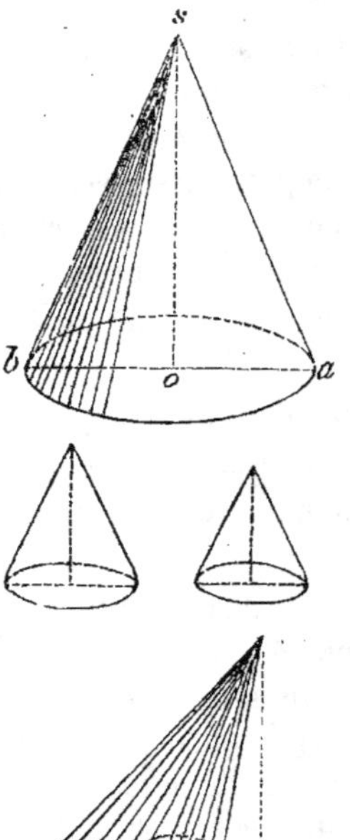

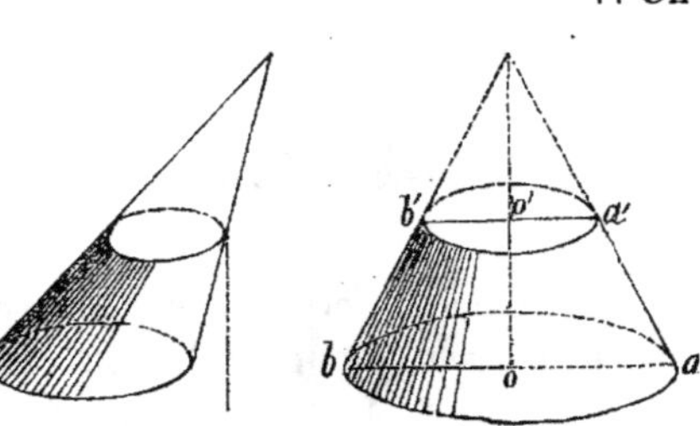

décrit par le côté *oa*, sont le *sommet* et la *base* du cône ; le côté fixe *so* en est la *hauteur* ou l'*axe* ; enfin, le côté *sa*, qui engendre sa surface latérale, se nomme *côté générateur* ou *apothème*.

II. Deux cônes droits circulaires sont *semblables* quand ils sont engendrés par des triangles rectangles semblables, ou, en d'autres termes, quand les rayons des bases sont entre eux comme les hauteurs ou comme les apothèmes.

III. On donne plus généralement le nom de *cône* à toute pyramide dont la base est terminée par une infinité de petits côtés, c'est-à-dire par une ligne courbe. — Les arêtes prennent alors le nom de *génératrices*.

IV. Un cône est *droit* lorsque sa base a un centre, et que ce centre est le pied de la hauteur. — Dans le cas contraire, il est *oblique*.

V. Un *tronc de cône* est la portion d'un cône comprise entre deux sections parallèles. — Les sections sont les *bases* du tronc, et leur distance en est la *hauteur*.

Le tronc de cône droit circulaire abb'a',

est engendré par la rotation du trapèze *oo'a'a* autour de l'axe *oo'*.
— Les *bases circulaires ab, a'b'*, sont décrites par les côtés *oa, o'a'*,
perpendiculaires à l'*axe* ou à la *hauteur oo'* ; enfin, le côté *aa'*, qui
engendre la surface latérale du tronc se nomme *côté générateur*
ou *apothème*.

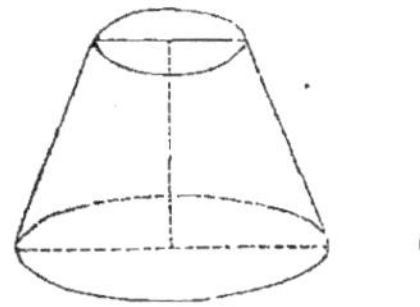

VI. Deux troncs de cônes
droits circulaires sont *semblables*
lorsqu'ils sont engendrés par des
trapèzes semblables, c'est à-dire
lorsque leurs dimensions homologues sont proportionnelles.

PROPOSITION 1. — **THÉORÈME** : *Les sections planes parallèles d'un
cône sont semblables.*

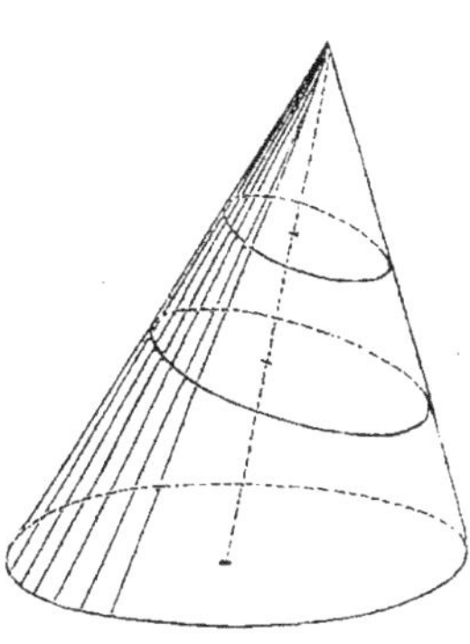

Car un cône est une pyramide dont
la base a une infinité de petits côtés.

Corollaire 1. — *Les sections parallèles
sont proportionnelles aux quarrés de
leurs distances au sommet.*

Corol. 2. — *Toute droite, issue du
sommet, coupe les sections parallèles en
des points homologues.*

Corol. 3. — *Un cône peut être engendré
par sa base, quand elle se meut en restant
parallèle et semblable à elle-même, de
manière que les homologues de deux de ses points soient respectivement situés sur deux droites issues du sommet.*

PROP. 2. — **THÉORÈME** : *Tout cône circulaire oblique* sabc *peut
être coupé suivant un cercle par un plan non parallèle à la
base* abc.

La surface sphérique, déterminée par le sommet *s* et trois points
pris à volonté sur circonférence *abc*, contient évidemment cette
circonférence ; je tire le diamètre *sf*, et je dis que la section *mn*,

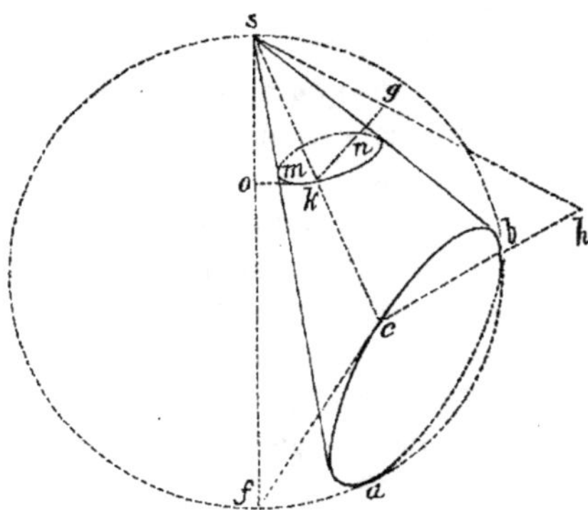

faite dans le cône par un plan perpendiculaire en un point quelconque *o* de ce diamètre, est uu cercle. — Je mène arbitrairement la génératrice *sc*, et j'unis les points *c* et *k* aux points *f* et *o*; les angles *scf* et *kof* sont droits; l'un, parce qu'il est inscrit dans la demi-circonférence *scf*; l'autre, parce que *sf* est perpendiculaire au plan coupant : donc le quadrilatère *fcko* est inscriptible à la circonférence, et partant $sf \times so = sc \times sk$. — Soient *sh* la hauteur du cône *sabc* et *kg* la perpendiculaire tirée en *k* sur *sc* dans le plan *sch*; les angles *chg*, *gkc*, étant droits, le quadrilatère *chgk* fournit aussi $sc \times sk = sh \times sg$. — Ainsi, $sf \times so = sh \times sg$, et, comme les lignes *sf*, *so*, *sh*, sont invariables, la distance *sg* est aussi constante. — De là résulte que les droites *ks*, *kg*, menées d'un point quelconque *k* du contour de la section *mn* aux points fixes *s* et *g*, se coupent à angle droit, et, par suite, que ce contour est situé entièrement sur la surface sphérique décrite sur le diamètre *sg*; mais toute section plane de la sphère est un cercle : donc la section *mn* est circulaire.

Scholie. — Ainsi, en un point quelconque de la surface conique, on peut faire deux sections circulaires. — On les nomme *sections sous-contraires* ou *anti-parallèles*.

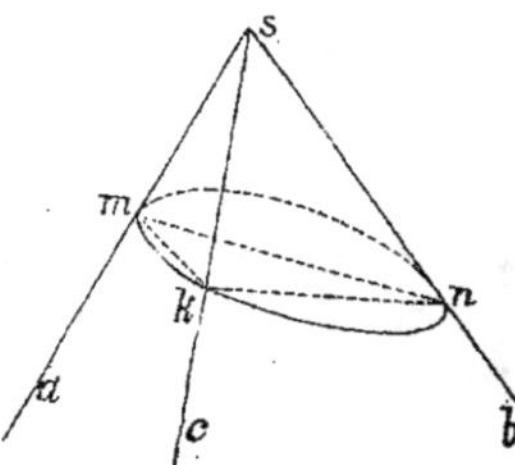

Corollaire. — *Si un dièdre droit* ascb *se meut de manière que ses faces* asc, bsc, *passent constamment par les côtés* sa, sb, *d'un angle fixe* asb, *l'arête* sc *engendre une surface conique au sommet* s, *dont les sections perpendiculaires aux côtés* sa, sb, *sont circulaires.* — Soit *mkn* une section perpendiculaire au côté sa. — Les plans *mkn*, *bsc*, étant tous deux perpendiculaires au plan *asc,* leur intersection *kn* est perpendiculaire sur *mk;* donc, parce que les points *m, n,* sont fixes, la section *mkn* se confond avec le cercle décrit sur le diamètre *mn.*

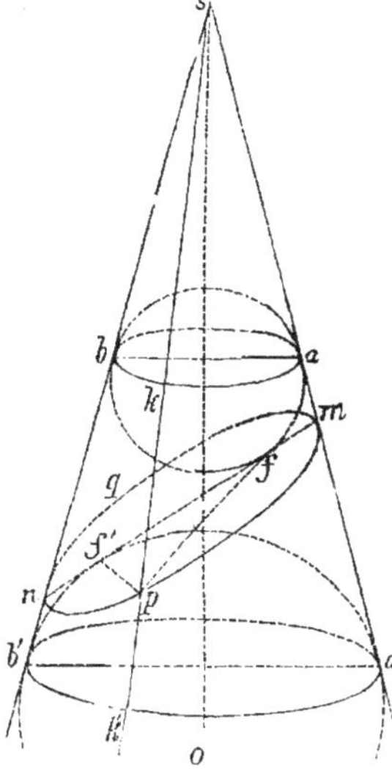

Prop. 3. — Théorème : *Dans un cône droit circulaire, toute section qui ne passe pas par le sommet est une ellipse, une hyperbole ou une parabole.*

Il peut arriver que le plan coupant rencontre toutes les génératrices du cône ou qu'il ne les rencontre qu'en partie, ou bien enfin qu'il soit parallèle à une seule d'entre elles.

1° Soit *smn* le plan conduit suivant l'axe *so* perpendiculairement à la section *mpnq;* concevons deux sphères ayant les mêmes centres et les mêmes rayons que les circonférences inscrite et ex-inscrite au triangle *smn;* ces sphères touchent le plan coupant en *f, f',* et la surface conique selon les circonférences *ab, a'b',* dont les plans sont perpendiculaires à l'axe. — Joignons les points de contact *f, f',* à un point quelconque *p* du contour de la section *mpnq,* et tirons la génératrice *sp.* — Parce que *fp, f'p, sp,* touchent les sphères en *f, f', k* et *k',* on a *fp = pk, f'p = pk',* et partant $fp + f'p = kk' = aa';$ donc la courbe *mpnq* est une

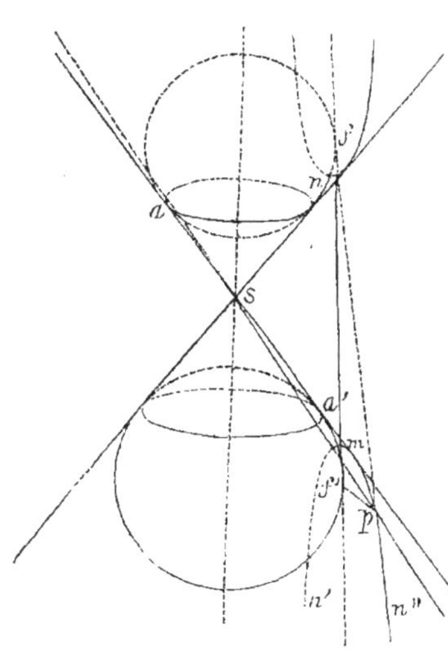

ellipse dont les foyers sont f, f', et dont le grand axe mn est égal à aa'.

2° Prolongeant toutes les génératrices du cône pour former le cône opposé, et faisant des constructions et des raisonnements semblables aux précédents, on trouve $fp - f'p = aa'$; il s'ensuit que la section $n'mn''$ est une branche d'hyperbole, qui a pour foyers les points de contact f, f', et un axe transverse mn égal à aa'.

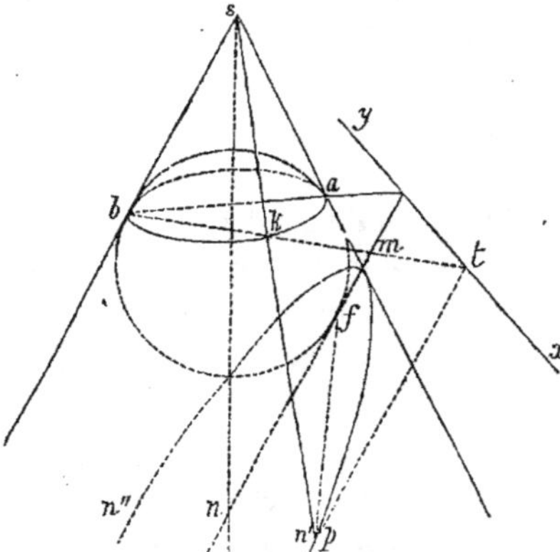

3° Si la section, et par suite la droite mn, sont parallèles à la génératrice sb, il vient encore $fp = pk$; les plans ab et sbk rencontrent le plan coupant selon les droites xy et pt, l'une perpendiculaire et l'autre parallèle à mn; ainsi, on a

$$pt : sb :: pk : sk;$$

mais $sb = sk$; donc $pt = pk$, et partant $fp = pt$; de là suit que la section $n'mn''$ est une parabole dont f et xy sont le foyer et la directrice.

Scholie. — Voilà pourquoi l'*ellipse*, l'*hyperbole* et la *parabole* sont désignées sous le nom commun de *sections coniques*, ou simplement sous celui de *coniques*. — Les sections circulaires sont comprises dans les sections elliptiques.

§ 4. — Aires des corps ronds.

I. On appelle *zone* la portion d'une surface sphérique comprise entre deux sections circulaires parallèles. — Les deux sections sont les *bases* de la zone, et leur distance en est la *hauteur*.

II. Une *calotte sphérique* est une zone dont l'une des bases dégénère en un point. — La hauteur prend alors le nom de *flèche*.

III. Un *fuseau* est la portion $acbd$ d'une surface sphérique

I et II.

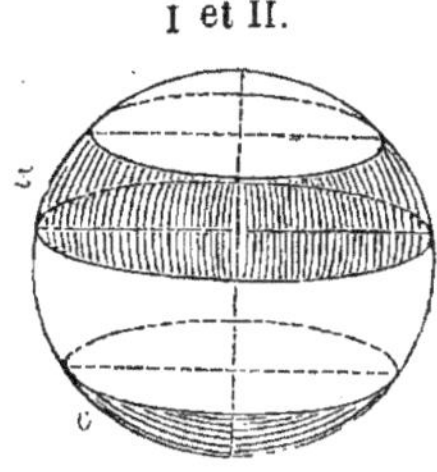

III.

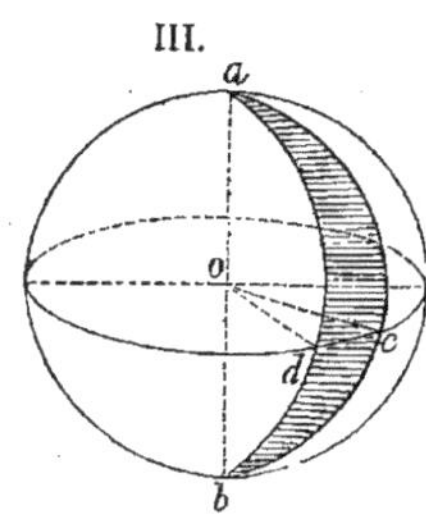

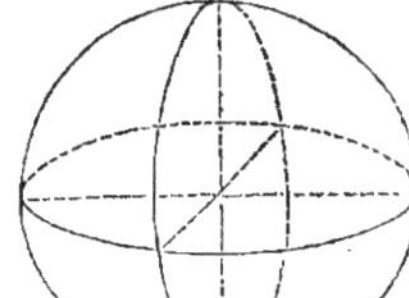

comprise entre deux demi-grands cercles *acb, adb,* terminés au même diamètre *ab.* — L'arc de grand cercle *cd,* qui mesure l'angle rectiligne *cod* de l'inclinaison des deux plans *acb, adb,* est dit l'*arc* du fuseau.

IV. Un fuseau est *droit* quand son arc est égal au quart d'une circonférence de grand cercle. — La surface sphérique vaut évidemment quatre fuseaux droits ou huit triangles trirectangles.

PROPOSITION 1. — THÉORÈME : *L'aire latérale d'un cylindre droit est égale au contour de sa base multiplié par sa hauteur.*

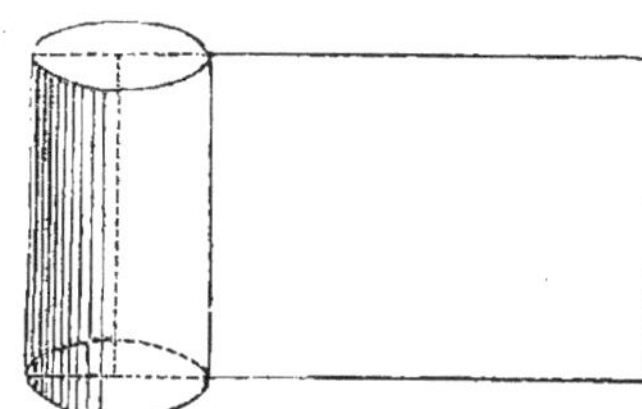

Car, si, à partir d'une génératrice quelconque, on déroule cette surface latérale sur un plan, le développement est un rectangle qui a pour dimensions la hauteur du cylindre et le contour rectifié de sa base.

Scholie. — Soient A l'aire latérale d'un cylindre droit circulaire, R son rayon, et H sa hauteur, on a A $=$ circ R $\times$ H ou A $= 2\pi$RH — L'aire de chaque base étant πR^2, on a aussi aire totale A' $= 2\pi$RH $+ 2\pi$R^2 ou A' $= 2\pi$R (H $+$ R).

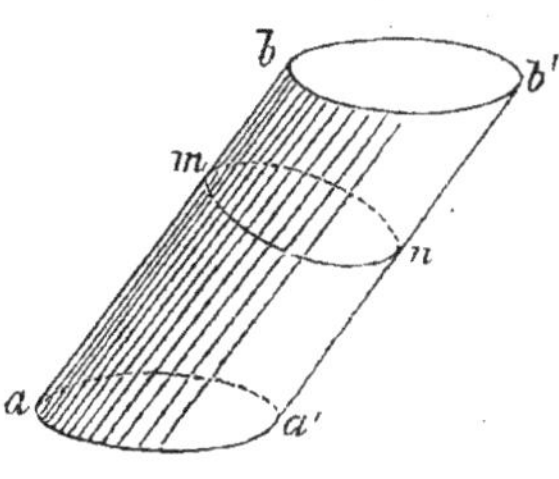

PROP. 2. — THÉORÈME : *L'aire latérale d'un cylindre oblique* abb'a' *est égale à sa génératrice* ab *multipliée par le contour de sa section droite* mn.

Car ce cylindre est un prisme compris sous une infinité de pans très étroits.

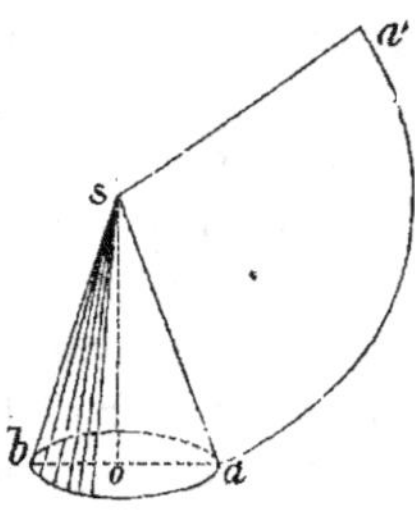

Prop. 3. — Théorème : *L'aire latérale d'un cône droit circulaire* sab *est égale à la circonférence de sa base* ab *multipliée par la moitié de l'apothème* sa.

Car, tous les points de circonférence oa étant équidistants du sommet s, si l'on déroule, à partir de la génératrice sa, la surface conique sur un plan, le développement est un secteur circulaire saa', dont le rayon est l'apothème sa, et dont l'arc aa' est égal à circonférence oa.

Corollaire. — La même mesure convient à une surface conique quelconque limitée à une base curviligne dont tous les points sont équidistants du sommet.

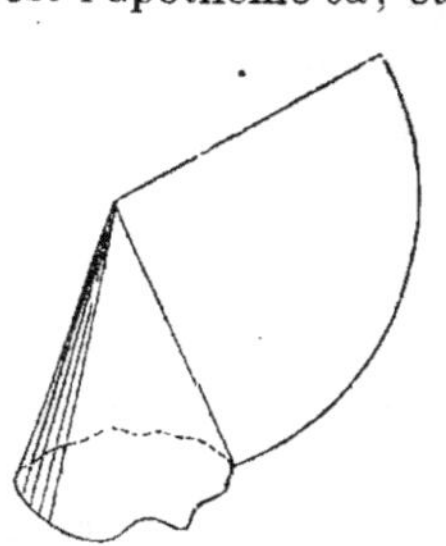

Scholie. – Soient A l'aire latérale d'un cône droit circulaire, R le rayon de la base et C le côté générateur ou l'apothème — On a

$$A = \text{circ } R \times \frac{C}{2} = 2\pi R \times \frac{C}{2} \text{ ou } A = \pi RC.$$

— On a aussi aire totale $A' = \pi RC + \pi R^2$, ou bien
$$A' = \pi R(C + R).$$

Prop. 4. — Théorème : 1° *L'aire latérale d'un tronc* aa'b'b *de cône droit circulaire est égale à la demi-somme des circonférences des bases parallèles* aa', bb', *multipliée par l'apothème* ab. — 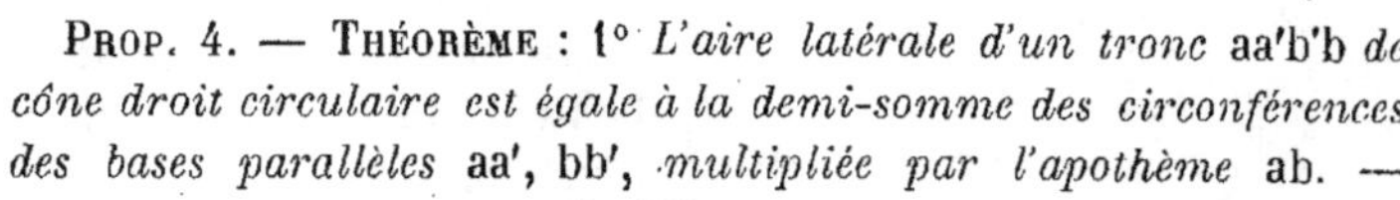

2° *Elle est aussi égale à l'apothème* ab *multipliée par la circonférence de la section* mm', *équidistante des deux bases.*

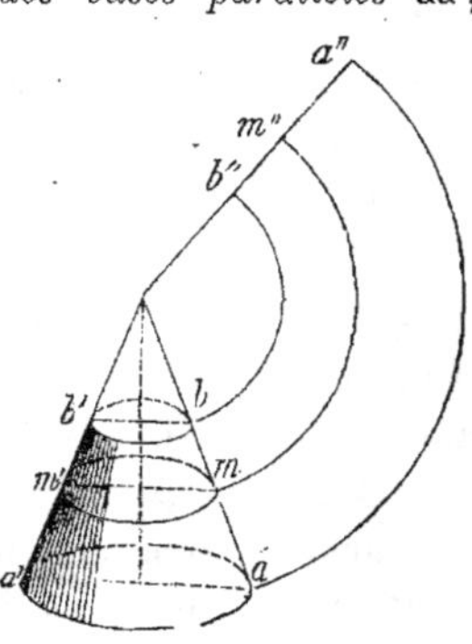

Car, si l'on déroule cette surface sur un plan à partir du côté ab, le développement est un fragment de couronne abb"a", dont les arcs limites aa", bb", et l'arc moyen mm", sont égaux aux circonférences des cercles aa', bb' et mm', et qui a pour épaisseur l'apothème ab.

Scholie. — Soient A l'aire latérale du tronc ; R′, R″ et R, les rayons des bases et de la section équidistante ; enfin C, l'apothème. — On a

$$1° \quad A = \frac{\text{circ } R' + \text{circ } R''}{2} \times C = \frac{2\pi R' + 2\pi R''}{2} \times C$$

ou
$$A = \pi(R' + R'')\,C \; ;$$

$$2° \quad A = \text{circ } R \times C \ \text{ou} \ A = 2\pi RC.$$ — On a aussi aire totale

$$A' = \pi(R' + R'') \times C + \pi R'^2 + \pi R''^2,$$

ou bien
$$A' = \pi[R'(C + R') + R''(C + R'')]\,.$$

Prop. 5. — Théorème : *L'aire de la sphère est égale à une circonférence de grand cercle multipliée par le diamètre.*

Tandis que le demi-cercle xay tourne autour du diamètre xy pour engendrer la sphère, une corde quelconque ab engendre la

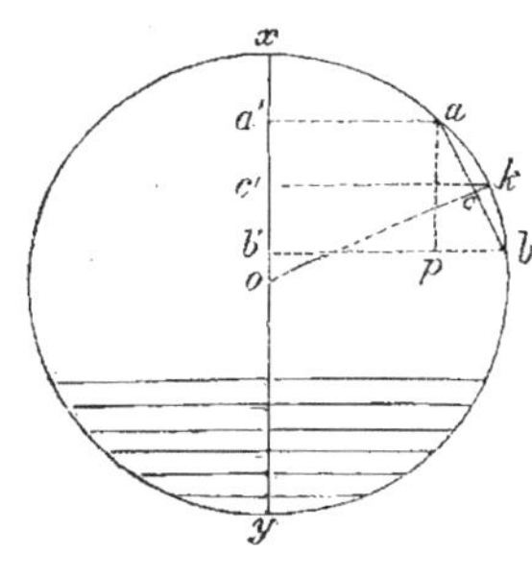

surface d'un tronc de cône, qui a pour hauteur sa projection $a'b'$ sur l'axe xy, et pour circonférence moyenne la circonférence $c'c$ décrite par son milieu c ; cette surface est en conséquence mesurée par $2\pi \times cc' \times ab$. — Tirons ap parallèle à l'axe et le rayon ok du milieu c, lequel est perpendiculaire sur la corde ab ; les triangles abp, occ', ayant leurs côtés respectivement perpendiculaires,

sont semblables, et partant $oc : ab :: cc' : ap$ ou $a'b'$, ou bien $cc' \times ab = oc \times a'b'$; donc l'aire latérale du tronc est exprimée par $2\pi \times oc \times a'b'$, ou par circonférence $oc \times a'b'$. — Lorsque la corde ab est très petite, oc devient égal à ok, et l'aire du tronc de cône peut être prise pour la zone décrite par le petit arc akb ; ainsi, cette zone a pour mesure circonférence $ok \times a'b'$. — Décomposons maintenant la surface sphérique en une infinité de zones très minces par des plans perpendiculaires à l'axe xy ; chacune d'elles valant une circonférence de grand cercle multipliée par sa hauteur, leur somme ou l'aire de la sphère est égale à circonférence ox multipliée par la somme de toutes les hauteurs, c'est-à dire par le diamètre xy.

Corollaire. -- *L'aire de la sphère est quadruple de l'aire d'un grand cercle.* — Soit A une surface sphérique d'un rayon R ; on a
$$A = \text{circ } R \times 2R = 2\pi R \times 2R = 4\pi R^2 \text{ ou bien } A = 4 \cdot \text{cercle } R.$$
— Posant $2R = D$, d'où $4R^2 = D^2$, on a aussi $A = \pi D^2$ ou $A = \text{cercle } D$.

Scholie. — Les formules $A = 4\pi R^2$, $A = \pi D^2$, servent à déterminer l'aire d'une sphère dont on connaît le rayon ou le diamètre, et réciproquement.

PROP. 6. — THÉORÈME : *L'aire d'une zone ou d'une calotte sphérique est égale à une circonférence de grand cercle multipliée par sa hauteur.*

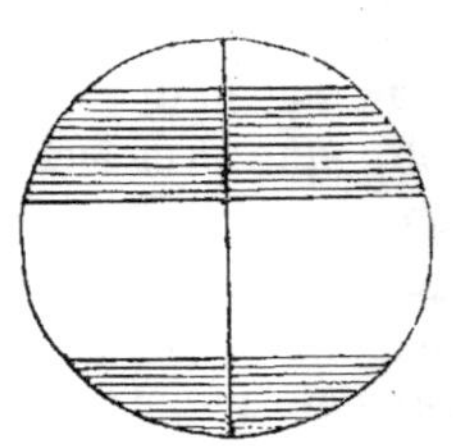

Car une zone ou une calotte peut être décomposée, par des plans perpendiculaires à l'axe, en zones infiniment minces ayant pour épaisseurs les éléments de la hauteur de la zone ou de la calotte.

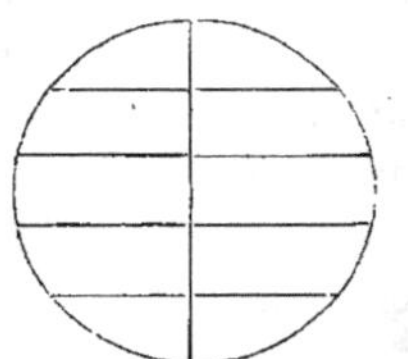

Scholie. — Soient Z une zone ou une calotte, H sa hauteur, et R le rayon : on a
$$Z = \text{circ } R \times H \text{ ou } Z = 2\pi RH.$$

On voit que, sur une même sphère, les zones de même hauteur sont équivalentes, et qu'en général deux zones quelconques sont entre elles comme leurs hauteurs. — Ainsi, pour partager une surface sphérique en un certain nombre de zones équivalentes, il faut diviser un diamètre en un même nombre de parties égales, et lui mener des plans perpendiculaires par les points de division.

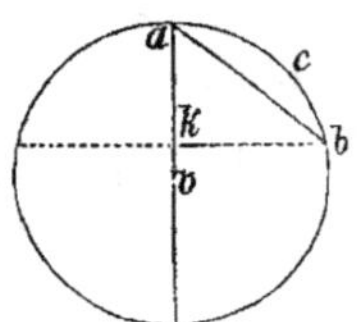

Corollaire. — *La calotte engendrée par l'arc* acb *est équivalente au cercle qui a pour rayon la corde* ab *de cet arc.* — On a
calotte $acb = 2\pi \times oa \times ak$; mais $2oa \times ak = ab^2$;
donc calotte $acb = \pi \cdot ab^2$.

PROP. 7. — THÉORÈME : *L'aire d'un fuseau* abcd *est égale à son arc* bd *multiplié par le diamètre* ac.

Le fuseau *abcd* étant contenu dans la surface sphérique autant

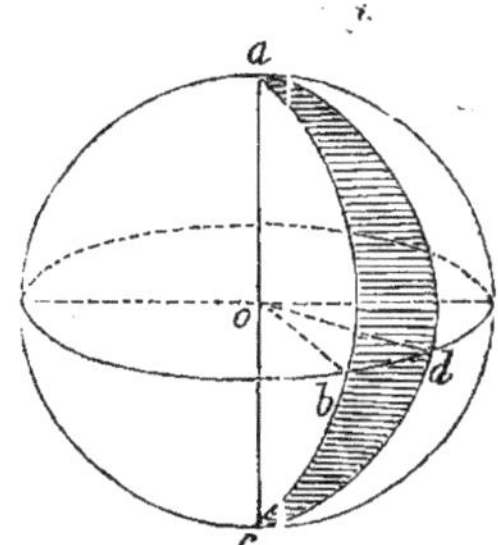

de fois que l'arc *bd* est contenu dans circonférence *ob*, on a la proportion
fuseau abcd : *aire sphérique* :: *bd* : circ *ob* ;
multipliant par *ac* les deux derniers
termes, il vient *fuseau abcd* : *aire sphérique* :: *bd* ✕ *ac* : circ *ob* ✕ *ac* ; mais *aire
sphérique* = circ *ob* ✕ *ac* ; donc *fuseau
abcd* = *bd* ✕ *ac*.

Scholie. — Soient R le rayon et A l'arc
d'un fuseau F ; on a F = A ✕ 2R ou F = 2AR. — Ainsi, sur une
même sphère, deux fuseaux sont proportionnels à leurs arcs.

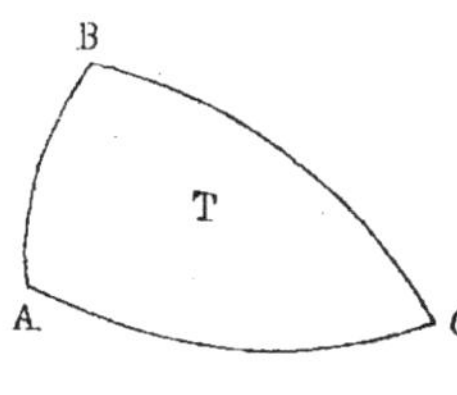

PROP. 8. – THÉORÈME : *L'aire d'un triangle sphérique, exprimée en fuseaux droits,
est égale à l'excès de la demi-somme de ses
trois angles sur un angle droit.*

Soient A, B, C, les angles d'un triangle
sphérique T. — Le trièdre qui a pour
arêtes les rayons des sommets équivaut au

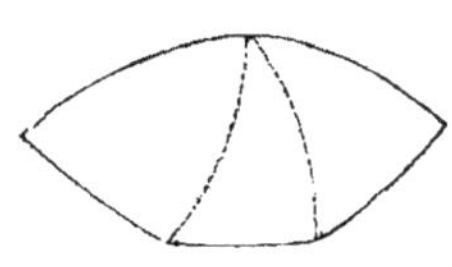

dièdre $\dfrac{A + B + C}{2} - 1$; quand le trièdre

est trirectangle, le dièdre équivalent est

$\dfrac{3}{2} - 1 = \dfrac{1}{2}$. Or, deux trièdres dont les sommets sont au centre

de la sphère, sont évidemment entre eux comme les triangles
qu'ils interceptent sur sa surface ; en observant donc qu'un

triangle sphérique trirectangle $= \dfrac{1}{2}$ fuseau droit, il vient

$$\frac{A + B + C}{2} - 1 : \frac{1}{2} :: T : \frac{1}{2} \text{ fuseau droit, d'où l'on tire}$$

$$T = \left[\frac{A + B + C}{2} - 1 \right] \text{ fuseau droit}$$

ou

$$T = \pi R^2 \left[\frac{A + B + C}{2} - 1 \right].$$

Scholie. — De là résulte que *la surface d'un polygone sphé-*

rique exprimée en fuseaux droits, est égale à l'excès de la demi-somme de tous ses angles sur autant d'angles droits qu'il a de côtés moins deux.

Prop. 9. — **Théorème** : *Les aires des sphères sont entre elles comme les quarrés des rayons.*

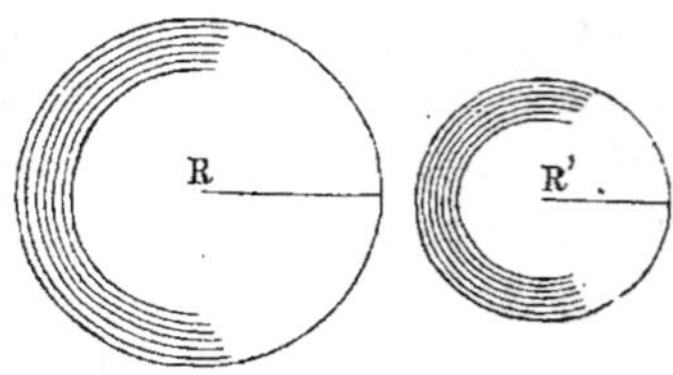

Soient R, R', les rayons de deux sphères, et A, A', leurs aires : on a

$$A = 4\pi R^2, \quad A' = 4\pi R'^2,$$

et, en divisant, $\dfrac{A}{A'} = \dfrac{R^2}{R'^2}$, ou bien A : A' :: R² : R'².

Scholie. — *Les aires latérales ou totales des cylindres, cônes et troncs de cônes semblables, sont entre elles comme les quarrés des lignes homologues.* — Car on peut considérer ces corps comme des prismes, pyramides ou troncs de pyramides semblables.

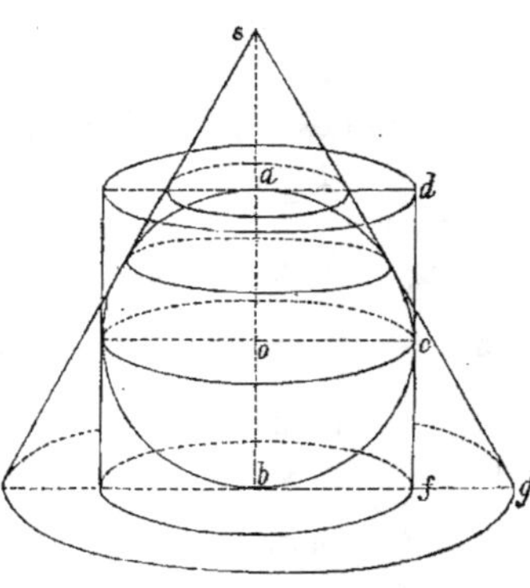

Prop. 10. — **Théorème** : *L'aire A de la sphère est à l'aire totale A' du cylindre circonscrit comme 2 : 3, et à l'aire totale A″ du cône équilatéral circonscrit comme 4 : 9.*

Le demi-cercle *acb*, le demi-quarré circonscrit *adfb* et le demi-triangle équilatéral circonscrit *sgb*, engendrent, en tournant autour du diamètre *ab*, la sphère, le cylindre et le cône équilatéral circonscrits.—En désignant par R le rayon de la sphère, on a $A = 4\pi R^2$; l'aire latérale du cylindre circonscrit est $2\pi R \times 2R$ ou $4\pi R^2$, et partant elle est égale à celle de la sphère ; ainsi,

$$A' = 4\pi R^2 + 2\pi R^2 \text{ ou } A' = 6\pi R^2, \text{ et, en divisant, } \frac{A}{A'} = \frac{4}{6} = \frac{2}{3},$$

c'est-à-dire A : A' :: 2 : 3. — Le rayon de la circonférence circonscrite au triangle équilatéral étant 2R, son côté est égal à $2R\sqrt{3}$, et la surface latérale du cône à $\pi R\sqrt{3} \times 2R\sqrt{3}$ ou à $6\pi R^2$; conséquemment, elle équivaut à la surface totale du cylindre ; comme la base est exprimée par $3\pi R^2$, il vient $A'' = 6\pi R^2 + 3\pi R^2$, ou bien $A'' = 9\pi R^2$; divisant la valeur de A par celle de A'', on trouve $\dfrac{A}{A''} = \dfrac{4}{9}$ ou $A : A'' :: 4 : 9$.

§ 5. — Volumes des corps ronds.

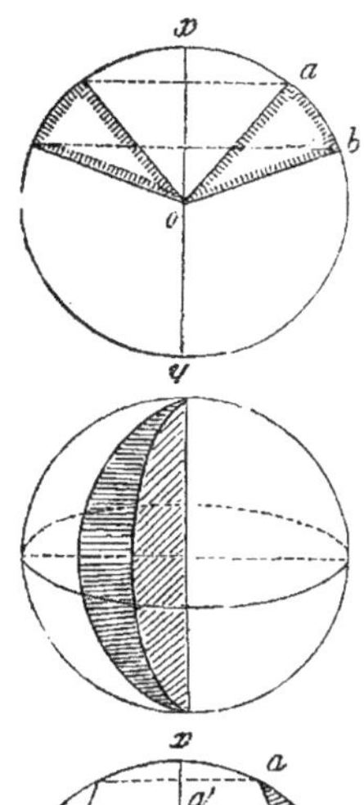

I. Un *secteur sphérique* est le corps engendré par la rotation d'un secteur circulaire *oab* autour d'un diamètre *xy* qui lui est extérieur. — La zone décrite par l'arc *ab* est la *base* du secteur sphérique. — Cette zone devient une *calotte* quand la rotation s'opère autour de l'un des rayons *oa* du secteur *oab*.

II. Un *onglet sphérique* est la portion de la sphère comprise entre deux demi-grands cercles limités au même diamètre. — Le fuseau qu'ils déterminent est la *base* de l'onglet.

III Un *segment sphérique* est le corps engendré par la rotation d'un segment circulaire *acb* autour d'un diamètre *xy* qui lui est extérieur. — La corde *ab* et sa projection *a'b'* sur l'axe sont la *corde* et la *hauteur* du segment sphérique.

IV. Une *tranche sphérique* est la portion de la sphère comprise entre deux sections parallèles. — Ces sections sont les *bases* de la tranche, et leur distance en est la *hauteur*.

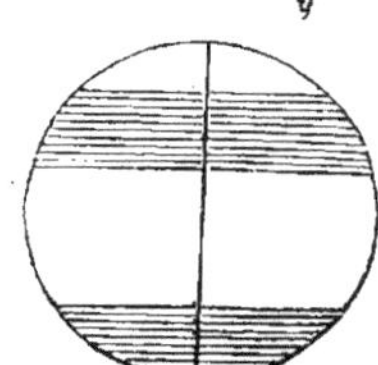

Quand l'une des sections se réduit à un

point, la tranche n'a plus qu'une base ; elle est alors recouverte par une calotte.

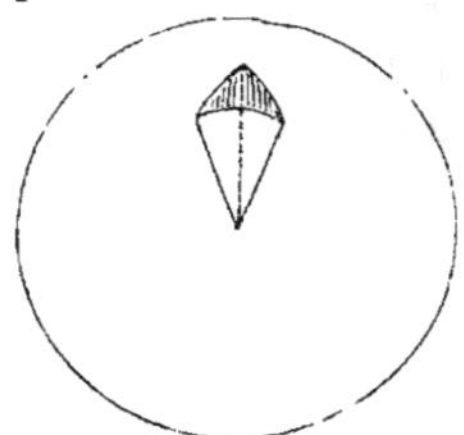

V. Une *pyramide sphérique* est la portion de la sphère qu'intercepte un angle solide dont le sommet est au centre. — Elle est terminée par un polygone sphérique, qui prend le nom de *base*.

PROPOSITION 1. — THÉORÈME : *Le volume d'un cylindre quelconque est égal au produit de sa base par sa hauteur.*

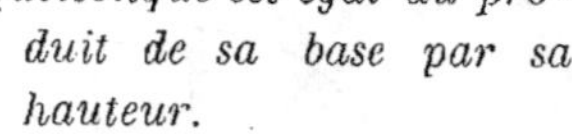
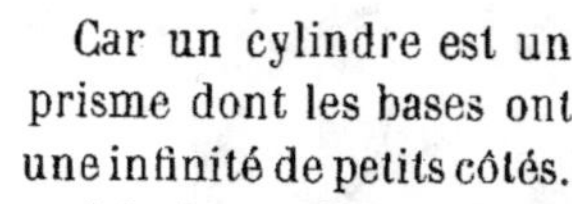

Car un cylindre est un prisme dont les bases ont une infinité de petits côtés.

Scholie. — Soient V, R et H, le volume, le rayon et la hauteur d'un cylindre droit circulaire ; on a

$$V = \text{cercle } R \times H \text{ ou } V = \pi R^2 H.$$

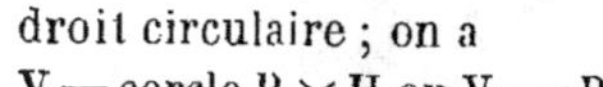

PROP. 2. — THÉORÈME : *Le volume d'un cône quelconque est égal au produit de sa base par le tiers de sa hauteur.*

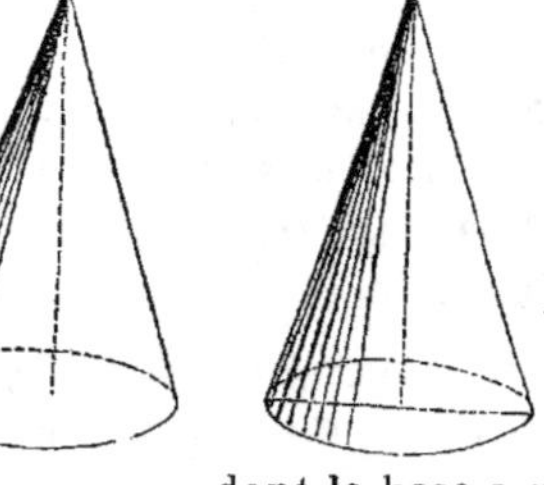

Car un cône est une pyramide dont la base a une infinité de petits côtés.

Corollaire. — *Tout cône est le tiers du cylindre de même base et de même hauteur.*

Scholie. — Soient V, R et H le volume, le rayon de la base et la hauteur d'un cône droit circulaire, on a

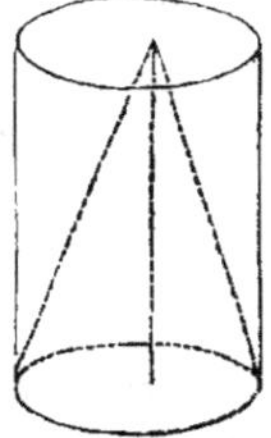

$$V = \text{cercle } R \times \frac{H}{3} \text{ ou } V = \frac{\pi}{3} R^2 H.$$

PROP. 3. — THÉORÈME : *Tout tronc de cône, à bases parallèles, équivaut à trois cônes de même hauteur que le tronc, et qui ont*

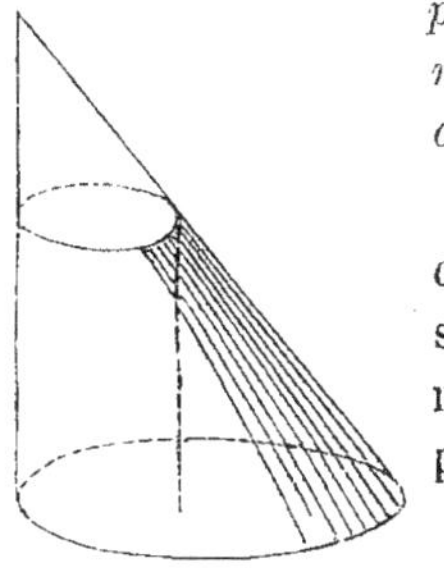

pour bases : sa base inférieure, sa base supérieure et une moyenne proportionnelle entre ces deux bases.

Car un tronc de cône peut être considéré comme un tronc de pyramide dont les bases sont des polygones semblables, ayant un même nombre infiniment grand de côtés très petits.

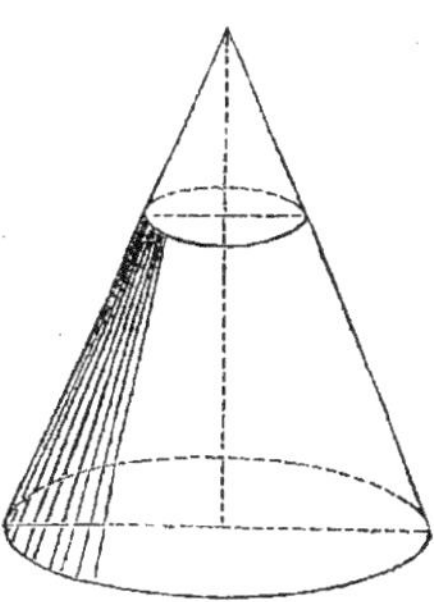

Corollaire. — Le volume d'un tronc de cône, dont les bases diffèrent peu, est sensiblement égal à la demi-somme des bases multipliée par la hauteur. (Voyez p. 304, prop. 13.)

Scholie. — Soient R, R′ et H les rayons des bases et la hauteur d'un tronc T à bases circulaires parallèles. — Les bases étant exprimées par πR^2, $\pi R'^2$, et leur moyenne proportionnelle par $\sqrt{\pi R^2 \times \pi R'^2} = \pi RR'$,

on a $T = \dfrac{\pi}{3} R^2 H + \dfrac{\pi}{3} R'^2 H + \dfrac{\pi}{3} RR'H$,

ou bien $$T = \frac{\pi}{3} H[R^2 + R'^2 + RR'].$$

On peut encore écrire ce résultat comme il suit :

$$T = \frac{\pi}{3} H[(R + R')^2 - RR'].$$

Prop. 4. — Théorème : *Le volume de la sphère est égal à son aire multipliée par le tiers du rayon.*

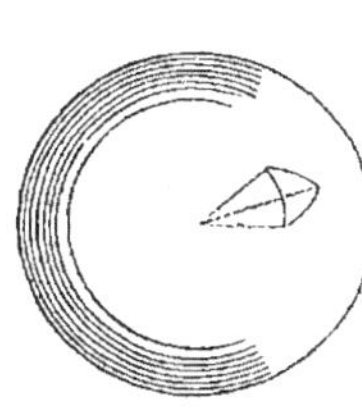

On peut décomposer la surface de la sphère en une infinité de petites faces sensiblement planes, et par suite son volume en une infinité de pyramides ayant pour bases ces faces, pour sommet commun le centre de la sphère, et pour hauteur le rayon. — Or, le volume d'une pyramide est égal au produit de sa base par le tiers de sa hauteur : donc la somme de toutes ces pyramides, c'est-à-dire le volume de la sphère est exprimé par son aire, somme de toutes les petites bases, multipliée par le tiers du rayon.

Scholie. — Soit R le rayon d'une sphère V ; on a

$$V = 4\pi R^2 \times \frac{R}{3} \text{ ou } V = \frac{4\pi}{3} R^3.$$

Posant $2R = D$, d'où $R^3 = \frac{D^3}{8}$, il vient

$$V = \frac{4\pi}{3} \cdot \frac{D^3}{8} \text{ ou } V = \frac{\pi}{6} D^3.$$

C'est à l'aide de ces formules que l'on calcule le volume d'une sphère dont on connaît le rayon ou le diamètre, et réciproquement.

PROP. 5. — THÉORÈME : *Le volume d'un secteur sphérique est égal à la zone ou à la calotte, qui lui sert de base, multipliée par le tiers du rayon.*

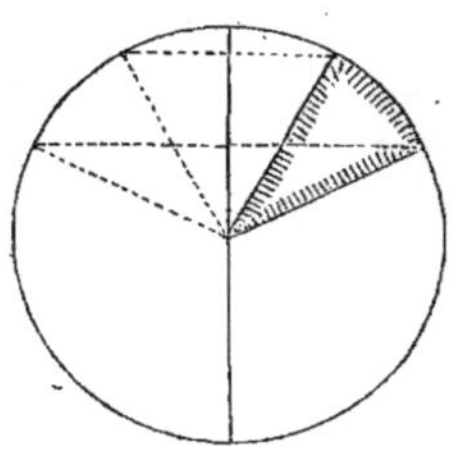

Car un secteur sphérique est composé d'une infinité de petites pyramides qui ont pour sommet commun le centre de la sphère, et pour bases les faces élémentaires de la zone ou de la calotte qui le termine.

Scholie. — Soient V le volume d'un secteur sphérique, H la hauteur de la zone ou de la calotte, et R le rayon, on a

$$V = 2\pi RH \times \frac{R}{3} \text{ ou } V = \frac{2\pi}{3} R^2 H.$$

PROP. 6. — THÉORÈME : *Le volume d'un onglet sphérique est égal au fuseau qui lui sert de base, multiplié par le tiers du rayon.*

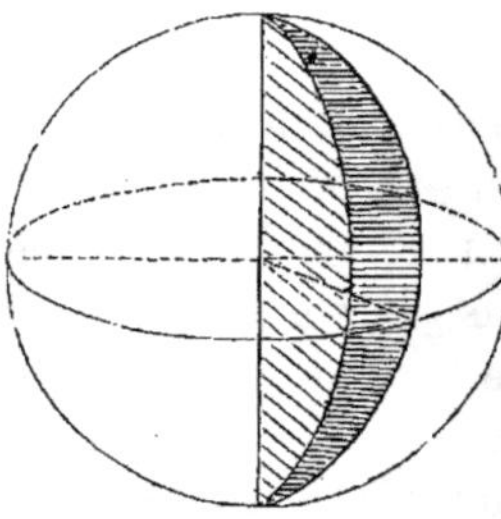

Car un onglet est la somme d'une infinité de petites pyramides ayant pour bases les éléments de son fuseau et pour sommet commun le centre de la sphère.

Scholies. — I. Soient V le volume de l'onglet, A l'arc de son fuseau, et R le rayon : on a $V = 2AR \times \frac{R}{3}$ ou $V = \frac{2}{3} AR^2$.

II. *Le volume d'une pyramide sphérique est égal à l'aire de sa base multipliée par le tiers du rayon.* (Même démonstration.)

PROP. 7. — THÉORÈME : *Le volume d'un segment sphérique est égal au cercle, qui a pour rayon sa corde, multipliée par le sixième de sa hauteur.*

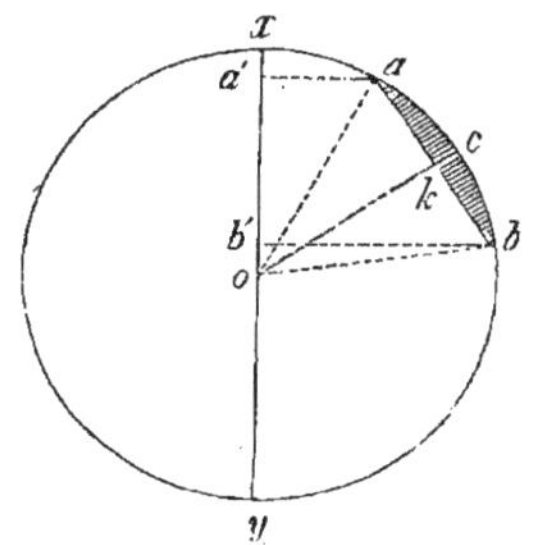

Le segment sphérique, engendré par la rotation du segment circulaire acb autour du diamètre xy, est la différence des corps engendrés par le secteur $oacb$ et par le triangle isocèle oab. — Or,

$$\text{secteur sphérique } oacb = \frac{2\pi}{3}\, oa^2 \times a'b',$$

$a'b'$ étant la hauteur du segment ; de plus, parce que le corps, engendré par le triangle oab, est la somme d'une infinité de petites pyramides ayant pour bases les éléments de la surface que décrit la corde ab, pour sommet commun le centre de la sphère, et pour hauteur celle ok du triangle, son volume est exprimé (page 327) par

$$2\pi ok \times a'b' \times \frac{ok}{3} \text{ ou par } \frac{2\pi}{3}\, ok^2 \times a'b'.$$

Ainsi, segment sphérique $acb = \dfrac{2\pi}{3}\,(oa^2 - ok^2) \times a'b'$; mais

$$oa^2 - ok^2 = ak^2 = \frac{ab^2}{4} \, ;$$

donc segment sphérique $acb = \dfrac{2\pi}{3} \times \dfrac{ab^2}{4} \times a'b'$, ou bien segment

sphérique $acb = \pi ab^2 \times \dfrac{a'b'}{6}$.

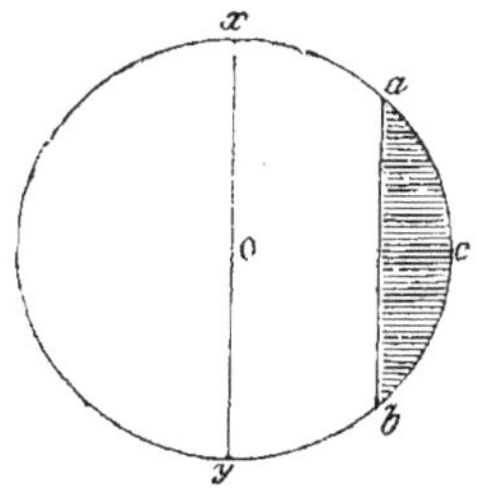

Corollaire. — Tout segment sphérique est à la sphère, décrite sur sa corde comme diamètre, dans le rapport de sa hauteur à sa corde. — Les volumes

$$\frac{\pi}{6}\, ab^2 \times a'b', \frac{\pi}{6}\, ab^3$$

de ces corps, sont en effet dans le rapport

de $a'b' : ab$. — Ils sont équivalents lorsque la corde ab est parallèle à l'axe xy.

PROP. 8. — **THÉORÈME** : *Le volume d'une tranche sphérique égale la demi-somme de ses bases multipliée par sa hauteur, plus la sphère décrite sur cette hauteur comme diamètre.*

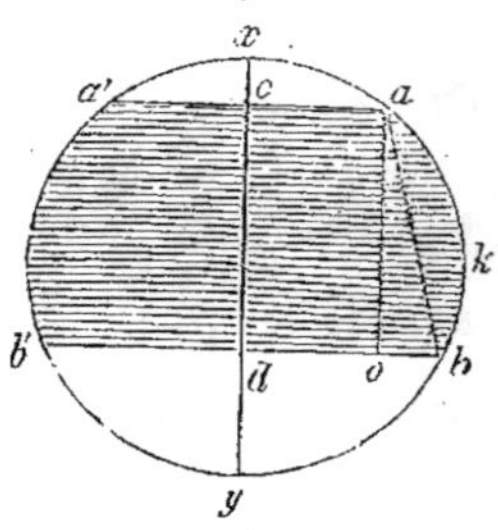

Soient **V** le volume de la tranche $abb'a'$ engendrée par la rotation de la figure $cakbd$ autour du diamètre xy; R, R', les rayons bd, ac, des bases; enfin H, la hauteur cd. — Cette tranche se compose évidemment du segment sphérique akb et du tronc de cône décrit par le trapèze $cabd$. — Or, segment sphérique $akb = \dfrac{\pi}{6} ab^2 \times H$, et, comme

le triangle rectangle abo fournit $ab^2 = bo^2 + oa^2 = (R - R')^2 + H^2$,

il vient segment sphérique $akb = \dfrac{\pi}{6} [R^2 + R'^2 - 2RR' + H^2]H$.

— D'un autre côté,

tronc $cabd = \dfrac{\pi}{3} [R^2 + R'^2 + RR'] H = \dfrac{\pi}{6} [2R^2 + 2R'^2 + 2RR']H$.

Ajoutant, on trouve

$$V = \frac{\pi}{6} [3R^2 + 3R'^2 + H^2]H \text{ ou } V = \frac{\pi R^2 + \pi R'^2}{2} \times H + \frac{\pi}{6} H^3.$$

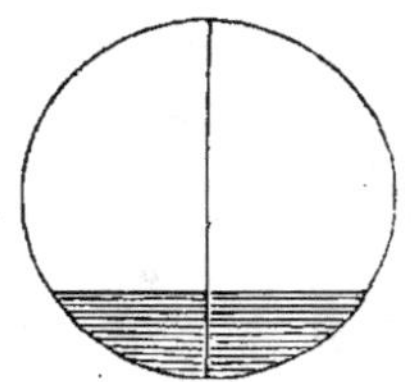

Corollaire. — *Un segment sphérique, à une seule base, équivaut à la moitié du cylindre de même base et de même hauteur, augmentée de la sphère qui a cette hauteur pour diamètre.* — Car, si R' $=$ o, la formule devient

$$V = \frac{1}{2} \pi R^2 H + \frac{\pi}{6} H^3.$$

PROP. 9. — **THÉORÈME** : *Les volumes des sphères sont proportionnels aux cubes des rayons.*

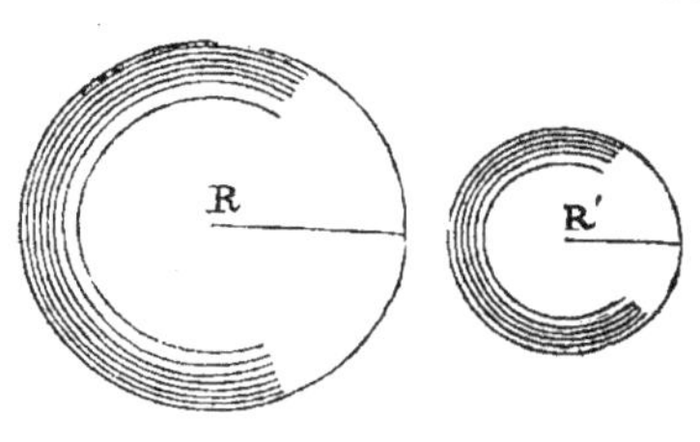

Soient V, V', les volumes de deux sphères, et R, R', leurs rayons : on a

$$V = \frac{4\pi}{3} R^3, \quad V' = \frac{4\pi}{3} R'^3,$$

et, en divisant,

$$\frac{V}{V'} = \frac{R^3}{R'^3}, \quad \text{ou } V : V' :: R^3 : R'^3.$$

Scholie. — *Les volumes des cylindres, cônes et troncs de cônes semblables, sont entre eux comme les cubes de leurs lignes homologues.* — Car on peut les considérer comme des prismes, pyramides et troncs de pyramides semblables.

PROP. 10. — THÉORÈME : *Le volume* V *de la sphère est au volume* V' *du cylindre circonscrit comme* 2 : 3, *et à celui* V'' *du cône équilatéral circonscrit comme* 4 : 9.

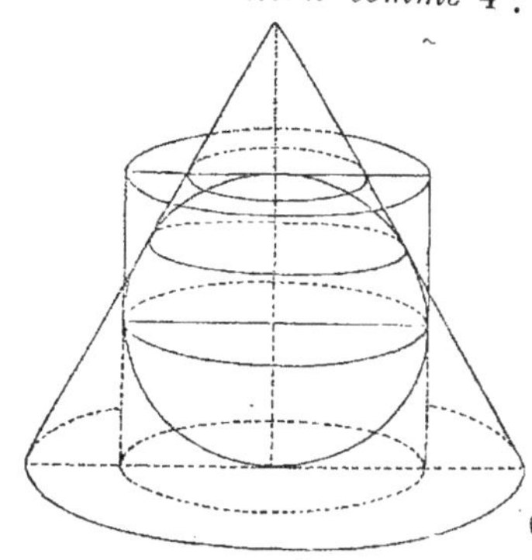

En représentant par R le rayon de la sphère, on a

$$V = \frac{4\pi}{3} R^3,$$

$$V' = \pi R^2 \times 2R \text{ ou } V' = 2\pi R^3,$$

et, en divisant,

$$\frac{V}{V'} = \frac{4}{6} = \frac{2}{3},$$

c'est-à-dire V : V' :: 2 : 3. — Le côté générateur du cône étant $2R\sqrt{3}$, sa base est égale à $3\pi R^2$, et sa hauteur à $\sqrt{12R^2 - 3R^2}$ ou à 3R ; ainsi,

$$V'' = 3\pi R^2 \times R \text{ ou } V'' = 3\pi R^3 ;$$

donc $\dfrac{V}{V''} = \dfrac{4}{9}$, et partant V : V'' :: 4 : 9.

§ 6. — Aires et volumes des corps de révolution.

I. Lorsqu'on divise une ligne plane quelconque en petits éléments égaux, le centre des moyennes distances de tous leurs milieux est dit *le centre des moyennes distances de la ligne.*

II. Lorsqu'on divise une figure plane quelconque en petits éléments rectangulaires égaux par deux séries de droites parallèles qui se coupent à angle droit, le centre des moyennes distances des centres de tous ces petits rectangles est dit *le centre des moyennes distances de l'aire de la figure.*

III. *Le centre de symétrie d'une figure se confond avec les centres des moyennes distances de son contour et de son aire.* — Car les éléments du contour et de l'aire étant deux à deux sur un même diamètre et à égale distance du centre de symétrie, la somme algébrique des distances de tous les éléments rectilignes ou superficiels, par rapport à une droite quelconque passant par le centre, est nulle d'elle-même.

PROPOSITION. — THÉORÈME : *Lorsqu'une figure plane fait une révolution autour d'un axe situé dans son plan, 1° l'aire du corps engendré a pour mesure le contour générateur multiplié par la circonférence décrite par son centre des moyennes distances ; 2° le volume de ce corps a pour mesure l'aire génératrice multipliée par la circonférence décrite par son centre des moyennes distances.*

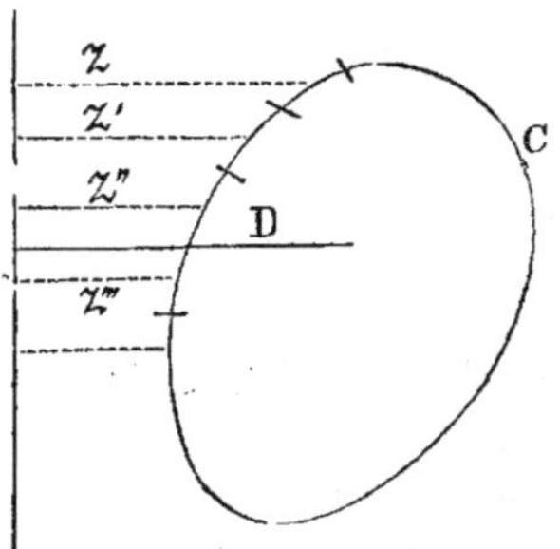

1° Soient A l'aire engendrée, C le contour générateur, et D la perpendiculaire tirée de son centre des moyennes distances sur l'axe de rotation. — Décomposons le contour C en un très grand nombre m de petits éléments égaux à c, et désignons par z, z', z'',...., les distances de leurs milieux à l'axe. — Les aires des petits troncs de cônes, que décrivent ces divers éléments, étant exprimées par $c \times 2\pi z$, $c \times 2\pi z'$, $c \times 2\pi z''$,..., et la somme de toutes ces aires formant l'aire cherchée, on a

$$A = c \times 2\pi (z + z' + z'' + \ldots),$$

ou bien

$$A = mc \times 2\pi \frac{z + z' + z'' + \ldots}{m} ;$$

mais $mc = $ C, et $\dfrac{z + z' + z'' + \cdots}{m} = $ D ; donc A $= $ C $\times$ 2πD.

2° Soient V le volume du corps engendré, S l'aire génératrice, et K la perpendiculaire tirée de son centre des moyennes distances sur l'axe. — Décomposons la surface S en un très grand nombre m de petits rectangles égaux à s par deux séries de droites parallèles et perpendiculaires à l'axe, et appelons z, z', z'', ..., les distances des centres de ces rectangles à cette ligne. — L'anneau engendré par le petit rectangle $abcd$, étant la différence des

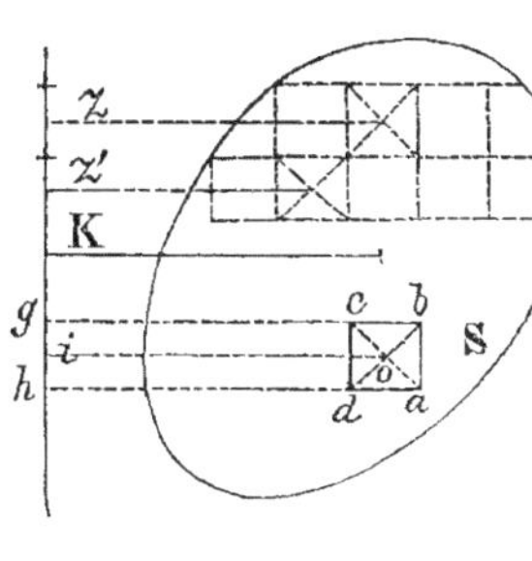

cylindres décrits par $abgh$ et $dcgh$, est exprimé par

$$\pi \cdot ah^2 \times ab - \pi \cdot dh^2 \times ab,$$

ou par $\pi \cdot (ah^2 - dh^2)\, ab$;
mais $ah^2 - dh^2 = (ah + dh)(ah - dh)$ $= 2oi \times ad$; donc la mesure de l'anneau est $ad \times ab \times 2\pi \cdot oi$, ou rectangle $abcd \times 2\pi \cdot oi$. — Ainsi, les divers anneaux dont le volume V est composé ont pour mesures $s \times 2\pi z$, $s \times 2\pi z'$, $s \times 2\pi z''$, ... ; conséquemment,

$$V = s \times 2\pi(z + z' + z'' + ...),$$

ou bien

$$V = ms \times 2\pi \frac{z + z' + z'' + ...}{m} ;$$

or, $ms = $ S, $\dfrac{z + z' + z'' + ...}{m} = $ K ; donc V $= $ S $\times$ 2πK.

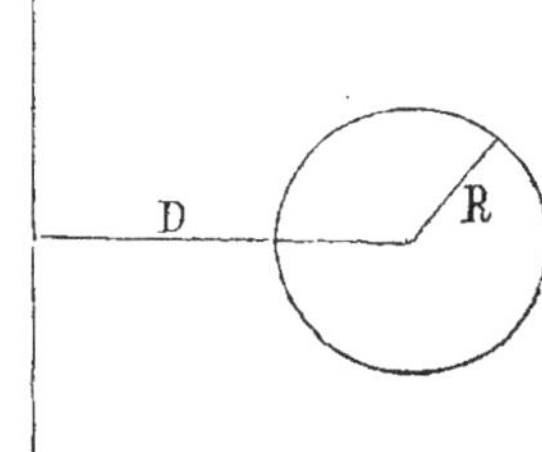

Scholie. — Si la figure génératrice est un cercle d'un rayon R, et dont le centre est distant de l'axe de D, on a A $= 2\pi$R $\times 2\pi$D, ou A $= 4\pi^2$RD et V $= \pi$R$^2 \times 2\pi$D, ou V $= 2\pi^2$R^{2}D. — Quand le cercle est tangent à l'axe, il vient D $= $ R, et par suite

$$A = 4\pi^2 R^2 \text{ et } V = 2\pi^2 R^3.$$

GÉOMÉTRIE DE L'ESPACE

DEUXIÈME PARTIE.

Iʳᵉ SECTION.

LES SURFACES COURBES.

§ 1. — La génération des surfaces courbes.

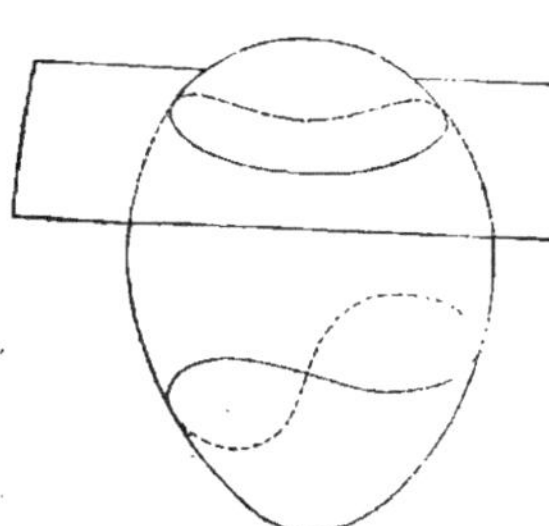

I. On peut tracer sur une surface courbe quelconque une infinité de lignes. On appelle *lignes planes* ou *à simple courbure* celles qui ont tous leurs points dans un même plan ; les autres prennent le nom de *lignes à double courbure*.

II. Une surface est *convexe* lorsque toutes ses sections planes sont elles-mêmes convexes. — Telle est la surface de la sphère.

III. On désignera désormais sous les noms respectifs de *centre*, d'*axes principaux* et de *plans principaux* d'une surface, le point, les droites et les plans appelés jusqu'ici centre, axes et plans de symétrie. — On donnera en outre le nom de *diamètres* à toutes les droites tirées par le centre.

IV. Les diverses intersections d'une surface courbe avec d'autres surfaces, décrites arbitrairement, ne sont pas généralement de même espèce ; les sections planes, par exemple, peuvent être rectilignes, circulaires, elliptiques, etc., etc. Toutefois, lorsque les surfaces sont soumises à certaines lois, il existe entre ces lignes une liaison, plus ou moins facile à saisir, qui dépend à la fois de ces lois et de la forme de la surface que l'on considère ;

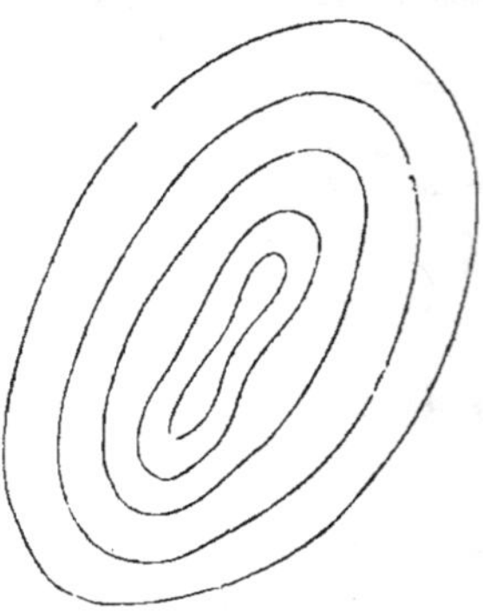

on s'efforce de rendre cette liaison aussi simple que possible, en choisissant un système convenable de surfaces coupantes ; c'est pour atteindre ce but que l'on traverse la surface, tantôt par des plans parallèles ou par des plans qui passent par la même droite, tantôt par des surfaces sphériques concentriques, etc., etc. On parvient par là, du moins dans un assez grand nombre de cas, à obtenir des relations suffisamment simples entre les lignes d'intersection ; c'est ce qui arrive, entre autres, lorsque ces lignes sont droites ou circulaires, lorsqu'elles sont égales ou semblables, etc., etc.

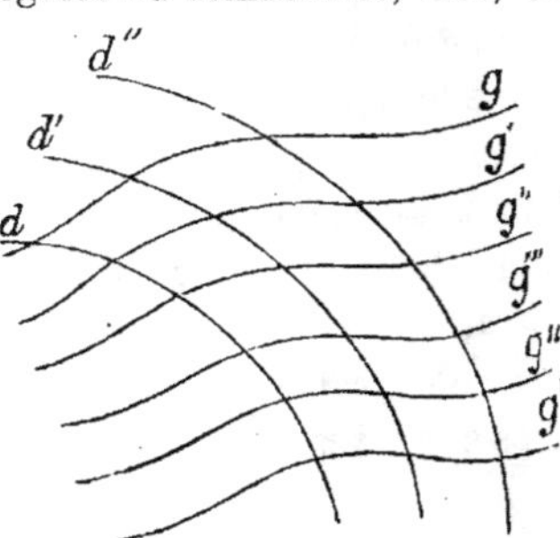

V. Supposons que l'on ait décrit sur une surface courbe S une série de lignes g, g', g'', g''',....., infiniment voisines et assujetties à une loi connue, de manière que chacune soit déterminée par les mêmes conditions ; puis, traçons à volonté sur cette surface d'autres lignes d, d', d'',.. .., qui rencontrent toutes celles qui précèdent ; imaginons ensuite que la ligne g se meuve en s'appuyant sur l'une, ou au besoin sur plusieurs des lignes d, d', d'',...., et qu'elle subisse en outre, à chaque instant, les modifications voulues par la loi mentionnée : il est visible que, pendant son mouvement, elle coïncidera successivement avec les lignes g', g'', g''',...., et partant qu'elle engendrera la surface S. — On dit que les lignes g, g', g'', g''', ..., sont les *génératrices* de la surface, et que les lignes fixes d, d', d'',......, dont le nombre est toujours limité, en sont les *directrices*.

Ainsi, *toute surface courbe peut être engendrée, d'une infinité de manières différentes, par le mouvement d'une ligne assujettie à* *rencontrer une ou plusieurs lignes fixes, et à changer, à chaque instant, de forme et de grandeur d'après une loi déterminée.*

Pour éclaircir ce que ces considérations générales ont d'abstrait, nous allons faire connaître les générations de quelques surfaces particulières ; nous passerons ensuite en revue les familles de surfaces les plus importantes : ce sont les *surfaces de révolution*, les *surfaces développables* et les *surfaces gauches.* — On dit que les surfaces des deux dernières familles sont *réglées*, parce que les unes et les autres peuvent être engendrées par le mouvement d'une ligne droite.

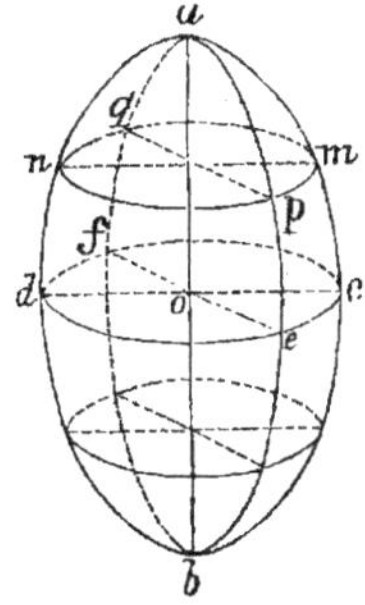

VI. L'*ellipsoïde.* — Ce corps est engendré par une ellipse *mpnq*, qui se meut, en restant parallèle à elle-même, de manière que ses quatre sommets *m* et *n*, *p* et *q*, décrivent deux ellipses fixes *acbd, aebf*, situées dans des plans perpendiculaires et ayant un axe commun *ab*. — Ce corps est doué d'un *centre o*, de *trois axes principaux ab*, *cd, ef*, rectangulaires deux à deux, et de *trois sections principales acbd*, *aebf* et *cedf.*

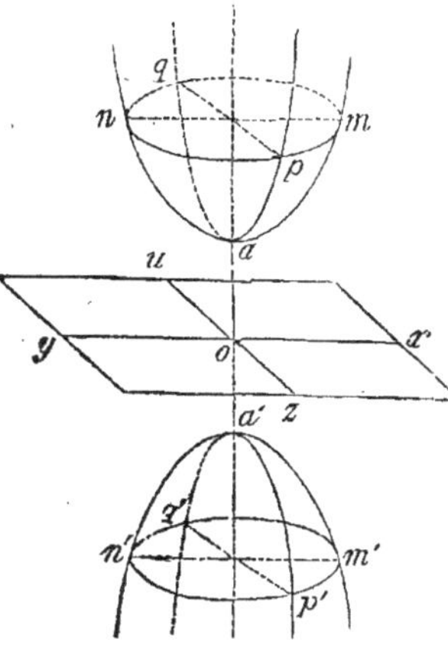

VII. L'*hyperboloïde à deux nappes.* — Il est engendré par une ellipse *mpnq* qui se meut, parallèlement à elle même, de manière que ses sommets *m* et *n*, *p* et *q*, décrivent deux hyperboles (*man*, *m'a'n'*) et (*paq*, *p'a'q'*), ayant le même axe transverse *aa'* et des plans perpendiculaires. — La surface de ce corps est composée de *deux nappes illimitées ampnq, a'm'p'n'q'.* — Le centre *o* des deux hyperboles directrices, l'axe commun *aa'* et les axes non transverses *xy*, *zu*, enfin les trois plans *aox, aoz, xzyu*, sont le *centre*, les *axes* et les *plans principaux* de l'hyperboloïde.

344

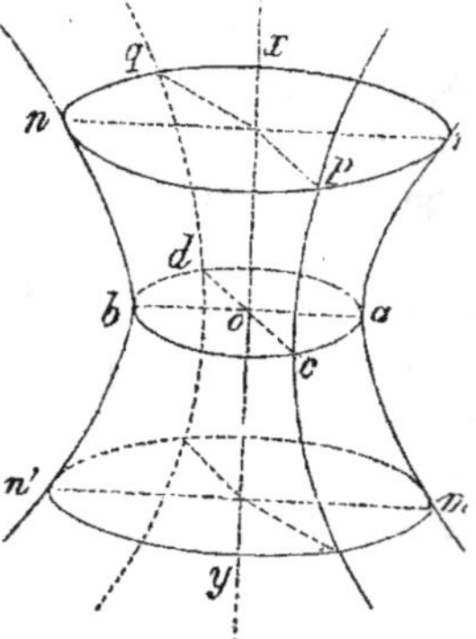
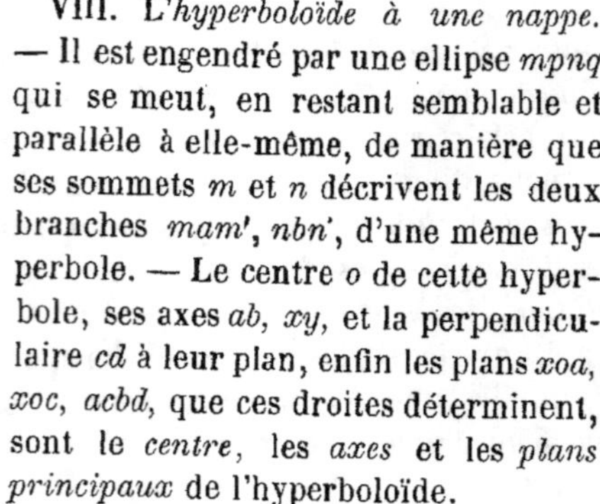

VIII. L'*hyperboloïde à une nappe.*
— Il est engendré par une ellipse *mpnq*
qui se meut, en restant semblable et
parallèle à elle-même, de manière que
ses sommets *m* et *n* décrivent les deux
branches *mam'*, *nbn'*, d'une même hyperbole. — Le centre *o* de cette hyperbole, ses axes *ab, xy*, et la perpendiculaire *cd* à leur plan, enfin les plans *xoa,
xoc, acbd*, que ces droites déterminent,
sont le *centre*, les *axes* et les *plans
principaux* de l'hyperboloïde.

IX. Le *paraboloïde elliptique.* — Il est
engendré par une ellipse *mpnq* qui se meut
parallèlement à elle-même, de sorte que
ses sommets *m* et *n, p* et *q*, décrivent deux
paraboles quelconques, *man, paq*, ayant
même sommet *a*, même axe *ax*, et des plans
perpendiculaires. — Ce corps est dénué de
centre, et ne possède *qu'un axe, ax*, et
deux plans principaux, man et *paq*.

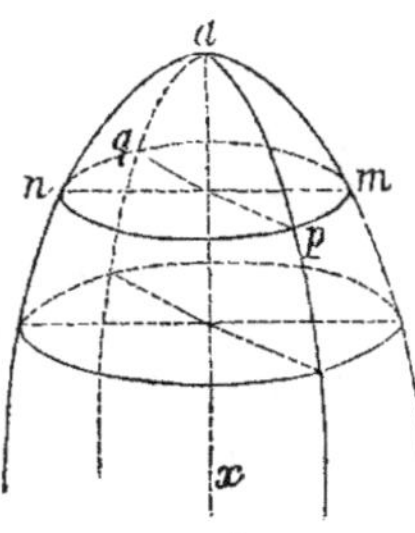
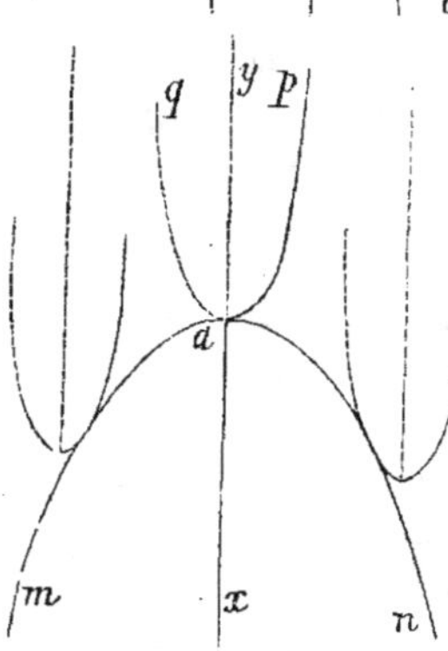

X. Le *paraboloïde hyperbolique.* —
Supposons que deux paraboles quelconques, *man, paq*, aient même sommet *a*, des axes *ax, ay*, situés en ligne
droite, et des plans perpendiculaires.
— Le corps dont il s'agit est engendré
par la parabole *paq*, lorsqu'elle se meut
parallèlement à elle-même, de manière
que le sommet *a* glisse sur l'autre parabole *man*. — Ce corps, dénué de
centre, n'a *qu'un axe xy*, et *deux plans
principaux, man, paq*.

XI. Les cinq corps qui précèdent sont remarquables en ce que
toutes leurs sections planes sont des coniques. — Le calcul apprend que les centres des sections parallèles sont en ligne droite,
et que toutes les droites, ainsi déterminées, passent par le centre

quand le corps en a un, et sont parallèles à l'axe quand il en est dépourvu. — On fait voir aussi qu'il existe dans chacun des quatre premiers corps deux séries de sections circulaires parallèles, et que le troisième et le dernier peuvent être engendrés, de deux manières différentes, par la ligne droite.

§ 2. — Les surfaces de révolution.

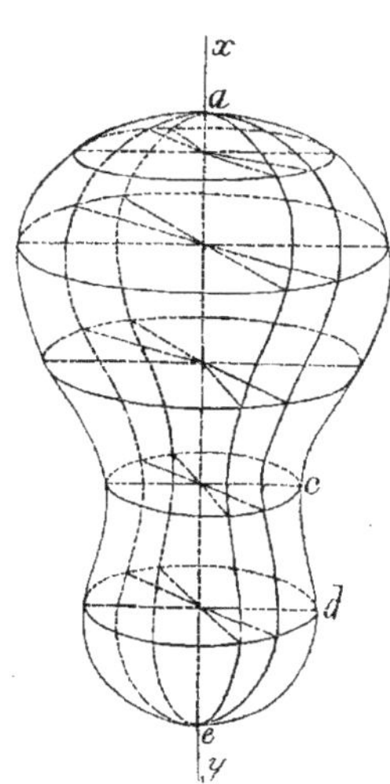

I. Une surface est dite *de révolution* lorsqu'elle est engendrée par la rotation d'une ligne quelconque *abcde*, à simple ou à double courbure, autour d'une droite fixe *xy*, de manière que chacun de ses points décrive une circonférence de cercle perpendiculaire et concentrique à cette droite. — La ligne *xy*, autour de laquelle la *génératrice abcde* opère son mouvement, s'appelle *axe de révolution*.

II. On nomme *plans méridiens* ou simplement *méridiens* toutes les sections qui passent par l'axe. — Il est visible que chaque méridien, en tournant autour de l'axe, engendre la surface de révolution ; il s'ensuit que *tous les méridiens sont égaux*.

III. On appelle *cercles parallèles* ou simplement *parallèles* toutes les sections circulaires, perpendiculaires et concentriques à l'axe. — Le plus grand des parallèles prend le nom d'*équateur*, et le plus petit celui de *cercle de gorge* ou de *collier*.

IV. Il résulte de ces définitions que *tout corps de révolution peut être engendré par un cercle mobile, de rayon variable, astreint à rester perpendiculaire et concentrique à une droite fixe, et à s'appuyer constamment sur une ligne donnée.*

V. Les corps de révolution les plus remarquables sont les *trois corps ronds* étudiés plus haut. — La sphère est de révolution par rapport à chacun de ses diamètres ; cette propriété ne convient qu'à elle seule. — La surface du cylindre droit circulaire est en-

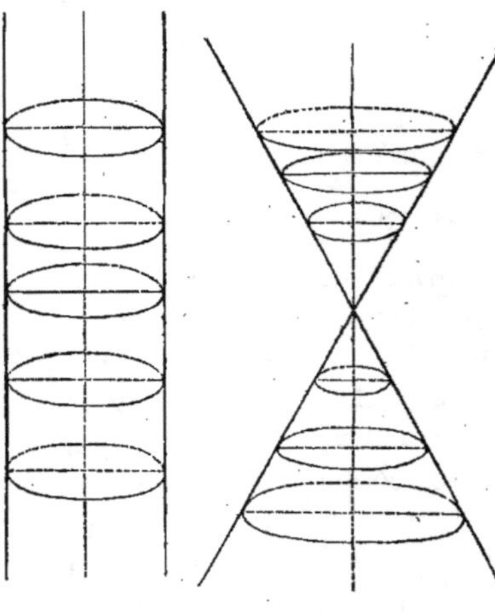

gendrée par une droite parallèle à l'axe ; tous ses cercles parallèles sont égaux. — La surface du cône droit circulaire est engendrée par une droite indéfinie qui coupe l'axe ; elle est composée de deux nappes égales opposées par le sommet ; les rayons des parallèles sont entre eux comme les distances de leurs centres à ce sommet. — La surface dégénère en un plan lorsque la génératrice est perpendiculaire à l'axe.

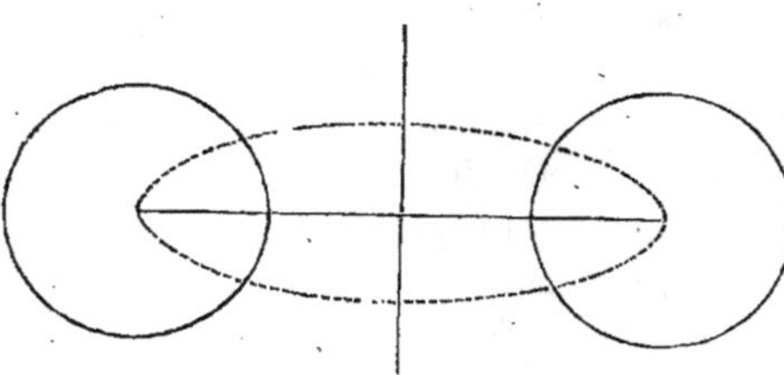

VI. Le *tore* ou la *surface annulaire* est engendrée par un cercle tournant autour d'un axe situé dans son plan. — Il peut arriver que la circonférence génératrice ne rencontre pas l'axe, qu'elle lui soit tangente ou qu'elle le coupe en deux points. — Les sections perpendiculaires à l'axe sont des zones circulaires.

VII. On appelle *ellipsoïde, hyperboloïde, paraboloïde de révolution*, les corps engendrés par la révolution d'une ellipse, hyperbole ou parabole, autour d'un axe principal. — L'ellipsoïde de révolution est *allongé* ou *aplati* selon que le mouvement a lieu autour du grand axe ou autour du petit axe. — L'hyperboloïde de révolution est *à deux nappes* ou *à une nappe*, selon que l'axe de rotation est un axe transverse ou non transverse. — Le calcul apprend que la surface de ce dernier corps est identique avec *celle décrite par la rotation d'une droite* cd *autour d'un axe* ab *qu'elle ne rencontre pas.* — Le parallèle *kk'*, engendré par la plus courte distance *ok* des lignes *ab*, *cd*, est le *collier* de l'hyperboloïde. — Les quatre corps sont au surplus des cas particuliers de ceux que l'on a examinés pages 343 et 344.

Proposition 1. — **Théorème** : *Les méridiens et les parallèles d'une surface de révolution se coupent à angle droit.*

Car l'axe de révolution est perpendiculaire à tous les parallèles, et tout plan, conduit suivant une droite perpendiculaire à un autre plan, est aussi perpendiculaire à ce plan.

Scholie. — En chaque point d'une surface de révolution, on peut faire passer un méridien et un parallèle.

Prop. 2. — **Théorème** : *L'axe d'une surface de révolution est un axe principal, et tous ses méridiens sont des plans principaux.*

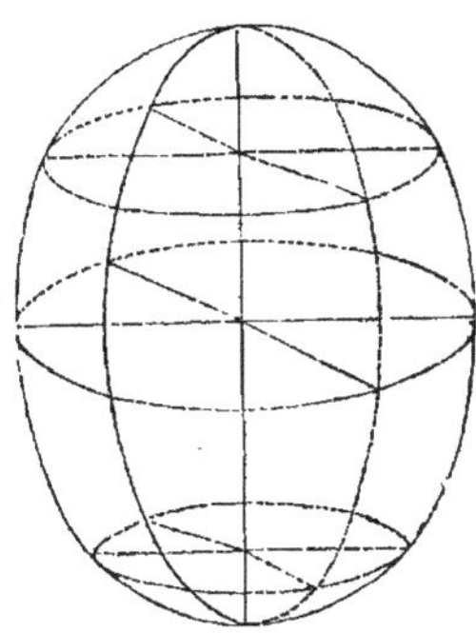

L'axe de révolution est un axe principal parce qu'il contient les centres de toutes les sections circulaires qui lui sont perpendiculaires. — Chaque méridien, coupant les parallèles à angle droit et selon des diamètres, divise en deux parties égales toutes les cordes de la surface qui lui sont perpendiculaires : donc ce plan est principal.

Corollaire 1. — *Tout plan méridien divise une surface de révolution en deux parties égales.* — Pour opérer la superposition, il suffit en effet, l'une des parties restant fixe, de faire faire à l'autre une demi-révolution autour de l'axe.

Corol. 2. — *Quand la section méridienne est douée d'un axe principal perpendiculaire à l'axe de révolution, la surface a pour centre le point de concours de ces deux axes.* — Car le parallèle décrit par le premier axe est évidemment un plan principal de la surface, et, si par le second on conduit deux méridiens à angle droit, le point dont il s'agit est l'intersection commune de trois plans principaux rectangulaires deux à deux.

PROP. 3. — THÉORÈME : *Les intersections de deux surfaces de révolution autour d'un même axe sont des circonférences de cercles perpendiculaires et concentriques à cet axe.*

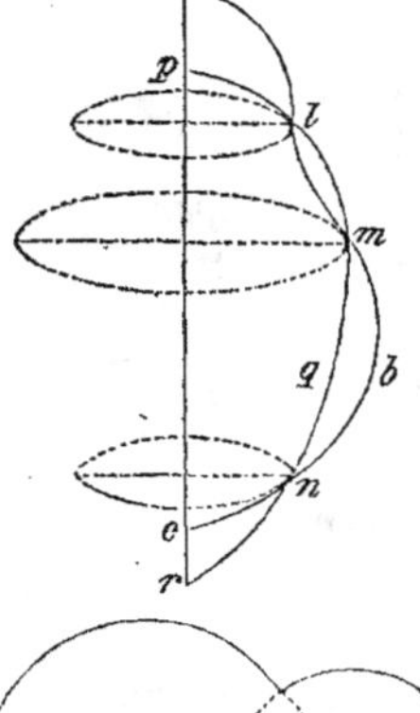

Car, si les lignes méridiennes *abc*, *pqr*, se coupent en *l*, *m*, *n*, les parallèles décrits par ces points sont communs aux deux surfaces.

Corollaire 1. — L'intersection de deux sphères est un cercle perpendiculaire et concentrique à la ligne des centres. — Car les deux sphères sont de révolution par rapport à cette ligne.

Corol. 2. — Lorsque les axes de deux surfaces de révolution sont situés sur un même plan, leur intersection est divisée par ce plan en parties symétriques. — Cela résulte de ce que le plan des deux axes est un plan principal commun aux deux surfaces.

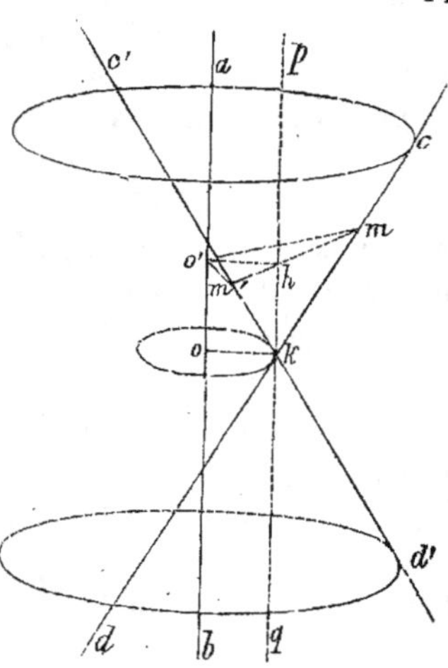

PROP. 4. — THÉORÈME : *L'hyperboloïde de révolution à une nappe peut être engendré de deux manières différentes par la ligne droite.*

Soit *ok* la plus courte distance des droites *ab*, *cd*, non situées dans le même plan ; par le point *k* je tire *pq* parallèle à *ab*, et dans le plan *pkc* je fais ang *pkc′* = ang *pkc* ; je dis que les hyperboloïdes engendrés par la rotation des droites *cd*, *c′d′*, autour de l'axe *ab*, sont identiques. — Pour le prouver, je mène un plan perpendiculaire à l'axe commun, qui coupe cet axe et les trois droites *pq*, *cd*, *c'd'*, aux points *o'*, *h*, *m* et *m'* ; les sections résultantes dans les deux surfaces sont deux cercles ayant pour centre le point *o'*, et pour rayons les distances *o'm*, *o'm'* ; ainsi, ces sections se confondront, et il en sera de même des deux surfaces si l'on fait voir que les rayons sont égaux. — Or, parce que angle *pkc* = angle *pkc'*, et que *kh* est commun, triangle rectangle *khm* = triangle rectangle *khm'*, et partant *hm* = *hm'* ; mais la droite *ok*, perpendiculaire aux droites *pq* et *cd*, l'est aussi au plan *ckc'* ; donc sa parallèle *o'h* est perpendiculaire au même plan, et par suite à la droite *mm'* ; donc oblique *o'm* = oblique *o'm'*.

Scholie. — En chaque point de l'hyperboloïde de révolution à une nappe, on peut faire passer deux lignes droites appartenant aux deux modes de génération.

§ 3. — Les surfaces développables.

I. On dit qu'une surface est *développable* lorsqu'elle peut être étendue sur un plan sans déchirure et sans pli. — Telles sont les surfaces latérales des cylindres et des cônes examinées dans le § 4 de la page 324. — Voici au surplus la génération générale de ces deux espèces de surfaces.

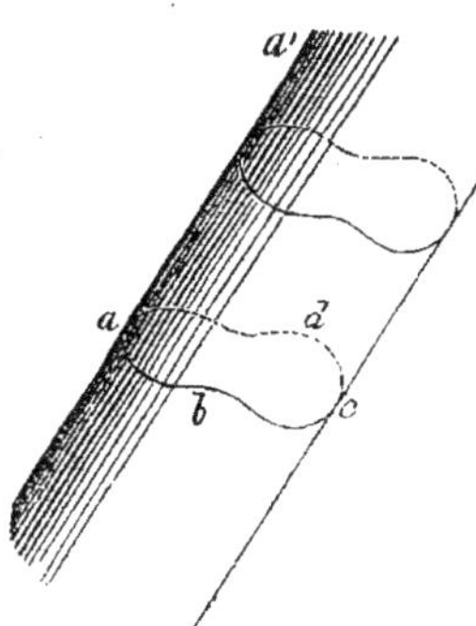

II. Une surface est *cylindrique* lorsqu'elle est engendrée par une droite indéfinie *aa'*, assujettie à glisser sur une *directrice* fixe *abcd*, à simple ou à double courbure, en restant constamment parallèle à elle-même. — La surface dégénère en un plan quand la directrice est une droite.

On conservera le nom de *sections droites* aux sections perpendiculaires aux génératrices.

III. Une surface est *conique* lorsqu'elle est engendrée par une droite indéfinie *aa'*, assujettie à passer constamment par un point fixe *s*, nommé *centre* ou *som-*

met, et à glisser sur une *directrice* fixe *abcd*, à simple ou à double courbure. — Cette sur-

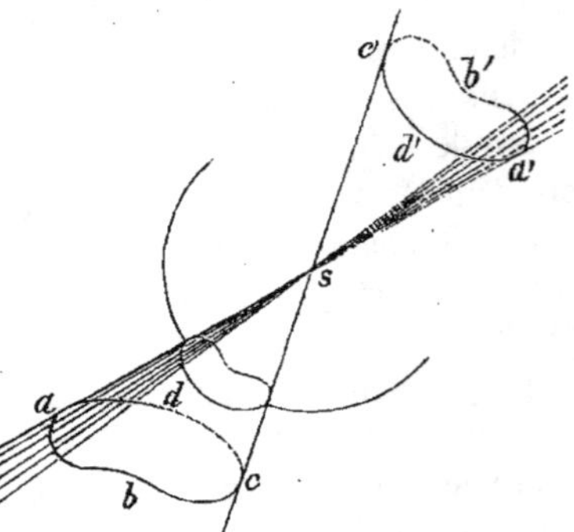

face est toujours composée de deux nappes illimitées *sabcd*, *sa'b'c'd'*, séparées par le sommet *s*. — Elle dégénère en un plan quand la directrice est rectiligne.

On appelle *sections sphériques* d'une surface conique celles qui sont produites par des surfaces sphériques ayant leurs centres au sommet. — Ces lignes sont généralement à double courbure.

PROPOSITION. — THÉORÈME : *Toute surface engendrée par une ligne droite, est développable, lorsque deux génératrices consécutives quelconques sont situées dans le même plan.*

Soient *aa'*, *bb'*, *cc'*, *dd'*,....., les génératrices infiniment voi-

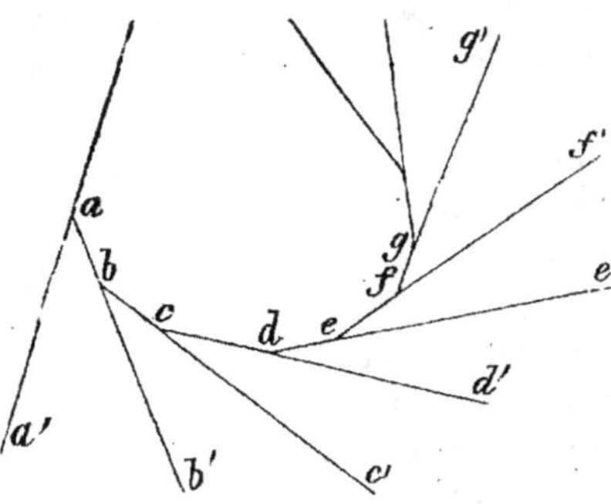

sines de la surface, lesquelles, étant situées deux à deux dans un même plan, se coupent en des points très rapprochés *a*, *b*, *c*, *d*,.... , formant une ligne *abcde*... à double courbure. — On pourra d'abord faire tourner la petite face angulaire *a'ab'* autour de la génératrice *ab'* jusqu'à ce qu'elle se rabatte sur le plan de la petite face *b'bc'*; ensuite, le plan des deux faces *a'ab'*, *b'bc'*, autour de la génératrice *bc'*, jusqu'à ce qu'il se rabatte sur la face *c'cd'*, et ainsi de suite. — En continuant cette série de rabattements, on parviendra à étendre toute la surface sur un plan par la simple flexion de ses éléments, c'est-à-dire sans qu'il y ait rupture ou duplicature ; donc cette surface est développable.

Scholies. — I. La ligne à double courbure *abcde*...., lieu des intersections consécutives de génératrices, prend le nom d'*arête de rebroussement.*

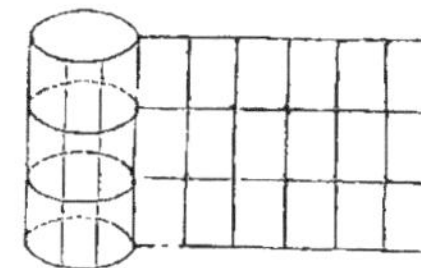

II. Une surface développable est composée de deux *nappes* indéfinies, séparées par l'arête de rebroussement.

III. *Les surfaces cylindriques et coniques sont développables.* — Dans le développement d'une surface cylindrique, les sections droites se transforment en lignes droites perpendiculaires aux génératrices, lesquelles conservent d'ailleurs leur parallélisme. — Dans celui d'une surface conique, les sections sphériques sont converties en arcs circulaires semblables et concentriques, dont les génératrices sont les rayons.

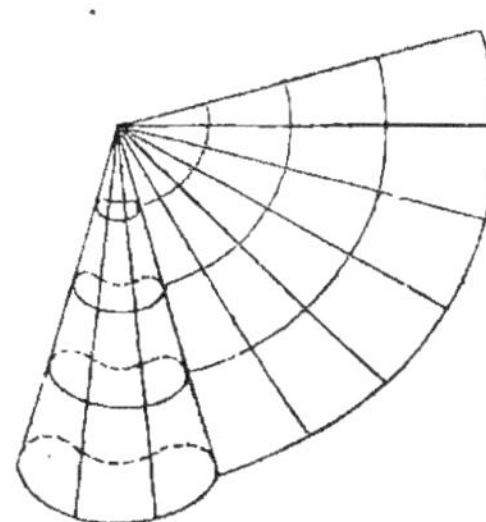

IV. L'arête de rebroussement d'une surface conique se réduit à son sommet ; ce point passe à l'infini dans les surfaces cylindriques.

§ 4. — Les surfaces gauches.

Une surface est *gauche* lorsque, pouvant être engendrée par le mouvement d'une ligne droite, deux génératrices quelconques, infiniment voisines, ne sont pas dans le même plan. — Il peut arriver que toutes les génératrices soient parallèles à un même plan, qui prend le nom de *plan directeur.*

Comme deux génératrices consécutives, quelque rapprochées qu'elles soient, ne sont ni parallèles ni concourantes, il est impossible d'étendre la petite surface qu'elles comprennent sur un plan, sans qu'il en résulte des déchirures ou des plis ; ainsi, les surfaces gauches et les surfaces développables forment deux familles distinctes.

PROPOSITION 1. — THÉORÈME : *Toute surface gauche peut être engendrée par le mouvement d'une droite assujettie à rencontrer trois lignes fixes.*

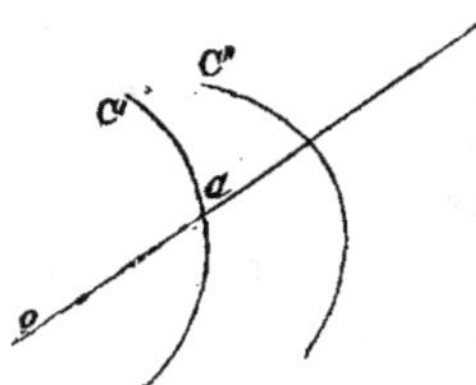

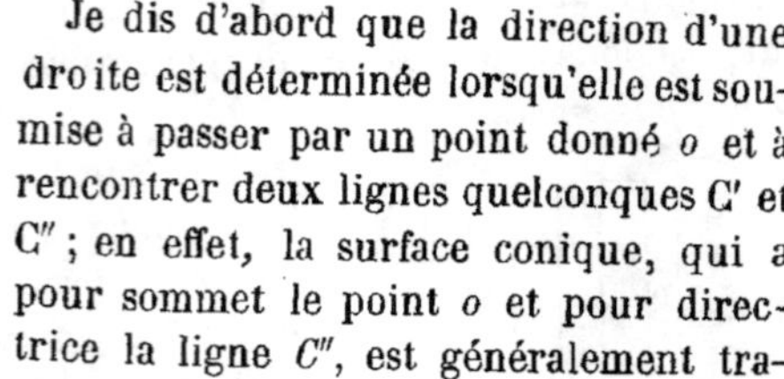

Je dis d'abord que la direction d'une droite est déterminée lorsqu'elle est soumise à passer par un point donné *o* et à rencontrer deux lignes quelconques C′ et C″ ; en effet, la surface conique, qui a pour sommet le point *o* et pour directrice la ligne C″, est généralement traversée par la ligne C′ en un ou en plusieurs points ; en joignant le sommet *o* à l'un d'eux *a*, on obtient une génératrice *oa* de la surface conique, qui rencontre évidemment la directrice C″. — Maintenant, si l'on trace à volonté sur une surface gauche trois lignes quelconques C, C′ et C″,

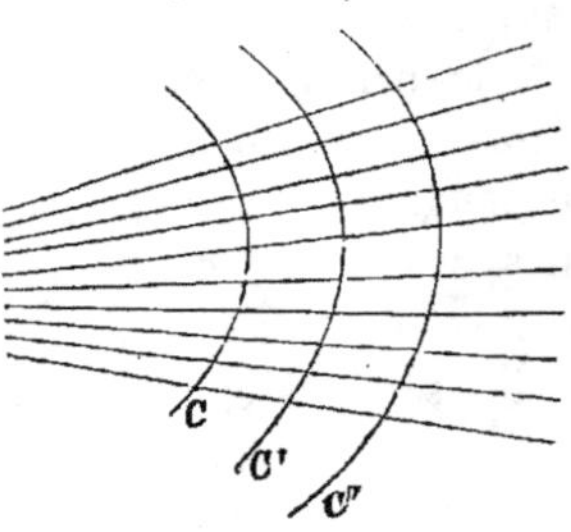

on pourra dire que chacune des génératrices est déterminée par la triple condition de passer par un point de la ligne C et de rencontrer les lignes C′ et C″, ou, en d'autres termes, que cette surface peut être décrite par une droite mobile assujettie à glisser sur ces trois lignes prises pour directrices.

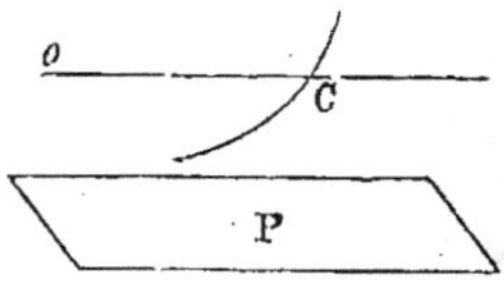

Corollaire. — *Toute surface gauche, à plan directeur, peut être engendrée par une droite astreinte à glisser sur deux lignes fixes, en restant parallèle au plan directeur.* — Cela résulte de ce qu'une droite est déterminée en direction lorsqu'elle est assujettie à passer par un point *o*, à rencontrer une ligne C et à être parallèle à un plan P.

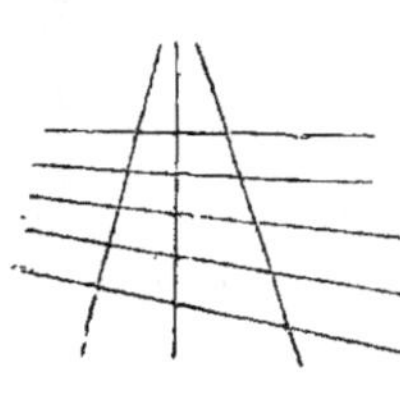

Scholies. — 1. La surface gauche la plus simple et à laquelle on rapporte toutes les autres, est engendrée par une droite assujettie à glisser sur trois droites fixes, qui, deux à deux, ne sont ni parallèles ni concourantes. — Cette surface est identique avec l'*hyperboloïde à une nappe* défini plus haut.

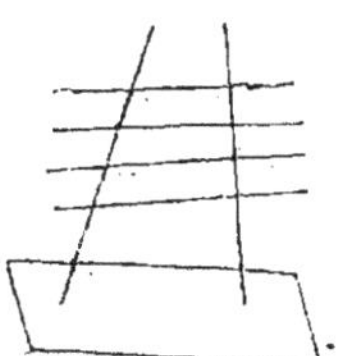

II. On appelle *plan gauche* la surface décrite par une droite qui se meut, parallèlement à un plan, en s'appuyant sur deux droites fixes non situées dans le même plan. — Le plan gauche est identique avec le *paraboloïde hyperbolique*.

III. On donne en général le nom de *conoïdes* aux surfaces gauches qui ont un plan directeur et une de leurs directrices rectiligne. — Un conoïde est *droit* ou *oblique* selon que la directrice rectiligne est perpendiculaire ou oblique au plan directeur.

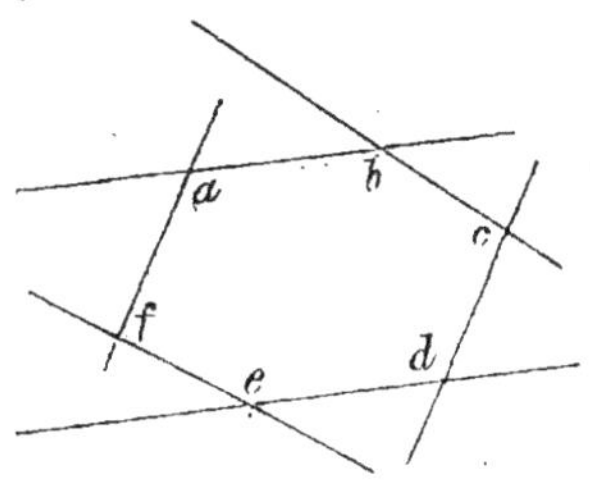

PROP. 2. — THÉORÈME : *L'hyperboloïde à une nappe peut être engendré, de deux manières différentes, par une droite assujettie à glisser sur trois droites fixes.*

Soient *ab, cd, ef,* trois droites non situées deux à deux dans le même plan ; je tire trois droites *bc, de, fa,* qui leur soient respectivement parallèles et qui rencontrent : la première *bc,* les droites *ab* et *cd* ; la deuxième *de,* les droites *cd* et *ef* ; la troisième *fa,* les droites *ab* et *ef* ; je forme ainsi un hexagone *gauche abcdef,* c'est-à-dire dont les côtés ne sont pas dans le même plan ; mais les plans des côtés opposés *abc* et *def, bcd* et *efa, cde* et *fab,* sont parallèles deux à deux.

Cela fait, je dis que les deux hyperboloïdes gauches qui ont pour directrices *ab, cd, ef* et *bc, de, fa,* sont identiques; assertion qui deviendra évidente si l'on fait voir que toute génératrice *lmn* de la première surface est située sur la seconde, ou, ce qui revient au même, qu'elle est rencontrée par une génératrice quelconque de cette dernière. (Voir fig. page 354.)

Par la génératrice *lmn* je conduis arbitrairement un plan qui traverse les trois droites *bc, de, fa* en *p, q, r.* Tout consiste à prouver que ces trois points sont en ligne droite ; car cette droite sera une génératrice de la seconde surface, et, comme les génératrices *lmn, rpq,* sont situées dans le plan sécant, elles se rencontreront essentiellement.

23

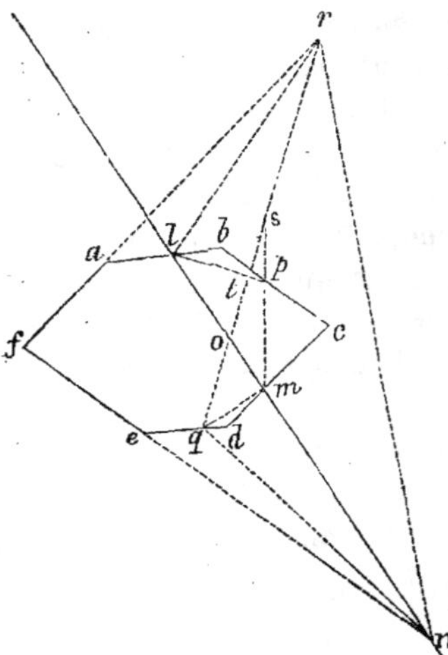

S'il n'en est pas ainsi, la droite qr coupera les trois droites lm, lp, mp, aux points o, t, s ; or, on a : 1° $on : om :: or : os$, parce que les intersections mp, nr, des plans parallèles bcd, efa, par un troisième sont parallèles ; 2° $om : ol :: oq : or$, parce que les plans cde, fab, sont parallèles, ainsi que les intersections mq, lr ; 3° $ol : on :: ot : oq$, parce que lt est parallèle à qn. Multipliant ces proportions termes à termes, il vient

$$on \times om \times ol : om \times ol \times on$$
$$:: or \times oq \times ot : os \times or \times oq,$$

et, comme les deux premiers termes sont égaux, il faut que les deux derniers le soient aussi, c'est-à-dire que l'on ait $ot = os$, ce qui est absurde. — Donc les trois points p, q, r, sont en ligne droite

Corollaire 1. — On peut coucher sur l'hyperboloïde gauche deux systèmes de droites tels, que les droites d'un même système ne se rencontrent pas et coupent toutes celles de l'autre système.

Corol. 2. — L'hyperboloïde gauche peut être engendré par une génératrice de l'un des deux systèmes glissant sur trois génératrices de l'autre système.

Corol. 3. — L'hyperboloïde gauche est convexe : car, si une droite traversait sa surface en trois points, elle rencontrerait trois génératrices d'un même système, et serait par conséquent une génératrice de l'autre système, ce qui est contraire à l'hypothèse.

PROP. 3. — THÉORÈME : *Le plan gauche peut être engendré, de deux manières différentes, par une droite qui glisse sur deux droites fixes, en restant parallèle à un plan directeur.*

Soient ac, bd, les directrices d'un plan gauche, et mn le plan directeur ; tirons bx parallèlement à ac et conduisons les plans $a'b'k'$, $a''b''k''$, $a'''b'''k'''$,..... parallèles au plan mn ;

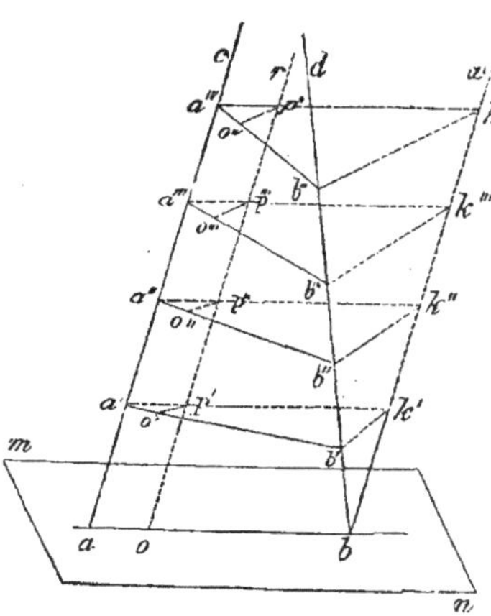

les droites ab, $a'b'$, $a''b''$, seront les génératrices de la surface. — Cela fait, coupons arbitrairement le plan gauche selon un plan parallèle au plan dbx; soient or et o, o', o'', o''',..., ses intersections avec le plan $cabx$ et les diverses génératrices, de manière que la ligne $oo'o''o'''$.... soit le contour de la section faite dans la surface. — Parce que $p'o'$ et $k'b'$, $p''o''$ et $k''b''$, sont parallèles, on a

$$p'o' : k'b' : : a'p' : a'k',$$
$$p''o'' : k''b'' : : a''p'' : a''k'';$$

mais $a'p' = a''p''$, $a'k' = a''k''$, comme parallèles comprises entre parallèles ; donc $p'o' : p''o'' : : k'b' : k''b''$. — Or, parce que $b'k'$ est parallèle à $b''k''$, $k'b' : k''b'' : : bk' : bk''$ ou $: : op' : op''$; il s'en-suit que $p'o' : p''o'' : : op' : op''$, et, à cause de angle $op'o' = $ ang $op''o''$, que les triangles $oo'p'$, $oo''p''$, sont semblables; conséquemment, angle $o'or = $ angle $o''or$, ce qui ne peut avoir lieu à moins que les trois points o, o', o'', ne se trouvent en ligne droite. — On prouverait de la même manière que cette droite passe par les points o''', o^{iv},.... ; ainsi, toutes les sections du plan gauche, parallèles au plan dbx, sont rectilignes : donc cette surface peut être décrite par une droite assujettie à glisser sur deux des droites $a'b'$, $a''b''$, $a'''b'''$, ... en restant parallèle au plan directeur dbx.

Corollaire 1. — *Il existe sur un plan {gauche deux systèmes de génératrices respectivement parallèles à deux plans directeurs, tels, en outre, que toutes les génératrices d'un même système ne se rencontrent pas et coupent toutes celles de l'autre système.*

Corol. 2. — *Le plan gauche est une surface convexe.* — Car on peut considérer cette surface comme un hyperboloïde gauche dont les trois directrices sont parallèles à un même plan.

§ 5. — Similitude des surfaces courbes.

Fig. 1.

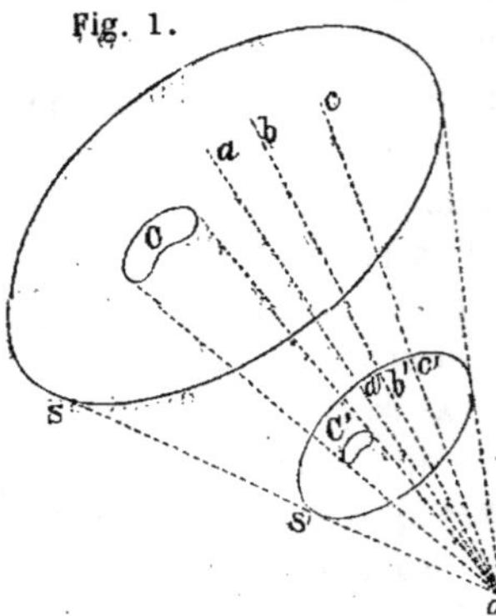

I. Deux surfaces courbes sont *semblables* lorsque, ayant inscrit à volonté un polyèdre dans l'une, on peut toujours inscrire dans l'autre un polyèdre semblable

II. Soient prises sur les distances oa, ob, oc,...., d'un point quelconque o aux divers points d'une surface S, ou sur leurs prolongements, des distances oa', ob', oc',..., qui leur soient proportionnelles : la surface S', qui passe par les points a', b', c',..., est semblable à la première. — Cela résulte de la définition I et de la prop. 3, page 309. — On dit en outre que les surfaces S et S' sont *semblablement placées*.

Fig. 2.

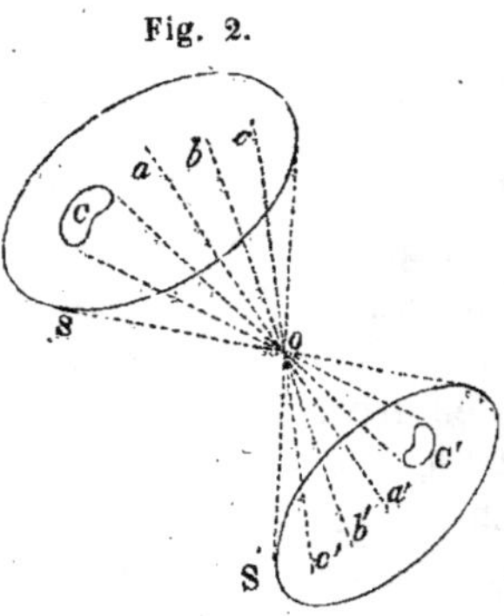

Le point o est le *centre de similitude* des deux surfaces S, S'. — La similitude est *directe* dans le cas de la fig. 1, et *inverse* dans celui de la fig. 2.

III. Toute surface conique, ayant pour sommet le centre o de similitude, rencontre les surfaces S et S' selon *deux courbes semblables* C *et* C'.

IV. Deux surfaces de révolution sont évidemment semblables lorsqu'elles sont engendrées par la rotation de deux courbes, semblables et pareillement situées, autour d'un axe passant par leur centre de similitude.

V. *Les surfaces courbes semblables sont entre elles comme les quarrés des dimensions homologues.*

Les corps, compri sous ces surfaces sont entre eux comme les cubes des mêmes dimensions.

On peut en effet considérer ces corps comme des polyèdres semblables terminés par une infinité de petites faces.

IIe SECTION.

LES PLANS TANGENTS.

§ 1. — Notions générales.

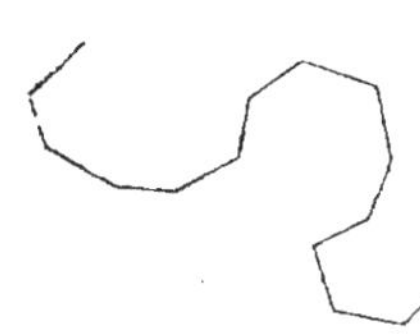

I. Lorsqu'on considère *une ligne à double courbure* comme un *polygone gauche infinitésimal,* 1° les prolongements des petits côtés sont les *tangentes* de la ligne ; 2° les plans, déterminés par deux petits côtés consécutifs, s'appellent *plans osculateurs.*

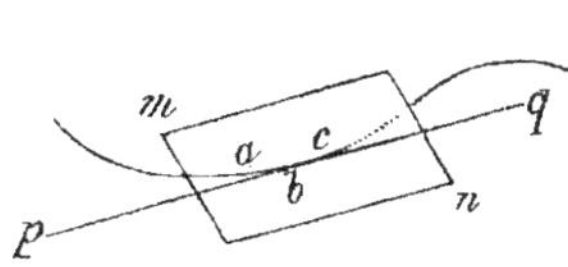

Ainsi, pour obtenir la tangente et le plan osculateur en un point *b* d'une ligne donnée, il faut 1° joindre, par une droite *pq*, le point *b* au point très voisin *a* ; 2° faire passer un plan *mn* par le point *b* et les points *a* et *c* qui le précèdent et le suivent immédiatement,

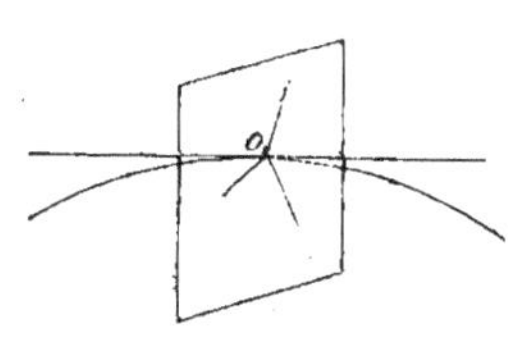

II On appelle *normales* les perpendiculaires tirées sur l'une des tangentes d'une courbe par le point de contact.— Toutes les normales sont situées dans un même plan perpendiculaire à la tangente ; on dit que ce plan est *normal à* la courbe.

III. Une ligne droite ou courbe est *tangente* à une surface quand l'un de ses éléments y est situé, c'est-à-dire quand elle coupe la surface en deux points très voisins. — Il existe en chaque point d'une surface une infinité de tangentes.

IV. Il résulte de ces définitions que *toute droite, tangente à une ligne quelconque tracée sur une surface, est tangente à la surface au même point,* et que réciproquement *toute section, faite par un plan qui contient l'une des tangentes de la surface, est tangente au même point de cette droite.*

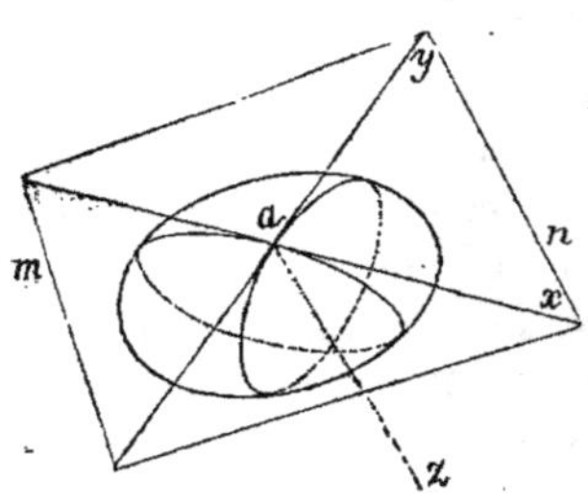

V. Un plan *mn* est *tangent* en un point *a* d'une surface lorsqu'il passe par deux droites *ax, ay,* tangentes à la surface en ce point. — Le point *a* est dit point de *contact* ou de *tangence.*

VI. On appelle *normale* la perpendiculaire *az* tirée sur un plan tangent *mn* par son point de contact *a.* — Tous les plans, conduits suivant la normale *az,* sont perpendiculaires au plan tangent *mn ;* ces plans et leurs intersections avec la surface sont nommés *plans normaux* et *sections normales.* — Une section est *oblique* quand elle passe par le point de contact *a* sans contenir la normale *az.*

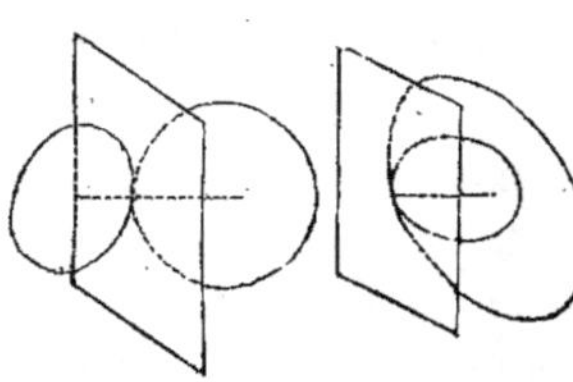

VII. Deux surfaces sont *tangentes* lorsqu'elles touchent le même plan au même point. — Les normales des deux surfaces au point de contact se confondent. — Ainsi, lorsque deux sphères se touchent : 1° les deux centres et le point de contact sont en ligne droite ; 2° suivant que le contact est extérieur ou intérieur, la distance des centres est égale à la somme ou à la différence des rayons.

VIII. Deux surfaces *se touchent suivant une ligne abcd* lorsqu'elles ont même plan tangent ou même normale en chacun des

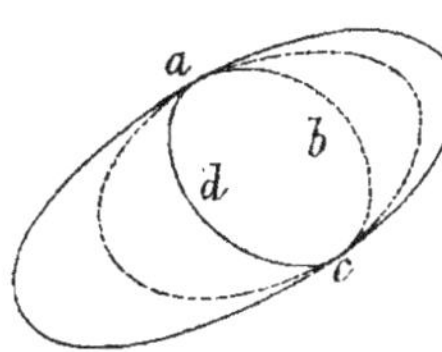

points de cette ligne. — La ligne *abcd* est dite *ligne de contact ou de raccordement*.

PROPOSITION 1. — **THÉORÈME** : *Le plan tangent en un point a d'une surface S est le lieu de toutes les tangentes que l'on peut mener à la surface par ce point.*

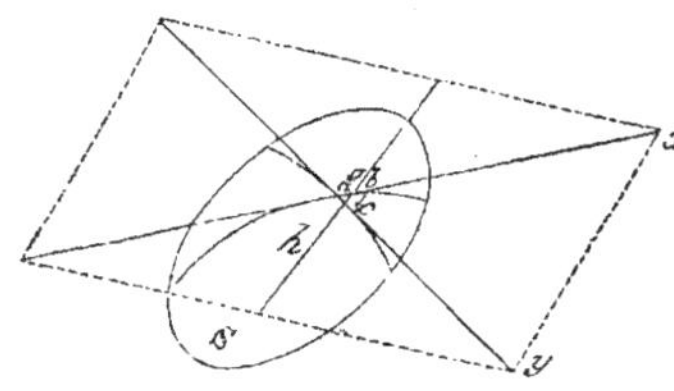

Prenons deux points *b* et *c* infiniment voisins du point de contact *a*, de manière que les droites *ax* et *ay* soient deux tangentes, et que le plan *xay* qu'elles déterminent soit tangent en *a* ; la droite *bc*, tirée entre les points *b* et *c*, et les droites *ab* et *ac*, forment un petit triangle *abc*, qui appartient à la fois à la surface et au plan tangent ; d'où il résulte que toute droite *gh* qui unit deux points quelconques du périmètre du petit triangle se trouve d'une part dans le plan tangent, et de l'autre est tangente à la surface, qu'elle traverse aux points *g* et *h* infiniment voisins. — Or, le triangle *abc* étant d'une étendue inappréciable, on doit considérer ses trois sommets, ainsi que les points *g* et *h*, comme se confondant en un seul point *a* ; il suit de là, que toutes les tangentes que l'on peut mener à la surface par le point de contact *a*, sont situées dans le plan tangent à la surface au même point.

Réciproquement, toute droite, tirée par le point de contact, dans le plan tangent à une surface courbe, est tangente à la surface en ce point.

Car le plan tangent pouvant être considéré comme passant par trois points infiniment voisins de la surface, toute droite tirée par le point de contact dans le plan tangent n'a que deux points infiniment voisins de commun avec la surface : donc cette droite est tangente à la surface au point de contact.

Scholie. — Il peut arriver que toutes les sections planes, qui passent par le point de contact, présentent leur convexité d'un même côté du plan tangent, ou bien qu'elles présentent leur

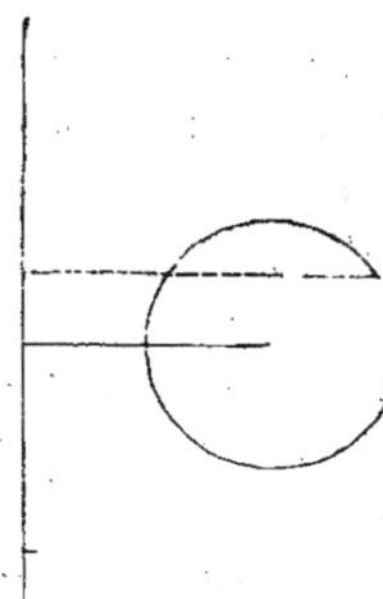

convexité en partie d'un côté de ce plan, et en partie de l'autre ; dans ce dernier cas, le plan tangent est aussi sécant. — Le plan tangent au tore est de la première ou de la seconde espèce, selon que la distance du point de contact à l'axe est plus grande ou plus petite que la distance du centre du cercle générateur à la même droite.

Corollaire 1. — Le plan tangent à l'extrémité d'un axe ou en un point d'une section principale est perpendiculaire à cet axe ou à cette section.

Corol. 2. — Les plans tangents aux extrémités d'un diamètre sont parallèles.

Corol. 3. — Les plans tangents aux points homologues des surfaces semblables sont parallèles.

Prop. 2. — **Problème :** *Mener le plan tangent en un point donné d'une surface courbe.*

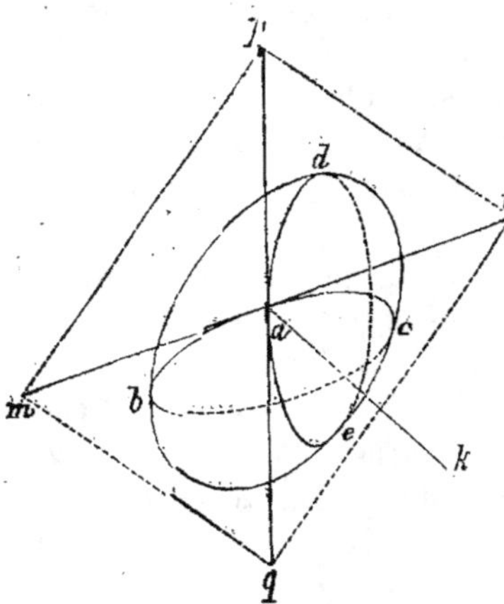

Par le point donné *a* je fais à volonté deux sections planes *bac, dae,* où, plus généralement, je trace sur la surface deux lignes quelconques ; je tire les tangentes *mn, pq,* au point *a* de ces lignes : le plan *mpnq* de ces deux droites est le plan tangent cherché.

Scholie. — Il faut, autant que possible, choisir les plans sécants de manière que les intersections soient des lignes simples, par exemple des droites, des circonférences, des ellipses, etc., etc. — Lorsqu'une intersection est rectiligne, elle se confond avec sa tangente, et partant elle se trouve tout entière dans le plan tangent.

Corollaire. — La perpendiculaire *ak*, tirée du point de contact *a* sur le plan tangent *mpnq*, est normale à la surface.

Prop. 3. — Problème : *Mener une tangente au point* a *de l'intersection commune* abcd *de deux surfaces* S *et* S'.

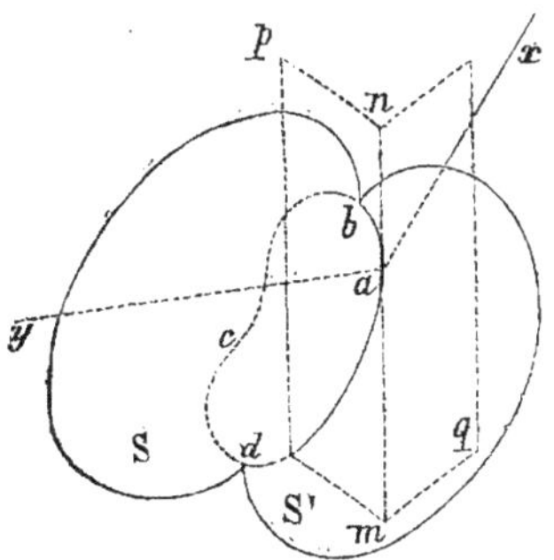

La ligne *abcd*, appartenant aux deux surfaces S et S', sa tangente du point *a* est située dans chacun des plans *mp*, *nq*, tangents au même point de ces surfaces : donc elle se confond avec leur intersection *mn*.

Corollaire. — *Le plan* xay *des normales* ax, *a*ÿ, *des surfaces* S *et* S', *au point* a *de leur intersection* abcd, *est normal à cette intersection.* — Car le plan *xay* est perpendiculaire aux deux plans tangents *mp*, *nq*, et par suite à leur intersection *mn*.

§ 2. — Plans tangents aux surfaces de révolution, gauches et développables.

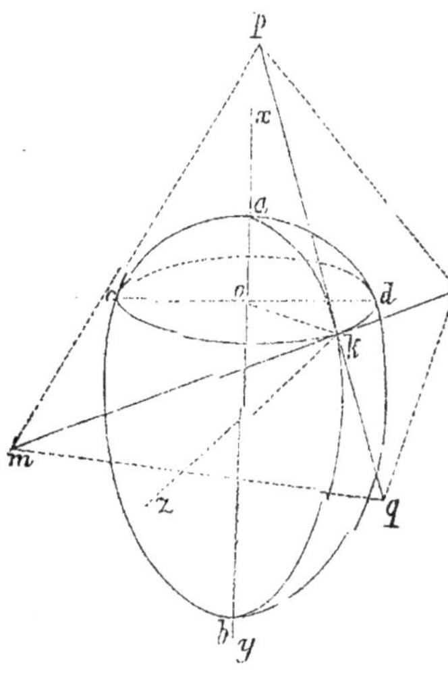

Proposition 1. — Théorème : *Le plan tangent au point* k *d'une surface de révolution est perpendiculaire au méridien* akb *qui passe par ce point.*

Ce plan tangent est déterminé par les tangentes *pq*, *mn*, à la section méridienne *akb* et au parallèle *ckd* du point de contact *k* ; or, ces deux plans se coupant à angle droit et selon le rayon *ok*, la tangente *mn*, perpendiculaire à l'extrémité de ce rayon dans le plan *ckd*, est perpendiculaire au méridien *akb* ; donc le plan tangent *pmqn,* qui contient cette droite, est aussi perpendiculaire au même méridien.

Scholie. — Ainsi, pour déterminer le plan tangent en un point donné sur une surface de révolution, il faut tirer une tangente à la section méridienne qui passe par ce point, et conduire par cette tangente un plan perpendiculaire à celui de la section.

Corollaire. — *Toutes les normales d'une surface de révolution rencontrent l'axe.* — Car, le méridien *akb* étant perpendiculaire au plan tangent *pmqn,* la perpendiculaire *kz* tirée du point *k* sur ce dernier plan, c'est-à-dire la normale au point *k* de la surface, est située dans ce méridien : donc cette normale rencontre l'axe *xy.*

Prop. 2. — Théorème : *Le plan tangent au point* k *d'une surface développable touche la surface tout le long de la génératrice* ak *passant par ce point.*

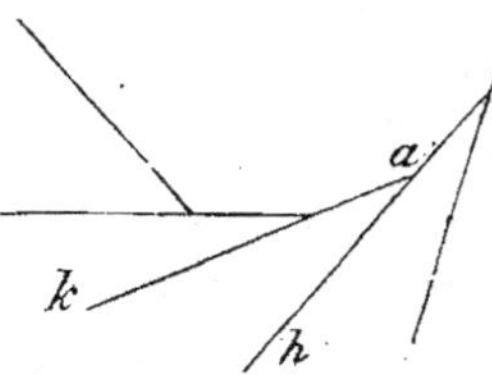

Tirons la génératrice *ak* du point de contact *h* et la génératrice infiniment voisine *ah* : je dis que le plan *kah* touche la surface non seulement au point *k,* mais encore en tous les autres points de la génératrice *ak* ; en effet, le plan *kah* contient un élément de chacune des sections que l'on peut faire dans la surface par le point *k* et par chacun des points de la génératrice *ak* ; donc le plan *kah* étant le lieu de toutes les tangentes que l'on peut mener à la surface par tous les points de la droite *ak,* est tangent à la surface développable tout le long de la génératrice passant par le point de contact *k.*

Scholie. — *Les génératrices et les plans tangents d'une surface développable sont les tangentes et les plans osculateurs de son arête de rebroussement.*

Prop. 3. — Problème : *Mener le plan tangent en un point* k *d'une surface développable.*

Je tire la génératrice *ak* du point *k,* et je détermine le point *b* où elle coupe une ligne quelconque *cbd* tracée sur la surface donnée : le plan *kbp,* qui passe par la génératrice *ab* et la tangente *pq* au point *b* de la courbe *cbd,* touche la surface tout le

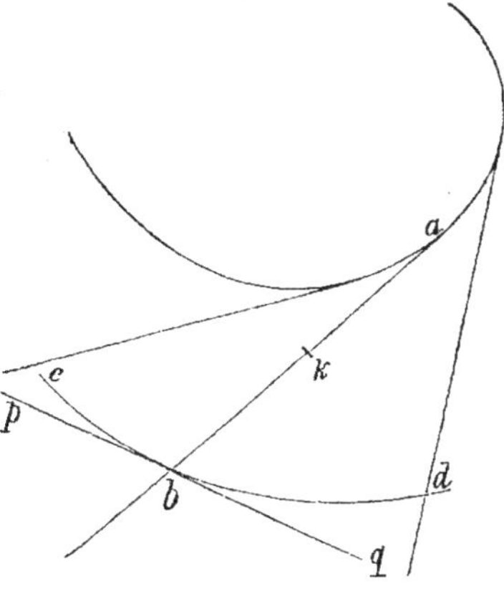

long de *ab* ; c'est en conséquence le plan tangent cherché.

Corollaire 1. — *L'intersection de deux plans tangents à une surface cylindrique est parallèle aux génératrices*, **car** chacun de ces plans contient une génératrice.

Corol. 2. — *L'intersection de deux plans tangents à une surface conique passe par le sommet*, car tout plan tangent, contenant une génératrice, passe par ce point.

PROP. 4. — THÉORÈME : *Tout plan, conduit suivant une génératrice d'une surface gauche, est tangent en un point de cette génératrice.*

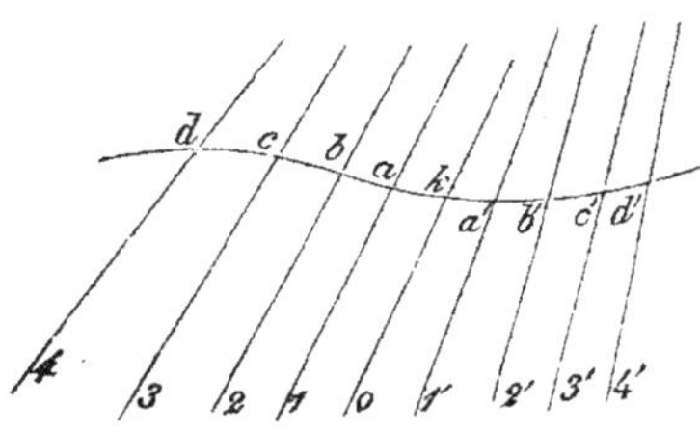

Par la génératrice *o* d'une surface gauche, je fais passer à volonté un plan P qui coupe les génératrices 1 et 1′, qui la précèdent et la suivent immédiatement, en *a* et *a′*, et les autres génératrices 2, 3, 4,...., 2′, 3′, 4′...., en *b*, *c*, *d*,...., *b′*, *c′*, *d′*,.... — La droite *aa′*, qui se trouve tout entière dans le plan P, rencontre la génératrice *o* en un certain point *k*, et, comme les éléments *ak*, *ka′*, sont en ligne droite, la section *cbaka′b′c′* a une inflexion en ce point. — Ainsi, le plan P contient la génératrice *o* et la tangente *aka′* au point *k* de la section : donc c'est le plan tangent de la surface gauche au même point.

PROP. 5. — PROBLÈME : *Mener le plan tangent en un point d'une surface gauche donnée par ses trois directrices.*

Soient d'abord *a*, *b*, *c*, les trois directrices rectilignes d'un *hyperboloïde à une nappe*, et proposons-nous de mener le plan tangent au point *o* de la génératrice *a′*. — Construisons à volonté

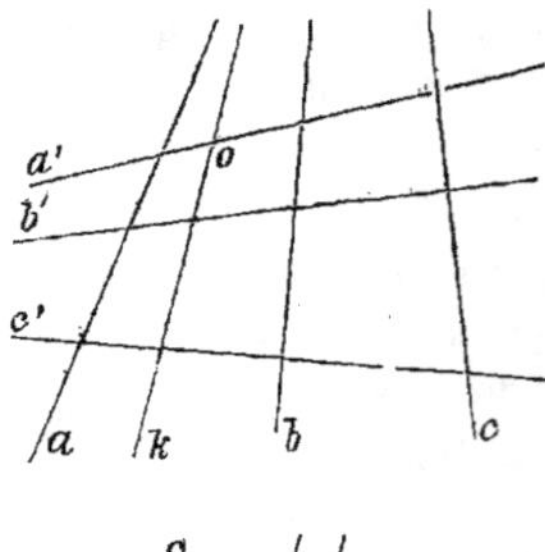

deux autres génératrices b' et c', et par le point o tirons une droite k qui les rencontre l'une et l'autre. — La ligne k, coupant les trois génératrices a', b', c', du premier mode, est une génératrice du second mode : donc le plan, déterminé par les droites a' et k, touche l'hyperboloïde au point o.

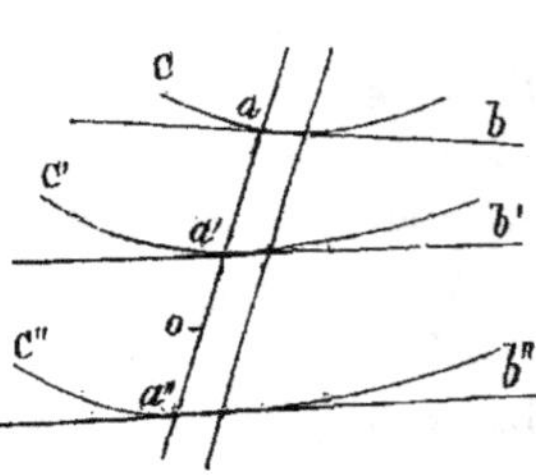

Soient C, C', C″, les trois directrices d'une surface gauche quelconque, $aa'a''$ une génératrice, et o le point par lequel on veut faire passer le plan tangent, — Menons les tangentes ab, $a'b'$, $a''b''$, aux points a, a', a'', des trois lignes C, C', C″, et le plan tangent au point o de l'hyperboloïde dont les trois tangentes sont les directrices : ce plan sera celui cherché. — En effet, la génératrice de l'hyperboloïde, infiniment voisine de a, a', a'', appartient évidemment à la surface donnée : donc le petit élément gauche, compris entre ces deux génératrices, est commun aux deux surfaces, et par suite ces surfaces se touchent tout le long de la génératrice $aa'a''$.

Prop. 6. — Problème : *Mener le plan tangent en un point d'une surface gauche, à plan directeur, donnée par ce plan et par ses deux directrices.*

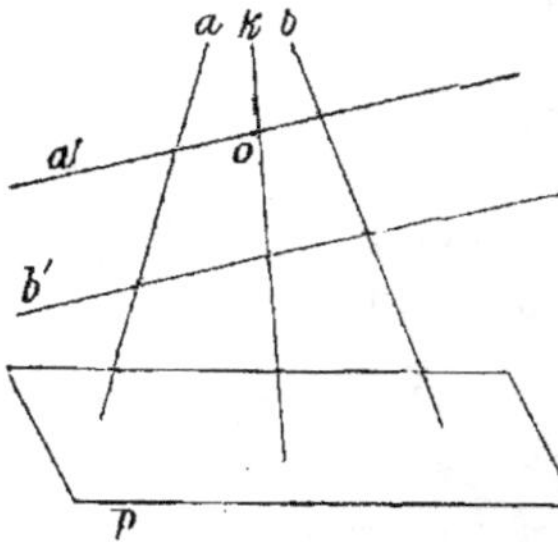

Soient d'abord a, b, p, les deux directrices et le plan directeur d'un *plan gauche*, et proposons-nous de déterminer le plan tangent au point o de la génératrice a'. — Construisons à volonté une seconde génératrice b', et par le point o tirons une droite k qui rencontre b' et soit parallèle au plan des deux directrices a et b. — La droite k sera une génératrice du second mode, et partant le plan des deux droites a' et k sera tangent en o au plan gauche.

Soient maintenant C, C', et P, les deux directrices et le plan directeur d'une surface gauche quelconque, aa' une génératrice, et o le point par lequel doit passer le plan tangent. — Menons les tangentes ab, $a'b'$, aux points a et a' des lignes C et C', puis

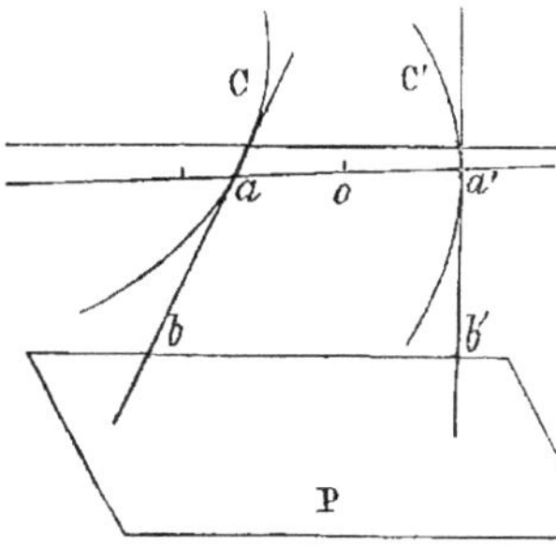

le plan tangent du point o au plan gauche, dont ces droites et le plan P sont les directrices et le plan directeur — Ce plan est celui cherché. — On voit en effet que la génératrice du plan gauche, infiniment voisine de aa', appartient à la surface donnée ; que l'élément gauche, compris entre ces deux droites, est commun aux deux surfaces, et que par suite ces surfaces sont tangentes en chacun des points de la génératrice aa'.

FIN DU COURS DE GÉOMÉTRIE.

DÉVELOPPEMENTS

GÉOMÉTRIE PLANE.

PREMIÈRE PARTIE.

IIᵉ SECTION.

LA SIMILITUDE.

Les transversales rectilignes.

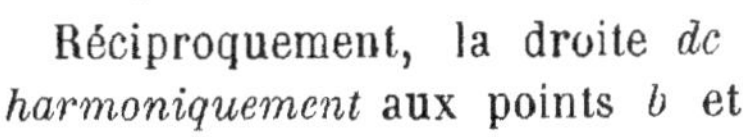

I. Une droite ab est divisée *harmoniquement* aux points c et d, lorsqu'ils déterminent deux segments additifs, ac, bc, et deux segments soustractifs ad, bd, proportionnels entre eux, c'est-à-dire lorsque l'on a $ac : bc :: ad : bd$. On remarquera que, ad étant $> bd$, il faut aussi que ac soit $> bc$.

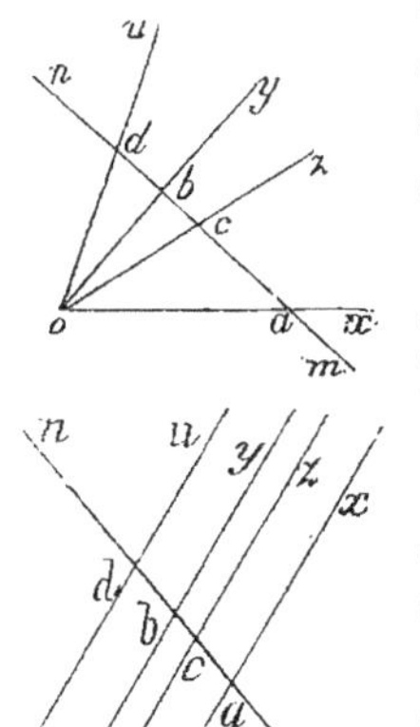

Réciproquement, la droite dc est divisée *harmoniquement* aux points b et a, car la proportion précédente peut s'écrire ainsi

$$db : cb :: da : ca.$$

Les quatre points a, b, c, d, sont appelés *harmoniques.* — On dit que les points a et b, c et d, sont *conjugués* deux à deux.

II. Quatre droites ax et by, cz et du, issues d'un même point o ou parallèles, forment un *faisceau harmonique*, lorsqu'une droite quelconque mn les traverse en quatre points harmoniques *a* et *b*, *c* et *d*. — Les droites *ax* et *by* sont *conjuguées*, ainsi que les droites *cz* et *du*.

PROPOSITION 1. — THÉORÈME : *Toute transversale* xy *détermine, sur les côtés d'un triangle* abc, *six segments tels, que les produits* am $\times$ bn $\times$ cl, bm $\times$ cn $\times$ al, *des segments non contigus, sont égaux.*

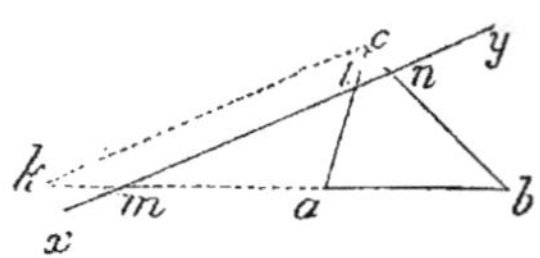

Tirant par le sommet *c* la droite *ck* parallèle à *xy*, les triangles *ack*, *bck*, fournissent *am* : *mk* :: *al* : *cl*, *mk* : *bm* :: *cn* : *bn ;* d'où
$$am \times cl = mk \times al,$$
$$mk \times bn = bm \times cn ;$$

multipliant ces égalités, puis divisant par *mk*, on trouve
$$am \times bn \times cl = bm \times cn \times al.$$

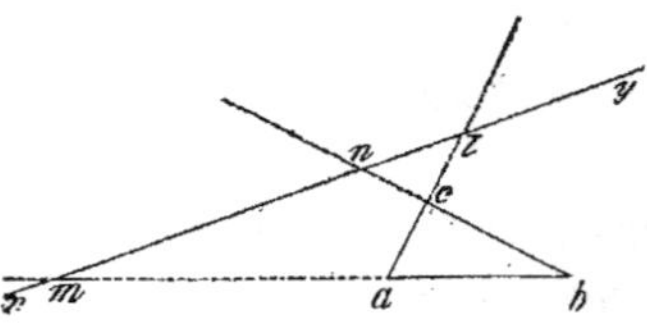

Scholie. — Quand la droite *xy* traverse le triangle *abc*, elle coupe deux côtés et le prolongement du troisième ; quand elle est extérieure à ce triangle, elle coupe les prolongements des trois côtés.

Réciproque. — *Trois points* m, n, l, *situés respectivement sur les trois côtés d'un triangle* abc, *sont en ligne droite, lorsqu'ils forment sur ces côtés, six segments tels, que les produits* am $\times$ bn $\times$ cl, bm $\times$ cn $\times$ al, *des segments non contigus, soient égaux.*

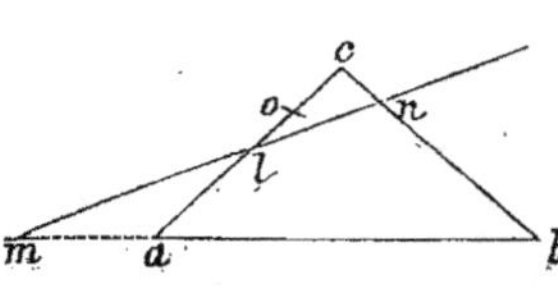

S'il n'en est pas ainsi, soit *o* le point où le côté *ac* est coupé par la droite *mn*. — On a, par la directe,
$$am \times bn \times co = bm \times cn \times ao ;$$
et, par hypothèse
$$am \times bn \times cl = bm \times cn \times al ;$$

d'où résulte, en divisant, $\dfrac{co}{cl} = \dfrac{ao}{al}$, ce qui est faux, car *co* est $<$ *cl*, tandis que *ao* est $>$ *al*. — Donc les trois points *m, n, l,* sont en ligne droite.

Scholie. — On sous-entend dans l'énoncé de cette réciproque que les prolongements des côtés contiennent les trois points ou un seul d'entre eux.

Prop. 2. — Théorème : *Trois droites* an, bl, cm, *issues des trois sommets d'un triangle* abc, *et concourant en un même point* o, *déterminent sur les côtés opposés six segments tels, que les produits* am $\times$ bn $\times$ cl, bm $\times$ cn $\times$ al, *des segments non contigus, sont égaux.*

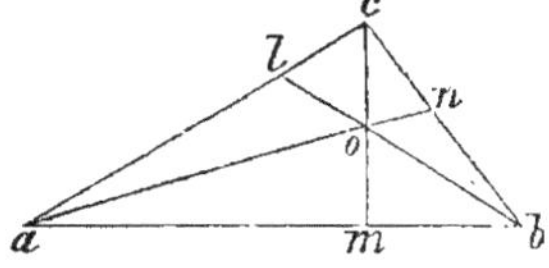

Parce que les triangles *bmc, amc,* sont coupés le premier par la transversale *an,* et le second par la transversale *bl,* on a

$$am \times bn \times co = ab \times cn \times mo, \quad ab \times mo \times cl = bm \times co \times al ;$$

multipliant ces égalités et divisant ensuite par $co \times ab \times mo,$ il vient $am \times bn \times cl = bm \times cn \times al.$

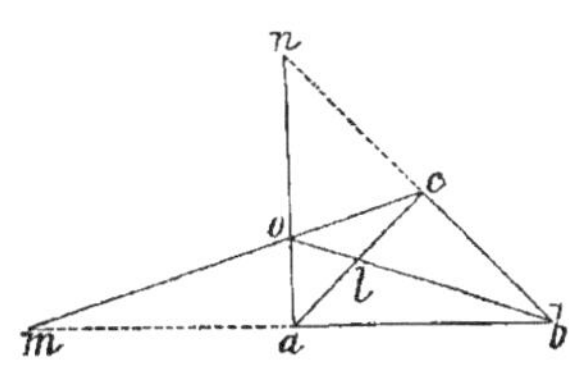

Scholie. — Si le point de concours *o* est intérieur au triangle *abc,* les trois points *m, n, l,* sont situés sur les côtés, et, s'il lui est extérieur, un seul des trois points est dans ce cas.

Réciproque. — *Trois droites* an, bl, cm, *issues des trois sommets d'un triangle* abc, *concourent au même point, lorsqu'elles déterminent, sur les côtés opposés, six segments tels, que les produits* am $\times$ bn $\times$ cl, bm $\times$ cn $\times$ al, *des segments non contigus, soient égaux.*

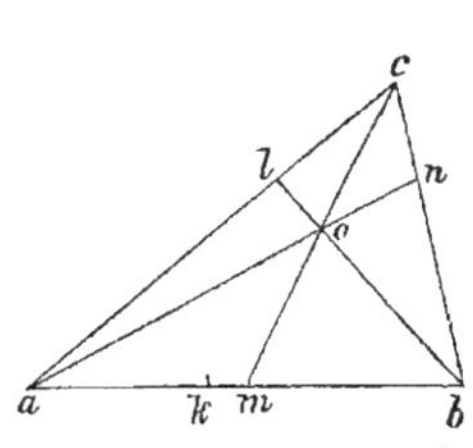

S'il n'en est pas ainsi, soit *k* le point où le côté *ab* est coupé par la droite qui unit le sommet *c* au point de concours *o* des droites *an, bl.* — On a, par la directe,

$$ak \times bn \times cl = bk \times cn \times al,$$

et, par hypothèse,

$$am \times bn \times cl = bm \times cn \times al ;$$

d'où, en divisant, $\dfrac{ak}{am} = \dfrac{bk}{bm},$ ce qui est faux, puisque ak est $< am$

et $bk > bm$. — Donc les trois droites an, bl, cm, se coupent au même point.

Scholie. — On sous-entend dans l'énoncé de cette réciproque que les trois droites an, bl, cm, tombent en nombre impair sur les côtés ou en nombre pair sur leurs prolongements.

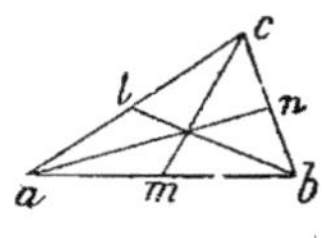

Corollaires. — 1. *Les trois droites* an, bl, cm, *qui unissent les sommets d'un triangle* abc *aux milieux des côtés opposés, concourent au même point.* — Car on a évidemment

$$am \times bn \times cl = bm \times cn \times al.$$

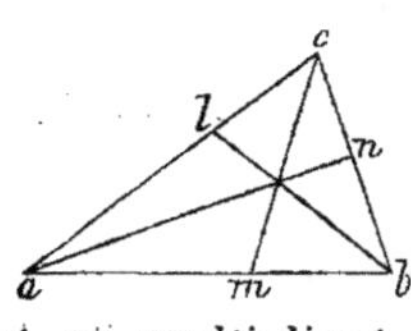

2. *Les bissectrices* an, bl, cm, *des trois angles d'un triangle* abc *concourent au même point.* — On a en effet

$$am : bm :: ac : bc, \quad bn : cn :: ab : ac,$$
$$cl : al :: bc : ab.$$

et, en multipliant,

$$am \times bn \times cl : bm \times cn \times al :: ac \times ab \times bc : bc \times ac \times ab\,;$$

mais les deux derniers termes sont égaux : donc

$$am \times bn \times cl = bm \times cn \times al.$$

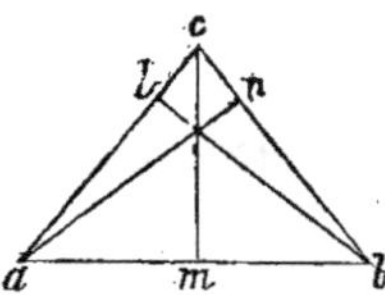

3. *Les trois perpendiculaires* an, bl, cm, *tirées des trois sommets d'un triangle* abc *sur les côtés opposés, concourent au même point.* — Les triangles rectangles amc et alb, bna et bmc, clb et cna, étant semblables deux à deux comme ayant un angle égal, on a

$$am : al :: ac : ab, \quad bn : bm :: ab : bc, \quad cl : cn :: bc : ac,$$

et, en multipliant,

$$am \times bn \times cl : bm \times cn \times al :: ac \times ab \times bc : ab \times bc \times ac,$$

d'où résulte $am \times bn \times cl = bm \times cn \times al$.

Prop. 3. — **Théorème** : *Dans tout quadrilatère complet* abcd, *les milieux des trois diagonales* ac, bd, ef, *sont en ligne droite.*

Par les sommets a, d, je tire les droites aa', de', parallèles à bc, et par les sommets b, c, les droites bb', ce', parallèles à ad. — Le triangle edc étant coupé par la transversale fb, il vient

$$df \times cb \times ea = cf \times eb \times da\,;$$

or, parce que les parallèles, comprises entre parallèles, sont égales, $cb = e'b'$, $ea = ca'$, $eb = db'$, $da = e'a'$; donc

$$df \times e'b' \times ca' = cf \times db' \times e'a'\,;$$

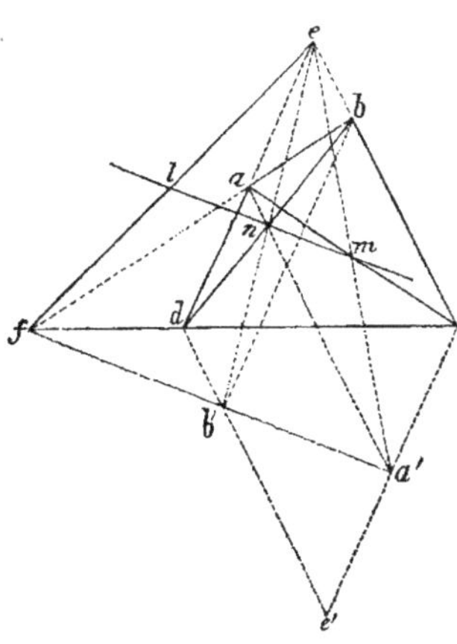

d'où il suit que les trois points a', b', f, sont en ligne droite. — Actuellement, les diagonales ac, ea', du parallélogramme $eca'a$, et celles bd, eb', du parallélogramme $ebb'd$ se coupant mutuellement en parties égales aux points m et n, il vient $em : ma' :: en : nb'$; conséquemment, la droite mn est parallèle à la droite $a'f$, et l'on a aussi $em : ma' :: el : lf$, c'est-à-dire $el = lf$.

PROP. 4. — THÉORÈME : *La moitié* oa *d'une droite* ab *est moyenne proportionnelle entre les distances* oc, od, *du milieu* o *de cette droite à deux points* c, d, *qui la divisent harmoniquement.*

De la proportion $ac : bc :: ad : bd$ on déduit

$$\frac{ac - bc}{2} : \frac{ac + bc}{2} :: \frac{ad - bd}{2} : \frac{ad + bd}{2}\,;$$

or, $\dfrac{ac + bc}{2} = oa$, $\dfrac{ad - bd}{2} = oa$, et (proposition 4, page 11),

$\dfrac{ac - bc}{2} = oc$, $\dfrac{ad + bd}{2} = od$; donc $oc : oa :: oa : od$.

Réciproque. — Une droite ab *est divisée harmoniquement aux points* c, d, *lorsque sa moitié* oa *est une moyenne proportionnelle entre leurs distances* oc, od, *au milieu* o.

Car, de la proportion $oc : oa :: oa : od$, on tire

$$oa + oc : oa - oc :: od + oa : od - oa,$$

c'est-à-dire, $ac : bc :: ad : bd$.

Scholie. — Si le point *c* était placé au milieu *o* de la droite *ab*, son conjugué harmonique *d* passerait à l'infini. — Cela résulte de ce que $od = \dfrac{oa^2}{oc}$.

PROP. 5. — THÉORÈME : *Quatre droites,* ox *et* oy, oz *et* ou, *issues d'un même point* o, *forment un faisceau harmonique lorsqu'une droite* mn, *parallèle à l'une d'elles* ou, *est divisée en parties égales* ml, nl, *par les trois autres* ox, oy, oz.

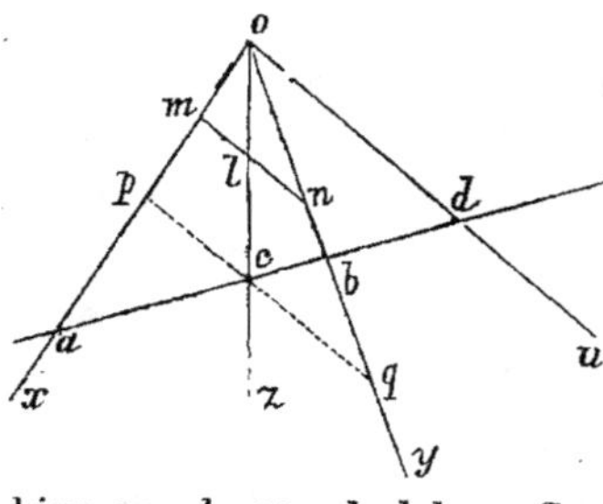

Tirons une transversale quelconque *acbd*, et par le point *c* la droite *pq* parallèle à *mn*. — Parce que deux parallèles comprises entre les côtés d'un angle sont entre elles, etc., il vient

$$pc : od :: ac : ad, \quad qc : od :: bc : bd.$$

Mais $pc = qc$, à cause de $pc : qc :: ml : nl$; donc $ac : ad :: bc : bd$ ou bien $ac : bc :: ad : bd$. — C. q. f. d.

Réciproque. — *Quatre droites,* ox *et* oy, oz *et* ou, *issues d'un même point* o, *forment un faisceau harmonique lorsqu'elles divisent harmoniquement une droite quelconque* acbd.

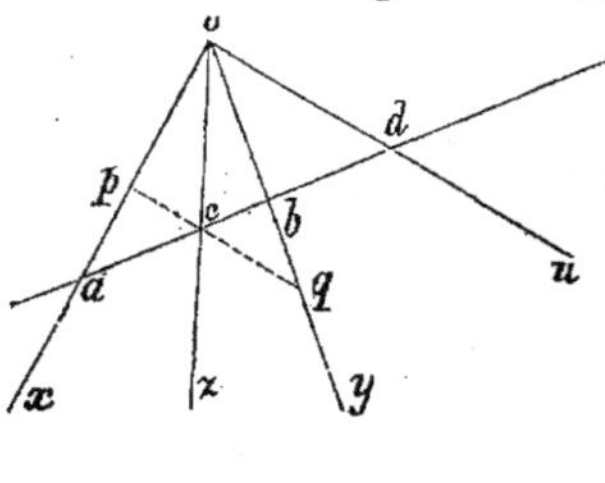

Par le point *c* soit menée *pq* parallèlement à *ou*. — On a

$$pc : od :: ac : ad, \quad qc : od :: bc : bd,$$

et comme, par hypothèse,

$$ac : ad :: bc : bd,$$

il s'ensuit $pc : od :: qc : od$, d'où résulte $pc = qc$. — C. q. f. d.

Corollaire. — *Deux droites* ox, oy, *qui se coupent, et les bissectrices* oz, ou, *de leurs angles* xoy, x'oy, *forment un faisceau harmonique.* — Car, si l'on tire à volonté la transversale *acbd*, le triangle *aob* fournira $ac : bc :: ao : bo$, $ad : bd :: ao : bo$, d'où $ac : bc :: ad : bd$.

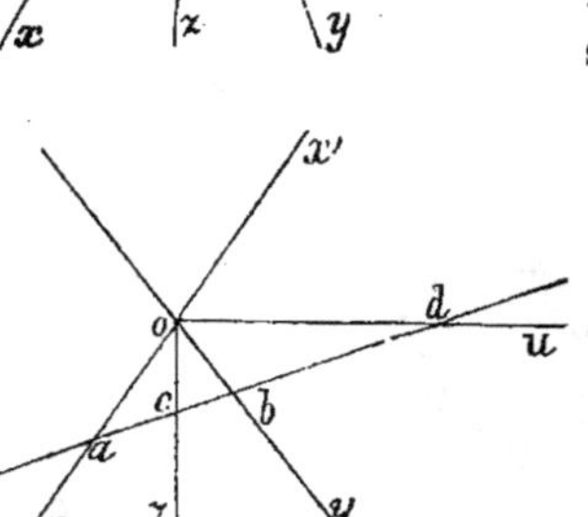

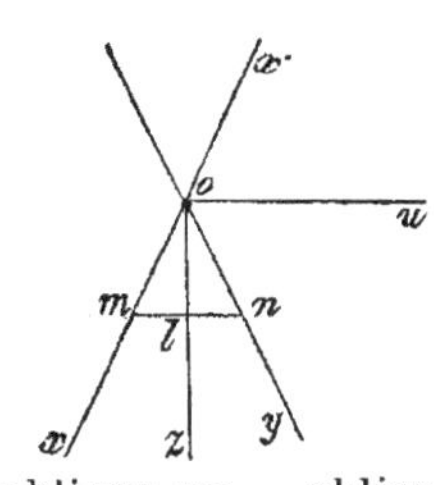

Réciproquement, *si, dans un faisceau harmonique, deux droites conjuguées* oz *et* ou *sont rectangulaires, elles sont les bissectrices des angles* xoy, x'oy, *formés par les deux autres* ox *et* oy. — Car, si l'on tire *mn* perpendiculaire à *oz*, et, par suite, parallèle à *ou*, on aura, parce que le faisceau est harmonique, $ml = nl$, d'où résulte oblique *om* = oblique *on* et angle *xoz* = angle *yoz*.

Prop. 6. — Théorème : *Dans tout quadrilatère complet* abcd, *chacune des trois diagonales* ac, bd, ef, *est divisée harmoniquement par les deux autres.*

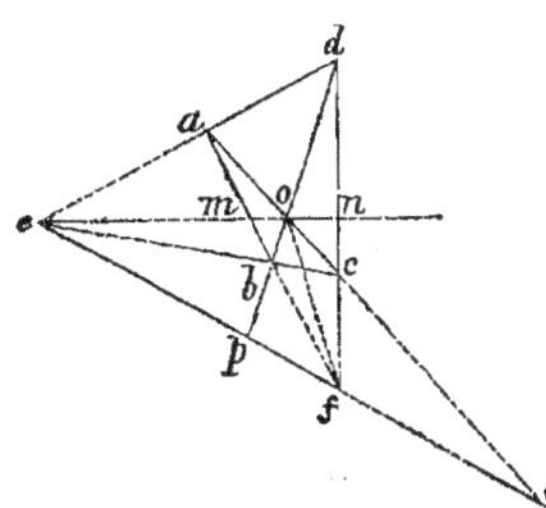

Soient divisés les côtés *ab*, *cd*, aux points *m*, *n*, de manière que l'on ait $am : bm :: af : bf, \; dn : cn :: df : cf$. — L'harmonique conjuguée de la droite *ef* par rapport aux droites *ed*, *ec*, contiendra les points *m* et *n* ; donc la droite *mn* passe par le point *e*. — Pareillement, l'harmonique conjuguée de la droite *of* par rapport aux droites *ac*, *bd*, contenant les points *m* et *n*, la droite *mn* passera aussi par le point *o*. — Ainsi, les quatre points *e*, *m*, *o*, *n*, appartiennent à une même droite. — Maintenant, parce que les quatre points *n* et *f*, *d* et *c*, sont harmoniques, les quatre droites *on* et *of*, *od* et

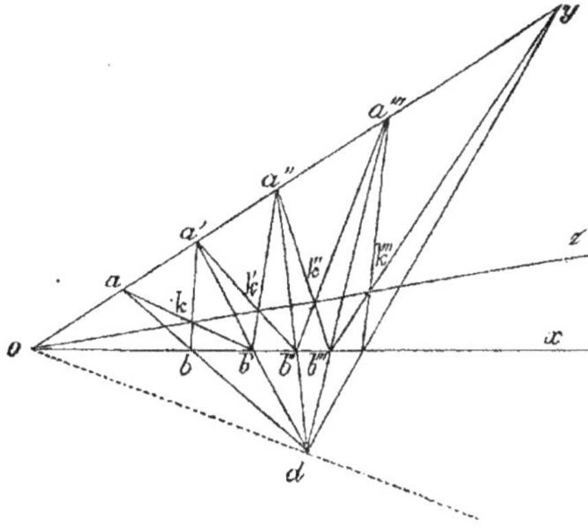

oc, sont harmonicales : donc la diagonale *ef* est divisée harmoniquement aux points *p* et *q*, autrement on a $ep : fp :: eq : fq$. — On prouverait de même que $ao : co :: aq : cq$ et $do : bo :: dp : bp$.

Corollaire. — *Si, par un point* d, *pris*

dans le plan d'un angle xoy, *on tire plusieurs droites* da, da', da'', da''', ..., *les points de concours* k, k', k'', ..., *des diagonales des quadrilatères* abb'a', a'b'b''a'', a''b''b'''a''', ..., *sont situés sur une même droite* oz, *qui passe par le sommet* o *de l'angle.* — Car les droites *ok, ok', ok'',....,* étant chacune l'harmonique conjuguée de la droite *od* par rapport aux droites *ox* et *oy,* doivent toutes se confondre. (Fig. p. 373.)

IIIᵉ SECTION.

LA CIRCONFÉRENCE.

Théorie des pôles et polaires réciproques.

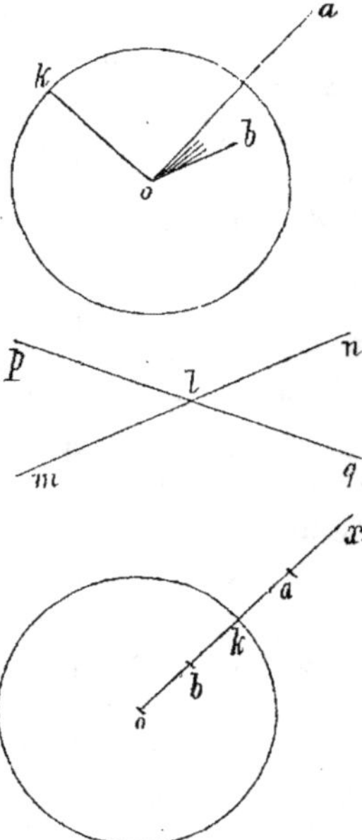

I. Quand on rapporte tous les points d'un plan à une circonférence *ok,* on lui donne le nom de *circonférence directrice,* et on appelle : 1° *rayon vecteur* d'un point quelconque *a,* la distance *oa* de ce point au centre *o ;* 2° *angle vecteur* de deux points *a* et *b,* l'angle au centre *aob* formé par leurs rayons *oa* et *ob ;* 3° angle des droites *mn, pq,* l'un des deux angles égaux *mlp, nlq,* qui ne comprennent pas le centre *o.*

II. Deux points *a* et *b,* sont dits *réciproques* l'un de l'autre lorsque, se trouvant sur une même droite *ox* issue du centre *o,* le produit *oa* ✕ *ob* de leurs rayons vecteurs *oa, ob,* est égal au quarré du rayon *ok.* — Ainsi, tous les points de circonférence *ok* se confondent avec leurs réciproques, et, en général, deux points réciproques quel-

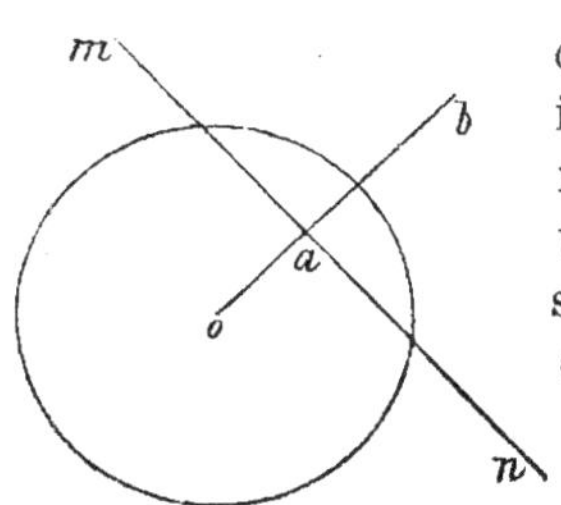

conques sont l'un extérieur et l'autre intérieur à cette circonférence. — On remarquera encore que le centre o a une infinité de points réciproques qui se trouvent situés à l'infini sur les divers rayons.

III. On appelle *pôle* d'une droite mn le point réciproque b du pied a de la perpendiculaire oa, tirée du centre o sur cette droite. — Réciproquement, la droite mn est dite la *polaire* du point b.

PROPOSITION 1. — THÉORÈME : *Les distances* pa, pb, *d'un point quelconque* p *d'une circonférence à deux points réciproques* a *et* b, *sont dans un rapport constant.*

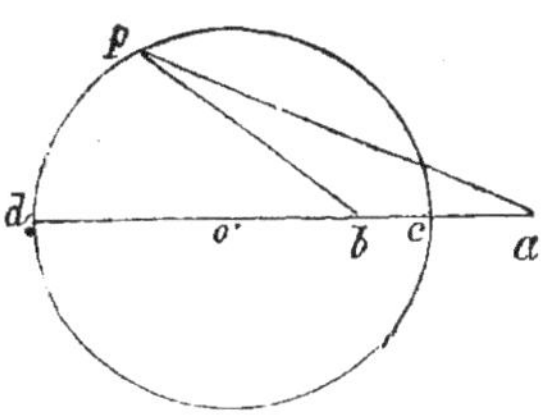

Parce que les points a et b sont réciproques, on a $oa \times ob = oc^2$ ou bien $oa : oc :: oc : ob$, de sorte que le diamètre cd est divisé harmoniquement aux points a et b ; ainsi, les quatre droites pa et pb, pc et pd, forment un faisceau harmonique ; et, comme l'angle cpd, inscrit dans une demi-circonférence, est droit, il s'ensuit que pc et pd sont les bissectrices des angles bpa et bpq. — Donc on a $pa : pb :: ac : bc$ ou $:: ad : bd$.

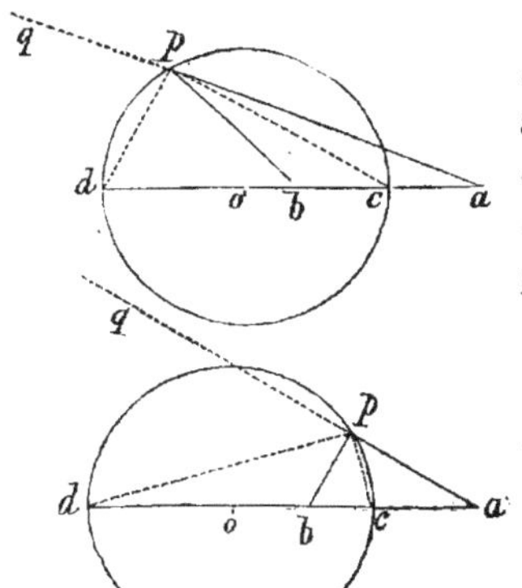

Réciproque. — *Le lieu des points dont les distances à deux points fixes* a *et* b *sont entre elles comme* m : n, *est une circonférence, par rapport à laquelle ces deux points sont réciproques.*

Si l'on divise la droite ab aux points c et d, de manière que l'on ait $ac : bc :: m : n$, $ad : bd :: m : n$, les points c et d appartiendront évidemment au lieu dont il s'agit. — Considérons maintenant un point quelconque p de ce lieu ; puisque $pa : pb :: m : n$, on a aussi $pa : pb :: ac : bc$ ou $:: ad : bd$; conséquemment, les droites pc, pd, sont les bissectrices des angles bpa, bpq, et partant, ces droites forment un angle droit cpd, dont le sommet p se trouve sur la circonférence dont le diamètre est cd. — Les points a et b sont d'ailleurs réciproques, car de la proportion $ac : bc :: ad : bd$, on déduit $oa : oc :: oc : ob$ ou $oa \times ob = oc^2$. (Proposition 4, page 371.)

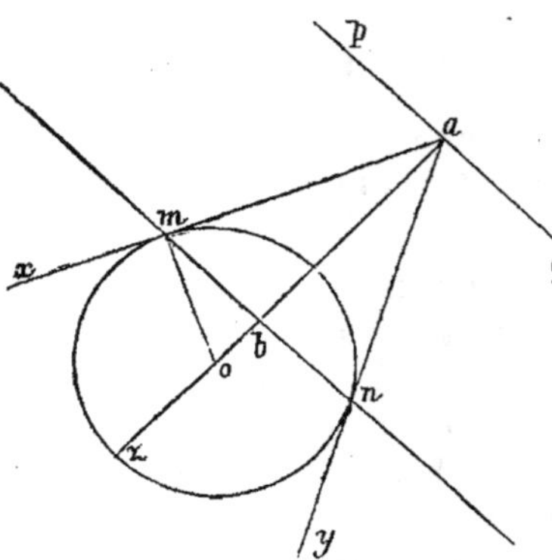

PROP. 2. — **THÉORÈME :** *Le sommet* a *d'un angle circonscrit* xay *a pour polaire la corde de contact* mn, *et, à l'inverse, la corde* mn *a pour pôle le sommet* a.

La bissectrice az de l'angle xay étant un diamètre perpendiculaire sur le milieu de la corde mn, il suffit de faire voir que les points a et b sont réciproques. — Or, le triangle oma, rectangle en m, fournit $oa : om :: om : ob$ ou

$$oa \times ob = om^2.$$

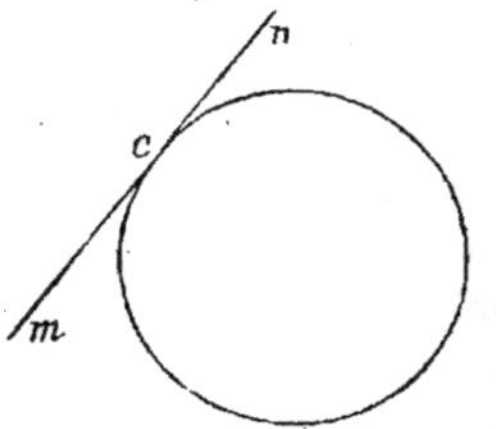

Corollaire 1. — Le point b est le pôle de la droite pq, perpendiculaire à l'extrémité de oa, et, à l'inverse, la droite pq est la polaire du point b.

Corol. 2. — Toute tangente mn a pour pôle son point de contact c, et, à l'inverse, tout point c de la circonférence a pour polaire sa tangente mn.

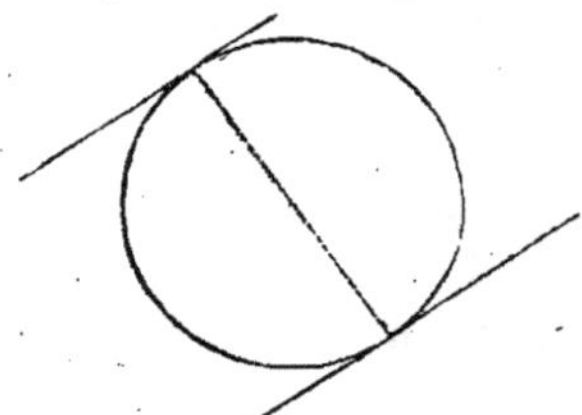

Scholies. — I. Le pôle d'un diamètre est situé à l'infini, et, réciproquement, tout point situé à l'infini a pour polaire un diamètre.

II. Le centre a une infinité de polaires situées à l'infini, et, réciproquement, toute droite qui passe à l'infini a son pôle au centre.

Prop. 3. — **Théorème :** *Toutes les cordes tirées par un point intérieur ou extérieur* **a**, *sont divisées en parties harmoniques par ce point et par sa polaire* **mn**. (Fig. 1 ou 2.)

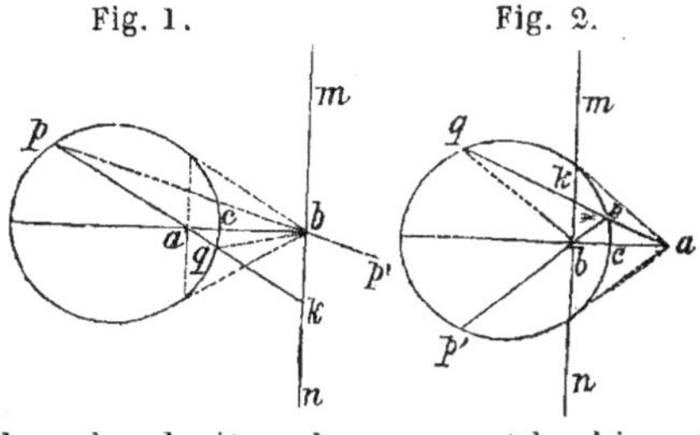

Fig. 1.   Fig. 2.

Joignant le point b aux extrémités p et q de l'une pq de ces cordes, on a

$$pb : pa :: bc : ac,$$
$$qb : qa :: bc : ac,$$

d'où résulte

$$pb : pa :: qb : qa ;$$

donc les droites ab, mn, sont les bissectrices des angles adjacents qbp, qbp', et partant, les quatre droites bp et bq, ba et bn, forment un faisceau harmonique. — Conséquemment, la corde pq est divisée harmoniquement aux points a et k.

Corollaire. — *Les droites* ps, qt, *qui joignent, deux à deux, les extrémités de deux cordes quelconques* pq, st, *se coupent sur la polaire du point de concours* a *de ces cordes* (Fig. 1 ou 2). — Car, si l'on tire l'harmonique conjuguée kx de la droite ka par rapport aux droites kp et kq, les cordes pq, st, sont divisées harmoniquement par le point a et par les points f et g ; d'où résulte que fg est la polaire du point a.

Prop. 4. — **Théorème :** *Les pôles de toutes les droites tirées par un même point* **a** *sont situés sur la polaire* **mn** *de ce point.*

Soit op la perpendiculaire abaissée du centre o sur l'une ax de ces droites. — Les triangles rectangles aoq, bop, ayant un angle aigu o commun, sont semblables, et par suite il vient

$$oa : op :: oq : ob, \text{ d'où } op \times oq = oa \times ob ; \text{ mais}$$

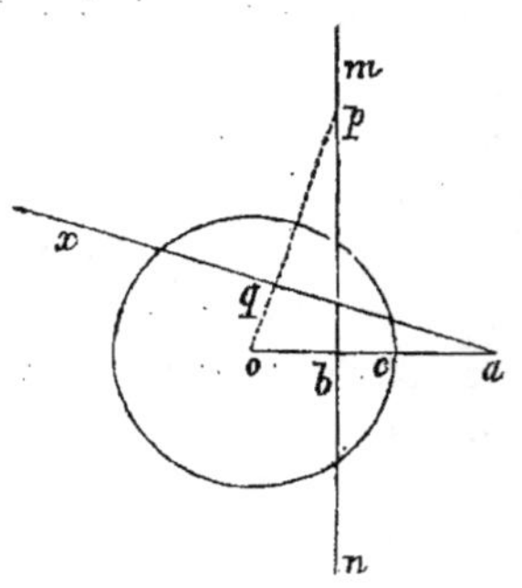

$oa \times ob = oc^2$; donc $op \times oq = oc^2$. — Ainsi, le point p est le pôle de la droite ax.

Réciproque. — Les polaires de tous les points d'une droite mn *passent par le pôle* a *de cette droite.*

Soit ax la perpendiculaire tirée du point a sur le rayon vecteur op d'un point quelconque p de la droite mn. — A cause de la similitude des triangles rectangles aoq, bop, on a

$$op \times oq = oa \times ob = oc^2 \ ;$$

donc la droite ax est la polaire du point p.

Scholie. — Ces propositions comprennent celles-ci :

I. *Tous les angles circonscrits à la circonférence, dont les cordes de contact passent par le même point, ont leurs sommets sur une même ligne droite.*

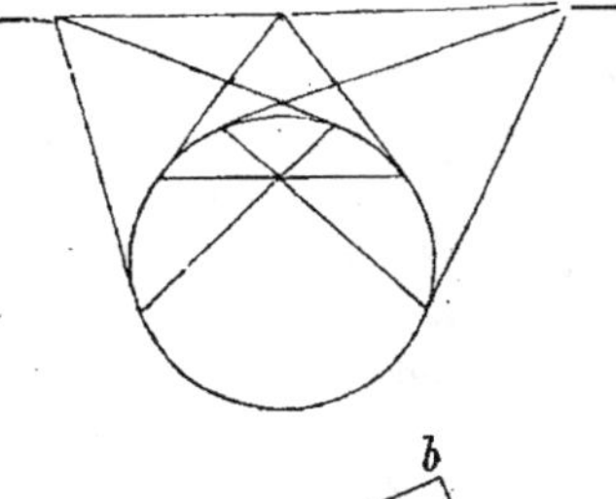

II. *Si plusieurs angles circonscrits ont leurs sommets en ligne droite, leurs cordes de contact passent toutes par le même point.*

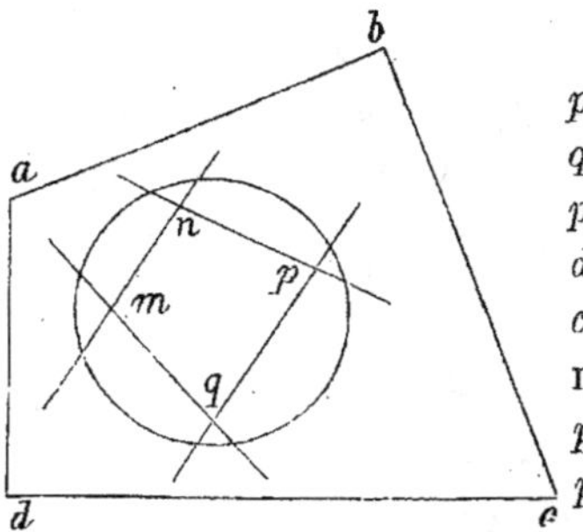

Prop. 5. — Théorème : *Si deux polygones* abcd, mnpq, *sont tels que les sommets* a, b, c, d, *du premier, soient les pôles respectifs des côtés* mn, np, pq, qm, *du second, réciproquement, les sommets* m, n, p, q, *du second, seront les pôles des côtés* da, ab, bc, cd, *du premier.*

Parce que les droites mn, np, se coupent au point n, leurs pôles a, b, appartiennent à la polaire de ce point : donc la droite ab est cette polaire, ou, en d'autres termes, le sommet n est le pôle du côté *ab*. — On prouverait de même que le sommet *p* est le pôle du côté *bc*, etc., etc.

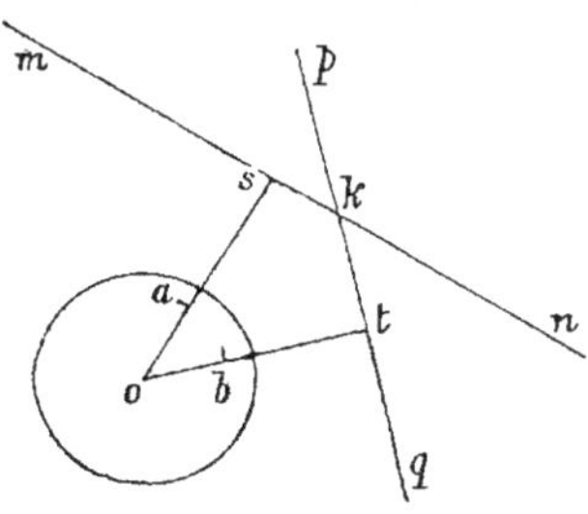

Scholie. — Les polygones *abcd*, *mnpq*, sont dits *polaires réci-proques* l'un de l'autre.

Prop. 6. — Théorème : *L'angle* nkq *de deux droites* mn, pq, *est égal à l'angle vecteur* aob *de leurs pôles* a *et* b. — *Et réciproquement.*

Car les angles *osk*, *otk*, du qua-drilatère *oskt* étant droits, l'angle *aob* est le supplément de l'angle *skt*, et par suite, il est égal à l'angle *nkq*.

Corollaire. — *Les pôles* a *et* b, c *et* d, *de quatre droites harmo-niques* kx *et* ky, kz *et* ku, *forment un système harmonique.* — *Et réciproquement.* — On a

ang *aoc* = ang *xkz*, ang *cob* = ang *zky*, ang *bod* = ang *yku* ;

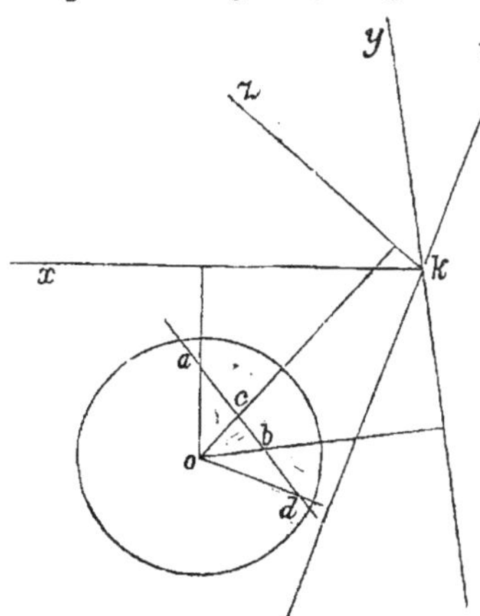

ainsi, les droites *oa, oc, ob, od*, étant disposées de la même ma-nière que les droites *kx, kz, ky, ku*, constituent un faisceau har-monique. — De plus, les quatre points *a, c, b, d*, pôles de quatre droites issues du même point *k*, sont en ligne droite. -- Donc, etc.

Scholie. — Si la droite *ku*, passait par le centre *o*, son pôle *d* serait situé à l'infini, et par suite le point *c* se trouverait au milieu de la droite *ab*.

Polygones inscrits et circonscrits à la circonférence.

Proposition 1. — Théorème : *Dans tout triangle* abc *circons-crit à une circonférence :* 1° *les trois droites* am, bn, cl, *tirées des*

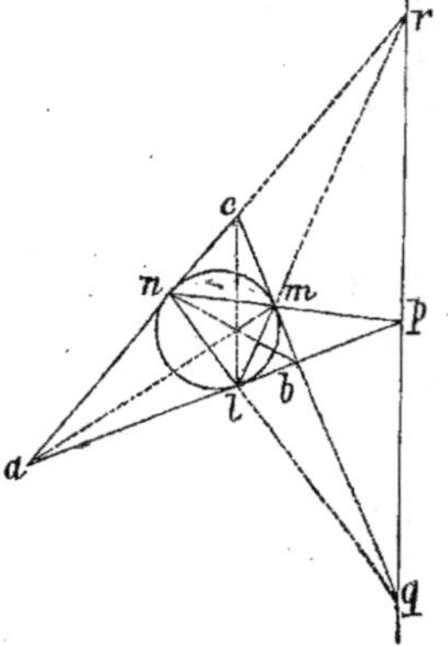

sommets aux points de contact des côtés opposés, se coupent au même point; 2° les points de concours p, q, r, des cordes de contact mn, nl, lm, et des côtés opposés, sont situés en ligne droite.

1° On a $al = an$, $bm = bl$, $cn = cm$, et, en multipliant, $al \times bm \times cn = an \times bl \times cm$; d'où résulte que les trois droites am, bn, cl, se coupent au même point. — 2° Les mêmes droites am, bn, cl, ont pour pôles respectifs les trois points q, r, p; donc ces trois points sont en ligne droite.

PROP. 2. — THÉORÈME : *Si deux quadrilatères abcd et mnpq inscrit et circonscrit à la circonférence sont tels, que les sommets du premier soient les points de contact des côtés du second, 1° les quatre points de concours* s, t, u, v, *de leurs côtés opposés, sont situés en ligne droite ; 2° les quatre diagonales* ac, bd, mp, nq, *se coupent au même point.*

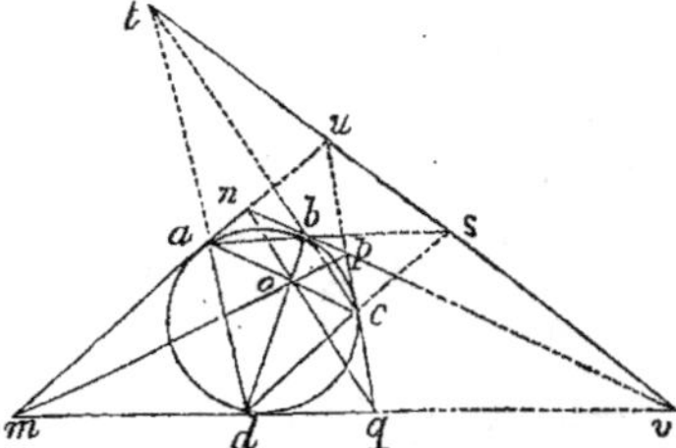

1° Parce que les cordes ac, bd, se coupent en o, page 377, les points de concours s et t des côtés ab et cd, bc et ad, sont situés sur la polaire de ce point ; mais les pôles u et v des mêmes cordes ac, bd, doivent aussi se trouver sur la polaire du point o ; donc cette polaire renferme les quatre points s, t, u, v. — 2° Parce que les trois droites ta, tb, ts, passent par le point t, leurs pôles m, p, o, sont situés en ligne droite ; par une raison semblable, la diagonale nq passe par le point o.

PROP. 3. — THÉORÈME : *Dans tout hexagone inscrit* abcdef, *les trois points de concours* p, q, r, *des côtés opposés* ab *et* de,

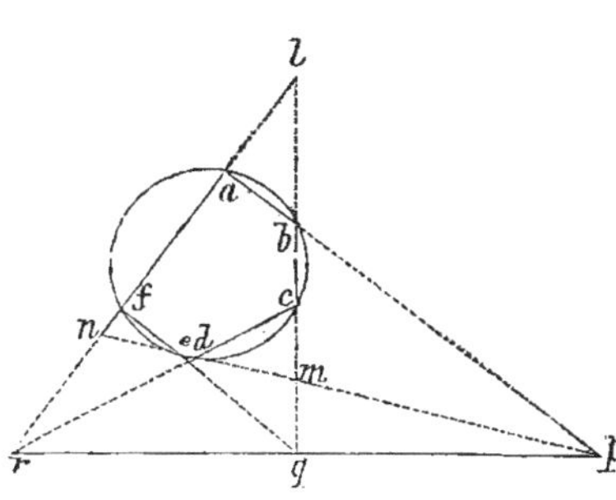

bc *et* ef, cd *et* af, *sont situés en ligne droite.*

Les côtés alternatifs *bc*, *de*, *af*, prolongés suffisamment, forment le triangle *mnl*, qui fournit, à cause des transversales *ab*, *cd*, *ef*, les trois égalités qui suivent :

$$mb \cdot np \cdot la = lb \cdot mp \cdot na,$$
$$mc \cdot nd \cdot lr = lc \cdot md \cdot nr,$$
$$mq \cdot ne \cdot lf = lq \cdot me \cdot nf ;$$

multipliant ces égalités membres à membres, en observant que

$$mb \cdot mc = me \cdot md, \quad nd \cdot ne = na \cdot nf, \quad la \cdot lf = lb \cdot lc,$$

il vient $np \cdot lr \cdot mq = mp \cdot nr \cdot lq$; d'où il suit que les trois points p, q, r, sont en ligne droite. (Voyez page 368, proposition 1.)

Prop. 4. — Théorème : *Dans tout hexagone circonscrit* abcdef, *les trois diagonales* ad, be, cf, *qui unissent les sommets opposés, concourent au même point.*

Les sommets a et d, ayant pour polaires les droites mq et lo, le pôle de la diagonale ad sera le point de concours x de ces

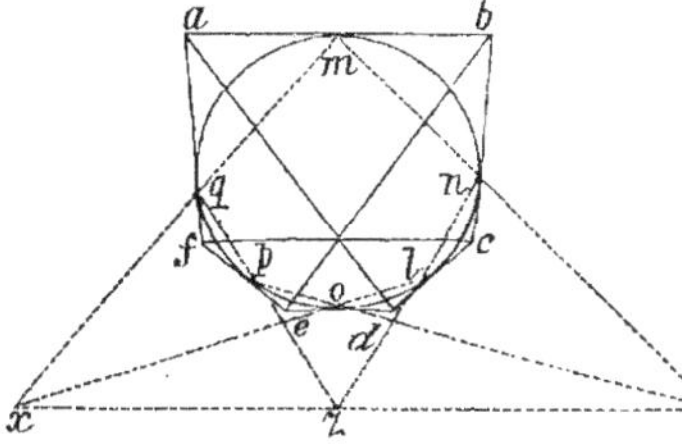

deux droites. — Pareillement, le pôle de la diagonale be est le point y, et le point z est celui de la diagonale cf. — Mais, parce que l'hexagone $mnlopq$ est inscrit, les trois pôles x, y, z, sont en ligne droite : donc les trois diagonales ad, be, cf, doivent se couper au même point.

Théorie des axes et des centres radicaux.

On appelle *puissance* d'un point quelconque m par rapport à une circonférence, le produit constant $ma \times mb$ des segments additifs (fig. 1) ou soustractifs (fig. 2), que forme ce point sur

Fig. 1.   Fig. 2.

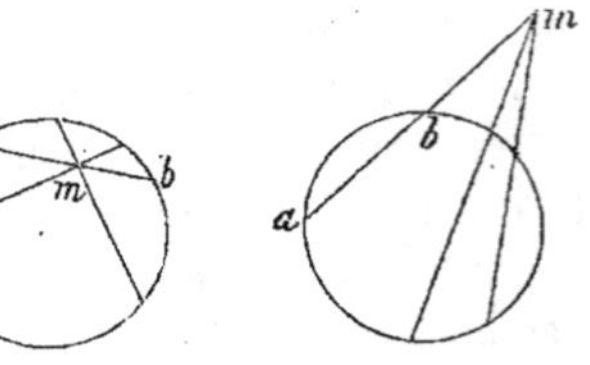

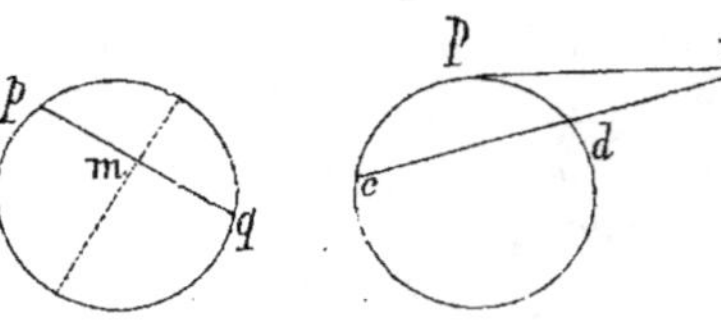

toute corde ab qui le contient.

Il s'ensuit que :

1° *La puissance d'un point intérieur* m *est égale au quarré de la moitié* mp *de la plus petite corde* pq *qui peut être tirée par ce point.* — **Car** $mp = mq$. (Page 96).

2° *La puissance d'un point extérieur* m *est égale au quarré de la tangente* mp, *issue de ce point et limitée au point de contact.* — **Car** $mc \times md = mp^2$.

On remarquera aussi que *la puissance du centre est égale au quarré du rayon*, et que *tous les points de la circonférence ont des puissances nulles.*

PROPOSITION 1. — THÉORÈME : *Tous les points d'égale puissance par rapport à deux circonférences sont situés sur une droite perpendiculaire à la ligne des centres.*

Fig. 1.   Fig. 2.

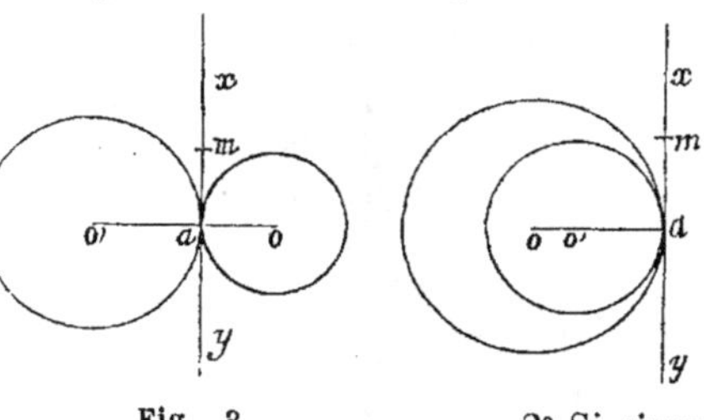

1° Si circonférence oa et circonférence $o'a$ se touchent extérieurement (fig. 1), ou intérieurement (fig. 2), tout point m de la tangente commune xy a même puissance ma^2 par rapport à l'une et à l'autre.

2° Si circonférence oa et circonférence $o'a$ se coupent (fig. 3) en a et b, tout point m de la droite xy, qui unit ces deux points, a même puissance $ma \times mb$ relativement aux deux circonférences.

Fig. 3.

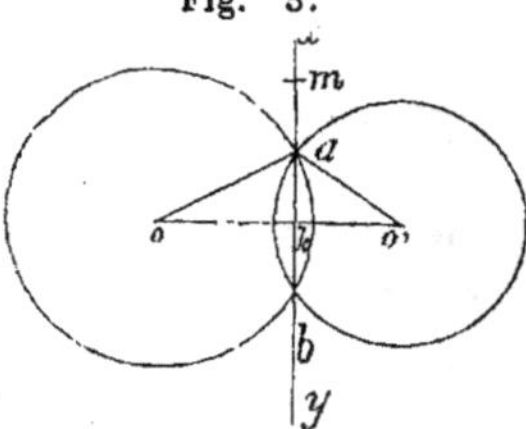

3° Si circonférence oa et circon-

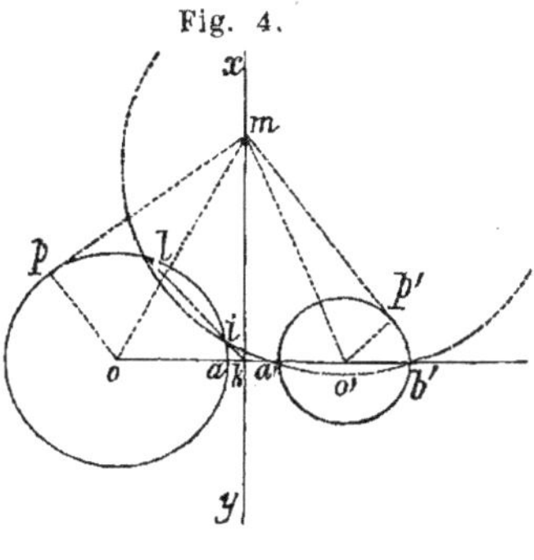

Fig. 4.

Fig. 5.

férence $o'a'$ sont extérieures (fig. 4) ou intérieures l'une à l'autre (fig. 5), par les extrémités a', b', du diamètre $a'b'$, faisons passer à volonté une circonférence, de manière toutefois qu'elle coupe circonférence oa en deux points l et i. = Le point k, où la sécante li vient rencontrer la ligne des centres oo', est d'égale puissance par rapport à circonférence oa et circonférence $o'a'$, car la circonférence auxiliaire fournit

$$kl \times ki = ka' \times kb'.$$

Considérons maintenant un point quelconque m de la perpendiculaire xy, élevée au point k de la ligne oo' ; tirons les tangentes mp et mp', les rayons op et $o'p'$, puis les droites mo et mo' ; à cause des triangles rectangles mok, mop, on a

$$mo^2 = mk^2 + ok^2,$$
$$mo^2 = mp^2 + op^2 \; ;$$

d'où suit $mk^2 + ok^2 = mp^2 + op^2$. — On prouverait de même que

$$mk^2 + o'k^2 = mp'^2 + o'p'^2.$$

Retranchant, il vient

$$ok^2 - o'k^2 = mp^2 - mp'^2 + op^2 - o'p'^2 \ (1).$$

Or, les expressions $ok^2 - o'k^2$ et $op^2 - o'p'^2$ étant constantes quelle que soit la position du point m sur xy, il faut aussi que la différence $mp^2 - mp'^2$ des puissances du point variable m soit constante ; mais la différence des puissances du point k est nulle : donc $mp^2 - mp'^2 = 0$ ou bien $mp^2 = mp'^2$.

Scholie. — On appelle *axe radical* de deux circonférences la droite xy, lieu des points d'égale puissance.

Corollaire 1. — *La ligne des centres est divisée par l'axe radical en segments additifs ou soustractifs, dont la différence des quarrés est égale à la différence des quarrés des rayons.* — Cette assertion est évidente dans le premier cas (fig. 1 et 2). — Dans le deuxième (fig. 3), on a

$$ok^2 + ak^2 = oa^2, \quad o'k^2 + ak^2 = o'a^2,$$

et, en retranchant, $ok^2 - o'k^2 = oa^2 - o'a^2$. — Dans le troisième (fig. 4 et 5), l'égalité (1) se réduit, parce que $mp^2 = mp'^2$, à

$$ok^2 - o'k^2 = op^2 - o'p'^2.$$

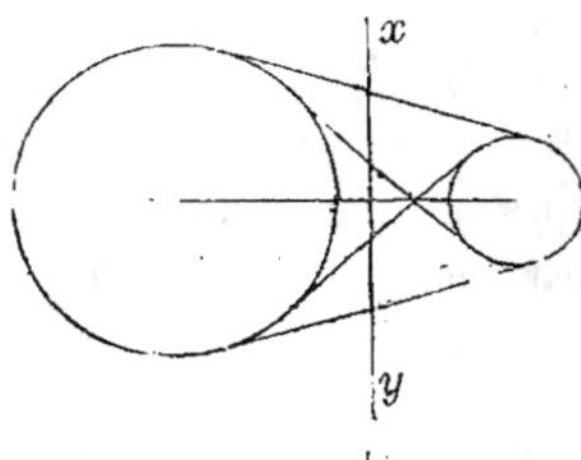

Corol. 2. — *Les tangentes communes à deux circonférences, limitées aux points de contact, ont leurs milieux sur l'axe radical.* — **Car ces milieux sont des points d'égale puissance.**

PROP. 2. — THÉORÈME : *Les axes radicaux de trois circonférences* c, c', c", *considérées deux à deux, concourent au même point.*

Le point de concours des axes radicaux de c, c' et de c, c'', étant d'égale puissance relativement à c et c' et à c et c'', est aussi d'égale puissance par rapport à c' et c''; donc il se trouve sur l'axe radical de c' et c''.

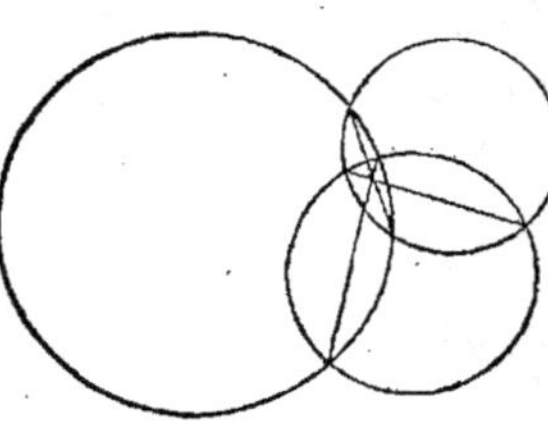

Scholie. — On appelle *centre radical* de trois circonférences le point de concours de leurs trois axes radicaux.

Corollaire 1. — *Lorsque trois circonférences se coupent deux à deux, les trois cordes, qui unissent les points d'intersection, se coupent au centre radical.*

Corol. 2. — *Quand le centre radical est extérieur aux trois circonférences, les six tangentes, issues de ce centre, sont égales.*

IVᵉ SECTION.

PROBLÈMES SUR LA LIGNE DROITE ET LA CIRCONFÉRENCE.

Les lignes proportionnelles.

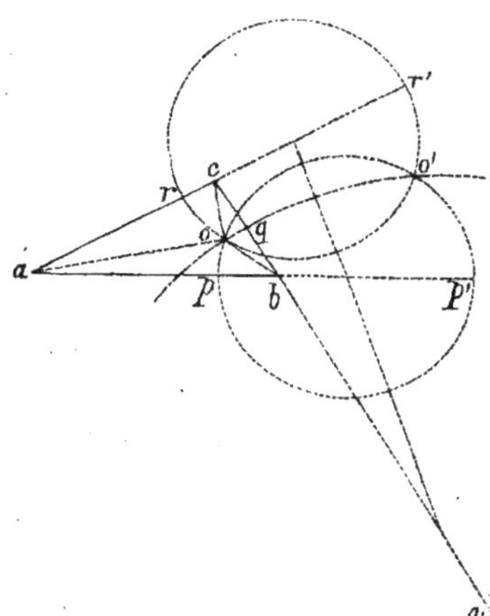

PROPOSITION 1. — PROBLÈME : *Trouver un point dont les distances à trois points donnés* a, b, c, *soient proportionnelles aux lignes* L, M, N.

Je divise la droite *ab* aux points *p*, *p'*, et la droite *bc* aux points *q*, *q'*, de manière que l'on ait $ap : bp :: ap' : bp' :: L : M$ et $bq : cq :: bq' : cq' :: M : N$; sur les diamètres *pp'*, *qq'*, je décris deux circonférences, qui se coupent aux points cherchés *o* et *o'*. — En effet, parce que le point *o* appartient à la première circonférence, il vient (page 375) $oa : ob :: L : M$, et, parce qu'il appartient aussi à la seconde, $ob : oc :: M : N$; donc $oa : ob : oc :: L : M : N$, On prouverait de même que $o'a : o'b : o'c :: L : M : N$. — Il n'y a qu'une solution quand les circonférences se touchent, et le problème est impossible quand elles n'ont aucun point commun.

Scholies. — I. Si l'on divise la droite *ac* aux points *r*, *r'*, de manière que l'on ait $ar : cr :: ar' : cr' :: L : N$, la circonférence décrite sur le diamètre *rr'*, passe par les points *o* et *o'*.

II. Les trois circonférences ayant une corde commune *oo'*, les trois centres, c'est-à-dire les milieux des trois droites *pp'*, *qq'*, *rr'*, sont situés en ligne droite.

PROP. 2. — PROBLÈME : *Trouver un point dont les distances à trois droites données* **ab**, **bc**, **ca**, *soient proportionnelles aux lignes* **L, M, N.**

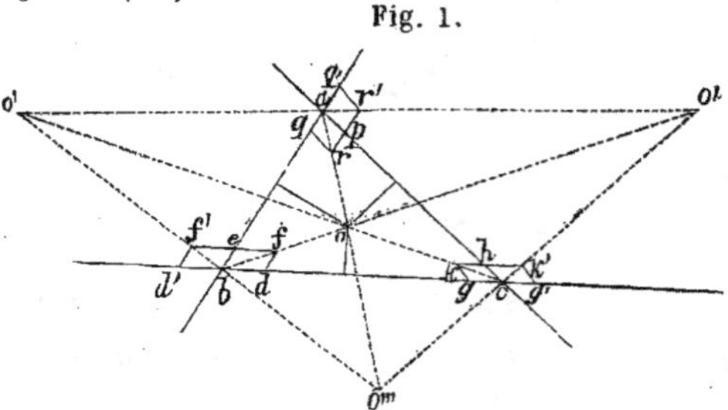

Fig. 1.

Remarquons d'abord (fig. 2) que, dans un parallélogramme *abcd*, les distances *zx*, *zy*, d'un point quelconque *z* d'une diagonale *ac* aux côtés contigus *ab*, *ad*, sont inversement proportionnelles aux mêmes côtés. — En effet, si l'on tire les perpendiculaires *cp* et *cq*, les quadrilatères *axzy* et *apcq*, composés des triangles *axz*, *azy* et *apc*, *acq*, semblables chacun à chacun, sont semblables, et par suite $zx : zy :: cp : cq$; mais, de ce que les angles *cbp*, *cdq*, ont leurs côtés respectivement parallèles, il résulte que les triangles rectangles *pbc*, *qdc*, sont aussi semblables, et que $cp : cq :: bc : cd$ ou $:: ad : ab$;

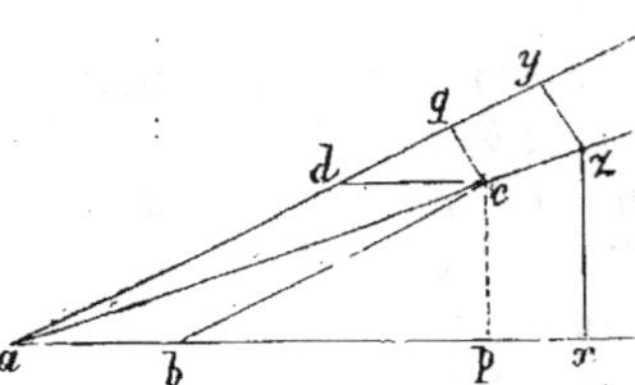

fig. 2.

il vient donc, à cause du rapport commun, $zx : zy :: ad : ab$.

Cela posé, prenons (figure 1) $be = $ **M**, $bd = bd' = $ **L**, $ch = $ **M**, $cg = cg' = $ **N** ; construisons les parallélogrammes *befd*, *bef'd'*, *chkg*, *chk'g'* ; les diagonales *bf*, *bf'*, coupent évidemment les diagonales *ck*, *ck'*, aux points cherchés *o*, *o'*, *o''*, *o'''*. Ainsi, il y a toujours quatre solutions.

Scholies. — I. Les diagonales *ar*, *ar'*, des parallélogrammes *aprq*, *apr'q'*, construits sur $ap = $ **L** et $aq = aq' = $ **N**, passent, la première par les points *o* et *o'''*, et la seconde par les points *o'* et *o''*.

II. Les quatre droites issues de chacun des points *a*, *b*, *c*, forment un faisceau harmonique.

PROP. 3. — PROBLÈME : *Placer, entre les côtés d'un angle* **xoy**, *une droite qui soit divisée par le point* **k** *en deux parties dont le produit soit égal au quarré de la ligne* **L.**

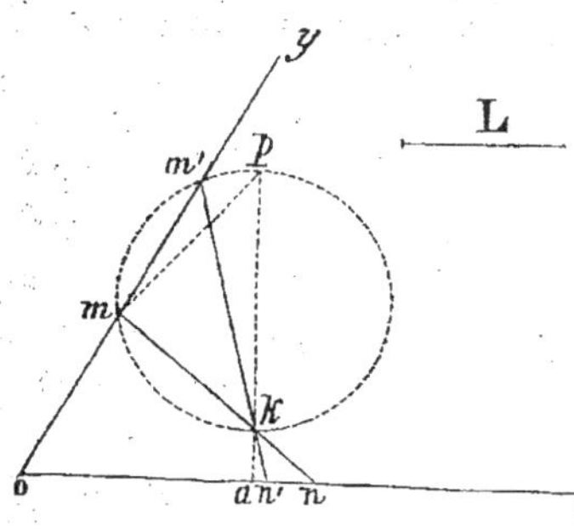

Sur le prolongement de ka, perpendiculaire à ox, je prends la distance kp égale à la troisième proportionnelle aux lignes ak et L. — Sur le diamètre kp, je décris une circonférence qui coupe oy en m et m'; les droites mkn, $m'kn'$, satisfont à l'énoncé. — Tirant mp, les triangles rectangles kan, kmp, sont semblables, et partant $ak : km :: kn : kp$; mais, par construction, $ak : L :: L : kp$; donc $km : L :: L : kn$, ou bien $km \times kn = L^2$. — On prouverait de même que $km' \times kn' = L^2$. — Ce problème n'aurait qu'une seule solution ou serait impossible, si la circonférence touchait ou n'atteignait pas la droite oy.

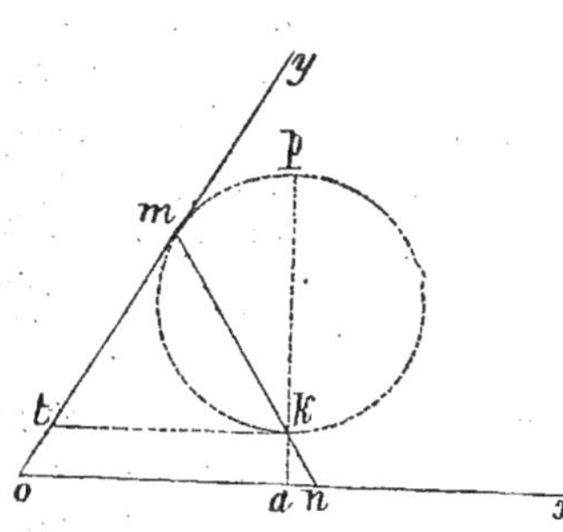

Scholie. — Le produit $km \times kn$ étant égal à $ak \times kp$, est proportionnel au diamètre kp, lorsque le point m varie sur oy; ainsi, sa moindre valeur a lieu quand la circonférence touche ce côté. — Or, si l'on tire la tangente kt, il vient $tm = tk$, et par suite $om = on$. — Donc alors la droite mn est perpendiculaire sur la bissectrice de l'angle xoy.

PROP. 4. — PROBLÈME : *Trouver l'harmonique conjugué du point c par rapport aux points donnés* a, b.

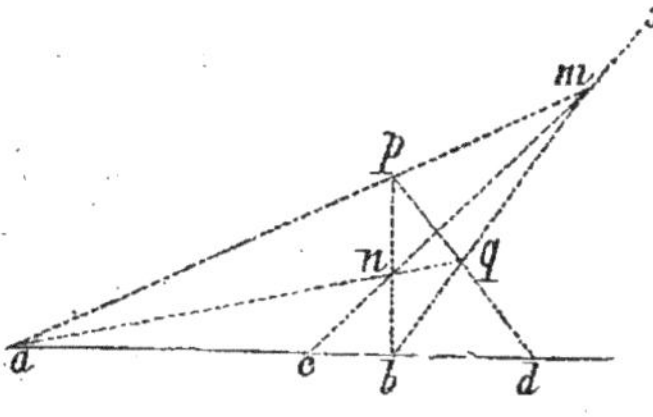

Je tire arbitrairement par le point c la droite cx, et par le point a les droites am, an; je tire ensuite les droites bm, bn, puis la droite pq, qui coupe ab au point cherché d. — En effet, dans le quadrilatère $mpnq$, la diagonale ab est divisée harmoniquement par les deux autres diagonales mn et pq.

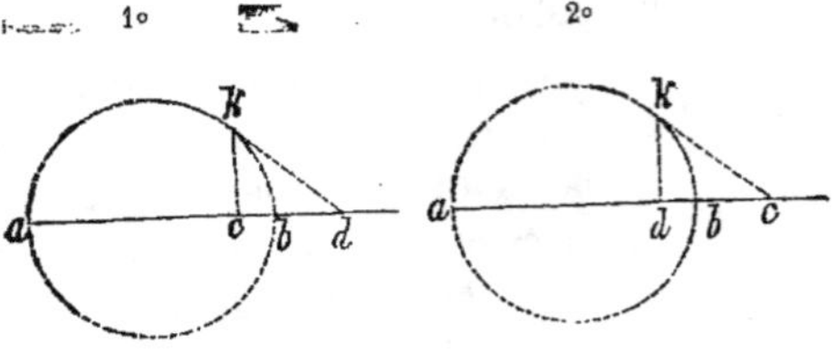

Autre solution. — Je décris sur le diamètre ab une circonférence. — 1° Si le point c est situé entre a et b, j'élève ck perpendiculaire sur ab,

et je mène la tangente kd du point k ; le point d est celui demandé. — 2° Si le point c est extérieur à ab, je tire la tangente ck et la perpendiculaire kd ; le pied d est le point cherché. (P. 377.)

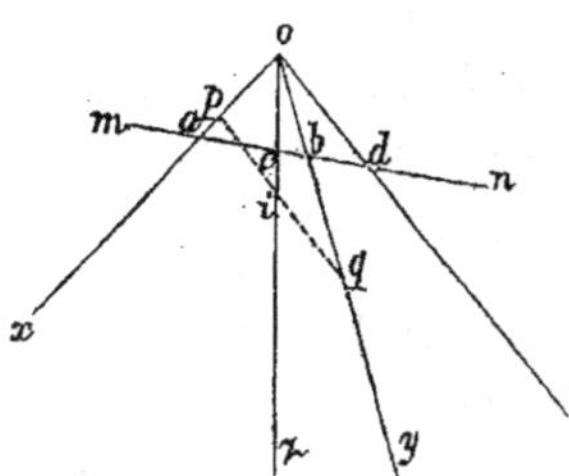

Corollaire. — *Trouver l'harmonique conjuguée de la droite* oz *par rapport aux droites* ox *et* oy. — On tire à volonté une droite mn, et on détermine l'harmonique conjugué d du point c relativement aux points a et b ; la droite od est la quatrième harmonique cherchée. — Autrement, par un point quelconque i de oz on tire la droite pq telle, que $ip = iq$; la parallèle ou à pq est la ligne demandée.

Prop. 5. — Problème : *Déterminer un point tel, que ses projections sur quatre droites données* ab, bc, cd, da, *soient situées en ligne droite.*

Je décris les circonférences circonscrites aux triangles bce et

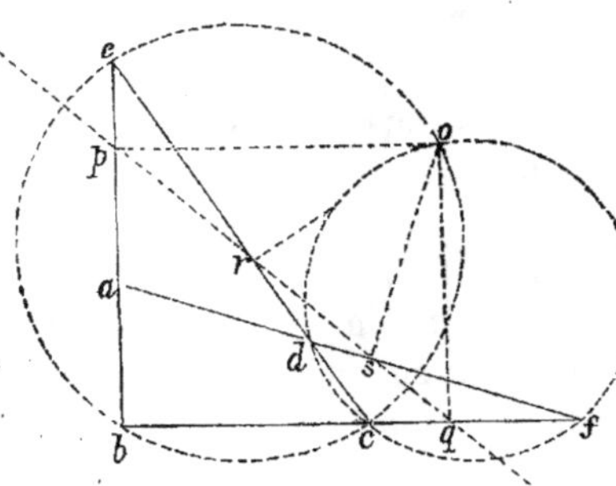

cfd, le premier formé par les droites ab, bc, cd, et le second par les droites bc, cd, da ; leur point d'intersection o est le point cherché. — Soient p, q, r, s, les projections du point o sur les quatre droites ab, bc, cd, da ; parce que ce point appartient à la première circonférence, les trois points p, q, r, sont situés en ligne droite (page 109), et, parce qu'il appartient aussi à la seconde, les points q, r, s, se trouvent dans le même cas. — Donc les quatre points p, q, r et s, sont en ligne droite.

Scholie. — *Les quatre circonférences circonscrites aux triangles* bce, cfd, ade, abf, *que forment quatre droites* ab, bc, cd, da, *considérées trois à trois, passent par le même point* o.

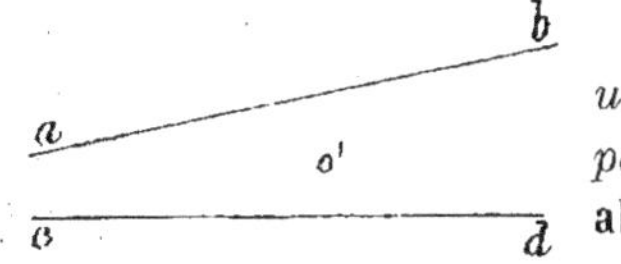

Problèmes (à résoudre). — I. *Par un point* o *tirer une droite qui passe par le point de concours des droites* ab, cd, *qu'on ne peut prolonger.*

II. *Par deux points donnés faire passer une circonférence tangente à une circonférence donnée.*

III. *Par un point donné faire passer une circonférence tangente à deux circonférences, ou bien à une circonférence et à une droite données.*

IV. *Décrire une circonférence d'un rayon donné qui touche deux circonférences ou deux droites, ou bien une circonférence et une droite données.*

V. *Décrire une circonférence qui intercepte sur trois droites données :* 1° *des cordes égales à la ligne* L; 2° *des cordes respectivement égales aux lignes* L', L", L'''.

VI. *Décrire trois circonférences qui se touchent deux à deux et qui aient pour centres trois points donnés.*

VII. *Construire trois angles égaux de même sommet et circonscrits à trois circonférences données.*

Circonférence tangente à trois circonférences données.

PROPOSITION 1. — PROBLÈME : *Trouver par rapport à une circonférence :* 1° *la polaire d'un point donné ;* 2° *le pôle d'une droite donnée.*

1° Par le point donné o je tire arbitrairement deux droites

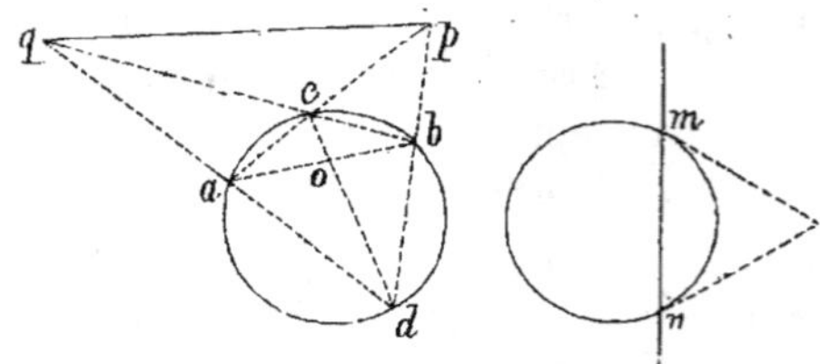

ab, cd; puis, les cordes *ac* et *bd*, *bc* et *ad*, que je prolonge jusqu'aux points *p* et *q* ; la droite *pq* est la polaire cherchée (page 377). — Quand le point *o* est extérieur, on obtient plus simplement sa polaire en construisant la corde de contact *mn* des tangentes *om*, *on*, issues de ce point.

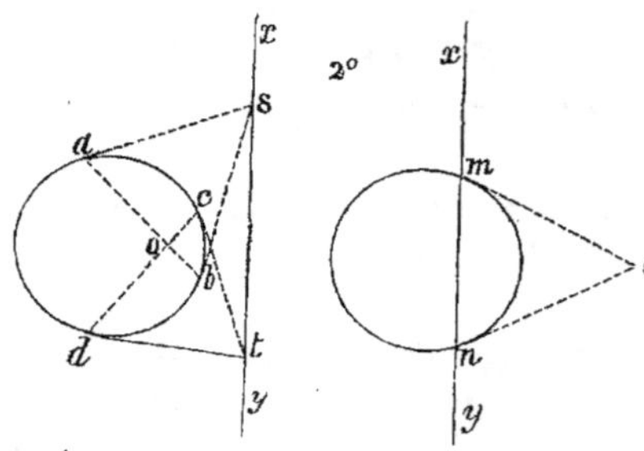

2° Pour déterminer le pôle d'une droite *xy*, on cherche le point de concours *o* des polaires *ab*, *cd*, de deux points quelconques *s* et *t* de cette droite. — Lorsque la ligne *xy* est sécante, il est plus simple de mener les tangentes *mo*, *no*, des points d'intersection *m*, *n*, lesquelles se coupent au point cherché *o*.

PROP. 2. — PROBLÈME : *Trouver l'axe radical de deux circonférences.*

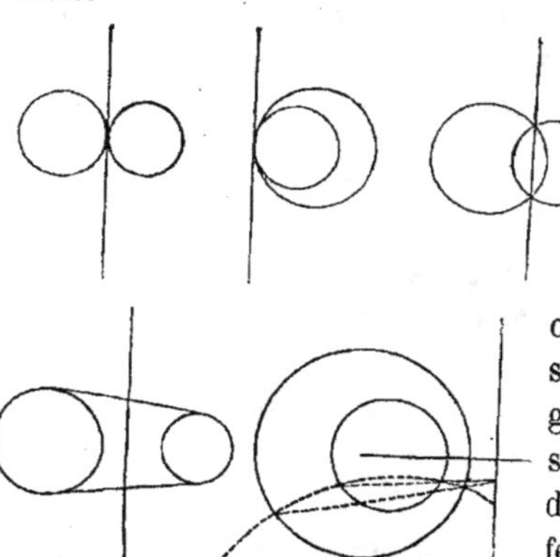

Si les circonférences sont tangentes ou sécantes, la tangente ou la corde commune est l'axe radical cherché. — Si elles sont extérieures, on obtient cet axe en unissant les milieux de deux tangentes communes. — Enfin, si elles sont intérieures, on décrit à volonté une circonférence qui les coupe l'une et l'autre, et du point de concours des deux cordes communes on abaisse, sur la ligne des centres, une perpendiculaire ; c'est l'axe demandé.

Scholie. — Pour déterminer le *centre radical* de trois circonférences *c*, *c'*, *c''*, on cherche le point où se coupent les axes radicaux des circonférences *c* et *c'* et des circonférences *c* et *c''*.

PROP. 3. — PROBLÈME : *Trouver les axes de similitude de trois circonférences.*

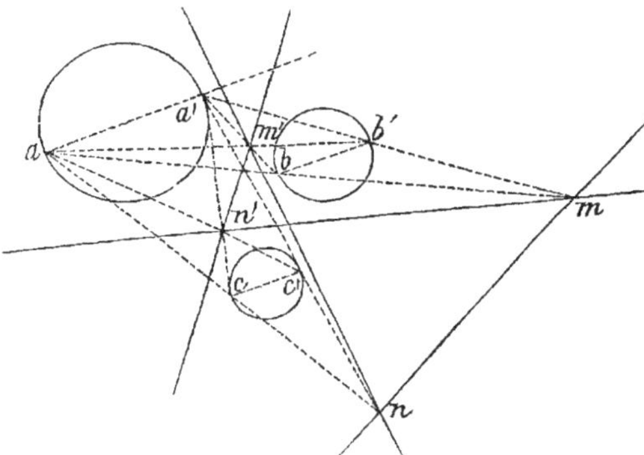

Je tire à volonté trois diamètres parallèles *aa'*, *bb'*, *cc'* ; je tire ensuite les droites *ab* et *a'b'*, *ab'* et *a'b*, *ac* et *a'c'*, *ac'* et *a'c*, qui se coupent, deux à deux, en *m*, *m'*, *n* et *n'*. — La droite *mn* est l'axe de similitude directe des trois circonférences ; les droites *m'n'*, *mn'* et *m'n*, sont les trois axes de similitude inverse.

PROP. 4. — PROBLÈME : *Décrire une circonférence tangente à trois circonférences données* aa'a'', bb'b'', cc'c''.

Ce problème est susceptible de huit solutions : les circonférences données peuvent être touchées toutes trois extérieurement ou toutes trois intérieurement ; chacune aussi peut être touchée extérieurement, et les deux autres intérieurement, ou bien être touchée intérieurement, et les deux autres extérieurement. — On désignera sous le nom de circonférences *conjuguées* celles qui déterminent sur chacune des trois circonférences données un contact extérieur et un contact intérieur ; les huit circonférences sont évidemment conjuguées deux à deux.

Considérons les deux circonférences conjuguées *abc*, *a'b'c'*, qui touchent les trois circonférences *aa'a''*, *bb'b''*, *cc'c''*, l'une extérieurement en *a*, *b*, *c*, et l'autre intérieurement en *a'*, *b'*, *c'*. —

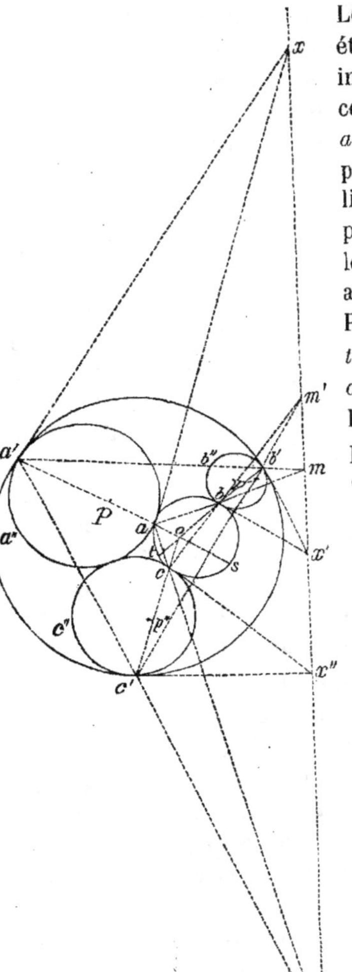

Les points de contact a et a', étant le centre de similitude inverse de $aa'a''$, abc, et le centre de similitude directe de $aa'a''$, $a'b'c'$, la droite aa' doit passer par le centre de similitude inverse de abc, $a'b'c'$; par des raisons semblables, les droites bb', cc', doivent aboutir au même point. — Prolongeant aa' en s et bb' en t, les droites os et oa', ot et ob', sont des rayons homologues de similitude inverse par rapport à abc, $a'b'c'$; on a donc

$$os : oa' :: ot : ob' ;$$

mais, parce que as, bt, sont deux cordes de abc, on a aussi

$$os : ob :: ot : oa,$$

et par suite

$$oa' : ob :: ob' : oa$$

ou $\quad oa \times oa' = ob \times ob'$.

On prouverait de même que $ob \times ob' = oc \times oc'$. — De là résulte que *les trois cordes de contact* aa', bb', cc', *concourent au centre radical des trois circonférences données* aa'a'', bb'b'', cc'c''.

La droite ab, passant par les centres a, b, de similitude inverse de $aa'a''$, abc et de $bb'b''$, abc, contient le centre de similitude directe de $aa'a''$, $bb'b''$; la droite $a'b'$ jouit de la même propriété. — Donc ce dernier centre est le point m. — Pareillement, m', m'', sont les centres de similitude directe de $bb'b''$, $cc'c''$ et de $cc'c''$, $aa'a''$. — En conséquence, la droite $m'mm''$ est l'axe de similitude directe des trois circonférences $aa'a''$, $bb'b''$, $cc'c''$. — Cette même droite est aussi l'axe radical des circonférences conjuguées abc, $a'b'c'$. — Les quatre points a, a', b', b, en vertu de la relation $oa \times oa' = ob \times ob'$, appartenant à une même circonférence, on a en effet $ma \times mb = ma' \times mb'$, et on établirait de même que

$$m'b \times m'c = m'b' \times m'c' \text{ et } m''c \times m''a = m''c' \times m''a'.$$

Enfin, parce que les tangentes des points a et a' sont les axes radicaux de $aa'a''$ combinée avec abc et $a'b'c'$, elles doivent se couper en un point x de $m'mm''$; le pôle p de $m'mm''$, par rapport à $aa'a''$, est par conséquent situé sur la polaire aa' de ce point ; les pôles p', p'', de la même droite, par rapport à $bb'b''$ et $cc'c''$ se trouvent également situés sur les droites bb' et cc'. — On peut donc conclure que *les pôles* p, p' p'', *de l'axe* m'mm'' *de similitude directe des trois circonférences* aa'a'', bb'b'', cc'c'', *par rapport à chacune d'elles, sont placés respectivement sur les trois cordes* aa', bb', cc'.

Ainsi, pour déterminer les circonférences conjuguées abc, $a'b'c'$, ou, ce qui revient au même, les six points de contact a, b, c, et a', b', c', il faut : 1° construire l'axe $m'mm''$ de similitude directe des trois circonférences données $aa'a''$, $bb'b''$, $cc'c''$; 2° chercher les pôles p, p' p'', de cet axe par rapport à chacune d'elles ; 3° joindre ces trois pôles au centre radical o des mêmes circonférences par les droites op, op', op''. — En substituant à l'axe de similitude directe, tour à tour, chacun des trois axes de similitude inverse, on obtiendra les trois autres couples de circonférences conjuguées.

Scholie. — Les lignes des centres, dans les quatre couples de circonférences conjuguées, concourent au centre radical des trois circonférences données.

DEUXIÈME PARTIE.

IIe SECTION.

L'ELLIPSE, L'HYPERBOLE, LA PARABOLE.

L'ellipse.

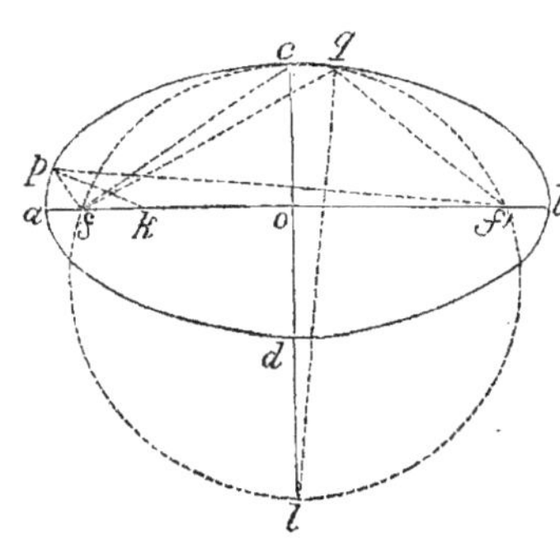

PROPOSITION 1. — THÉORÈME : *Les courbures* A *et* C *aux sommets* a *et* c *sont proportionnelles aux cubes des demi-axes* oa *et* oc. — Parce que la normale pk est la bissectrice de l'angle fpf', on a
$$fk : f'k :: fp : f'p\,;$$
or, si le point p est très voisin du sommet a, $fp = fa$, $f'p = f'a$, et partant $fk : f'k :: fa : f'a\,$; donc (page 371) $oa \times ok = of^2$, ou bien $oa\,(oa - ka) = fc^2 - oc^2$, d'où résulte, à cause que fc est égal à oa, $ka = \dfrac{oc^2}{oa}$. — La circonférence fcf', touchant l'ellipse au sommet c, la normale ql du point très voisin q doit diviser l'angle $f'qf$, et par suite l'arc flf' en deux parties égales; on a donc $lc = \dfrac{fc^2}{oc}$ ou $lc = \dfrac{oa^2}{oc}$. — Maintenant, il vient

$$A : C :: \frac{oa^2}{oc} : \frac{oc^2}{oa},\ \text{ou bien A : C :: } oa^3 : oc^3.$$

Corollaire. — **Les rayons de courbure** ab **sont égaux à** $\dfrac{fa \times fb}{oa}$.

PROP. 2. — THÉORÈME : *Les ordonnées* mk, nk, *au grand axe ab, qui se correspondent dans l'ellipse et dans circonférence* oa, *sont entre elles comme* oc : oa.

Si l'on tire la tangente *mq,* ang pmf = ang $p'mf'$ et les tri-

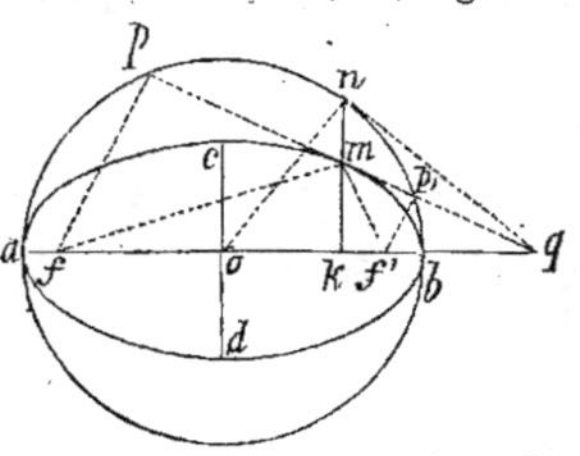

angles rectangles fmp, $f'mp'$, sont semblables ; de là suit $mp : mp' :: fp : f'p'$; mais $fp : f'p' :: pq : p'q$; donc
$$mp : mp' :: pq : p'q ;$$
la corde pp' étant divisée en parties harmoniques aux points m, q, l'ordonnée mk est la polaire du point q, et partant *nq* touche circonférence oa en *n*. — Maintenant, à cause de la similitude des triangles rectangles kmq, fpq, $f'p'q$, il vient $mk : qk :: fp : pq$, $mk : qk :: f'p' : p'q$; multipliant et observant que $fp \times f'p' = oc^2$, $pq \times p'q = qn^2$, on trouve
$$mk^2 : qk^2 :: oc^2 : qn^2 \text{ ou } mk : qk :: oc : qn ;$$
mais, parce que les triangles rectangles onk, knq, sont semblables, $nk : qk :: on : qn$; donc $mk : nk :: oc : on$ ou oa.

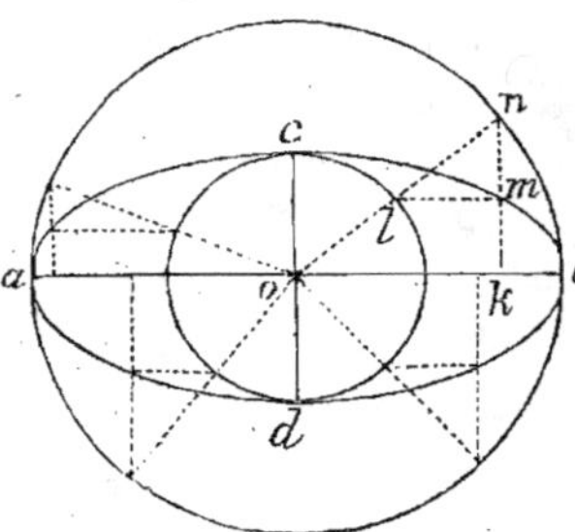

Scholie. — De là un nouveau procédé pour la description de l'ellipse. — On construit circonférence oa et circonférence oc ; on tire ensuite arbitrairement un rayon *on,* puis, par les points *n*, *l*, les droites *nk*, *lm*, perpendiculaire et parallèle au grand axe *ab ;* le point *m* appartient à l'ellipse, car on a $mk : nk :: ol : on$ ou $:: oc : oa$.

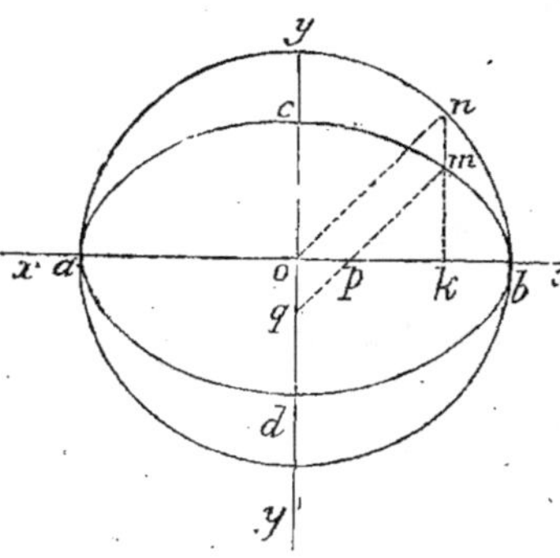

PROP. 3. — THÉORÈME : *Lorsqu'une droite* pq, *de longueur invariable, se meut de manière que ses extrémités* p, q, *glissent sur deux droites rectangulaires* xx', yy', *l'un quelconque* m *de ses points engendre une ellipse* acbd, *dont les demiaxes sont égaux à* mq *et* mp.

Du centre o, avec mq pour rayon, je décris une circonférence et je tire le rayon on parallèle à mq ; les droites on et mq étant égales et parallèles, la ligne mn est parallèle à yy', et par suite perpendiculaire à xx'. — De plus, on a $mk : nk :: mp : on$ ou mq ; donc le point m appartient à l'ellipse. — La démonstration serait la même si le point décrivant m était compris entre p et q. — Quand il se trouve au milieu de pq, l'ellipse dégénère en circonférence.

Scholie. — *Le compas à ellipse* est basé sur cette proposition.

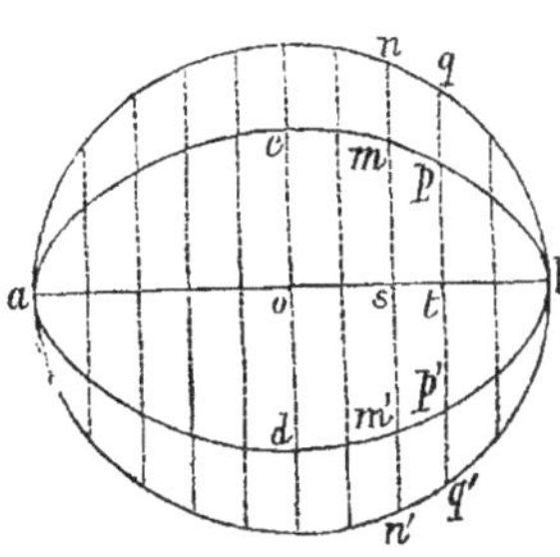

PROP. 4. — THÉORÈME : *L'aire de l'ellipse est égale au rapport de la circonférence au diamètre multiplié par le produit de ses demi-axes.*

Décomposons l'ellipse $acbd$ et cercle oa en tranches infiniment minces par des droites perpendiculaires à l'axe ab. — Parce que les petits trapèzes correspondants $mpp'm'$, $nqq'n'$, ont même hauteur st, on a $mpp'm' : nqq'n' :: ms + pt : ns + qt$; mais, de la proportion $ms : ns :: pt : qt :: oc : oa$, on déduit

$$ms + pt : ns + qt :: oc : oa ;$$

donc aussi $mpp'm' : nqq'n' :: oc : oa$. — Or, les éléments correspondants de l'ellipse et du cercle étant dans le rapport constant de $oc : oa$, leurs aires totales sont aussi dans ce même rapport ; on a donc $ellipse : \pi oa^2 :: oc : oa$, d'où $ellipse = \pi oa \times oc$.

Scholie. — *L'ellipse est moyenne proportionnelle entre les cercles décrits sur les deux axes comme diamètres :* car on a la proportion identique $\pi oa^2 : \pi oa \times oc :: \pi oa \times oc : \pi oc^2$.

Propriétés générales des coniques démontrées par la théorie des polaires réciproques.

On désignera, pour abréger, sous le nom de *coniques*, les trois courbes : l'ellipse, l'hyperbole et la parabole précédemment étudiées (P. 201, 206, 210). On verra plus loin la raison de cette dénomination.

PROPOSITION 1. — THÉORÈME : *Si deux courbes rapportées à une même circonférence directrice sont telles, que les points de l'une soient les pôles des tangentes de l'autre, réciproquement, les points de la seconde sont les pôles des tangentes de la première.*

Cette proposition découle de la proposition 5, page 378, quand on suppose que les deux polygones, cités dans l'énoncé, ont des côtés infiniment petits.

Scholies. — 1. Les deux courbes sont dites *polaires réciproques l'une de l'autre.*

II. *Le nombre des intersections de l'une des courbes avec une droite quelconque est égal au nombre des tangentes que l'on peut mener à l'autre courbe par le pôle de cette droite.*

PROP. 2. — THÉORÈME : *La polaire réciproque d'une circonférence quelconque* oa *est une conique qui a pour foyer le centre* c *de la circonférence directrice.*

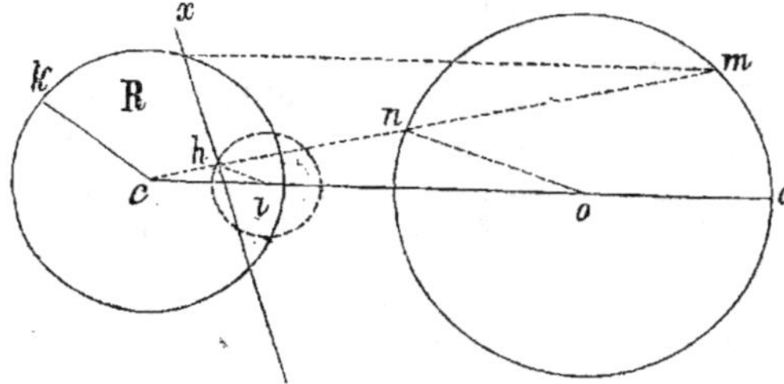

Soit hx la polaire d'un point quelconque m de circonférence oa par rapport à circonférence ck. — On a, parce que les points m, h, sont réciproques, $cm \times ch = ck^2 = R^2$, et, en désignant par P^2 la puissance du centre c relative à circonférence oa, $cm \times cn = P^2$;

d'où, en divisant, $\dfrac{ch}{cn} = \dfrac{R^2}{P^2}$. — Tirant hi parallèle au rayon on,

il vient $\dfrac{ci}{co} = \dfrac{ch}{cn}$, $\dfrac{ih}{on} = \dfrac{ch}{cn}$, et, en substituant,

$$ci = \frac{R^2}{P^2} \cdot co, \quad ih = \frac{R^2}{P^2} \cdot on.$$

Ainsi, quand le point m varie sur circonférence oa, le sommet h de l'angle droit chx décrit circonférence ih; et, comme le côté hc passe par le centre c, la polaire hx de ce point touche constamment une conique qui a le point c pour foyer. — Selon que co est $>$ ou $<$ on, ci est $>$ ou $<$ ih; d'où il suit que la conique est une *hyperbole*, si le centre c est extérieur à circonférence oa, et une *ellipse*, s'il lui est intérieur. — Il reste à examiner le cas où le centre *c* de la circonférence directrice est situé sur circonfé-

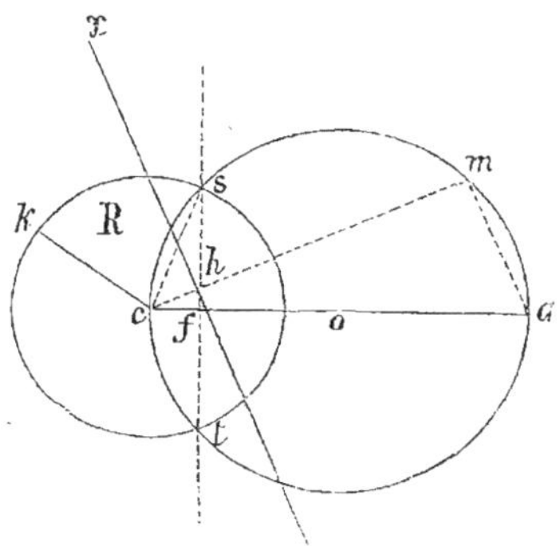

rence *oa*. — Soit *h* le point où l'axe radical *st* de ces deux lignes est coupé par la droite *cm ;* parce que le quadrilatère *hmaf* est inscriptible à la circonférence, il vient

$$cm \times ch = ca \times cf = cs^2 = R^2 \; ;$$

conséquemment, lorsque le point *m* varie sur circonférence *oa*, son point réciproque *h* décrit l'axe *st ;* et, comme le côté *hc* passe par le centre *c*, l'autre côté *hx* de l'angle droit *chx*, c'est-à-dire la polaire du point *m* touche constamment une *parabole* dont *c* est le foyer.

Corollaire. — *Toutes les coniques sont convexes.* — Car, si une droite coupait une conique en trois points, on pourrait, par le pôle de cette droite, mener trois tangentes à une circonférence, ce qui est impossible.

PROP. 3. — THÉORÈME : *Dans tout hexagone* abcdef, *inscrit dans une conique, les trois points de concours* l, m, n, *des côtés opposés* ab *et* de, bc *et* ef, cd *et* fa, *sont situés en ligne droite.*

Car, si l'on place le centre de la circonférence directrice à l'un des foyers, les polaires réciproques de la conique et de l'hexa-

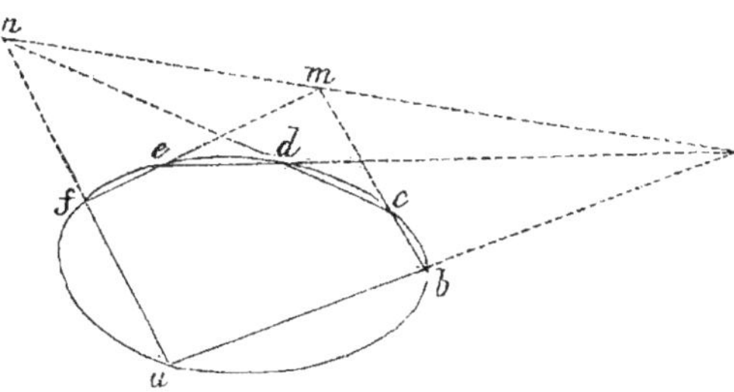

gone inscrit sont une circonférence et un hexagone circonscrit ; or, dans ce dernier polygone, les trois diagonales concourent au même point ; donc, dans le premier, les trois points de rencontre des côtés opposés sont situés en ligne droite.

Problème. — *Faire passer une conique par cinq points donnés* a, b, c, d, e. — Par le point de concours *o* des côtés *ab*, *ed*, je mène arbitrairement une droite *mn*, qui coupe en *n* et *m* les

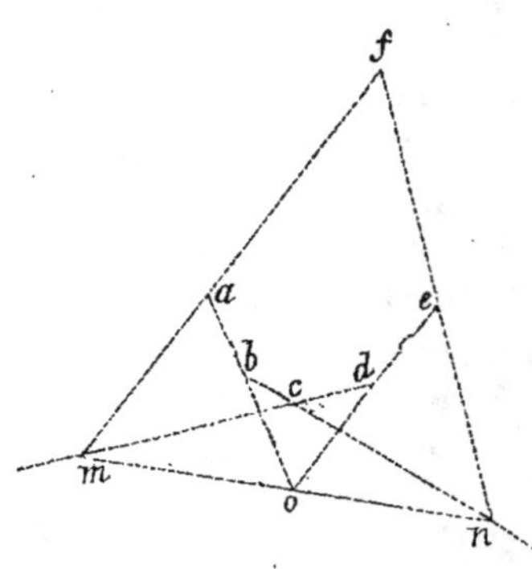

droites *bc* et *cd* ; je tire ensuite les droites *ma* et *ne* ; leur intersection *f* appartient à la conique, car, dans l'hexagone *abcdef*, les points de concours *o*, *m*, *n*, des côtés opposés sont en ligne droite. On obtiendra ainsi autant de points que l'on voudra. — La conique pourra d'ailleurs être une ellipse, une hyperbole ou une parabole.

Scholie. — *Deux coniques ne peuvent se couper en plus de quatre points.*

Prop. 4. — Théorème : *Dans tout hexagone* abcdef, *circonscrit à une conique, les trois diagonales* ad, be, cf, *se coupent au même point.*

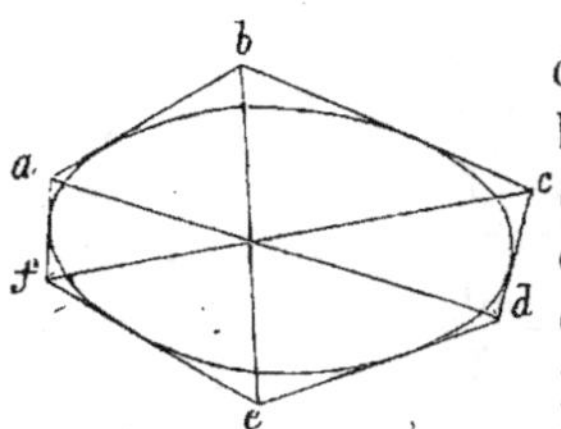

Car, le centre de la circonférence directrice étant placé à l'un des foyers, les polaires réciproques de la conique et de l'hexagone circonscrit sont une circonférence et un hexagone inscrit ; or, dans ce dernier polygone, les trois points de concours des côtés opposés sont en ligne droite : donc les trois diagonales du premier concourent au même point.

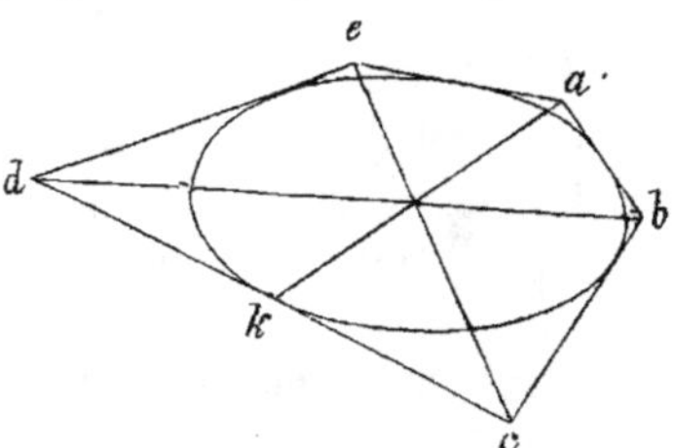

Corollaire. — *Dans tout pentagone* abcde *circonscrit à une conique, la droite* ak, *tirée d'un sommet* a *au point de contact* k *du côté opposé, et les deux diagonales* bd, ce, *qui unissent les quatre autres sommets, concourent au même point.* —

Cela résulte de ce que le pentagone *abcde* peut être considéré comme un hexagone *abckde*, dont les six sommets sont a, b, c, k, d, e.

Problème. — *Décrire une conique tangente à cinq droites données.* — On détermine les cinq points de contact au moyen du corollaire précédent, et la question est ramenée à faire passer une conique par ces cinq points.

Scholie. — *Deux coniques ne peuvent avoir plus de quatre tangentes communes.*

PROP. 5. — THÉORÈME : *Dans toute conique, le lieu des milieux des cordes parallèles à une droite quelconque est une ligne droite.*

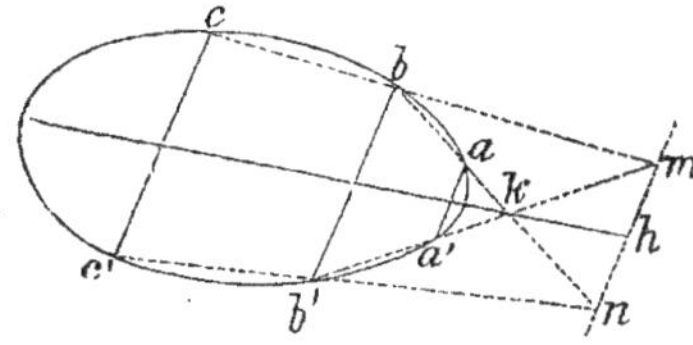

Soient aa', bb', cc', trois cordes parallèles quelconques. — Parce que la figure $a'b'c'cba$ est un hexagone inscrit, les points de concours des côtés ba et $b'c'$, bc et $b'a'$, aa' et cc', sont situés en ligne droite : donc, à cause de l'hypothèse, la droite mn est parallèle aux trois cordes. — Conséquemment, la droite kh, qui unit le point k au milieu h de mn, contient les milieux de aa', bb', et par suite celui de cc'.

Scholies. — I. On appelle *diamètre* d'une conique, toute droite qui divise en parties égales un système de cordes parallèles. — *Il y a, dans toute conique, une infinité de diamètres.*

II. *Dans l'ellipse et dans l'hyperbole, les diamètres passent évidemment par le centre.* — Ils sont tous *transverses* dans l'ellipse ; ceux de l'hyperbole peuvent être *transverses* ou *non transverses.* — *Tous les diamètres de la parabole sont parallèles à l'axe.*

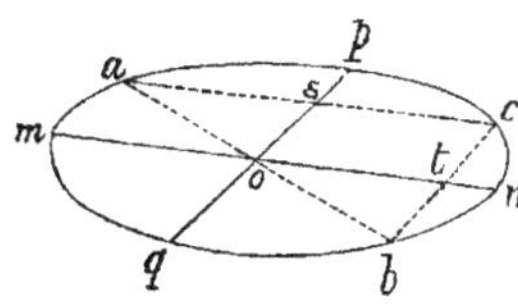

III. Dans l'ellipse et dans l'hyperbole, deux diamètres sont dits *conjugués* lorsque chacun d'eux passe par les milieux des cordes parallèles à l'autre. — Tirons à volonté un diamètre transverse ab, et joignons ses extrémités a, b, à un point quelconque c de la courbe ; les diamètres mn, pq, parallèles aux cordes ac, bc, sont conjugués ; parce que $oa = ob$, on a en effet $sa = sc$ et $tc = tb$.

IV. Les axes forment évidemment un *système de diamètres conjugués rectangulaires.*

Corollaire 1. — La tangente mx *à l'extrémité* m *d'un diamètre* mn *est parallèle aux cordes* fg, $f'g'$, ..., *qu'il divise en parties*

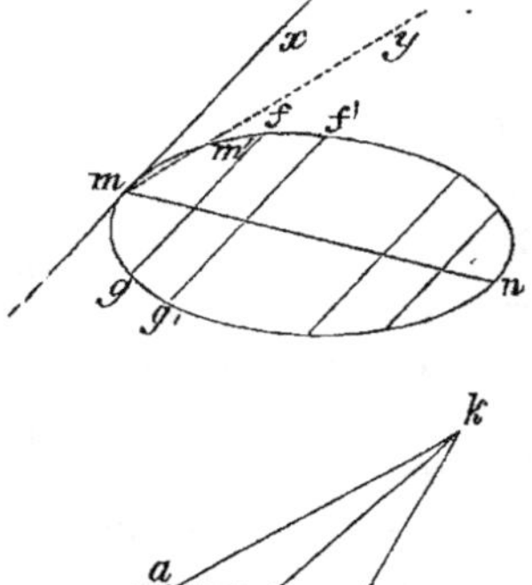

égales. — S'il en était autrement, la conique intercepterait, sur la parallèle my à fg, une corde mm' ayant son milieu sur mn, ce qui est absurde.

Corol. 2. — La droite, qui unit le sommet d'un angle circonscrit au milieu de la corde de contact, est un diamètre, — Car, si les cordes aa', bb', sont infiniment voisines, les droites kab, $ka'b'$, deviennent des tangentes.

Prop. 6. — Théorème : *Lorsqu'une conique* $acbd$ *est coupée en quatre points par une circonférence* $mnpq$, *les cordes* mn, pq, *qui unissent ces points deux à deux, sont également inclinées sur chaque axe.*

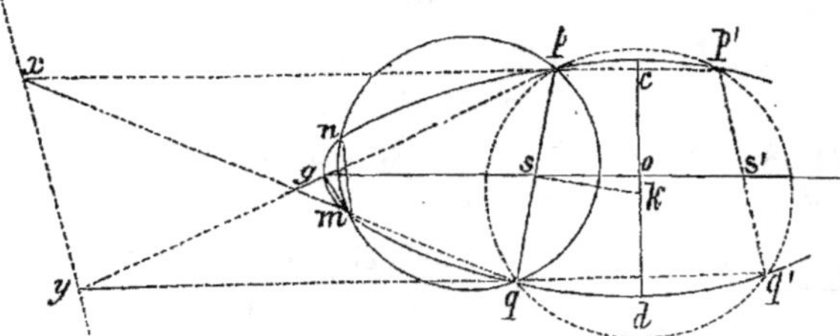

La circonférence $pqq'p'$, qui passe par les points p, q, et dont le centre k est situé sur l'axe cd, intercepte sur la conique une corde $p'q'$, telle, que ang $q's's =$ ang qss' ; il s'agit donc de prouver que mn est parallèle à $p'q'$. — S'il n'en est pas ainsi, soit mg

cette parallèle ; soient aussi x le point de concours de pp', qm, et y celui de qq', pg. Parce que l'hexagone $mgpp'q'q$ est inscrit dans la conique (prop. 3), la droite xy est parallèle aux cordes $p'q'$, mg ; conséquemment, l'angle yxp est le supplément de l'angle $xp'q'$; mais, le quadrilatère $pqq'p'$ étant inscrit à la circonférence, angle $xp'q' = $ angle pqy ; donc les angles yxp, pqy, sont supplémentaires ; partant, le quadrilatère $xyqp$ est aussi inscriptible à la circonférence, et ang $yxq = $ ang ypq. Or, ang $yxq = $ ang xmg comme alternes-internes ; il s'ensuit que ang $xmg = $ ang ypq, que le quadrilatère $mgpq$ est encore inscriptible à la circonférence, enfin que le point g appartient à circonférence $mnpq$, ce qui est faux : donc mn est parallèle à $p'q'$.

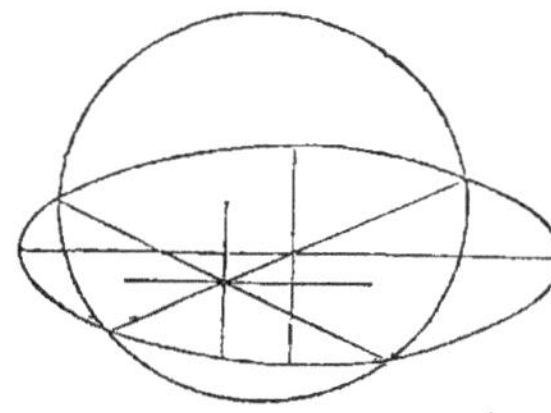

Corollaire. — Lorsqu'une conique est coupée en quatre points par une circonférence quelconque, les bissectrices des angles, formés par les cordes qui joignent ces points deux à deux, sont parallèles aux axes.

PROP. 7. — PROBLÈME : *Décrire la circonférence osculatrice au point* m *d'une conique.*

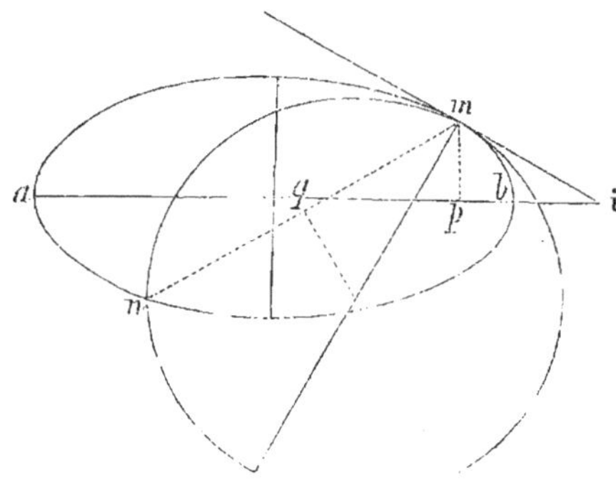

Cette circonférence, ayant avec la conique trois points communs infiniment voisins du point m, doit couper cette ligne en un quatrième point n ; la tangente mi du point m et la corde mn, pouvant être considérées comme des cordes qui unissent ces quatre points deux à deux, sont également inclinées sur l'axe ab. — De là cette construction élégante : on mène la tangente mi du point m et l'ordonnée mp ; on prend $pq = pi$, et on tire mq, qui coupe la conique en n ; par les points m, n, on fait passer une circonférence tangente à mi ; c'est la circonférence osculatrice demandée.

Châlons-sur-Marne, imp. de T. MARTIN.